纺织服装高等教育“十三五”部委级规划教材

服装立体裁剪（3版）

DRAPING FOR APPAREL DESIGN

邹平 吴小兵 王宝环 著

DRAPING FOR APPAREL DESIGN

東華大學出版社·上海

前 言

服装立体裁剪有着悠久的发展历史，它主要在欧洲地区较早地被应用于时装设计和成衣生产，我国是在20世纪80年代才从国外引进。服装结构设计由平面结构设计和立体裁剪所组成。平面结构设计是将服装与人体的立体三维关系转化成服装与纸样的平面二维关系；而服装立体裁剪是在人体或人体模型架上直接进行服装三维立体设计。服装立体裁剪能解决平面结构设计难以解决的不对称、多皱褶的复杂造型，便于理解和加深平面结构设计的理论学习，充分达到技术美与艺术美的高度统一。

随着经济的发展与社会的进步，人们的衣着打扮已不断趋向多样化与个性化。特别是高级成衣及时装等更呈现出风格各异、样式时尚、结构多变的特点。有鉴于此，研究立体裁剪的方法来快捷而又合理地获得优美的服装造型与板型，以表达设计师所追求的独特的着装风貌，已越来越得到人们的重视。在欧美几大时装之都，要体现多样化的服装立体形态所呈现的着装风貌，就必须研究与掌握与其相依托的立体裁剪方法。

本书以立体剪裁基础知识为主要内容，深入浅出地讲解了各种服装立体裁剪的操作过程，并对一些流行款式的重点部位与重要组成也进行了讲解。同时对通过立体裁剪获得的样片进行平面展开图的总结与分析，利于读者对平面结构设计的理解。本书比较系统地介绍服装立体构成原理、示范具体操作技法，是作者在积累多年从事服装专业教学经验和吸取当今国内外先进的服装立体裁剪理论与实践的基础上，结合作者长期潜心研究成果编写的专业性技术用书。为适应目前服装材料与服装立体裁剪最新组合手段的发展趋势，在教材编写中我们既注重国外的有益经验，更注重同我国服装产业的有机结合。

本本书的作者长期以来工作在服装结构与设计教育第一线。八位教师共同参与部分范例的操作和文字的写作。全书在教学实践的基础上经多次修改、多次易稿而成。本书第四章，第五章，第六章第一节、第二节由邹平撰写及操作；第二章，第九章第一节由吴小兵撰写及操作；第一章由朴江玉撰写及操作；第三章由吴世刚撰写及操作；第六章第三节，第九章第四节，第十章第三节由田宏撰写及操作；第七章，第八章由藤红军撰写及操作；第九章第二节、第三节由柳文博撰写及操作；第十章第一节、第二节、第四节由王宝环撰写及操作。全书由邹平统稿。

借本书出版之际，对给予我们各方面无私帮助的所有同仁们致以深深的谢意！鉴于作者水平有限，书中尚有不妥之处，恳请同行、专家们给予指正。

作者

目录

第一章 立体裁剪概述

第一节 立体裁剪简介

服装立体裁剪是区别于服装平面制图的一种裁剪方法,它是完成服装样式造型的重要方式之一。它是由服装设计师和打板师用布料覆盖在人体模型或人体上直接进行造型和当即裁剪。服装立体裁剪能较快速且直观地表达服装造型设计的构想,所获得的板型具有平面裁剪难以企及的准确和优美。

一、立体裁剪的定义及特点

(一)立体裁剪的定义

立体裁剪亦称立体构成,是设计和制作服装纸样的重要方法之一。立体裁剪是将面料覆合在人体或人体模型上,通过分割、折叠、收省、抽缩、提拉等技术手法制成预先构思好的服装造型,再按服装结构线形状将面料剪切,最后将剪切后的面料展平,从而制成正式的服装样板。

立体裁剪既可以根据服装款式的需要按效果图仿作,也可以完全凭意图与经验在人体模型上进行创作,解决人体特定的曲面,直接决定取舍确定其形态,从而设计新的造型。立体裁剪基本上没有繁琐的公式计算,它起源早、方法直接、操作简便、效果直观。

立体裁剪可分为几何型立体裁剪和波浪型立体裁剪两大类。几何型立体裁剪是依据人体曲面分割所得到的几何块面图形为依据,是一个有规则轮廓线的立体裁剪方法,一般适宜男装、女西装等。波浪型立体裁剪是利用面料的斜纱丝设计带有波浪造型的服装,如带有波浪的裙衫、婚礼服、晚礼服等。

(二)立体裁剪的特点

1. 立体裁剪具有广泛的实用性

立体裁剪是一种简单、实用、准确、易学的裁剪法,具有广泛的实用性。

立体裁剪不但适合初学者掌握,也适合专业人员的提高,更适合服装设计者的创作。初学者即使不会量体或不懂计算公式,但若懂得立体裁剪时披挂布的基本要领后,便能裁剪衣服。专业人员因要不断地适应新潮流,若凡事都要靠计算尺寸与平面构图,则实在太麻烦、太受限了,若学点立体裁剪,裁剪时则将如虎添翼、得心应手。服装设计人员若想创作出好的作品,则必须掌握立体裁剪法。著名设计师如法国的安卡罗、意大利的瓦伦蒂诺等,甚至不用草图而直接在人体模型上进行设计。

立体裁剪既可用于结构简单的普通服装,又可用于形态新颖、款式多变的流行时装。立体裁剪并不是只有在设计复杂的服装时才运用的方法,这个观念是非常重要的。因为制作简单的服装虽然不必为一些奇形怪状的立体形态来动脑筋,但如果把它拿到人体模型上,运用其自身的量或再思考一下来组合,则可以产生比平面裁剪更好的服装效果。

2. 立体裁剪利于理解和加深平面裁剪的理论

我国大多数学习服装裁剪的人一般都是从平面裁剪学起,按公式或数字定点画线制图,也就是照葫芦画瓢、仿样画图。这样学习者对每条线的形态及为什么这样画往往不了解,常常是知其然不知其所以然。又如,要处理好胸部省缝放在什么位置合适、省量是多少、省是怎样形状等问题是比较麻烦的事。如果用立体裁剪,这一切就都变得十分明确且简单。把布披在人体模型上,用针固定好,那些微妙的曲线及省缝的各个量都清楚地呈现出来了。这样试过几次之后,学习者对如何处理一条缝线自然会心中有数,同时对省缝的部分、延长部分、该留取的量等也都十分明确了,还可以把这些实际的经验作为正确的理论应用到平面裁剪上,使它更有充实的依据,这样所裁剪出来的服装便会更准确、更理想。

3. 立体裁剪可以边裁剪边设计

掌握立体裁剪基本操作要领后，就可以边裁剪边设计，边创意边改进，随时观察效果，发现问题及时纠正，并且在平面上难以计算的布厚度、松度或下摆的大小等问题在立体上通过对布的操作本身就可以解决。有些平面裁剪较难表示的服装皱褶、曲线、浪势和复杂的线条等，在立体裁剪中均能得到表现。有时也可以进行与布的性质恰好相反的设计或创造一种妙趣横生的服装效果。立体操作以穿着者（人体模型）为依据进行裁剪，能得到准确、生动的视觉效果。

4. 立体裁剪易处理特殊体型

立体裁剪对处理特殊体型的服装有较好的效果。在立体裁剪特体服装时，可以先将人体模型用棉花和布包成特定尺寸的体型，然后利用这一模型制作服装，可以达到平面裁剪所达不到的效果。平面裁剪在处理特殊体型的服装时，各部位的缩放尺寸只能凭经验，难免会出现误差，而立体裁剪是根据符合人体的模型进行裁剪，更易于解决着装时变形的量，从而使其平衡。

5. 立体裁剪易于工业化生产

市场上服装商品虽然多种多样，但消费者在选购时对不合身、外形差、样子旧的服装根本就不屑一顾。服装生产厂家要生存和发展就必须研制符合人体形态、造型美观、结构合理、款式新颖的服装。批量生产加工依照最初的母型（样板）要做出几十件、几百件甚至许多型号的成衣来，所以制母型衣的责任非常重大。要想做出样子好、尺寸标准的母型衣，就得利用立体裁剪不可。根据裁出的布样复制样品，并进行各档规格的样板缩放，再进行大批量服装生产。立体裁剪被广泛用于服装工业化生产，其原因就在于此。

6. 立体裁剪技术能更好地体现人体与服装的立体性

人体是一个特定的立体，它是由若干个曲面组成的集合体，能否正确认识人体的立体性是服装能否呈现立体性的关键。服装具备和人体特征相符的线条，因此也具有立体性。要使服装具备与人体特征相符合的基本线条，最理想的裁剪方法就是立体裁剪。立体裁剪不但重视对人体侧面的要求，而且还重视人体面与面结合处所形成的线条。这些线条对于呈现立体效果具有决定性作用，是体现款式设计的重要依据。

7. 立体裁剪的操作条件要求高

立体裁剪的缺点是对操作条件要求较高，包括需求标准人体模型、与本料性能相近的坯布以及存在直接用本料进行立体裁剪时耗材较大等。同时因动作的随机性大，其对操作者的技术素质和艺术修养要求也较高。

二、立体裁剪的发展状况

立体裁剪的产生最早可以追溯自上古时代。在漫长的原始社会，人类为了抵御自然的侵害将兽皮、树皮、树叶等简单地加以整理，披在身上，比拟身材式样，加以切割，并用皮条、筋骨、树藤、贝壳等自然材料加以固定，从而形成了最古老的服装。这就是现代服装立体裁剪的开端。

随着人类文明的深入发展，服装立体裁剪也随之发展和逐步完善。在发展过程中同时也产生和丰富了服装结构的裁剪方法。人们把比拟身材裁剪的衣服做成样子，反复实践，补充修改，使其裁剪方法被沿用了下来，又经科学的计算与改进，使其更加合理、完善，从而形成了今天广泛使用的平面裁剪法（亦称平面构成）。

此外，用单纯的平面裁剪很难再现人体立体的曲面形态，因此人们又迫切需要采用立体裁剪技术以满足需要。西欧人在美学上强调以人为主体，讲究立体空间意识，从 13 世纪开始便依据复杂的人体立体裁制衣服，形成了独特的西欧服饰文化，而且一直被延用至今。在欧洲无论是高级订制还是普通裁制服装，立体裁剪都已经成为制作服装样板的基本工艺。

我国长期受儒教、道家思想的影响，在人体表现形式上表达得更为含蓄。自周朝的章服至近代的旗袍、长衫，基本上都是以平面结构的衣片构成平面形态的服装，在构成上更趋向于平面裁剪方法。到目前为止，我国服装界仍然以平面裁剪为主，而立体裁剪技术仍处于起步、发展尚待普及的阶段。由于单一的平面裁剪已无法满足当代人对服饰美的要求，为适应千变万化服装市场的需求，迫切需要引进、开发立体裁剪技术，以提高服装造型设计的水平和质量。因此立体裁剪和平面裁剪同样成为重要的服装结构构成技术，两者相辅相成、兼而用之，平面裁剪注重计算，立体裁剪注重造型，各自发挥其特点。

第二节 立体裁剪的用具和材料

一、人体模型

立体裁剪中所用的主要工具是人体模型。若能在真实人体上进行立体裁剪则是最理想、最准确的，但在实际裁剪过程中存在着很多不便利、不灵活的实际情况，所以必须准备人体模型来代替真实人体。

(一)人体模型的种类

1. 根据长度来分类

一般有三种：全身人体模型、半身人体模型、2/3身人体模型(图1-2-1—图1-2-3)。半身人体模型可供立体裁剪上装、裙子、连衣裙等服装，用2/3身人体模型除了可以裁剪上述服装外，还可以裁剪短裤、裙裤等服装。用全身人体模型除了可以裁剪上述服装外，主要还用于裁剪宽松型长裤、连衣裙等服装。

2. 根据用途来分类

大致有三种：立体裁剪用、成品检验用、服装展示用人体模型。

立体裁剪用人体模型应具备的基本条件有：

①标准的人体比例。立体裁剪专用的人体模型必须是依据测量人体各部位的数据归纳整理出具有代表性的人体比例尺寸，其外形比例应尽量符合实际人体比例与美感相结合的原则。专用的立体裁剪模型，其肩胛骨突出，锁骨凹凸，斜方肌、腹直肌较为明显，胸部突出的程度不需过高，若特意强调胸部突出特点时则可使用补正垫片的方法来自由调节胸部的形状和高低变化。

②采用弹性、柔软的材料。人体模型的表面必须采用类似人体皮肤的弹性、柔软材料加以包覆，而且应避免使用太滑或太硬的材料。通常在硬质树脂成型的人体模型上贴上工业衬或棉质衬垫，然后再绷裱上麻、棉等不易滑动的布料。

③人体模型的颜色。一般市场上所销售的人体模型，大都以白色或黑色包覆，虽然白色不会给服装配色造成干扰，但容易被弄脏，所以最好采用接近皮肤色而又不容易弄脏的颜色，如棉麻的坯布色是较为理想的颜色。

④ 裸体人体模型较为适用。为适合各种服装款式，立体裁剪的专用人体模型应被设计制做成能适用于从内衣到大衣等不同款式的服装裁剪。裸体模型是不加宽松度、肩垫的人体模型，是最为合适的。

服装展示用模型有儿童展示模型(图1-2-4)、2/3身男展示模型(图1-2-5)、男全身展示模型(图1-2-6)、女全身展示模型(图1-2-7)。

3. 根据其他方式来分类

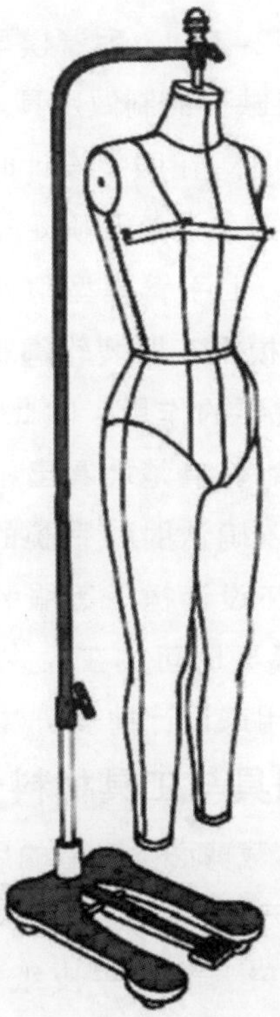

图1-2-1 全身人体模型

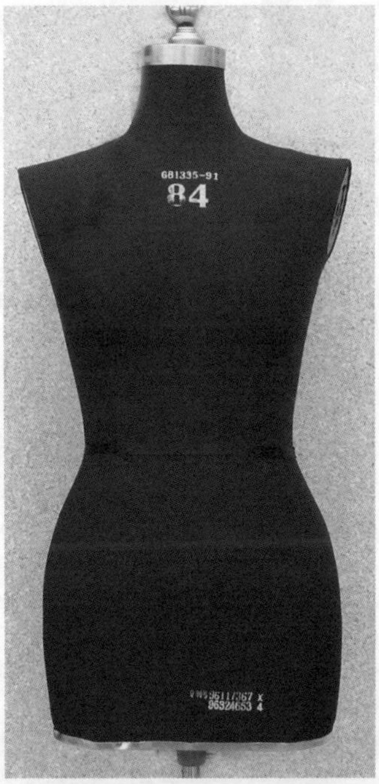

图1-2-2 半身人体模型

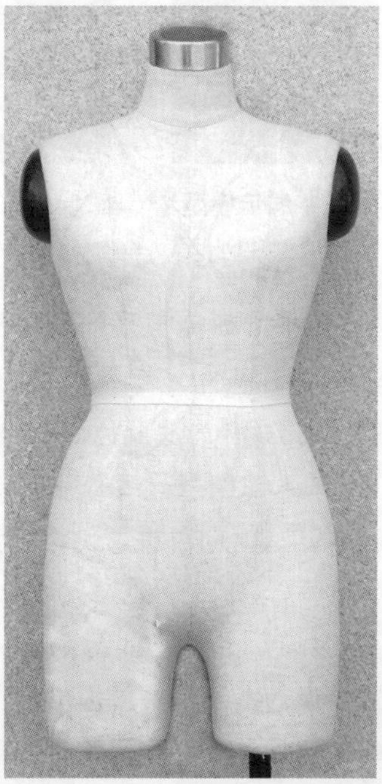

图1-2-3 2/3身人体模型

人体模型在围度上可分为裸体型和加放松度型，在体型上可分为正常型和特体型，此外还有固定型、组装型和伸缩型等之分。在进行教学和科研时最理想的是有一个具有能伸缩的活动式人体模型，随时可调整不同部位的尺寸，以符合设计人员的需要。

4. 具代表性的人体模型简介

① 文化式人体模型。它是没有加上宽松量的裸体模型，尺寸从一号到十号，共分十种。胸围 82cm、腰围 58cm、臀围 88cm，属于四号模型标准尺寸。对大部分的人体来说，选用标准尺寸的模型即可，特体的则在标准模型上进行补正处理。文化式有下肢的人体模型，适用于长裤及泳装的裁剪。另外日本还有专门的和服裁剪人体模型，其外形设计较优美。

② 法式人体模型。法国的人体模型是由法国衣料产业技术中心研究出来的裸体模型，接近于日本人体体型标准，整体外型展现出均匀、整齐的美感，其表面面料的颜色为淡蓝色。

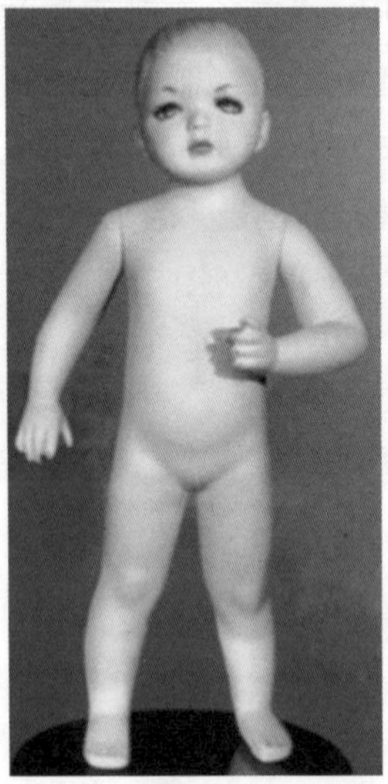

图1-2-4 儿童展示模型

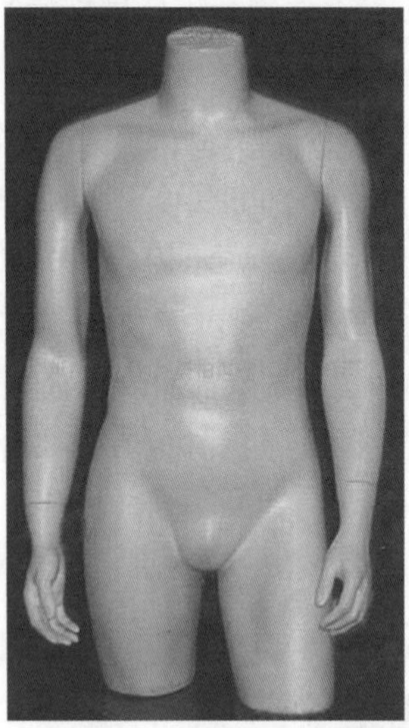

图1-2-5 2/3身男展示模型

③ 美式人体模型。其备有下肢，适于长裤、泳装等服装的裁剪，但此种模型价格较贵，不适合初学者选用。

④ 童装用人体模型（图 1-2-8）。其腹部比胸部突出，在设计上要考虑儿童腹部突出形态。

⑤ 男装人体模型（图 1-2-9）。其胸围尺寸较大，凹凸较平缓，胸部扁平，臀围比胸围小，有些女时装也可以使用男装人体模型进行立体裁剪。

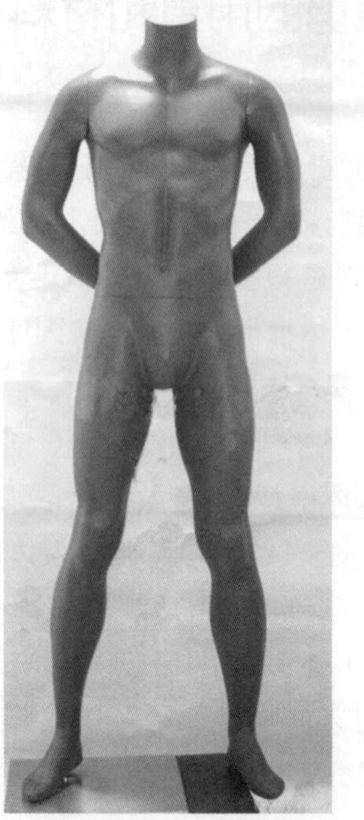

图1-2-6 男全身展示模型

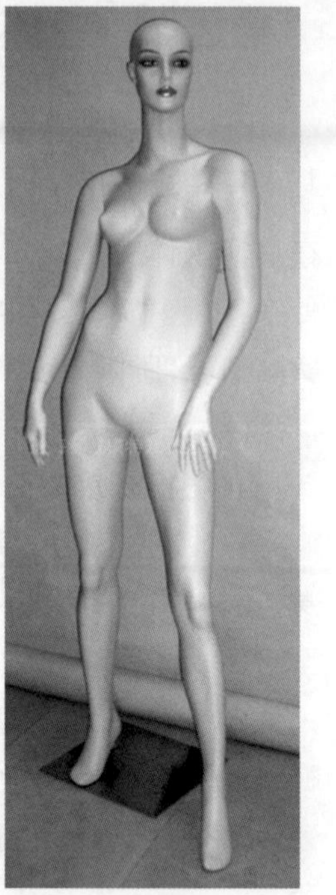

图1-2-7 女全身展示模型

⑥ 特号人体模型（图 1-2-10）。胸围、腰围尺寸较大，胸部略隆起，各横向围度较大，胖体选择此模型进行立体裁剪。

⑦ 少女人体模型（图 1-2-11）。其腰围尺寸较小，胸部隆起明显，臀围比胸围小，有些女时装可以使用此人体模型进行立体裁剪。

⑧ 手臂模型（图 1-2-12）。手臂模型和人体模型一样，是立体裁剪不可缺少的制做用具。人体模型加上手臂，更符合真实人体，在服装设计时也比较容易确定肩线和袖窿线。为了调整及确定袖窿与身体部分的宽松量，就必须装上手臂模型附件才能够取得正确的宽松量。手臂模型在服装轮廓款式以及机能性的设计上具有很重要的作用。除此之外，装上手臂后，在立体裁剪时能够清楚地看出袖子与身体部分的均衡状态，也可以确认肘和手腕的位置。手臂模型可自由地装卸，在设计裙子等服装时能把手臂卸下来放在别处，当需要时可加在人体模型上，而卸下来的手臂可以专门用来设计袖子。

二、其他裁剪用具与工具材料介绍

除人体模型外，立体裁剪必须准备的用具还有大头针、胶带、剪刀、小剪刀、透明胶带、直角尺、布尺、铅笔、熨斗、针包、针线袋、棉花、牛皮纸等工具（图

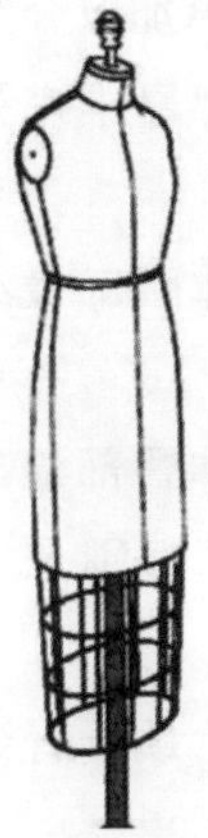

图1-2-8 童装人体模型

图1-2-9 男装人体模型

图1-2-10 特号人体模型

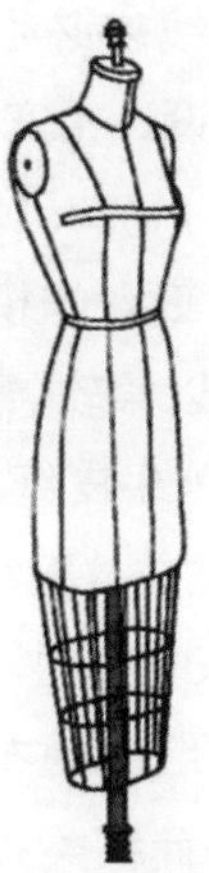

图1-2-11 少女人体模型

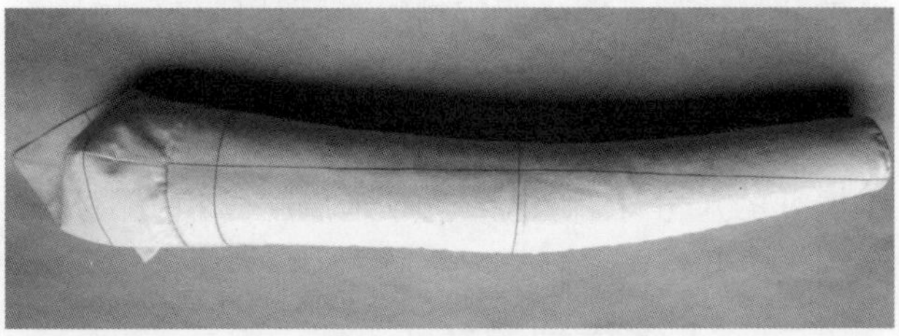

图1-2-12 手臂模型

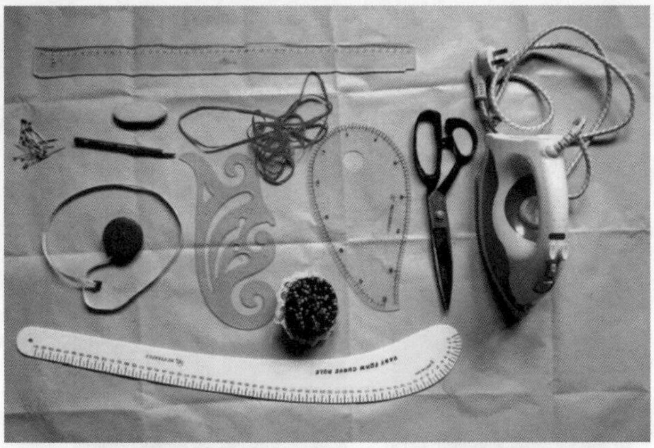

图1-2-13 立体裁剪常用工具图

1-2-13)。

（1）大头针。最好使用较细的服装专用大头针。珠针由于头部较大，使用时不方便，所以应尽量避免使用。大头针用量相当多，应多准备一些。

（2）胶带、铅笔。准备棉质胶带与标线胶带。熟悉立体裁剪的技法之后，可用目测的方法决定设计的线条，但在初学阶段最好能在人体模型上预先使用窄细的标线胶带或织带标出人体模型上的主要几个围线，如胸围线、腰围线、领围线、胁线、下摆线等。标线胶带的颜色以醒目、鲜明的黑色和红色最为宜，而在描绘剪接线和波纹垂线（由于此类线条属于圆滑曲线）时必须选用窄细的胶带，这样操作时较为顺手，领围和袖窿的曲线也可用铅笔做记号。棉质胶带是制作手臂模型时必需用的材料。

（3）线与针。线可以准备白色或其他颜色的纱线。为了在布料上显示出布纹，可用线顺着布纹缝上记号线，所使用的色线以绿色或红色等醒目的颜色为宜。立体裁剪必须依据布纹线进行设计与裁剪，所以丝线是不能缺少的重要工具之一。白色纱线可用于裁剪后的缝合，应注意的是缝制棉质布料时应采用白色或有色棉线，但若缝制丝质布料时就必须采用丝质线。缝制时所用的针，也必须选用能够配合面料质地的针。

（4）裁剪用剪刀、小剪刀。最好选用尖端锋利、使用方便的剪刀，用于裁剪布料或裁断丝线。

（5）皮尺、直角尺。立体裁剪主要是依靠视觉测量，用布料在人体模型上进行设计、裁剪、制作，虽然不需要经常测量尺寸，但在测量钮扣的间隔以及确定领围等部位的大小时仍然必须使用皮尺或直尺来测量。

（6）熨斗。一般选购的布料难免会出现皱褶，所以设计裁剪之前必须用熨斗将皱褶熨平，但不可使用喷雾器，因为喷洒水蒸气会将布料中的浆糊变硬，裁剪上较难处理。

（7）针线袋、针包。通常，使用大头针时大多将针别在挂在手腕上的针线包上，有时需要的大头针数量太多，可将针放入针线袋内，以减轻手腕的重量。针线袋必须采用皮革或厚质布料缝制，开口处最好能设计得宽松一些。

（8）棉花。除用在制作手臂模型之外，它也可以用来补正人体模型，以调整人体模型的造型。选用的棉花以柔软、富有弹性为宜。

（9）牛皮纸。在布料被裁剪、展开后画纸样时使用，或是在放缩纸样时使用。

（10）布料。立体裁剪时一般采用白坯布，很少用实际缝制的布料在人体模型上裁剪，除非是特别的或者针织类布料。经纬密度由薄的40号到厚实的20号，可依据不同目的选用适当的布料。平纹布料具有布纹明显可见的优点，在使用时很便利。除了前述的布料外，有时也可采用工业衬等其他布料，最好能避免太滑、伸缩性过强、过厚重的布料。立体裁剪用坯布布料要尽量选择与实际要缝制的布料性质相近的。

第三节 立体裁剪的准备

一、选择人体模型

在进行立体裁剪之前，首先要选择与实际人体相符或接近的人体模型，这样才能保证制作的服装合体、美观。在选择人体模型时主要把握住胸围、腰围、臀围、背长四个部位的尺寸，保证人体模型与实际人体的这四个要素相符或接近。具体测量方法（图1-3-1）与平面裁剪相同，下面简单加以介绍。

（1）测量胸围。用皮尺在胸部最丰满处水平围量一周。

（2）测量腰围。用皮尺在人体腰部最细处水平围量一周。

（3）测量臀围。用皮尺在人体臀部最丰满处水平围量一周，在测量臀围时应注意臀围尺寸含腹凸量在内。

（4）测量背长。量取后背第七颈椎骨到腰围线之间的长度。

以上述四个部位尺寸为依据，选择合适的人体模型。在实际选择人体模型过程中，人体这四个部位尺寸与模型上的这四个部位尺寸往往存在一些差异，这时就要首先考虑胸围尺寸，以胸围尺寸为基准来选用适当的模型。如果胸围尺寸正好处于两个人体模型的尺寸之间，那么就应选用腰围和臀围尺寸与所量尺寸较接近的人体模型。

二、人体模型的补正

我们所采用的大多数人体模型都是用于工业生产的标准化模型，如果是用于成衣生产的立体裁剪，那么只需选择相应号型的人体模型即可，如果是为单件定做，那么则需对现有人体模型进行相应地调整，补出不足之处。对裁剪某些特异造型的款式，也

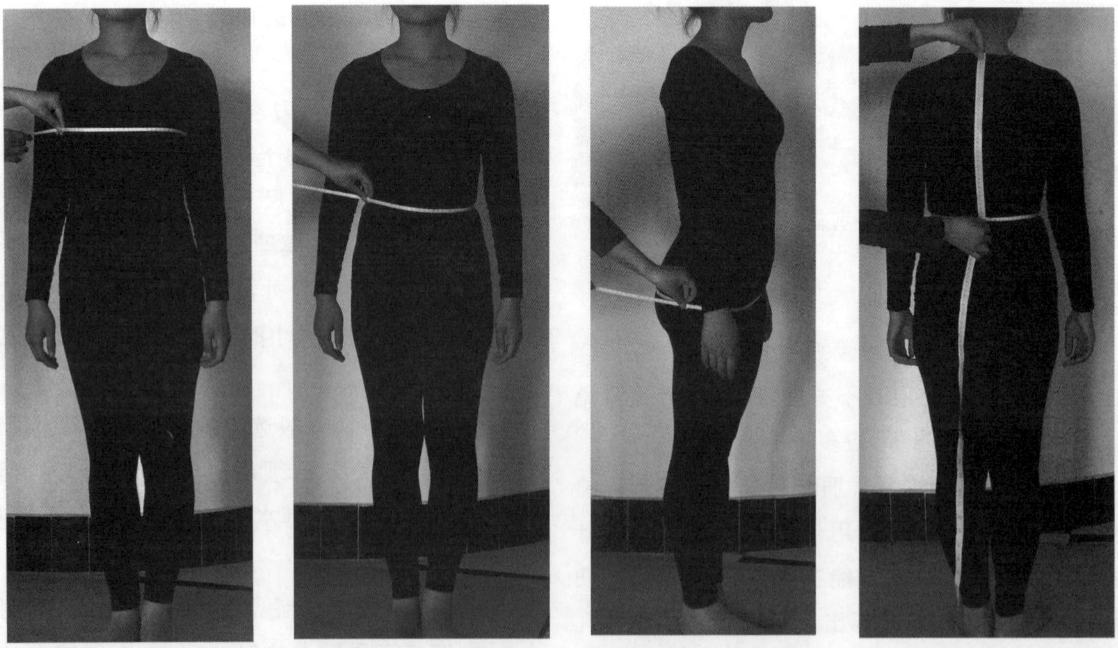

图1-3-1 人体测量

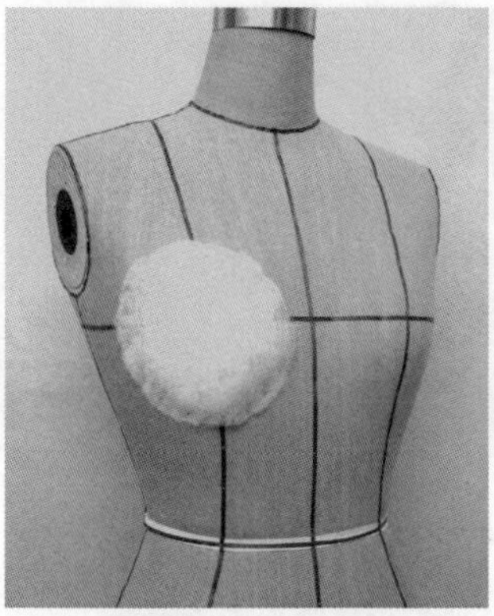

图1-3-2 胸部补正

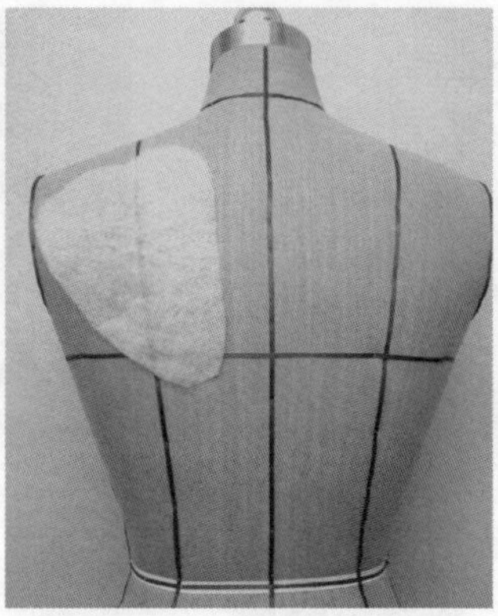

图1-3-3 背部补正

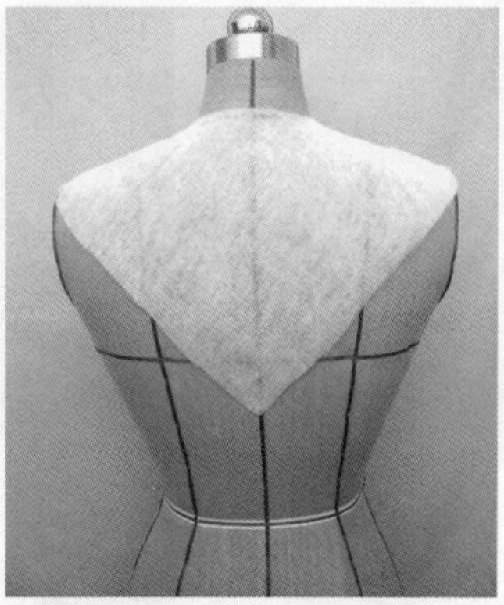

图1-3-4 肩部补正

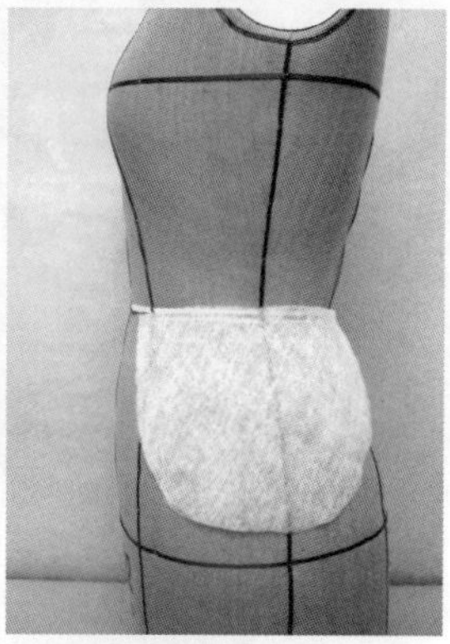

图1-3-5 腰臀部补正

同样需要对人体模型进行一定的整理，尤其是那些较为夸张的立体造型，则需给人体模型加上衬垫等支撑物。

对某些部位体型特殊的人来说，在选择人体模型时应对人体模型进行补正。补正是为了使人体模型更符合人体实际曲面的需要，一般在胸部、背部、肩部、腰臀部等特殊部位利用棉花、腈纶棉等絮状物，按人体各部位特征的需要，将棉花用胶带纸或大头针将其固定在人体模型上，外面再盖上柔软的布。补正时应注意只能追加不能削去。人体模型的补正见图 1-3-2~ 图 1-3-5。

三、布料的准备

(一)估计布料

在进行立体裁剪之前，要从一整块面料上取下一块准备为立体裁剪用，一般采用撕开法取得所需布料，因为若直接剪布则经纬纱易歪斜，此外由于布料的独边比较硬挺，难以使用，故要撕掉 0.5 cm 以上的布边。在开始裁剪之前，先要做粗裁，其主要是确定面料的长度和宽度。其具体方法是把布料直接贴于人体模型上，视其部位的需要量再加出缝份与修正量后，用剪刀剪布端并撕开，注意坯布衣片丝缕和正式面料的丝缕要吻合一致。

(二)确定面料丝缕，整理布纹

立体裁剪所用布料的丝缕必须进行归正，不允许有错位。一般布料的经纬向纱线之间呈垂直交错状，要确定布料丝缕是否垂直，可采用拉丝法，即将布料的一根纱线拉出，直至能完整地从开始端至终止端拉出来，然后在与该线垂直方向拉出另一根纱线。这样就能确定出垂直交错的两条经纬纱向。

取布时，由于撕拉过度会使布料丝缕歪斜错位，所以应矫正丝缕。若采用了丝缕歪斜的布样，并将它覆于正式制作服装的布料上时，则会使制成的服装产生丝缕歪斜，以致服装的外形也产生歪斜、形态不稳定的现象。将确定好经纬向的布样对折，若布纹对合不上则要斜向拉一拉以矫正，若这样矫正仍不够时则可使用不喷水熨斗矫正，要直至布纹对合、纵横垂直才可用于立体裁剪。布料归正见图 1-3-6。

四、大头针的别法

它指用大头针固定面料以及将布料固定在人体模型上的方法。常见的大头针别法有：

撮合别(图 1-3-7)：将两块布撮合往一起别，使布合适地贴在人体模型部位上。大头针的位置就是缝合线的位置，可方便布端进行缝份的剪切。

重叠别(图 1-3-8)：将两块布搭在一起，在重叠部位别。要察看两层布是否伏贴，当缝份多时大头针要横别，缝份少时则直别。

折叠别(图 1-3-9)：将一块布料折叠后与另一块布料别在一起。这种别法可使缝合线清楚可见，折叠线就是缝合线的位置。

垂直于缝合线别：这是结实且看起来漂亮的别法。注意针尖易弄伤手指，故不要插出太长。

平行于缝合线别：用较少的大头针就可以固定，能迅速做好。

斜向别：斜向别用少量针可固定好。因人体呈曲线形，有时非斜不可。

通常，在直线的地方别针可稀疏些，在曲线的地方别针要细密些，且有的地方要斜向别才能保持稳定状态。

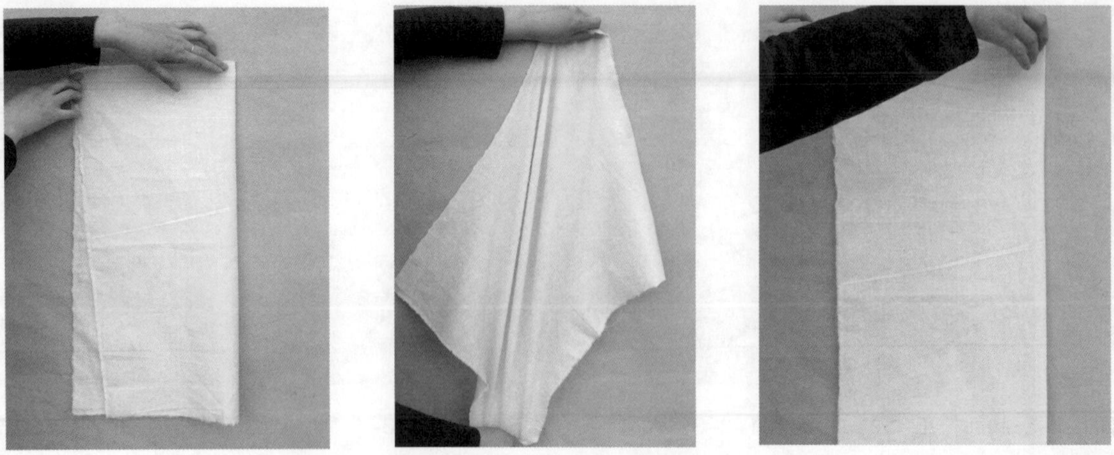

图1-3-6　布料归正图

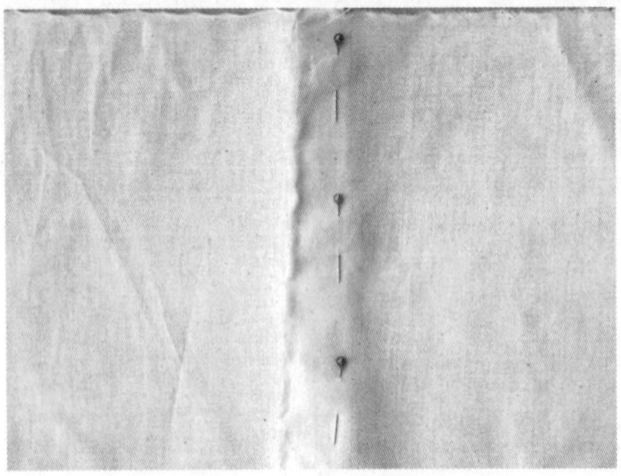

图1-3-7　撮合别

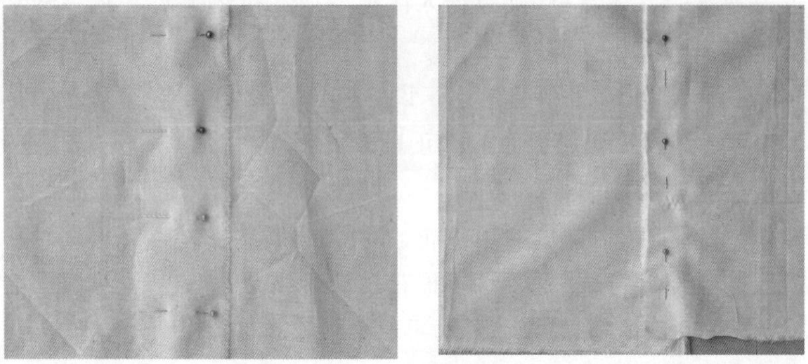

图1-3-8　重叠别

图1-3-9　折叠别

第二章 立体裁剪原理和技巧

立体裁剪原理和技巧是服装立体裁剪的理论要点，是服装立体裁剪开发的关键技术。立体裁剪是一种偏重于个人体会的服装造型手法。

第一节 立体裁剪的操作程序及表现方法

学好立体裁剪最主要的是实践。虽然在实际运用中立体裁剪可根据具体情况灵活进行，但在学习阶段一定要按比较规范的操作程序、操作方法和技巧来进行练习。

一、立体裁剪的基本操作程序及技巧

立体裁剪有着自己灵活的应用形式。它既可以是整件服装的成型以立体裁剪为构思起源，以完全的立体裁剪手法进行服装结构设计，甚至在立体的状态下缝制完成，也可以只是服装的某一个局部造型运用立体裁剪的技法来实现。这里要讲的是一个最完整的（也可以说是最基本的）以立体裁剪方法进行服装结构设计至完成纸样的操作程序及技巧。

立体裁剪的基本操作程序及技巧如下：

（1）基本确定服装的款式（图2-1-1）。服装设计师根据自己的创意用时装画的形式将设计构思通过草图体现出来。

（2）选择人体模型。根据穿着者的体型选择人体模型，必要时适当地补正人体模型。

（3）标记衣身造型线（图2-1-2）。根据设计者的要求，在人体模型上将衣身造型线用粘带标记出来。

（4）初步进行服装造型（图2-1-3）。以坯布或面料为材料，以剪刀和大头针为工具，在人体模型上边裁边别样，进行服装初步造型。

（5）点影、画线（图2-1-4、图2-1-5）。用铅笔或胶带进行点影、画线。将初步造型完成的服装衣片结构加以记录，按照衣片轮廓线进行点影、画线。

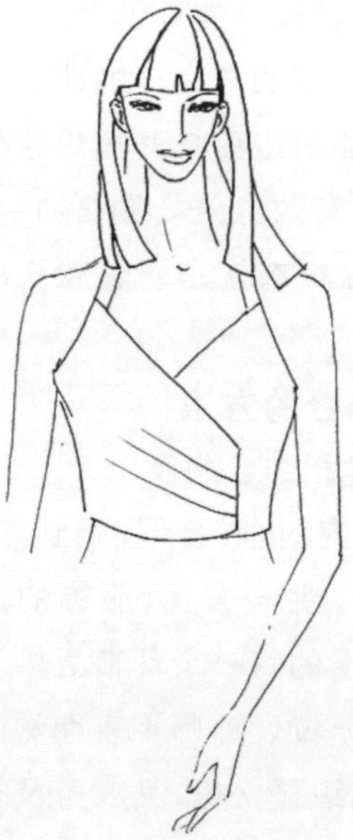

图2-1-1 基本确定服装的款式

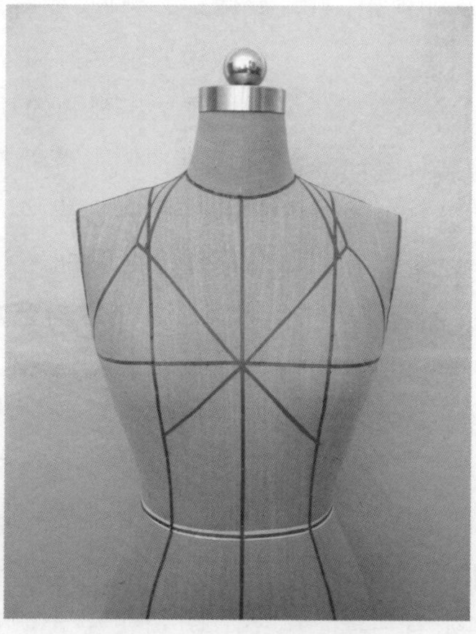

图2-1-2 标记衣身造型线

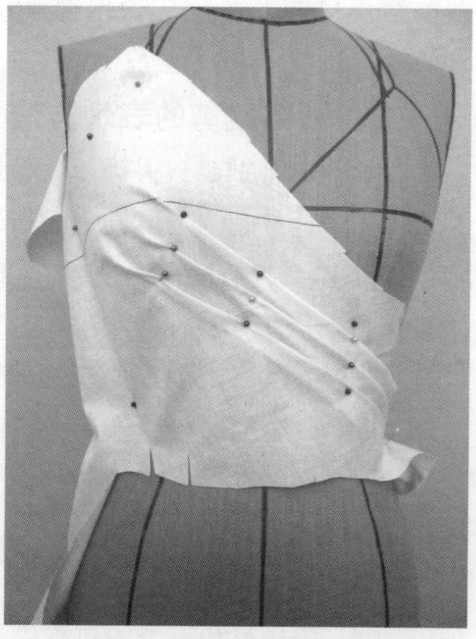

图2-1-3 初步进行服装造型

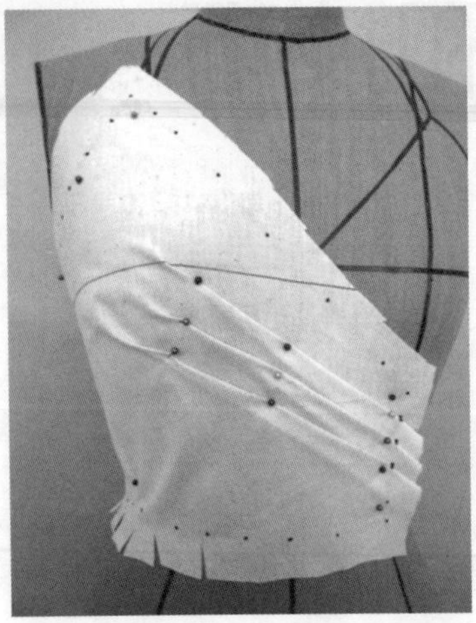

图2-1-4 点影

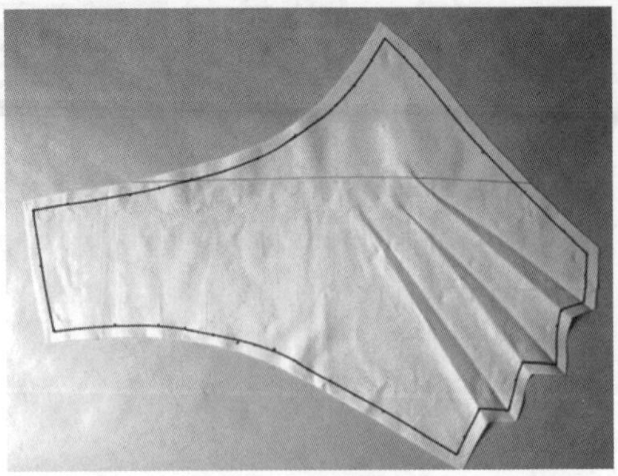

图2-1-5 画线

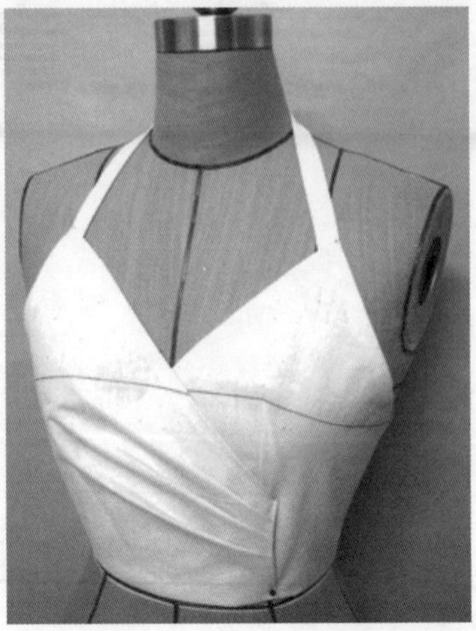

图2-1-6 制作成衣

（6）审视服装造型。进行平面的布样整理，并用大头针假缝，使服装基本成型。在人体模型或真人上试样，审视服装造型的准确性及合体性，加以调整、修改。

（7）拷贝。将试样补正后的布样拷贝成纸样。

（8）制作成衣（图2-1-6）。用得到的纸样放置在布料上进行画样、裁剪，完成整个服装裁剪的过程，并将服装缝纫成型。

初看立体裁剪技术的操作程序，也许会有一些繁杂的感觉，但只要经过认真操作，当一件件极具创意性的服装完美成型时，您体会到的将是立体裁剪的无穷魅力。当然，在实际应用中不是每件服装都要古板地、完全地用立体裁剪来完成，而是一定要结合具体情况灵活运用立体裁剪，并将立体裁剪和平面裁剪结合起来。总之，无论用哪种方法以及如何用，目的就是快捷、准确地裁剪出漂亮服装。

二、立体裁剪的表现方法

服装立体裁剪是以人为对象表现其着装样式的艺术创造。由于服装款式在着装运动中有着动感展现的鲜明特征，因此立体裁剪的表现方法和手段是丰富多样、生动活泼的，可因人、因时、因地而宜，采取各种造型的方式，对材料、形态、尺度、体量、空间、运动、机能和加工等相关因素进行综合思考和灵活运用。

（一）不断修改的方法

立体裁剪既要体现设计构思，又要追求优美的板型。因此，在裁剪和造型的过程中虽然偶尔有一挥而就的情形，但更多的是在精心构想下不断修正过程中完成的。从面料、试样布的选择和人体模型的补正到款式廓形、结构细节、服用功能和舒适度等方面，都要恰到好处，精益求精地追求完美的形象。此外，在服装造型中还要随时把握对比与和谐、节奏与韵律等形式美法则，努力从多方位、多角度的空间展现中细心观察它的着装形态，以求得恰倒好处、尽善尽美的表现效果。图2-1-7中弧线分割裙中的弧线分割，就是通过不断地修改后完成的。

（二）随机应变的方法

在立体裁剪的过程中，经常会萌发创意的火花，改变或代替原先的构想。这种创造的欲望来自实践中的启迪，随时发生在制作的过程中。有时从表面上看，它似乎具有不可预见的偶然性，但是随机而发的创意却正是创作者的艺术修养和潜在的创造力的最好体现。为此，要有意识地把握与提升创新的意念，使敏锐的观察力和强烈的表现欲望在一触即发的表现中释放出强劲的动力。随机应变是开拓想象和表现三维立体形态新样式的有效方法。图2-1-8中露胸堆积喇叭裙，其中的堆积衣就是随着款式的变化而进行堆积的。

（三）技术与艺术相结合的方法

服装造型是技术与艺术相结合的表现。一方面，作为造型手段的技术要讲究科学、合理，精到熟练，能有效地体现设计的意图；另一方面，服饰的造型要把艺术之美融入形象制造的每一个环节之中。技术与艺术的完美结合是每一位设计师不言而喻的追求。图2-1-9中的合体编织蓬松裙，其衣身及裙身通过编织法达到服装设计效果，是技术与艺术的完

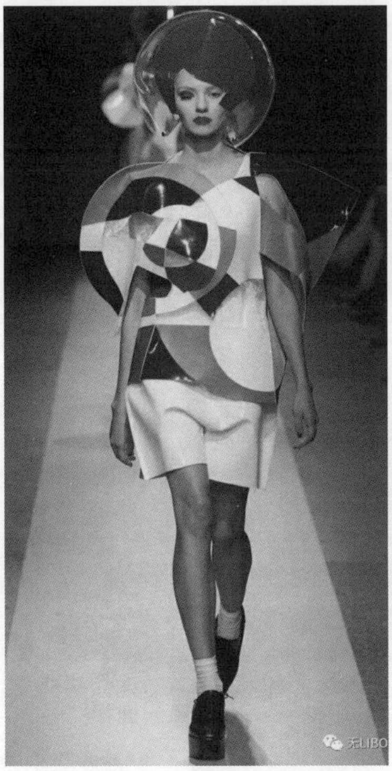

图2-1-7 弧线分割裙

图2-1-8 露胸堆积喇叭裙

图2-1-9 合体编织蓬松裙

美结合。

三、立体裁剪的审美表现

服装是人体“包装”艺术，而人体是一个复杂、生动的立体，因此服装立体裁剪艺术所要表现的是服装人体造型美，所要传达的是服装空间的审美意识。

（一）秩序美

自秩序化是人们生理、心理、审美的需要，是产生美感的必要条件。在服装立体构成中，服装主体形态的美感是通过点、线、面、体的秩序化程度所体现出来的。服装局部的秩序化对服装表现效果起到整体烘托的作用。服装立体构成的秩序美是通过比例和节奏等形式美原则来实现。

（1）比例。比例是服装形态、服装色彩、服装材料三要素的整体、部分、长度、宽度、厚度、体积等的比值关系，也称量的比率。其常用的比例有黄金比、根号比、等差数列比、弗波纳齐数比、贝尔数列比等。比例是量的“合法关系”，是调和的本质，是条理的表现。条理是以量的合法关系为条件的，是均衡的基础。在各关系取得“合法”性后，就具有美感。

（2）节奏。节奏一词源于音乐、诗歌，是听觉艺术的术语。在视觉艺术中“节奏感”是一种可视的、感觉到的、有一定规律的轻重、大小、浓淡、冷暖、疏密等间断与连接所产生的视觉效果。节奏的变化可概括为三种形式：① 渐变节奏；② 重复节奏（包括重复节奏和反复交替节奏）；③ 动感节奏。渐变节奏与重复节奏有一种明显的秩序，给人以强烈的节奏感。动感节奏变化复杂，虽然节奏感较弱，但富有魅力，耐人寻味。图 2-1-10 中的蓬松垂褶裙是以裙

图2-1-10 蓬松垂褶裙

图2-1-11 低胸女式连衣裙

图2-1-12 三角形分割裙

图2-1-13 喇叭飘逸裙

垂褶来表现渐变节奏设计；图 2-1-11 中款式是以动感节奏变化为主要表现形式的低胸女式连衣裙。

单纯化是高度秩序化的表现，是秩序美的一种。它通过省略、归纳、夸张等艺术手法，以要表达的内容为基础，刻意强化能够引起美感的那部分内容，使形象更典型、更简洁化，从而达到突出集中美的趣味，使之富有艺术感染力。现代的服装立体构成设计打破了传统、繁杂的艺术表现形式，以几何形为基础造型特点的作品屡见不鲜，如图 2-1-12 中以运用三角形的分割造型为主要特征的服装款式。

（二）塑形美

服装立体构成各部分的组织结构及服装的整体形态变化在很大程度上取决于服装的塑形性特征。塑形性是服装立体表述的关键，是营造服饰空间美的重要手段。

服饰造型线的变化决定服饰款式造型特点，服饰的外轮廓线决定整体服饰的形态特征。服装的结构线（包括衣襟线、省道线、开刀线等）的不同形状，可形成不同的体，使服装的"表情"更加丰富，空间感更强。在局部造型中小面积的塑形容易产生强调，且超常塑形更具有强调作用；带有律动感的半立体塑形使材料表面产生各种起伏变化，形成视觉、触觉肌理效果，如同浮雕艺术；坚硬的材质塑形具有雕塑感，柔性材质塑形则可表现出飘逸浪漫之美，而线性材材塑形的效果更是韵味独特。图 2-1-13 中的喇叭飘逸裙、图 2-1-14 中的立体花塑形裙均采用柔性材质，运用半立体塑形使服装的局部材料表面产生起伏变化，表现出女性特有的飘逸、柔和之美；图 2-1-15 中的球形衣则具有浮雕肌理艺术效果。

现代服饰塑形是一种空间拓展艺术。人体基形是着装状态的基本骨架，是服饰塑形的主体，但人体只是服饰空间构成元素之一。服饰的塑形仅仅表现在对人体表层的围裹是不够的，而应该把它视为有人加入的空间造型设计艺术。圣 洛朗曾设计过一系列郁金香式的礼服造型，其裙若花，人似花蕊，人与衣相映成辉。可见，设计师通过模拟或联想的方式塑形出这种具体的形象，使审美主体的审美意识与审美客体的审美特性有机统一，从而形成作品与心灵交汇的意象之美。如图 2-1-16 中的设计师以模拟的表现手法，设计出了向日葵式的礼服造型。

（三）动态美

人类形体是活动的，各种姿势和动作造型都具有空间感和立体感。对人体有序无序的运动规律以及对影响人体运动其他一些因素的联想和把握，是体现服饰动态美的关键所在。

在日常生活中，随着人体的行走、跳跃以及上下肢回旋、屈伸等富有节奏的动作而产生服饰宽松部分、离体部分的摇摆、飘逸翻飞和膨缩，由此而带动

图2-1-14 立体花塑形裙

图2-1-15 球形衣

图2-1-16 向日葵式的礼服裙

面料褶裥滑点点位的变化及省、缝、口等部位不同程度的移动。这些移动改变了服饰原有形态，在人体与外延空间形态之间产生无意识的运动轨迹，这种模糊逻辑空间流动性的存在，使服饰空间形态复杂化。不同的服饰形态语汇，为服饰提供了不同的空间动态效果，过分夸张或过于拘谨都会使服装形态失去应有的空间感。所以在服装立体构成艺术中不但要准确把握人体姿势动与静的必然联系，还要准确把握服饰形态动与静的内在联系，这样才能体现出服饰动态美的特殊内涵。

在服装立体构成设计中，对服饰空间只有量的权衡和大小、完缺、聚散、方位等要素的确定，决定了服装款式造型的风格和审美表达意图。如生活中常见的体型装（生活装、运动装、泳装、体操服等）运用秩序数据优化结构，合理地压缩服饰与人体的空间隙度，使人体在服饰内外空间达到空前的自由度，削弱了人体对服饰的依赖感，增强了着装的安全感。这些服饰崇尚人体美，展示了女人的曲线美和男人的力量美。中国的旗袍、日本的和服等对人体运动有一种制约感，通过各种“量”的限制，达到与设计者相契合的“合目的性”形态，即着装者活动幅度、走动步幅大就会破坏其造型美感，其审美理念讲求协调、渐进、中和、含蓄之美，克服个性外露、隐含寓意，给人以撩拨之感。而一些时尚的表演装，服装设计大师以其大胆的造型和强烈的风格化意识表达了其独特的艺术个性和创造才华，以无与伦比的外在美充分表达了其浪漫主义和后现代主义的艺术特征（图 2-1-17、图 2-1-18）。

作为人类情感的物化媒介，服饰材料以其自身的塑形性影响着服饰造型或是柔软、流动，或是坚挺、

图2-1-17 波浪喇叭裙

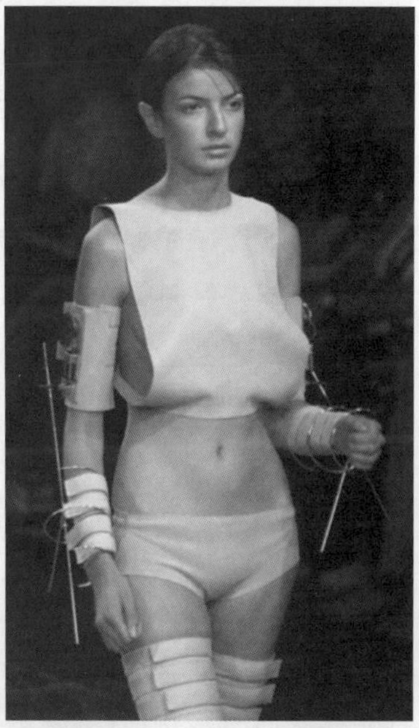

图2-1-18 立体短衣裤

图2-1-19 分割结构裙

图2-1-20 多层立体造型裙

干涩等。同样，服装色彩中的色相、明度、纯度、形状、位置等方面的变化和反复形成表现出的规律性与方向性运动感也会增强服饰效果的心理律动。

总之，服饰形态的飘忽变幻，各种结构与轮廓的断续行止、色彩的落差、材质的坚柔性能等组成了服饰艺术的立体结构、运动结构，使服装整体产生立体空间美的艺术效果（图 2-1-19、图 2-1-20）。

第二节 立体裁剪技术原理

一、立体裁剪的思考点

在立体裁剪的过程中，服装设计师和打板师针对服装造型和裁剪制图两方面的内容需着重思考以下五个方面的问题。

（一）造型与功能的关系

服装立体裁剪是以服装整体造型为特征，以某一特定形态语言的体现为手段，以穿着为目的的一种造型形式。因此，它应该以人为本，同时兼顾它的实用性、艺术性和技术性。服装立体裁剪的造型设计与板型制作、造型样式与材质，是为表现某一种生活方式和着装风貌为指向，以满足对象在物质和精神方面的需求为目的。当今，服装在人与自然、人与社会、人与环境的共存互动中越来越以其独特的样式体现出以人为中心的个性追求和审美情趣（图 2-2-1）。

（二）造型与材质的关系

就材质构成而言，服装造型是用特定材料经分割与缝合、挖孔与套入、包裹与披挂、穿连与拼接等方式组合而成的。用于服装造型的材料有天然纤维织物、人造纤维织物、混纺织物以及皮革、毛皮、珠和玉等，此外还包括衬、垫肩和线等辅料。材料是服装造型的媒介，由于不同材料的手感和视觉感受的不同，以及吸湿性、透气性、悬垂性、硬挺性和可塑性的差异，即使造型相同，但制作成型的外观亦会各不相同。因此，在服装造型设计与裁剪的过程中，有选择地使用不同材质的面料，有效地把握材料的特性，应成为在服装造型训练中需认真体验的内容。服装设计师和打板师对材料的熟悉程度和成型可能性的经验，是他们在立体裁剪过程中实现理想造型和优美板型的重要基础。图 2-2-2 中的多层立体裙、图 2-2-3 中的腰部合体宽松裙采用了柔和的、可塑性较好的材质来表现服装立体结构，使服装整体产生立体空间美的艺术效果。

（三）造型与人体的关系

服装立体裁剪要特别注意着装后衣服与人体间

图2-2-1 蝴蝶节露背裙

图2-2-2 多层立体裙

的贴合与远离的空间尺度，这种空间量通常称为放松量。放松量的多少不仅直接影响服装造型的外观，而且与穿着的舒适度的关系尤为密切。最基本的放松量应考虑到人在呼吸、举止、走路、登高、跑步等运动时产生的变化。对放松量要做到心中有数才能在立体裁剪的过程中把握适度、自由运用。初学时可以通过度量或目测等手段对人体运动的比例尺度进行观察与研究，对由此产生的服装造型和舒适度的变化进行比较、归纳，从而建立起放松量的基本数据，这样才能在立体裁剪时做到心中有数和恰如其分地把握服装造型。如图 2-2-4 中的宽松裙就要注意裙与人体之间的宽松量。

（四）服装与空间量的关系

对造型与人体的思考，自然会涉及到服装各部位的比例尺度。众所周知，服装造型的多样性首先是由比例与尺度的变化引起的。服装外型的特征与各部分的尺寸和衣片彼此间扭曲、伸缩、扩展和相拼组合所形成的空间量有关。服装的大小与人体尺度的比例总是处在一种相对应的关系中，会随着肩宽、腰围、下摆宽、衣长、袖长、裙长等任何一处数据的改变而带来外观和着装样式的变化。如果用几何形状的外形加以概括，那么比例关系的组合会形成形态各异的长方形、方形、梯形、三角形和球形等形态。因此，设计师和打板师在立体裁剪时不仅要熟知人的体型特征，把握由运动引起的比例尺度的变化，而且还要对服装各部位与人体之间的关系进行研究，尤其是比例与造型、功能、舒适度方面的“度”的思考。只有这样才能做到准确而优美地表现

图2-2-3 腰部合体宽松裙

图2-2-4 宽松裙

服装的形态。如图 2-2-5 中喇叭状下摆裙的下摆有着充分的舒适度及功能性。

(五)形态与支撑点、支撑面的关系

支撑点又称支点,是由面料的某一点被提起、固定于服装造型的某一处所形成的褶纹形态。支撑面是指造型后形成的块面形态。人体支撑起衣服是显而易见的,但是变化多样的形态与支撑点、支撑面之间的关系就不那么容易理解了。在服装制作中正是形态与支撑点、支撑面的关系才体现出服装造型的精到之处。通过对作品的深入解析和动手实践,我们会逐步体验和掌握其变化的奥秘。图 2-2-6 中的半立体褶纹裙采用真丝面料,对支撑面的大小和对支点位置的错落造型处理所形成的形态各异的半立体褶纹便是一例。立体裁剪宛如雕塑般的艺术表现,其蕴涵着丰富生动的疏与密的对比、节奏与韵律的美感体现。只有认真把握形态与支撑点、支撑面的关系,立体裁剪才能充分表现出服装造型随着人的运动所形成的影与线的优美姿态。图 2-2-7 中的立体装饰裙采用真丝面料,支撑点位于肩部,采用立体装饰形态,体现了韵律的美感。

二、立体裁剪技术原理

在国内外关于立体裁剪的理论探讨尽管众说纷纭,但总的来说大致可概括为以下几个理论要点。

(一)立体裁剪所用布料的丝缕

立体裁剪所用布料的丝缕必须进行归正。布料一般都是有经、纬向的,且经、纬向的纱线之间呈垂直交错状,都具有应力,若其相互间的应力相抵消则布料保持平整,即常说的“丝缕归正”。但当织造、整理布料时造成布料丝缕歪斜错位,以及从整块布料上取下一块布料时(采用撕开的方法以使撕开口的丝缕齐整),由于撕拉过度而会使布料产生丝缕歪斜错位,此时应用熨斗熨烫(最好用不喷水熨斗)使丝缕归正。经归正后的布料与人体模型覆合一致后裁剪得到的衣片才会“丝丝相扣、缕缕相通”。注意在此衣片与正式的布料覆合时也要坯布衣片的丝缕和正式布料的丝缕相吻合一致,以使裁剪制成的服装保持平衡,与人体模型上的造型保持一致。否则将会出现这样的现象,即在人体模型上用大头针固定后得到的立体裁剪衣片的造型是理想的,但取下后用正式布料制作出的造型却歪斜错位,不尽如人意。

(二)立体裁剪所用布料缝份的确定

在净样板上所加放的、便于同其他衣片缝接的宽裕量称为缝份。设计缝份就保持了服装制成后规格的准确和缝合部位的固定。在立体裁剪中缝份的确定要分两个步骤:第一步缝份要粗裁,缝份留大些,以便进行修改;第二步进行实际缝份的加放,在第一步粗裁缝份的基础上进行修改,确定最后的缝份。

图2-2-5 喇叭状下摆裙

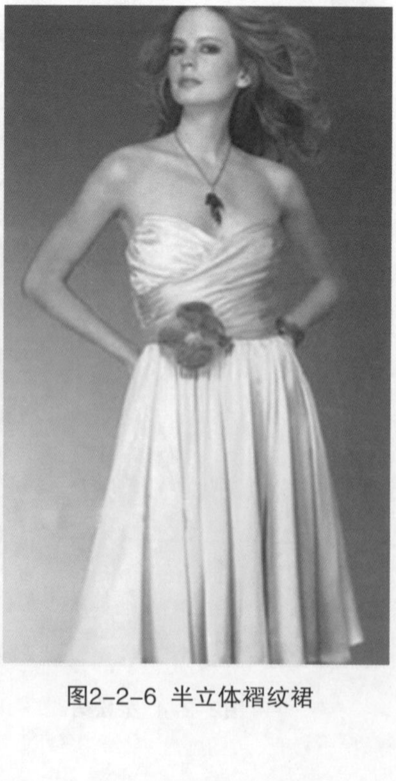

图2-2-6 半立体褶纹裙

图2-2-7 立体装饰裙

影响缝份的因素有：①缝型的形式。工艺上的缝型种类较多，主要有合缝、来去缝、包边缝等，有的还需缉明线，这就使得其缝份不同。缉明线的缝份宽，不缉明线的缝份窄；缉宽明线的比缉窄明线的缝份宽；遇到面料较厚时，其二层面料缝份不一样宽；处于包缝外层的样板缝份要大，处于包缝内层的样板缝份要小；留有放肥量的样板的缝份要大。② 衣料的性质。服装面料的厚薄和松紧度影响缝份。厚料的缝份相对大于薄料的，面料质地疏松的缝份相对大于面料质地紧密的。③衣片缝口线的弯曲程度。直线部位的缝份相对大于弧线部位的缝份。④ 缝份所处的部位。处于单纯的缝合部位的缝份可以略大，而处于止口部位的缝份应小。⑤其他。一般分缝熨烫的缝子的缝份可以略大，而倒缝或集中几层面料的合缝的缝份略小，同时缝制后要修改缝份，使缝合处的缝份均匀过渡并外观呈薄、挺。

缝份确定的范围：一般为 0.5~2 cm。当处于弯曲度较大但非止口弧线部位（袖窿、领窝、裆）时缝份为 0.8 cm，当处于止口部位（袋盖、领外口、门襟止口等）时缝份为 0.5~0.7 cm，其余部位缝份为 1cm；缉一般明线的缝份为 2cm 以内；特殊情况时按工厂生产工艺实际情况而确定。

（三）立体裁剪的分割造型处理技术

分割缝是为了适合人体和造型的需要，将衣身、袖、裙、裤等部位进行分割形成的缝子。在服装立体裁剪设计中采用分割缝的重要目的是合体、改变衣片造型、分解衣片。当然，这些目的往往是相互结合体现的，而合体是分割缝设计的基础。整件服装是通过分割将各个衣片组合起来而形成所设想的造型，因此分割造型的处理技术至关重要。这一点不仅对平面纸样设计非常重要，而且对立体裁剪亦是如此。由于立体裁剪能立即看到衣片通过分割缝合后形成的形状，所以对立体裁剪来说，分割造型处理技术则显得更为重要和实际。

有人认为衣片的分割线纯属装饰性的，这种理解是片面的。服装最终是穿在人体上，因此服装的分割线与人体的形体特征有着密切的关系。分割造型的原则是：

（1）分割线设计要以结构的基本功能为前提。结构的基本功能是使服装穿着舒适、方便，造型美观，因此分割线的设计是非随意性的。

（2）分割造型尽可能设置在人体曲面接合处。在进行分割处理时要注意将分割造型尽可能设置在人体曲面的每个块面的接合处，如女体胸高点（BP点）左右曲面的接合处——公主线；胸部曲面与腋下曲面的接合处——前胸宽下侧的分割线；前后上体曲面的接合处——肩线；腋下曲面与背部曲面的接合处——腰围线；腹臀沟两侧曲面的接合处——上裆线；腿部前后曲面的接合处——侧缝线或下裆线。即使因为服装造型的需要，缝道不在上述人体曲面的接合处，亦要考虑将分割缝尽可能靠近这些接合处。因为分割缝设置在人体曲面的块面接合处：一是可以使分割缝的处理简洁，一般只需要简单的缝合或略加拉伸、归拢便可；二是可以使服装外型线条清晰，与人体形态相符。

分割缝还有竖线分割与横线分割之分。竖线分割是使分割线与人体凹凸点不发生明显偏差的基础上，尽量保持平衡，致使余缺处理和造型在分割线中达到结构的统一。横线分割特别是在臀部、腹部的分割线，要以凸点为确定位置。在其他部位可以依据合体、运动和形式美的综合造型原则去设计。无论哪种分割缝，都会将衣片分为二片，其两片相对应的分割线是相关结构线，在结构设计中相关结构线必须形态上要吻合，数量上也应吻合。

第三章 立体裁剪基础

在立体裁剪操作之前，需掌握了立体裁剪的基础工作后，才能在实际操作中得心应手。立体裁剪的基础内容包括基准线的标记、紧身衣的制作、布手臂的制作、针插的制作等。

第一节 基准线的标记

基准线的标记就是将人体模型的重要部位或必要的结构线在人体模型上标记出来。这些标记线是立体裁剪必不可少的。在进行立体裁剪时，很少用尺去测量，大部分是依据人的视觉去观察人体模型的基准线，以确定服装各部位的尺寸及造型形态，因此基准线的标记尤为重要。

通过对基准线的标记，可以利于设计者对人体模型的特征有进一步的认识，如胸部、腰部、臀部的形态，袖窿弧线、肩线、颈围线的形态及方向，对了解人体模型的立体构造能起到较大的帮助作用。

（一）标记线的材料

标记线的颜色应选用与人体模型反差大的色彩，要醒目，利于透过布料易于识别。标记线一般选用黑色、红色或色彩明显的粘合带或彩带，宽度为0.3~0.5 cm。

（二）标记线的确定原则

标记线采用粘合带时，若粘性好则使用的时间比较长，若粘性不好则使用的时间比较短，粘合带会掉下来，故要选择粘性好的粘合带进行标记。也可以选择彩带做标记线，并用大头针进行固定。弧线处用大头针固定得密些，直线处用大头针固定得稀疏些，注意弧形部位要圆顺。标记线的确定原则是标记线一定要光滑、圆顺、流畅。

（三）标记部位

基准线的标记部位分纵向标记线、横向标记线、斜向标记线。

纵向标记线包括：前中心线、后中心线、左侧缝线、右侧缝线、前公主线、后公主线，共6条标记线。

横向标记线包括：胸围线、腰围线、臀围线，共3条标记线。在设计裤装时需增加膝围线。

斜向标记线包括：颈围线、左袖窿弧线、右袖窿弧线、肩线，共4条标记线。

（四）标记方法及标记技巧

纵向标记线如前后中心线、侧缝线、前后公主线都是以颈围线、袖窿线为基础标记的，所以在标记各线条之前应先将颈围线、袖窿弧线标记出来。

1. 斜向标记线

（1）颈围线的标记（图3-1-1）

先确定颈围线的前后中心点及侧颈点的位置，然后围绕在人体模型的颈根部，注意通过上述各点，用粘合带粘贴颈围线。

（2）袖窿弧线的标记（图3-1-2）

袖窿弧线通过人体模型将肩端点、前腋点、后腋点、侧缝最高点，先用薄画粉画出，然后用粘合带将其标记出来。注意袖窿弧线为倾倒的椭圆形，前后袖窿弯曲不一致，前袖窿凹势大于后袖窿凹势，这与人体体型及手臂经常向前运动有关。切忌不要把无手臂的人体模型上的挡扳作为袖窿，因为挡板的大小常常不准确，所以袖窿弧线要重新进行调整。如果人体模型上有手臂及臂根，则按人体模型上的臂根形态将袖窿弧线画出。

（3）肩线的标记（图3-1-3）

在人体模型的侧面先确定侧颈点（SNP）的位置，侧颈点的位置一般在颈部厚度的中心稍向后一点。再确定肩端点（SP）的位置，肩端点的位置为肩部厚度的中心点。将侧颈点与肩端点连接即为肩线。

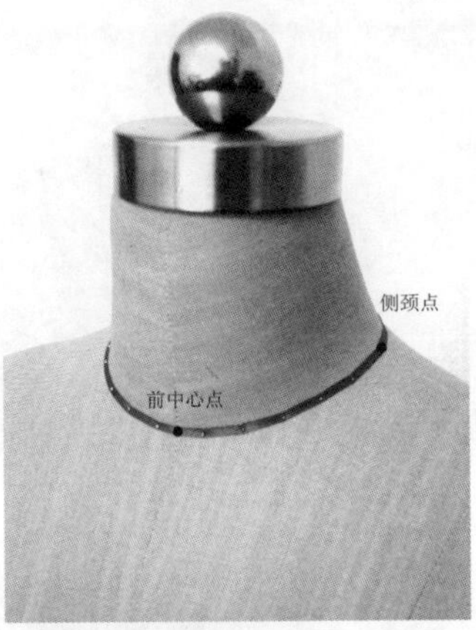

图3-1-1 颈围线的标记

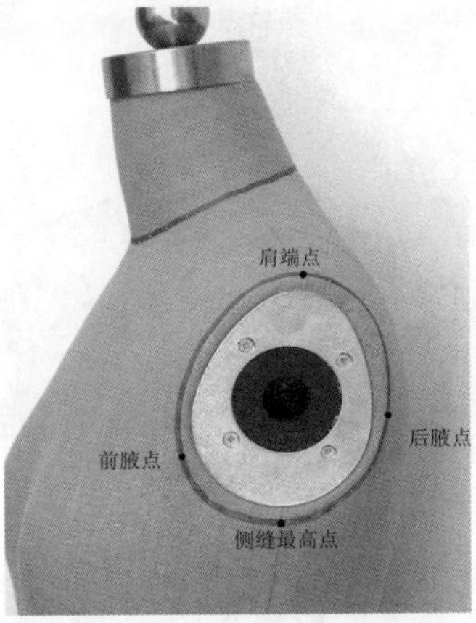

图3-1-2 袖窿弧线的标记

图3-1-3 肩线的标记

2. 纵向标记线

1）前、后中心线的标记

（1）确定中心分界线（图 3-1-4）

前、后中心线是人体左右的分界线，因此要严格地垂直于水平面。为达到这一点，可用一铅垂线，分别从前后颈部中心点垂一根细线，细线下系重物（可用小剪子代替），让其自然下垂，从而确定前后中心分界线。

（2）前中心线的标记（图 3-1-5）

当确认中心分界不偏斜后，用薄画粉沿垂直线点画于人体模型上，最后用粘合带自上而下沿着这些点将前中心线标记出来。

（3）后中心线的标记（图 3-1-6）

前中心线标记好后，再用相同的方法将后中心线标记好。后中心线的上端要延长出来，主要为领子的立体裁剪做准备。最后应观察带子的垂直性及用皮尺测量一下以前后中心线为分割面的左右两部分的对应的尺寸是否相同，如若不等，则及时修正。

2）前、后公主线的标记

（1）量取前公主线的长度（图 3-1-7）

公主线具有装饰功能，在标记前、后公主线时要将人体曲线的美感充分表达出来。前后公主线可用一根标记线，先量取前公主线的长度，再量取后公主线的长度。

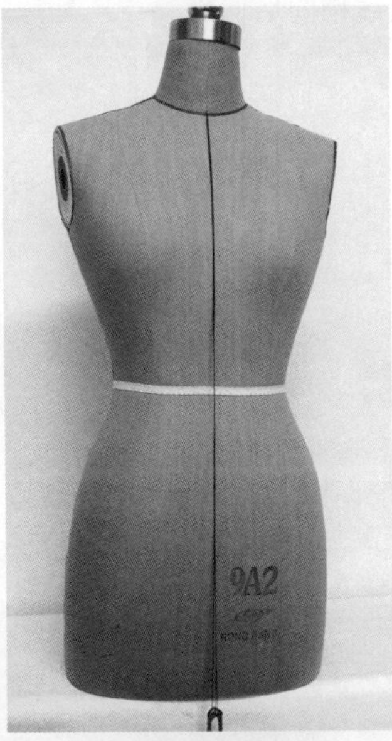

图3-1-4 确定中心分界线

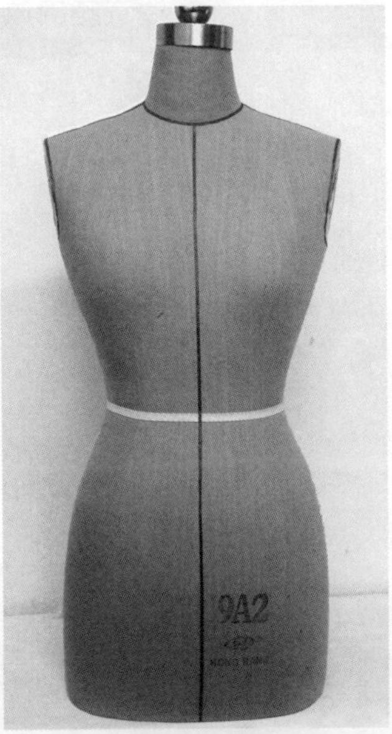

图3-1-5 前中心线的标记

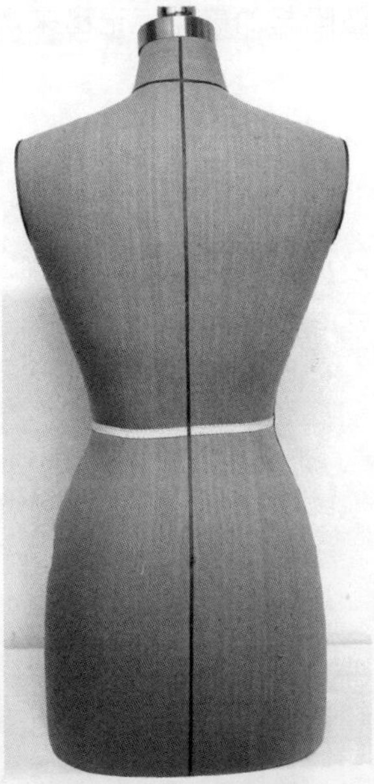
图3-1-6 后中心线的标记

图3-1-7 量取前公主线长度

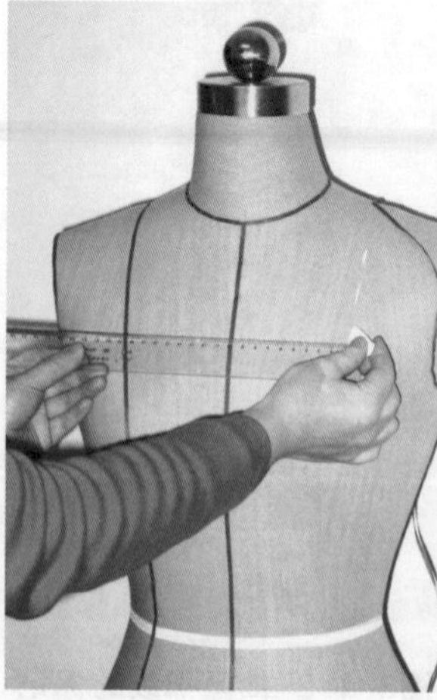

图3-1-8 标记公主线

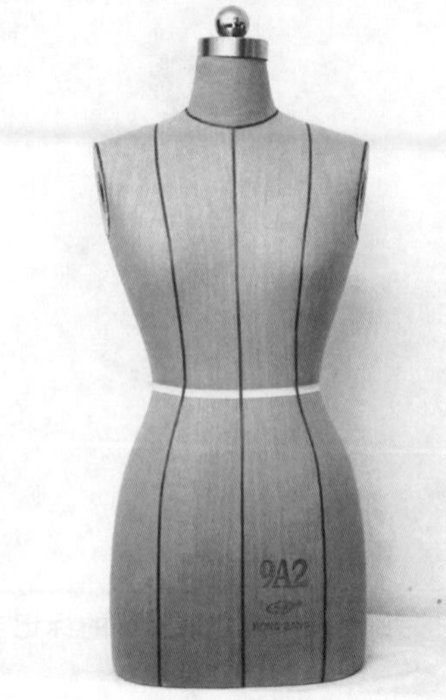

图3-1-9 前公主线标记完成

（2）前公主线的标记（图 3-1-8、图 3-1-9）

前公主线应在肩线上距领围 4 cm 处开始，通过胸高点（BP 点），向内斜至腰围线，再向外斜向放宽至臀围线直至底部。前公主线的标记原则是使胸部显得丰满，腰部显得纤细，腹部显得略微隆起。公主线的标记应先标记左公主线，再以前中心线为对称轴将右公主线标记出来。

（3）后公主线的标记（图 3-1-10）

后公主线也在肩线上距领围 4 cm 处开始，通过肩胛骨中心，向内斜向腰围线，再从腰围线向外斜向放宽至臀部，直至模型底部。由于后背没有前胸凸起的程度大，所以后公主线比较圆顺，标记时注意将臀部稍微隆起的感觉标记出来。

前、后公主线标记完成后，要检查左右公主线是否对称一致，如若不一致则重新进行标记。从前后公主线中可看出，左右两侧的公主线在胸围线处距离较宽，在腰围线处距离较窄，在臀围线处又放宽，充分体现出了女体三围扩张、收进的曲线美感。

3）侧缝线的标记

（1）确定侧缝分界线（图 3-1-11）

从肩端点垂一根细绳，细绳下端系上重锤，细绳将人体前后分成两部分，以此线作为侧缝分界线。

（2）侧缝线的标记（图 3-1-12）

先用薄画粉沿侧缝份界线点画于人体模型上，再用粘合带自上而下沿着这些点将侧缝线标记出来。注意腰围以下的侧缝线稍向后偏移。

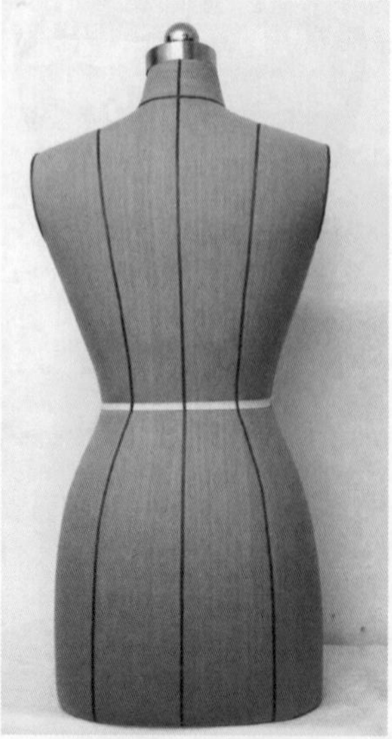

图 3-1-10 后公主线标记完成

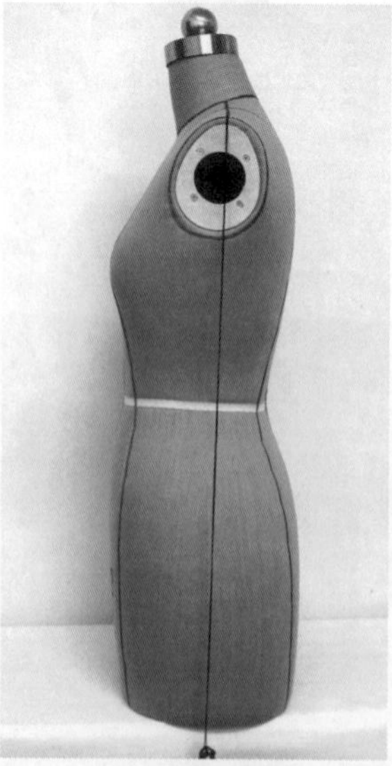

图 3-1-11 确定侧缝份界线

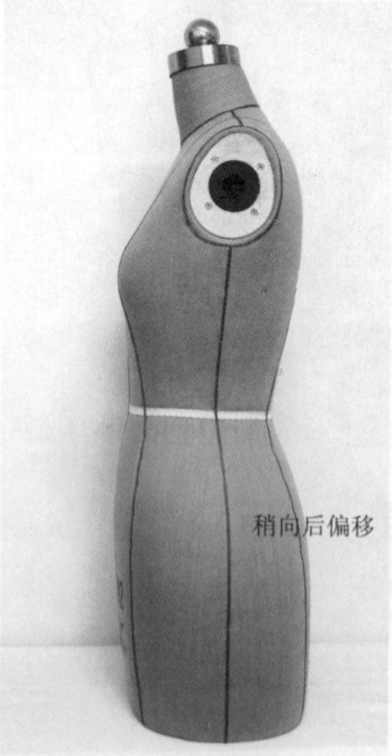

图 3-1-12 侧缝线的标记

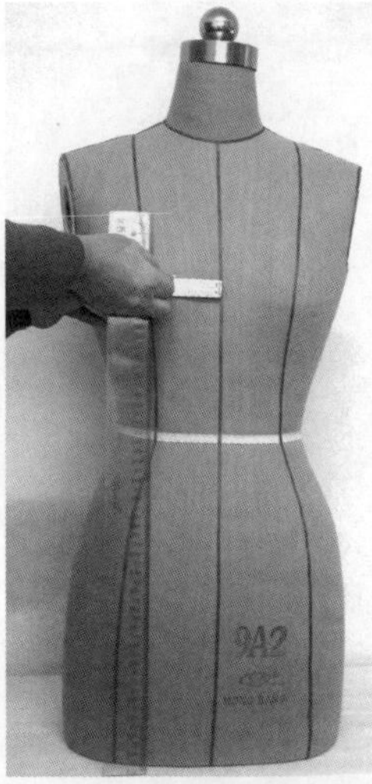

图3-1-13 确定胸围线位置

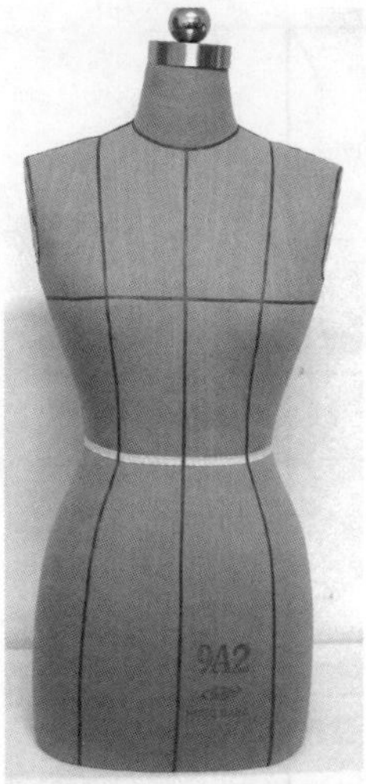

图3-1-14 胸围线

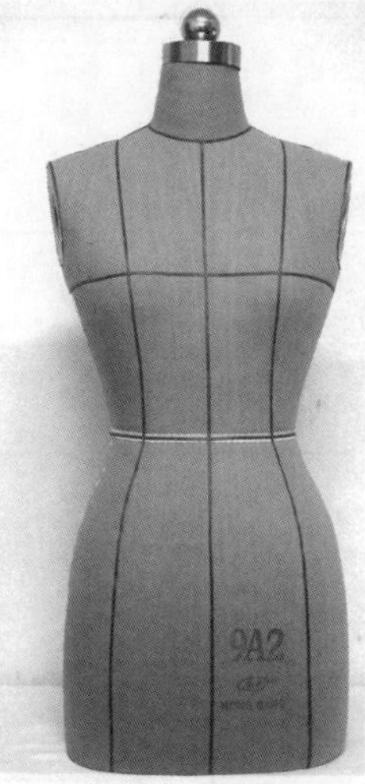

图3-1-15 腰围线

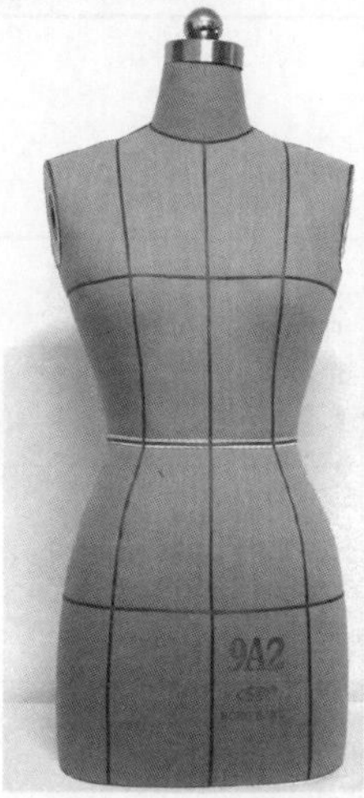

图3-1-16 臀围线

3. 横向标记线

1）胸围线的标记

（1）确定胸围线的位置（图 3-1-13）

先确定胸部最高点，量出该点距水平面的垂直距离（为使操作方便，可将人体模型放在非常平坦的桌面上）。然后用直尺按此距离在人体模型上画出胸围线的其他水平位置点。

（2）胸围线的标记（图 3-1-14）

胸围线的水平位置点确定好后，用粘合带将各水平位置点连接，并且要一边粘贴一边进行调整，使其保持水平。

2）腰围线的标记

腰围线是腰部最细处的水平线，可从后中心线开始确定腰围线（图 3-1-15）。标记方法同胸围线。

3）臀围线的标记

臀围线是臀部最丰满的水平线，一般在腰围线下 18 ~ 20cm 的水平线。臀围线的位置不宜过低，否则裙子会显得过短（图 3-1-16）。标记方法同胸围线。

（五）基准线标记的完成图

基准线的完成图中有正视图（图 3-1-17）、背视图（图 3-1-18）、侧视图（图 3-1-19）。总之，人体模型上的各基准线都要粘贴得平整、规范，该直顺的地方要直顺，该圆顺的地方要圆顺，左右基准线的标记要对称，弯势要一致，充分体现人体的曲线，真正起到立体裁剪的尺规作用。

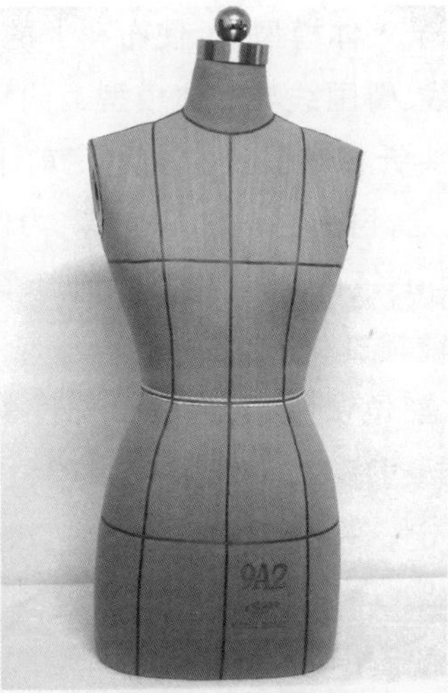

图3-1-17 正视图

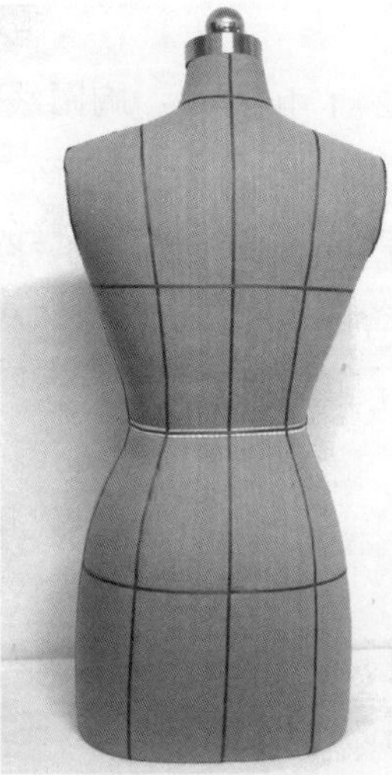

图3-1-18 背视图

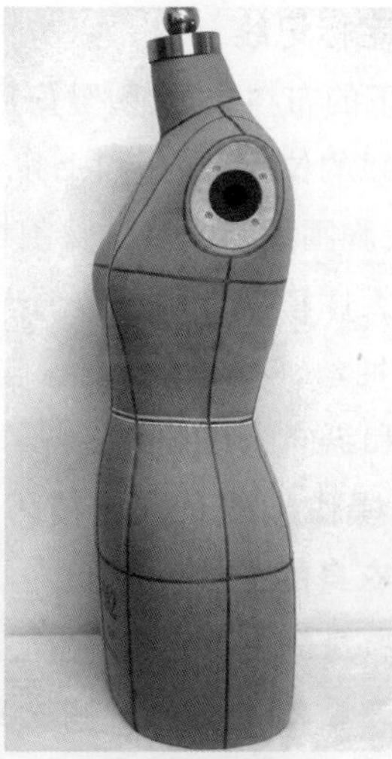

图3-1-19 侧视图

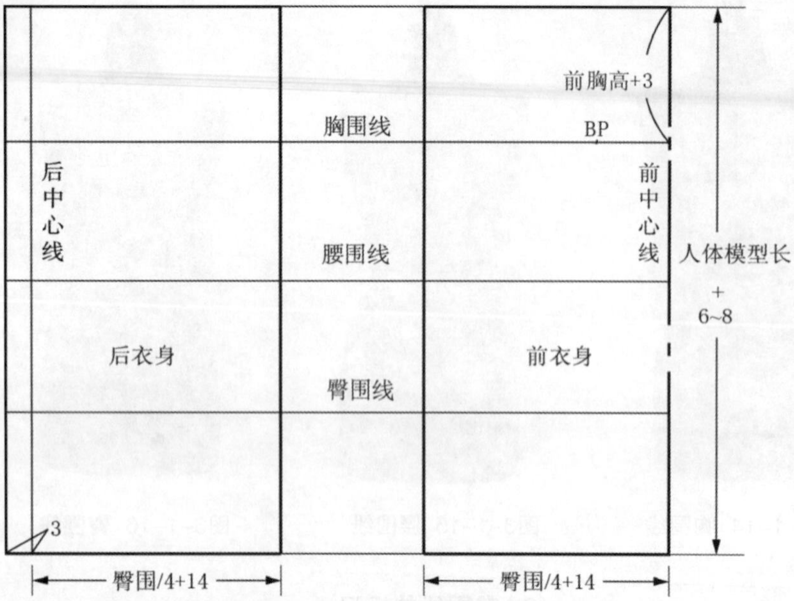

图3-2-1 紧身衣的布料准备

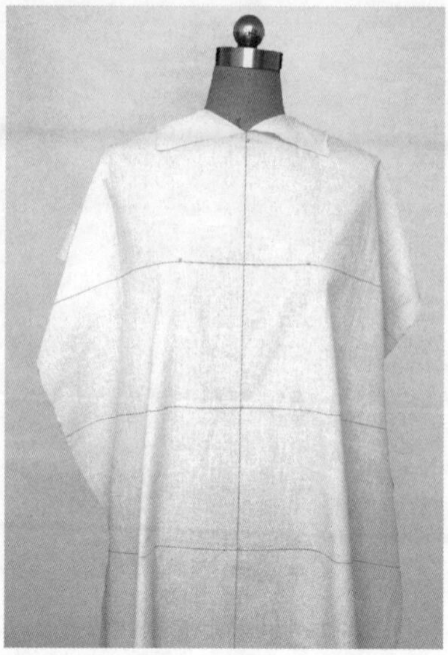

图3-2-2 固定前中心线

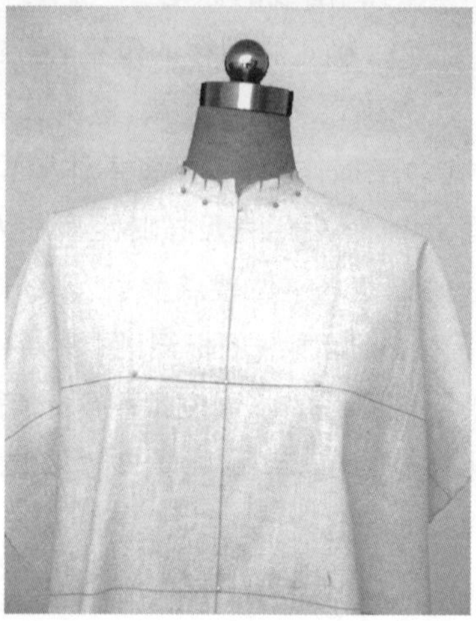

图3-2-3 固定前领口

第二节 紧身衣的制作

紧身衣就是用坯布制成适合人体模型的造型衣，不加放松量。紧身衣能将已做好基准线标记的人体模型外部包覆起来，起到保护人体模型及基准线的作用。同时，它可以被经常替换。通过对紧身衣的制作，可使设计者熟悉立体裁剪的基本方法及手法，也是掌握立体裁剪的最佳方式。

（一）布料准备

1. 确定用布量

前后衣片分别取长为人体模型长加 6~8cm、宽为臀围 /4+14cm 的经向布料各一块。紧身衣的布料一般选用中厚坯布（图 3-2-1）。

2. 确定标记线

将撕下的布料整理、熨烫好后，按图 3-2-1 中显示的基准线的位置，在布料上用色笔标出前中心线、后中心线、胸围线、腰围线、臀围线、BP 点等，注意各线条要与人体模型上的一致。也可以先将各横向和纵向线条抽丝，然后再以较醒目的纱线用平缝针针法将横向和纵向的线条手缝出来。

（二）操作步骤及操作技巧

1. 前衣身的立体裁剪

在前衣身的立体裁剪中，先裁右侧衣身，再裁左侧衣身。左侧衣身根据右侧衣身对应复制即可，但当人体模型左右不对称时，左右衣片都得进行裁剪。

（1）固定前中心线（图 3-2-2）

将布料覆于人体模型上，使布料上的前中心线、胸围线、腰围线、臀围线与人体模型上的相应标记线对齐，并用大头针将其固定。先固定前中心线与各标记线的相交点，再固定左右 BP 点。为使布料上端伏贴，可将前中心领口剪开，但不能剪过净线。

（2）固定前领口（图 3-2-3）

为使领口部位伏贴，可在领口部位剪放射状剪口，剪口不能超过领口净线，将领口部位抚平，并用大头针将其固定。

（3）收肩省

把布料上的胸围线、腰围线、臀围线与人体模型的标记线覆合一致，再把布轻轻地拉向侧缝后固定，

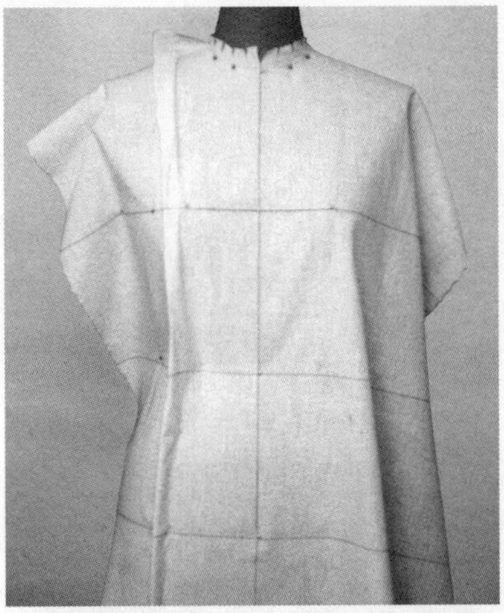

图3-2-4 做分割缝

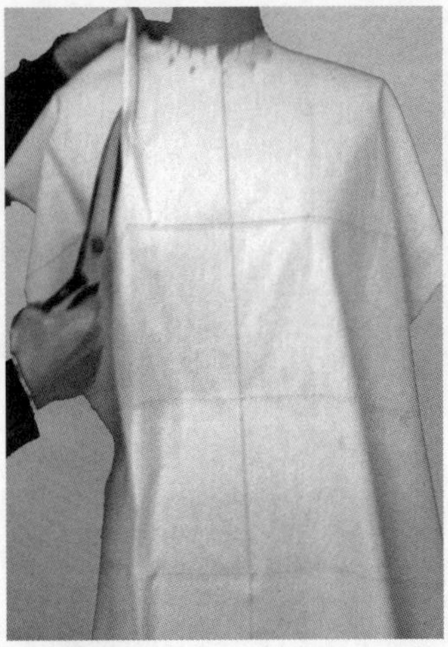

图3-2-5 剖开分割缝

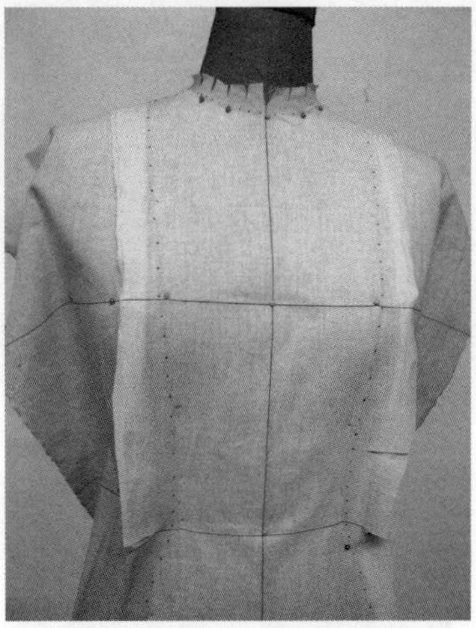

图3-2-6 前中片点影

这时布料紧贴胸部，纵向基准线要呈垂直状态。最后在肩部做一肩省，使胸围线以上部位平整。

（4）做分割缝（图3-2-4）

先在臀部的公主线处捏出缝份的量（大于2 cm×1.2 cm），然后将臀围线在侧缝处固定。后在腰部公主线处做腰省，顺势与肩省连成分割线。注意分割线的位置与公主线位置相重合，胸围线、腰围线、臀围线一定要保持水平，纵向纱支要保持竖直，衣服的各部位布料应伏贴于人体上，无多余皱褶，布料应与人体完全贴合。

（5）剖开分割缝（图3-2-5）

前衣片上的左右衣片及分割缝做好后，要观察横向线是否水平，是否与人体横向标记线吻合。合格后用剪子将分割缝剖开，前衣身被分为三片，剪时注意两边缝份要均匀，不要偏斜，以免衣片缝份不够。为使衣片在腰部处贴体，可将衣片腰部打剪口。

（6）前中片点影（图3-2-6）

将前中片的布料抚平，在剖开的前中衣片上，用色笔按人体模型标记线标出领口线、肩线、分割线、下摆线的点影线。点影时直线的地方可点得稀疏些，弧线的地方可点得密些。

（7）修剪前侧片（图3-2-7）

先将前侧片抚平，注意胸围线要与标记线相吻合。再将侧缝、袖窿、肩缝等部位的多余布料剪掉。

（8）前侧片点影（图3-2-8）

在剖开的前侧衣片上，用色笔按人体模型标记线标出侧缝线、袖窿弧线、肩线、分割线、下摆线的点影线。

2. 左后衣身的立体裁剪

（1）固定后中心线（图3-2-9）

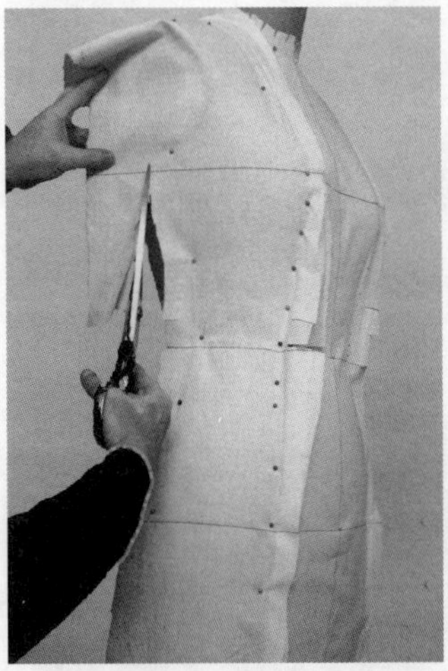

图3-2-7 修剪前侧片

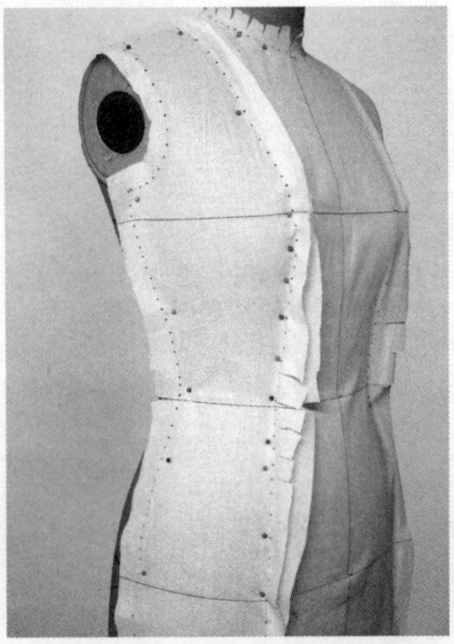

图3-2-8 前侧片点影

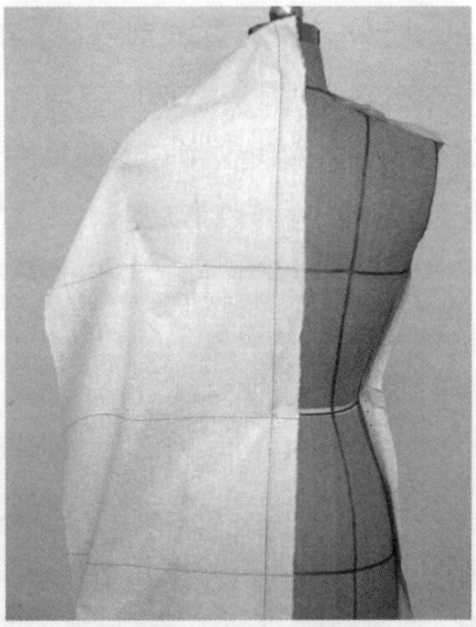

图3-2-9 固定后中心线

图3-2-10 固定后领口

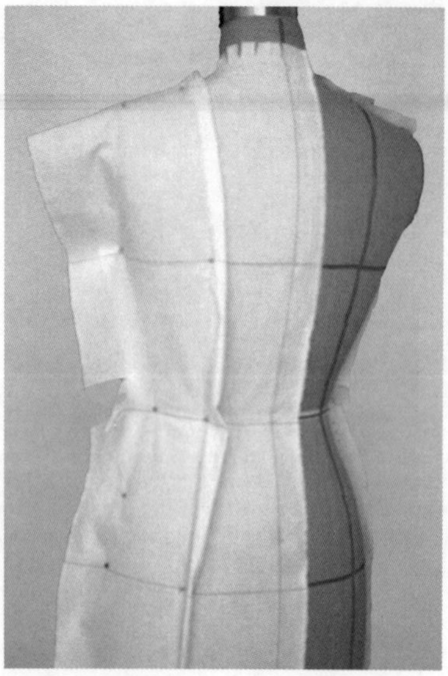

图3-2-11 做分割缝

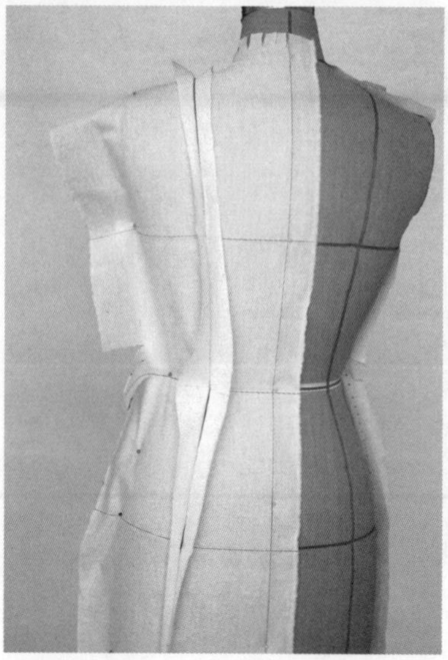

图3-2-12 剖开分割缝

将后布料覆于模型上，注意后衣身的后中心线、胸围线、腰围线、臀围线与人体模型上的覆合一致后，用大头针将后中心及胸围线加以固定。

（2）固定后领口（图 3-2-10）

将后领口固定于人体模型上，方法同前衣片领口，为使其伏贴，也可以在后领口处剪放射状剪口。

（3）做分割缝（图 3-2-11）

先在公主线的下端捏出缝份的量（大于 2 cm×1.2 cm），再沿公主线向上的位置做腰省和肩背省，并连成为分割线。胸围线、腰围线、臀围线要保持水平，衣片各部位与人体模型要伏贴，侧腰处打剪口。应特别注意，背部、臀部的突起部分要一点点地理顺，切不可使布料上的基准线弯曲变形。

（4）剖开分割缝（图 3-2-12）

做好后衣片及分割缝后，用剪子将分割缝剖开，后衣身被分为两片，剪缝份时要均匀，不要偏斜，以免分割线的缝份不够。为使衣片在腰部处贴体，可在衣片腰部打剪口。

（5）后中片点影（图 3-2-13）

将后中片抚平，在剖开的后中衣片上用色笔按人体模型标记线标出领口线、肩线、分割线、下摆线的点影线。点影时根据实际需要进行。

（6）后侧片点影（图 3-2-14）

先将后侧片抚平，再将侧缝、袖窿处的多余布料剪掉。在剖开的后侧衣片上用色笔按人体模型标记线标出侧缝线、袖窿弧线、肩线、分割线、下摆线的点影线。

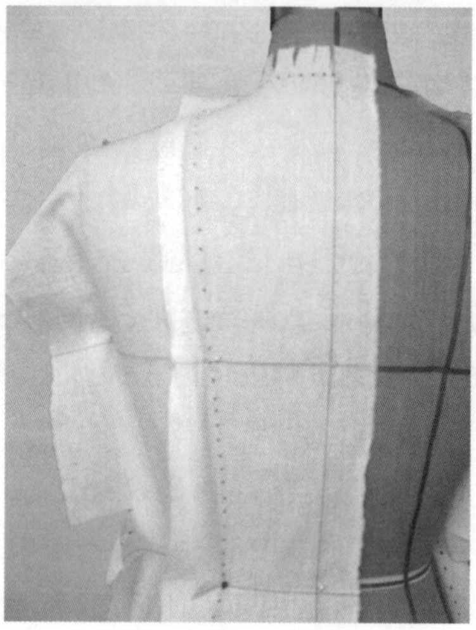

图3-2-13 后中片点影

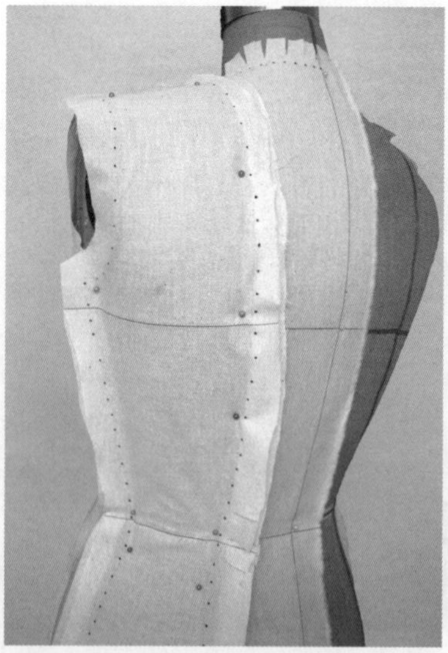

图3-2-14 后侧片点影

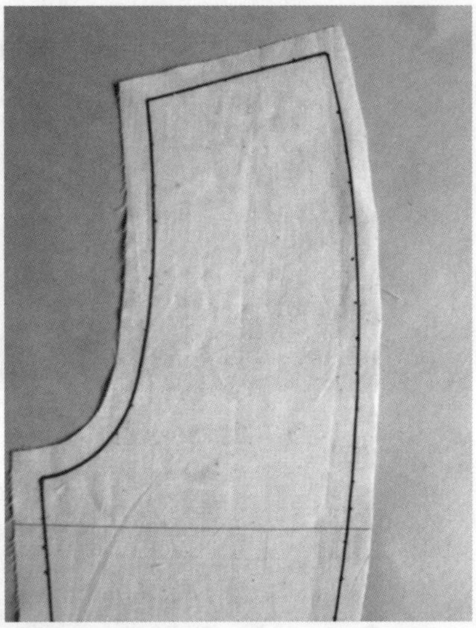

图3-2-15 画线

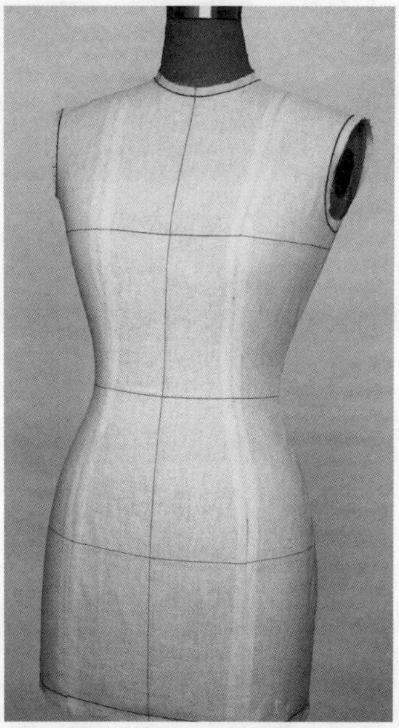

图3-2-16 缝合前后衣身

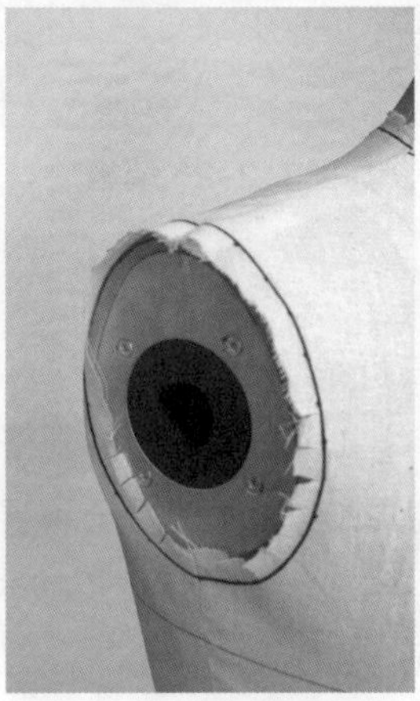

图3-2-17 处理袖窿

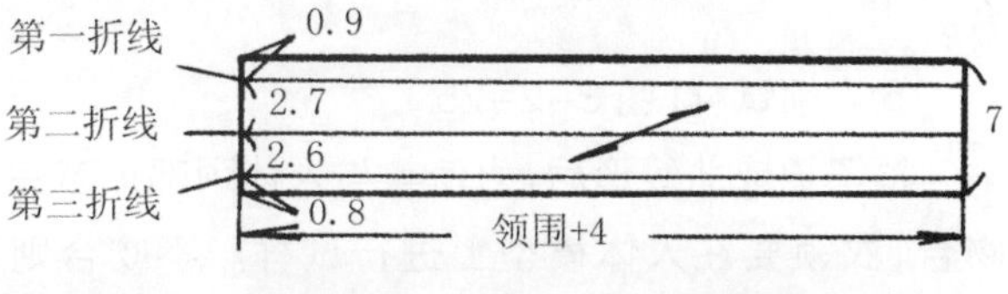

图3-2-18 确定领子的用布量

图3-2-19 领子的布料准备

（7）画线（图 3-2-15）

前后衣身点影完成后，将前后各片衣身取下，再将各点影进行连线，注意轮廓线要光滑圆顺。各轮廓线留出缝份 1~1.2cm，最后将多余布料剪掉。

3. 缝合前、后衣身

（1）缝合前、后衣身（图 3-2-16）

缝合前后衣片肩缝、侧缝、公主线，注意各横向线要左右对位，再将各缝进行劈缝。缝合好后，将紧身衣覆于人体模型上，衣身要抚平，微小的不伏贴量应抚向侧缝，侧缝处可做细微的调整。

（2）处理袖窿、下摆（图 3-2-17）

将袖窿打剪口，但不要剪过净线，袖窿、下摆处的缝份向里折光。再将后衣身的左侧背缝缝份折光，用手工缲缝固定。

4. 烫领、绱领

（1）裁剪衣领

①确定领子的用布量（图 3-2-18）

衣领取长为领围加 4 cm、宽为 7 cm，要求为斜向布料。图中的细实线为折烫线，按照图中的折线将领子扣净。

②领子的布料准备（图 3-2-19）

在斜向布料上，按衣领用布量将领子轮廓线画好，可将第二折线画在布料上。领子要贴体，必须进行归拔，所以领子一定为 45° 正斜纱向布料。

图3-2-20 裁剪衣领

图3-2-21 扣烫第一折线

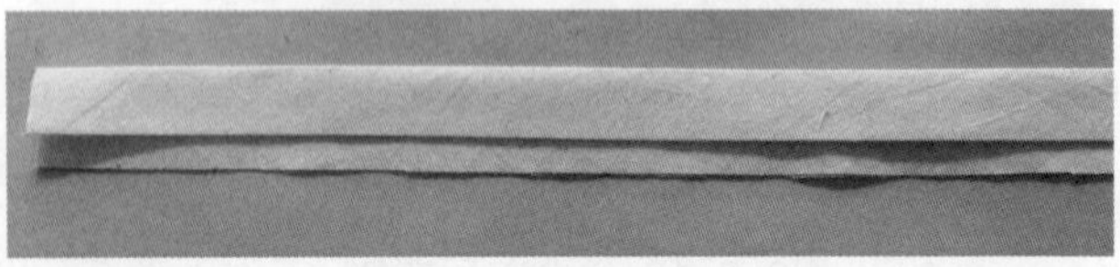

图3-2-22 扣烫第二折线

图3-2-23 扣烫第三折线

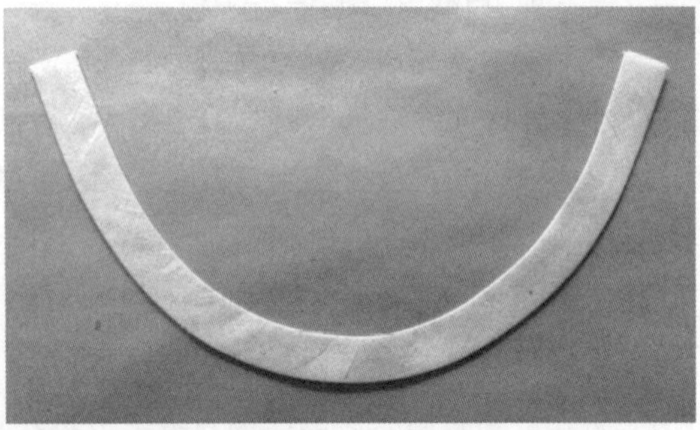

图3-2-24 归拔衣领

③裁剪衣领(图 3-2-20)

画好领子轮廓线后,按轮廓线进行裁剪。

(2)折烫衣领

①扣烫第一折线(图 3-2-21)

按第一折线将领子扣烫好,因为整条领子纱向为斜纱,注意不要将领子拉伸、变形。

②扣烫第二折线(图 3-2-22)

第一折线扣烫好后,再将领子的第二折线扣烫好,注意两条折线要扣烫平行,领子平整,不能将领子伸长、变形。

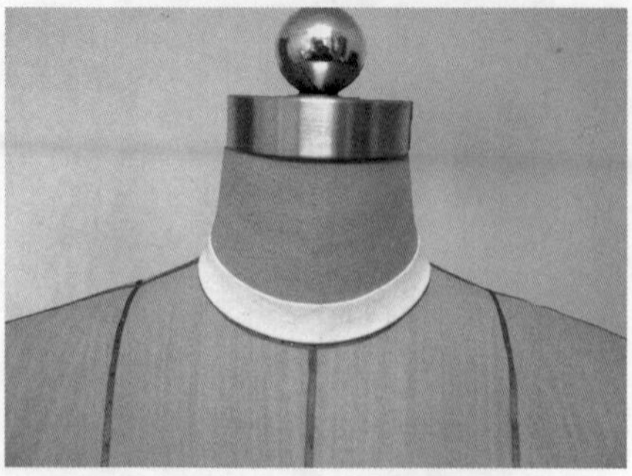

图3-2-25 衣领试样

图3-2-26 绱领

③扣烫第三折线(图 3-2-23)

第一、二折线扣烫好后,再将领子的第三折线扣烫好,三条折线要扣烫平行,领子不要伸长。注意领子的领下口处,第三折线比第一折线长出 0.1 cm。

④归拔衣领(图 3-2-24)

把扣烫好的领型布,用熨斗归拔成曲线形,将领下口拔长,领上口缩短,使其与人体颈部形态完全吻合。

⑤衣领试样(图 3-2-25)

领子烫成曲线形后,为使其与人体颈部形态完全吻合,衣领要在人体模型上进行试样。不吻合则再进行归烫,待领片烫好后,用大头针暂时固定在人体模型上。

(3)绱领(图 3-2-26)

衣领的曲线形状与人体体形完全吻合后,将衣领用手针扦于衣身领窝处。先将第一折线处的正面与衣身正面相对,第一折线与领窝扦在一起,要扦暗针;再将衣领翻下,把第三折线扦于领窝处。领口开口处要做得平、薄。

(三)平面结构及立体造型总结

(1)紧身衣平面结构展开图

紧身衣平面结构展开图见图 3-2-27、图 3-2-

28。图3-2-27为前衣片平面展开图、图3-2-28为后衣片平面展开图。从前后平面展开图中可看出衣身各部位线条圆顺,流畅,特别是公主线分割将肩省与胸省、腰省结合起来,形成优美的曲线。衣身上的标记线仍保持原有状态,横向的标记线要保持水平,纵向的标记线要保持垂直状。如果应用此平面展开图,做成紧身的服装,会得到非常优美的服装外形。

(2)紧身衣立体造型形态

紧身衣立体造型形态见图3-2-29—图3-2-31。从立体造型图中可看出此衣身紧紧地与人体模型相贴合,无多余量,能将人体的曲线充分表达出来。衣身上各标记线不弯曲变形,各横向标记线左右对位,公主线分割与原公主线对合一致。

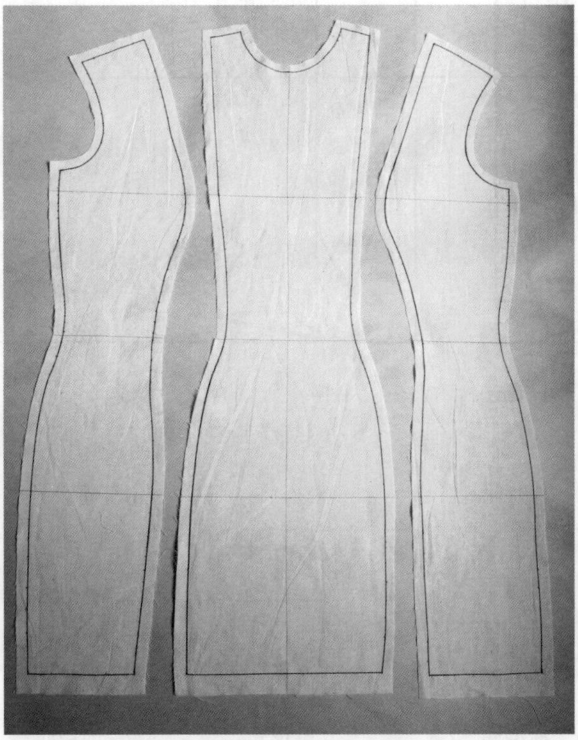

图3-2-27 前衣片平面展开图

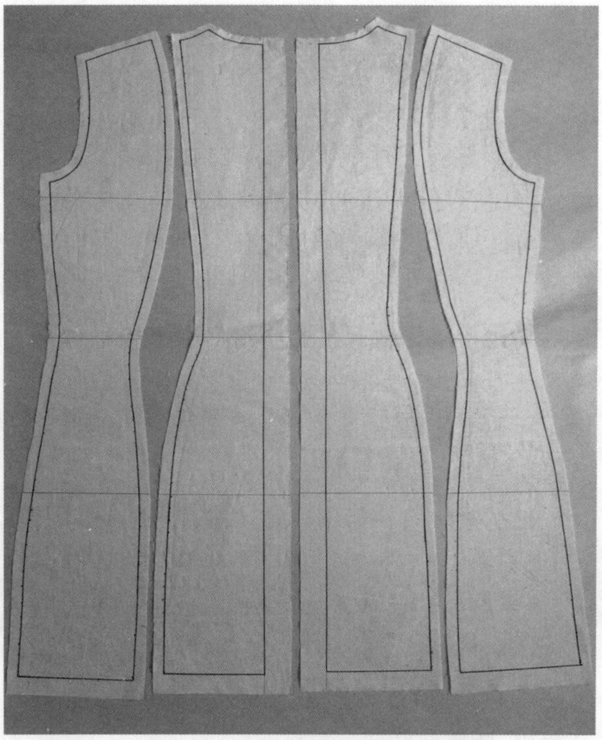

图3-2-28 后衣片平面展开图

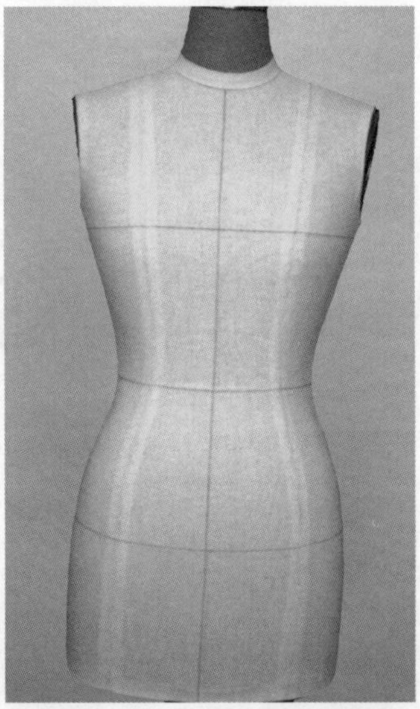

图3-2-29 前衣身立体造型

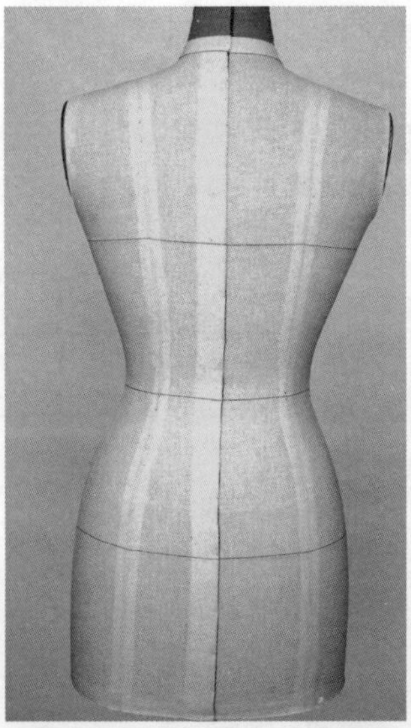

图3-2-30 后衣身立体造型

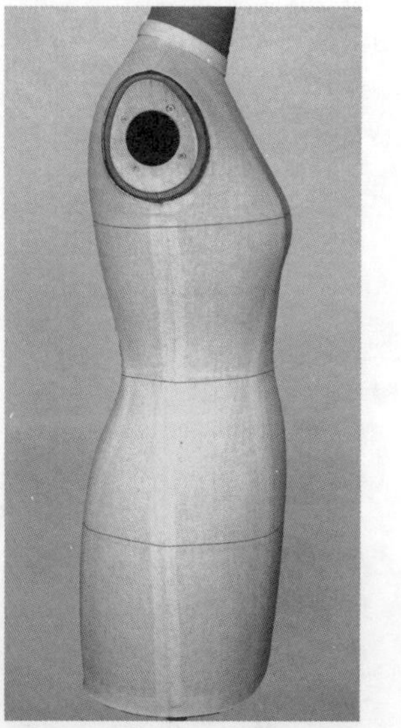

图3-2-31 侧衣身立体造型

第三节 布手臂的制作

布手臂是立体裁剪中不可缺少的一项用具，用于袖子及连袖服装的立体裁剪。在没有安装布手臂的人体模型上，可用布料、棉絮或腈纶棉等材料自制布手臂。布手臂的制作应尽量与实际手臂形状相似，并能自由装卸。最好制作左右两只手臂，但多数情况下制作右手臂也可以。本节仅介绍右手臂的制作，左手臂的制作与右手臂相同。

（一）布手臂的结构制图

图 3-3-1 是手臂模型的结构图，是对手臂外形进行科学、理想、概括的总结。在结构制图中，以肘线为界，肘线以上呈竖直状态，肘线以下为前倾状态，手臂尺寸虽然因人而异，但以采用标准型的尺寸为基准做出来的手臂模型比较实用。这里所讲例子中的手臂的长度比标准型的略长，目的是为了增加它的适用范围。

布手臂的结构制图包括大袖、小袖、袖口布、臂根布、盖肩布等。袖口布的形态为椭圆形，似手腕横截面的形状；臂根布前后曲线的形状不一致，仔细调整好后再裁剪；盖肩布为两块布料，近似三角形，起到固定手臂与衣身的作用，使肩部造型更美观。

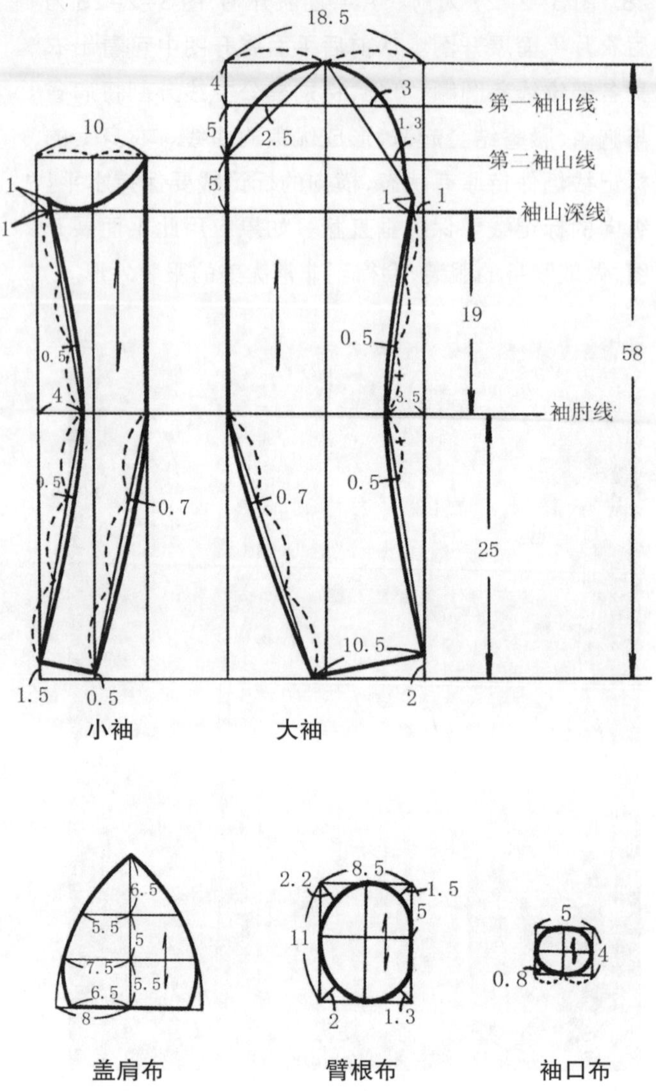

图3-3-1 手臂模型的结构图

（二）布手臂的裁剪

1. 布手臂的放缝图

图 3-3-2 为布手臂的放缝图。根据图

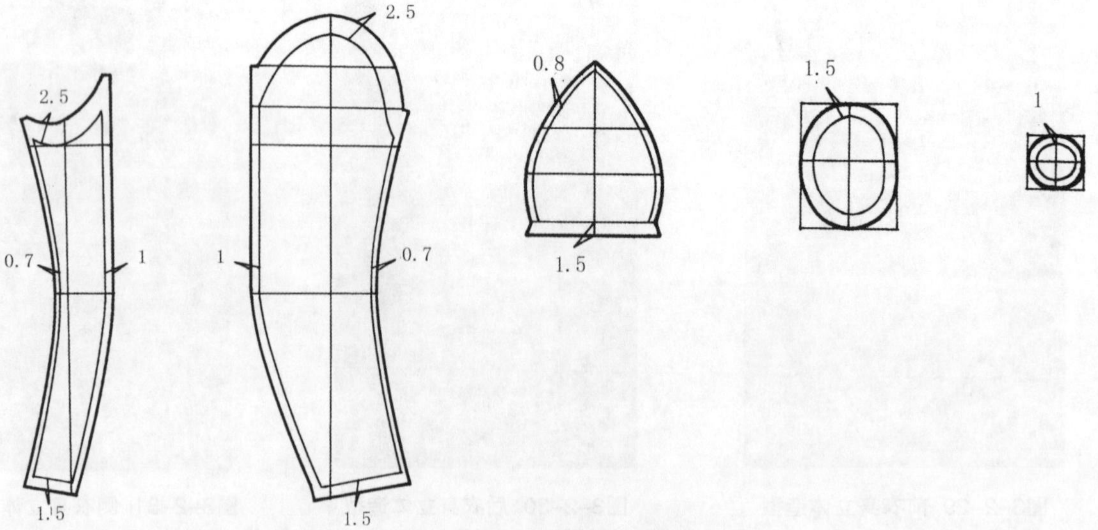

图3-3-2 布手臂的放缝图

3-3-1 所示的手臂模型各片的结构图将各片进行放缝，布手臂的放缝图包括大袖、小袖、袖口布、臂根布、盖肩布等。

2. 布手臂的裁剪

图 3-3-3 为布手臂的裁剪图。手臂的布料通常选用中厚或较厚的白坯布，颜色为原色或浅色，最好与紧身衣的布料相同。

裁剪时先留缝份后粗剪，用手将布料撕开，再进行布纹整理并熨烫好。然后按图 3-3-2 所留出的缝份进行裁剪。再用醒目的色线缝出各部位其准线或用醒目的色笔标出基准线即可。

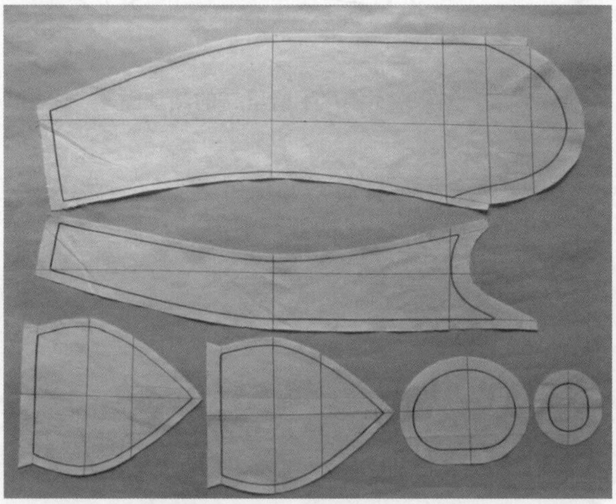

图3-3-3 布手臂的裁剪

（三）布手臂的制作

1. 做手臂面

（1）拔开处理（图 3-3-4）

将大袖的前袖缝用熨斗进行拔开处理，或用手把大袖布料斜向拉伸。拔开的主要部位为袖肘线上下，注意熨斗边不要超过袖内缝太多，应在偏袖线以内拔开。拔开时注意不要用力过大，以免将袖片撕破。

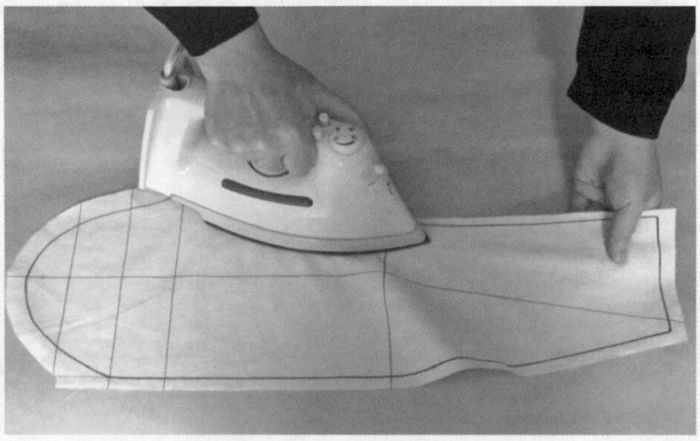

图3-3-4 拔开处理

（2）袖片拔开效果（图 3-3-5）

用熨斗将袖片拔开，直到前袖缝线折回 2cm 时，能折出很顺的曲线为止。

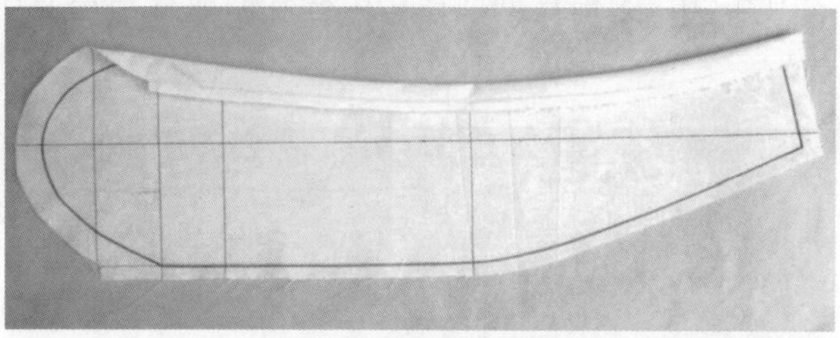

图3-3-5 袖片拔开效果

（3）固定前袖缝（图 3-3-6）

将大袖与小袖的基准线对合，先将肘线对准，以肘线为界，向上向下，用大头针加以固定，再拿到缝纫机上进行缝合。有时手腕部位稍有偏差，只要能平均固定即可。

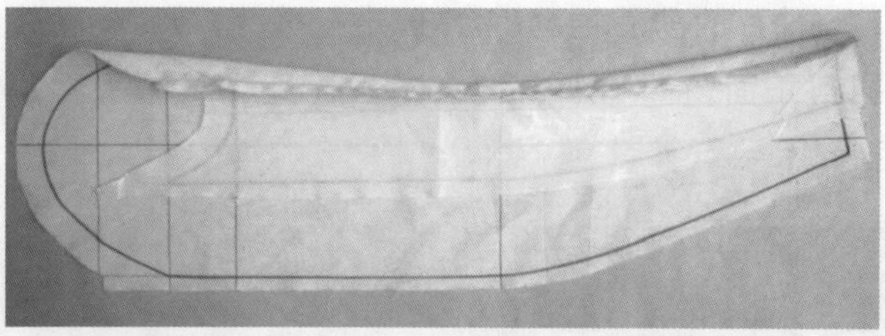

图3-3-6 固定前袖缝

（4）缉合后袖缝（图 3-3-7）

由于大袖的后袖缝弯势大于小袖后袖缝弯势，所以两袖缝不等长。用大头针固定后袖缝时，不要勉强对合肘线，在大袖片的肘线上下 8 cm 处进行吃势处理，使之符合肘部弯曲的特点。把别好的前后袖缝用机器缉好并劈缝，注意一边缉一边将大头针拆下来，各基准线对位，这样大袖片的肘线比小袖片的肘线抬高 0.5 cm，袖口处的基准线应对位。

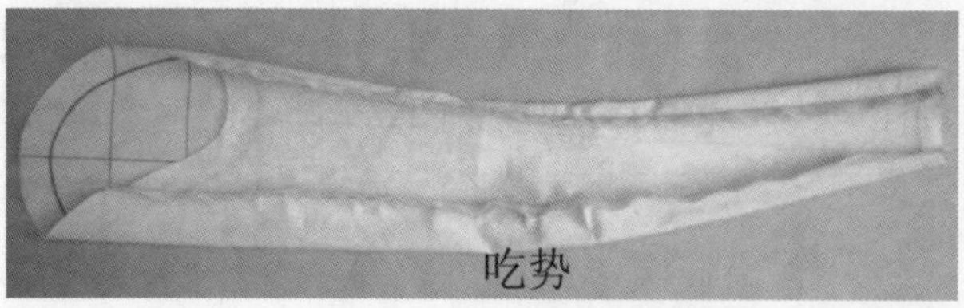

图3-3-7 缉合后袖缝

（5）固定袖缝（图 3-3-8）

由于大袖片的后袖缝弯势大于小袖片的后袖缝弯势，固后肘点处的大袖应有吃势，后肘线会出现偏差 0.5 cm，大袖片的肘线比小袖片的肘线抬高 0.5 cm。

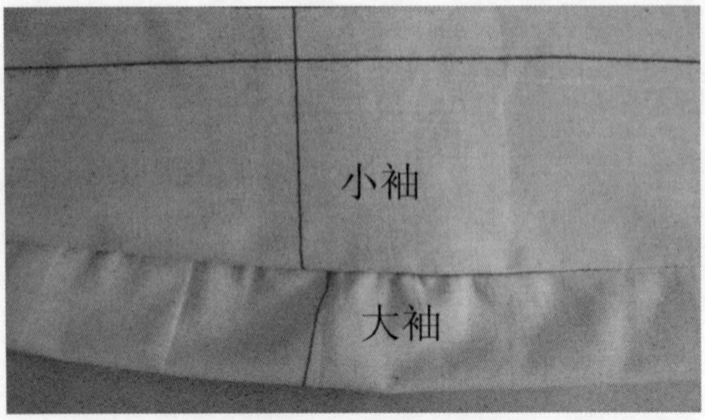

图3-3-8 固定袖缝

（6）袖片整体效果（图 3-3-9）

袖片的前后袖缝缝合好，进行劈缝，最后将袖片翻到正面，袖子摆平后，会呈现优美自然的手臂模型。

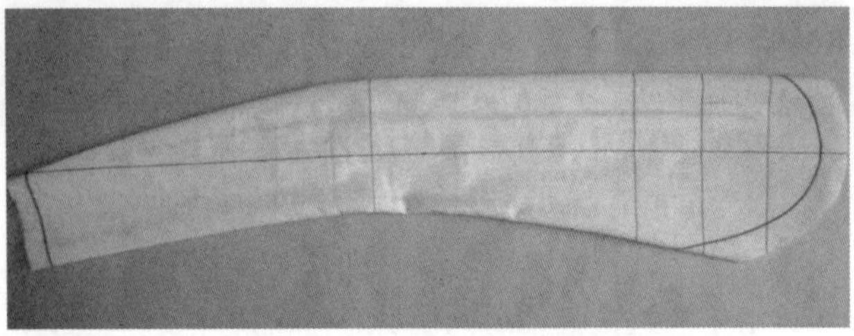

图3-3-9 袖片整体效果

2. 做手臂里并絮填充物

（1）手臂里布的裁剪图（图 3-3-10）

图 3-3-10 是手臂里布的裁剪图，是对手臂里布外形进行理想、概括的总结。为使手臂柔软而富有弹性，手臂里端必须填棉花或腈纶棉。要将棉花或腈纶棉包裹起来还需一层里布。如果没有里布，直接将棉花或腈纶棉塞入手臂内，手臂则会做得不均匀，造型不好。

在结构制图中，手臂里布为一片，为使手臂弯曲，需斜纱裁剪。里布袖肥为大袖肥与小袖肥的和，其中：$a=(a_1+a_2)\div2$，$b=(b_1+b_2)\div2$，$c=(c_1+c_2)\div2$。里布要多留缝份 2 cm，袖口放缝呈尖形，需将填充物进行包裹。

（2）手臂里布的裁剪（图 3-3-11）

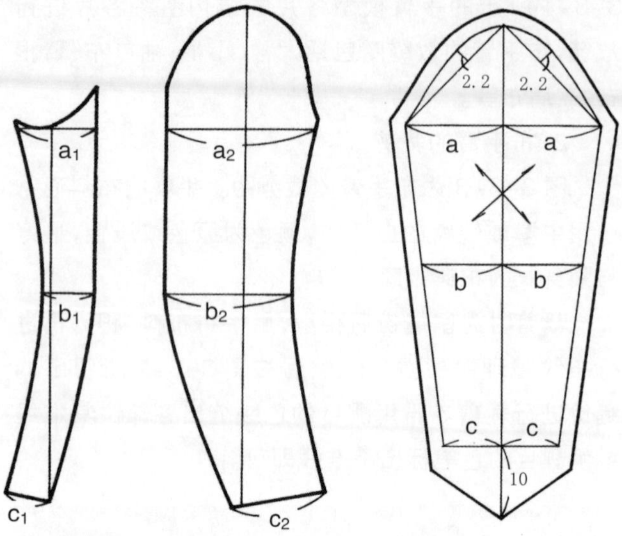

图3-3-10 手臂里布的裁剪图

手臂里布的布料通常选用薄或中厚的白坯布，但要采用斜纱裁剪，裁剪时先留缝份后裁剪。

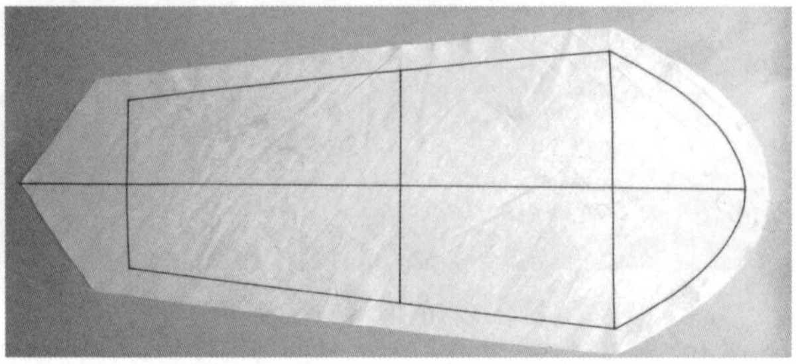

图3-3-11 手臂里布的裁剪

（3）絮填充物（图 3-3-12）

一支手臂的填充物用棉花 150~200g（用腈纶棉 1.2m），此次手臂的填充物为腈纶棉。在靠近里布的一侧应用一整块腈纶棉，从而保证布手臂外表的平整性，然后再将腈纶棉一层层铺好，要按手臂的粗细、形状分配用量，要均匀、整齐，整体手臂铺成阶梯状，袖口铺得略少些，臂根部铺得略多些。特别要注意上臂的丰满、肘部的弯曲、手腕的厚度。

图3-3-12 絮填充物

（4）包裹填充物（图 3-3-13）

包卷腈纶棉、里布，把两袖侧缝的净样线对齐，并用大头针暂时固定。观察腈纶棉的填充是否合适，注意其手臂形态，上臂是否丰满，肘部是否弯曲，手腕是否有一定的厚度，如若不符合则适当增减腈纶棉。

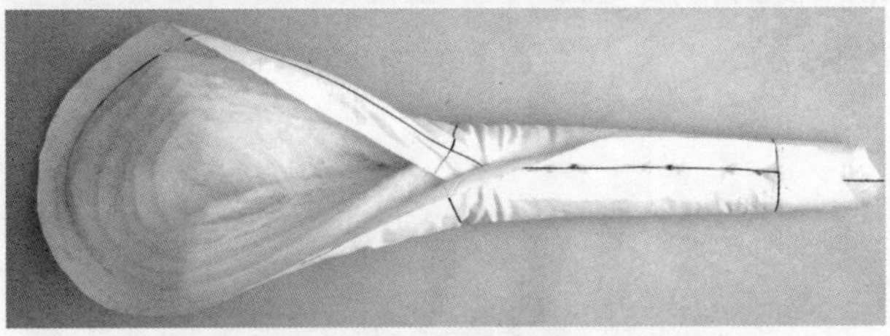

图3-3-13 包裹填充物

（5）固定袖里布（图 3-3-14）

腈纶棉的填充合适后，将两袖侧缝的净样线扣净后对齐，用大头针暂时固定，并用白棉线进行缲缝。

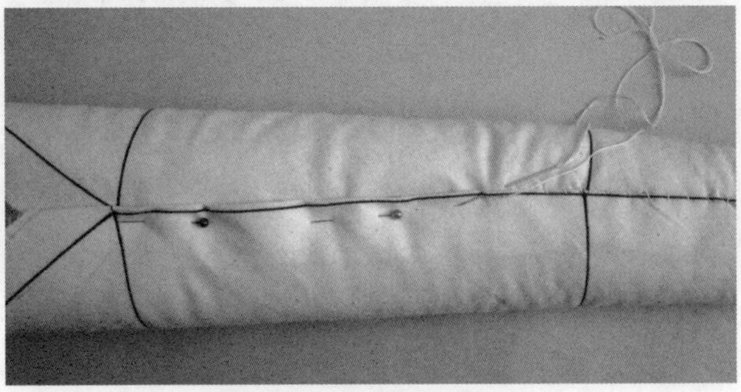

图3-3-14 固定袖里布

（6）袖里布缲缝完成（图 3-3-15）

将两袖里侧缝用白棉线缲缝好，注意缲缝线迹要整齐，针距相等，缝线松紧适宜。

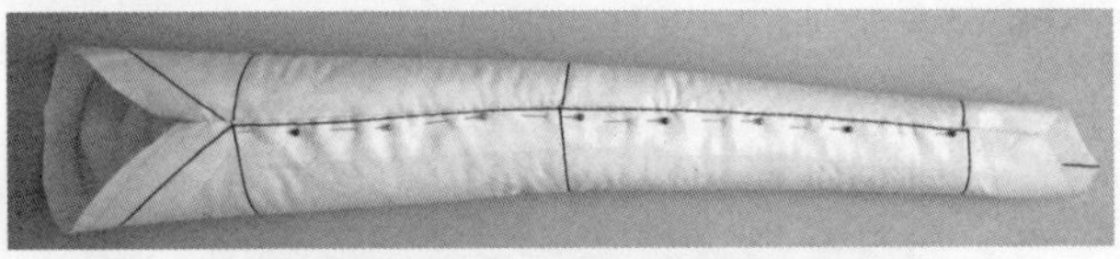

图3-3-15 袖里布缲缝完成

（7）手臂里的整体效果（图 3-3-16）

袖里缝缲缝好后，将大头针拿掉，再将手臂进一步拔拉弯曲，使其呈手臂自然弯曲的形态。手臂里布采用斜丝缕布料就为此因。如果不一致再进行调整，同时注意上臂的丰满、手腕的厚度。

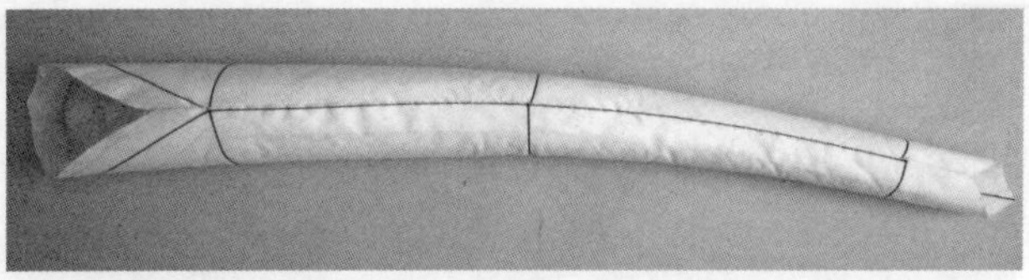

图3-3-16 手臂里的整体效果

3. 手臂里装入手臂面内

（1）套折手臂面（图 3-3-17）

为了便于将手臂里内胆穿入外层手臂面，将外层手臂面套折三段。

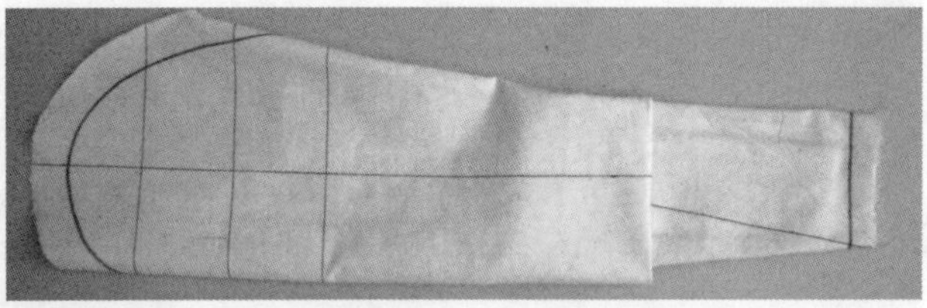

图3-3-17 套折手臂面

（2）手臂里装入手臂面内（图 3-3-18）

手臂面套折三段，然后将里布手臂插入其中，袖口处要插实。右手握住袖口，左手向上抻拉成筒状手臂，一边抻拉一边调整形状，要注意基准线的平衡，不得扭曲。

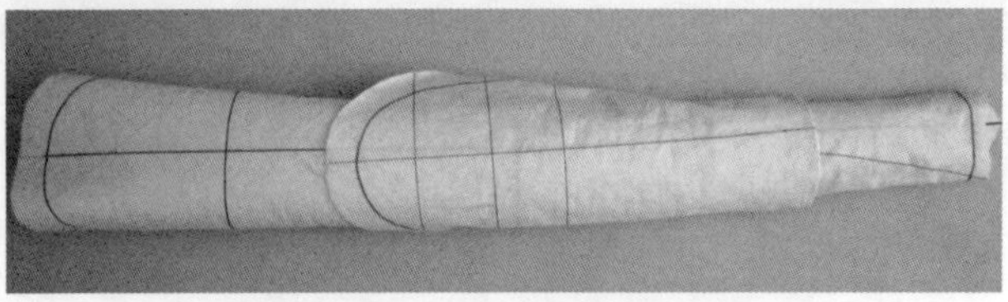

图3-3-18 手臂里装入手臂面内

（3）手臂里与手臂面套合（图 3-3-19）

进一步抻拉手臂里与手臂面，调整形状，注意基准线的平衡，不得扭曲。最后使手臂的里布和面布平整，套贴合一致。袖口处一定要插实。

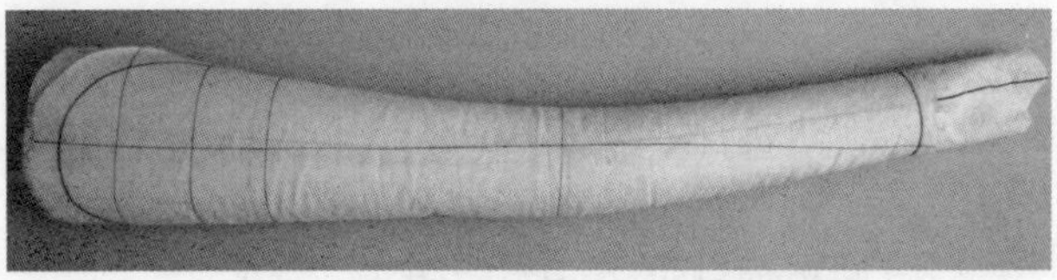

图3-3-19 手臂里与手臂面套合

（4）修剪里布袖口（图 3-3-20）

里布包布在腕部处的缝份向内翻折，里布袖口留4~5cm，将多余量修剪。

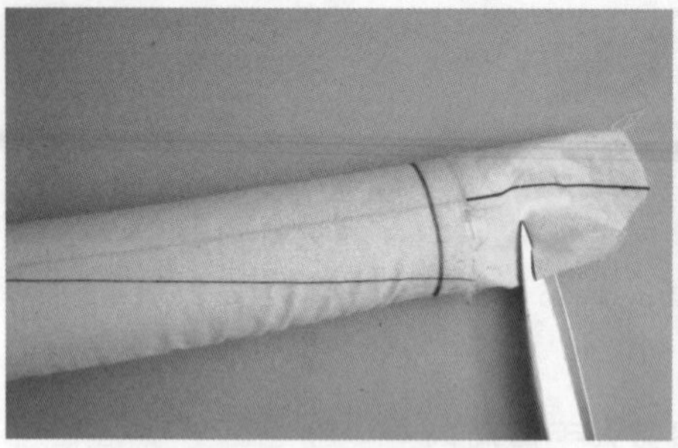

图3-3-20 修剪里布袖口

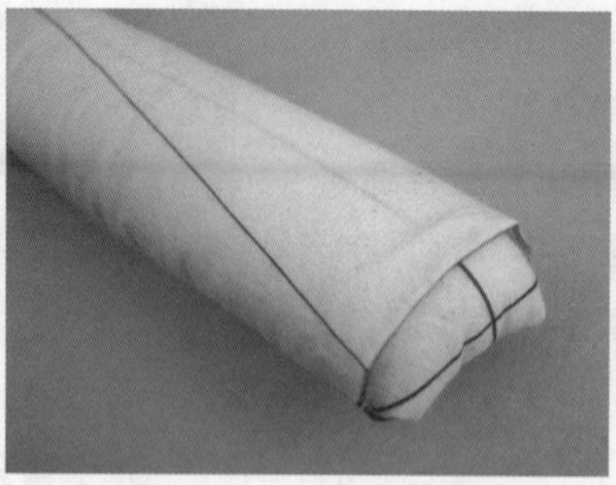

图3-3-21 包裹里布袖口

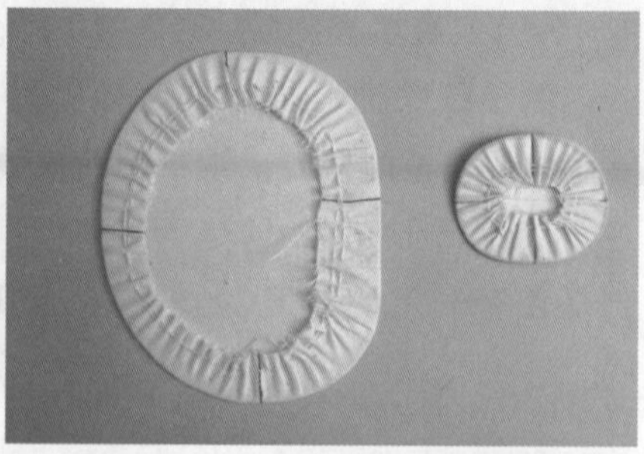

图3-3-22 做袖口布及臂根布

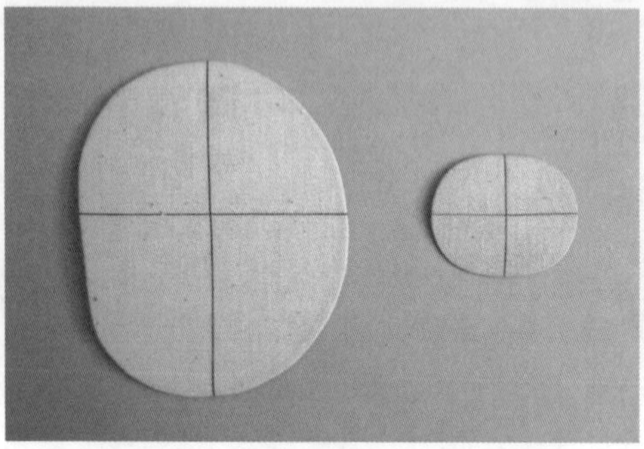

图3-3-23 调整袖口布及臂根布

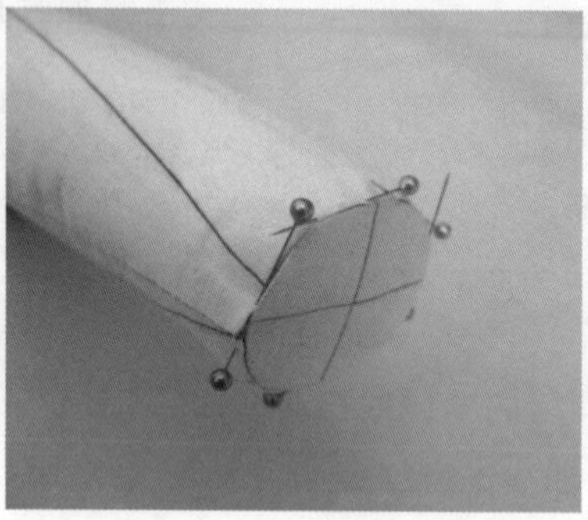

图3-3-24 固定袖口布

图3-3-25 锁缝袖口布

（5）包裹里布袖口（图 3-3-21）

将里布袖口处留出的多余包布向内包折，包折时面布袖口不能空起，里布袖口包布可向外凸起，使袖口处饱满。

4. 封袖口

（1）做袖口布及臂根布（图 3-3-22）

在袖口布及臂根布的缝份上用针沿边平缝，针距为 0.3 cm，里边插入厚纸板，再进行缩缝处理。厚纸板为袖口布及臂根布的净样。最后将袖口布与臂根布充分缩缝好，注意布片要绷紧在厚纸板上。注意缝线为双股白棉线。

（2）调整袖口布及臂根布（图 3-3-23）

将袖口布与臂根布缩缝好后翻到正面，观察标记线是否歪斜，歪斜时将布片重新进行调整，使标记线的十字呈垂直状态为止。

（3）固定袖口布（图 3-3-24）

取用已做好的袖口布，将其与手臂腕口处对位，并用大头针固定。对位时袖口布的前后、左右位置与手臂腕口的位置相吻合，注意袖口布的方向，长轴为前后方向、短轴为左右方向，手臂前后中线对准袖口布的中央垂直线。

（4）锁缝袖口布（图 3-3-25）

将作好的袖口布与袖片锁缝，锁缝时注意位置不要移动，针距不能太大，缝线松紧一致。最后将大头针拿下来。

5. 装臂根布

（1）袖山缩缝（图 3-3-26）

将手臂面的袖山边缘用平针缝缩处理，缩缝量较大，一般为 6~7cm。注意缝线为双股白棉线。

（2）装臂根布（图 3-3-27）

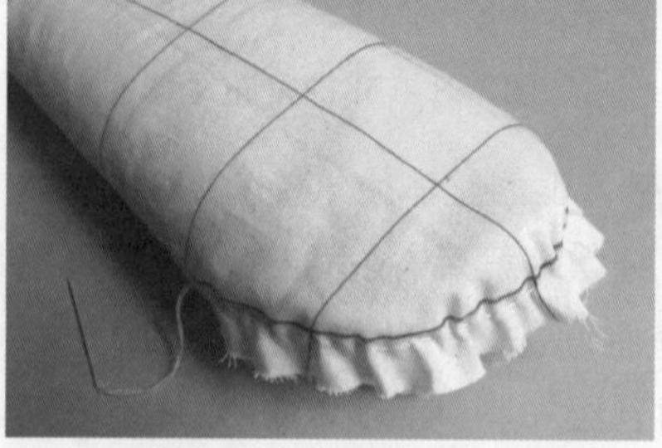

图3-3-26 袖山缩缝

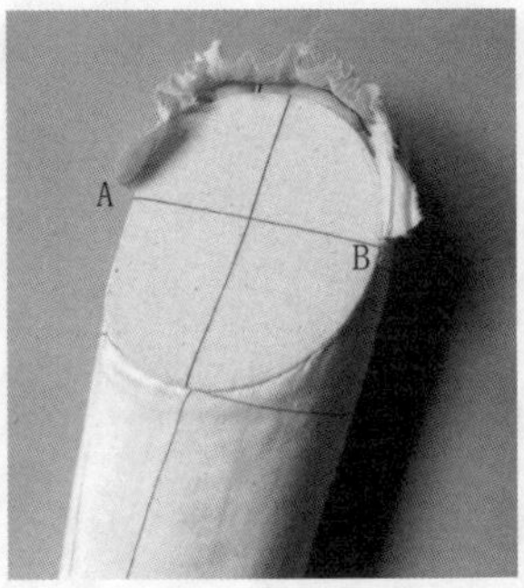

图3-3-27 装臂根布

将臂根部的基准线对准手臂上的基准线，臂根布的纵向对准大、小袖中心印记，横向对准大袖袖山第二线，用大头针暂时固定。

试将手臂装在人体模型上，检查其是否符合人体自然形态（通常是肘上竖直，肘下向前略斜）。若符合则在 A、B 两点处打剪口，剪到净点为准，将臂根布横线下半部 A 到 B 之间锁缝在手臂上，并将臂根布横线上半部缝份向外翻拉。

6. 装袖山斜条

（1）裁袖山斜条（图 3-3-28）

需用袖山斜条（选用宽 2.5 cm 的结实斜条）将袖山缝份包裹，为双层。由于手臂移动的频率很高，固选用韧度较高的布料。袖山斜条呈长方形，长为臂根布横线上半部A到B之间的弧线距离加1.6 cm（为两端缝份），宽为 7 cm（含 2 cm 缝份量）。

图3-3-28 裁袖山斜条

（2）扣烫袖山斜条（图 3-3-29）

将裁好的袖山斜条进行扣烫，缝份为 1cm。注意扣烫时缝份大小要一致。

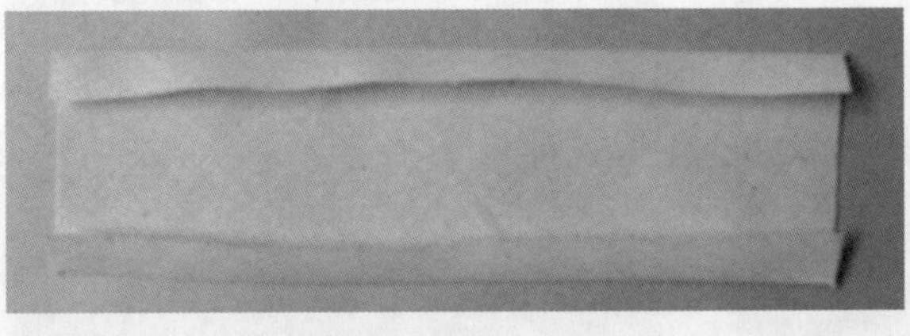

图3-3-29 扣烫袖山斜条

（3）缝合袖山斜条（图 3-3-30）

将扣烫好的袖山斜条沿其中心线对折，再将袖山斜条的两端进行缝合，缝份为 0.8cm。

图3-3-30 缝合袖山斜条

（4）扣烫袖山斜条（图 3-3-31）

将缝合好的袖山斜条翻到正面，扣烫袖山斜条，两端缝份要翻足。

图3-3-31 扣烫袖山斜条

（5）装袖山斜条（图 3-3-32）

将其中一层的袖山斜条与臂根布对位，并锁缝在 A 到 B 上半部之间的臂根布上，注意锁缝要牢固，用双股白棉线锁缝，针距为 0.2~0.3cm，缝线松紧度要一致、适宜。

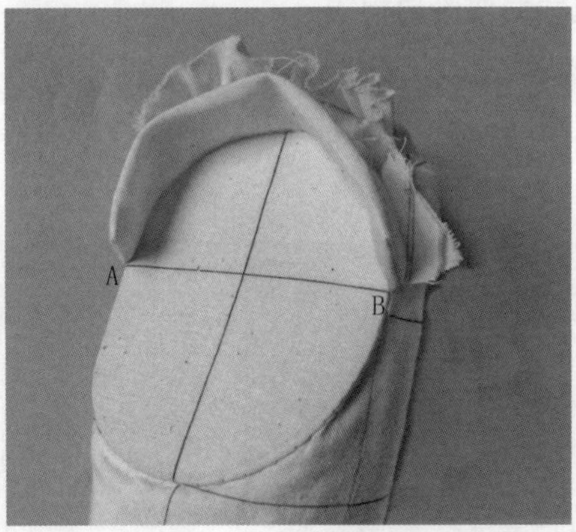

图3-3-32 装袖山斜条

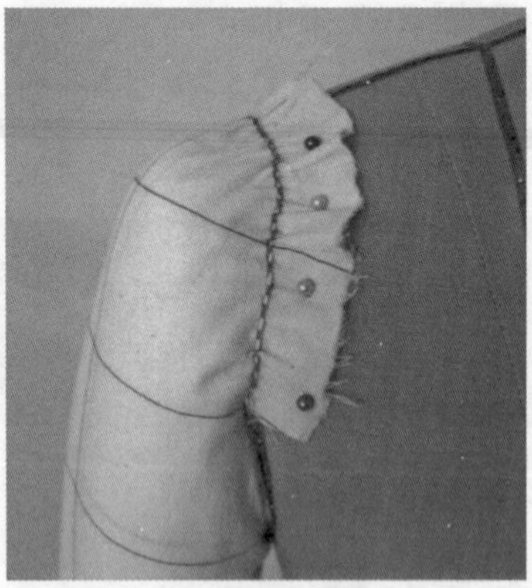
图3-3-33 修整袖山包布

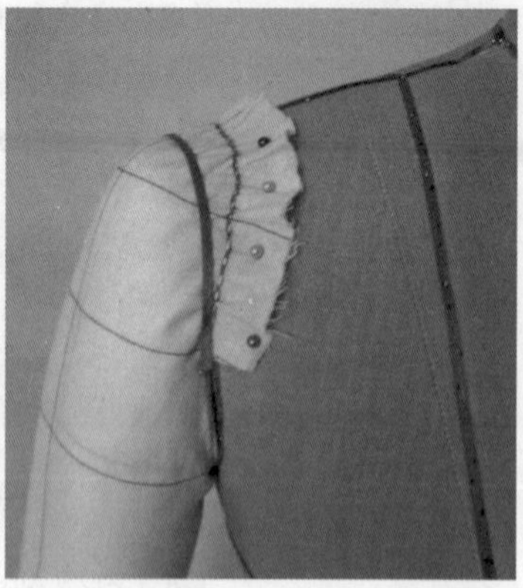
图3-3-34 标记袖山弧线

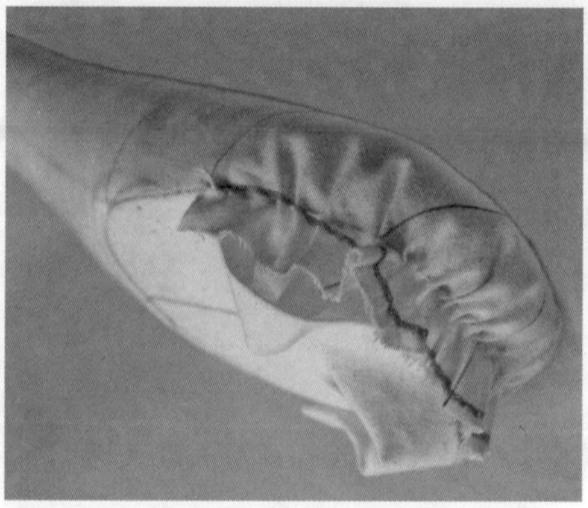
图3-3-35 抽缩袖山

（6）修整袖山包布（图 3-3-33）

手臂模型的袖中线与人体模型的肩线对位，将手臂模型与人体模型对合。先将袖山斜条与人体模型固定，再将手臂袖山布覆盖在肩头上。为了使前肩稍微隆起，后肩略平坦，可采用向臂内塞棉花及调整碎褶的方式调整袖山。将手臂袖山处的包布缝份拉紧，调整好后用大头针固定。注意纵横基准线是否平直。

（7）标记袖山弧线（图 3-3-34）

在固定好的袖山包布上，用标记线标记袖山弧线，要与人体袖窿相一致。

（8）抽缩袖山（图 3-3-35）

沿袖山弧线的标记线，用平针进一步将袖山抽缩，抽缩后拿到人体模型上，观察手臂模型的袖山是否与人体模型相对合，直到对合满意为止。注意平针的缝线为双股白棉线。

（9）缝袖山斜条（图 3-3-36）

取下手臂。将手臂袖山多余布料剪掉，留 2 cm 缝份，使其不超过布条的宽度。斜条锁缝从 A 点包到 B 点，并将手臂缝份向内翻卷锁缝，注意要将臂根布的袖山一起锁缝，使袖山处的毛缝包到斜条布的中间，袖山处里外无毛漏。

（10）装手臂（图 3-3-36）

将手臂模型在袖山斜条上用大头针固定在人体模型上，注意手臂模型要别牢，不要左右摆动。

7. 装盖肩布

为了使手臂袖口更加牢固、耐用，需附加一块盖肩布。

（1）缝合盖肩布（图 3-3-37）

将两块盖肩布面面相对并沿外轮廓线缝合，下端缝份不缉，注意两层盖肩布松紧度要一致。

（2）盖肩布劈缝（图 3-3-38）

缝合好两块盖肩布后将外轮廓线劈缝，要扣烫压实。

（3）扣烫盖肩布底边（图 3-3-39）

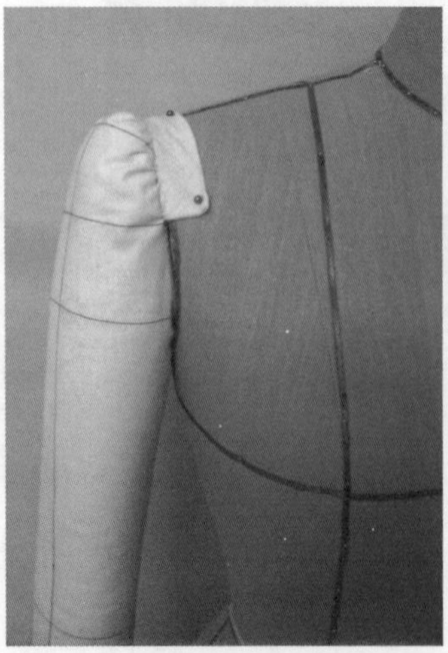
图3-3-36 装手臂

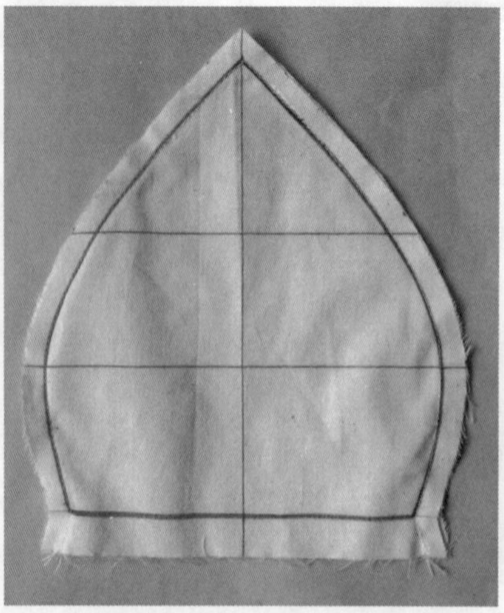
图3-3-37 缝合盖肩布

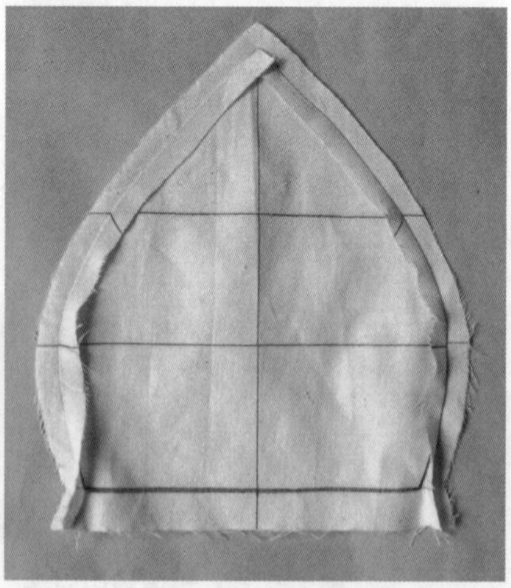
图3-3-38 盖肩布劈缝

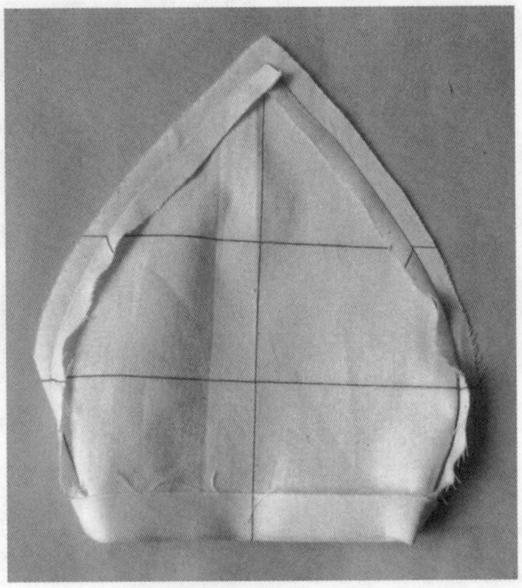

图3-3-39 扣烫盖肩布底边

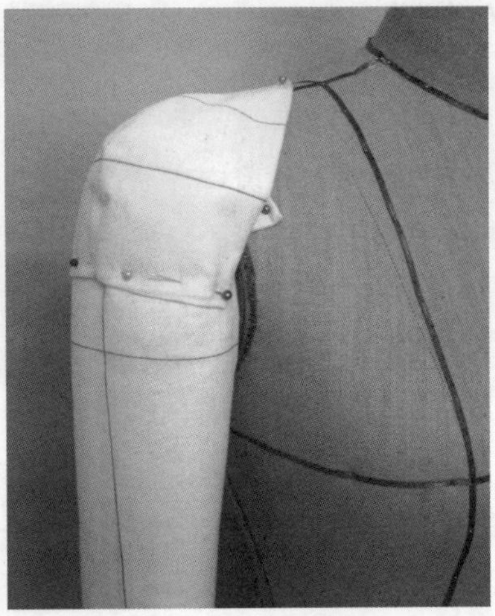

图3-3-40 绱盖肩布

将两块盖肩布的底边沿底边净线扣烫好。

（4）绱盖肩布（图 3-3-40）

把盖肩布底边扣好缝份后翻到正面，将两缉线上下对合，再用熨斗将两边折线烫好。将烫好后的盖肩布贴在手臂模型上，使盖肩布与手臂袖山处的形态贴合一致，用大头针固定盖肩布与手臂模型。若盖肩布与手臂袖山处的形态贴合不一致，则将盖肩布重新进行修整，直到贴合一致为止。

（5）锁缝盖肩布（图 3-3-41）

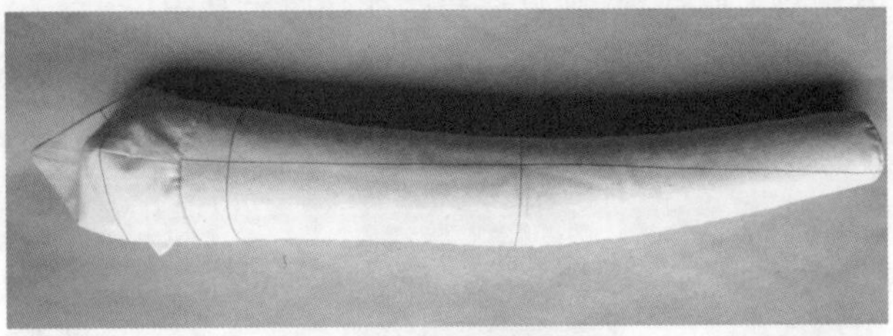

图3-3-41 锁缝盖肩布

取下盖肩布与手臂模型，将盖肩布底边开口锁缝于手臂模型上。注意要将盖肩布底边两层开口一起锁缝在手臂模型上，缝线松紧度要适宜。

（6）绱袖山斜条（图 3-3-42）

将袖山斜条与人体模型固定，要注意手臂模型的前后位置。

（7）绱盖肩布（图 3-3-43）

将盖肩布与人体模型固定，盖肩布与手臂袖山处的形态要贴合一致，若不一致则重新进行调整。

（四）布手臂的造型

图 3-3-44 为布手臂的造型，肘线上端竖直，肘线下端前倾，肩部圆顺。

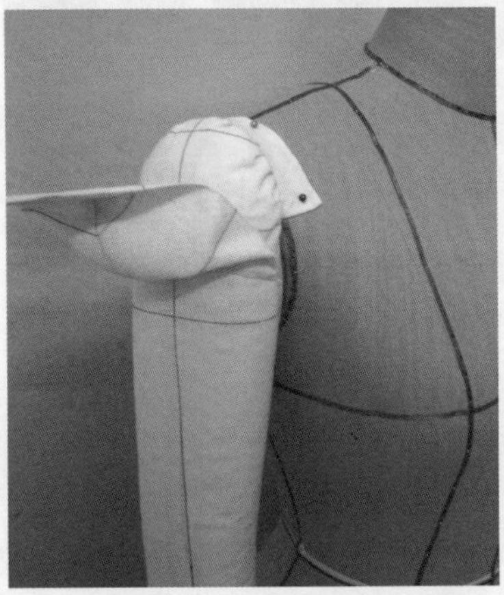

图3-3-42 绱袖山斜条

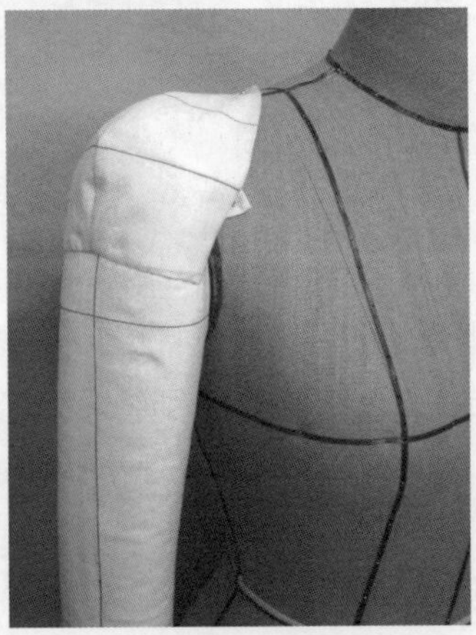

图3-3-43 绱盖肩布

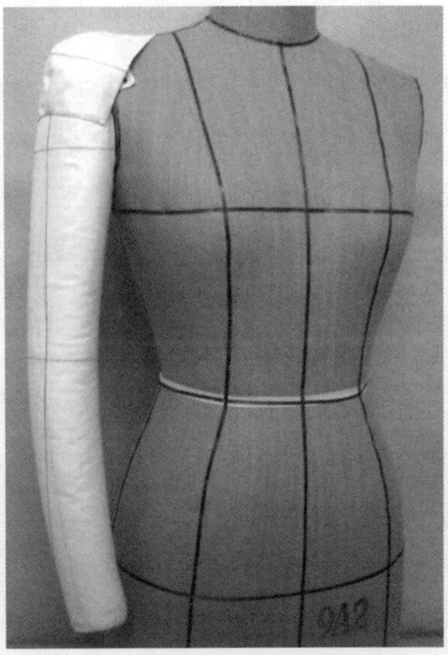

图3-3-44 布手臂的造型

第四节 针插的制作

针插又名针扎，是一种用布料制作的、内有填充物的、半球状的、存放针的工具。针插是立体裁剪中不可缺少的工具。在立体裁剪操作中，把它戴在手腕处以便于拿针方便。半球形针插的制作方法如下。

（一）制作针插的材料

制作针插的材料有布料、硬纸板、橡筋、花边、填充料等（图 3-4-1）。其中布料的颜色和图案要美观宜人，也可为素色面料，布料的结构既不宜太薄、太松，也不宜太紧密，主要是为了针插入方便。一般选用棉布及绒布等，填充料可为毛发、腈纶棉或锯末等，其中毛发最佳，这样不但大头针插取顺滑而且长存其中不易生锈。

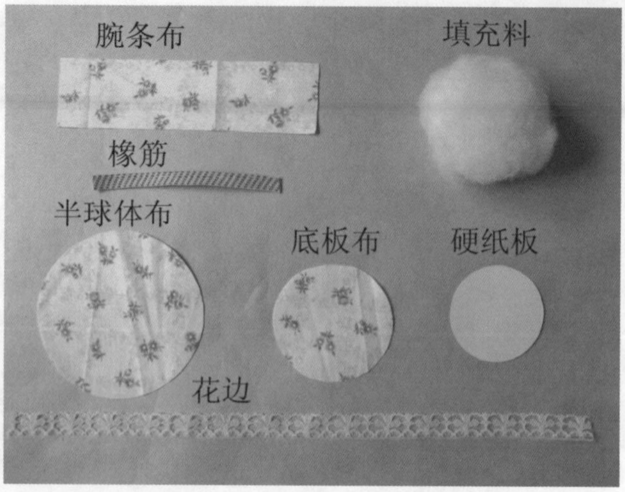

图3-4-1 制作针插的材料

（二）针插材料的裁剪

1. 布料的裁剪

布料的裁剪包括半球体布、底板布、腕条布等的裁剪。

1）半球体布

半球体布是针插最外层布，呈圆状，抽缩后要有一定的高度，能够满足大头针的长度。半球体布直径是底板布直径的 1.8 倍，一般为 13cm 左右（净尺寸），半球体布直径随底板布直径的增加而增加。

2）底板布

底板布是针插最下端的用布，也呈圆状，里面放入硬纸板以撑起，底板布直径一般为 7 cm 左右（净尺寸），可大可小。

3）腕条布

腕条布是用于连接针插戴在手腕上的用布，里面要放入橡筋，为长方形。腕条布的长要满足手的伸插自如，是橡筋长的 1.5~2 倍（长些为好），为 22~26 cm；腕条布的宽是橡筋宽的 3 倍加缝份，若橡筋宽是 1 cm，则腕条布宽裁好后为 4 cm。

2. 其他材料的裁剪

1）硬纸板

硬纸板最好选择韧性好、不宜变形的纸板。也可选择硬塑料或更硬的材料。硬纸板直径与底板布净尺寸直径相等。

2）橡筋

橡筋的选择要弹性好，不宜太宽，若太宽则戴时不方便，一般为 1 cm；橡筋的长根据手腕的粗细而定，一般为 14~16 cm。

3）花边

花边用于装饰针插，抽缩后放于半球体布与底板布之间。花边的长度为底板布周长的 2~3 倍。

（三）针插的缝制工艺

1. 制作半球体

（1）抽缩半球体布（图 3-4-2）

用 扌寨 缝抽缩半球体布大圆片面料的边缘，将填充料整理成半球型。若填充料为毛发，则应以少量的腈纶棉包裹，既避免毛发外泄又使造型更柔和；若填充料为腈纶棉，则直接将腈纶棉填充其中。

图3-4-2 抽缩半球体布

（2）整理半球体布（图 3-4-3）

将半球体布的大圆片面料略抽紧后包裹填充料，填充料填充时既不可太松也不可太紧，若太松则半球体不充实，若太紧则针不容易插入。填充好后，整理半球体造型，抽紧缝线。

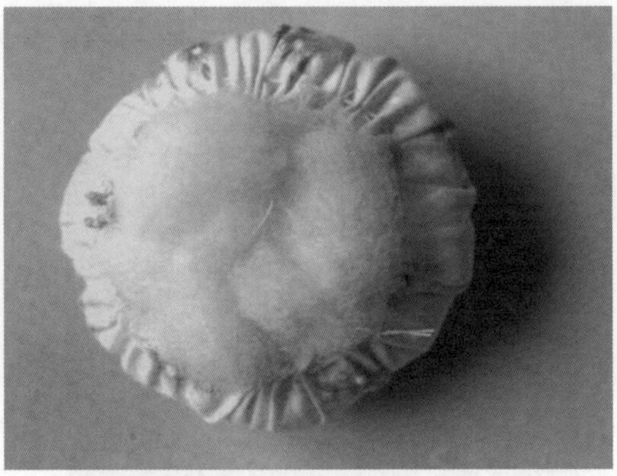

图3-4-3 整理半球体布

2. 制作腕条

（1）缝合腕条布（图 3-4-4）

腕将条布面面相对进行缝合，注意缝份不要太大，上下两层布料松紧度要一致。

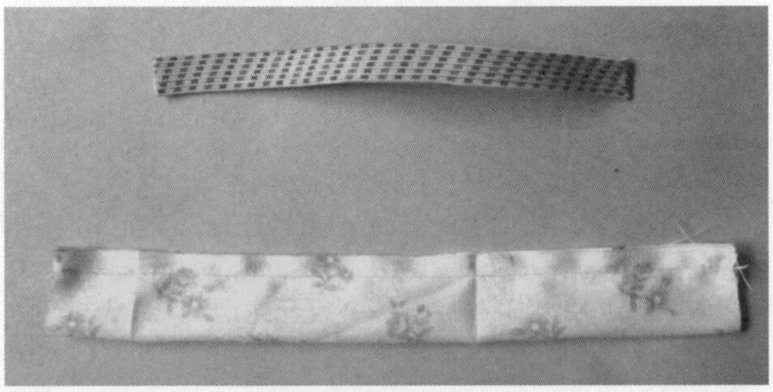

图3-4-4 缝合腕条布

（2）熨烫腕条布（图 3-4-5）

将腕条布的缝份烫分开，不要将两侧折边烫出折痕，烫好后将腕条布翻到正面。

图3-4-5 熨烫腕条布

（3）缝缩腕条布（图 3-4-6）

将橡筋穿于已做好的腕条布内，先固定两端，再缝纫腕条布的中心线，其缝份在中心部位。缝纫中心线时要将腕条布拉紧。

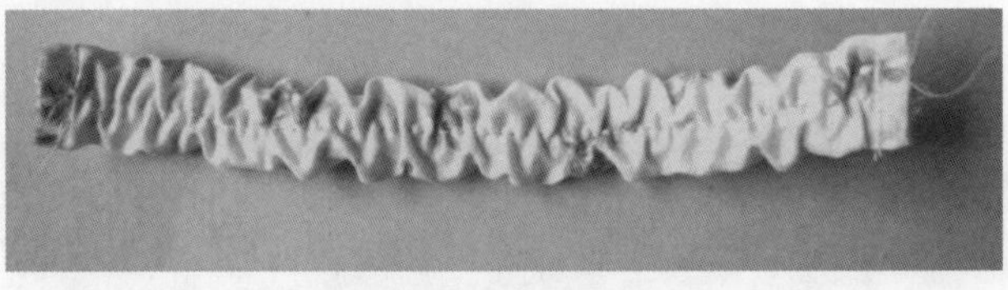

图3-4-6 缝缩腕条布

3. 制作底板

（1）抽缩底板布（图 3-4-7）

距边 0.6cm 扌寨 缝底板小圆片面料边缘，，将小圆片面料的边缘抽缩。

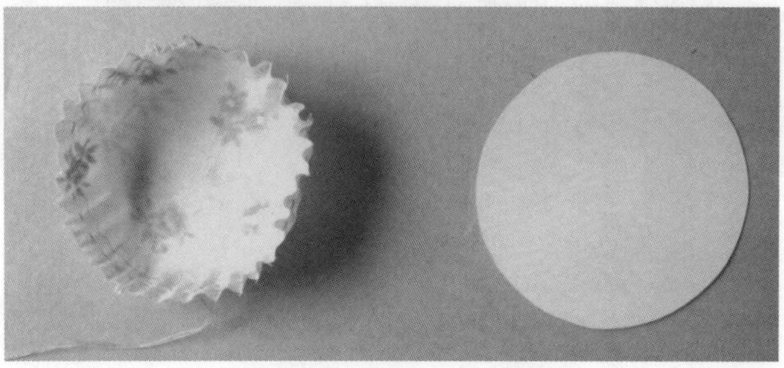

图3-4-7 抽缩底板布

（2）整理底板布（图 3-4-8）

抽紧底板布小圆片面料边缘缝线，将硬纸板包于其中，底板布要包紧。

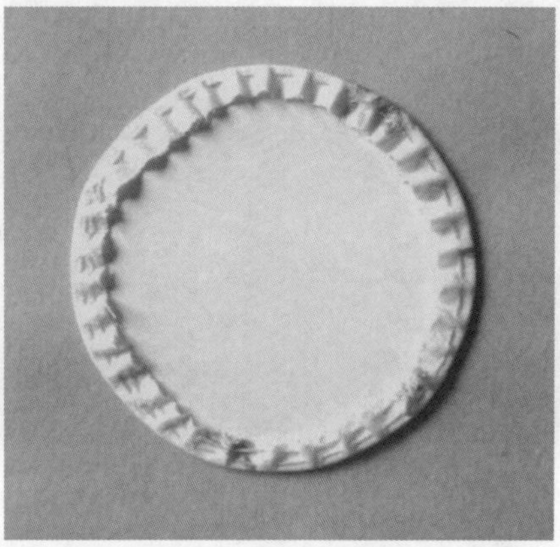

图3-4-8 整理底板布

（3）固定腕条布及花边（图 3-4-9、图 3-4-10）

将花边用手工或机器缝纫抽缩，先将腕条布的两端缝于针插底板，再将花边均匀地缝于针插底板的边缘。

图3-4-9 底板反面

图3-4-10 底板正面

4. 缝合半球体及底板

将半球型的针插体手工锁缝于底板之上，注意要缝牢，缝线藏在缝中（图 3-4-11）。

图3-4-11 缝合半球体及底板

（四）制作完成

（1）前立体造型（图 3-4-12）

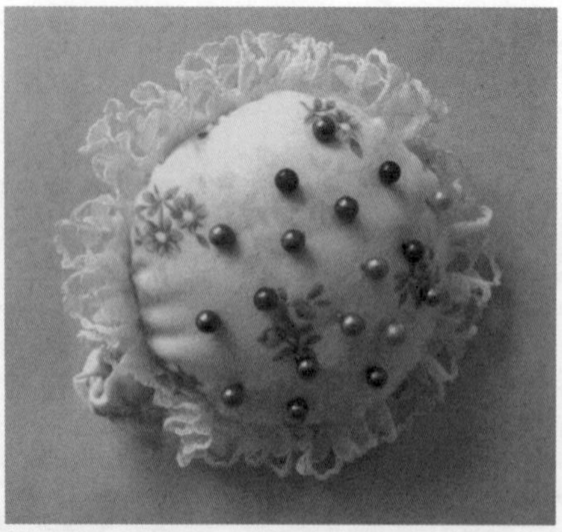

图3-4-12 前立体造型

（2）后立体造型（图 3-4-13）

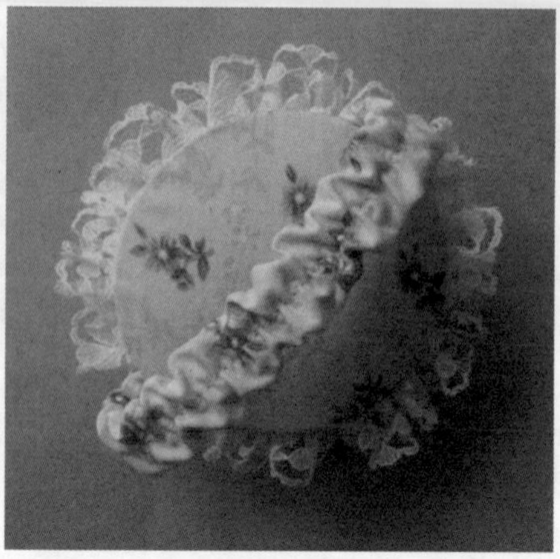

图3-4-13 后立体造型

第四章 衣身立体裁剪

衣身立体裁剪是指使用立体裁剪方法设计、剪切人体躯干部分的前后衣片，不包括衣领和衣袖部分的立体裁剪。它以胸部的自然形态为依据，利用平面布料，充分体现胸部美妙的立体感。

第一节 衣身基本型

衣身基本型是衣身最基本的也是最简单的纸样，是一切款式纸样的基础。在立体裁剪中衣身基本型是衣身立体裁剪的基础。从衣身整体造型看，衣身基本型可分为贴体型、普通型、宽松型等。

一、贴体型基本衣身的立体裁剪

贴体型基本衣身的前后衣身为贴体形。前衣身在袖窿、腰围处充分收省，后衣身在肩部、腰围处充分收省，形成贴体的形状，整体造型为贴体型基本衣身。贴体型基本衣身款式见图 4–1–1。

(一)准备工作

1. 确定用布量

取两块长方形布料，布料的纵向为前(后)腰长加 8cm(为缝份及修正量)，横向为前(后)胸围大加 8cm(为缝份及修正量)。在前衣片上标记中心线及胸围线，在后衣片上标记中心线、胸围线及背宽线。用布图见图 4–1–2。

2. 粗裁

布料的纵横向均用手撕开，整理布纹，要求布样丝缕平直，对折方正，最后用熨斗整烫，不宜喷水，以免布料变色、变硬，影响布料的柔软感。

3. 画样

用醒目色线或 2B 铅笔将基准线按图 4–1–2 所示标记清楚。基准线的作用是能指示布料的经纬丝缕。前衣片的标示线有前中心线、胸围线；后衣片的标示线有后中心线、胸围线、背宽线。

图4–1–1 贴体型基本衣身款式

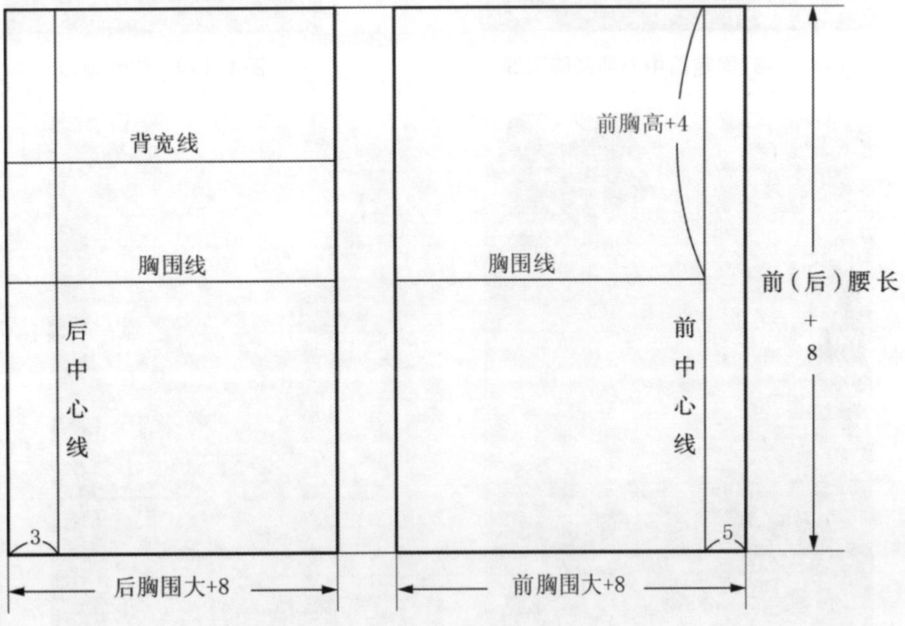

图4–1–2 贴体型基本衣身用布图

（二）操作方法及技巧

1. 前衣片立体裁剪

（1）固定前中心线及胸围线（图 4–1–3）

把布料覆于人体模型上，将衣片的前中心线、胸围线与人体模型前中心线、胸围线对齐，胸窝处略松，留有一支铅笔粗的余量，并用大头针固定 BP 点及前中心。注意胸围线呈水平状，前片中心基准线成垂直状态。

（2）粗裁领口（图 4–1–4）

将布料从中心线向领口处抚平，粗裁领口，裁时从前领窝点开始至侧颈点。粗裁时一定慢慢剪，千万不要剪过侧颈点（初学者很容易剪过）。

（3）修剪领口（图 4–1–5）

在领口一边剪放射状剪口，一边将多余布料沿颈围剪掉，目的是使领口处伏贴，注意不要剪过领窝净线。

（4）整理肩胸部及收省（图 4–1–6）

将布料从领口向肩部、袖窿自然地贴在模型上，多余量留在袖窿处，整理布料时，理顺一处就用大头针固定好一处。把多余的部分做成袖窿省，用大头针将其别出，袖窿省指向胸高点。剪掉肩部、袖窿部多余布料。

（5）整理腰部及收省（图 4–1–7）

将布料从袖窿向侧缝处抚平，腰部留有余量，腰围下端打剪口，使布料下端伏贴，侧缝用大头针固定。再将腰部多余的部分做成腰省，腰省以胸高点的正下方为最佳位置

（6））点影（图 4–1–8）

可先用粘带把腰围线标记出来，衣片收省及各部位调整好后，根据衣片侧缝、袖窿、肩部、领口、腰围

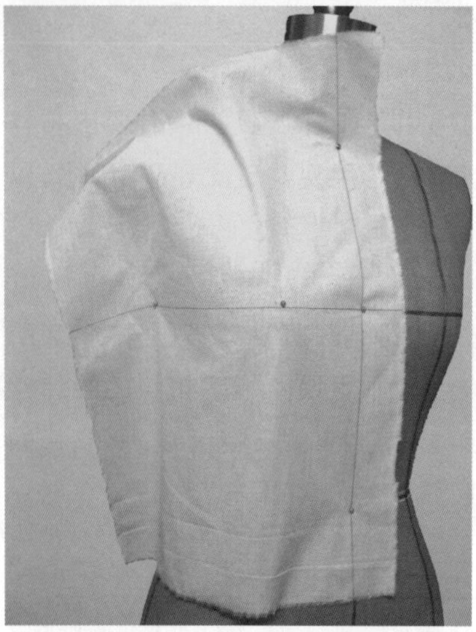

图4–1–3 固定前中心线及胸围线

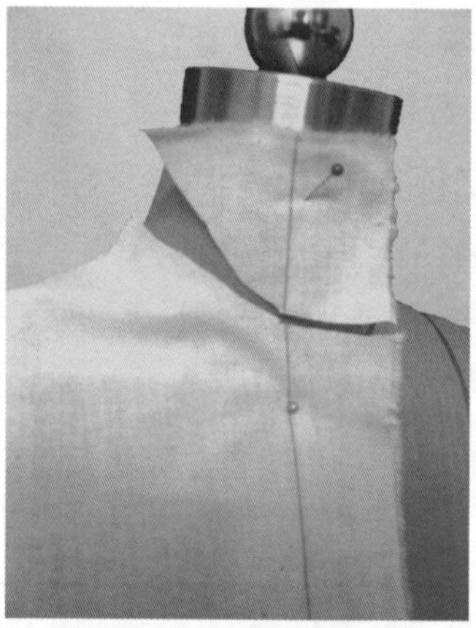

图4–1–4 粗裁领口

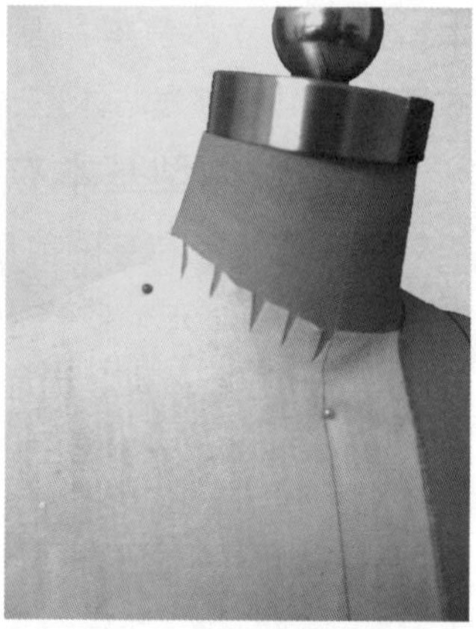

图4–1–5 修剪领口

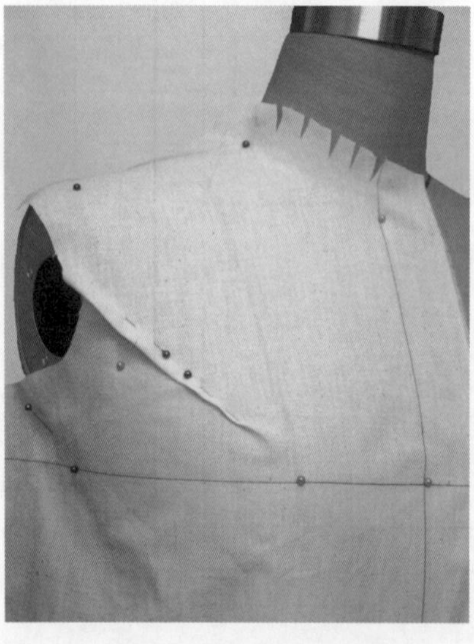

图4–1–6 整理肩胸部及收省

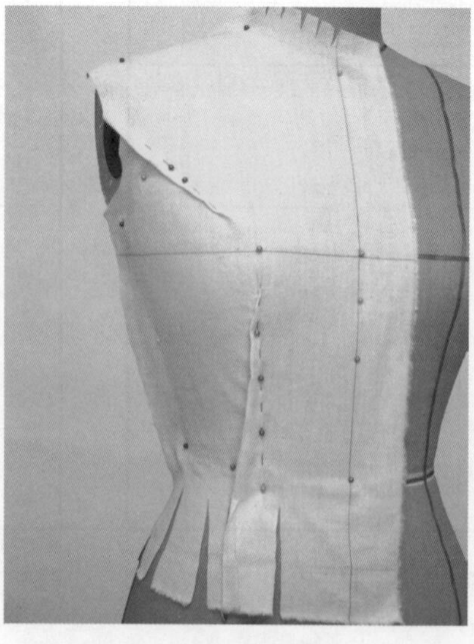

图4–1–7 整理腰部及收省

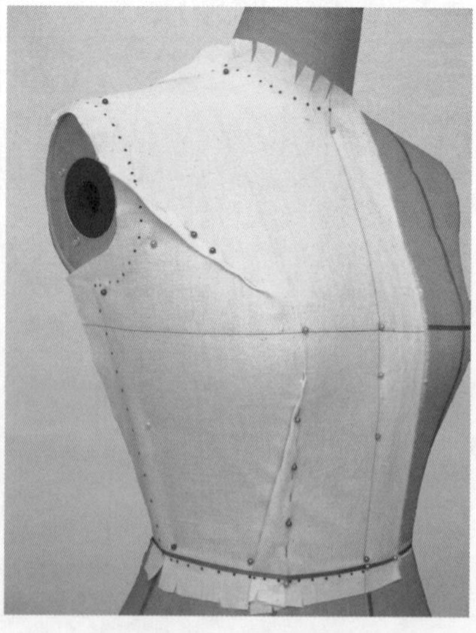

图4–1–8 点影

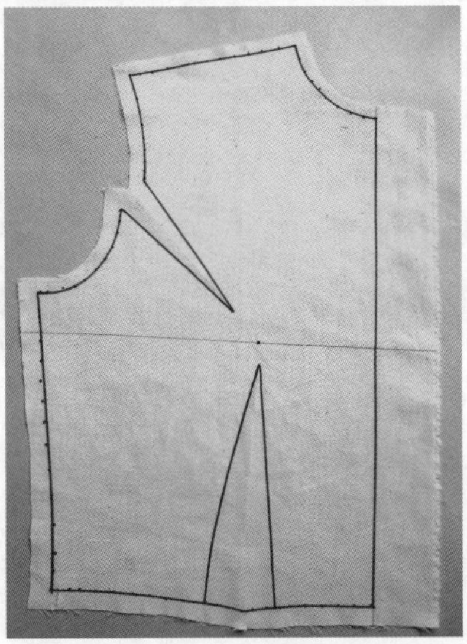

图4-1-9 画线、整理

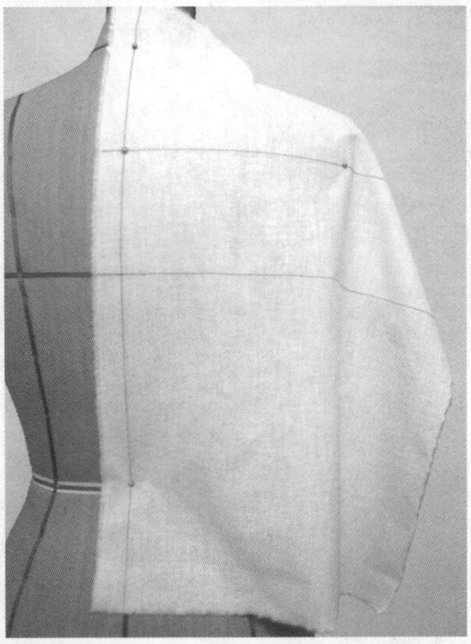

图4-1-10 固定后中心线及胸围线

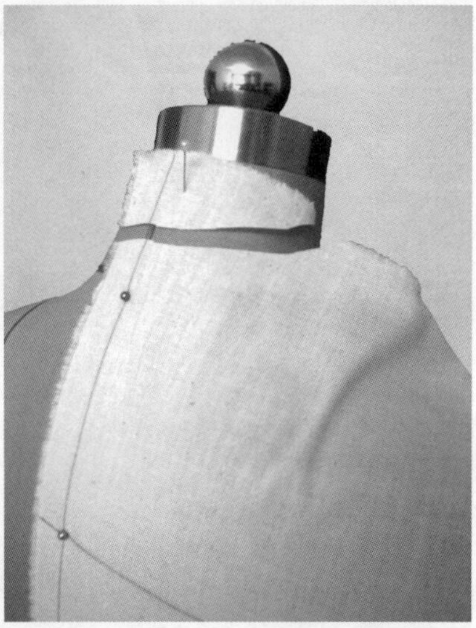

图4-1-11 粗裁后领口

的位置，在衣片上用笔将肩线、袖窿弧线、侧缝线、腰围线进行点影。

（7）画线、整理（图 4-1-9）

把衣片从人体模型上取下并放平，先将省位确定下来。再按照各轮廓线点影将衣片的轮廓线用笔画好，并将多余量剪掉。检查领口弧线、袖窿弧线、腰围线是否圆顺。

2. 后衣片立体裁剪

（1））固定后中心线及胸围线（图 4-1-10）

把布料覆于人体模型上，将衣片的后中心线、胸围线、背宽线与人体后中心线、胸围线、背宽线对齐，并用大头针固定后中心线、背宽线。注意、背宽线呈水平状，后片中心基准线成垂直状态。

（2）粗裁后领口（图 4-1-11）

将布料从中心线向领口处抚平，粗裁领口，裁时从后领窝点开始至侧颈点，侧颈点很容易剪过。粗裁时一定慢慢剪，千万不要剪过。

（3）修剪领口（图 4-1-12）

在领口边剪放射状剪口，将多余布料沿颈围剪掉，目的是使领口处伏贴，注意不要剪过领窝净线。

（4）整理肩背部（图 4-1-13）

将领口、袖窿理顺并自然地贴在模型上，把多余量留在肩部，整理布料时理顺一处就用大头针固定好一处。

（5）收省（图 4-1-14）

把肩部多余的部分做为肩省，用大头针将其别

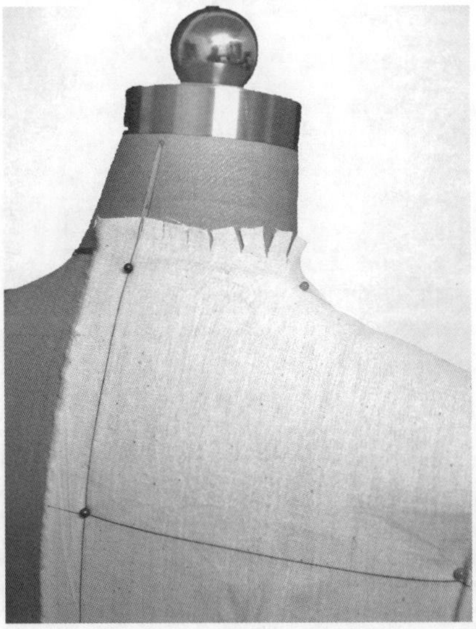

图4-1-12 修剪领口

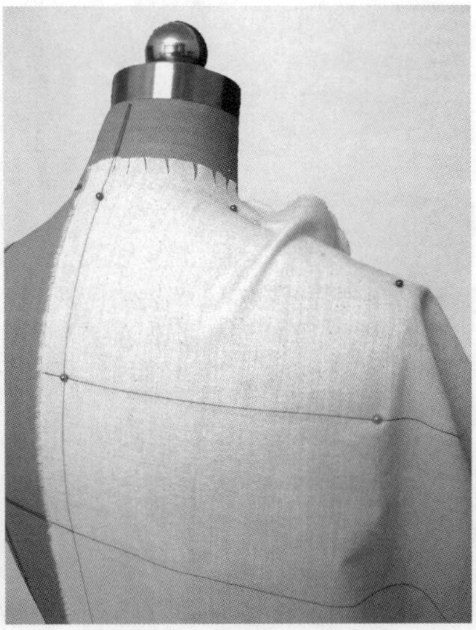

图4-1-13 整理肩背部

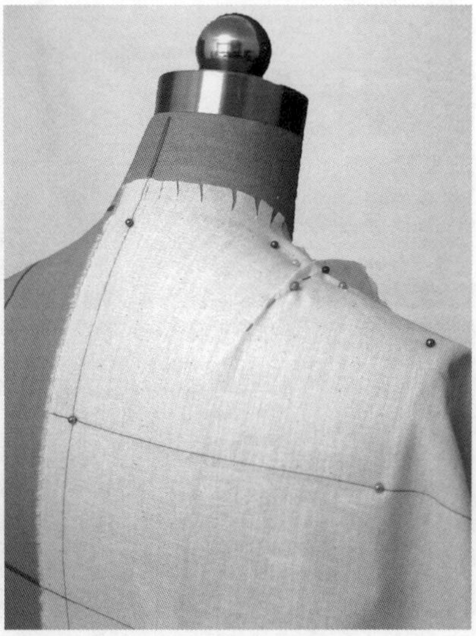

图4-1-14 收省

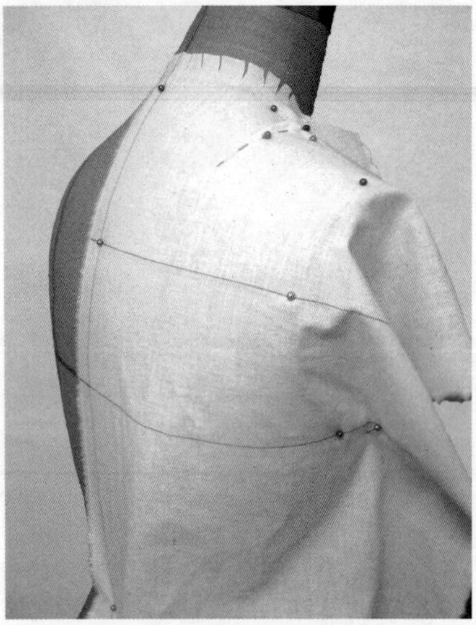

图4-1-15 固定袖窿

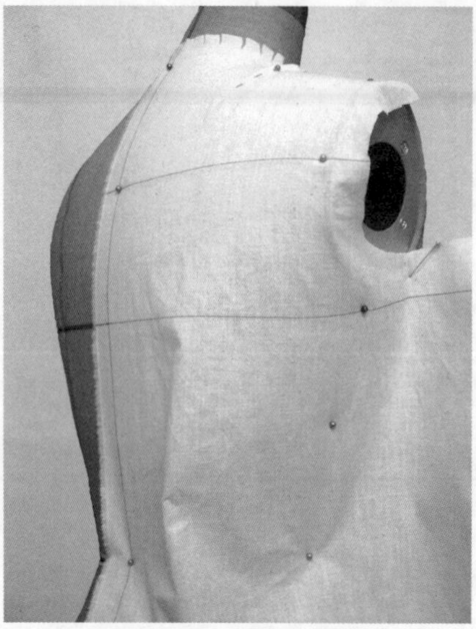

图4-1-16 固定侧缝

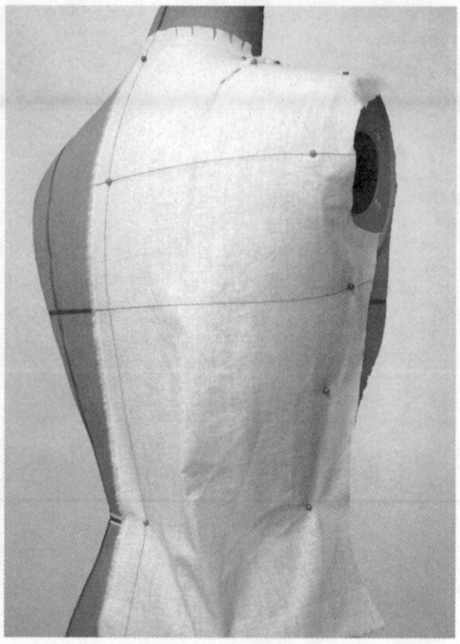

图4-1-17 修剪侧缝

出，肩省指向肩胛骨最高点。

（6）固定袖窿及侧缝（图 4-1-15、图 4-1-16）

将布料从肩部向袖窿、侧缝处理顺，把衣身上的多余量放至腰部，并用大头针固定袖窿、侧缝。在人体模型上理顺侧缝时，观察纵向线是否垂直。最后用剪刀修剪肩缝、袖窿弧线。

（7）修剪侧缝（图 4-1-17）

把侧缝固定好后，将侧缝处的多余量进行修剪。

（8）固定腰围及收省（图 4-1-18）

理顺后的布料在腰部处产生余量，所以在腰处收省，腰省省尖指向肩胛骨最高处。把腰围处剪成放射状切口，使其伏贴。

（9）修剪腰围（图 4-1-19）

腰围及腰省固定好后，将腰围处的多余量修剪掉。

（10）标记腰围（图 4-1-20）

用粘带或彩带将腰围净线标记出来。

（11）点影（图 4-1-21）

在后衣片上，分别将人体模型上的领口线、肩线、袖窿线、侧缝线、腰围线在坯布上标记出来。直线处点影疏些，在弧线处点影密些。

（12）画线、整理（图 4-1-22）

将后衣片取下，连接各点影标记，留出缝份，其余剪掉。然后再将前后肩缝、侧缝份别拼合，检查领

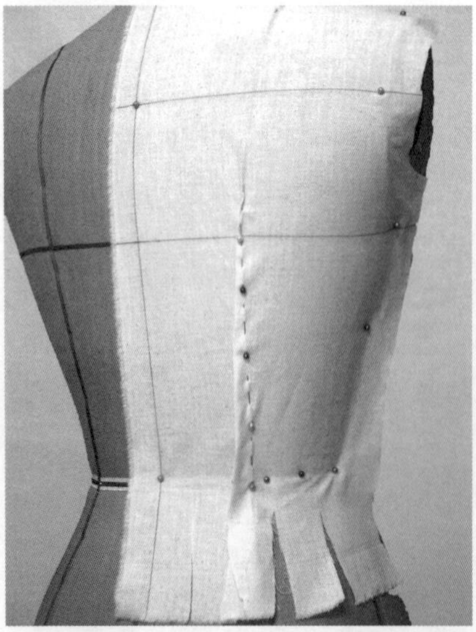

图4-1-18 固定腰围及收省

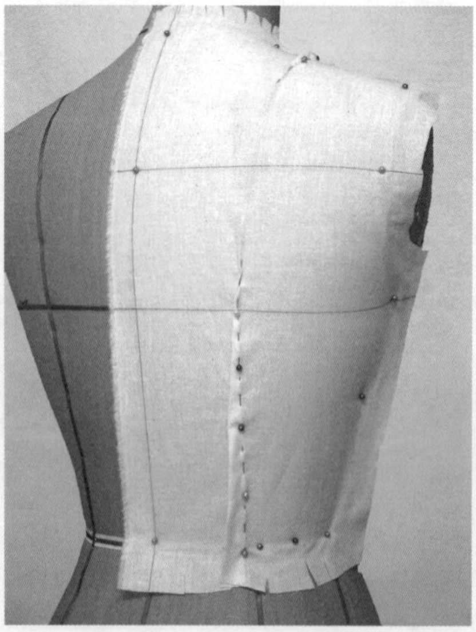

图4-1-19 修剪腰围

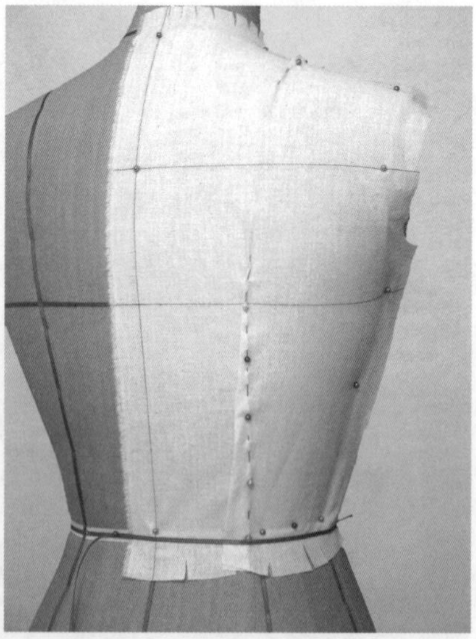

图4-1-20 标记腰围

口弧线、袖窿弧线、腰围线是否圆顺。

（三）总结

（1）贴体型基本衣身平面展开图（图4-1-23）

从平面展开图可看出前后腰省量较大，特别是前腰省，略呈曲线形。腰省量的大小通常与腰围的大小、乳房窿起程度成正比。同时为使衣片充分贴体，前衣片上设有袖窿省，后衣片上设有肩省。前后侧缝线呈倾斜状，每个部位的转角均为互补。

（2）贴体型基本衣身立体造型（图4-1-24、图4-1-25）

从立体造型图中可看出此款衣身与人体模型贴体，能将人体曲线充分体现出来。前后胸围线呈水平状，前衣片设有袖窿省、腰省，后衣片设有肩省、腰省。分别将前后腰省、肩缝、侧缝、后中心线拼合，用熨斗将领口、袖窿、衣摆扣烫好，穿到人体模型上。

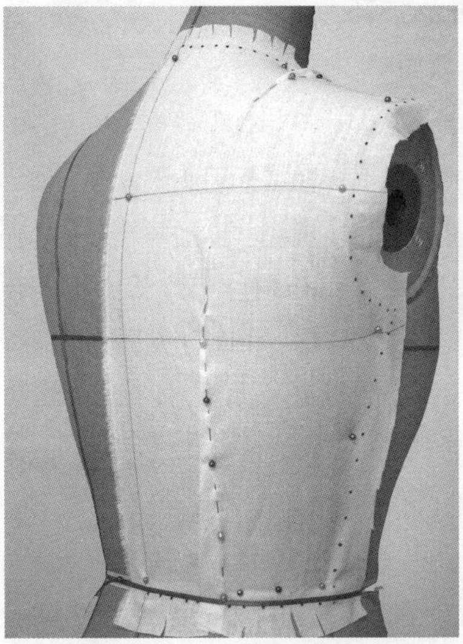

图4-1-21 点影

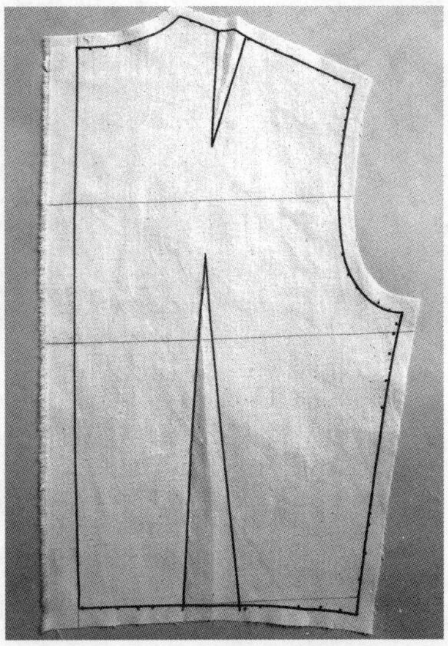

图4-1-22 画线、整理

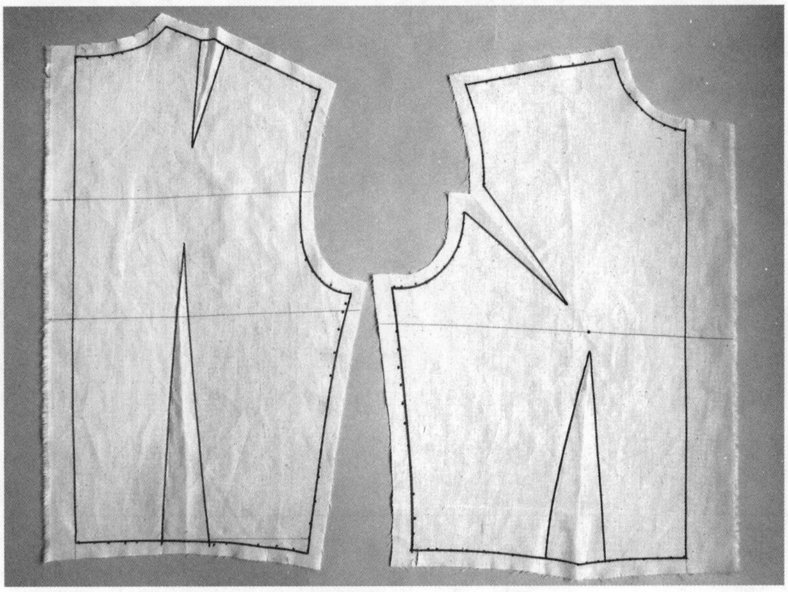

图4-1-23 贴体型基本衣身平面展开图

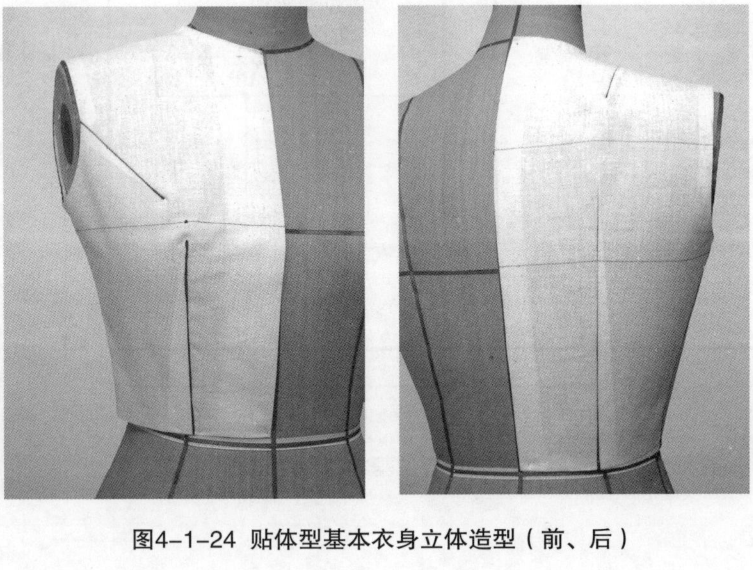

图4-1-24 贴体型基本衣身立体造型（前、后）

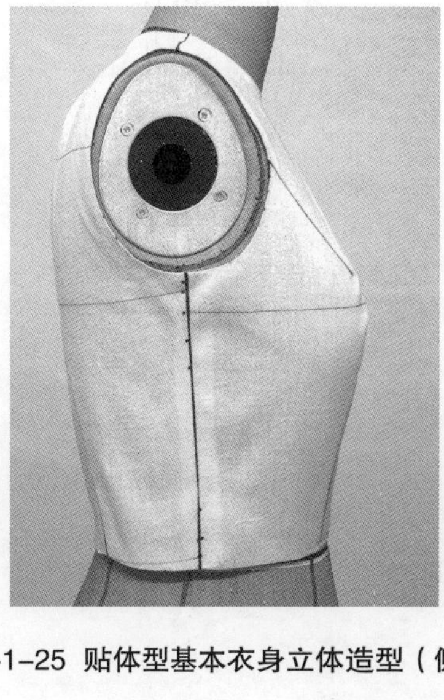

图4-1-25 贴体型基本衣身立体造型（侧面）

二、普通型基本衣身的立体裁剪

普通型基本衣身的前后衣身为基本合体形，衣身与人体模型留有一定的立体状松量。前衣身在腰围处收省，后衣身在肩部、腰围处收省，前后衣身形成箱形的形状，衣身侧缝处有部分余量，胸部、背部也有充分的运动量和松量，整体造型为普通型基本衣身。普通型基本衣身款式见图 4-1-26。

（一）准备工作

1. 确定用布量

普通型基本衣身为两块长方形布料，布料的纵向取前（后）腰长加 8 cm（为缝份及修正量），横向取前（后）胸围大加 10 cm（为缝份及放松量）。用布图见图 4-1-27。

2. 粗裁

布料的纵横向均用手撕开，整理布纹，要求布样丝缕平直，对折方正，最后用熨斗整烫，不宜喷水，以免布料变色、变硬，影响布料的柔软感。

3. 画样

用醒目色线或 2B 铅笔，将基准线按图 4-1-27 所示标记清楚。基准线的作用是能指示布料的经纬丝缕。前衣片的标示线有前中心线、胸围线、胸高线。后衣片的标示线有后中心线、肩胛骨线、背宽线。

（二）操作方法及技巧

1. 前衣片立体裁剪

（1）固定前中心线及 BP 点（图 4-1-28）

把布料覆于人体模型上，布料的前中心线、胸围线与人体模型上的前中心线、胸围线对准，胸窝处略松，留有一支铅笔粗的余量。布料的 BP 点与人体模型的 BP 点对准，BP 点处用大头针插入固定，前中心下端固定。注意前片基准线必须成垂直状态，也可折领口检查一下对合情况。

（2）整理肩胸部（图 4-1-29）

将布料从前中心向颈围方向理顺，胸窝处略松，留有一支铅笔粗的余量，再将布料从肩部向袖窿及侧缝自然地贴在模型上，整理布料时，理顺一处就用大头针固定好一处。

（3）固定肩胸部（图 4-1-30）

将布料从中心线向领口处抚平，粗裁领口，在领口边剪放射状剪口，使领口处伏贴，注意领口不要剪过，领口留有余量。最后修剪肩线及袖窿弧线。

（4）固定侧缝（图 4-1-31）

先将布料从胸高点向侧缝抚顺，靠近腋下处留有 0.5 cm 的余量；再轻轻地理顺袖窿及腋下部分（不要拉紧），使衣片合体；最后理顺侧缝，侧缝自然地贴在模型上，多余量留在腰围处。整理布料时，理顺一

图4-1-26 普通型基本衣身款式

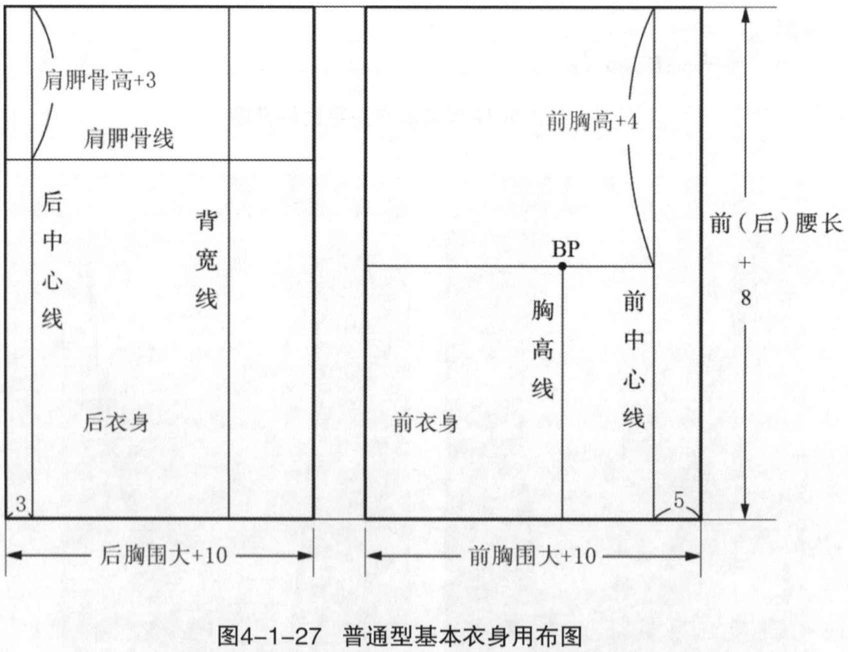

图4-1-27 普通型基本衣身用布图

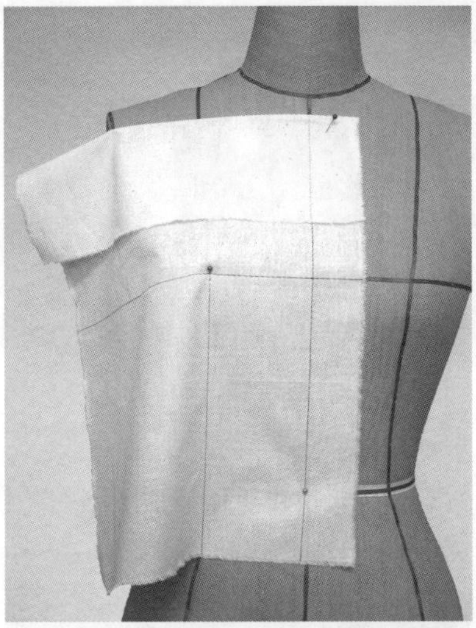

图4-1-28 固定前中心线及BP点

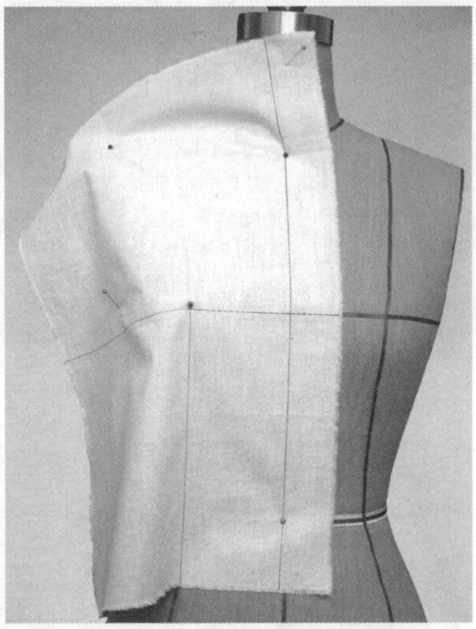

图4-1-29 整理肩胸部

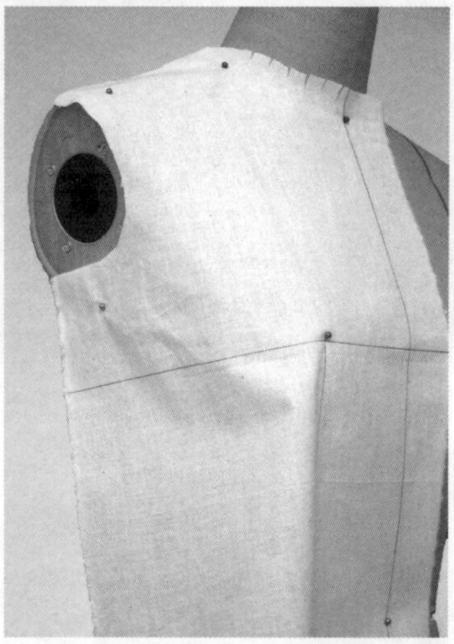

图4-1-30 固定肩胸部

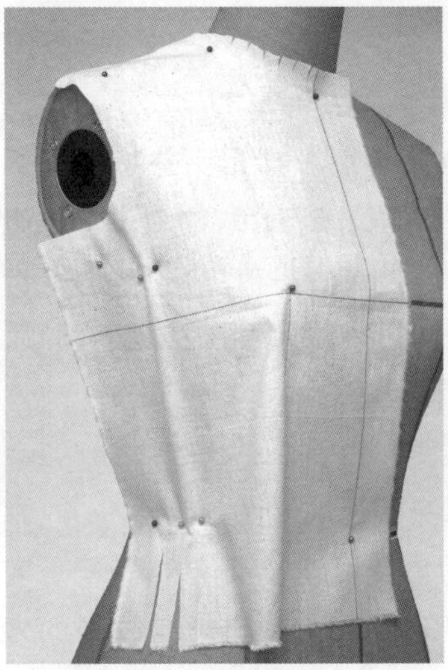

图4-1-31 固定侧缝

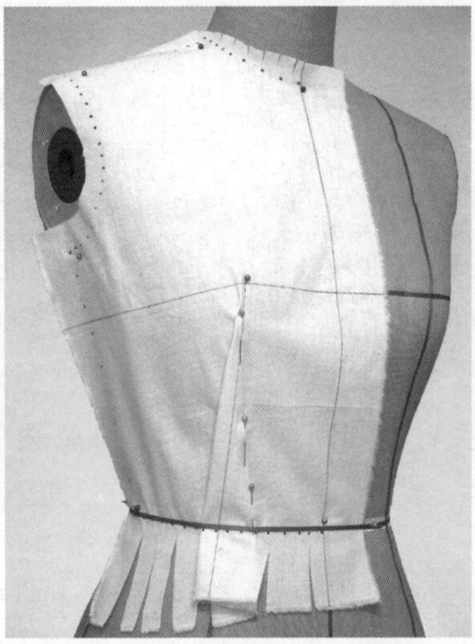

图4-1-32 固定腰部及点影

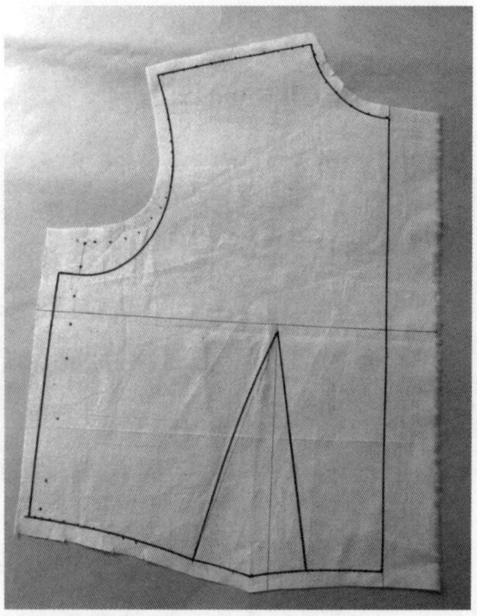

图4-1-33 画线、整理

处就用大头针固定好一处。

（5）固定腰部及点影（图 4-1-32）

把腰部多余的部分做为腰省，用大头针将其别出，腰省以胸高点的正下方为最佳位置。腰围线可先用粘带标记出来，衣片收省及各部位调整好后，根据衣片侧缝、袖窿、肩部、领口、腰围的位置，在衣片上用笔将肩线、袖窿弧线、侧缝线、腰围线进行点影。

（6）画线、整理（图 4-1-33）

将前衣片取下，连接各点影标记。并将袖窿弧线及侧缝线修正，袖窿深开深 2.5 cm，侧缝上端放出 1.5 cm，下端放出 0.7 cm。最后将前后肩缝、侧缝份别拼合，检查领口弧线、袖窿弧线、腰围线是否圆顺，留出缝份，其余剪掉。

2. 后衣片立体裁剪

（1）固定后中心线及肩胛线（图 4-1-34）

把后片布料覆于人体模型上，对合后中心线、肩胛骨线，并将后中心线上下固定好。在对合后中心的同时，注意肩胛骨的水平线要保持水平。

（2）整理布料（见图 4-1-35）

先将肩胛骨一带稍留余份。在人体模型上理顺侧缝，观察纵向线是否垂直，这是使布料纹线正确贴合的步骤，不能粗心大意。另外注意不要将布紧贴在模型上，使布料与人体模型上留有空气层。侧缝理顺后用大头针固定，理顺后的布料在腰部处产生余量。

（3）修剪领口（图 4-1-36）

先粗裁领口，在领口边剪放射状剪口，将多余布

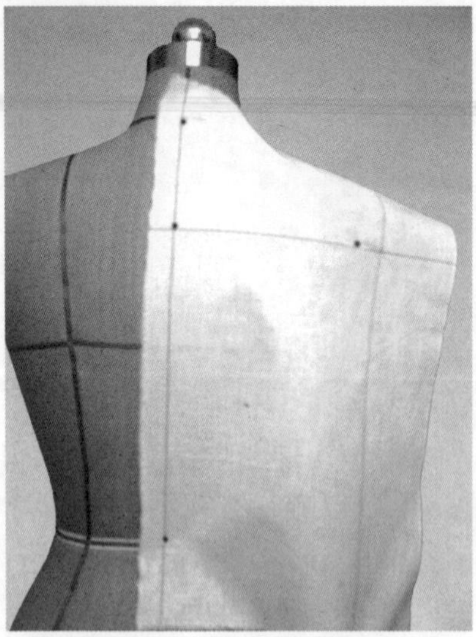

图4-1-34 固定后中心线及肩胛线

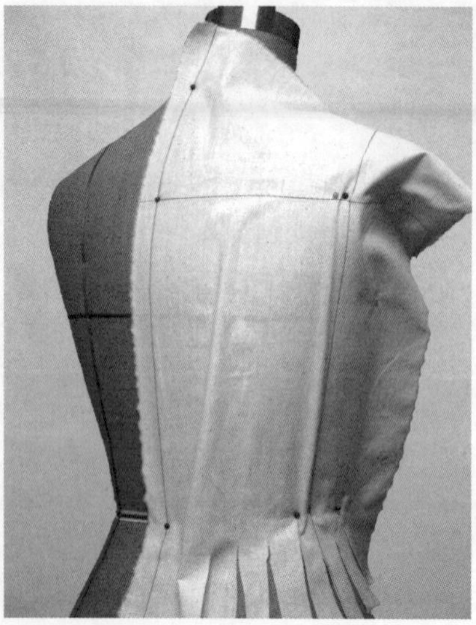

图4-1-35 整理布料

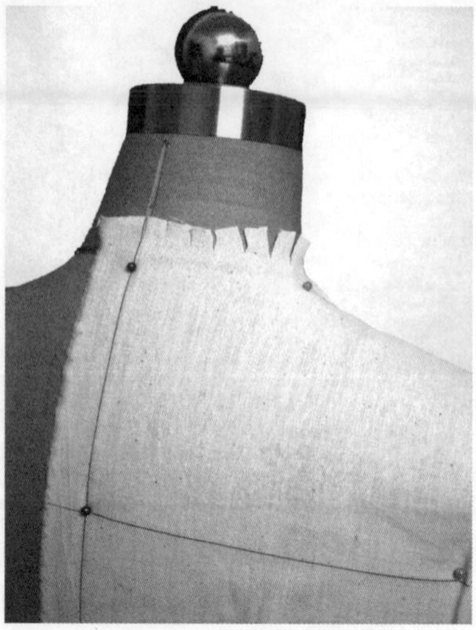

图4-1-36 修剪领口

料沿颈围剪掉，目的是使领口处伏贴，注意不要剪过领窝净线。

（4）整理背腰部（图4-1-37、图4-1-38）

理顺后的布料在肩和腰部处产生余量，所以在腰和肩处收省。由于手臂向前活动的原因，在背宽线的上下需要留充分的放松量。肩部多余的部分做为肩省，腰部多余的部分做为腰省，用大头针将其别出，腰省及肩省都指向肩胛骨最高点。

（5）点影（图4-1-39）

在后衣片上，分别将人体模型上的领口线、肩线、袖窿线、侧缝线、腰围线如实地在坯布上标记出来。

（6）画线、整理（图4-1-40）

将后衣片取下，连接各点影标记。并将袖窿弧线及侧缝线修正，袖窿深开深2.5cm，侧缝上端放出1.5cm，下端放出0.7cm。最后将前后肩缝、侧缝份别拼合，检查领口弧线，袖窿弧线，腰围线是否圆顺，留出缝份，把多余的布料剪掉。

（三）总结

（1）普通型基本衣身平面展开图（图4-1-41）

从平面展开图可看出前后腰省量较大，特别是前腰省，略呈曲线形。腰省量的大小通常与腰围的大小、乳房窿起程度成正比。侧缝线呈倾斜状，肩线、侧缝线为直线，每个部位的转角均为互补。展开图

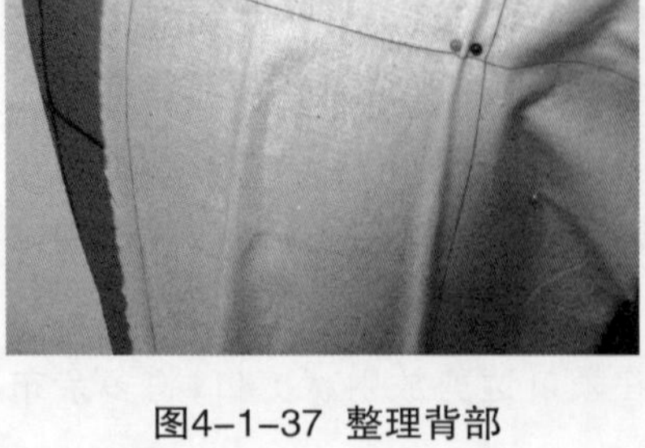

图4-1-37 整理背部

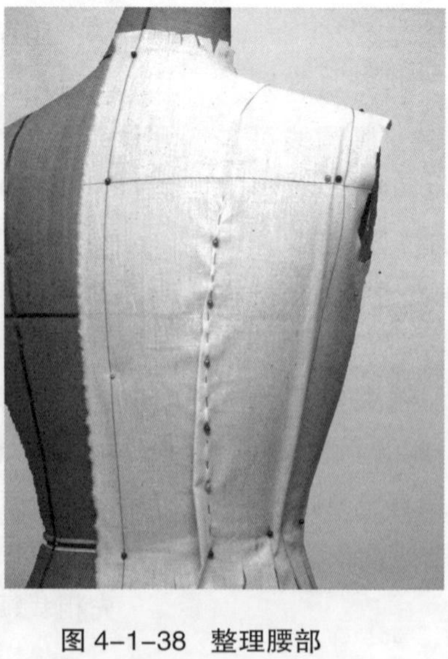

图4-1-38 整理腰部

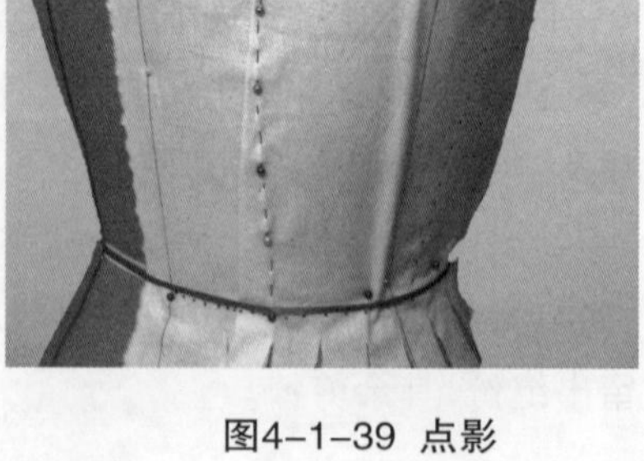

图4-1-39 点影

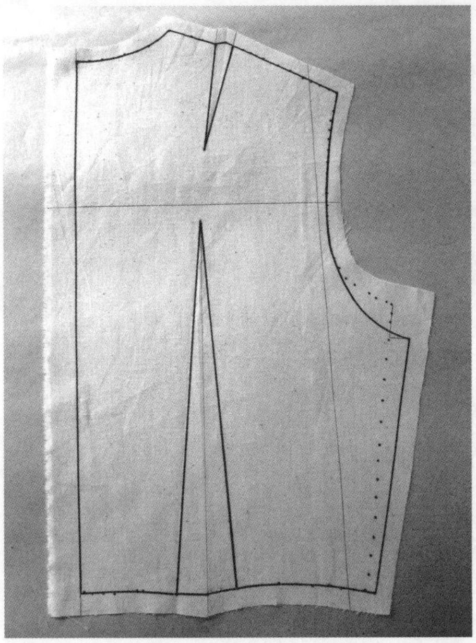
图4-1-40 画线、整理

图4-1-41 普通型基本衣身平面展开图

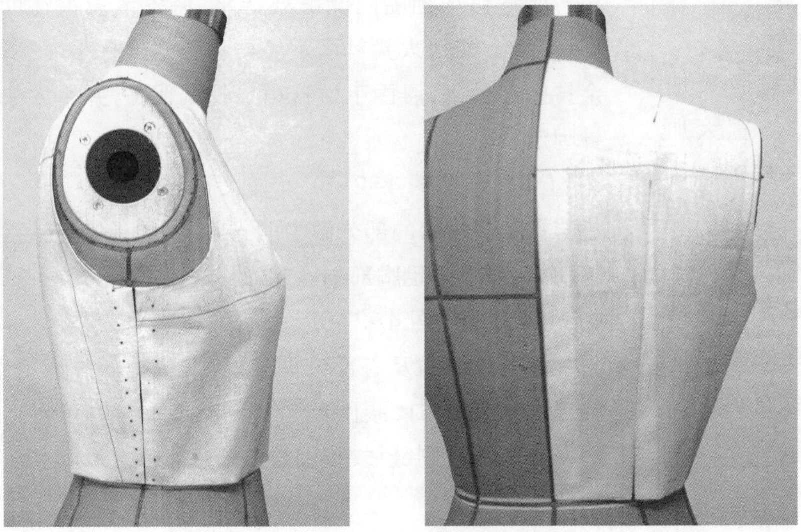
图4-1-42 普通型基本衣身立体造型

与平面裁剪中的原型，特别是日本文化原型很相似，要注意分析两者内在的联系，掌握好平面与立体的关系。

（2）普通型基本衣身立体造型（图 4-1-42）

从立体造型图中可看出此款衣身与人体模型留有一定的立体状松量，胸部背部也有充分的运动量和松量，袖窿向下修正。前衣片设有腰省，后衣片设有肩省、腰省，前后衣身形成箱形的形状，衣身侧缝处有部分余量。分别将前后腰省、肩缝、侧缝、后中心线拼合，用熨斗将领口、袖窿衣摆扣烫好，穿到人体模型上。

第二节 胸省在衣身中的应用

胸省是解决女性胸部突起所用省缝的总称。用胸省处理胸部是最基本、最常用的方法。我们可以把胸部看成锥形，围绕 BP 点可有无数个胸省，如腰省、领口省、肩省、肋省、门襟省、袖窿省等，可根据款式设计及个人爱好自由选择位置和形式。在合体服装的立体裁剪中，胸省的转移是手段之一。根据设计者的要求，将省的位置重新进行调整，可以创造出新颖的造型。

一、用肋省处理胸部

此款前衣片在肋部处收肋省，满足胸部的隆起；后片在腰部收腰省，从而满足腰部的凹陷及肩胛骨的隆起。肋省处理胸部的款式见图 4-2-1。

（一）准备工作

1. 确定用布量

用肋省处理胸部的衣身用布可参考图 4-1-2。取两块长方形布料，布料的纵向取前（后）腰长加 8cm（为缝份及修正量），横向取前（后）胸围大加 8cm（为缝份及修正量）。布料准备同前一款。

2. 粗裁、画样

用手将布料的纵横向撕开，整理布纹，对折方正，并用熨斗整烫。然后用醒目色线或 2B 铅笔将基准线按图 4-1-2 所示标记清楚。基准线的作用是能指示布料的经纬丝缕。前衣片的标示线有前中心线、胸围线；后衣片的标示线有后中心线、胸围线、背宽线水平线。

（二）操作方法及技巧

1. 前衣片立体裁剪

（1）固定前中心线及胸围线（图 4-2-2）

把布料覆于人体模型上，将衣片的前中心线、胸围线与人体模型的前中心线、胸围线对齐，胸窝处略留有余量，并用大头针固定 BP 点及前中心。注意前片中心基准线成垂直状态。

（2）整理肩胸部（图 4-2-3）

将布料从前中向颈围方向理顺，修剪领口并打剪口，使其伏贴，胸窝处略有余量。再将布料从肩部向袖窿及侧缝自然地贴在模型上，整理布料时理顺一处就用大头针固定好一处。最后修剪肩线及袖窿上端多余布料。

（3）固定腰部及侧缝（图 4-2-4）

将布料从袖窿向侧缝处抚平，将多余量留在肋部，侧缝上端用大头针固定。再将腰部处抚平，把多余量留在肋部，腰围下端打剪口使其伏贴，并用大头针固定腰围。

（4）收省（图 4-2-5）

将肋部多余的部分做为肋省收掉，肋省的省尖指向胸高点，以满足胸部的隆起。

（5）点影（图 4-2-6）

把衣片收省及各部位调整好后，根据衣片侧缝、袖窿、肩部、领口、腰围的位置，在衣片上用笔将肩线、袖窿弧线、侧缝线、腰围线进行点影。

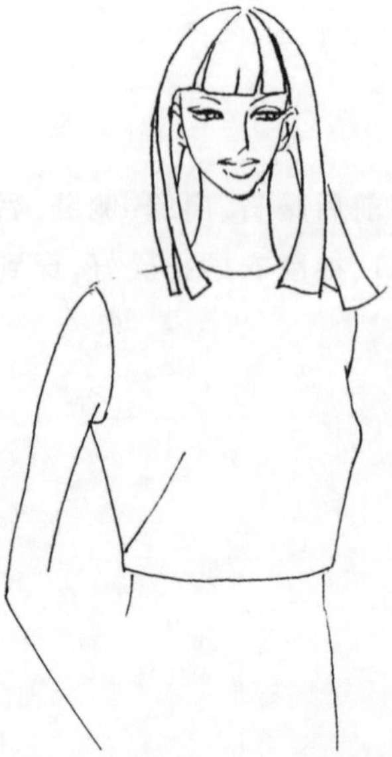

图4-2-1 用肋省处理胸部

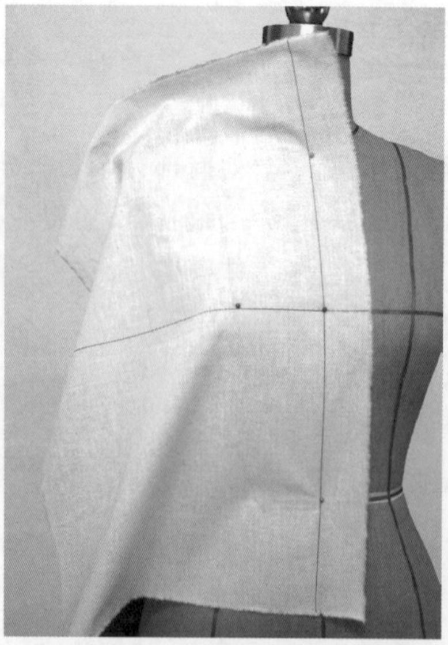

图4-2-2 固定前中心线及胸围线

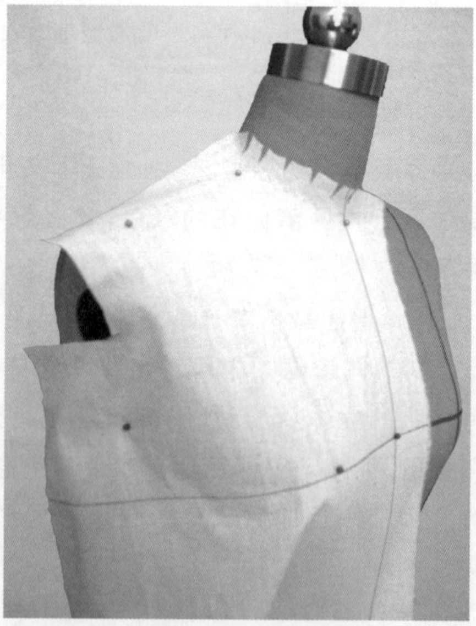

图4-2-3 整理肩胸部

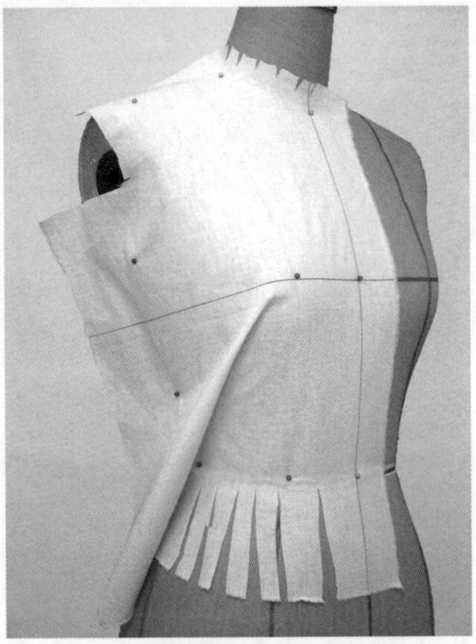

图4-2-4 固定腰部及侧缝

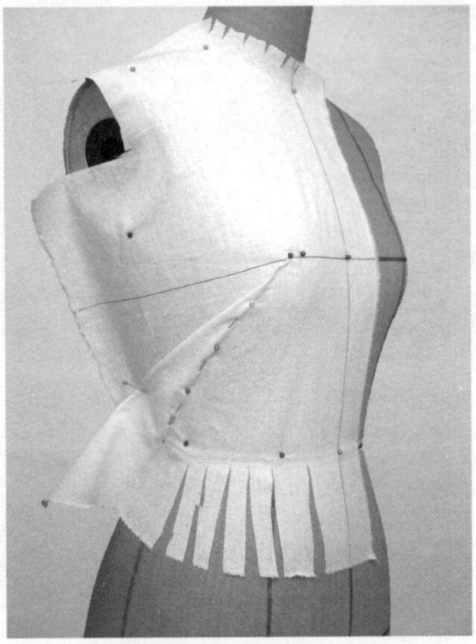

图4-2-5 收省

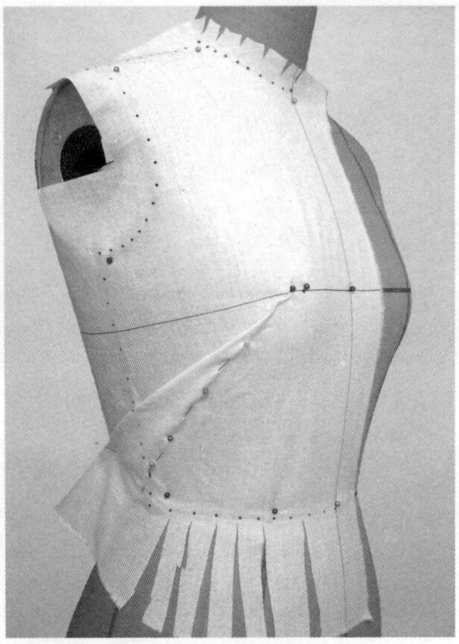

图4-2-6 点影

（6）画线、整理（图 4-2-7）

将前衣片取下，连接各点影标记。然后将袖窿弧线及侧缝线修正，袖窿深开深 2.5cm，侧缝上端放出 1.5cm，下端放出 0.5cm。最后将前后肩缝、侧缝份别拼合，检查领口弧线、袖窿弧线、腰围线是否圆顺。留出缝份后剪掉多余部分，肋省部分需捏好后再进行修剪。

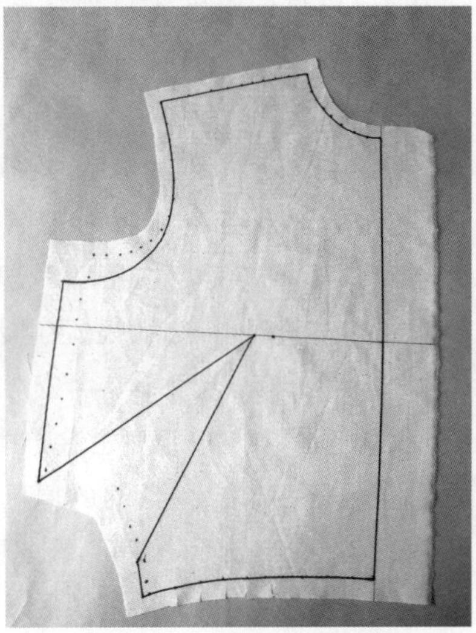

图4-2-7 画线、整理

2. 后衣片立体裁剪

（1）固定后中心线及肩胛线（图 4-2-8）

把后片布料覆于人体模型上，对合后中心线、胸围线、肩胛骨线，并将后中心线上下固定好。在对合后中心的同时，注意肩胛骨的水平线要保持水平。

（2）修剪领口（图 4-2-9、图 4-2-10）

先粗裁领口，将多余布料沿颈围剪掉，在领口边剪放

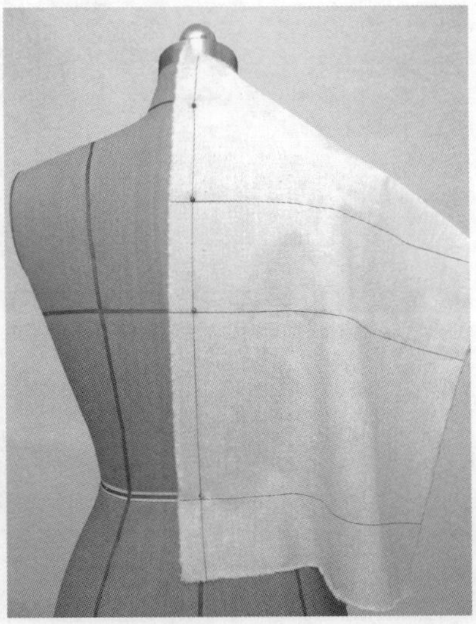

图4-2-8 固定后中心线及肩胛线

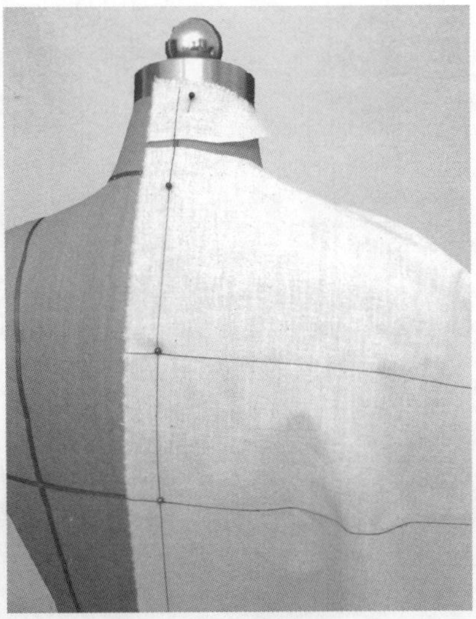

图4-2-9 修剪领口

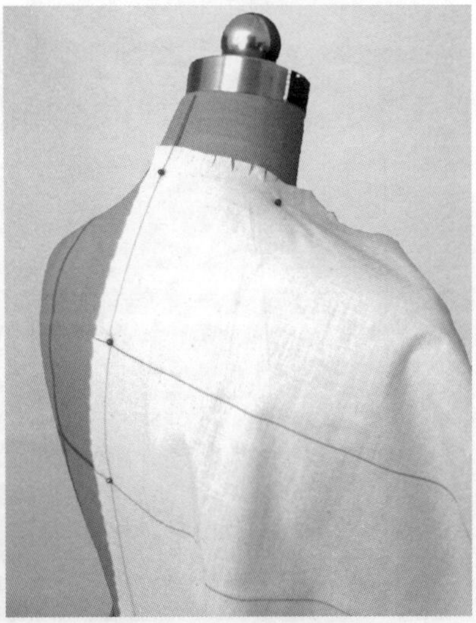

图4-2-10 修剪领口

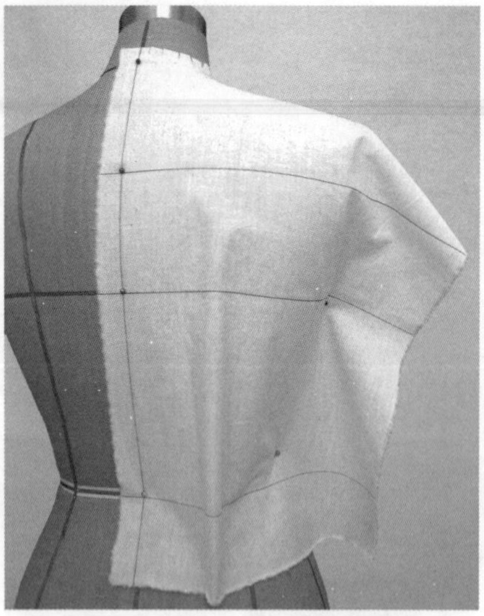

图4-2-11 整理侧缝

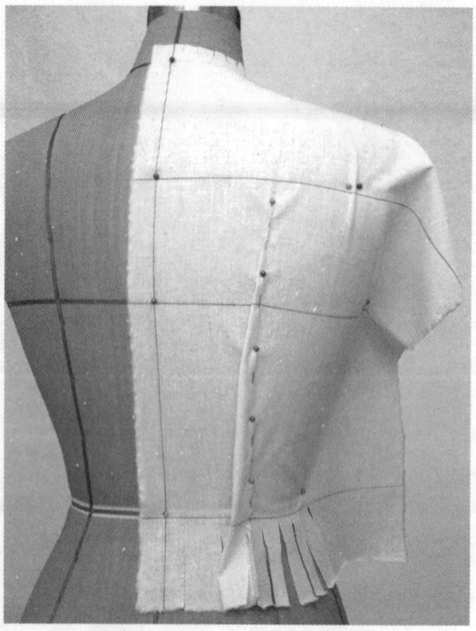

图4-2-12 整理腰部

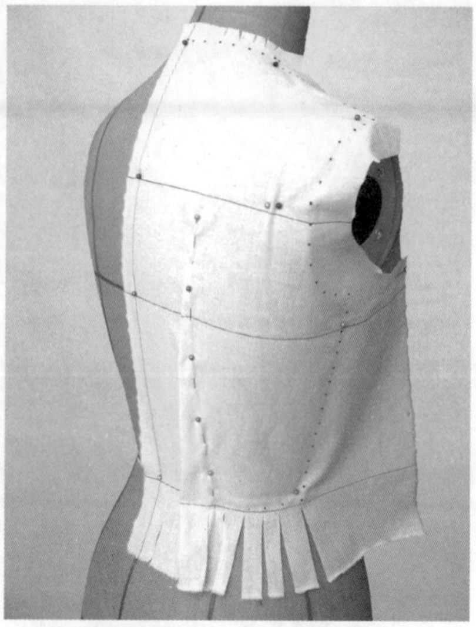

图4-2-13 点影

射状剪口，目的是使领口处伏贴，不要剪过领窝净线。

（3）整理侧缝（图 4-2-11）

在人体模型上理顺侧缝，观察纵向线是否垂直，这是使布料纹线正确贴合的步骤，不能粗心大意。另外注意不要将布紧贴在模型上，要使布料与人体模型上留有空气层。理顺侧缝后用大头针固定。

（4）整理腰部（图 4-2-12）

理顺后的布料在腰部处会产生余量，所以在腰处收省。由于手臂向前活动的原因，背宽需要留一定的放松量，在肩胛骨一带稍留余量。把腰部多余的部分做为腰省，用大头针将其别出，腰省及肩省都指向肩胛骨最高点。腰围处打剪口以使其伏贴。

（5）点影（图 4-2-13）

在后衣片上分别将人体模型上的领口线、肩线、袖窿线、侧缝线、腰围线如实地在坯布上标记出来。

（6）画线、整理（图 4-2-14）

将后衣片取下，连接各点影标记。然后将袖窿弧线及侧缝线修正，袖窿深开深 2.5cm，侧缝上端放出 1.5cm，下端放出 0.7cm。最后将前后肩缝、侧缝份别拼合，检查领口弧线、袖窿弧线、腰围线是否圆顺，留出缝份，把其余的剪掉。

（三）总结

（1）用肋省处理胸部衣身平面展开图（图 4-2-

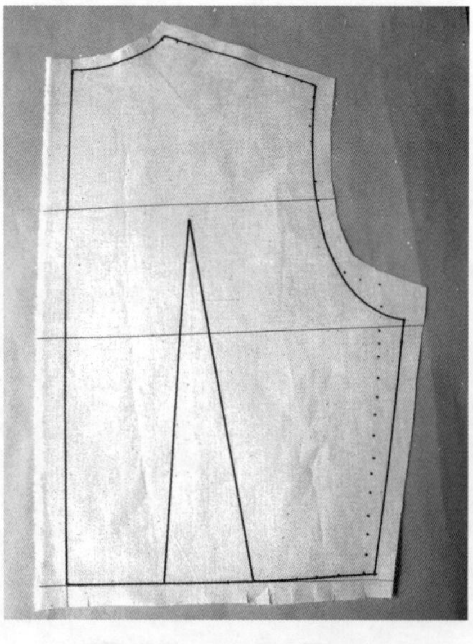

图4-2-14 画线、整理

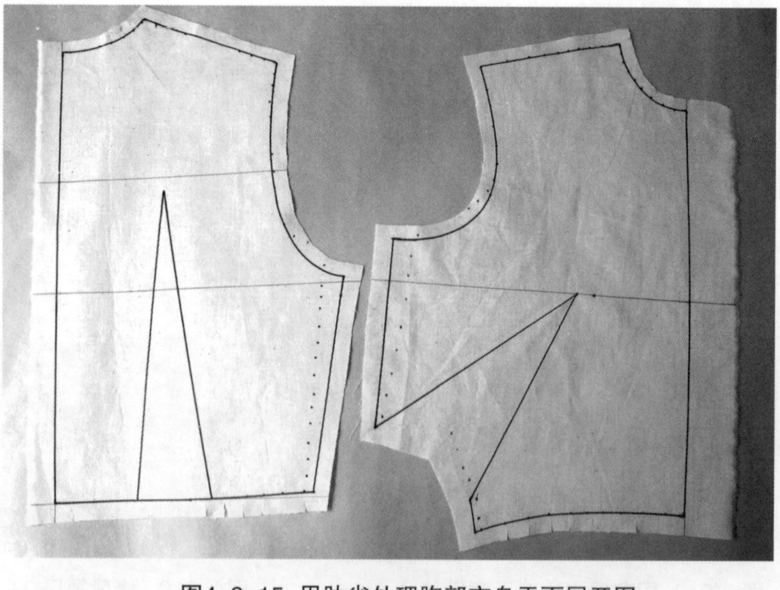

图4-2-15 用肋省处理胸部衣身平面展开图

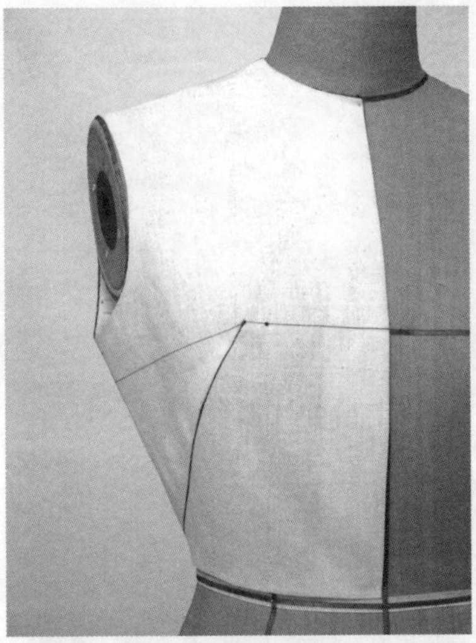

图4-2-16 衣身正面立体造型

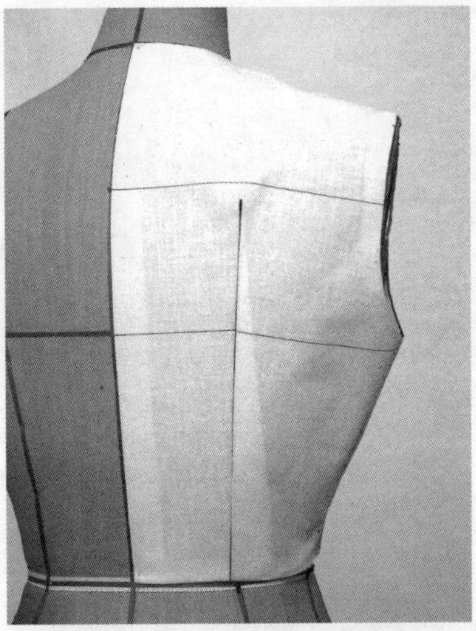

图4-2-17 衣身背面立体造型

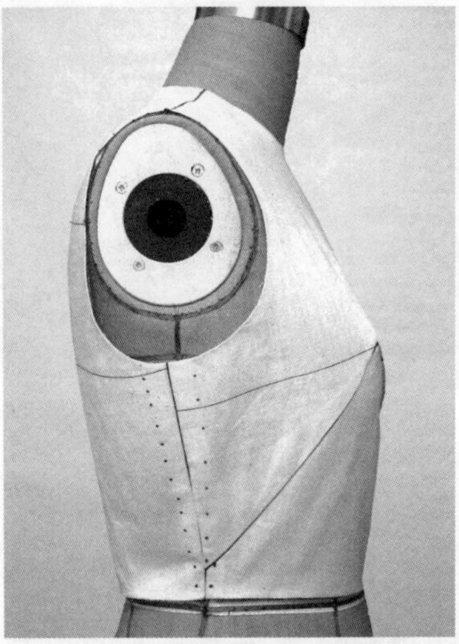

图4-2-18 衣身侧面立体造型

15）

从平面展开图可看出，前肋省及后腰省省量较大，特别是前肋省省量最大（满足胸部的隆起）。腰省量的大小通常与腰围的大小、乳房窿起程度成正比。侧缝线呈倾斜状，肩线、侧缝线为直线，每个部位的转角均为互补。

（2）用肋省处理胸部衣身立体造型（图 4-2-16—图 4-2-18）

从立体造型图中可看出此款衣身与人体模型留有一定的立体状松量，胸部、背部也有充分的运动量和松量，袖窿向下修正。前衣片设有肋省，后衣片设有腰省，前后衣身形成箱形的形状，衣身侧缝处有部分余量。

二、用人字省处理胸部

此款前衣片在前胸处收人字省，以满足胸部的隆起。人字省斜跨左右衣片，是将前衣身所有的胸部省道合并为人字形形态。用人字省处理胸部的款式见图 4-2-19。

（一）准备工作

1. 确定用布量

用人字省处理胸部衣身的用布为一块长方形布料，布料的纵向取前腰长 +15cm（为缝份及修正量），横向取胸围 /2+18cm（为缝份及修正量）。胸围线处为前胸高 +10cm。衣片的标示线有前中心线、胸围线。用人字省处理胸部衣身用布图见图 4-2-20。

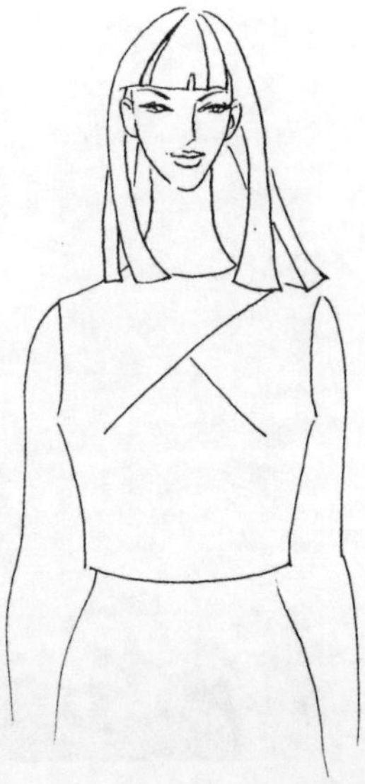

图4-2-19 用人字省处理胸部

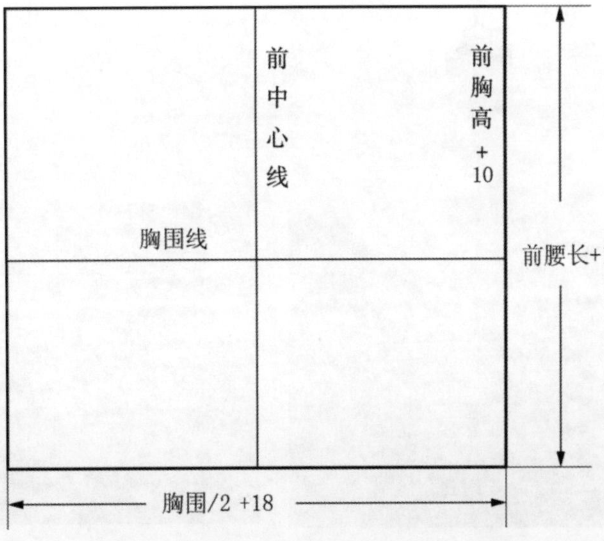

图4-2-20 用人字省处理胸部衣身用布图

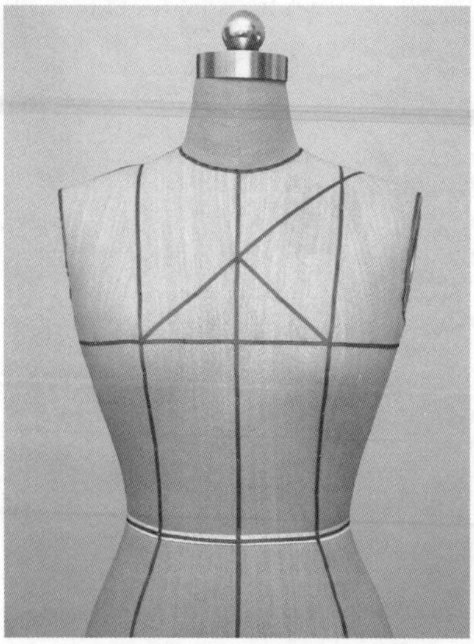

图4-2-21 人字省标记衣身造型

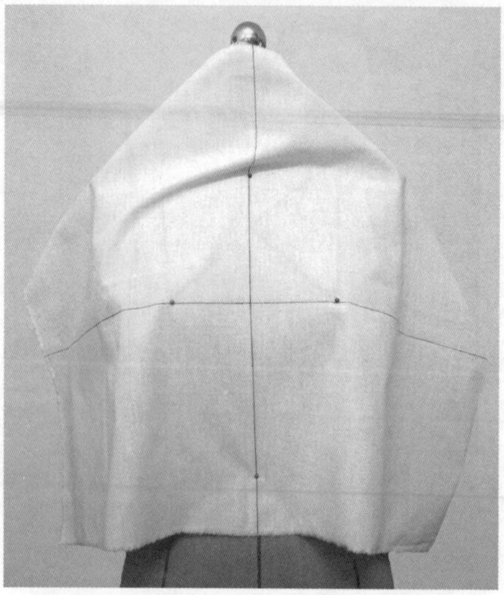

图4-2-22 固定前中心线及胸围线

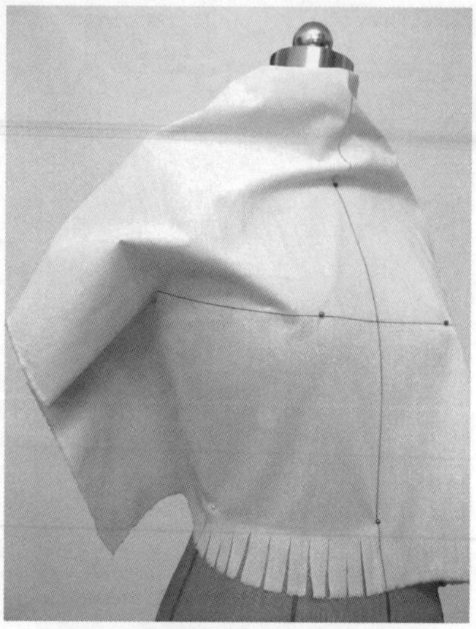

图4-2-23 整理右侧腰部及侧缝

2. 标记衣身造型线

在人体模型上按款式造型图用粘带将人字省位置标记出来，并用大头针固定。注意要体现胸部的隆起。人字省标记衣身造型线见图 4-2-21。

（二）操作方法及技巧

（1）固定前中心线及胸围线（图 4-2-22）

把布料覆于人体模型上，将衣片的前中心线、胸围线与人体模型的前中心线、胸围线对齐，并用大头针固定 BP 点及前中心。注意胸围线呈水平状，前片中心基准线成垂直状态。

（2）整理右侧腰部及侧缝（图 4-2-23）

将布料从前胸围线（BP 点到前中心线）向下端腰围处抚平，然后从前腰围向后腰围抚平，把腰部多余量向上推移。腰部略留有余量，腰围下端打剪口，以使布料下端伏贴。侧缝用大头针固定。

（3）整理左侧腰部及侧缝（图 4-2-24）

左侧腰部及侧缝的整理同右侧。腰部略留有余量，把其他多余量向上推移。为使布料下端伏贴，腰围下端打剪口。侧缝用大头针固定。

（4）整理肩、胸部（图 4-2-25、图 4-2-26）

进一步整理左、右侧腰部及侧缝，使腰部伏贴，并略留松量。然后将布料从胸围线向袖窿、肩部自然地贴伏在模型上，把多余量留在前肩处。整理布料时用大头针固定肩部及袖窿。注意胸围线上的余量要对称。

（5）修剪侧缝、袖窿（图 4-2-27）

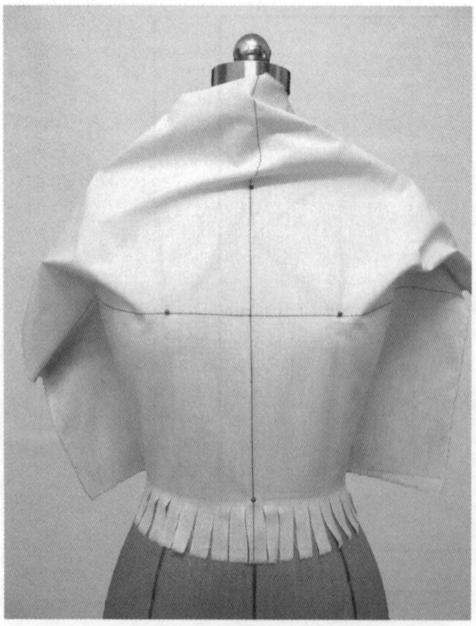

图4-2-24 整理左侧腰部及侧缝

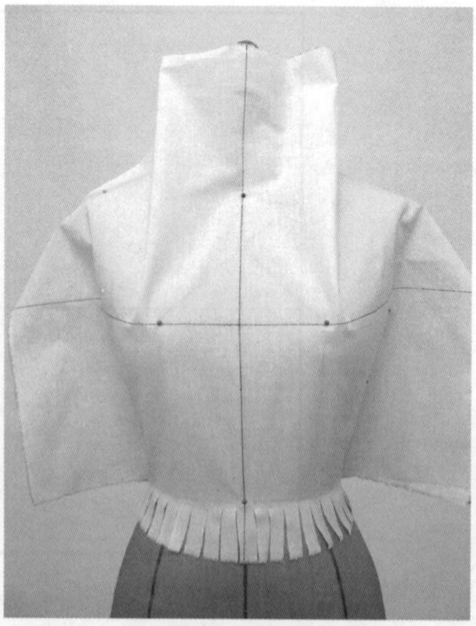

图4-2-25 整理肩、胸部

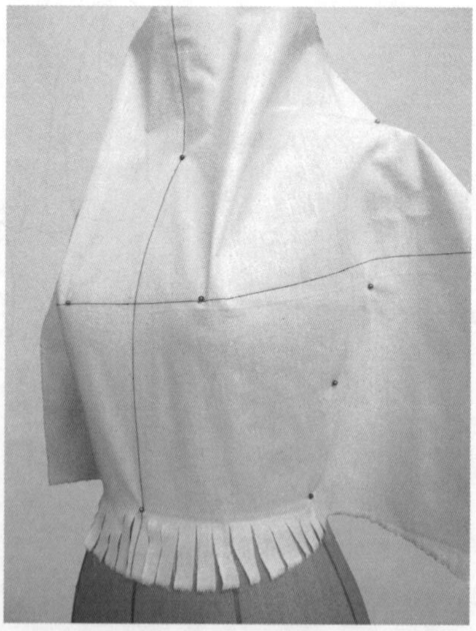

图4-2-26 整理肩、胸部

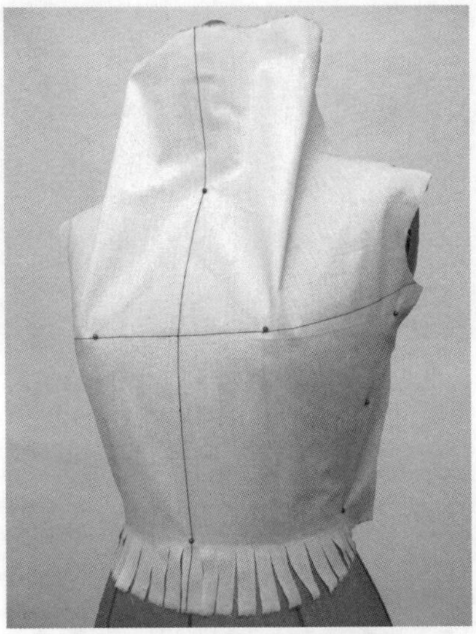

图4-2-27 修剪侧缝、袖窿

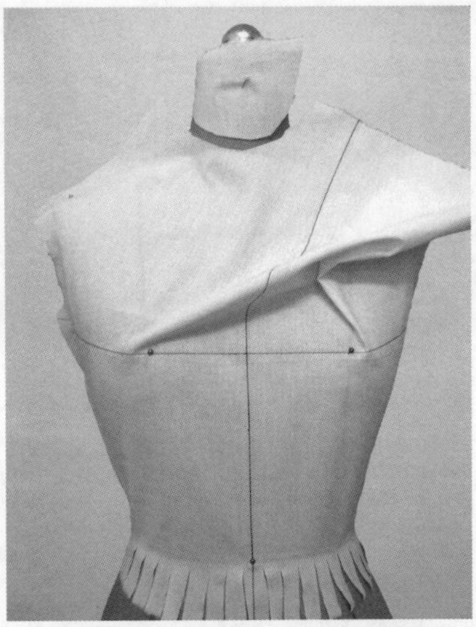

图4-2-28 粗裁肩线及领口线

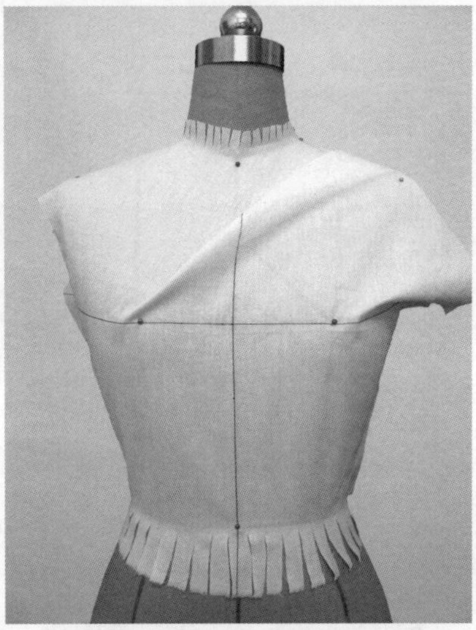

图4-2-29 固定肩领部

把衣片各部位理顺后，用剪刀修剪左右衣片的侧缝、袖窿。注意要留有充足的缝份及修正量。

（6）粗裁肩线及领口线（图4-2-28）

先将右侧肩胸部的布料抚平，把余量都放到左侧。然后按照人体模型上人字省的位置，将左侧多余布料大致收出人字省，并粗裁肩线及领口线。

（7）固定肩领部（图4-2-29）

进一步整理右侧肩胸部的布料并抚平。在领口边剪放射状剪口以使领口处伏贴，用大头针固定领口，注意不要剪过领窝净线。

（8）收省（图4-2-30）

将右侧衣片集中的省量抚向人字省，把左侧衣片再以中心线为准向上抚平并收省，省尖指向BP胸高点。注意左侧衣片以中心线为准向上抚平时，将左侧衣片多余量暂时放在袖窿处。

（9）剪开省（图4-2-31、图4-2-32）

先将人字省拽起，用剪刀从省中心将省剪开。剪时注意不要剪过胸高点（BP点），要留有一段距离，使省尖缝合后不毛漏。

（10）整理右侧衣片（图4-2-33）

将右侧衣片布料从侧缝向袖窿处抚平，用大头针固定肩部。把袖窿部多余布料转移到人字省的位置。

（11）收右侧省（图4-2-34）

把右侧衣片多余的部分做为人字省，并用大头针

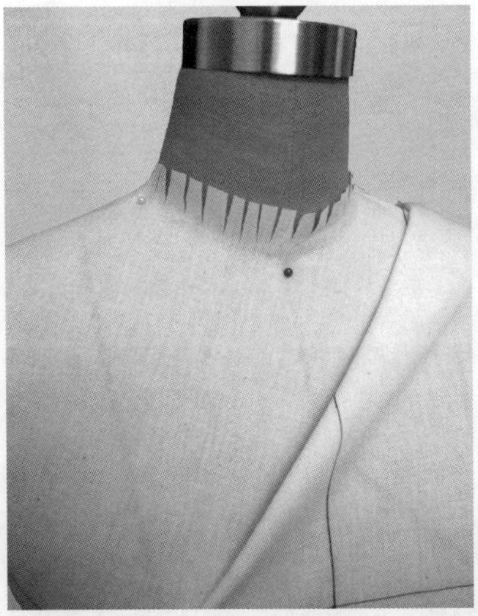

4-2-30 收省

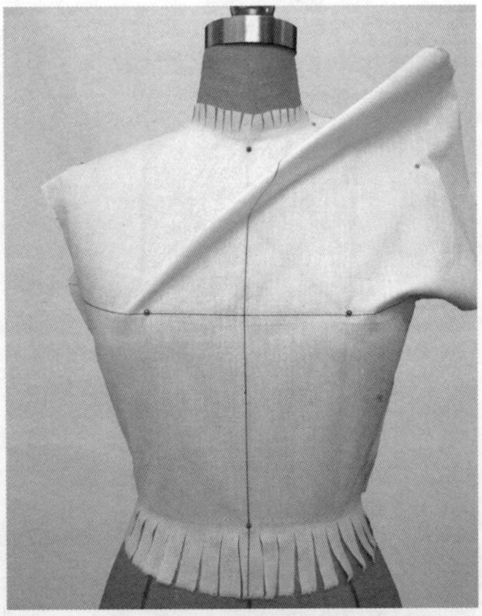

图4-2-31 拽起省

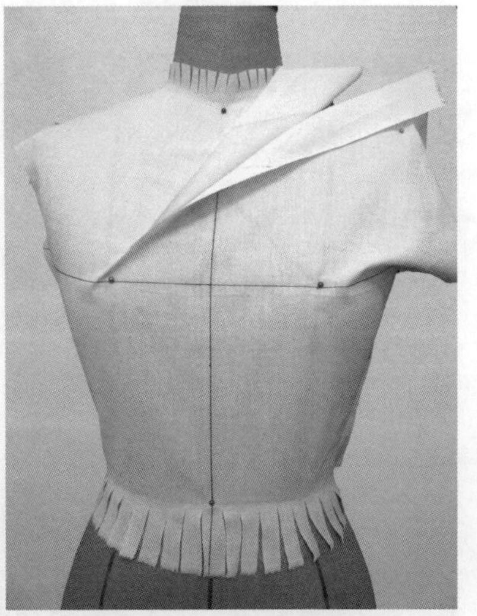

图4-2-32 剪开省

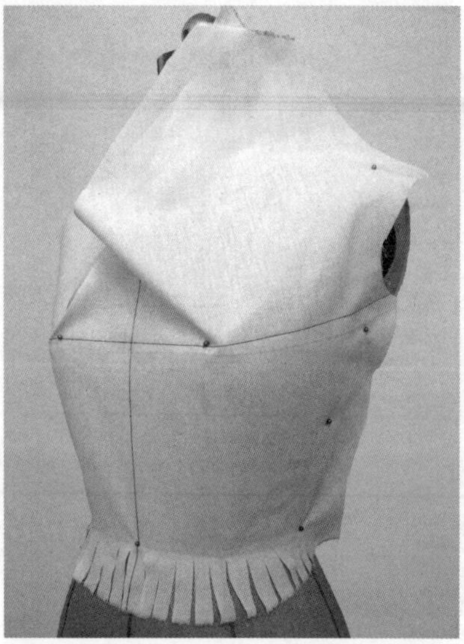

图4-2-33 整理右侧衣片

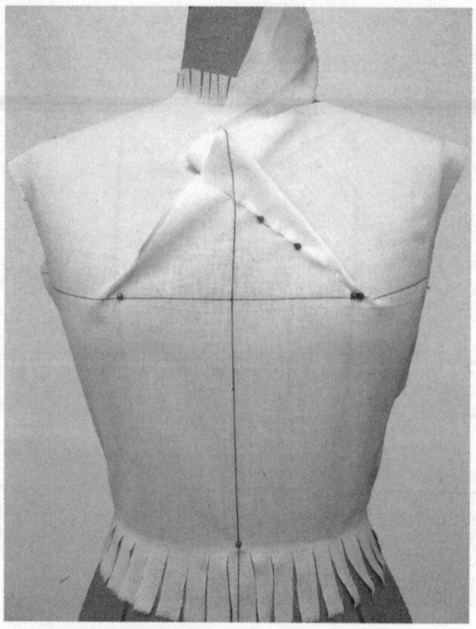

图4-2-34 收右侧省

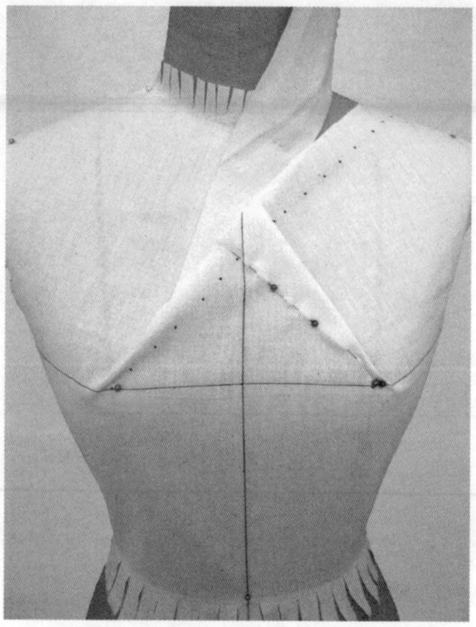

图4-2-35 点影

加以固定，省尖以胸高点为最佳位置。

（12）点影（图 4-2-35—图 4-2-38）

把衣片收省及各部位调整好后，根据人体模型上人字省、肩部、领口、袖窿、侧缝、腰围的位置，在衣片上用笔将各部位进行点影。

（13）画线、整理（图 4-2-39）

把衣片从人体模型上取下、放平，先将省位确定下来。然后按照各轮廓线点影，将衣片的轮廓线用笔画好，袖窿深开深 1.5cm，并将多余量剪掉。

（三）总结

（1）用人字省处理胸部衣身平面展开图（图 4-2-40）

从平面展开图中可看出前衣片有人字省，人字省省口在左衣片，省量较大，满足胸部的隆起，省量的大小与乳房隆起程度成正比。腰围线呈非水平状，侧缝线向内倾斜，袖窿、肩线斜度较大，领口移至右衣片。

（2）用人字省处理胸部衣身立体造型（图 4-2-41）

从立体造型图中可看出，此款前衣片设有人字省，斜跨左右衣片，呈人字造型，以满足胸部的隆起。衣身与人体模型在腰部略留有一定的松量，袖窿向下修正。通过收人字省使衣身伏贴于人体模型，衣身整体造型合体，能将人体曲线充分体现出来。

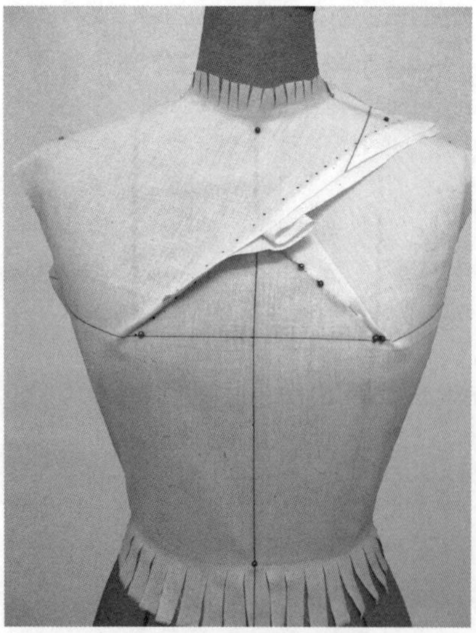

图4-2-36 点影

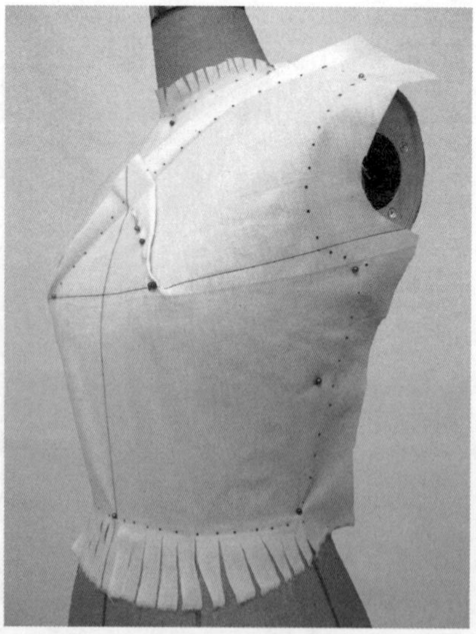

图4-2-37 点影

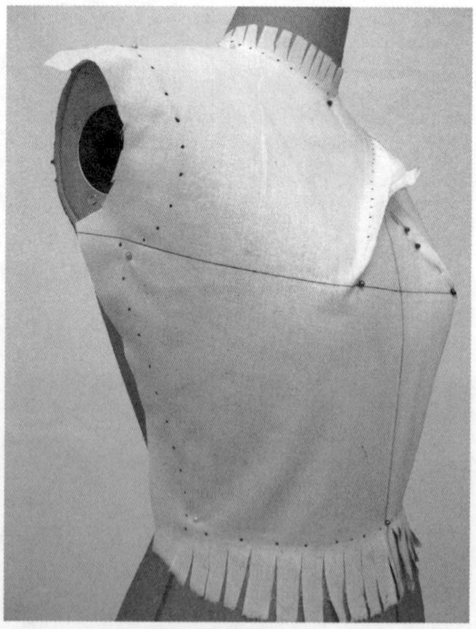

图4-2-38 点影

图4-2-39 画线、整理

图4-2-40 用人字省处理胸部衣身平面展开图

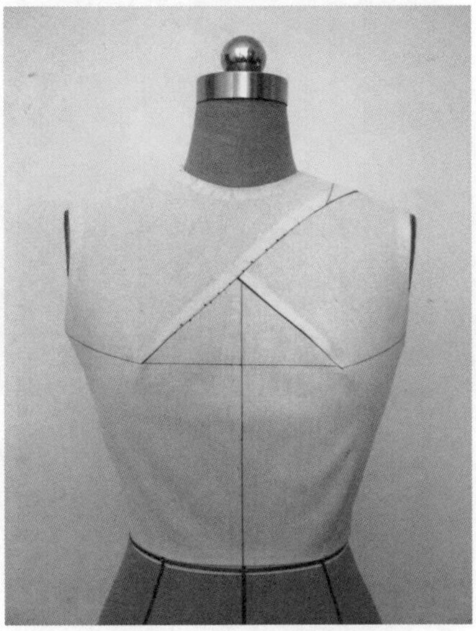

图4-2-41 前衣身立体造型

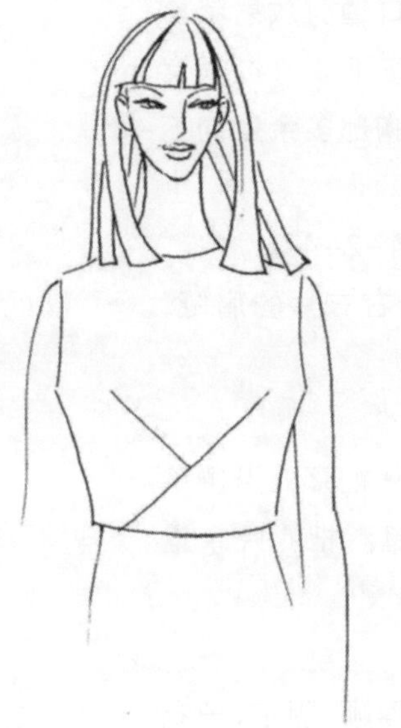

图4-2-42 用Y字形省处理胸部

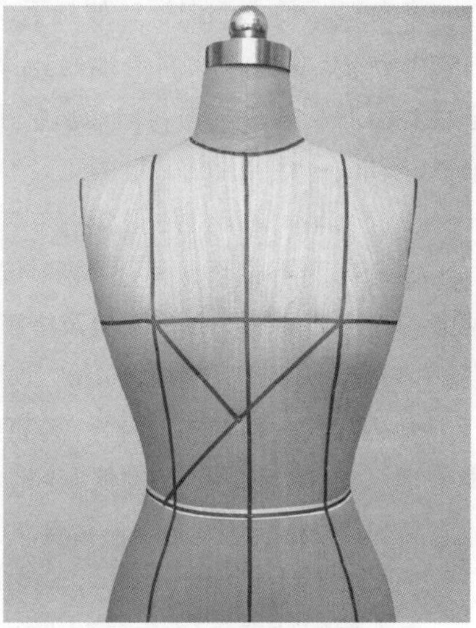

图4-2-43 Y字形省标记衣身造型

三、用Y字形省处理胸部

此款在前胸处收Y字形省，以满足胸部的隆起。Y字形省斜跨左右衣片，将前衣身所有的胸部省道合并为Y字形态。款式图见图4-2-42。

（一）准备工作

1.确定用布量

用布为一块长方形布料，与用人字省处理胸部衣身的用布基本一致。布料的纵向取前腰长+15cm（为缝份及修正量），横向取胸围/2+18cm（为缝份及修正量）。衣片的标示线有前中心线、胸围线。不同之处是胸围线为前胸高+5cm，因为Y字形省在胸围线以下，故胸围线以下的布料需长些。用布图参考图4-2-20。

2.标记衣身造型线

在人体模型上按款式造型图用粘带将Y字形省位置标记出来，注意省尖指向BP点，体现胸部的隆起。Y字形省标记衣身造型线见图4-2-43。

（二）操作方法及技巧

（1）固定前中心线及胸围线（图4-2-44）

把布料覆于人体模型上，将衣片的前中心线、胸围线与人体模型的前中心线、胸围线对齐，并用大头针固定BP点及前中心。注意胸围线呈水平状，前片中心基准线成垂直状态。

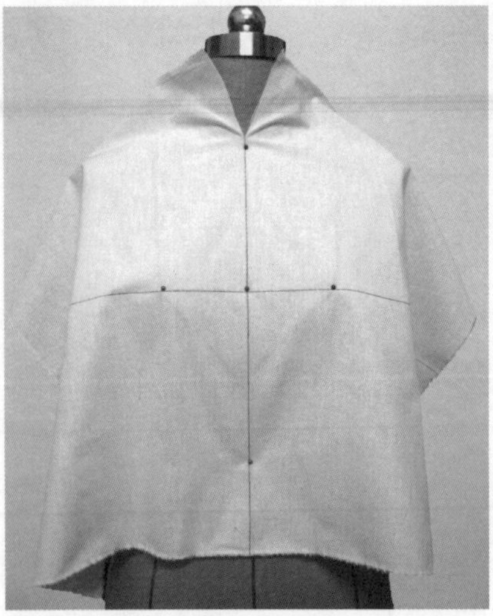
图4-2-44 固定前中心线及胸围线

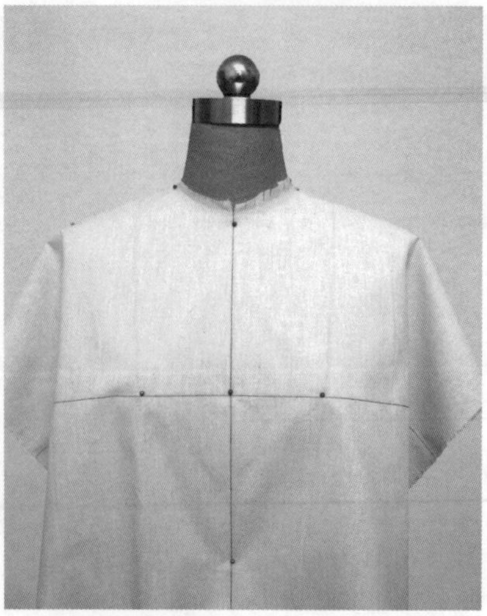
图4-2-45 整理左右肩胸部

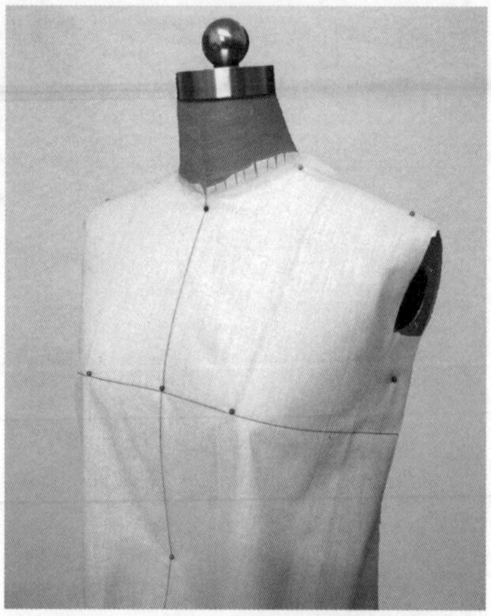
图4-2-46 修剪左肩缝及袖窿

（2）整理左右肩胸部（图 4-2-45）

将布料从前中心向领口处抚平，在领口边剪放射状剪口使其伏贴，将多余布料沿颈围剪掉，注意不要剪过领窝净线。然后从领口将布料向两肩抚平，把胸部多余量向下推移，领口、肩缝处用大头针固定。

（3）修剪肩缝及袖窿（图 4-2-46、图 4-2-47）

衣片肩胸部位理顺后，用剪刀修剪左右衣片的肩缝、袖窿。注意要留有充足的缝份及修正量。

（4）粗裁侧缝（图 4-2-48）

把左右肩胸部的布料抚平后，将布料从袖窿处沿侧缝向下理顺，用大头针固定侧缝，并粗裁侧缝。把衣片余量放到腰部，多余布料为 Y 字形省量。

（5）整理左侧侧缝（图 4-2-49）

把右侧侧缝固定好后，再将左侧侧缝理顺、固定，把衣

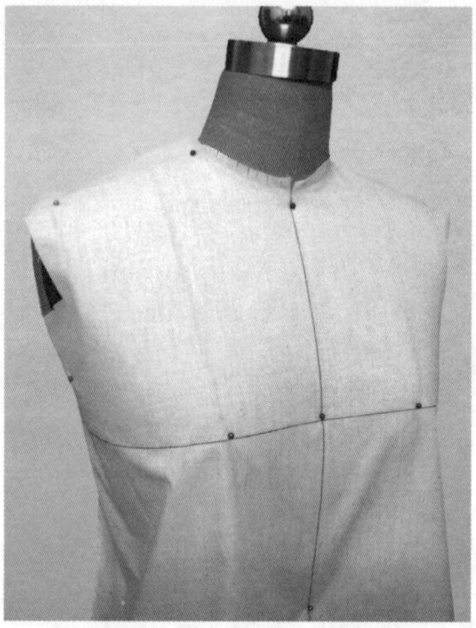
图4-2-47 修剪右肩缝及袖窿

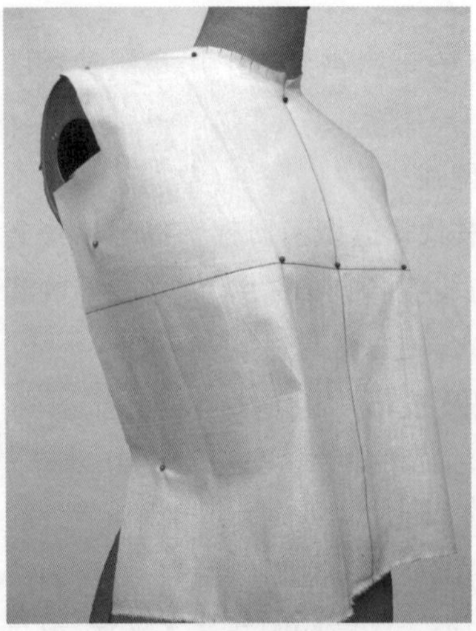
图4-2-48 粗裁侧缝

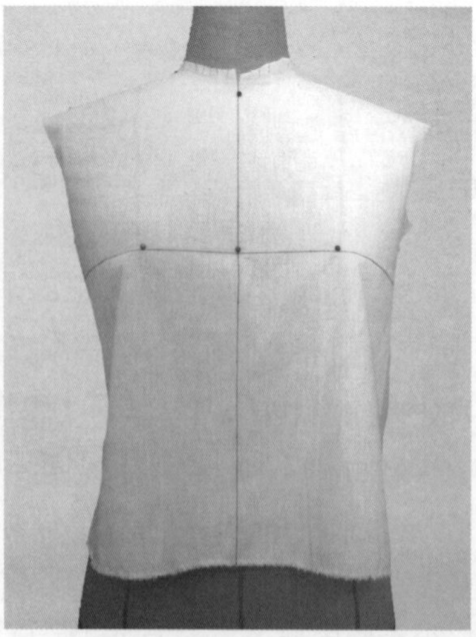
图 4-2-49 整理左侧侧缝

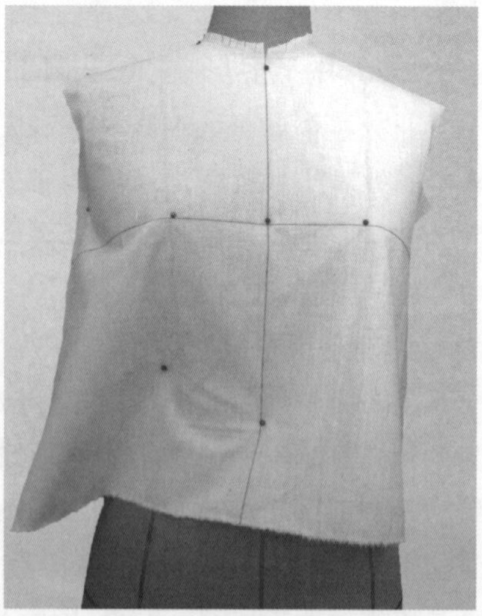
图4-2-50 固定右侧Y字形省

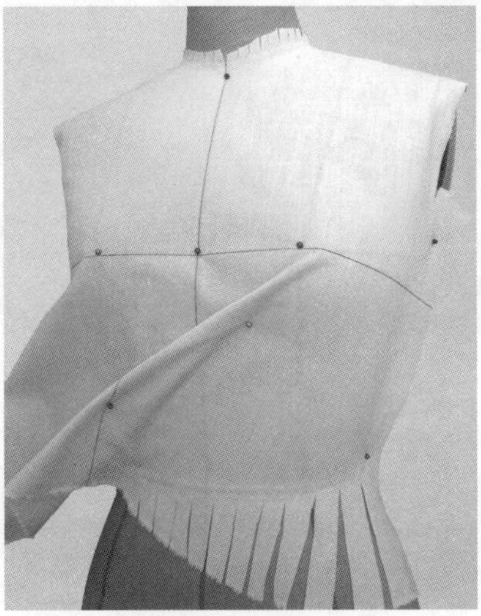

图4-2-51 收省

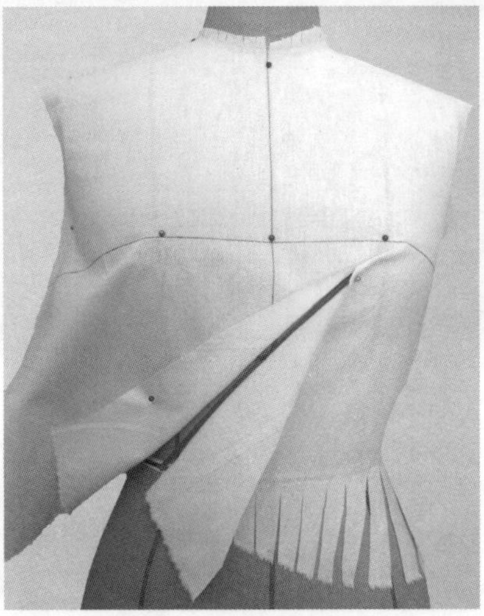

图4-2-52 剪开省

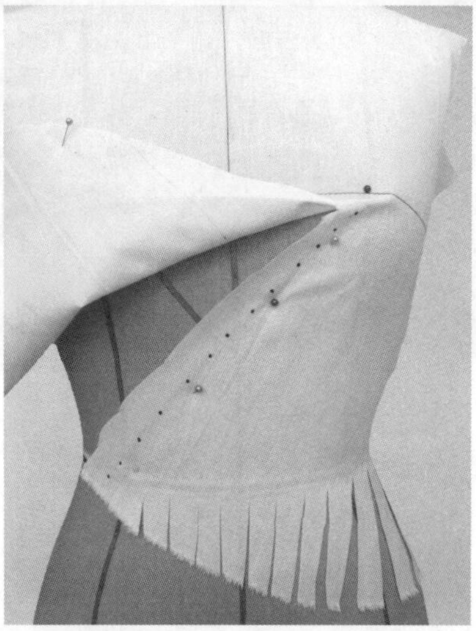

图4-2-53 左侧衣片点影

片余量都放到腰部。观察左右衣片是否对称。

（6）固定右侧 Y 字形省（图 4-2-50）

从中心线开始将布料向下理顺，用大头针固定前中心及右侧 Y 字形省位。

（7）收省（图 4-2-51）

把左侧侧缝固定好后，将布料从侧缝向腰围处抚平，腰围下端打剪口以使腰围处的布料伏贴。把多余量向上推移，按照人体模型上 Y 字形省的位置将左侧多余布料收出 Y 字形斜省。

（8）剪开省（图 4-2-52）

先将 Y 字形省拽起，用剪刀从省中心将省剪开。剪时注意不要剪过胸高点，要留有一段距离，以使省尖缝合后不毛漏。

（9）左侧衣片点影（图 4-2-53、图 4-2-54）

把左侧衣片各部位及省调整好后，根据左侧人体模型上 Y 字形省、肩缝、领口、袖窿、侧缝、腰围的位置，在衣片上用笔将 Y 字形省、肩缝、领口、袖窿、侧缝、腰围的位置进行点影。

（10）固定右侧腰围（图 4-2-55）

右侧侧缝固定好后，将布料从侧缝向腰围处抚平，抚至 Y 字形省位。腰围下端打剪口以使腰围处的布料伏贴，把多余量向左侧推移。此量为 Y 字形省省量。

（11）收右侧省（图 4-2-56）

把右侧腰围固定好后，将衣片从前中心线向下抚平，把多余量扶至 Y 字形省位，并收出右侧 Y 字形省。Y 字形省下打剪口以使其伏贴。

（12）剪开右侧省（图 4-2-57）

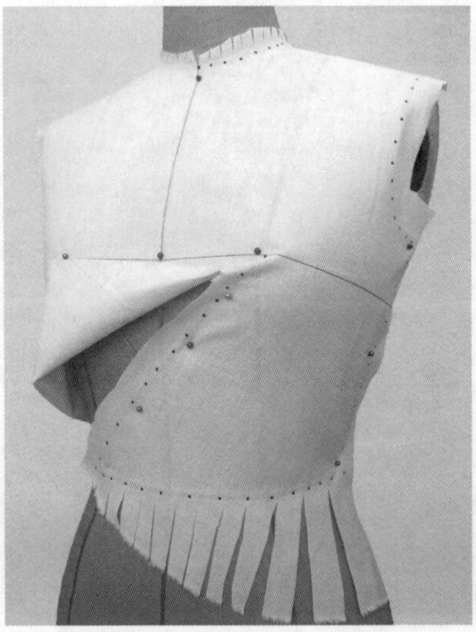

图4-2-54 左侧衣片点影

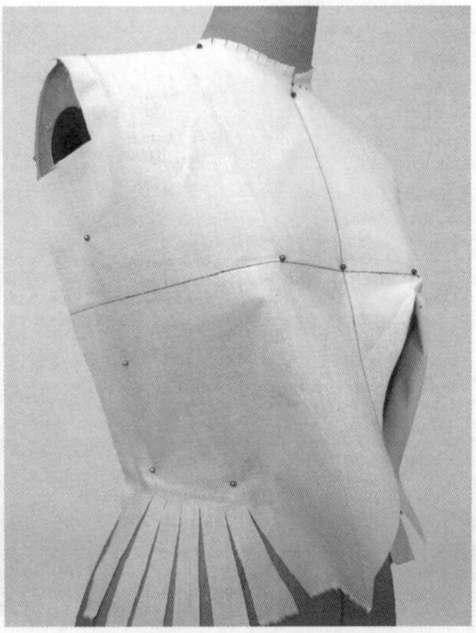

图4-2-55 固定右侧腰围

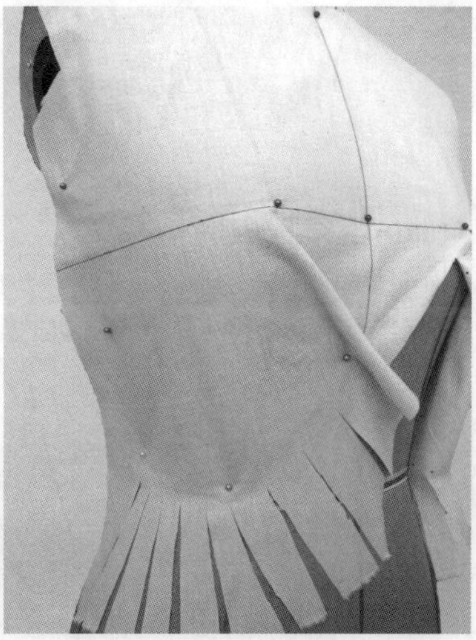

图4-2-56 收右侧省

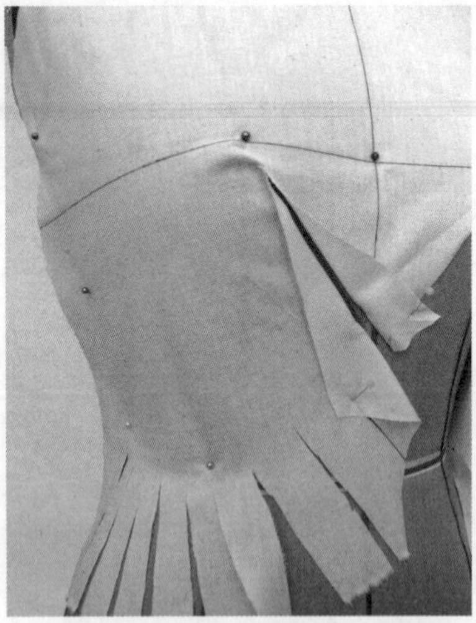

图4-2-57 剪开右侧省

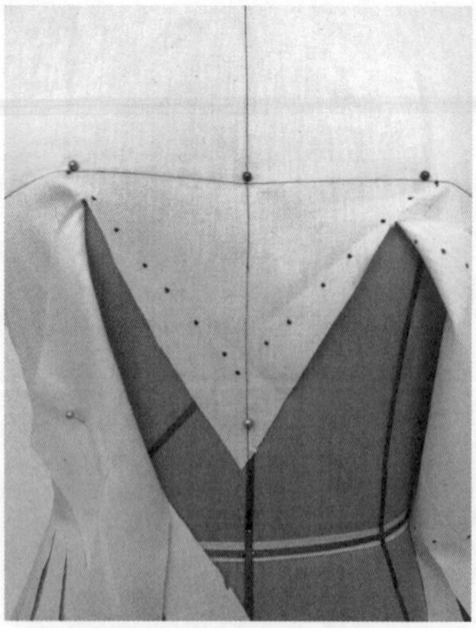

图4-2-58 右侧衣片点影

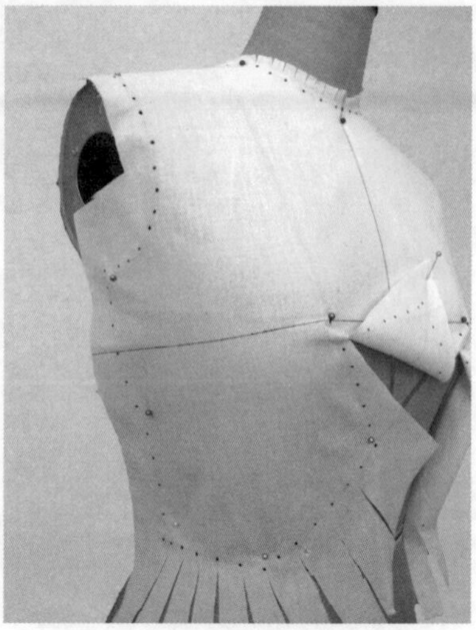

图4-2-59 右侧衣片点影

先将右侧Y字形省拽起，用剪刀从省中心将省剪开。剪时注意不要剪过胸高点，要留有一段距离，以使省尖不毛漏。

（13）右侧衣片点影（图4-2-58、图4-2-59）

把右侧衣片收省及各部位调整好后，根据人体模型上Y字形省、肩部、领口、袖窿、侧缝、腰围的位置，在衣片上用笔将各部位进行点影。

（14）画线、整理（图4-2-60）

把衣片从人体模型上取下、放平，先将省位确定下来。再按照各轮廓线点影，将衣片的轮廓线用笔画好，袖窿深开深1.5cm，并将多余量剪掉。

（三）总结

（1）用Y字形省处理胸部衣身平面展开图（图4-2-60）

从平面展开图中可看出前衣片腰围处有Y字形省，Y字形省省口在右衣片，省量较大，省量的大小与乳房窿起程度成正比，以满足胸部的隆起。腰围线变化较大，待收省后恢复原状。侧缝线向外倾斜，袖窿、肩线、领口变化较少。

（2）用Y字形省处理胸部衣身立体造型（图4-2-61）

此款前衣片设有Y字形省，呈Y字造型，斜跨左右衣片，以满足胸部的隆起。衣片中的余量都集中于Y字形省中，收Y字形省后衣身与人体模型贴合。衣身整体造型合体，能将人体曲线充分体现出来。

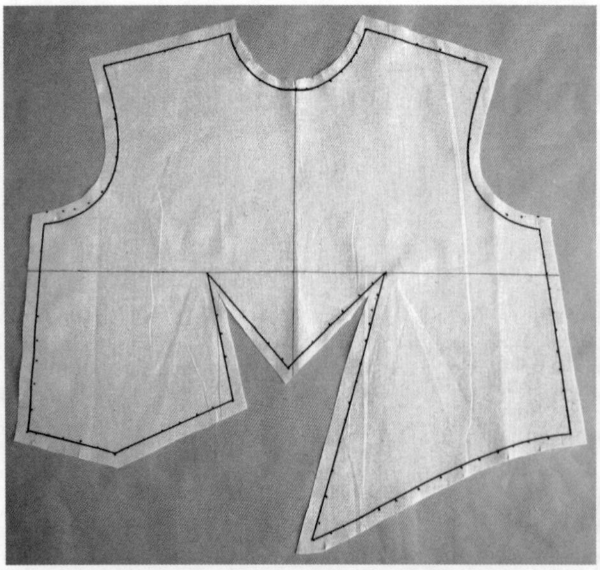

图4-2-60 画线、整理及平面展开图

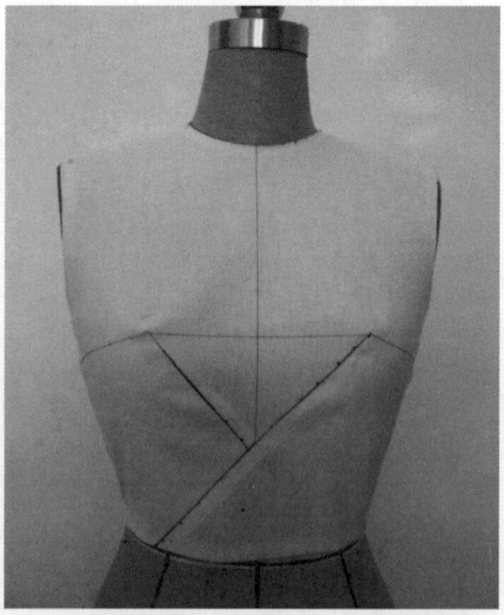

图4-2-61 前衣身立体造型

第三节 分割线在衣身中的应用

分割线是处理胸部造型常用的手法之一，它能最大限度地呈现出胸部的曲面形态，可取代收省作用，具有装饰性与分割形态的作用。分割线有各种各样的形态，有横向分割线、纵向分割线、斜向分割线、自由分割线等。

一、刀背分割衣身

刀背分割是在肩部及胸腰部做刀背纵向分割。此款前后都为刀背分割处理，但前刀背分割线没有通过人体起伏最明显的部位，距 BP 点有一距离，为使衣片更加贴合在胸侧，设有短斜省。胸部的隆起是通过前刀背分割解决一部分，其余部分是通过胸侧短斜省解决的。此款在立体裁剪中主要是要处理好分割线的位置与形态以及胸侧省的造型，按分割后的形状逐一进行立体裁剪。刀背分割衣身款式见图 4-3-1。

（一）准备工作

1. 布料准备

准备两块长方形布料，即前面布与后面布。前面布包含前正面布及前侧面布，后面布包含后正面布及后侧面布。前面布与后面布的准备中要留出分割线中的缝份及修正量，所以布料的纵向、横向要略长。每片纵向取前（后）腰长 +10~12cm（为缝份及修正量），横向取前（后）胸围大 +10~12cm（为缝份及修正量）。在布料上将前（后）中心线、胸围线标记出来。用布图见图 4-3-2。

2. 标记衣身造型线

在人体模型上，按款式造型图用粘带将前后刀背分割线及胸侧短斜省位置标记出来，并用大头针固定，注意体现胸部的隆起及腰部的凹陷。刀背分割标记衣身造型线见图 4-3-3、图 4-3-4。

（二）操作方法及技巧

1. 前面布的立体裁剪

（1）前正面布的立体裁剪

①固定前中心十字点（图 4-3-5）

将前面布的中心线与胸围线的十字交叉点与人体模型上的中心线与胸围线的十字交叉对齐，并用大头针加以固定。

②固定前中心线及胸围线（图 4-3-6）

将前面布的中心线、胸围线与人体模型上的对齐，并用大头针将胸围线与前中心线加以固定。为使前面布的中心线、胸围线与人体模型上的充分对齐，前面布中心胸窝处可留有松量。

③固定前领口（图 4-3-7）

先将领口粗裁，然后将领口打剪口，理顺领口及肩部等各部位，使衣片与人体贴合，并用大头针固定。注意领口要留有适当的松量。最后按领口造型线将多余料剪掉。

④固定前胸肩部（图 4-3-8）

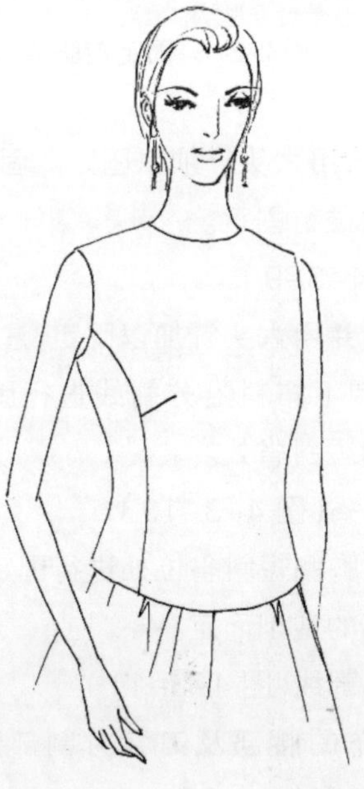

图4-3-1 刀背分割衣身款式图

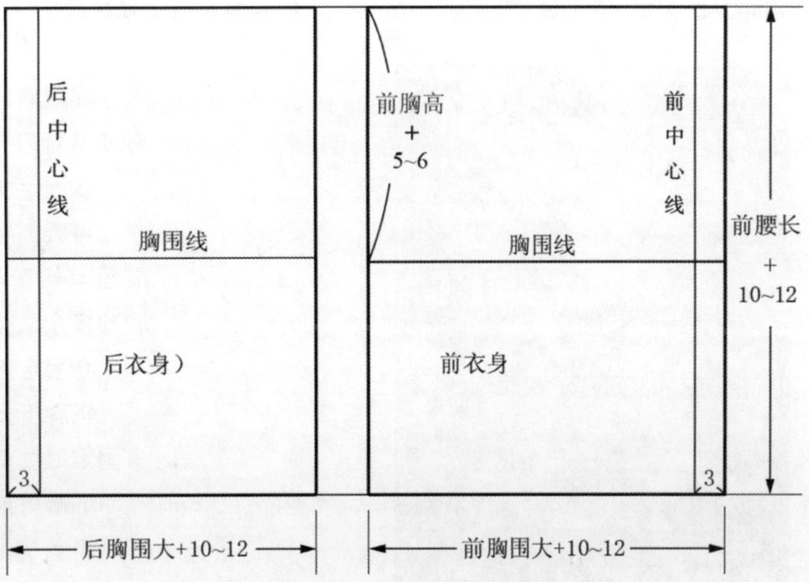

图4-3-2 刀背分割衣身用布图

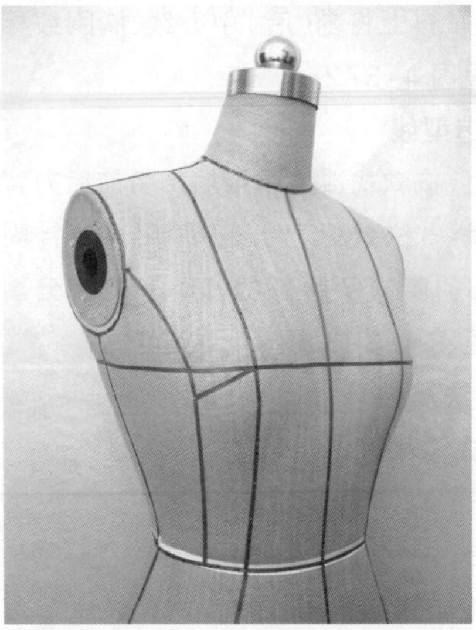

图4-3-3 标记前衣身造型线

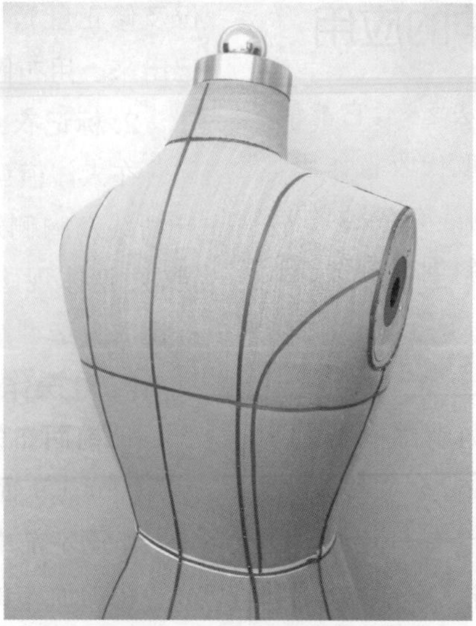

图4-3-4 标记后衣身造型线

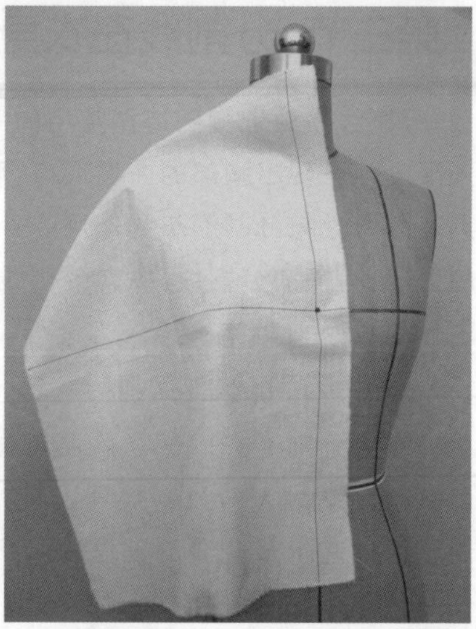

图4-3-5 固定前中心十字点

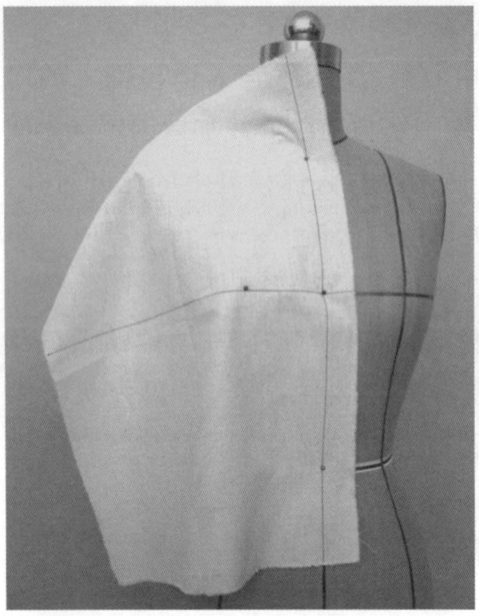

图4-3-6 固定前中心线及胸围线

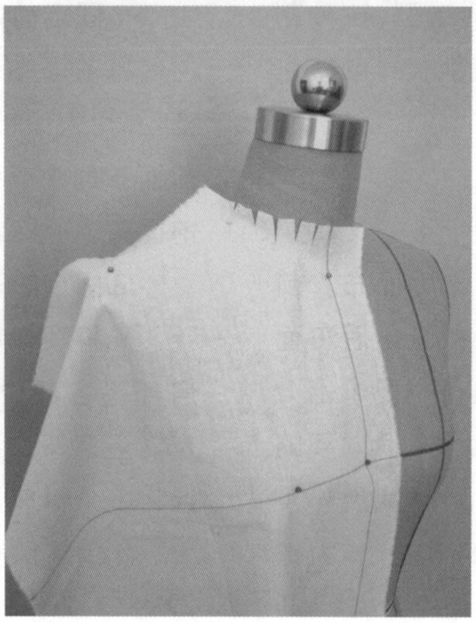

图4-3-7 固定前领口

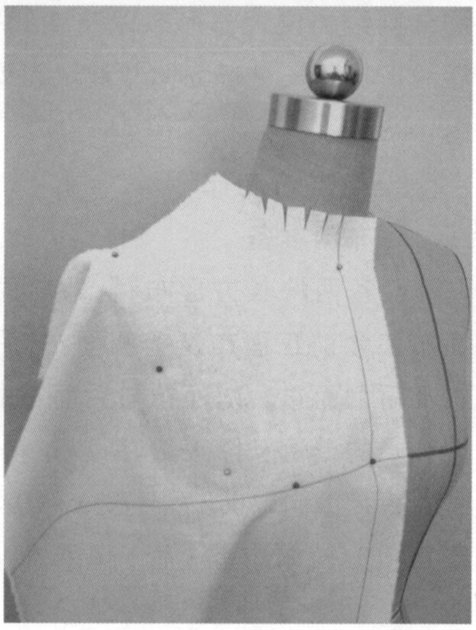

图4-3-8 固定前胸肩部

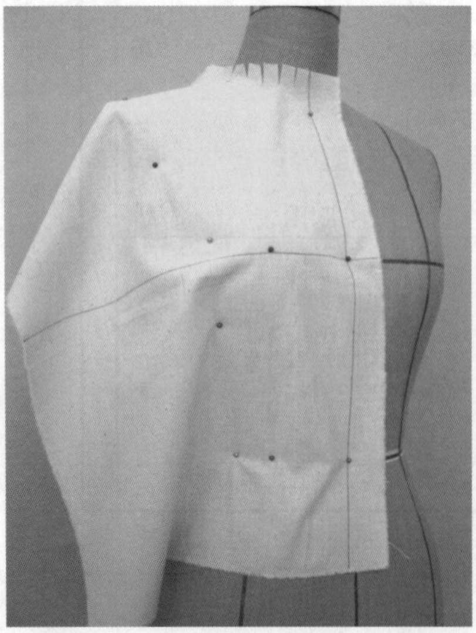

图4-3-9 固定腰部

理顺肩部及胸部，用大头针加以固定。固定胸部时要沿着刀背分割线进行固定。

⑤固定腰部（图 4-3-9）

将腰部布料理顺并用大头针加以固定，注意腰部要留有松量。再将胸下布料沿分割线进行固定，把胸部多余量留在胸侧短斜省处。

⑥固定胸侧短斜省（图 4-3-10）

将胸下多余量在胸侧短斜省位处进行固定，注意省固定时要随着胸部的造型而定。

⑦修剪前刀背分割线（图 4-3-11）

用剪刀将前面布的腰部及刀背分割部进行修剪，注意要留缝份修正量。

⑧修剪袖窿及肩部（图 4-3-12）

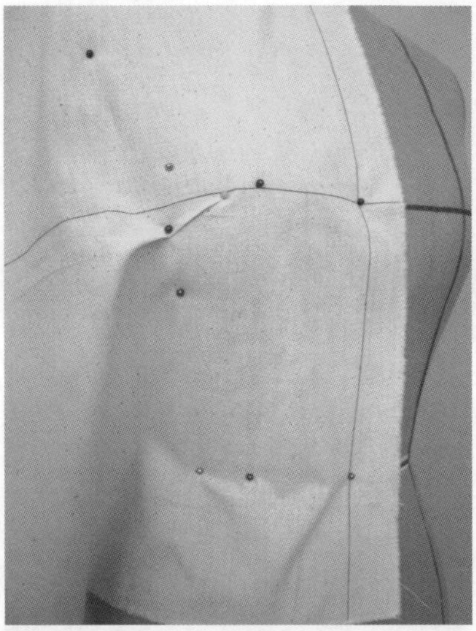

图4-3-10 固定胸侧短斜省

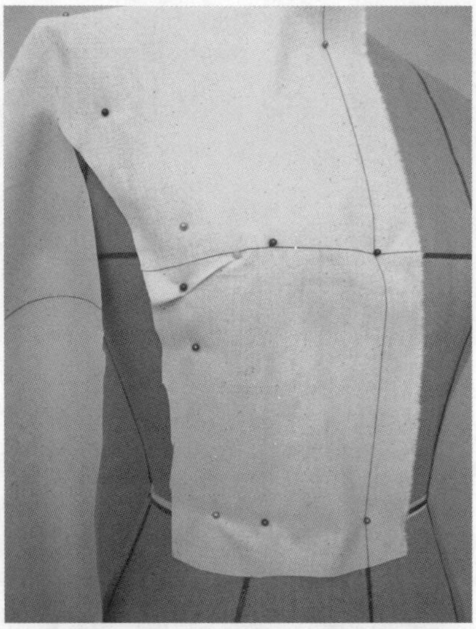

图4-3-11 修剪前刀背分割线

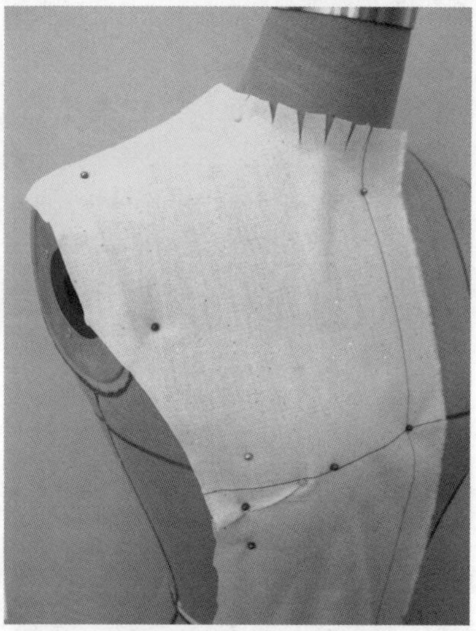

图 4-3-12 修剪袖窿及肩部

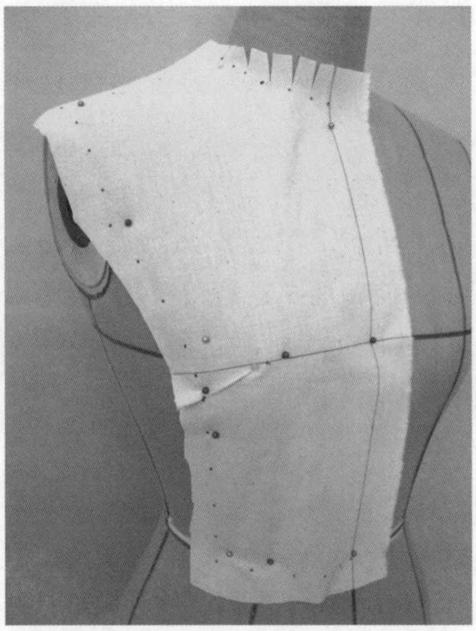

图4-3-13 前正面布点影

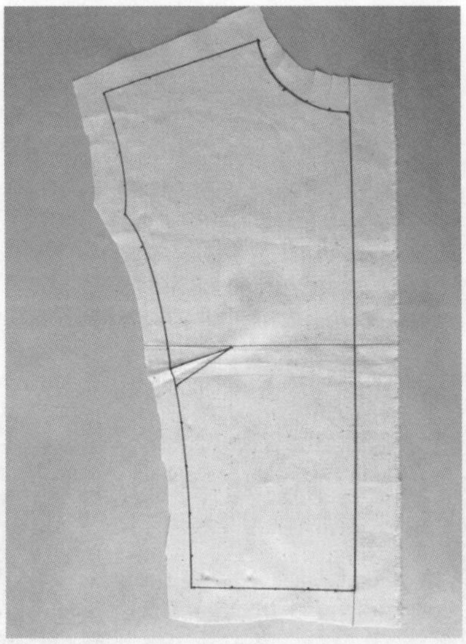

图4-3-14 前正面布的画线、整理

用剪刀将前面布的袖窿及肩部进行修剪，注意要留缝份修正量，不要剪得太过头。

⑨前正面布点影（图 4-3-13）

在前正面布上沿人体领口、肩线、袖窿线、刀背分割线、腰围线进行点影。注意要将胸侧短斜省的省尖、省口位都点出，为使胸部布料贴体，可将省尖点过大头针位至BP 点处。

⑩前正面布的画线、整理（图 4-3-14）

用直尺、弯尺按照前正面布上的点影将各线进行连接，注意要圆顺画出，并画出胸侧短斜省。然后按各轮廓造型线进行修剪，要留出缝份量。注意修剪胸侧短斜省时要剪成折线状，也可以将省折叠好后再进行修剪。

（2）前侧面布的立体裁剪

①固定前侧胸围线（图 4-3-15)

用前正面布剩下的布料做侧面布。将前侧面布的胸围线与人体模型上的胸围线对齐，并用大头针加以固定。注意胸围线保持水平。

②固定前侧腰围线（图 4-3-16)

将布料从胸围线顺势向下至腰围线抚平，腰部留有余量，并用大头针固定腰围线。

③固定前胸袖窿部（图 4-3-17）

理顺前胸袖窿部，胸宽处留有松量，用大头针加以固定，固定胸部时要沿着刀背分割线进行。

④修剪前侧面布（图 4-3-18）

用剪刀将前侧面布的轮廓线进行粗略修剪，注意要留缝份修正量，不要剪得太过头。腰围处打剪口使其伏贴。

⑤前侧面布点影（图 4-3-19）

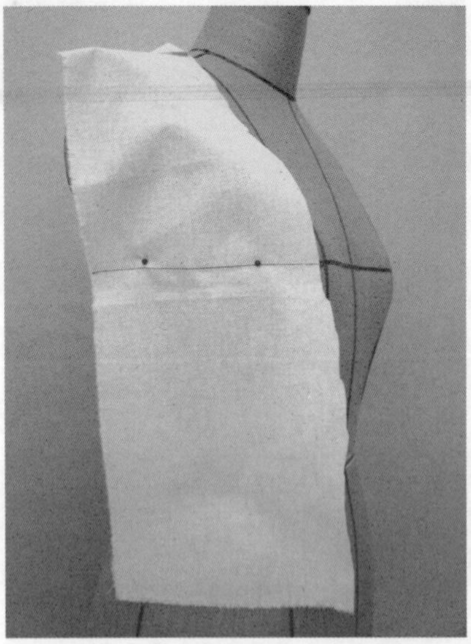

图 4-3-15 固定前侧胸围线

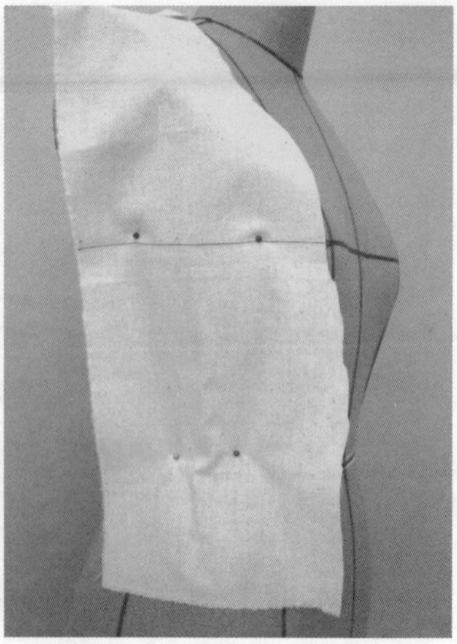

图4-3-16 固定前侧腰围线

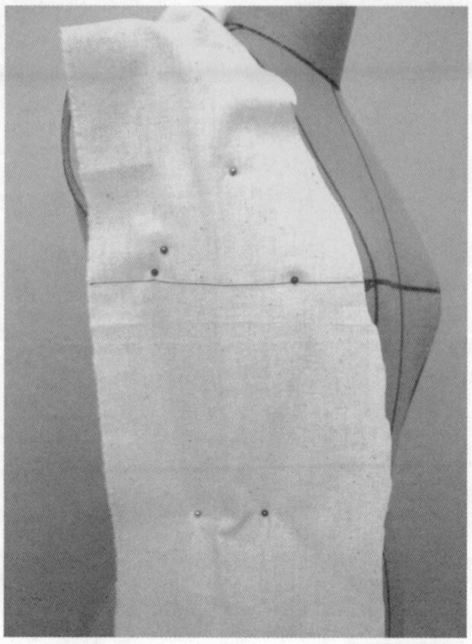

图4-3-17 固定前胸袖窿部

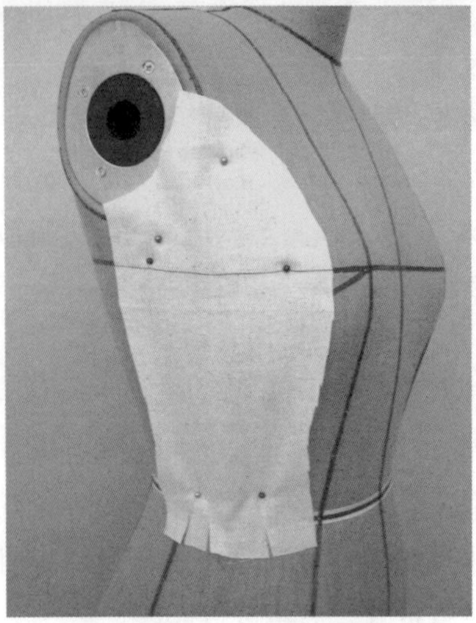

图4-3-18 修剪前侧面布

在前侧面布上沿人体侧缝线、袖窿线、刀背分割线、腰围线进行点影。

⑥前侧面布的画线、整理(图 4-3-20)

用直尺、弯尺按照前侧面布上的点影将各线圆顺画出。然后按各轮廓造型线对前侧面布进行修剪,并要留出缝份。

2. 后面布的立体裁剪

(1)后正面布的立体裁剪

①固定后中心十字点(图 4-3-21)

把前面布的中心线与胸围线的十字交叉点与人体模型上的中心线与胸围线的十字交叉对齐,并用大头针加以固定。

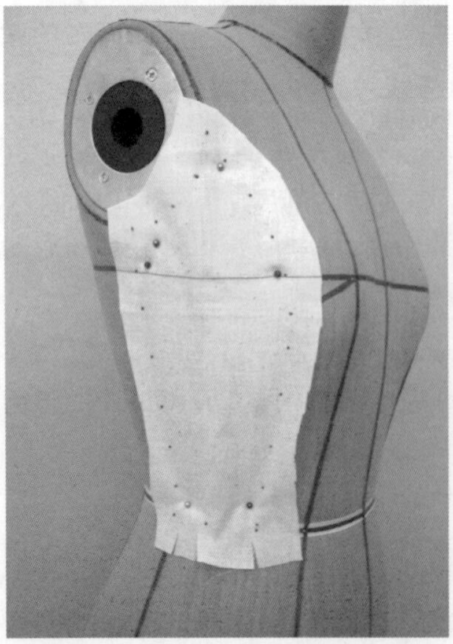

图4-3-19 前侧面布点影

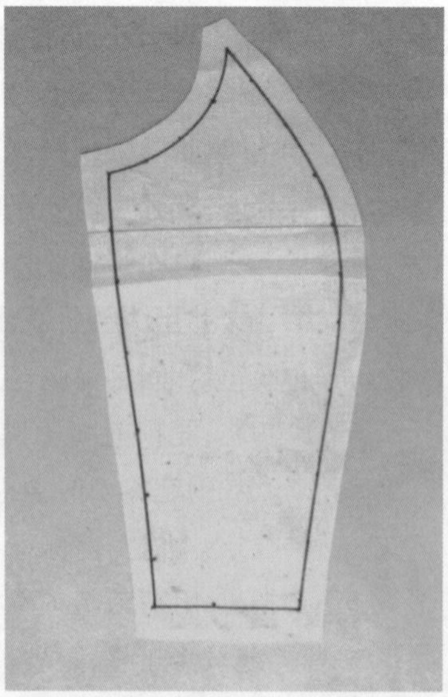

图4-3-20 前侧面布的画线、整理

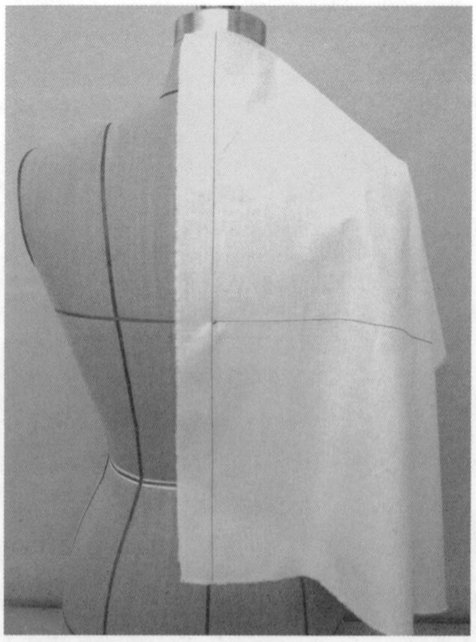

图4-3-21 固定后中心十字点

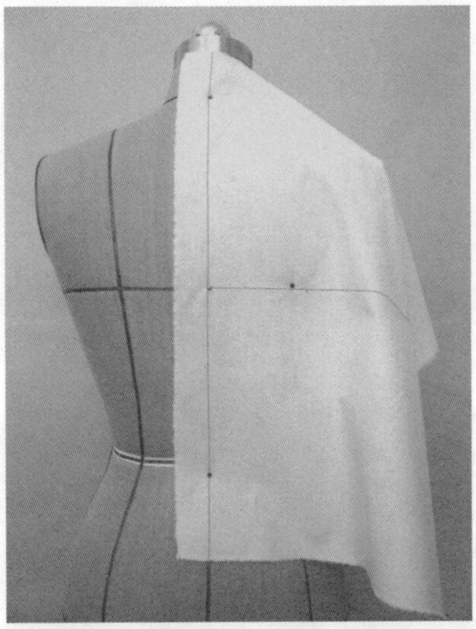

图4-3-22 固定后中心线及胸围线

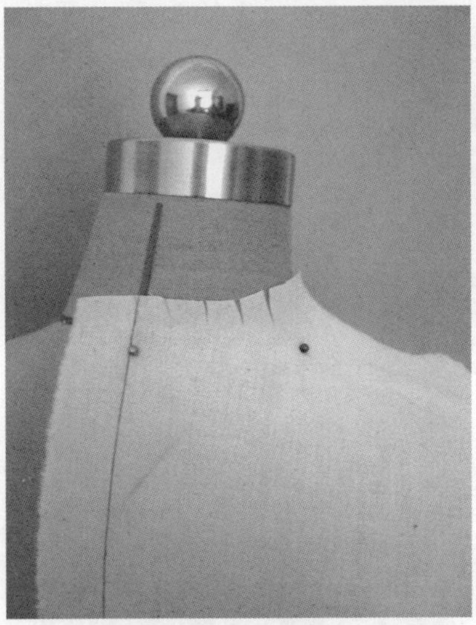

图4-3-23 修剪后领口

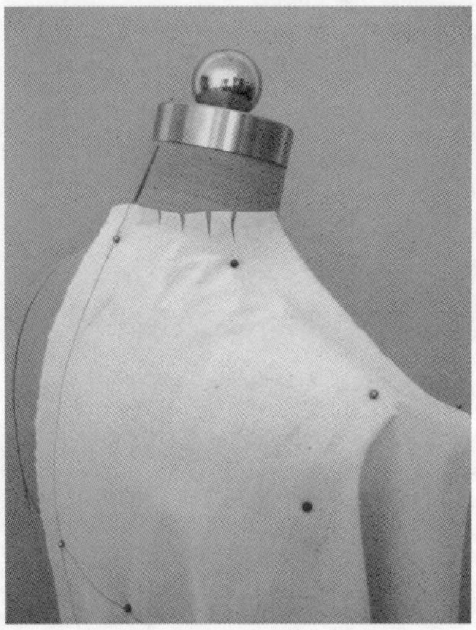

图4-3-24 固定后领口及后肩部

②固定后中心线及胸围线(图 4-3-22)

将后面布的中心线、胸围线与人体模型上的对齐,并用大头针加以固定。

③修剪后领口(图 4-3-23)

先粗裁后领口,在领口边剪放射状剪口,并将多余布料沿颈围剪掉,目的是使领口处伏贴。注意不要剪过领窝净线。

④固定后领口及后肩部(图 4-3-24)

先将领口粗裁,后将领口打剪口,理顺领口及肩部等各部位,使衣片与人体贴合,并用大头针固定。注意领口留有适当的松量。最后按领口造型线将余料剪掉。理顺肩部及背部,用大头针加以固定。固定背部时要沿着刀背分割线进行。

⑤固定分割线及腰部(图 4-3-25)

将腰部布料理顺并用大头针加以固定,注意腰部要留有松量。再将背下布料沿分割线进行固定。

⑥修剪后正面布(图 4-3-26)

用剪刀将后正面布的腰围线、刀背分割线、袖窿及肩部进行修剪,注意要留缝份修正量,不要剪得太过头。

⑦后正面布点影(图 4-3-27)

在后正面布上沿人体领口、肩线、袖窿线、刀背分割线、腰围线进行点影。

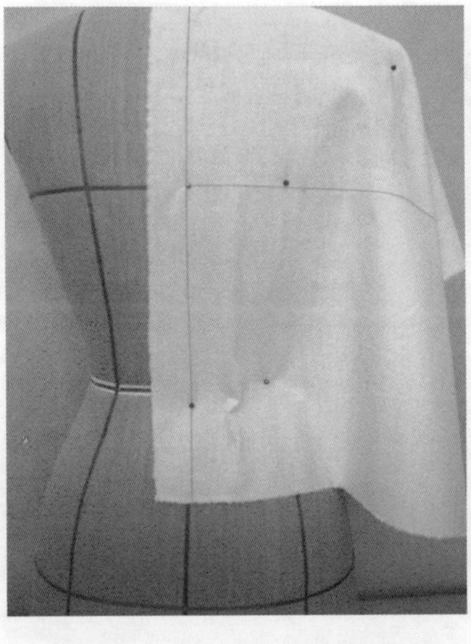

图4-3-25 固定分割线及腰部

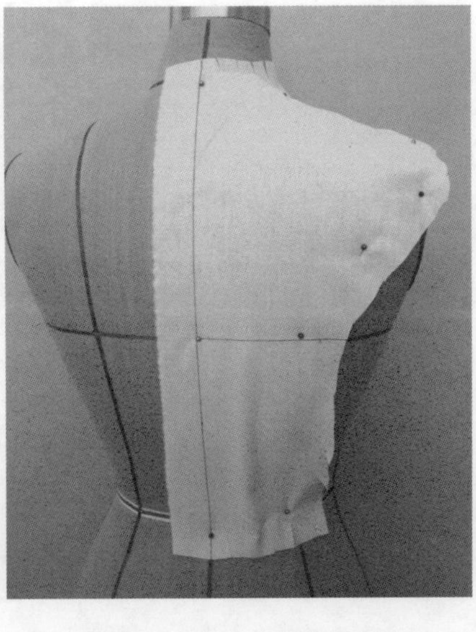

图4-3-26 修剪后正面布

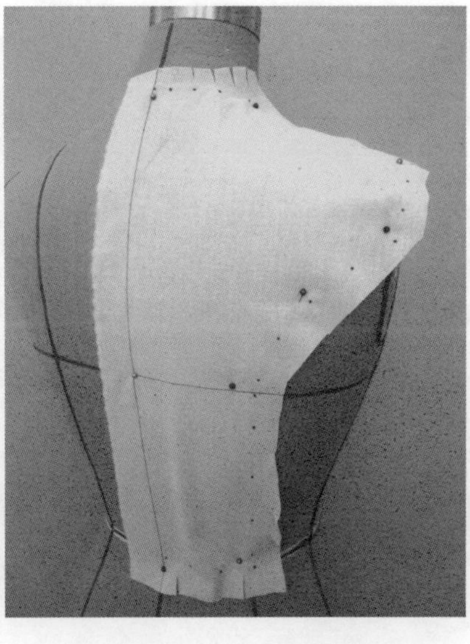

图4-3-27 后正面布点影

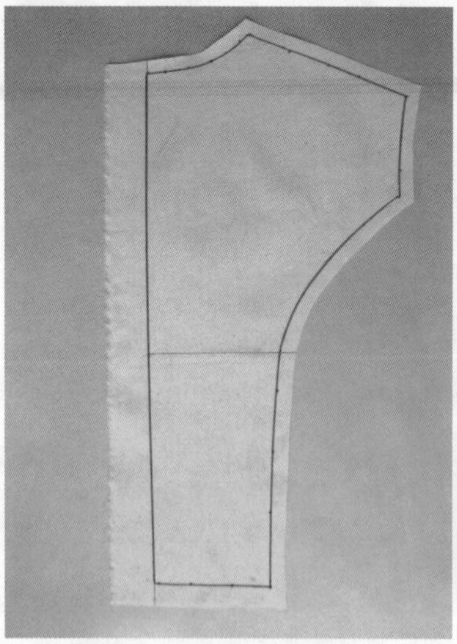

图 4-3-28 画线、整理

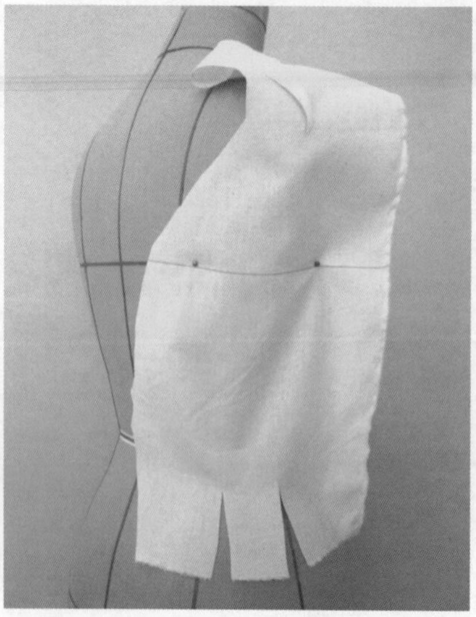

图4-3-29 固定后侧胸围线

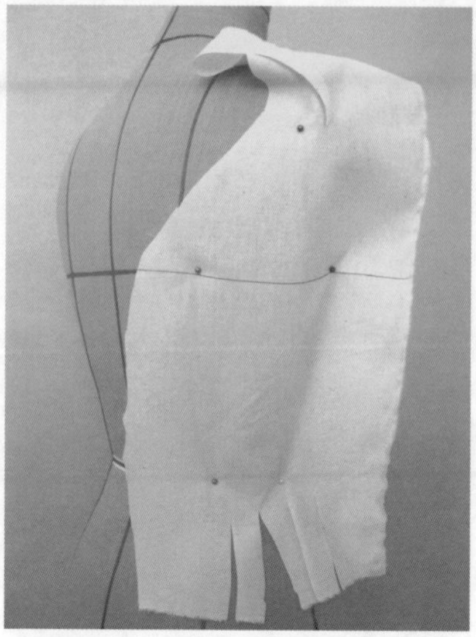

图4-3-30 固定后侧面布

⑧画线、整理(图 4-3-28)

用直尺、弯尺按照前正面布上的点影将各线圆顺地连接画出。然后再将后正面布按各轮廓造型线进行修剪,留出缝份量。

(2)后侧面布的立体裁剪

①固定后侧胸围线(图 4-3-29)

用后正面布剩下的布料做侧面布,将后侧面布的胸围线与人体模型上的胸围线对齐,并用大头针加以固定。注意胸围线保持水平,腰围处打剪口使其伏贴。

②固定后侧面布(图 4-3-30)

先将布料从胸围线顺势向下至腰围线抚平,腰部留有余量,并用大头针固定腰围线。然后理顺后背袖窿部,背宽处留有松量,用大头针加以固定,固定背部时要沿着刀背分割线进行。

③后侧面布点影(图 4-3-31)

在后侧面布上沿人体侧缝线、袖窿线、刀背分割线、腰围线进行点影。

④后侧面布的画线、整理(图 4-3-32)

用直尺、弯尺按照后侧面布上的点影将各线圆顺连接画出,并画出背部刀背分割线。再将后侧面布按各轮廓造型线进行修剪,各轮廓线要留出缝份量。

(三)总结

(1)刀背分割衣身平面展开图(图 4-3-33、图 4-3-34)

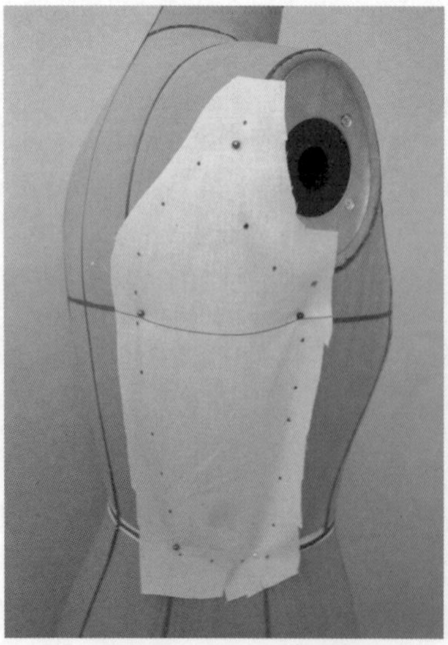

图4-3-31 后侧面布点影

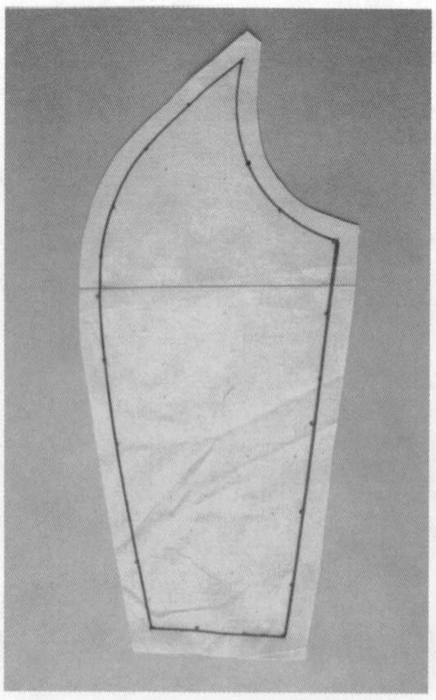

图4-3-32 后侧面布的画线、整理

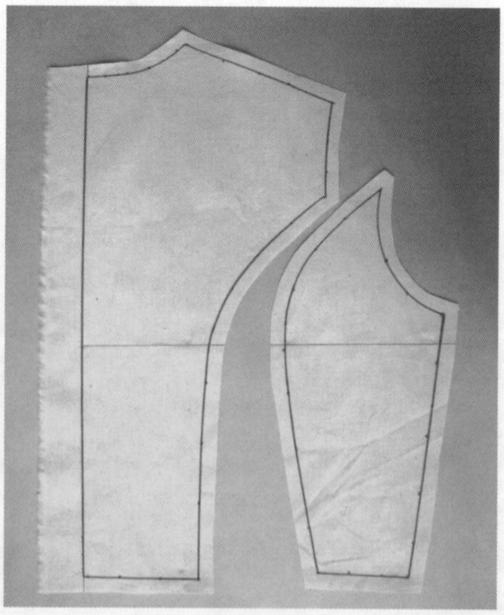

图4-3-33 刀背分割后衣身平面展开图

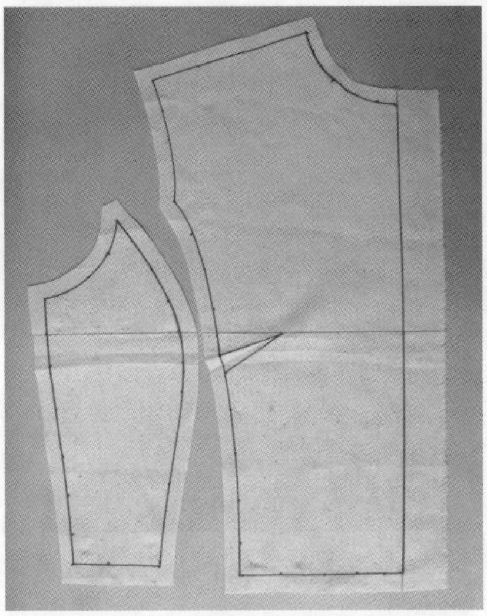

图4-3-34 刀背分割前衣身平面展开图

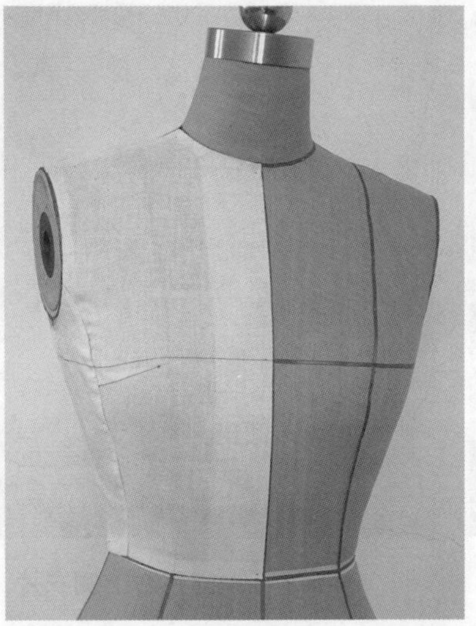

图4-3-35 刀背分割衣身立体造型

从平面展开图中可看出，因公主线分割经过人体起伏较大的部位，固裁片形成了起伏较大的曲线，裁片的形状是随着分割线的不同而变化。为达到胸部的充分隆起，在胸下有一短斜省。此公主线分割线取代了肩省和腰省，使服装更具立体感，增加了服装的立体效果。

（2）刀背分割衣身立体造型（图 4-3-35）

从立体造型中可看出，此公主线分割是在人体曲线变化较明显的部位上，将肩省与腰省连通，形成连省成缝。通过公主线分割及胸下短斜省，能将人体的立体感充分表达出来，将人体优美的曲线表现出来。

二、不对称分割衣身

分割线中的不对称分割给人变化、新奇、随意的感觉。此款衣片由前四片、后两片组成，其中一片有胸省。前衣片分割线经过人体胸部，呈曲斜线状，在胸部衣片上有胸省，前后中心线断开，将胸部的立体造型表达出来。不对称分割衣身款式见图 4-3-36。

（一）准备工作

1. 布料准备

不对称分割衣身前衣片由左上侧衣片、左下侧衣片、右上侧衣片、右下侧衣片四部分组成，后衣片由左侧衣片、右侧衣片两部分组成。每块衣片都要保证横向为横向长度加缝份及修正量，纵向为纵向长度加缝份及修正量。在布料上将中心线都标记出来。

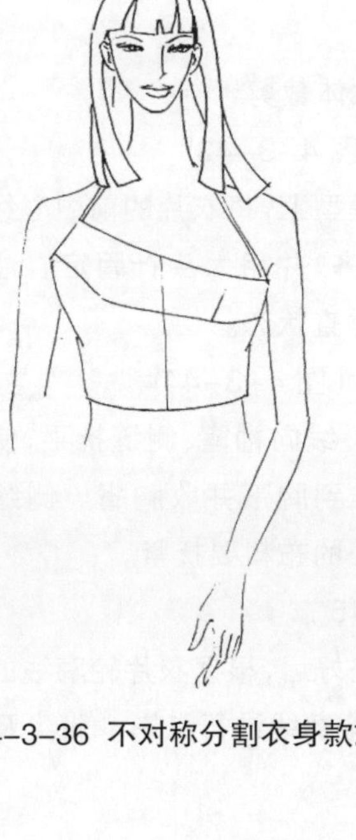

图4-3-36 不对称分割衣身款式图

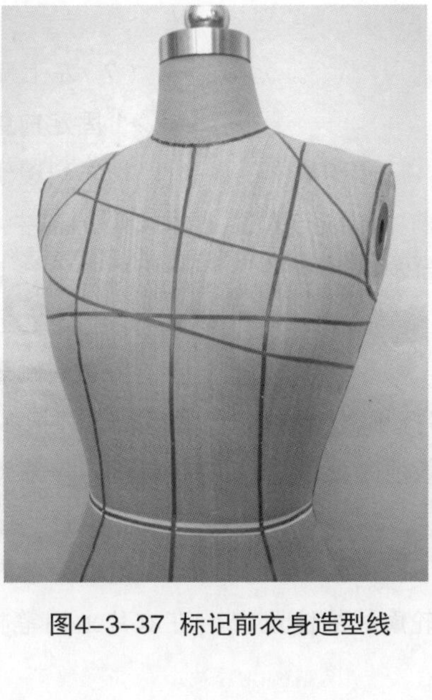

图4-3-37 标记前衣身造型线

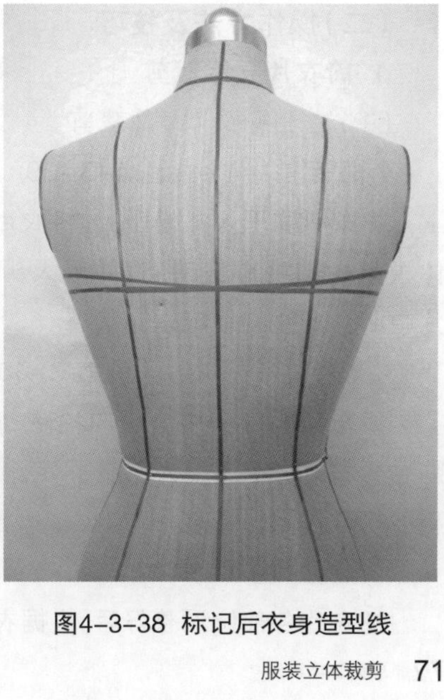

图4-3-38 标记后衣身造型线

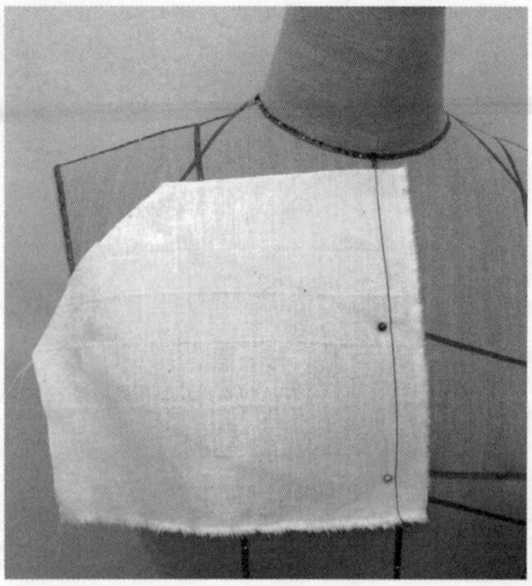

图4-3-39 固定前中心线

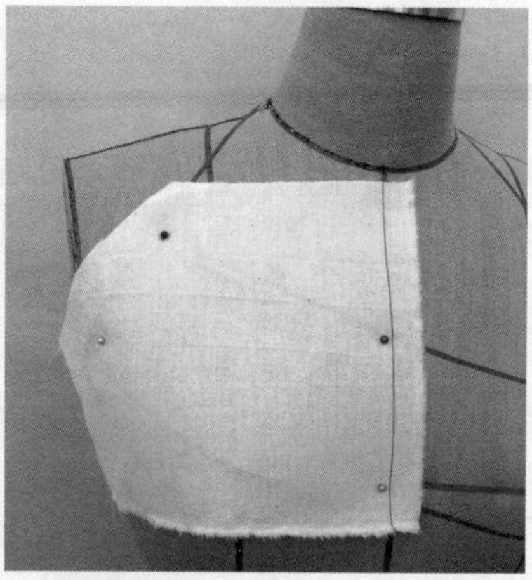

图4-3-40 固定右上侧衣片

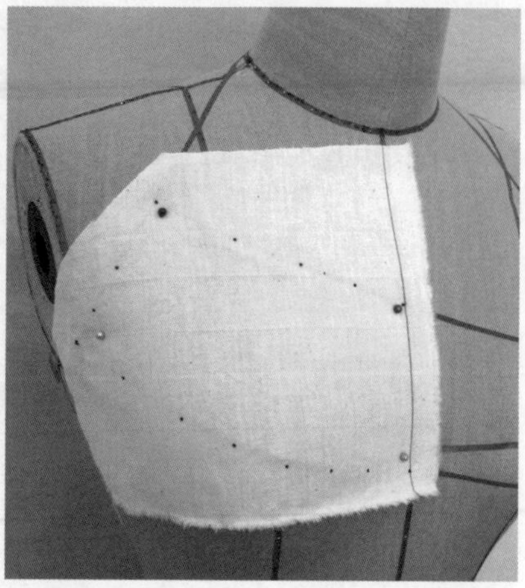

图4-3-41 点影

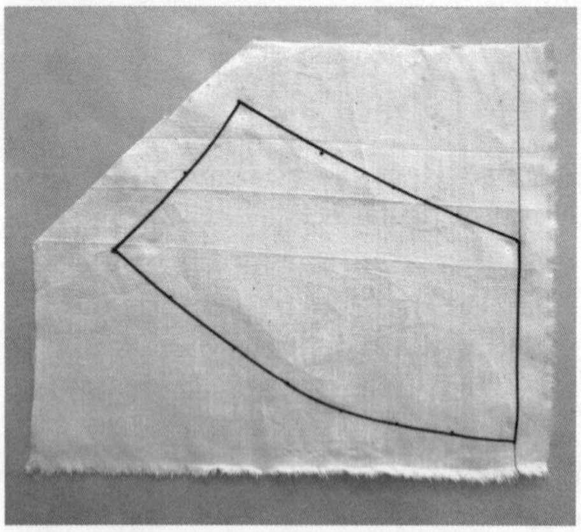

图4-3-42 画线、整理

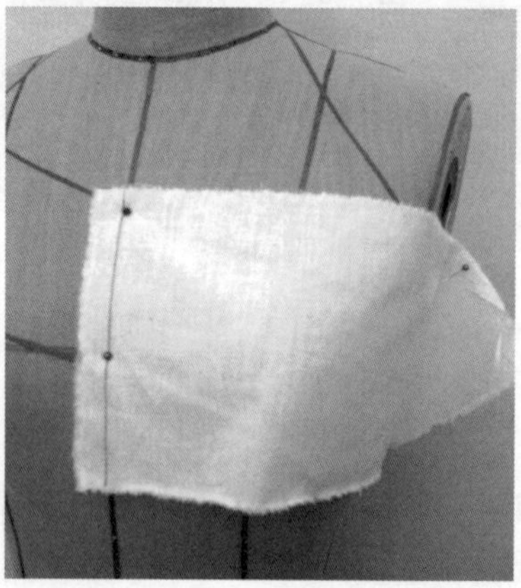

图4-3-43 固定前中心线

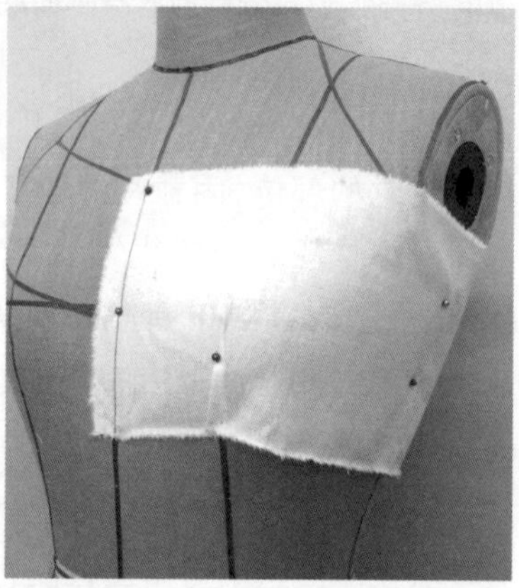

图4-3-44 固定右上侧衣片

2. 标记衣身造型线(图 4-3-37、图 4-3-38)

在人体模型上将斜线分割造型线用粘带标记出来,并用大头针固定。注意斜线一定要顺畅,分割线的造型要美观,要体现胸部的隆起。

(二)操作方法及技巧

1. 前衣片立体裁剪

(1)右上侧衣片立体裁剪

①固定前中心线(图 4-3-39)

把布料覆于人体模型上,将衣片的前中心线与人体模型的前中心线对齐,并用大头针固定。注意前片中心基准线必须成垂直状态。

②固定右上侧衣片(图 4-3-40)

将布料顺着前中心线向袖窿、肩部抚平,使衣片贴合人体,袖窿部用大头针固定。注意袖窿处的布料要抚紧。

③点影(图 4-3-41)

把衣片各部位调整好后,根据衣片轮廓线的位置在衣片上用笔将衣片轮廓线进行点影。

④画线、整理(图 4-3-42)

把衣片从人体模型上取下、放平,按照各轮廓线点影标记将衣片的轮廓线用笔画好,并将多余量剪掉。

(2)左上侧衣片立体裁剪

①固定前中心线(图 4-3-43)

把布料覆于人体模型上,将衣片的前中心线与人体模型的前中心线对齐,并用大头针固定。注意前片中心基准线必须成垂直状态。

②固定右上侧衣片(图 4-3-44)

将布料顺着前中心线向袖窿、侧缝抚平,使衣片贴合人体,把多余量推到胸下并收胸省。侧缝用大头针固定。注意袖窿处的布料要抚紧。

③点影(图 4-3-45)

把衣片各部位调整好后,根据衣片轮廓线的位置在衣片上用笔将衣片轮廓线进行点影。省尖及省位也要进行点影。

④画线、整理（图 4-3-46）

把衣片从人体模型上取下、放平，按照各轮廓线点影标记将衣片的轮廓线用笔画好，并将多余量剪掉。根据省位点影再将省位画出。

（3）右下侧衣片立体裁剪

①固定前中心线（图 4-3-47）

把布料覆于人体模型上，将衣片的前中心线与人体模型的前中心线对齐，并用大头针固定。注意前片中心基准线必须成垂直状态。

②固定右下侧衣片（图 4-3-48）

将布料顺着前中心线向袖窿、腰围、侧缝抚平，使衣片符合人体，袖窿部、侧缝用大头针固定。注意腰围处要留部分宽松量，腰部打剪口以使其伏贴。

③点影（图 4-3-49）

把衣片各部位调整好后，根据衣片轮廓线的位置，在衣片上用笔将衣片轮廓线进行点影。

④画线、整理（图 4-3-50）

把衣片从人体模型上拿下来并放平，按照各轮廓线点影标记将衣片的轮廓线用笔画好，留出缝份，并将多余布料剪掉。

（4）左下侧衣片立体裁剪

①固定前中心线（图 4-3-51）

把布料覆于人体模型上，将衣片的前中心线与人体模型的前中心线对齐，并用大头针固定。注意布料要上留小、下留大。

②固定左下侧衣片（图 4-3-52）

将布料顺着前中心线向腰围、侧缝抚平，使衣片符合人体。侧缝处用大头针固定。注意腰围处要留

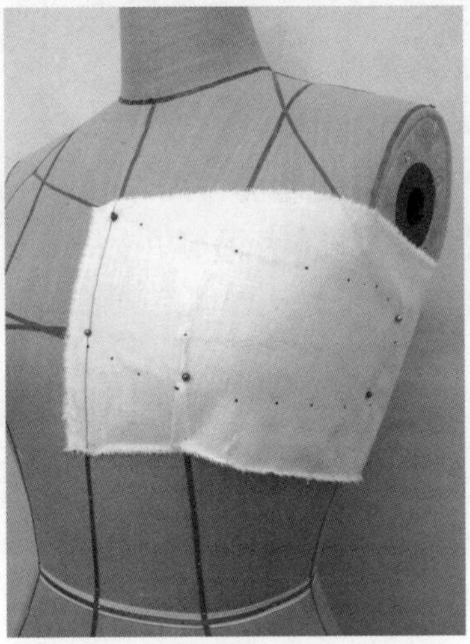

图 4-3-45 点影

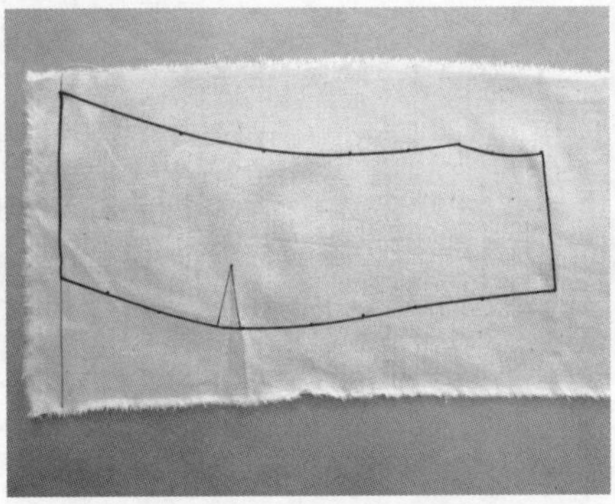

图4-3-46 画线、整理

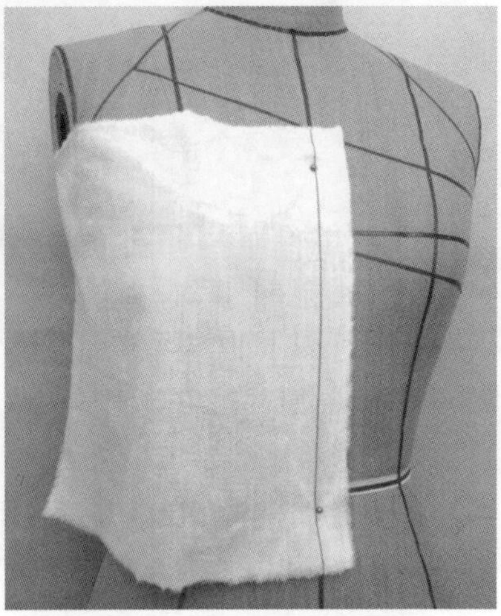

图 4-3-47 固定前中心线

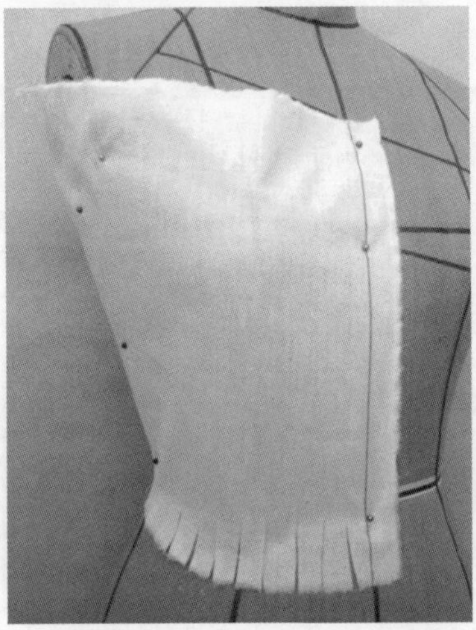

图 4-3-48 固定右下侧衣片

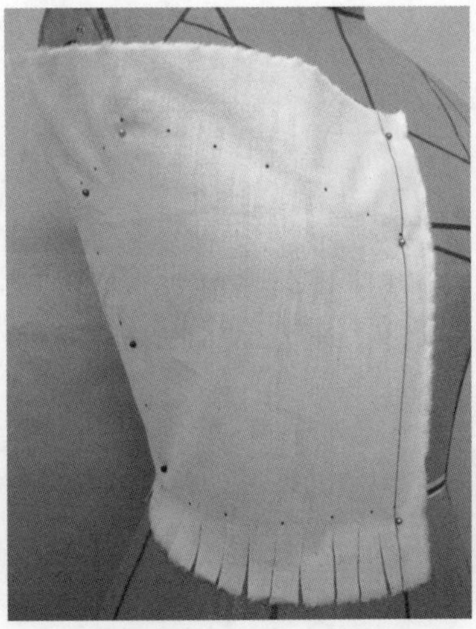

图4-3-49 点影

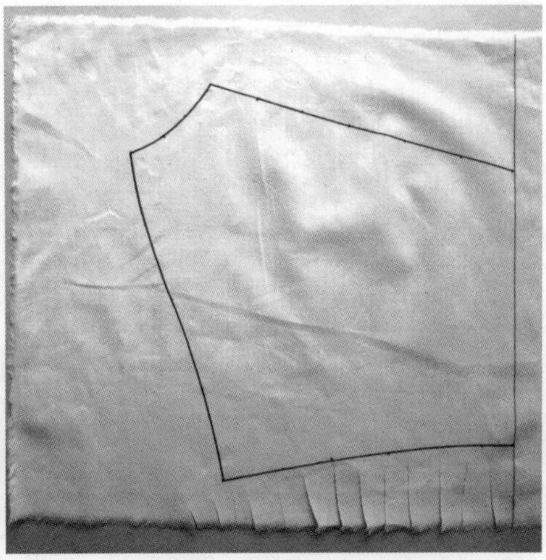

图4-3-50 画线、整理

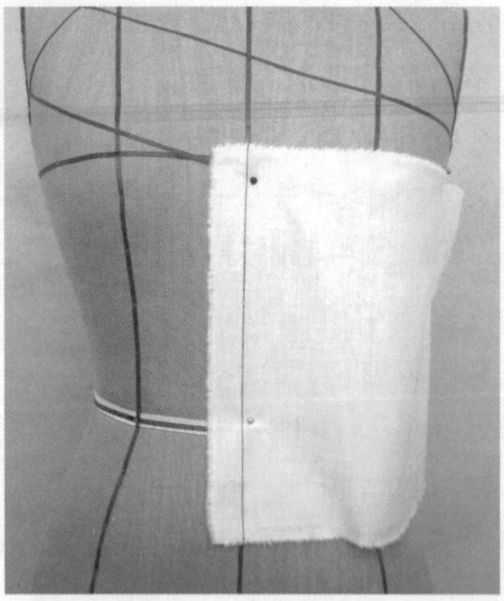

图4-3-51 固定前中心线

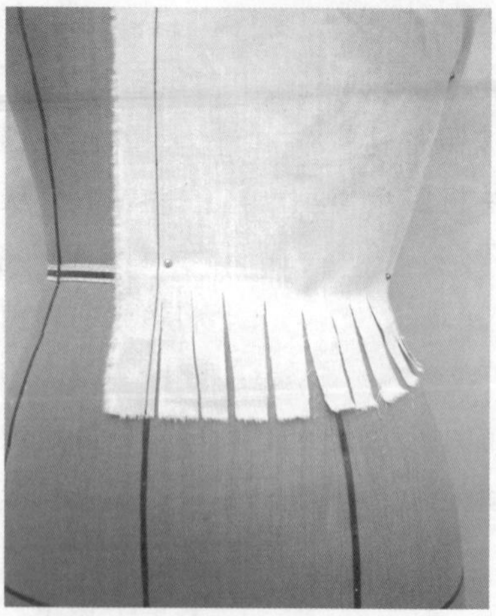

图4-3-52 固定左下侧衣片

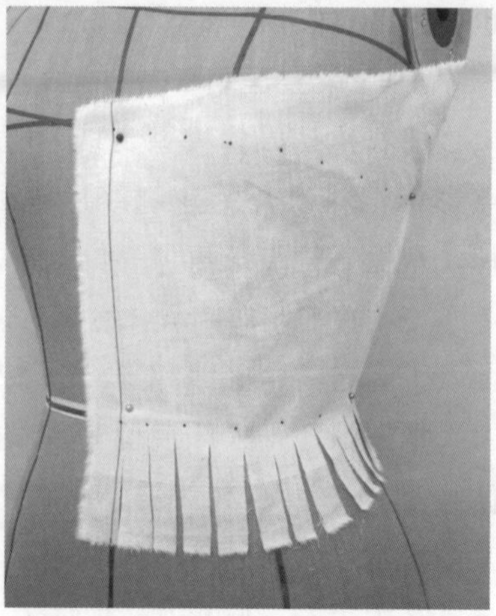

图4-3-53 点影

图4-3-54 画线、整理

部分宽松量，腰部打剪口使其伏贴。

③点影（图 4-3-53）

把衣片各部位调整好后，根据衣片轮廓线的位置，在衣片上用笔将衣片轮廓线进行点影。

④画线、整理（图 4-3-54）

把衣片从人体模型上取下并放平，按照各轮廓线点影标记将衣片的轮廓线用笔画好，并将多余量剪掉。

2. 后衣片立体裁剪

后后衣片左右对称，立体裁剪方法一样，所以这里主要介绍左侧衣片立体裁剪。

（1）左侧衣片立体裁剪

①固定后中心线(图 4-3-55)

把布料覆于人体模型上，将衣片的前中心线与人体模型的前中心线对齐，并用大头针固定。注意后片中心基准线必须成垂直状态。

②固定左侧衣片(图 4-3-56)

将布料顺着后中心线向腰围、侧缝抚平，使衣片符合人体。侧缝处用大头针固定。注意腰围处要留部分宽松量，腰部打剪口使其伏贴。

③点影（图 4-3-57）

把衣片各部位调整好后，根据衣片轮廓线的位

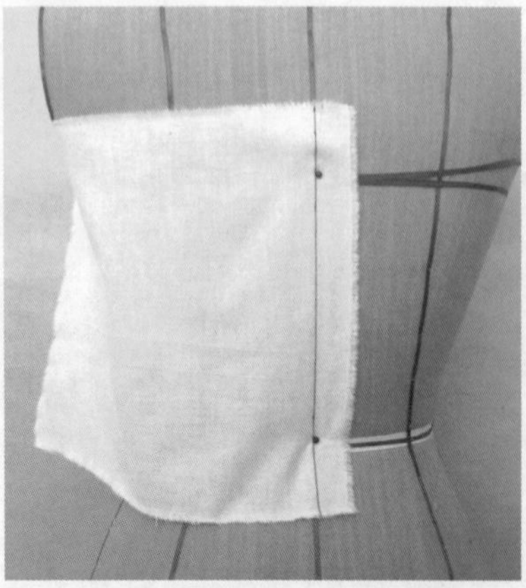

图4-3-55 固定后中心线

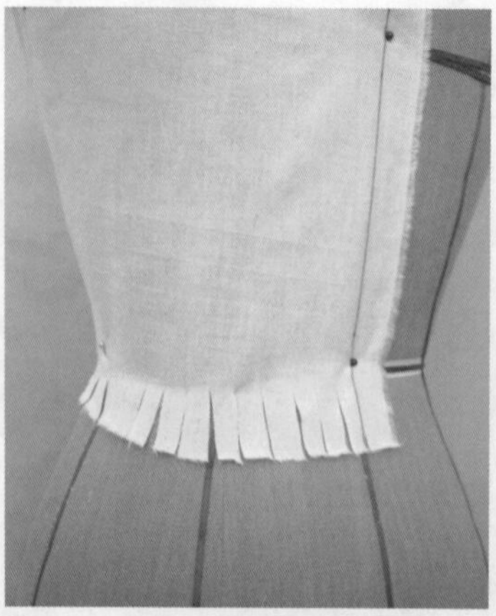

图4-3-56 固定左侧衣片

图4-3-57 点影

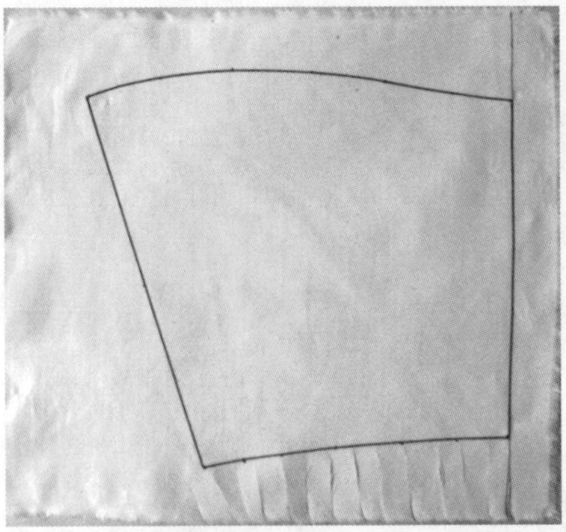

图4-3-58 画线、整理

置，在衣片上用笔将衣片轮廓线进行点影。

④画线、整理（图 4-3-58）

把衣片从人体模型上取下、放平，按照各轮廓线点影标记将衣片的轮廓线用笔画好，并将多余量剪掉。

（2）右侧衣片立体裁剪（图 4-3-59—图 4-3-62）

右侧衣片立体裁剪与左侧衣片立体裁剪相同。

（三）总结

（1）不对称分割衣身平面展开图（图 4-3-63、图 4-3-64）

从平面展开图中可见，前衣片以中间斜向分割线为准，分割线以上的衣片各部位呈斜线状，衣片发生移位，待分割线缝好后图形还原。从前衣片平面图中可看出，斜向分割线中包含省量，使胸部呈现鲜明而柔美的立体感。这

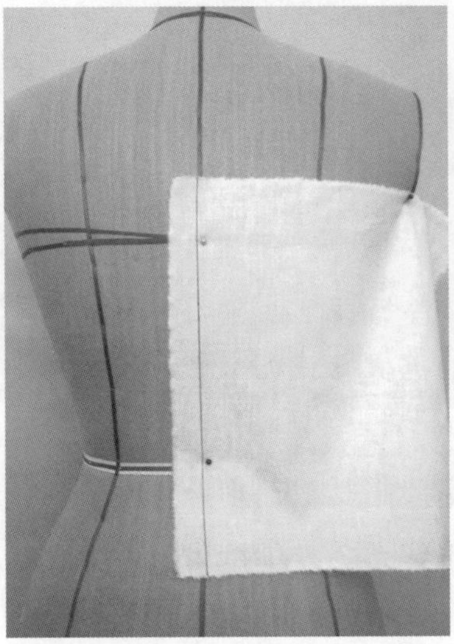

图4-3-59 固定后中心线

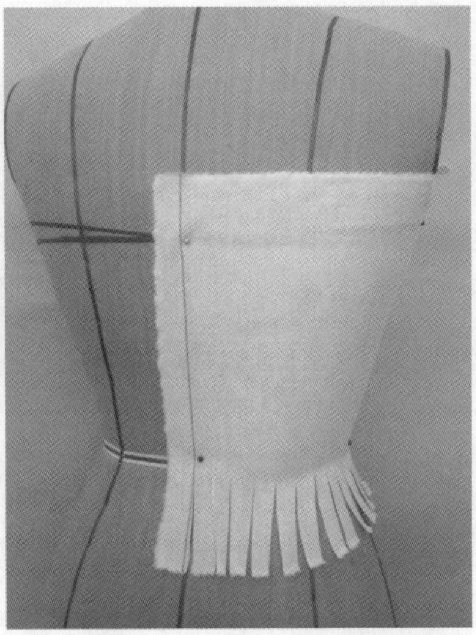

图4-3-60 固定右侧衣片

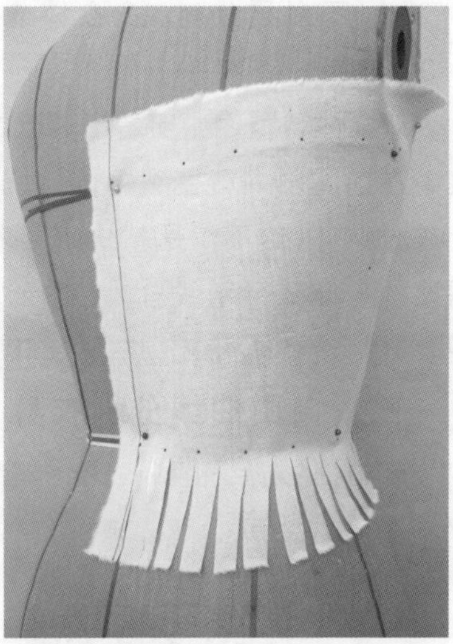

图4-3-61 点影

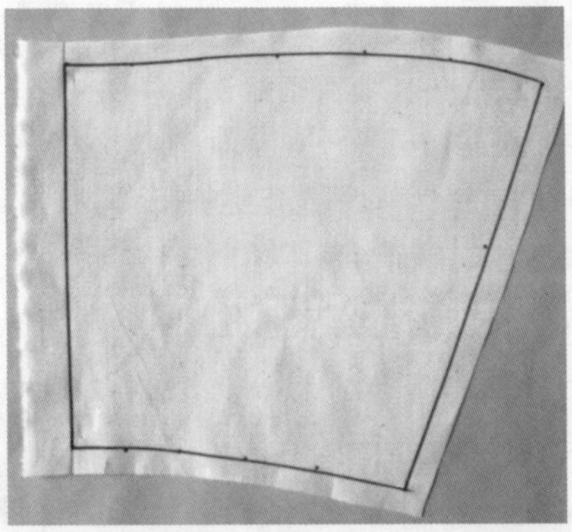

图4-3-62 画线、整理

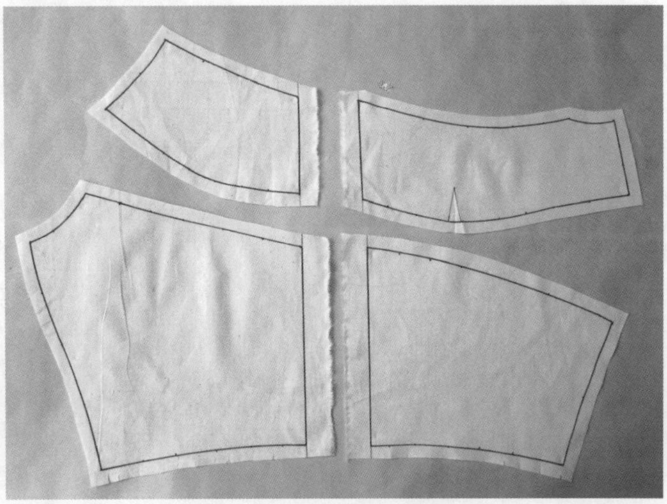

图4-3-63 前衣身平面展开图

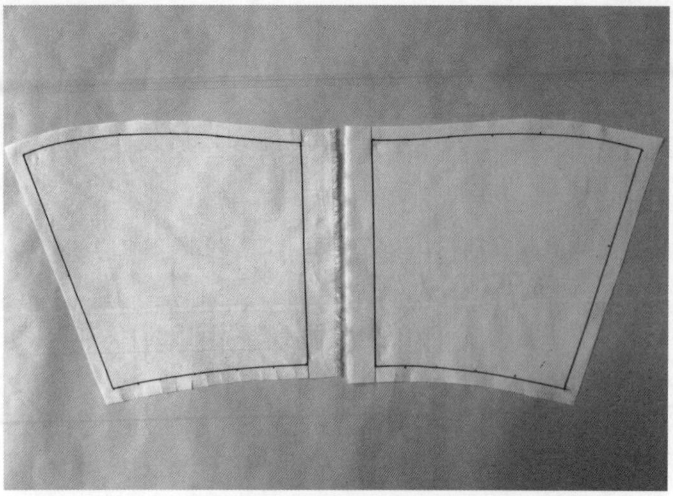

图4-3-64 后衣身平面展开图

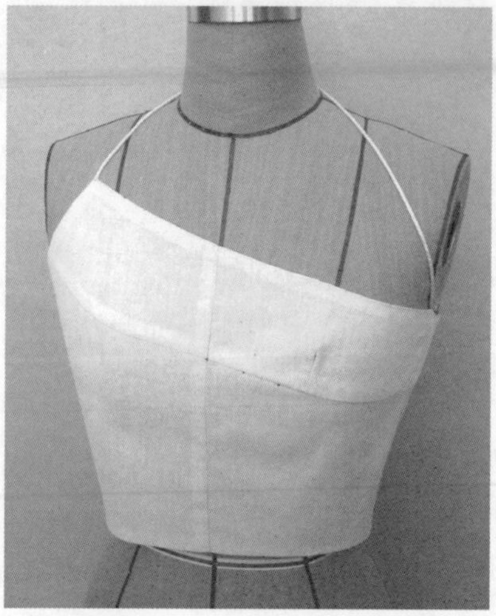

图4-3-65 前衣身立体造型

样不仅解决了胸部的隆起，还起到了装饰的作用。

（2）不对称分割衣身立体造型（图 4-3-65、图 4-3-66）

从立体造型图中可看出，此款衣身的全部余量都集中在前胸斜向分割线中，通过前胸分割、设省使衣片充分贴体，这不仅是款式所要求的，也是结构上所需要的。此款分割线自然，流畅，修饰胸部的立体造型。分割没有通过 BP 点，故胸下设有胸省。

三、自由曲线分割衣身

自由曲线给人流畅、变化、轻松的感觉，此款前衣片由三片组成。在人体胸部的上端有曲线分割，

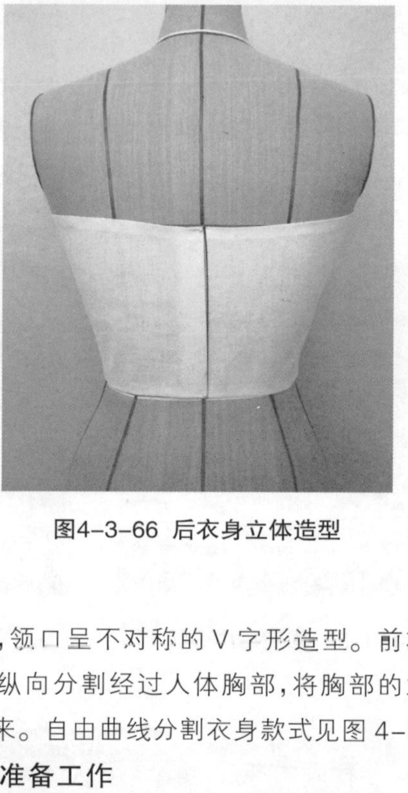

图4-3-66 后衣身立体造型

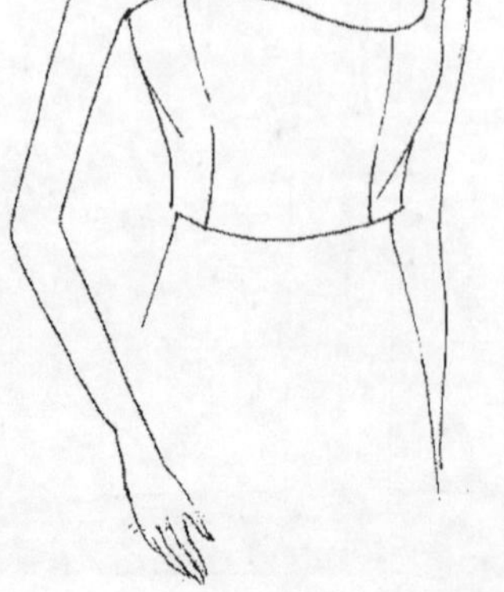

图4-3-67 自由曲线分割衣身款式

显露胸部，领口呈不对称的 V 字形造型。前衣片上有公主线纵向分割经过人体胸部，将胸部的立体造型表达出来。自由曲线分割衣身款式见图 4-3-67。

（一）准备工作

1. 布料准备

自由曲线分割衣身前衣片由左侧衣片、中部衣片、右侧衣片等三部分衣片组成。每块衣片要保证横向为横向长度加缝份及修正量，纵向为纵向长度加缝份及修正量，在布料上将中心线都标记出来。

2. 标记衣身造型线

在人体模型上将曲线分割造型线用粘带标记出来，并用大头针固定，曲线一定要顺畅，分割线的造型要美观，注意要体现胸部的隆起。

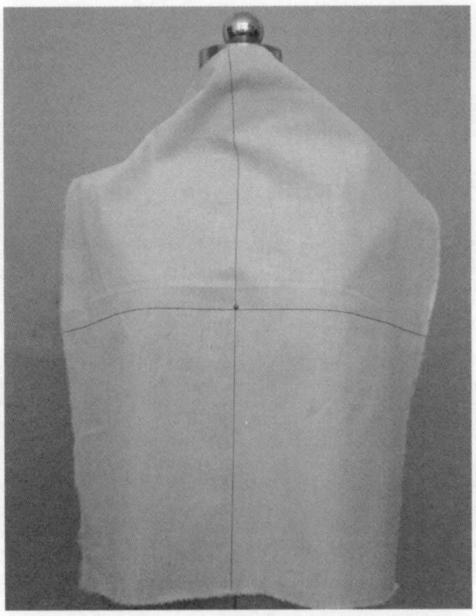

图4-3-68 固定前中心线

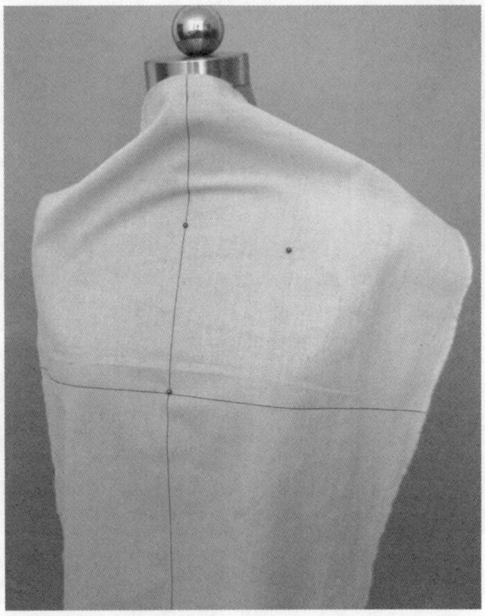

图4-3-69 固定左侧衣片

（二）操作方法及技巧

1. 左侧衣片立体裁剪

（1）固定前中心线（图 4-3-68）

把布料覆于人体模型上，将衣片的前中心线与人体模型的前中心线对齐，并用大头针固定。注意前片中心基准线必须成垂直状态。

（2）固定左侧衣片（图 4-3-69）

将布料顺着前中心线向上及左侧袖窿、肩部抚平，使衣片贴合人体，把多余量留在衣片以外，用大头针固定衣片。注意胸部处的布料要抚紧。

（3）固定曲线带宽（图 4-3-70）

把胸部处的布料要抚紧后，按照人体模型上的标记线固定曲线带宽。

（4）领口处打剪口（图 4-3-71）

将布料按照中心线从上向下打剪口，但不能剪过领口净线。

（5）粗裁领口（图 4-3-72）

将布料从中心线向领口处抚平，粗裁领口，使布料伏贴于人体模型的两肩处。

（6）固定左侧衣片上端造型（图 4-3-73）

将布料顺着前中心线向上及两侧袖窿、肩部抚平，使衣片贴合人体，把多余量留在衣片以外，用大头针固定左侧衣片上端造型。注意胸部处的布料要抚紧。

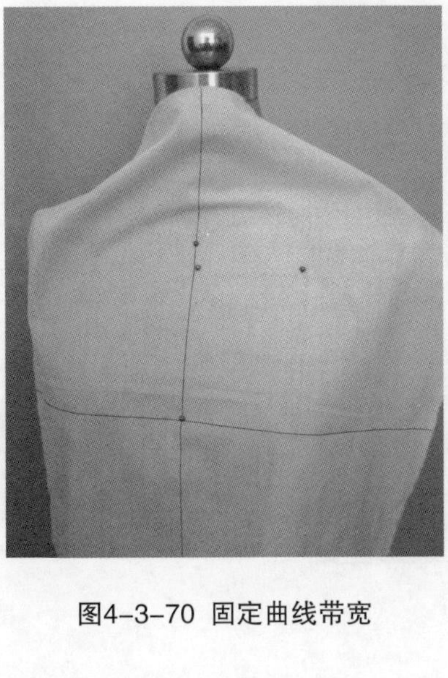

图4-3-70 固定曲线带宽

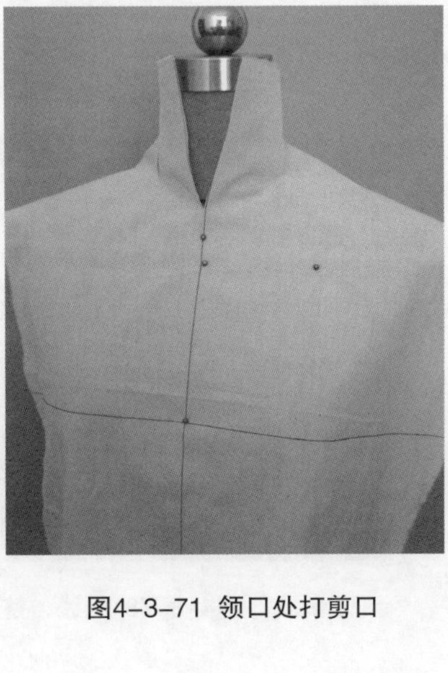

图4-3-71 领口处打剪口

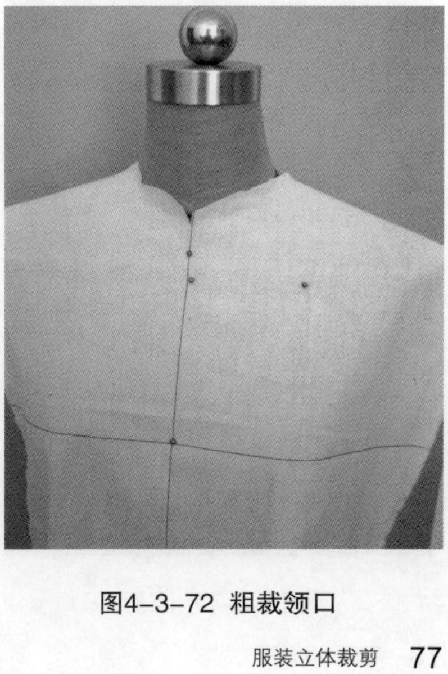

图4-3-72 粗裁领口

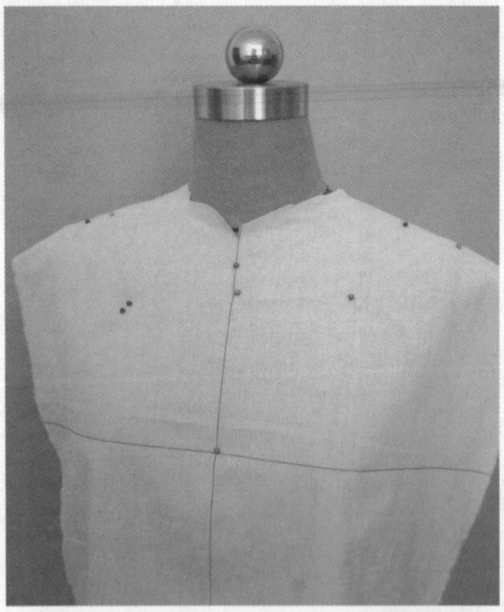

图4-3-73 固定左侧衣片上端造型

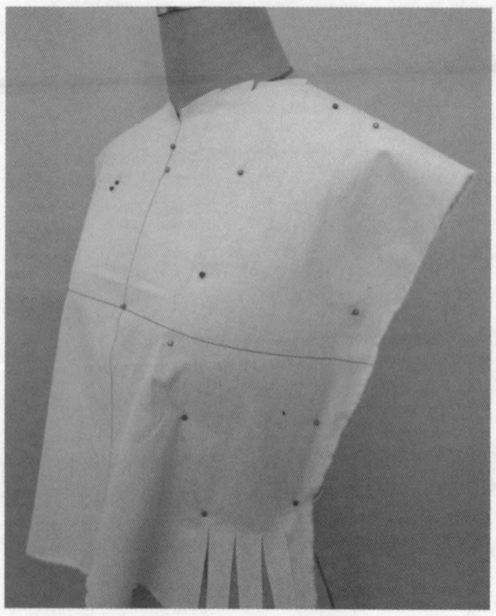

图4-3-74 固定左侧衣片下端造型

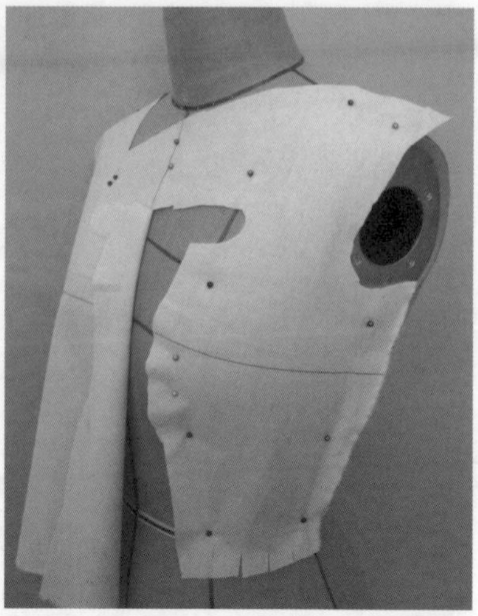

图4-3-75 粗裁左侧衣片

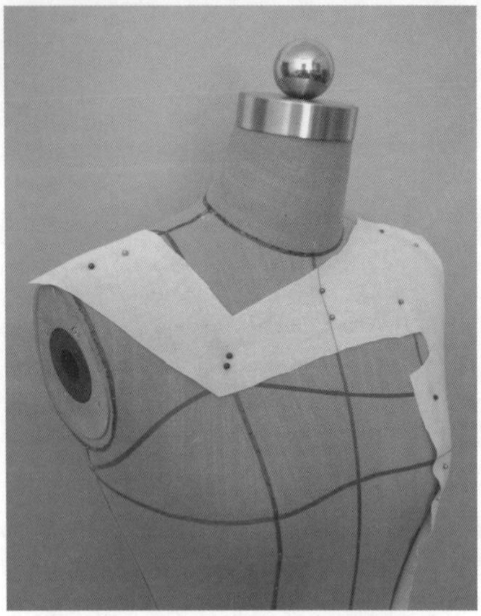

图4-3-76 粗裁左侧衣片上端

(7)固定左侧衣片下端造型(图 4-3-74)

将布料顺着左侧袖窿向侧缝处顺势而下抚平，使衣片贴合人体，并用大头针固定左侧衣片下端造型。注意左侧胸部的布料要抚紧。

(8)粗裁左侧衣片(图 4-3-75、图 4-3-76)

将左侧衣片按照人体模型上的轮廓标记线进行粗裁，要留缝份及修正量。粗裁时要逐渐修剪，检查衣片是否被抚平，面料是否自然贴合人体模型表面。

(9)点影(图 4-3-77)

把衣片各部位调整好后，根据衣片轮廓线的位置，在衣片上用笔按照标记线将衣片轮廓线进行点影。

(10)画线、整理(图 4-3-78)

把衣片从人体模型上取下、放平，按照各轮廓线点影

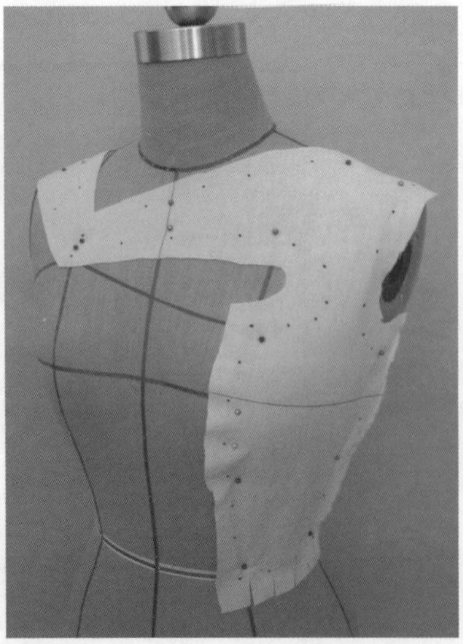

图4-3-77 点影

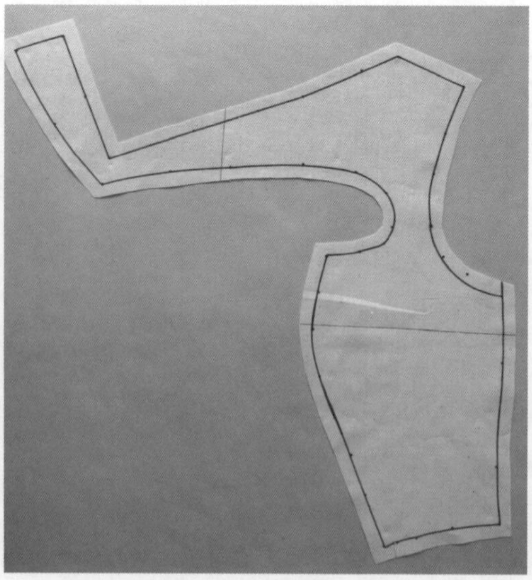

图4-3-78 画线、整理

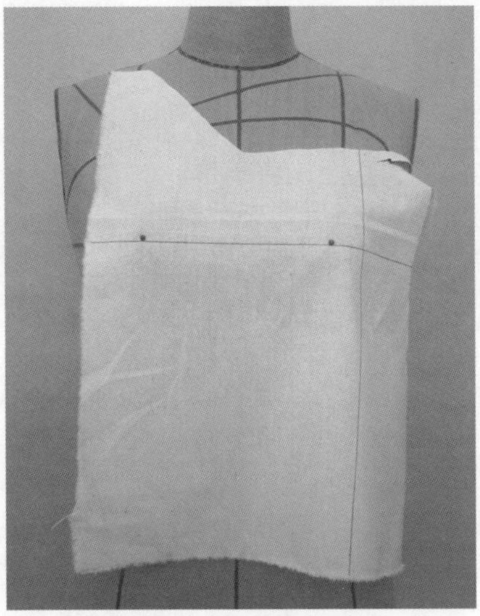

图4-3-79 固定胸围线

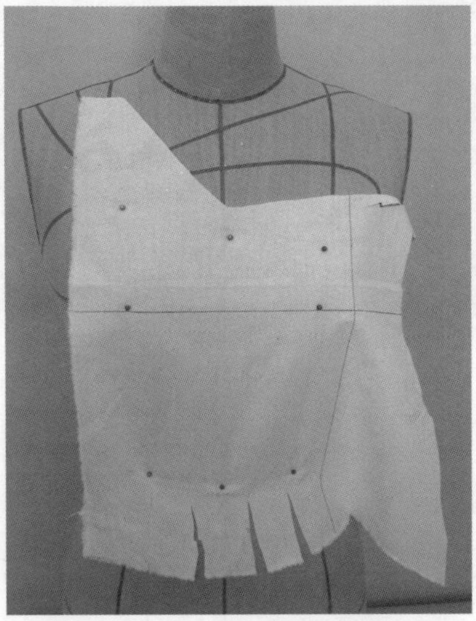

图4-3-80 固定中部衣片

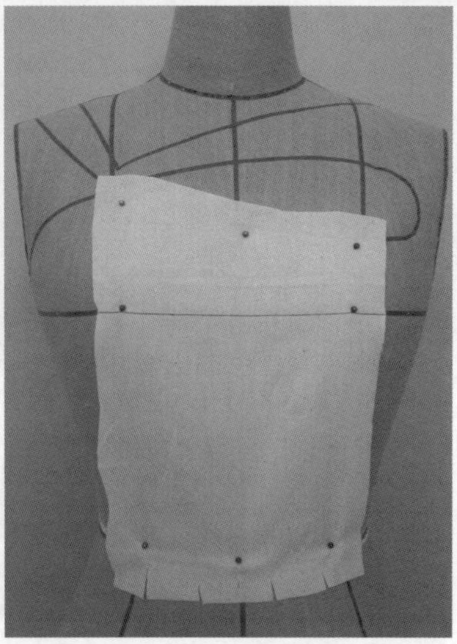

图4-3-81 修剪衣片

标记将衣片的轮廓线用笔画好，注意曲线要流畅、圆顺，并将多余量剪掉。

2. 中部衣片立体裁剪

（1）固定胸围线（图 4-3-79）

把左侧衣片剪剩的布料覆于人体模型上，上下左右要满足中部衣片的立体裁剪。将衣片的胸围线与人体模型的胸围线对齐，并用大头针固定。注意前片胸围基准线必须成水平状态。

（2）固定中部衣片（图 4-3-80）

将布料顺着胸围线向上及向下腰围处抚平，使衣片贴合人体，沿中部衣片的标记线用大头针固定。腰围处的布料要抚平，腰围下的布料可打剪口使其伏贴，但不能剪过净线。

（3）修剪衣片（图 4-3-81）

沿中部衣片的标记线对衣片进行粗裁，将多余量剪掉，注意留有足够的缝份量及修正量。

（4）点影（图 4-3-82）

把衣片各部位调整好后，根据衣片轮廓标记线的位置，在衣片上用笔将衣片轮廓线进行点影。

（5）画线、整理（图 4-3-83）

把衣片从人体模型上取下并放平，按照各轮廓线点影标记将衣片的轮廓线用笔画好，并将多余量剪掉。注意轮廓线的流畅及圆顺。

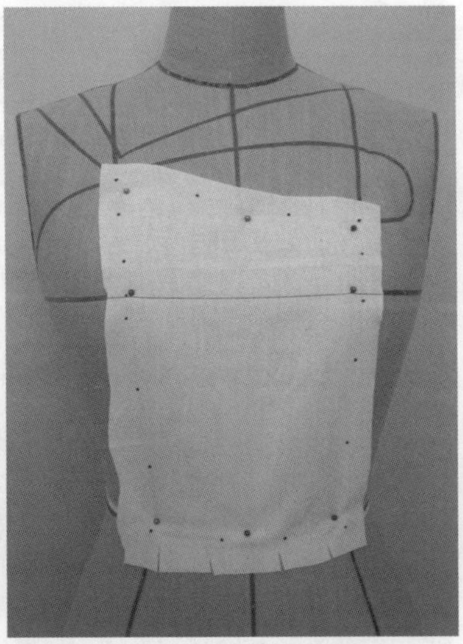

图4-3-82 点影

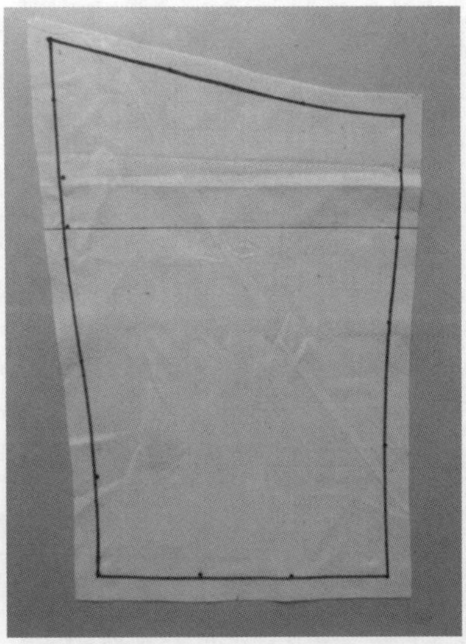

图4-3-83 画线、整理

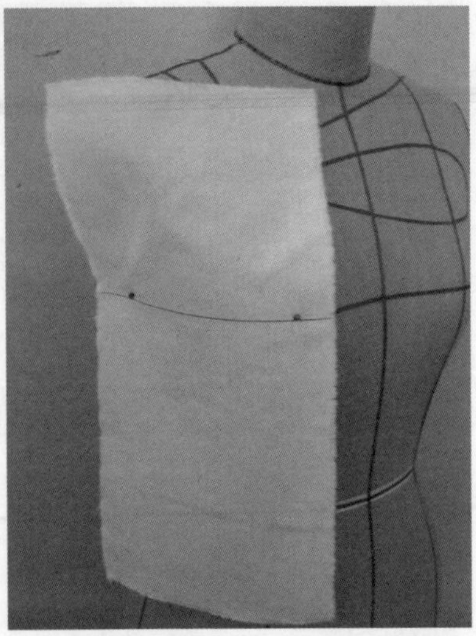

图4-3-84 固定胸围线

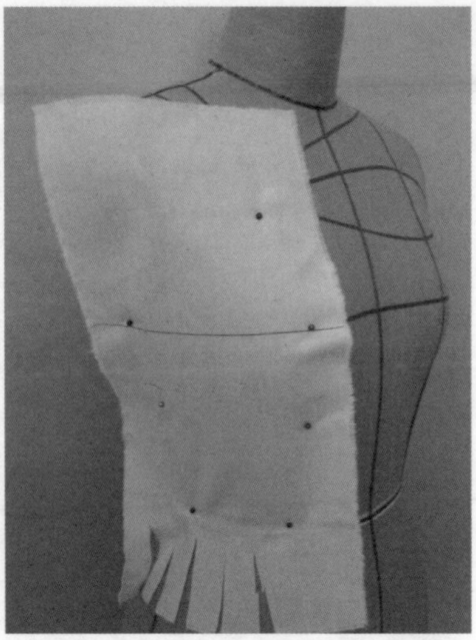

图4-3-85 固定右侧衣片

3. 右侧衣片立体裁剪

（1）固定胸围线（图 4-3-84）

把布料覆于人体模型上，将衣片的胸围线与人体模型的胸围线对齐，并用大头针固定。注意右侧衣片胸围基准线必须成水平状态。

（2）固定右侧衣片（图 4-3-85）

腰部打剪口使其伏贴，但不能剪过净线。将布料顺着胸围线向上及向下至腰围处抚平，使衣片贴合人体，沿右侧衣片的轮廓标记线用大头针固定。注意腰围、袖窿处的布料要抚平。

（3）粗裁衣片（图 4-3-86）

沿右侧衣片的标记轮廓线对衣片进行粗裁，将多余量剪掉，注意腰留有足够的缝份量及修正量。

（4）点影（图 4-3-87）

把衣片各部位调整好后，根据衣片轮廓线的位置，在右侧衣片上用笔将衣片轮廓线进行点影。

（5）画线、整理（图 4-3-88）

把衣片从人体模型上取下、放平，按照各轮廓线点影标记将衣片的轮廓线用笔画好，并将多余量剪掉。

（三）总结

（1）自由曲线分割衣身平面展开图（图4-3-89）

从平面展开图中可见，衣片以曲向分割线及公主线为准，将衣片分为三片。公主线中包含胸省及腰省量，使胸部呈现鲜明而柔美的立体感。这样不仅解决了胸部的隆起，还解决了腰部的凹陷，使衣片更加

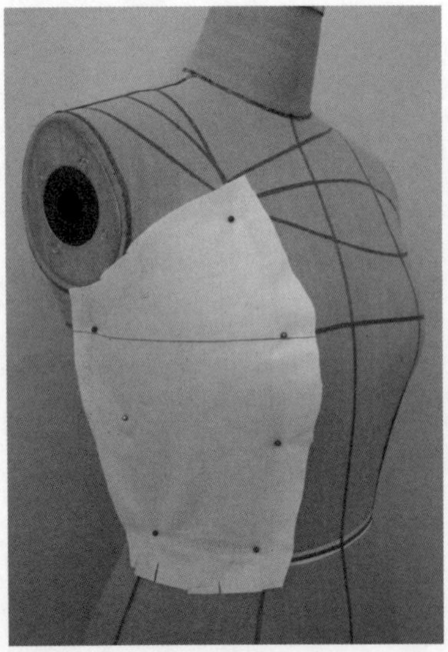

图4-3-86 粗裁衣片

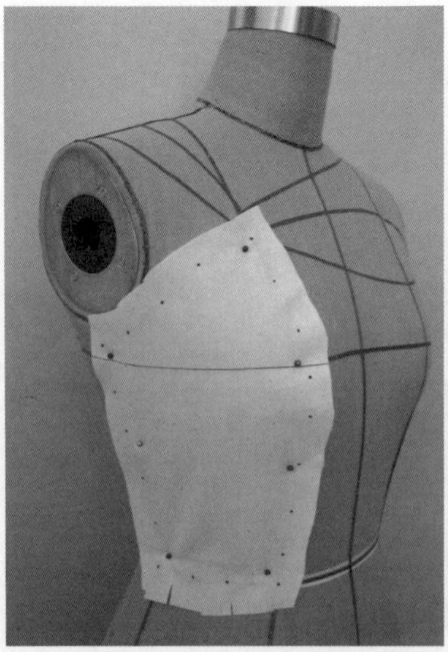

图4-3-87 点影

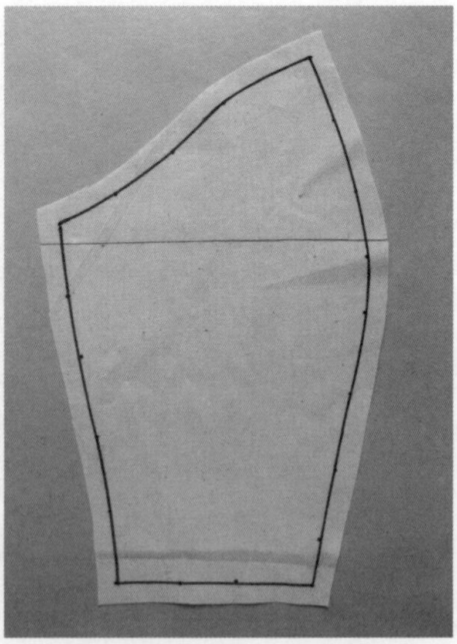

图4-3-88 画线、整理

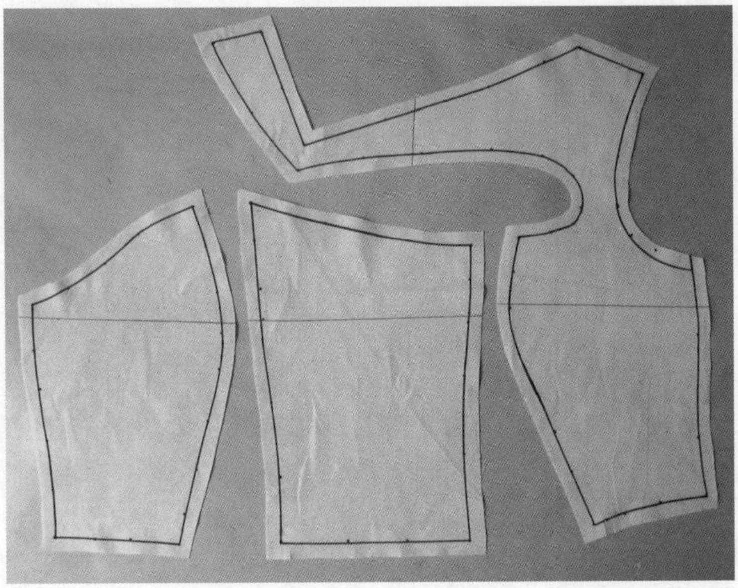

图4-3-89　衣身平面展开图

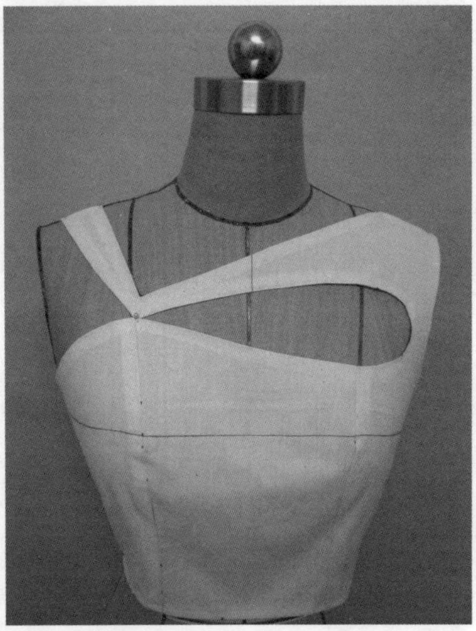

图4-3-90 衣身立体造型

合体，起到了装饰的作用。曲线分割流畅、圆顺，曲线分割处的衣片各部位呈曲线状，衣片发生了移位，待分割线缝好后图形会还原。

（2）自由曲线分割衣身立体造型（图 4-3-90）

从立体造型图中可看出，此款分割线自然、流畅，修饰了胸部的立体造型。曲线分割通过人体胸部明显的部位，与 V 字形领口结合形成优美的线条。此款衣身的全部省量都集中在公主线中，通过前胸分割、设省使衣片充分贴体；分割线通过 BP 点，固胸下设有胸省及腰省。这不仅是款式所要求的，也是结构上所需要的。

第四节　抽褶在衣身中的应用

抽褶是将布料有规则或无规则地抽缩起来，形成美观、随意的自然褶皱。褶具有三维空间的立体感觉，能使服装款式造型进行变化，增添服装艺术情趣。抽褶常被用于女装中。

一、前中心抽褶衣身

前中心抽褶衣身是在前胸部位的中心线处抽褶，此抽褶代替了省道，以达到充分合体的目的。前中心抽褶的衣身款式见图 4-4-1。

图4-4-1 前中心抽褶的衣身款式

（一）准备工作

1. 布料准备

前中心抽褶的衣身布料为长方形，纵向取前腰长 +8cm（为缝份及修正量），横向取前（后）胸围大 +8cm（为缝份及修正量）。在布料上将前（后）中心线、胸围线标记出来。前中心抽褶的衣身布料准备同前一款。前中心抽褶的衣身用布图见图 4-4-2。

2. 标记衣身造型线

根据设计者的要求，在人体模型台上将前衣身造型线用粘带标记出来（图 4-4-3、图 4-4-4）。本款前后领窝弧线为“V”字造型，袖窿弧线通过肩线。

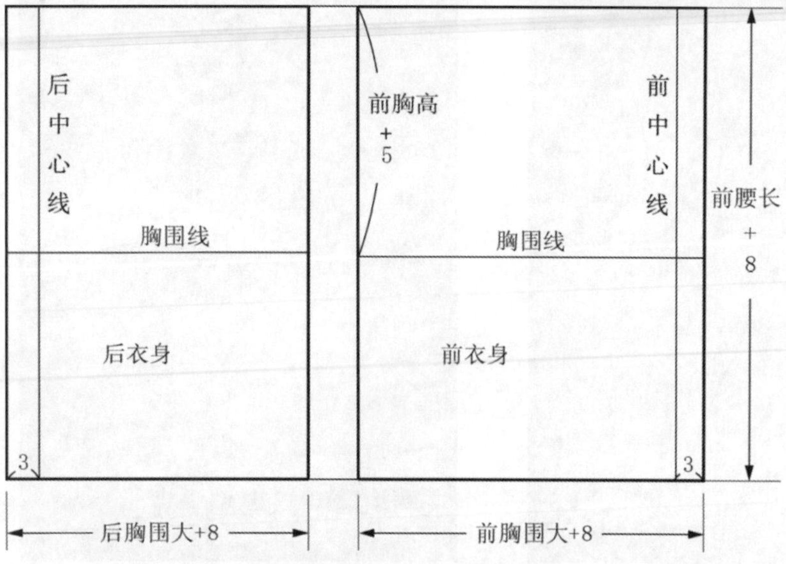

图4-4-2 前中心抽褶的衣身用布图

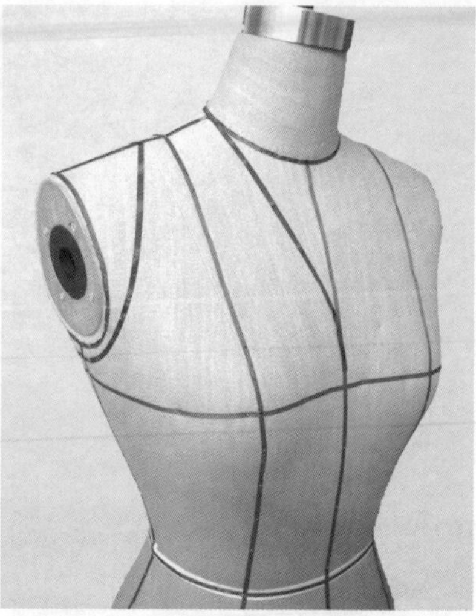
图4-4-3 标记前衣身造型线

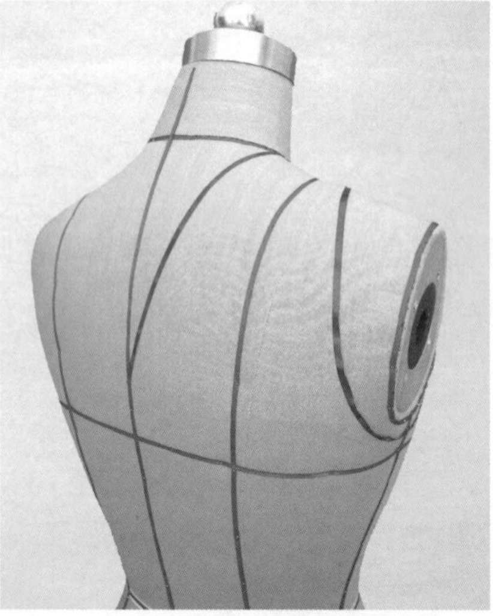
图4-4-4 标记后衣身造型线

（二）操作方法及技巧

1. 前衣片立体裁剪

（1）固定前中心线及BP点（图4-4-5）

把布料覆于人体模型上，将衣片的前中心线、胸围线与人体模型的前中心线、胸围线对齐，并用大头针固定。固定BP点及前中心下端，注意前片中心基准线必须成垂直状态。

（2）固定侧缝线（图4-4-6）

将布料从腰围向侧缝处抚平，腰部留有部分余量，腰围下端打剪口以使布料下端伏贴，侧缝用大头针固定，胸围线后端略上抬。

（3）固定袖窿及肩部（图4-4-7）

把侧缝用大头针固定好后，将布料顺着侧缝向袖窿、肩部抚平，使衣片贴合人体，把多余量集中在前胸中心处，

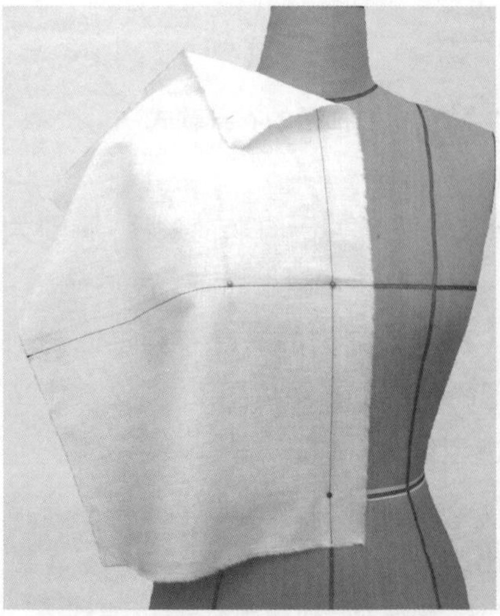
图4-4-5 固定前中心线及BP点

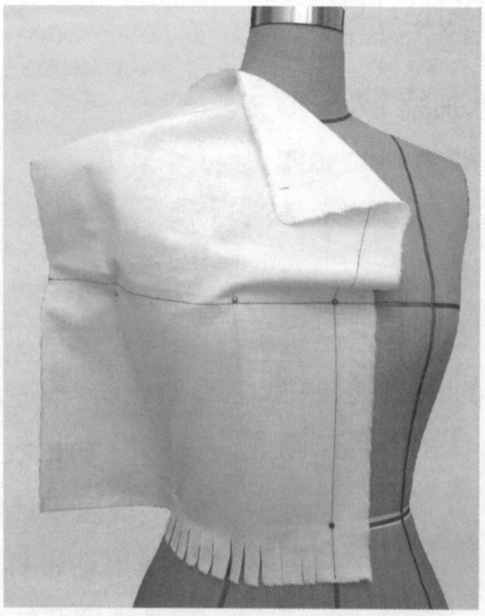
图4-4-6 固定侧缝线

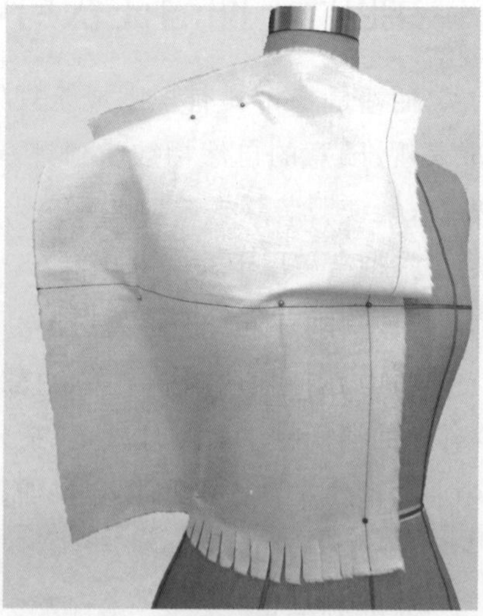
图4-4-7 固定袖窿及肩部

肩部用大头针固定。注意袖窿处的布料要抚紧。

（4）修剪轮廓线（图 4-4-8）

将侧缝、袖窿、肩部、领口粗略进行修剪，领口处打剪口使其伏贴。

（5）抽褶及标记前止口线（图 4-4-9）

将集中在前胸中心处的多余布料抽褶，抽褶，可与固定前止口标记线同时进行，一边标记一边抽褶，把所移动的褶分成若干小褶，整理好形状后加以固定。抽褶量的大小及位置根据款式而定，整理时注意不要使前胸褶从 BP 点转移至侧缝。

（6）点影（图 4-4-10）

把衣片抽褶及各部位调整好后，根据衣片侧缝、袖窿、肩部、领口的位置，在衣片上用笔将肩线、袖窿弧线、侧缝线、腰围线进行点影。

（7）画线、整理（图 4-4-11）

把衣片从人体模型上取下，先将抽褶位置确定下来，然后把衣片放平后再按照前止口造型线及各轮廓线点影将轮廓线用笔画好，并将多余布料量剪掉。

2. 后衣片立体裁剪

（1）固定后中心线（图 4-4-12）

把布料覆于人体模型上，将衣片的后中心线、胸围线与人体模型的后中心线、胸围线对齐，并用大头针固定后中心下端。注意后片中心基准线必须成垂直状态。

（2）固定侧缝线（图 4-4-13）

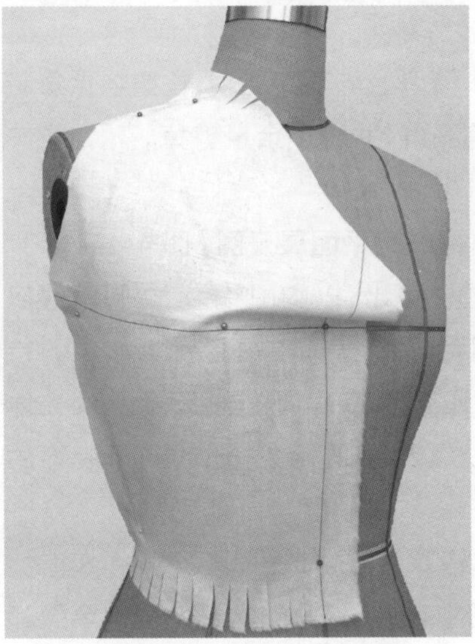

图4-4-8 修剪轮廓线

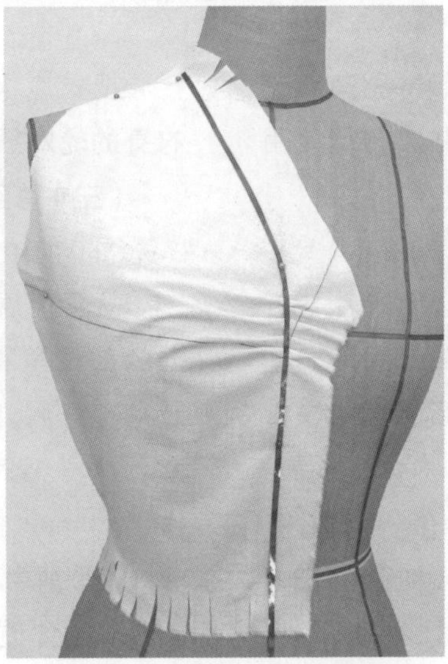

图4-4-9 抽褶及标记前止口线

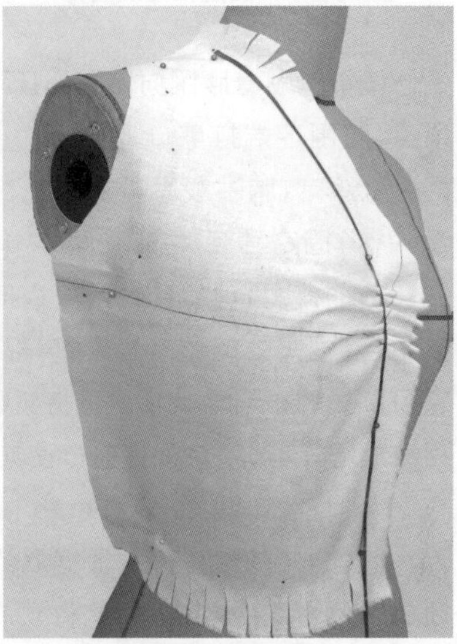

图4-4-10 点影

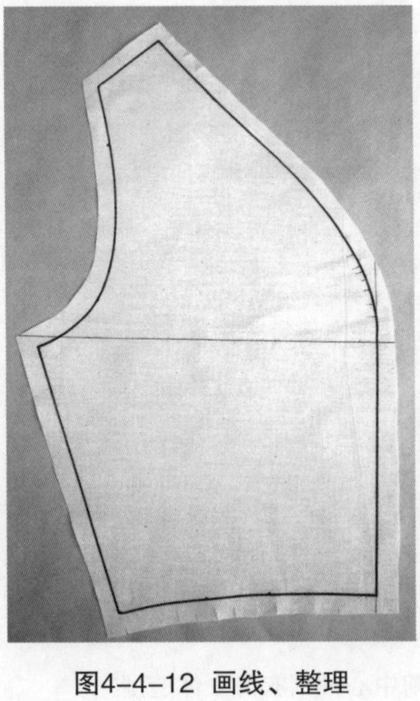

图4-4-12 画线、整理

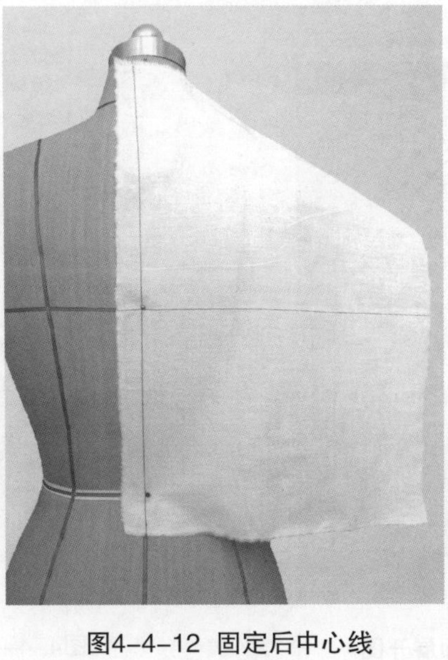

图4-4-12 固定后中心线

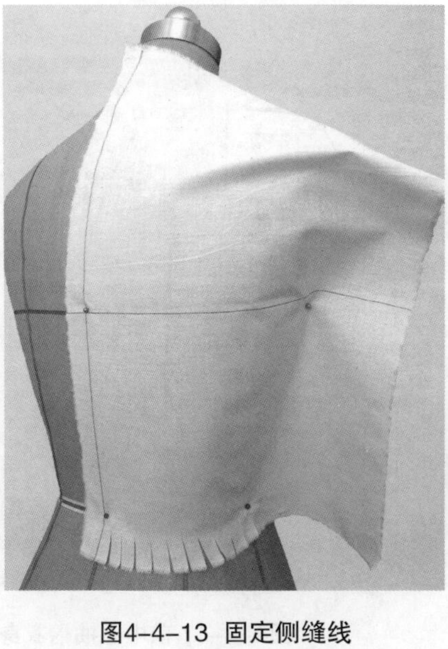

图4-4-13 固定侧缝线

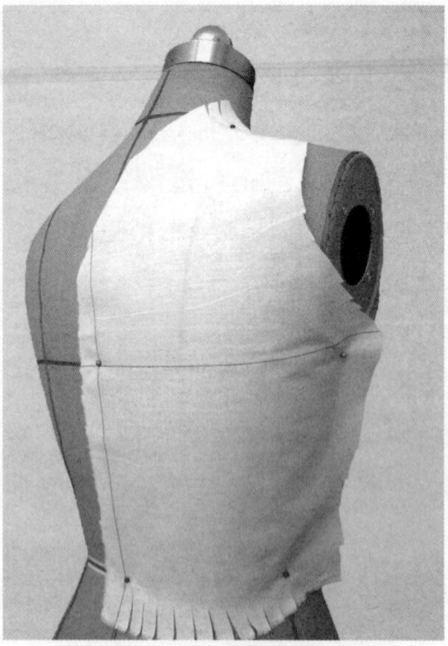

图4-4-14 固定袖窿及肩部

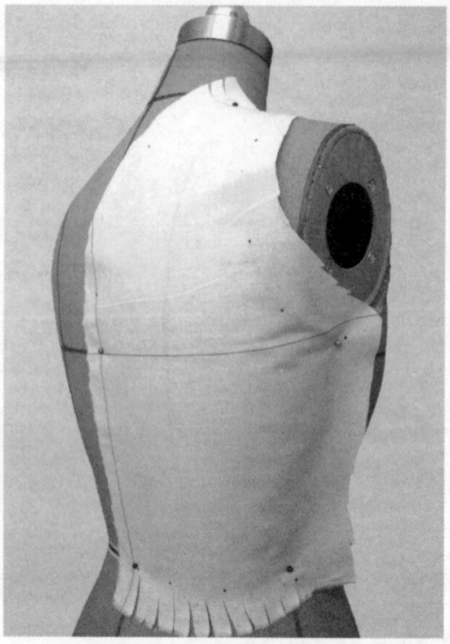

图4-4-15 点影

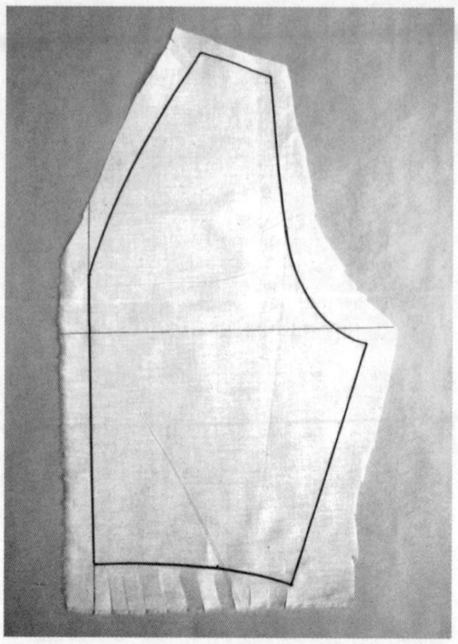

图4-4-16 画线、整理

将布料顺着腰围向侧缝处抚平，使腰部留有部分余量，腰围下端打剪口，使布料下端伏贴。侧缝处用大头针固定，胸围线后端略上抬。

（3）固定袖窿及肩部（图 4-4-14）

将布料顺着侧缝向袖窿、肩部抚平，使衣片与人体贴合，袖窿处略留有余量，肩部用大头针固定。注意领口处的布料要抚紧。再将侧缝、袖窿、肩部、领口粗略进行修剪，领口处打剪口使其伏贴。

（4）点影（图 4-4-15）

把各部位调整好后，根据衣片侧缝、袖窿、肩部、领口的位置，在衣片上用笔将领口、肩线、袖窿弧线、侧缝线、腰围线进行点影。

（5））画线、整理（图 4-4-16）

把衣片从人体模型上取下并展平，按照各点影将衣身的轮廓线用笔画好，并将多余量剪掉。

（三）总结

（1）前中心抽褶衣身平面展开图（图 4-4-17）

从平面展开图中可出，以胸围线为准，胸围线以上的部位呈斜线状，领口、肩缝、袖窿发生移位。待皱褶缝好后，图形还原，胸部呈现鲜明而柔美的立体感。这样不仅解决了胸部的隆起，还起到了装饰的作用。

（2）前中心抽褶衣身立体造型（图 4-4-18）

从立体造型图中可看出，此款衣身的全部余量都集中在前胸，通过前胸抽褶使衣片充分贴体。这不仅是款式所要求的，也是结构上所需要的。

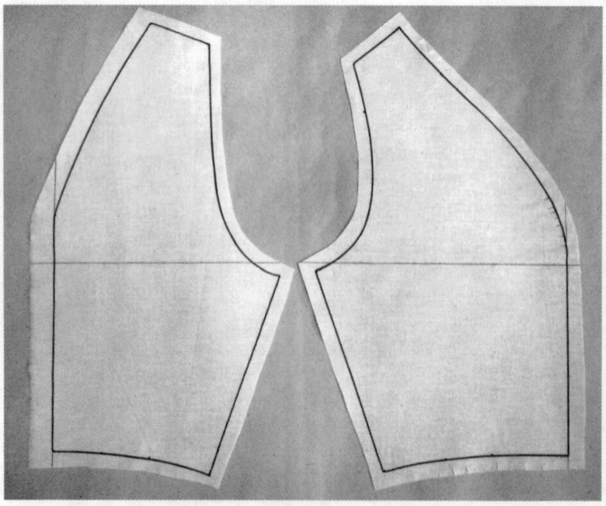

图4-4-17 前中心抽褶衣身平面展开图

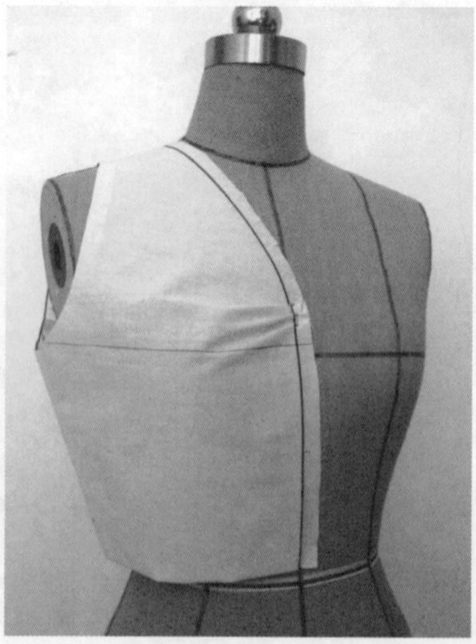

图4-4-18 前中心抽褶衣身立体造型

图4-4-19 胸下弧线抽褶衣身款式

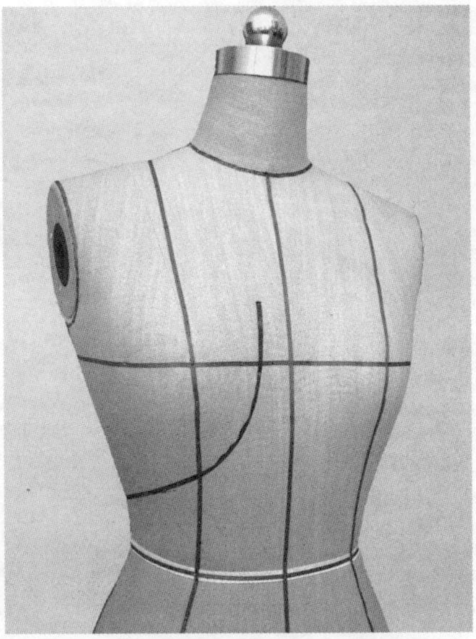

图4-4-20 标记前衣身造型线

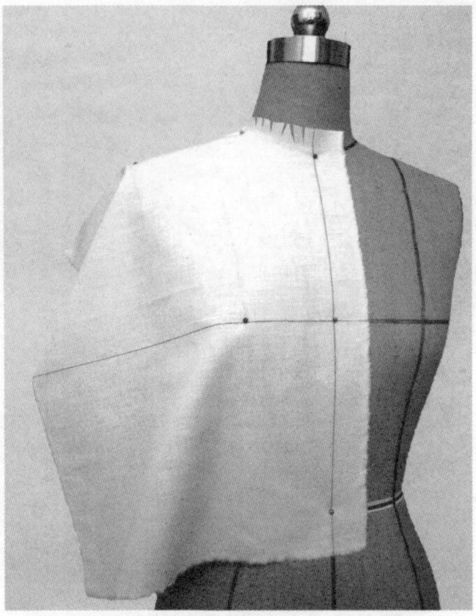

图4-4-21 固定前中心

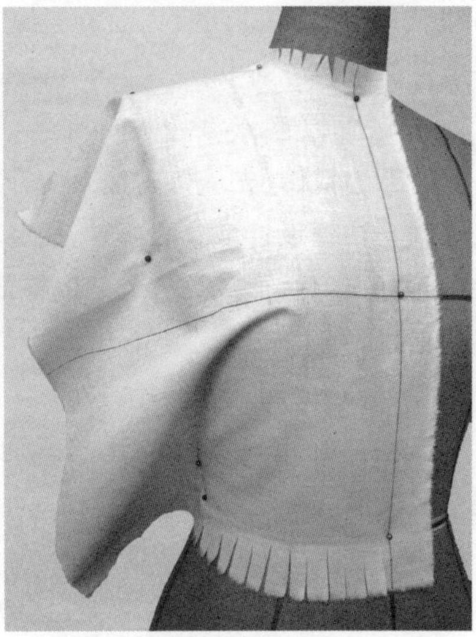

图4-4-22 固定袖窿及侧缝下端

二、胸下弧线抽褶衣身

胸下弧线抽褶衣身是在胸部下端的非连续弧线上的抽褶，此抽褶代替了胸部省道，达到充分合体的目的。通过弧线上的抽褶，一是解决胸部的隆起，二是具有装饰效果。它是具有强烈立体感的服装造型。胸下弧线抽褶衣身款式见图 4-4-19。

（一）准备工作

1. 布料准备

前中心抽褶衣身布料为长方形，纵向取前腰长 +8cm（为缝份及修正量），横向取前胸围大 +8cm（为缝份及修正量）。在布料上将前中心线、胸围线标记出来。胸下弧线抽褶衣身布料准备同前一款。胸下弧线抽褶衣身用布图见图 4-4-2。

2. 标记衣身造型线

根据款式要求，在人体模型上将衣身分割线用粘带标记出来（图 4-4-20）。

（二）操作方法及技巧

（1）固定前中心（图 4-4-21）

把布料覆于人体模型上，将衣片的前中心线、胸围线与人体模型的前中心线、胸围线对齐，前中心线处用大头针固定，注意前片中心基准线成垂直状态。修剪领口，使其伏贴，抚平肩部并用大头针固定。

（2）固定袖窿及侧缝下端（图 4-4-22）

把分割线上方的肩部抚平，再将分割线下方的侧缝抚平，腰围处打剪口以使其伏贴。把多余的松量推挤到分割线上方的侧缝处，以便形成皱褶。用大头针固定袖窿弧线及侧缝下端。

（3）标记分割线（图 4-4-23）

按照人体模型上已标记好的分割线位置，用粘带在衣片上将分割线标记出来，以便抽褶时做参照。

（4）剪开分割线（图 4-4-24）

先将分割线下端侧缝多余布料剪掉，在分割线的上端开剪。注意距分割线一个缝份即可，距离不要太大，特别是到省尖时缝份要变小。同时不要剪过省尖，距省尖约 1.5cm。

（5）抓褶（图 4-4-25）

若想皱褶多一些，则可用右手压住分割线最上

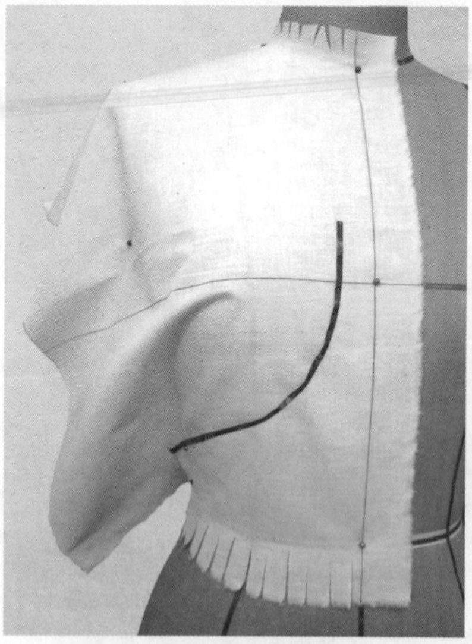

图4-4-23 标记分割线

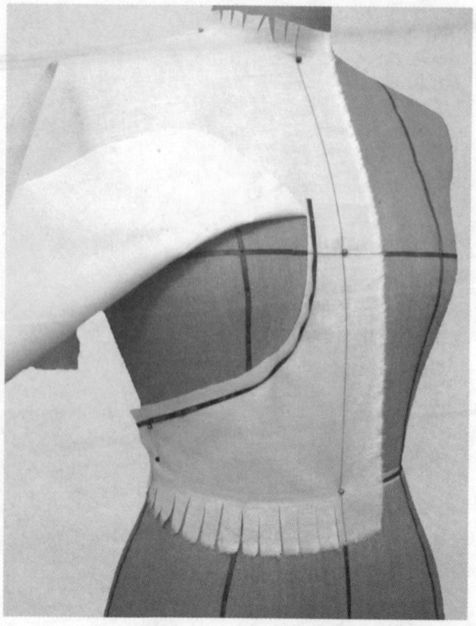

图4-4-24 剪开分割线

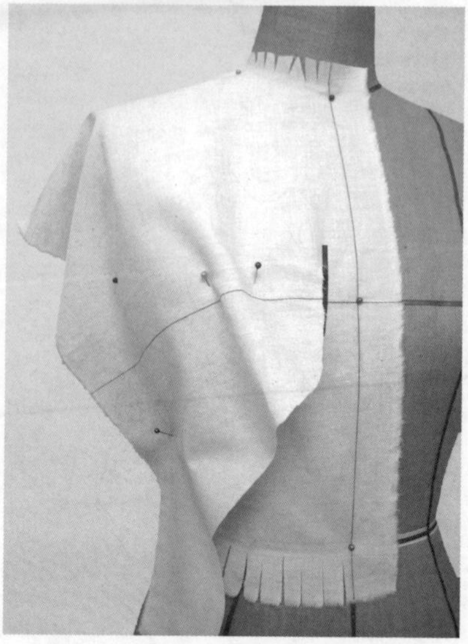

图4-4-25 抓褶

端，用左手在 BP 点处抓出褶份 3~4cm，可重新调整肩线及袖窿。再将分割线上方侧缝抚平并固定，把多余量转移到分割中。

（6）抽褶（图 4-4-26)

抓出的褶份，先从分割线上端开始抽褶，使其形成皱纹。依据设计款式的要求，调整褶纹的长短、起伏、强弱的变化，形成具有美感的横向褶纹。再将侧缝抚平并固定。

（7）修剪布料（图 4-4-27)

把衣片抽褶及各部位调整好后，将分割线、侧缝、袖窿、肩线粗略进行修剪。

（8）点影（图 4-4-28)

根据人体模型上的分割线、侧缝线、袖窿弧线、肩线、领窝弧线的位置，在衣片上用笔将分割线、肩线、袖窿弧线、侧缝线、腰围线进行点影。

（9）画线、整理（图 4-4-29）

把衣片从人体模型上取下、放好，先将抽褶位置确定下来。把衣片放平后，再按照分割线及各轮廓线点影将衣片的轮廓线用笔画好，并剪掉多余量。

（三）总结

（1）胸下弧线抽褶衣身平面展开图（图4-4-30）

从平面展开图中可见，以分割线为准，分割线以上的部位呈斜线状，领口、肩缝、袖窿、侧缝发生移位。待皱褶缝好后，图形还原，胸部呈现出鲜明而柔美的立体感。分割线开剪没有开到最上端，并留有缝份，这是工艺所需要的。

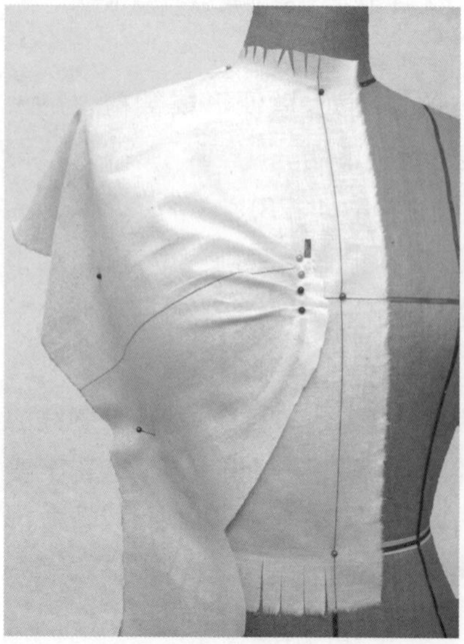

图4-4-26 抽褶

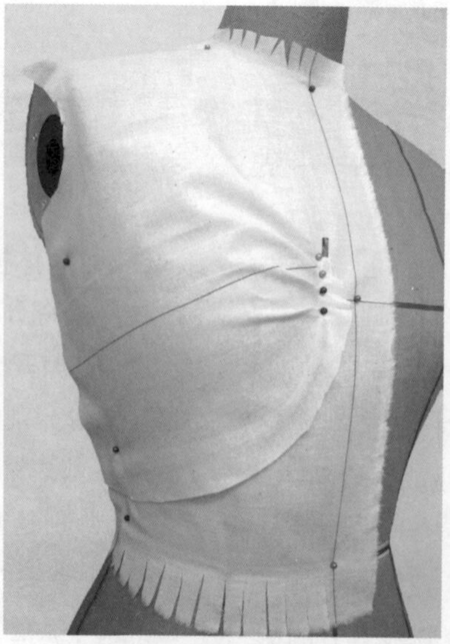

图4-4-27 修剪布料

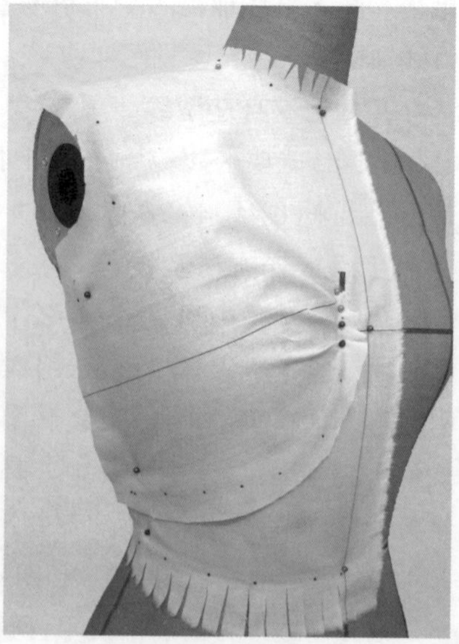

图4-4-28 点影

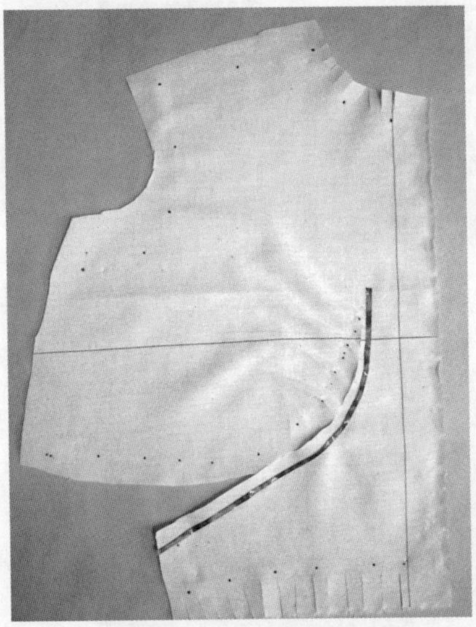

图4-4-29 画线、整理

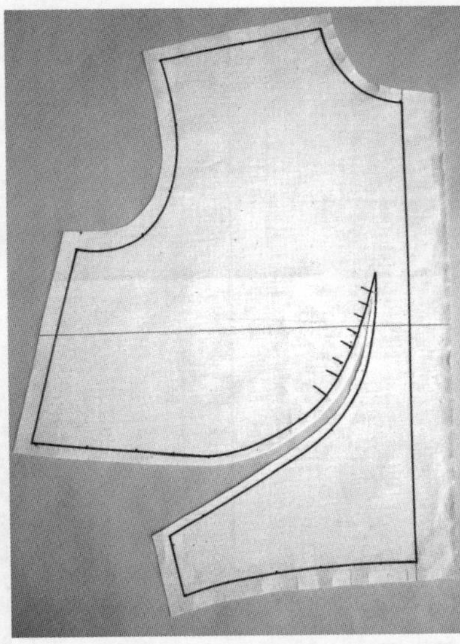

图4-4-30 平面展开图

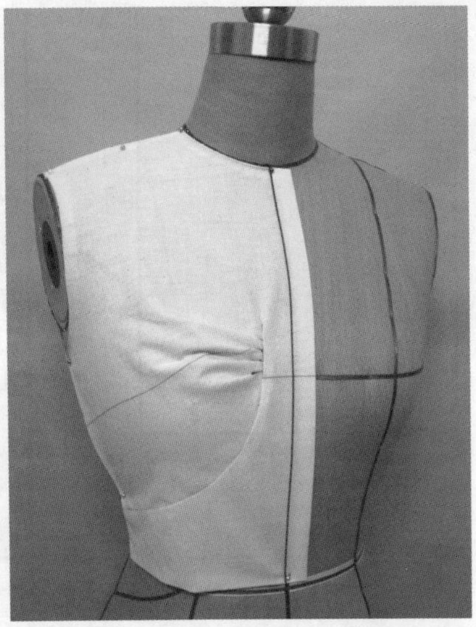

图4-4-31 立体造型

（2）胸下弧线抽褶衣身立体造型（图 4-4-31）

从立体造型图中可看出，此款衣身的全部余量都集中在前胸分割线上端，通过前胸横向抽褶使衣片充分贴体。这样不仅解决了胸部的隆起，还起到了装饰的作用。这不仅是款式所要求的，也是结构上所需要的。

第五节 褶裥在衣身中的应用

褶裥是衣身变化中常用的手法之一。褶裥是为适合体型及造型的需要，将部分衣料折叠或熨烫而成。褶裥一般由三层面料组成，与分割线结合能最大限度地表现胸部的曲面形态，取代收省作用。褶裥具有多层的立体效果及三维空间的立体感。

一、胸侧褶裥衣身

此款胸侧衣身中的分割线为刀背分割线，是袖窿省与腰省的结合，在前侧面布上有纵向褶裥，形成立体造型，给人轻松、随意的感觉。面料宜采用化纤、呢绒织物。胸侧褶裥衣身款式见图 4-5-1。

图4-5-1 胸侧褶裥衣身款式

（一）准备工作

1. 布料准备

准备两块长方形布料，即前正面布与侧面布。前正面布的用布量：纵向为衣长 +8cm，横向为前臀围大 +8cm，衣片上标记前中心线、胸围线、腰围线。侧面布的用布量：纵向为侧衣长 +8cm，横向为侧面宽 +20cm（包含褶裥量）。在衣片上标出胸围线、腰围线。胸侧褶裥衣身用布图见图 4-5-2。

2. 标记衣身造型线

在人体模型上按款式造型图用粘带将前刀背分割线标记出来（图 4-5-3）。注意要体现胸部的隆起及腰部的凹陷。

（二）操作方法及技巧

1. 侧面布的立体裁剪

（1）固定胸围线及腰围线（图 4-5-4）

将侧面布的胸围线、腰围线与人体模型上的胸围线、腰围线对齐，并用大头针加以固定。注意胸围线与腰围线保持水平，固定时衣片要随着刀背分割的

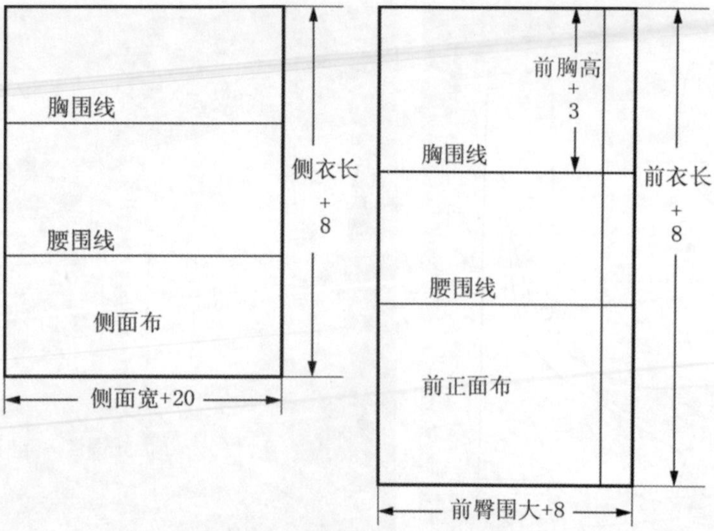

图4-5-2 胸侧褶裥衣身用布图

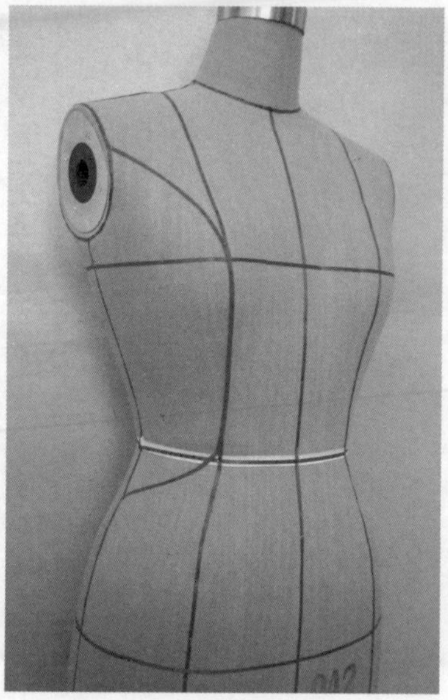
图4-5-3 标记衣身造型线

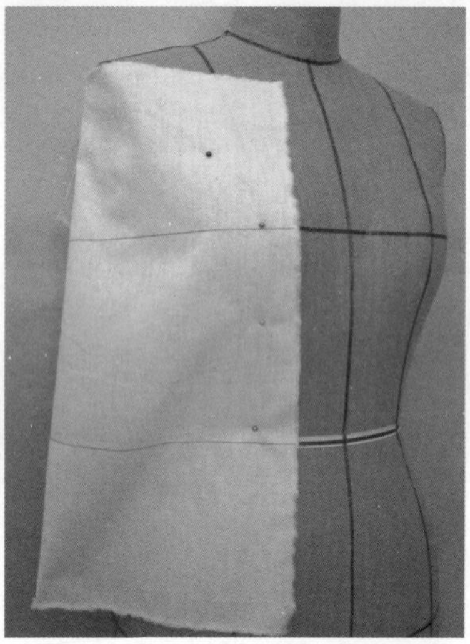
图4-5-4 固定胸围线及腰围线

造型而定。

（2）固定褶裥（图 4-5-5—图 4-5-8）

此款褶裥为四个。按款式要求在侧面布上将褶裥固定下来。褶裥要一个一个固定。褶裥的深度及位置根据款式而定。

（3）点影（图 4-5-9）

在侧面布上沿人体模型上的刀背分割、袖窿线、侧缝进行点影。注意要将褶裥位点出。

（4）画线、整理（图 4-5-10）

用直尺、弯尺按照侧面布上的点影将各线进行圆顺连接画出。把各轮廓线要留出缝份量后进行修剪。注意画

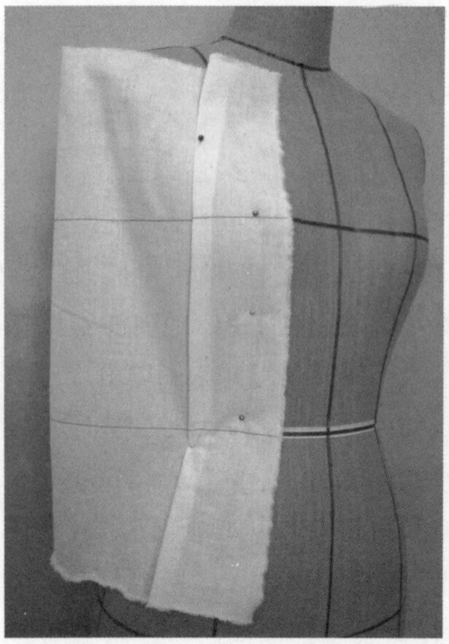
图4-5-5 固定褶裥

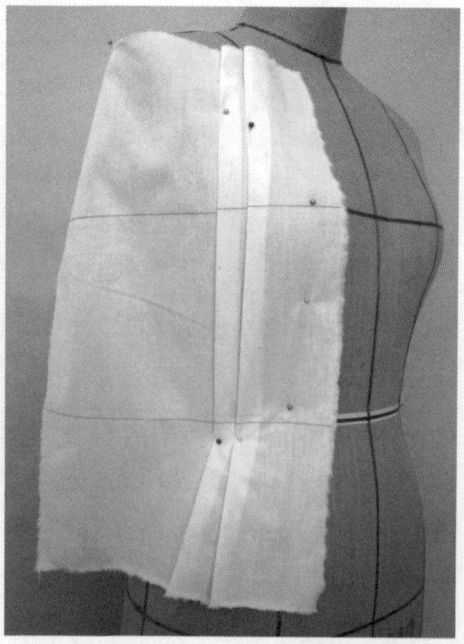
图4-5-6 固定褶裥

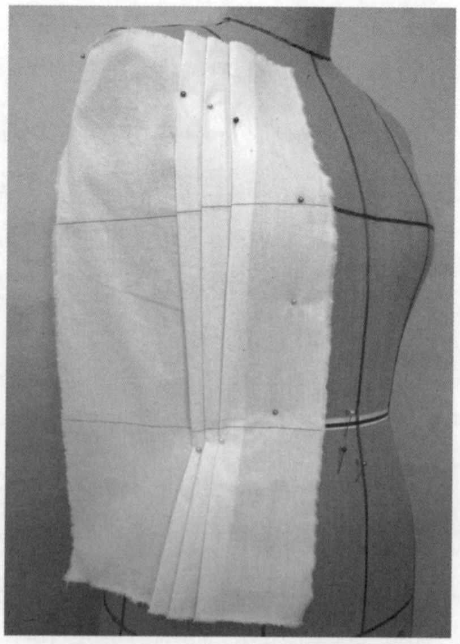
图4-5-7 固定褶裥

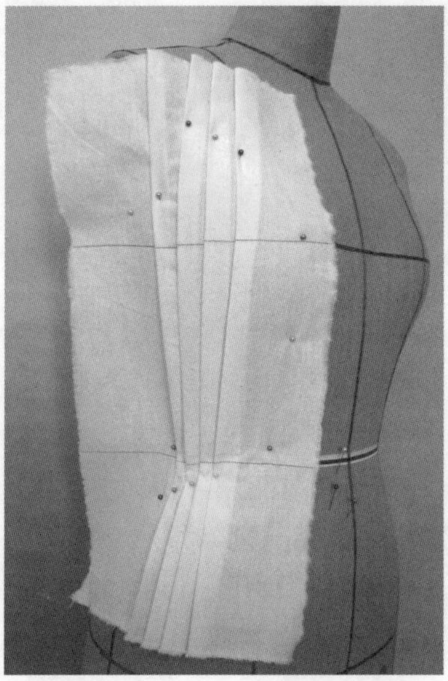

图4-5-8 固定褶裥

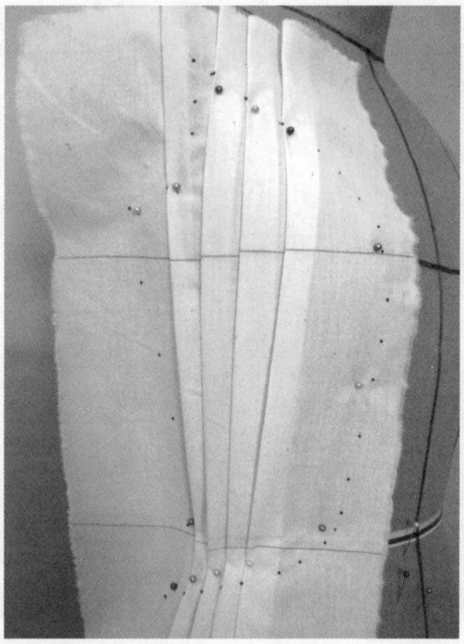

图4-5-9 点影

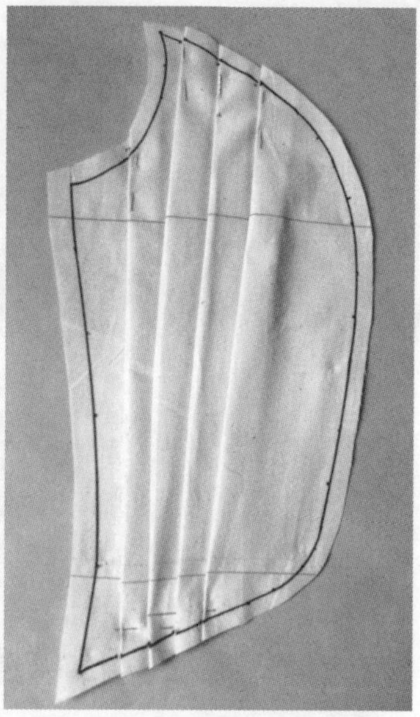

图4-5-10 画线、整理

线及修剪时不要打开褶裥。

2. 正面布的立体裁剪

（1）固定前中心线、胸围线及腰围线（图 4-5-11）

将正面布的前中心线、胸围线、腰围线与人体模型上的前中心线、胸围线、腰围线对齐，并用大头针加以固定。注意胸围线与腰围线保持水平，前中心线要垂直。

（2）整理肩胸部（图 4-5-12）

粗裁领口，领口处打剪口，将领口固定。理顺肩部及胸部，使衣片与人体贴合，并用大头针固定。把胸部多余量推至刀背分割线以外，固定胸部时要沿着刀背分割线进行。

（3）整理侧缝及下摆（图 4-5-13）

刀背分割下端留修正量后打剪口，使布料在臀腰处伏贴。将布料顺着前中心线顺势向侧缝、下摆抚平，下摆留有余量，并用大头针固定轮廓线。

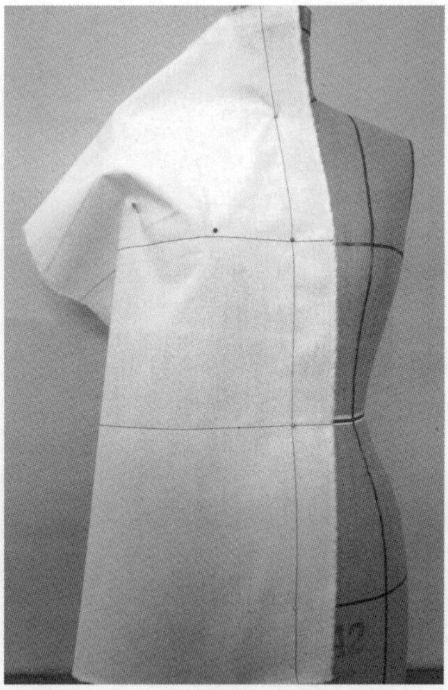

图4-5-11 固定前中心线、胸围线及腰围线

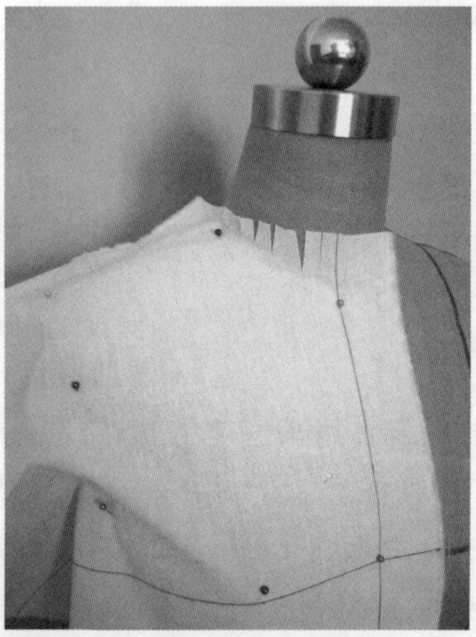

图 4-5-12 整理肩胸部

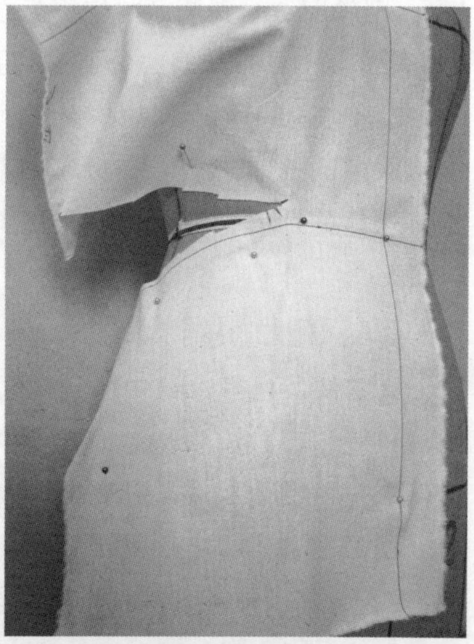

图4-5-13 整理侧缝及下摆

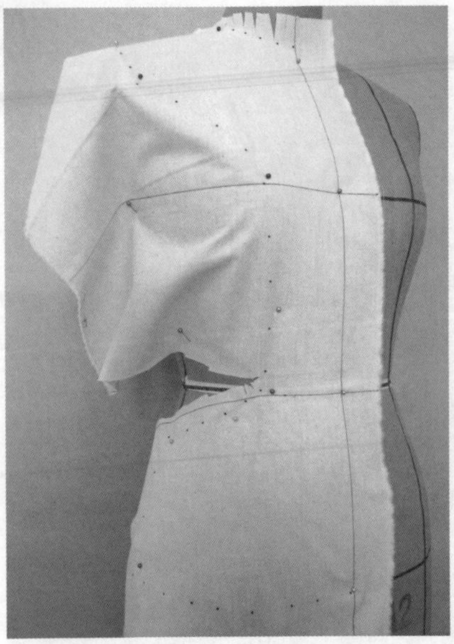

图4-5-14 点影

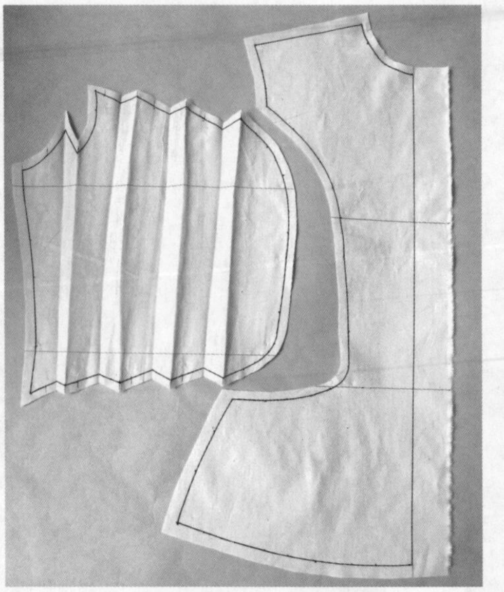

图4-5-15 胸侧褶裥衣身平面展开图

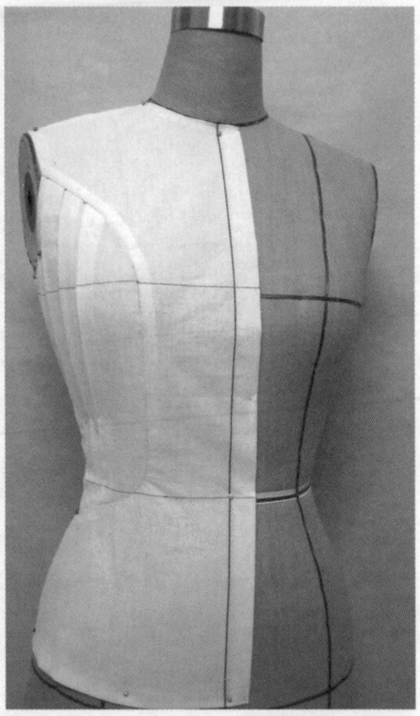

图4-5-16 胸侧褶裥衣身立体造型

（4）点影（图 4-5-14）

在正面布上沿人体模型的领口线、肩线、袖窿线、刀背分割线、侧缝线、下摆轮廓线进行点影。再将正面布从人体模型上取下，按点影将轮廓线画出，并修剪。

（三）总结

（1）胸侧褶裥衣身平面展开图（图 4-5-15）

从平面展开图中可看出，裁片的胸部曲线起伏较大，此分割线取代了袖窿省及腰省。把侧面布的褶裥展开后，边缘轮廓线为不规则的曲线，但当褶裥做好后，则轮廓线光滑圆顺并恢复为原来的形态。

（2）胸侧褶裥衣身立体造型（图 4-5-16）

刀背分割线通过了人体起伏最大的部位，能充分体现服装的立体造型。在分割线靠侧缝处有褶裥，随着人体的活动，褶裥将会打开，其静中有动，给人以变化感。

图4-5-17 胸上褶裥衣身款式

二、胸上褶裥衣身

此款胸上褶裥衣身中的分割线为折线及曲线分割，是肩省与腰省的结合，能充分体现胸部的隆起。此款衣片由四片组成。它在前面布上有横向褶裥，形成了立体造型，具有肌理效果，与多条分割线组合，给人变化多端的感觉。面料宜采用化纤、呢绒等有身骨的织物。胸上褶裥衣身款式见图 4-5-17。

（一）准备工作

1. 布料准备

准备四块布料。每块衣片都要保证横向为横向长度加缝份及修正量，纵向为纵向长度加缝份及修正量，特别是有褶裥的衣片要将褶裥量留出来。

2. 标记衣身造型线（图 4-5-18）

在人体模型上贴出分割造型标记线。注意分割线在胸部隆起处体现胸部的隆起及腰部的凹陷。

（二）操作方法及技巧

1. 前正面布的立体裁剪

（1）固定前中心线（图 4-5-19）

将前正面布的中心线、胸围线与人体模型上的中心线、胸围线对齐，并用大头针加以固定。

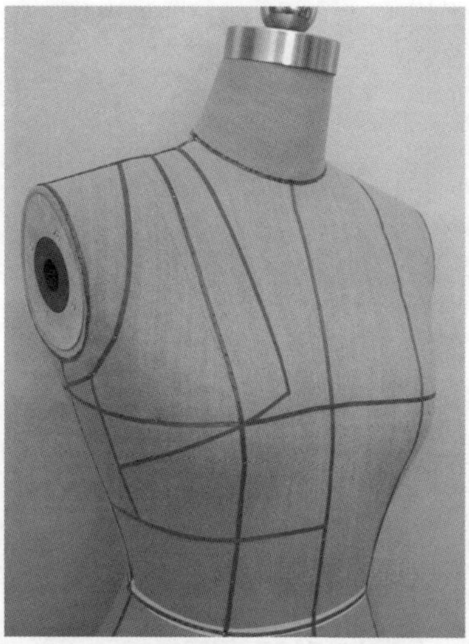
图4-5-18 标记衣身造型线

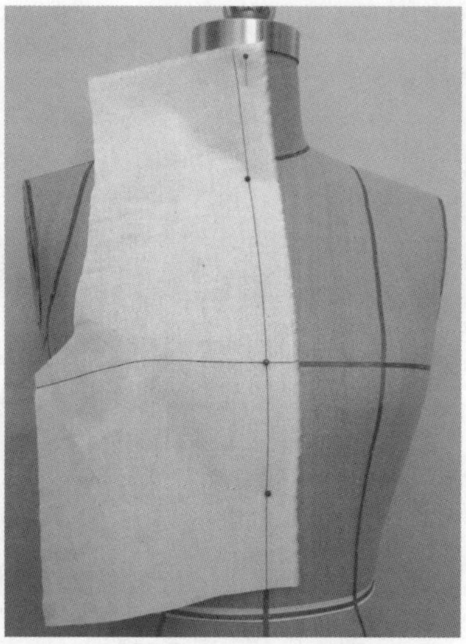
图4-5-19 固定前中心线

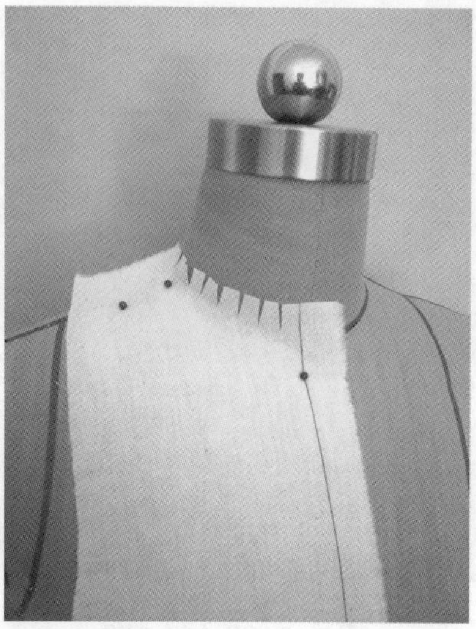
图4-5-20 固定领口肩部

（2）固定领口肩部（图 4-5-20）

先将领口粗裁，领口处打剪口，理顺领口及肩部，使衣片与人体贴合，并用大头针固定领口及肩部。注意领口留有适当的松量，最后按领口造型线将余料剪掉。

（3）固定侧缝（图 4-5-21）

将布料顺着分割线从上向下抚平，将腰部、侧缝布料理顺，并用大头针加以固定。

（4）点影（图 4-5-22）

在前正面布上沿人体模型的领口线、肩线、分割线、侧缝线、腰围线进行点影。

（5）画线、整理（图 4-5-23）

用直尺、弯尺按照正面布上的点影将各线圆顺连接、画出。然后把各轮廓线留出缝份量后进行修剪。

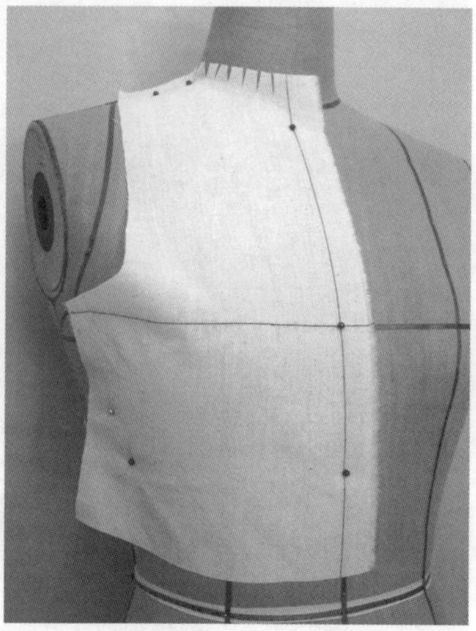
图4-5-21 固定侧缝

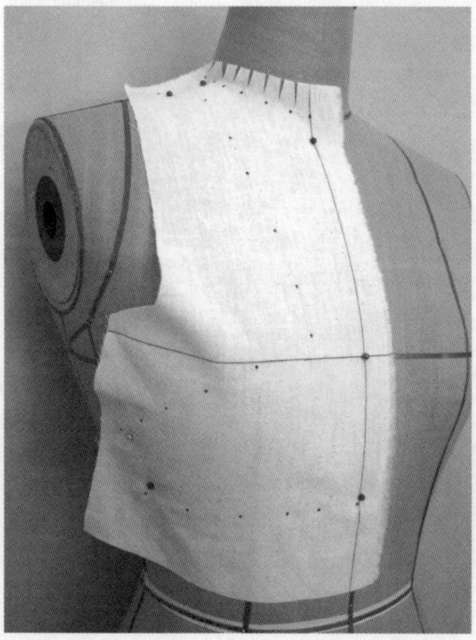
图4-5-22 点影

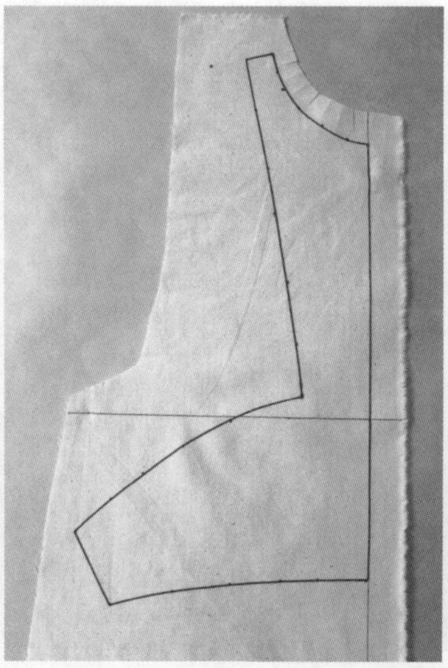
图4-5-23 画线、整理

图4-5-24 固定褶裥布

图4-5-25 固定褶裥

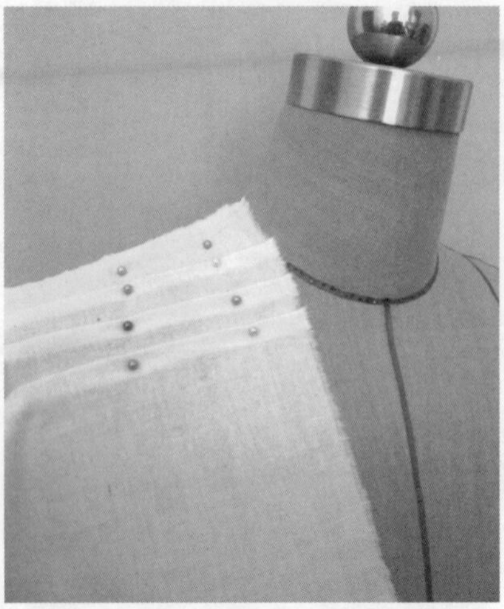

图4-5-26 固定褶裥

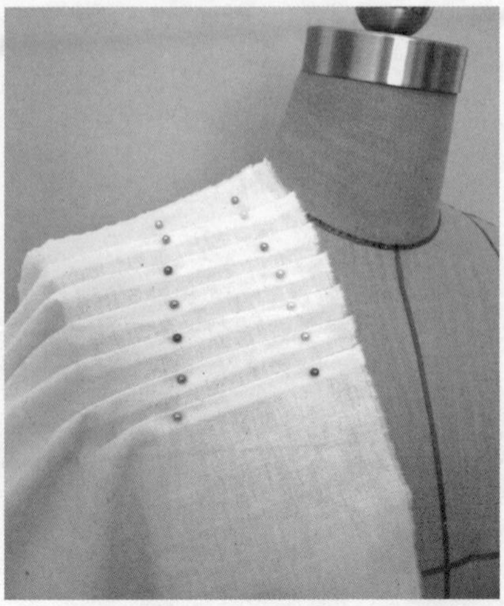

图4-5-27 固定褶裥

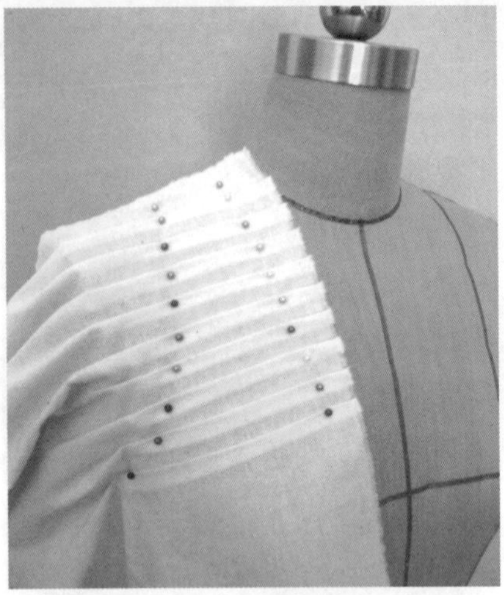

图4-5-28 固定褶裥

2. 褶裥布的立体裁剪

（1）固定褶裥布（图 4-5-24）

将褶裥布用大头针固定于人体模型上，注意上端布料要留得少，下端布料留得多，要留出褶裥量。

（2）固定褶裥（图 4-5-25—图 4-5-29）

此款褶裥为多个，按款式要求，将褶裥顺着胸部造型固定下来。褶裥要一个一个固定，褶裥的深度及位置根据款式而定。注意褶裥量与褶裥位置要基本相同。

（3）点影（图 4-5-30）

在褶裥布上沿人体模型上的肩线、分割线、侧缝线等轮廓线进行点影。注意将褶裥位点出。

（4）画线、整理（图 4-5-31）

用直尺、弯尺按照褶裥布上的点影将各线圆顺连接、

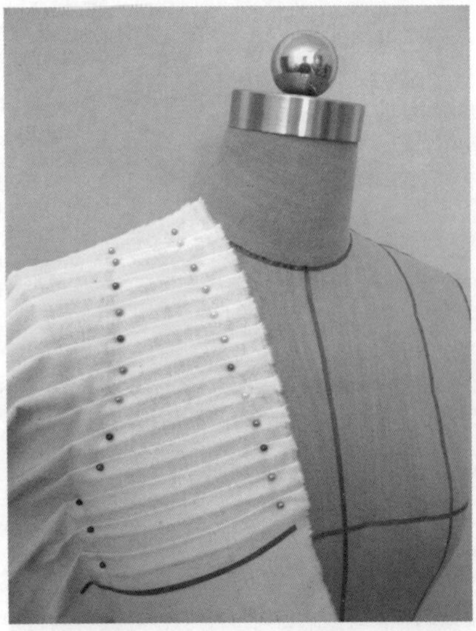

图4-5-29 固定褶裥

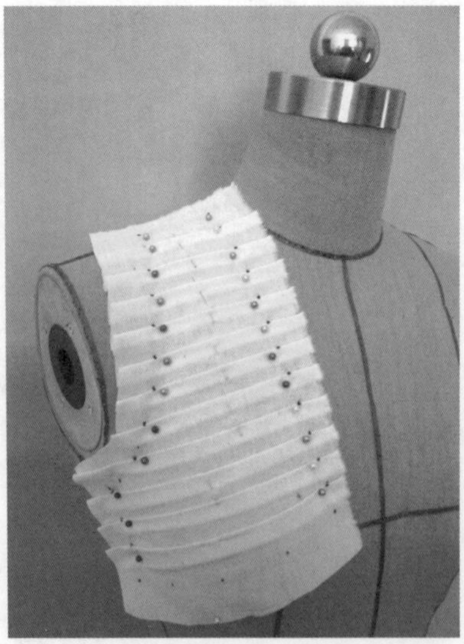

图4-5-30 点影

图4-5-31 画线、整理

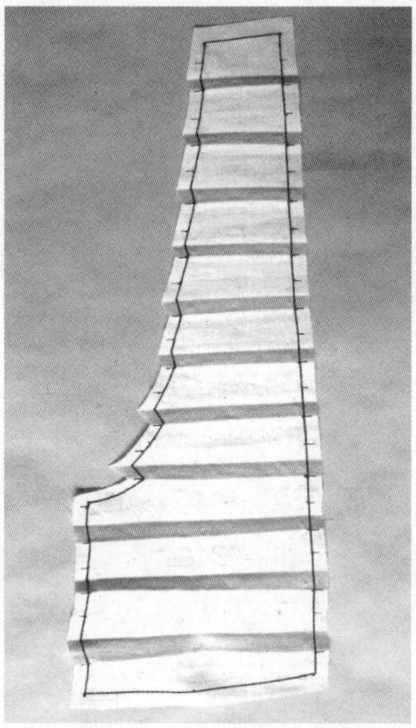

图4-5-32 打开褶裥布

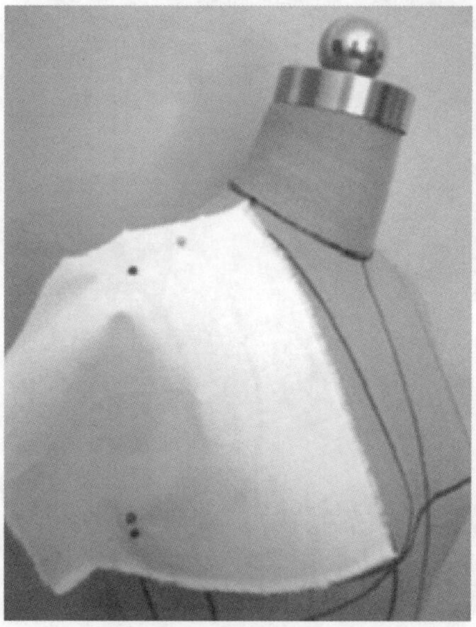

图4-5-33 固定袖窿布

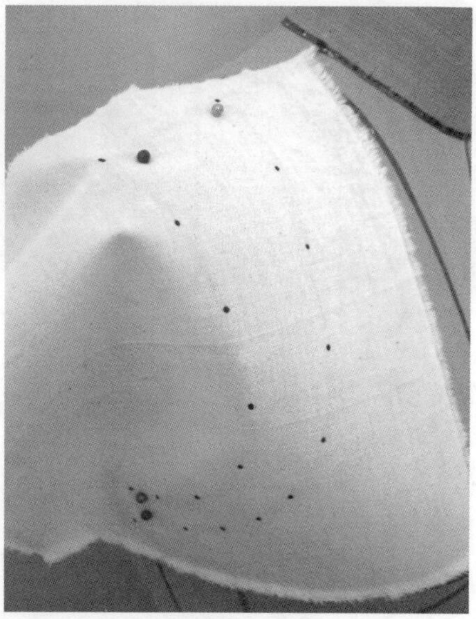

图4-5-34 点影

画出。然后把各轮廓线留出缝份量后进行修剪。注意画线及修剪布料时不要打开褶裥。

（5）打开褶裥布（图 4-5-32）

将褶裥布打开，按修剪线画出其轮廓线。

3. 袖窿布的立体裁剪

（1）固定袖窿布（图 4-5-33）

将袖窿布用大头针固定于人体模型上，注意顺着袖窿曲线将袖窿布抚平。

（2）点影（图 4-5-34）

在袖窿布上沿其轮廓标记线进行点影。注意要点到位。

（3）画线、整理（图 4-5-35）

用直尺、弯尺按照袖窿布上的点影将各线圆顺连接、画出。最后将多余布料剪掉。

4. 侧面布的立体裁剪

（1）固定袖窿布（图 4-5-36）

将侧面布用大头针固定于人体模型上，注意将侧面布抚平。

（2）点影（图 4-5-37）

在侧面布上沿其轮廓标记线进行点影，注意要点到位。

（3）画线、整理（图 4-5-38）

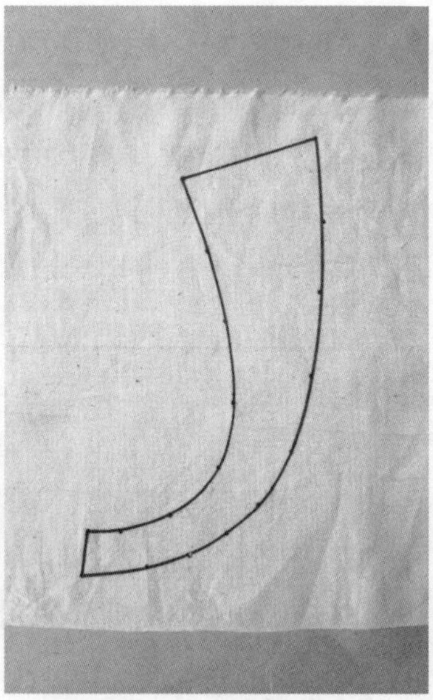

图4-5-35 画线、整理

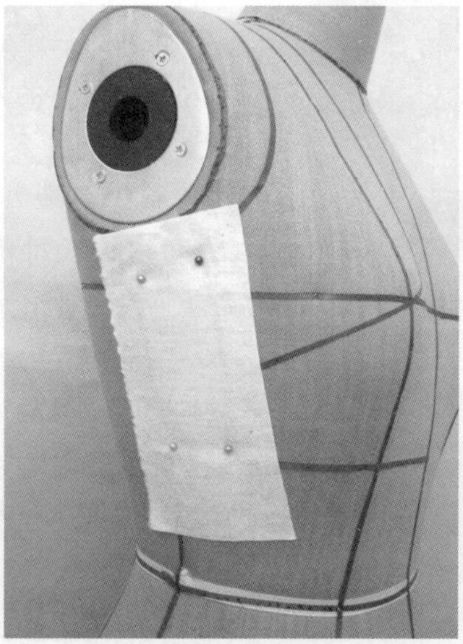

图4-5-36 固定袖窿布

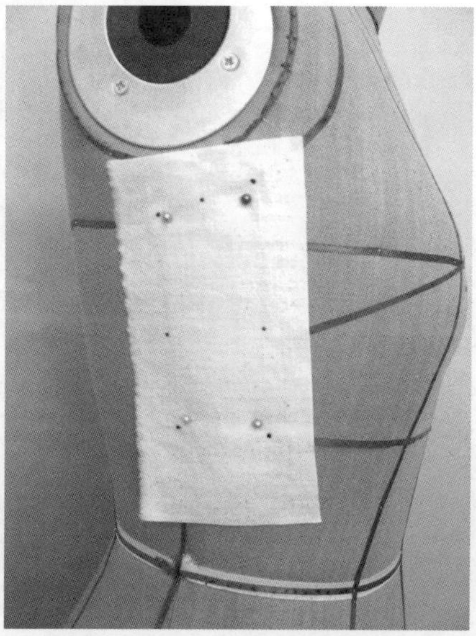

图4-5-37 点影

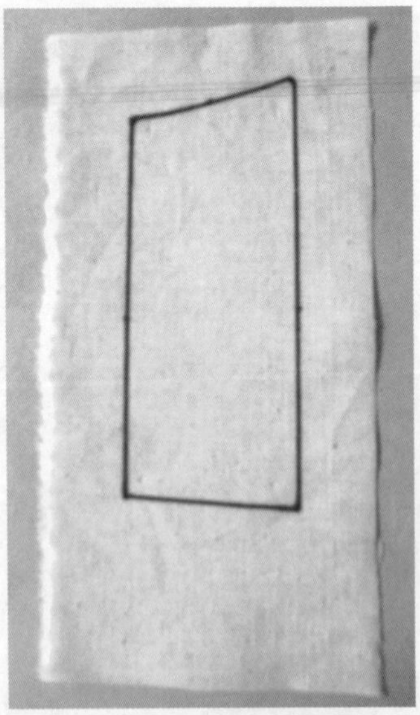

图4-5-38 画线、整理

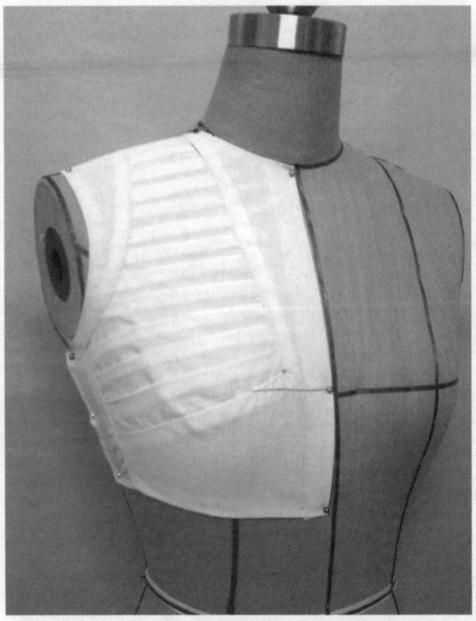

图4-5-40 胸上褶裥衣身立体造型

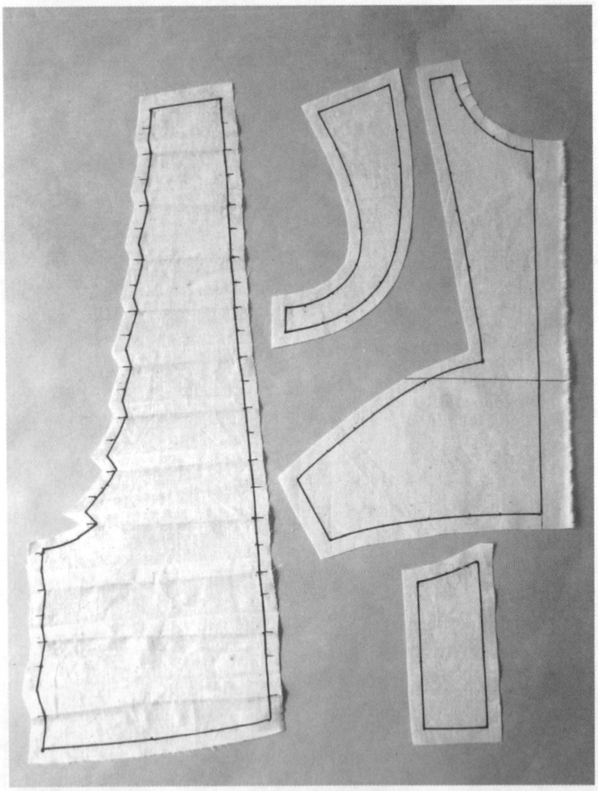

图4-5-39 胸上褶裥衣身平面展开图

用直尺、弯尺按照侧面布上的点影将各线圆顺连接、画出，并将多余布料剪掉。

（三）总结

（1）胸上褶裥衣身平面展开图（图 4-5-39）

从平面展开图中可看出，裁片的胸部曲线起伏较大，此分割线取代了袖窿省、肩省及腰省。褶裥布的褶裥展开后，边缘轮廓线为不规则的曲线，当褶裥做好后则轮廓线光滑圆顺，恢复为原来的形态。此服装分割线取代了省的作用，使服装更具立体感，增加了服装的立体效果。

（2）胸上褶裥衣身立体造型（图 4-5-40）

从立体造型中可看出，此款分割是在人体曲线变化最明显的部位上，将肩省与胸省连通，形成连省成缝。通过分割及褶裥处理，能将人体的立体感充分表达出来，将人体优美的曲线表现出来。

第六节 其他衣身变化

人体为三维立体，具有复杂的曲面，为使平面的布料符合复杂的人体曲面，收省、抽褶、褶裥、分割是服装变化的主要手法，能从各个方向改变衣片的大小和形态，创造出各种美观贴体的造型。

一、不对称斜向裥衣身

此款衣身由两片组成，每片衣身跨越前后身。在右衣片上有三个斜向褶裥，褶裥从左斜向右。斜向褶裥经过人体胸部，呈放射状，将胸部的立体造型表现了出来。左衣片上无褶裥，但有腰省，形成不对称的服装造型。衣身上有吊带，挂于颈部，与衣身相连，显露出背部及肩端。不对称斜向裥衣身款式见图4-6-1。

图4-6-1 不对称斜向裥衣身款式

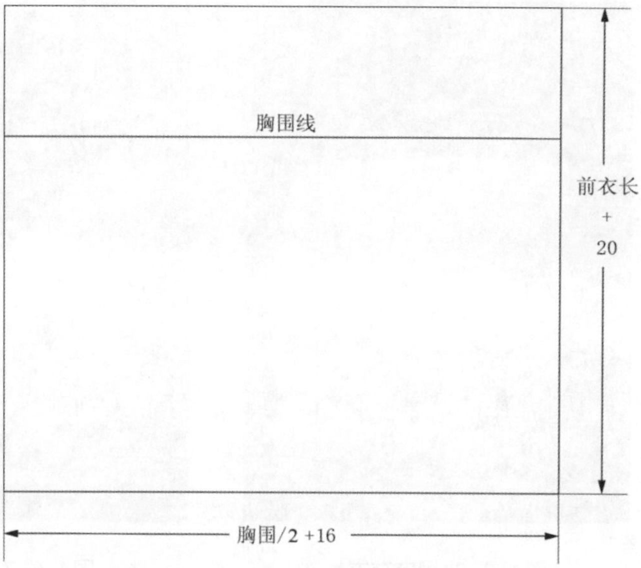

图4-6-2 不对称斜向裥衣身用布图

(一)准备工作

1. 布料准备

不对称斜向裥衣身的右衣片包含褶裥,应大一些,布料的纵向取前衣长 +20cm(8cm 为缝份及修正量、12cm 为褶裥量),横向取胸围 /2+16cm(6cm 为缝份及修正量、10cm 为偏襟量);左衣片的布料纵向取前衣长 +8cm(8cm 为缝份及修正量),横向取胸围 /2+16cm(6cm 为缝份及修正量、10cm 为偏襟量)。在布料上将胸围线标记出来。不对称斜向裥衣身用布图见图 4-6-2。

2. 标记衣身造型线

在人体模型上,根据服装款式标出款式造型线(图 4-6-3、图 4-6-4)。此款为不对称的服装款式,因此左右衣片结构均需标记。虽然内部结构不对称,但外部轮廓线是对称的,在粘贴标记时要严格保证其对称性。

(二)操作方法及技巧

1. 右面布的立体裁剪

(1)固定胸围线(图 4-6-5)

把布料覆于人体模型上,将衣片的胸围线与人体模型的胸围线对齐,并用大头针固定。注意衣片的

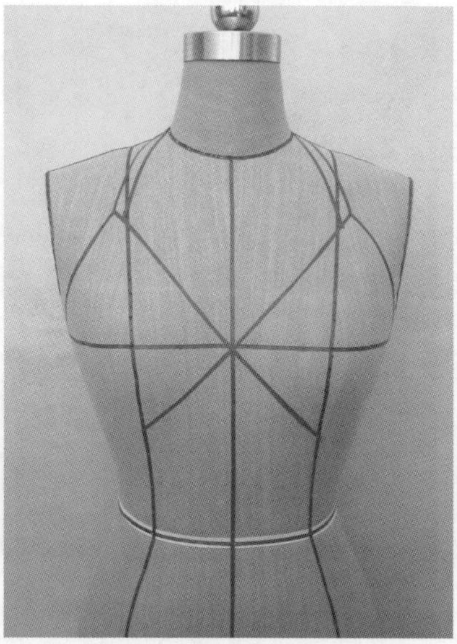

图4-6-3 标记衣身造型线

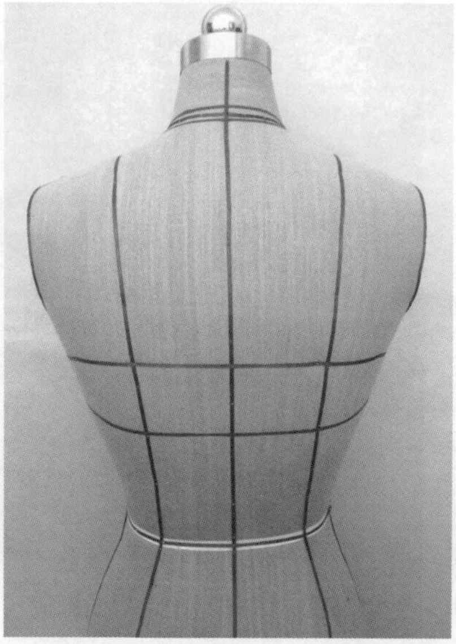

图4-6-4 标记衣身造型线

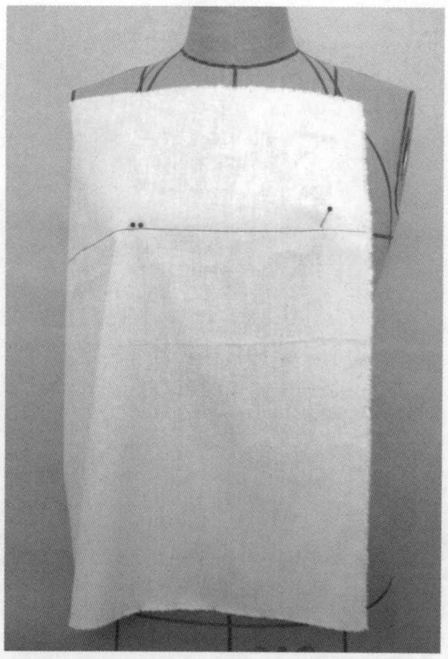

图4-6-5 固定胸围线

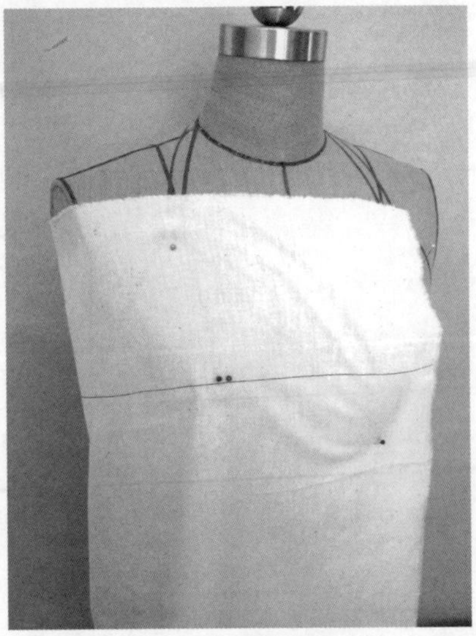

图4-6-6 固定前衣片

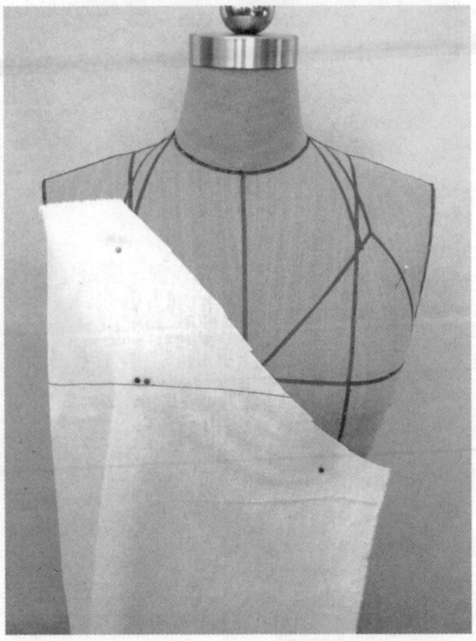

图4-6-7 修剪衣片

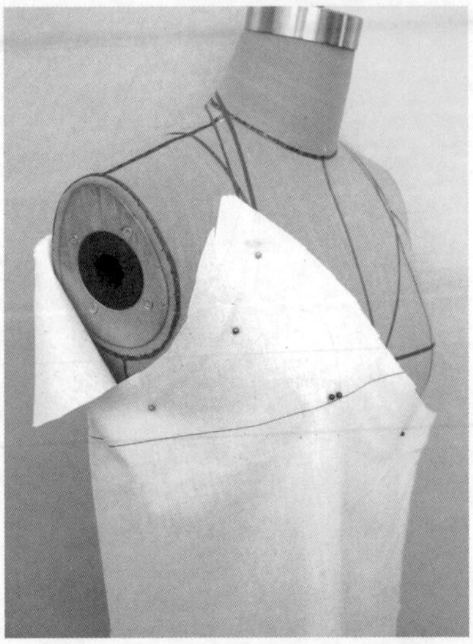

图4-6-8 修剪衣片

门襟处要留出偏襟量。

（2）固定前衣片（图 4-6-6）

理顺门襟上端胸部造型线（此造型线为斜向线），要将其抚紧，并用大头针加以固定，固定胸部时要沿着造型线进行固定。

（3）修剪衣片（图 4-6-7、图 4-6-8）

先将门襟上端的轮廓线进行修剪，再将衣片向袖窿方向抚紧，袖窿处与人体充分贴合，用大头针固定并修剪。把胸部多余量推向胸下。

（4）固定斜向褶裥（图 4-6-9—图 4-6-11）

斜向褶裥的裥量由两部分构成：省道量与装饰量。装饰量由旋转布料得来的，衣裥的方向及裥量由衣裥底部的固定来控制。褶裥要一个一个固定，若想增大褶裥量，则修剪袖窿与做褶裥是同步的，可以一边修剪袖窿一边收褶裥，最后使袖窿与人体贴合。

（5）修剪前衣片（图 4-6-12、图 4-6-13）

把褶裥固定好后，将腰围处打剪口以使其伏贴，并修剪前衣片的止口及腰围线。

（6）固定后衣片（图 4-6-14、图 4-6-15）

将背部布料理顺并用大头针加以固定，注意腰部留有松量。然后将腰围线下布料打剪口以使其伏贴。

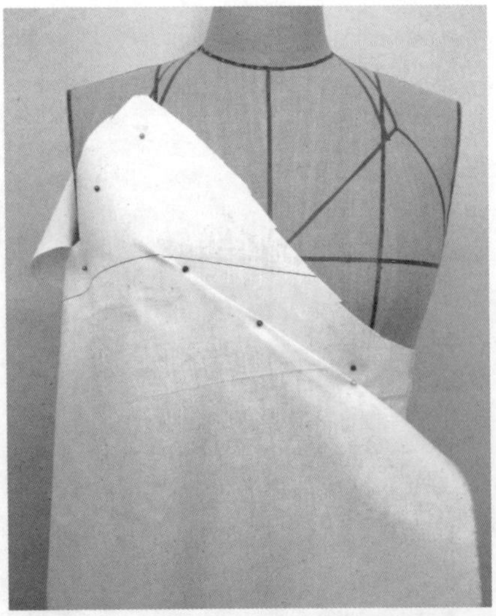

图4-6-9 固定斜向褶裥

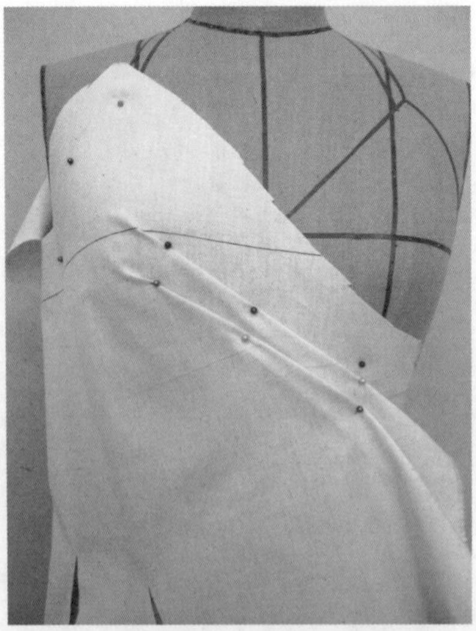

图4-6-10 固定斜向褶裥

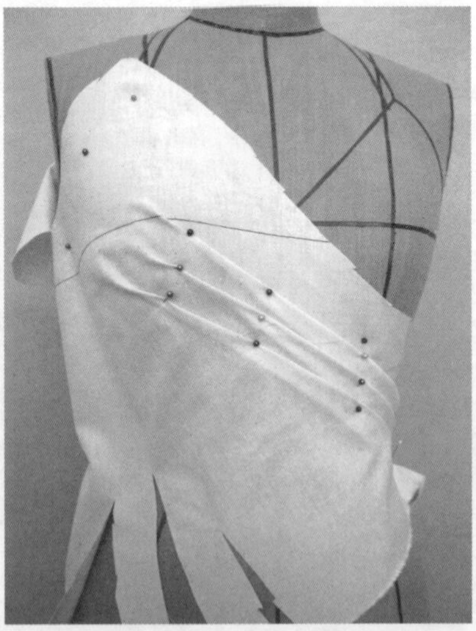

图4-6-11 固定斜向褶裥

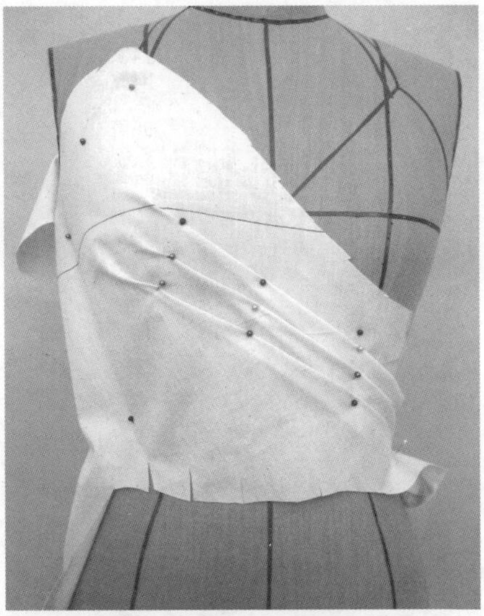

图4-6-12 修剪前衣片

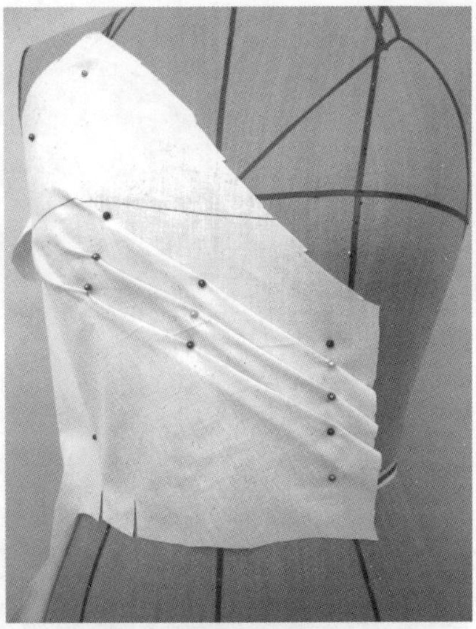

图4-6-13 修剪前衣片

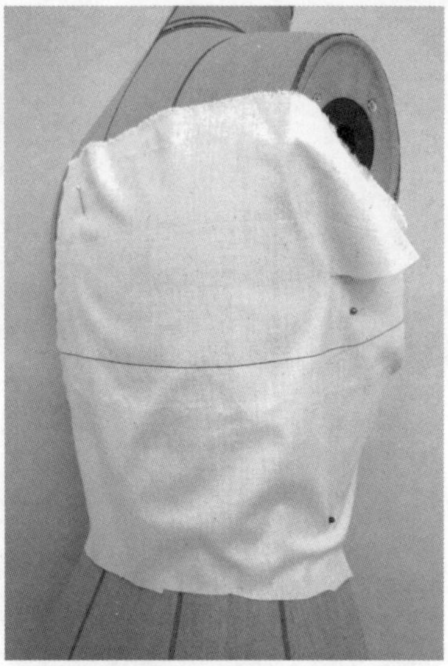

图4-6-14 固定后衣片

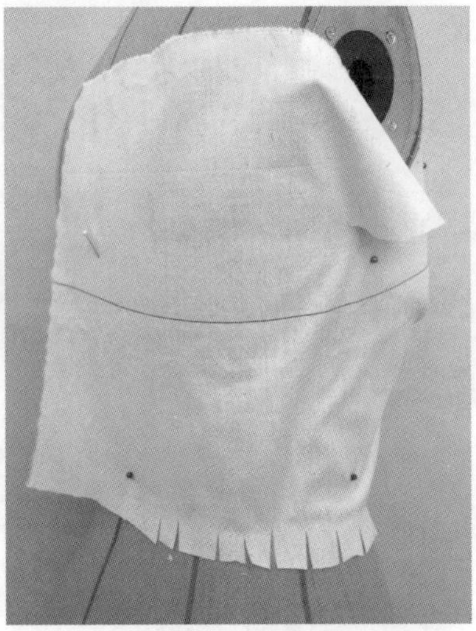

图4-6-15 固定后衣片

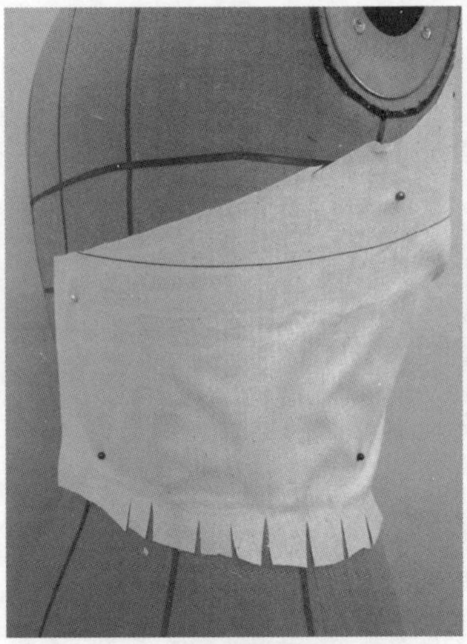

图4-6-16 修剪后衣片

（7）修剪后衣片（图 4-6-16）

用剪刀将后衣片的轮廓线进行修剪，注意要留缝份修正量。

（8） 点 影（图 4-6-17、图 4-6-18）

把衣片各部位及褶裥调整好后，在右面布上沿前后衣片轮廓线进行点影。注意要将褶裥位都点出。

（9）画线、整理（图 4-6-19)

把衣片从人体模型上取下、放平，按照轮廓线及褶裥点影将衣片的轮廓线用笔画好，并将多余量剪

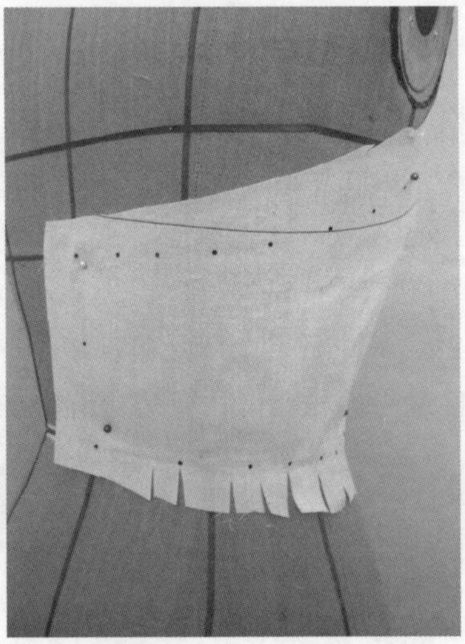

图4-6-17 点影

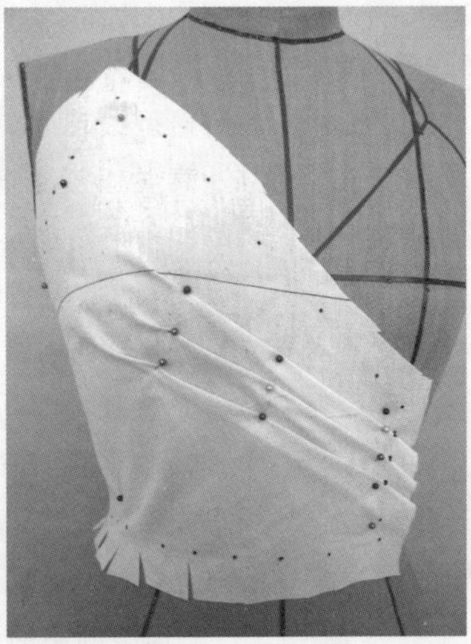

图4-6-18 点影

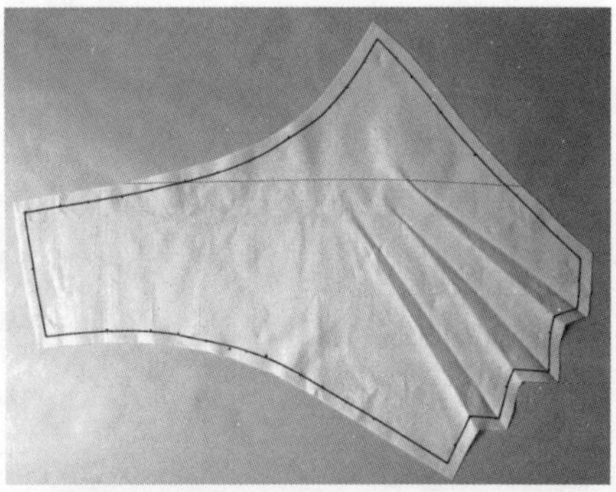

图4-6-19 画线、整理

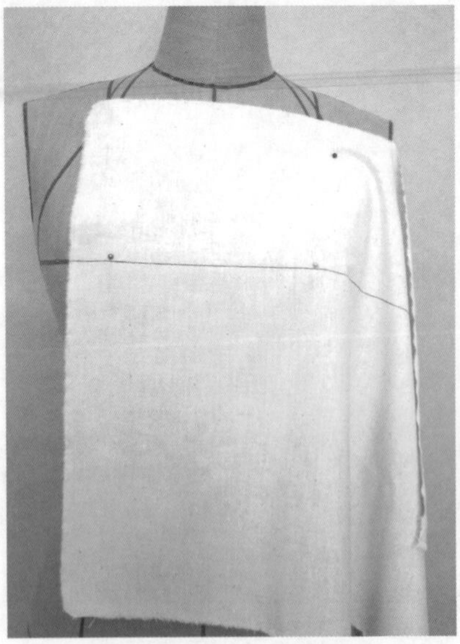

图4-6-20 固定胸围线

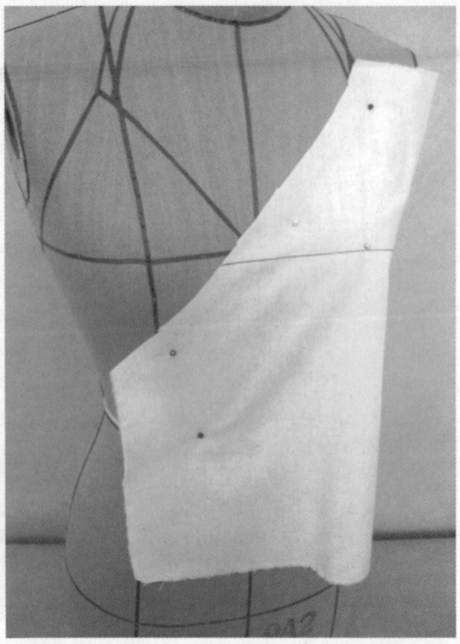

图4-6-21 固定前衣片并修剪

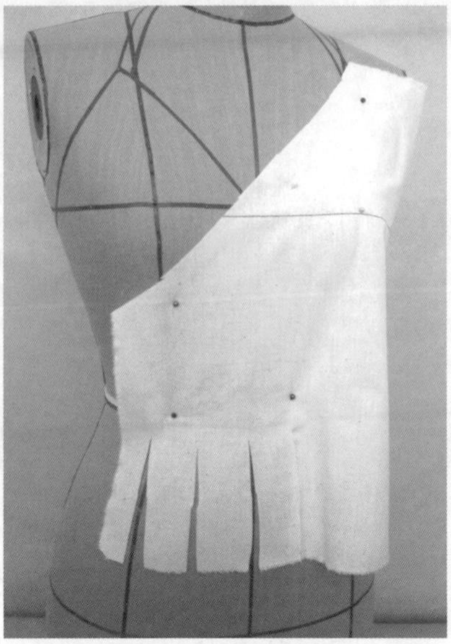

图4-6-22 固定前衣片并修剪

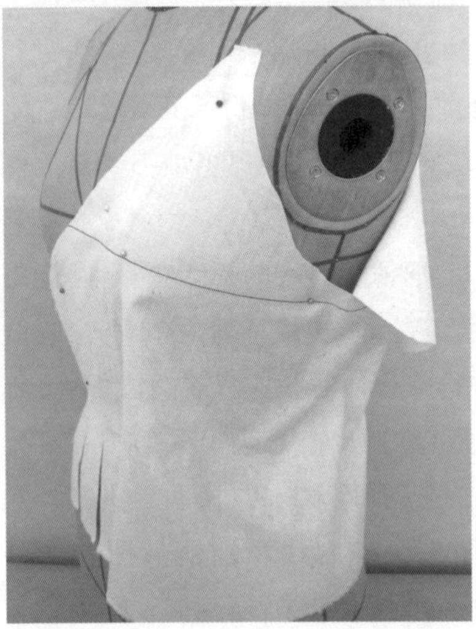

图4-6-23 修剪袖窿

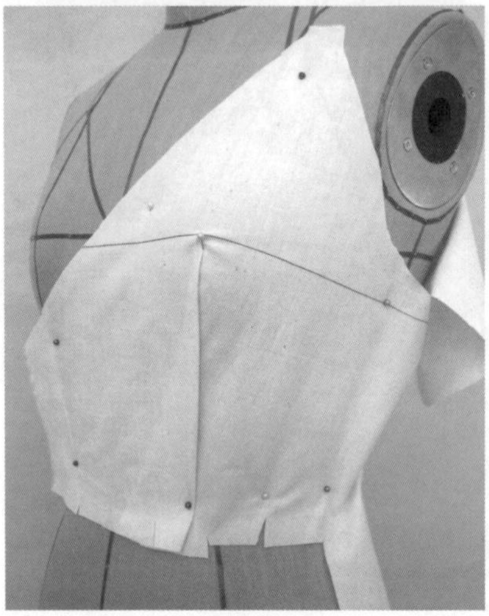

图4-6-24 收腰省

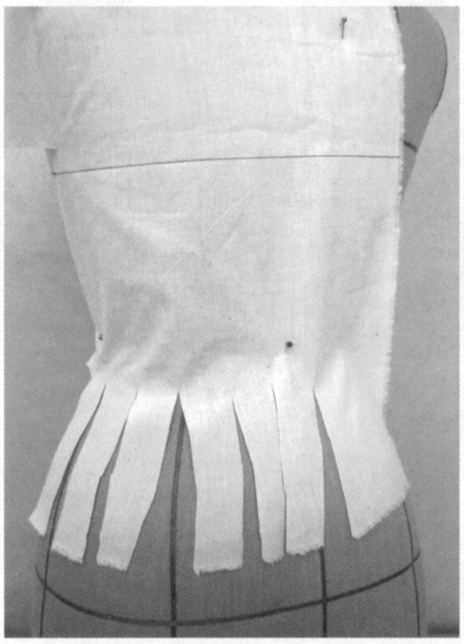

图4-6-25 固定后衣片

掉。注意要在褶裥折叠好后再将其轮廓线进行修剪。

2. 左面布的立体裁剪

（1）固定胸围线（图 4-6-20）

把布料覆于人体模型上，将衣片的胸围线与人体模型的胸围线对齐，并用大头针固定。注意衣片的门襟处要留出偏襟量。

（2）固定前衣片并修剪（图 4-6-21、图 4-6-22）

理顺门襟上端胸部造型线（此造型线为斜向线），要将其抚紧，并用大头针加以固定，固定时要沿着造型线进行。门襟下端腰部打剪口使其伏贴，并用大头针固定。

（3）修剪袖窿（图 4-6-23）

修剪袖窿时，同样会产生不合体的面料松量。袖窿造型线越偏离臂根围线越多，面料松量也将越大。注意要逐渐修剪，逐渐推转，最后将袖窿处抚平，把面料多余量推至胸腰处。

（4）收腰省（图 4-6-24）

此款的省道量较大，其中包含为满足胸部造型的省道量及袖窿处转移过来的松量。由于省道量非常大，省尖直至 BP 点，甚至会超过 BP 点，属正常现象。用大头针固定省口、省尖及腰围，并将腰围线进行修剪，腰部略留余量。

（5）固定后衣片（图 4-6-25、图 4-6-26）

将背部布料理顺并用大头针加以固定，注意腰部

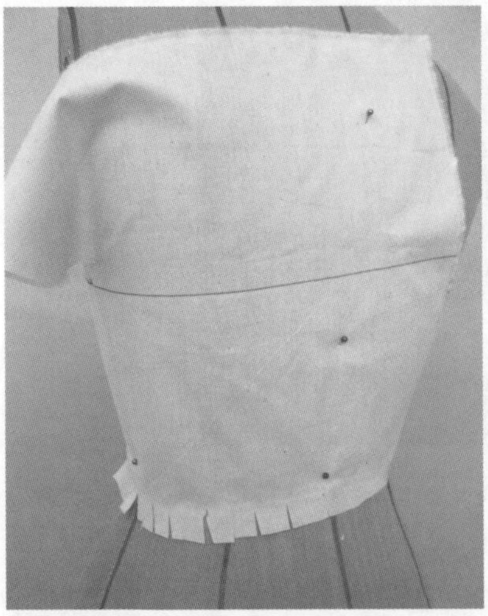

图4-6-26 固定后衣片

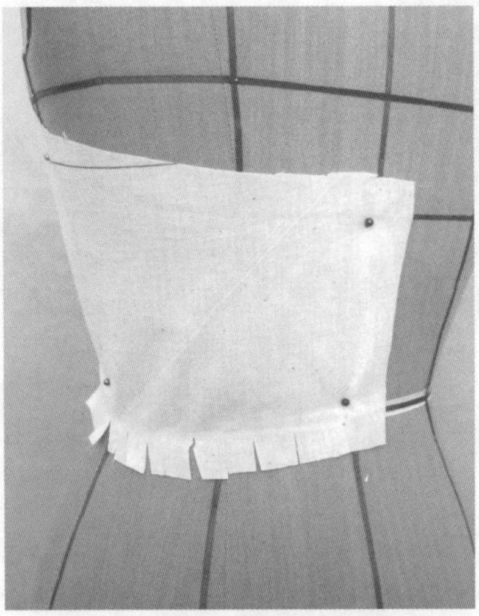

图4-6-27 修剪后衣片

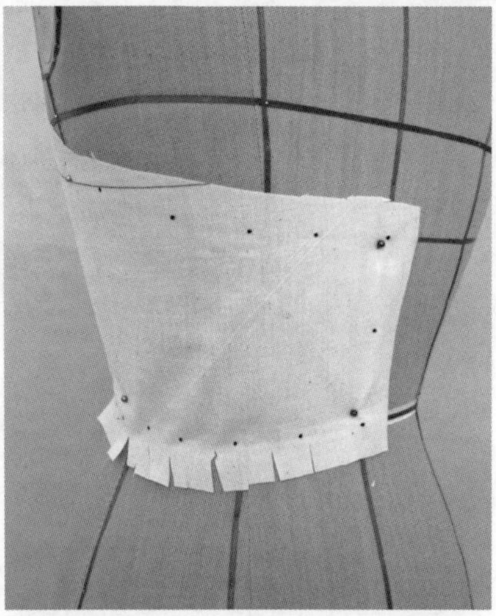

图4-6-28 点影

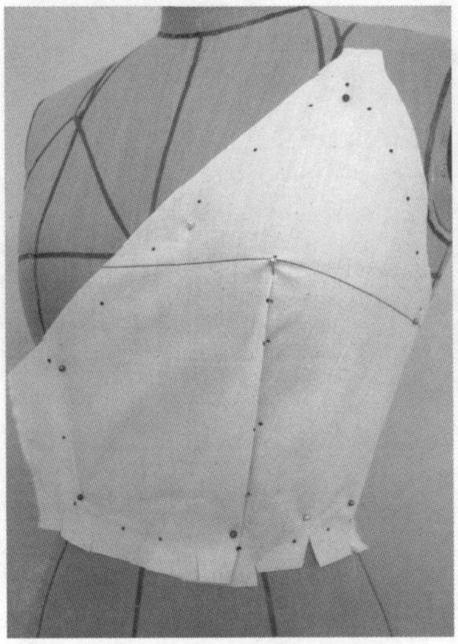

图4-6-29 点影

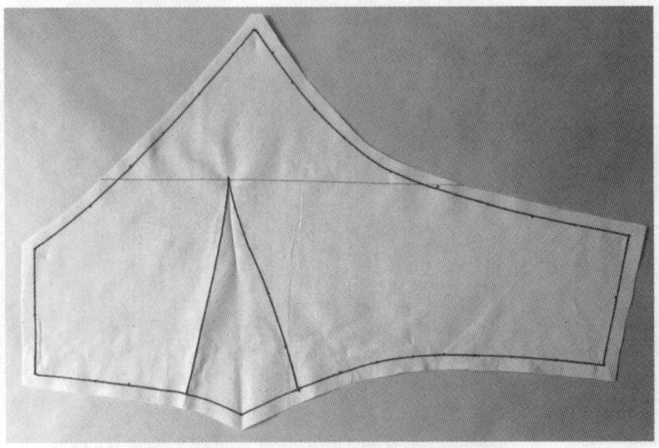

图4-6-30 画线、整理

要留有松量。再将腰围下布料打剪口以使其伏贴，并进行修剪。

（6）修剪后衣片（图 4-6-27）

用剪刀将后衣片的轮廓线进行修剪，注意要留缝份及修正量。

（7）点影（图 4-6-28、图 4-6-29）

把衣片各部位调整好后，在左面布上沿前后衣片轮廓线进行点影。注意要将省位、省尖都点出。

（8）画线、整理（图 4-6-30）

把衣片从人体模型上取下、放平，再按照轮廓线及省道点影将衣片的轮廓线及省位用笔画好，并将多余布料剪掉。注意要把省折叠好后再进行轮廓线修剪。

（三）总结

（1）不对称斜向裥衣身平面展开图

从平面展开图（图 4-6-31、图 4-6-32）中可看出，左衣片上的腰省量较大，两条省道边呈曲线状，曲线弯曲较微妙；右衣片的前止口处有三个褶裥，止口呈锯齿状，袖窿弯曲较大；由于右衣片上有褶裥，固右衣片的纱支变化较大。

（2）不对称斜向裥衣身立体造型（图 4-6-33—图 4-6-35）

从立体造型图中可看出，此款在左衣片上有腰省，省尖位置较高；领口、袖窿与人体贴合一致，腰部

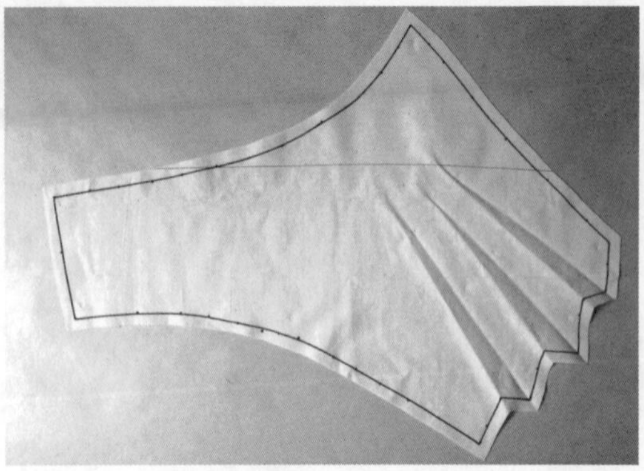

图4-6-31 右衣片轮廓线

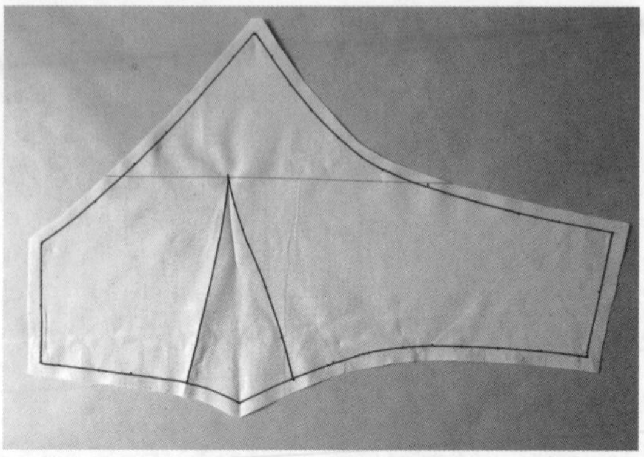

图4-6-32 左衣片轮廓线

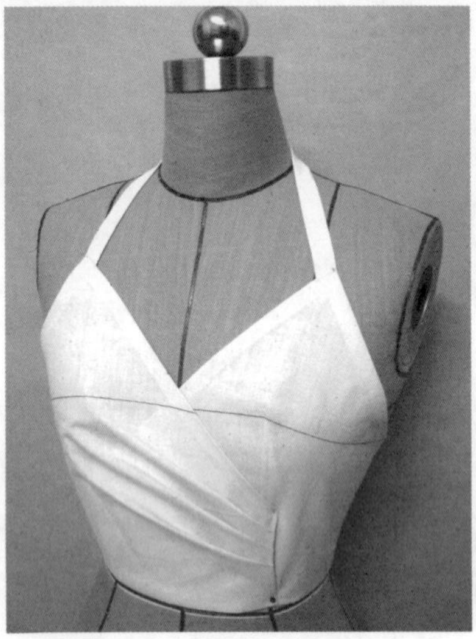

图 4-6-33 衣身前面立体造型

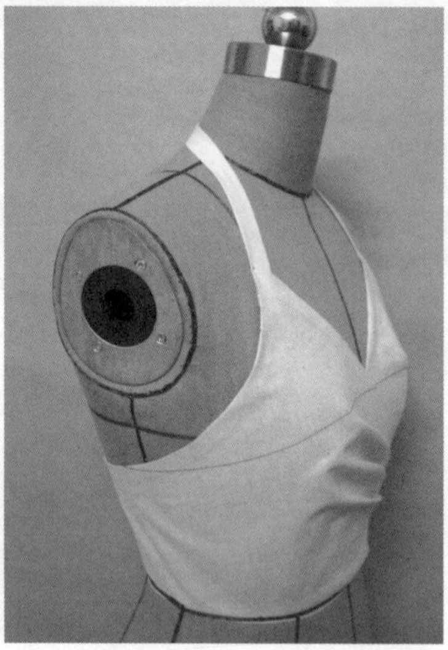

图4-6-34 衣身正侧面立体造型

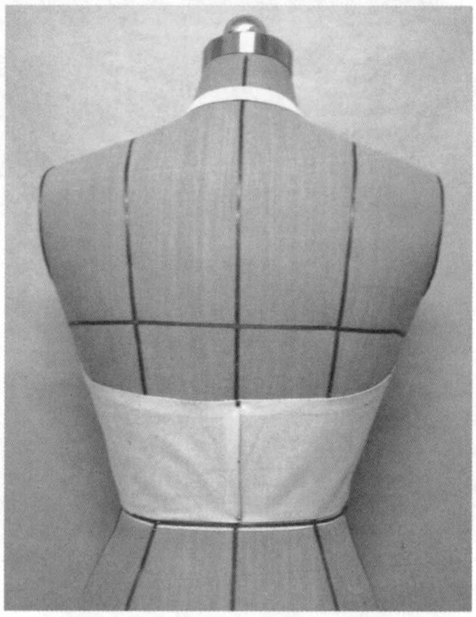

图4-6-35 衣身后面立体造型

留有余量；后衣身上端有吊带，与前衣身相连；后背有一长方形布料，将背腰进行包裹；右衣片上有三个斜向褶裥，跨越整个胸部的 2/3，将胸部的造型包裹起来，褶裥排列均匀、整齐，将胸部曲线充分体现出来了。

二、放射状分割线衣身

放射状分割线分割给人轻松、流畅、随意的感觉。此款衣片由七片组成，其中有三片（第 3、4、5 块）斜垮前后身。分割线经过人体胸部，呈放射状，将胸部的立体造型表达出来。领为吊带领，后领位于颈肩交界处呈带状，显露后背、肩端的无袖，领口前端为 V 字形，给人轻便的感觉。放射状分割衣身款式见图 4-6-36。

（一）准备工作

1. 布料准备

放射状分割衣身由七片衣片组成，由于大部分衣

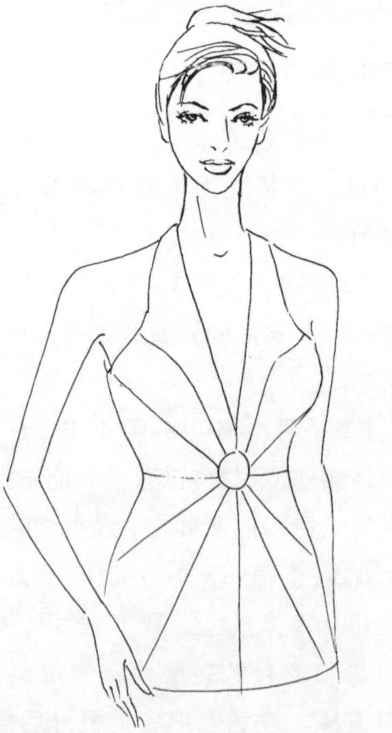

图4-6-36 放射状分割衣身款式

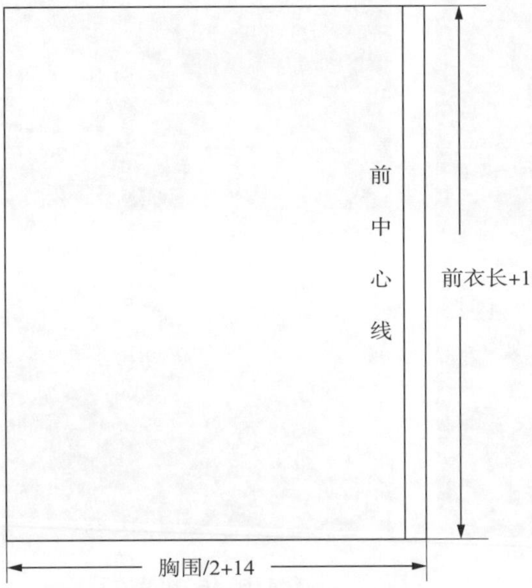

图4-6-37 放射状分割衣身用布图

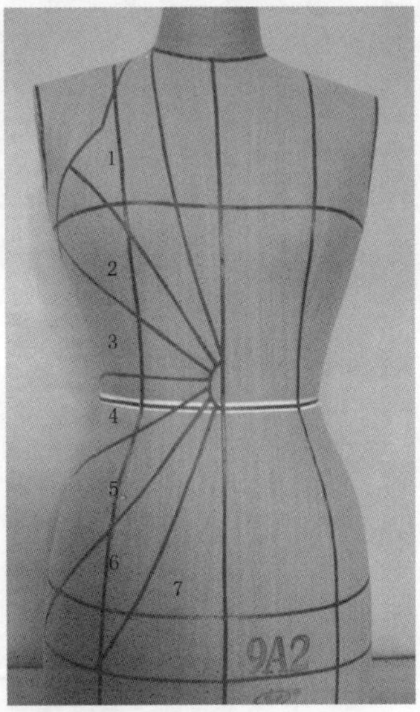

图4-6-38 标记衣身造型线

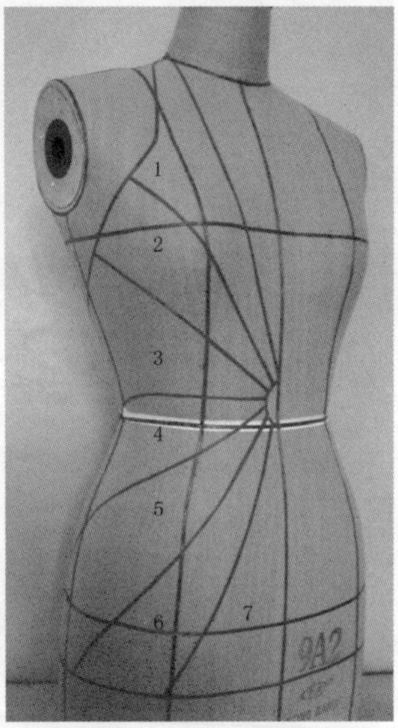

图4-6-39 标记衣身造型

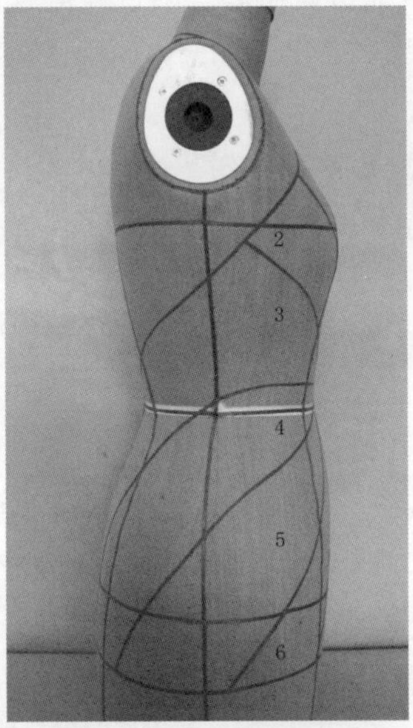

图4-6-40 标记衣身造型线

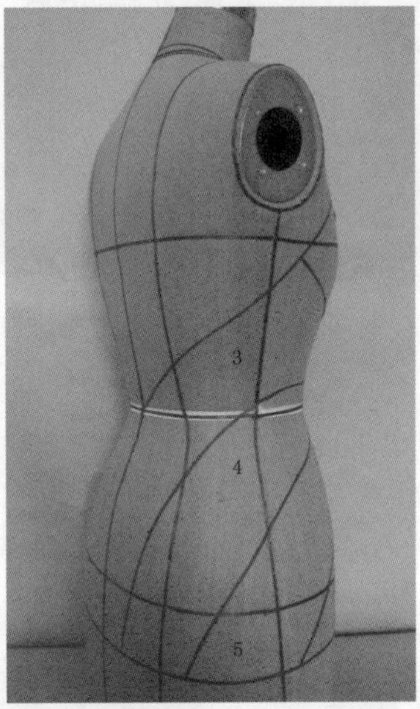

图4-6-41 标记衣身造型

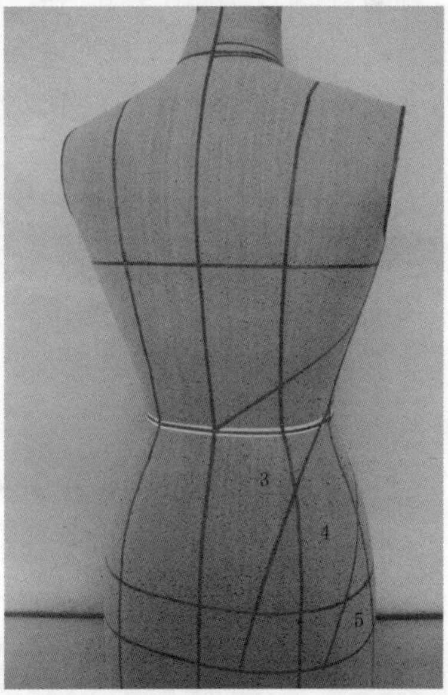

图4-6-42 标记衣身造型线

片呈斜向，可用一整块布料一块一块地进行立体裁剪，互借剩下的余料及纱支，达到衣片的完美组合。这是能节约布料的一种做法。布料的纵向取前衣长+18cm（其中8cm为缝份及修正量，10cm为后领长），横向取胸围/2+14cm（为缝份及修正量）。在布料上将前中心线标记出来。放射状分割衣身用布图见图4-6-37。

2. 标记衣身造型线（图4-6-38—图4-6-42）

在人体模型上将曲线分割造型线用粘带标记出来，并用大头针固定。注意曲线一定要圆顺，分割线的造型要美观，要体现胸部的隆起及腰部的凹陷。

（二）操作方法及技巧

1. 第一部分衣片立体裁剪

（1）固定前中心线（图4-6-43）

把布料覆于人体模型上，将衣片的前中心线与人体模型的前中心线对齐，并用大头针固定中心线上

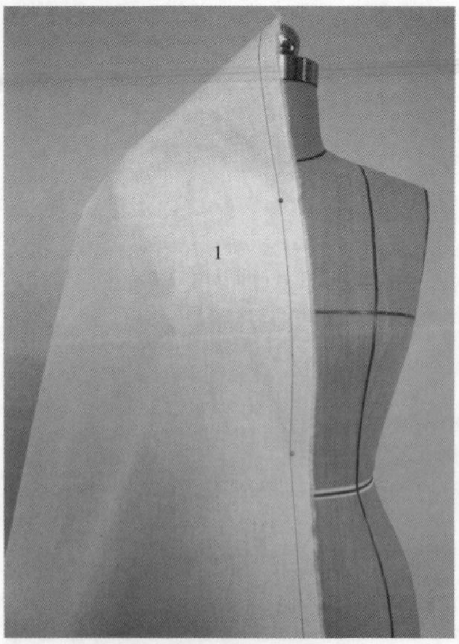

图4-6-43 固定前中心线

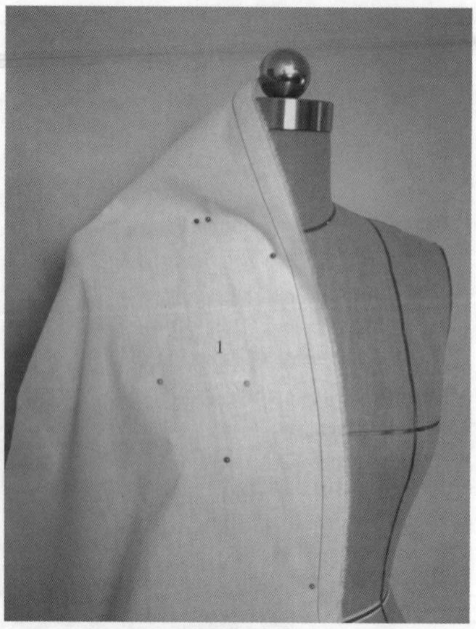

图4-6-44 固定衣片

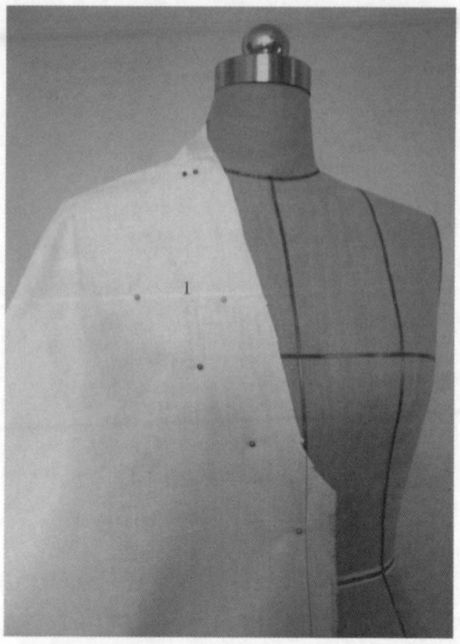

图4-6-45 粗裁衣片

下两端，注意衣片的上端要留出后领长度及修正量。

（2）固定衣片（图 4-6-44）

将布料顺着前中心线向袖窿、肩部抚平，使衣片贴合人体，把多余量留在衣片以外，用大头针固定衣片。注意袖窿处的布料要抚紧。

（3）粗裁衣片（图 4-6-45、图 4-6-46）

用剪刀将第一块面布按照人体模型上的轮廓标记线进行粗裁，要留缝份及修正量。粗裁时要注意逐渐修剪、逐渐推转，最后将衣片抚平，使面料会自然贴合人体模型表面。

（4）重新固定衣片（图 4-6-47）

把衣片粗裁好后，由于衣片轮廓线中斜纱较多，所以要重新固定衣片。首先要保证前中心线呈垂直状态，然后再将衣片充分抚平。若领口开得越低越敞，则松量会越大，领口会出现不合体的松量。要把领口处的衣料抚紧。

（5）粗裁吊带领（图 4-6-48）

因吊带领上端结构的复杂性，要尽量多留面料余量，切不可一步到位。注意修剪领口上端的多余面料时，一定要循序渐进，逐渐到位，粗裁时一定要多留些布料。

（6）修剪吊带领（图 4-6-49—图 4-6-51）

逐步地打剪口，将吊带领处抚平，剪掉多余的布料，完成吊带领的立体裁剪。领口上端打剪口，将衣

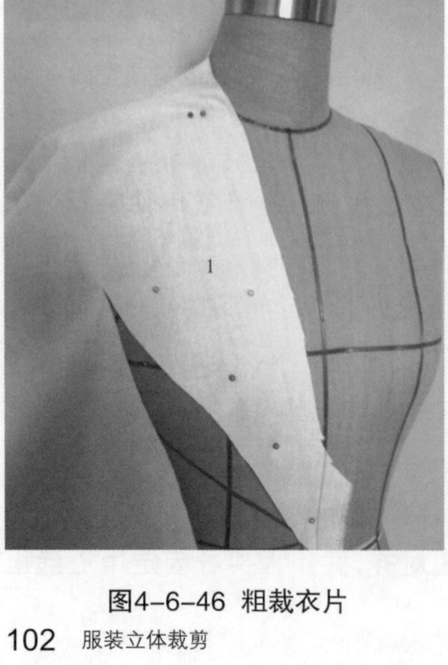

图4-6-46 粗裁衣片

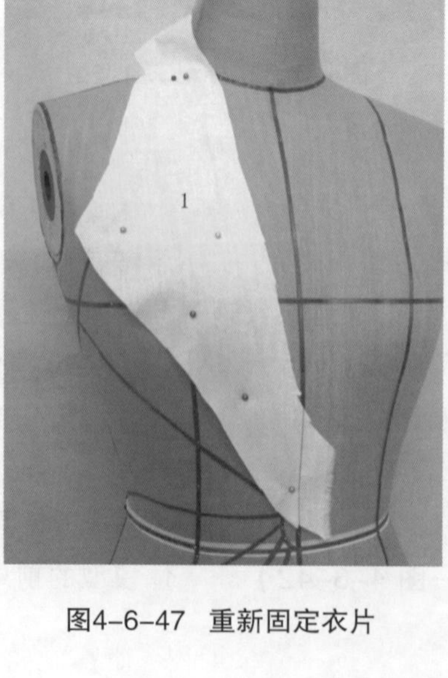

图4-6-47 重新固定衣片

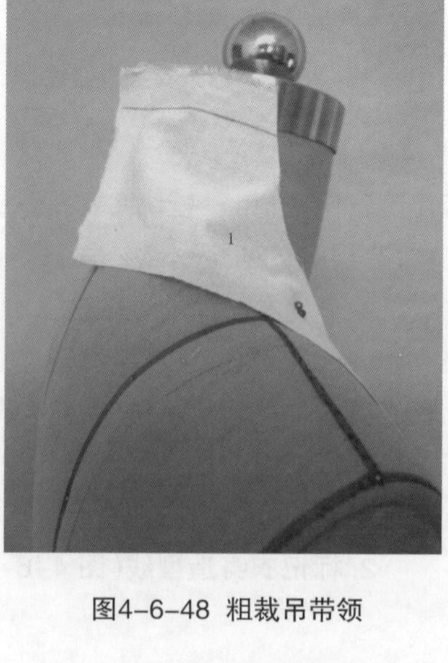

图4-6-48 粗裁吊带领

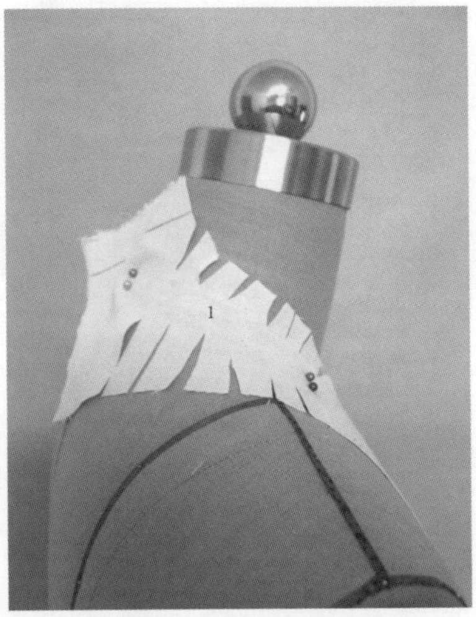

图4-6-49 修剪吊带领

图4-6-50 固定吊带

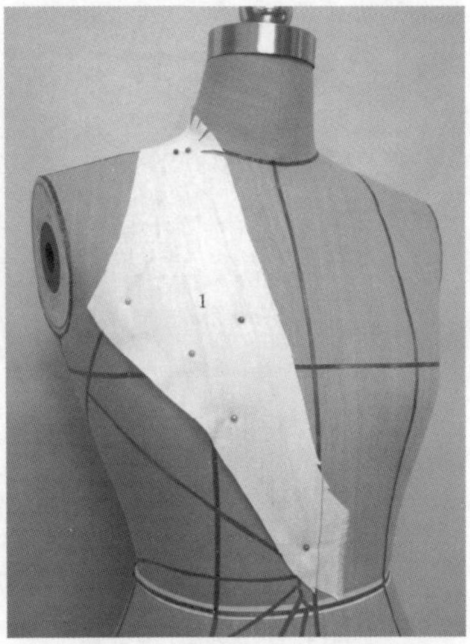

图4-6-51 固定领口

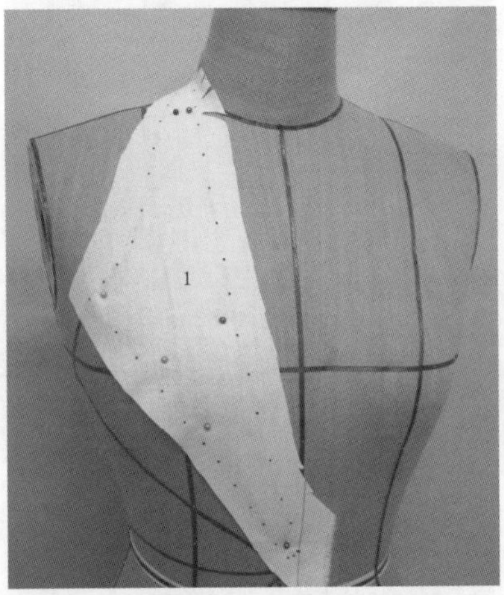

图4-6-52 点影

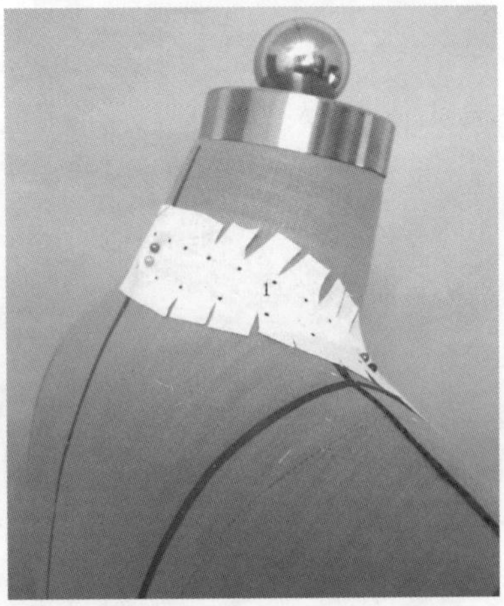

图4-6-53 点影

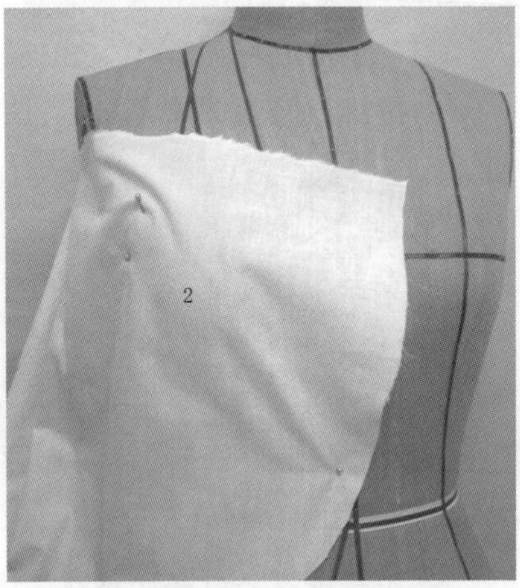

图4-6-56 披布

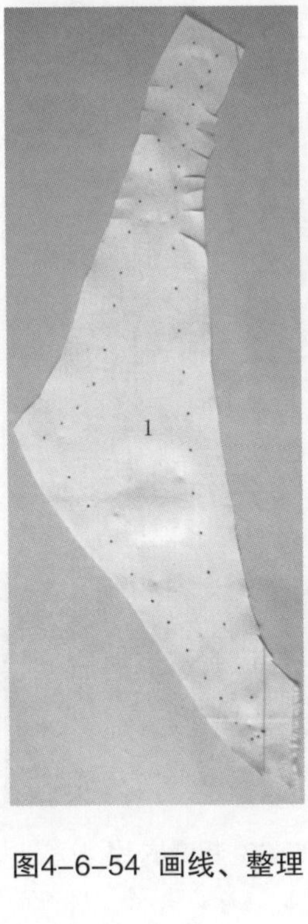

图4-6-54 画线、整理

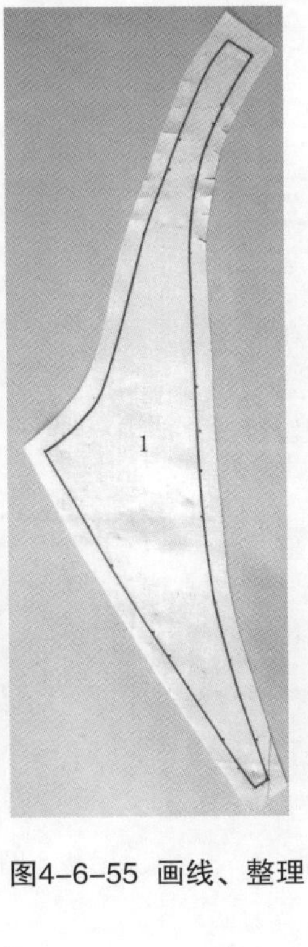

图4-6-55 画线、整理

片领肩布及吊带领充分抚平，将吊带领抚紧。

（7）点影（图4-6-52、图4-6-53）

把衣片各部位调整好后，根据人体模型上衣身轮廓线，在衣片上用笔将衣身轮廓线进行点影，同时将吊带领进行点影标记。

（8）画线、整理（图4-6-54、图4-6-55）

把衣片从人体模型上取下、放平，再按照轮廓线点影将衣片的轮廓线用笔画好，并将多余量剪掉。

2. 第二部分衣片立体裁剪

（1）披布（图4-6-56）

把裁剩下的布料覆于人体模型上，并用大头针固定。

（2）粗裁衣片（图4-6-57）

用剪刀将第二块面布按照人体模型上的轮廓标

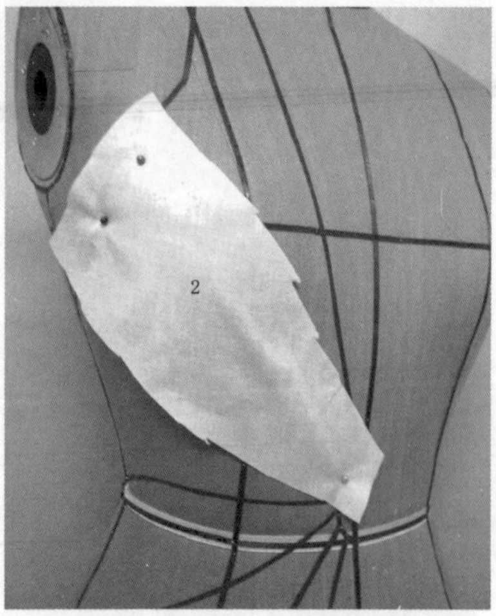
图4-6-57 粗裁衣片

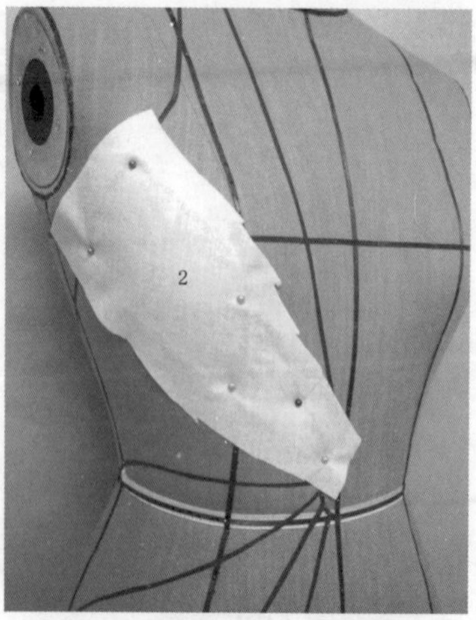
图4-6-58 固定衣片

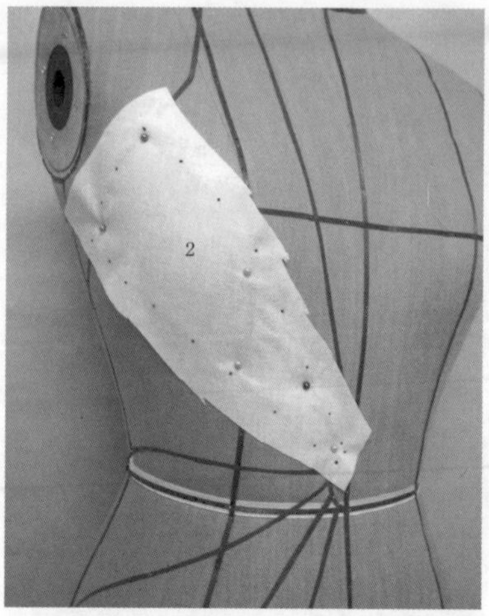
图4-6-59 点影

记线进行粗裁，留出缝份及修正量。

（3）固定衣片（图 4-6-58）

将布料顺着斜向衣片抚紧，使衣片贴合人体，用大头针固定衣片。

（4）点影（图 4-6-59）

把衣片各部位调整好后，根据人体模型上衣身轮廓线，在衣片上用笔将衣身轮廓线进行点影。

（5）画线、整理（图 4-6-60）

从人体模型上取下衣片并放平，按照轮廓线点影将衣片的轮廓线用笔画好，并将多余量剪掉。

3. 第三部分衣片立体裁剪

（1）披布（图 4-6-61）

把裁剩下的布料覆于人体模型上，并用大头针固定。

（2）粗裁衣片（图 4-6-62—图 4-6-66）

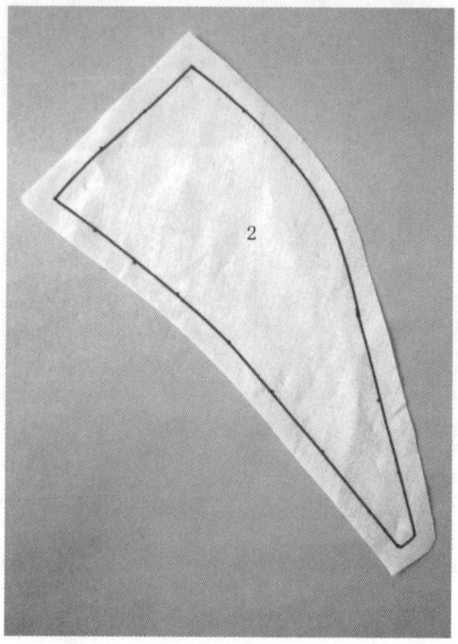
图4-6-60 画线、整理

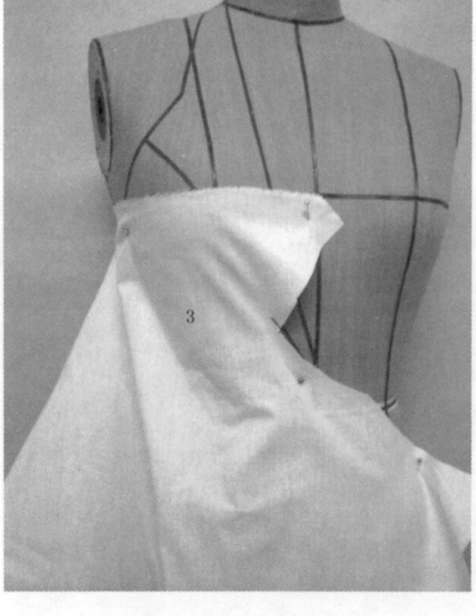
图4-6-61 披布

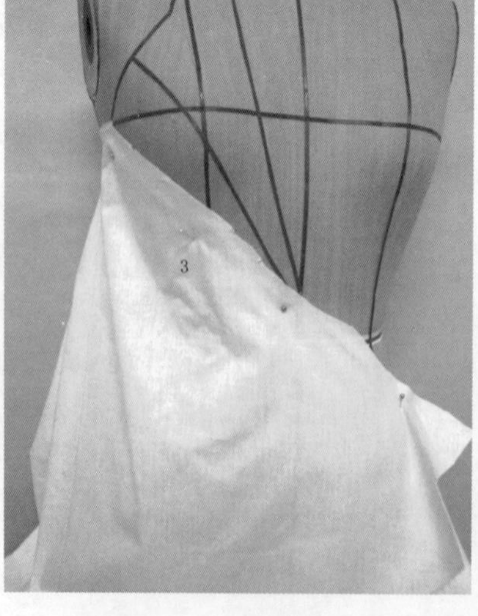
图4-6-62 粗裁衣片

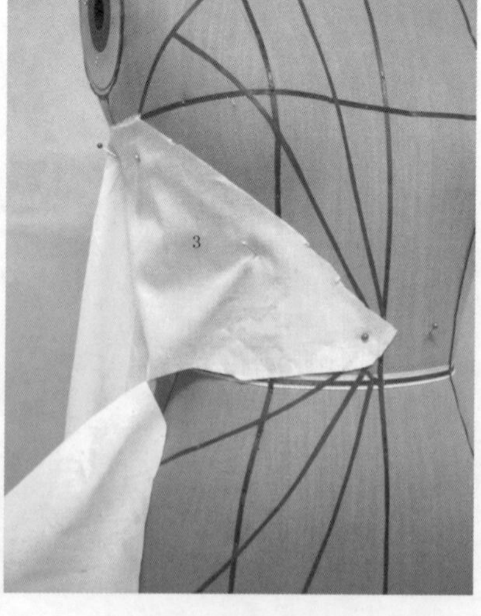
图4-6-63 粗裁衣片

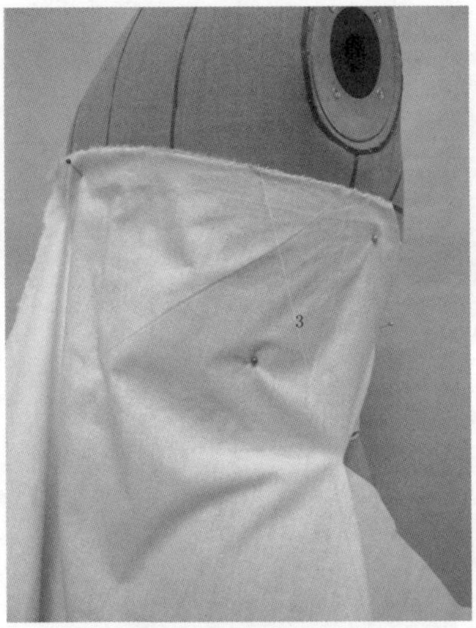

图4-6-64 粗裁衣片

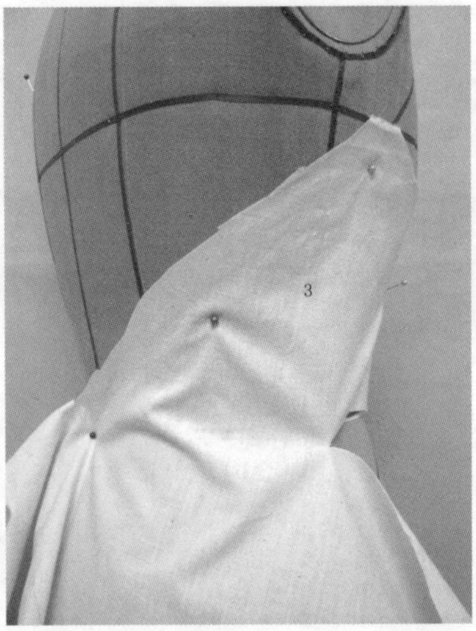

图4-6-65 粗裁衣

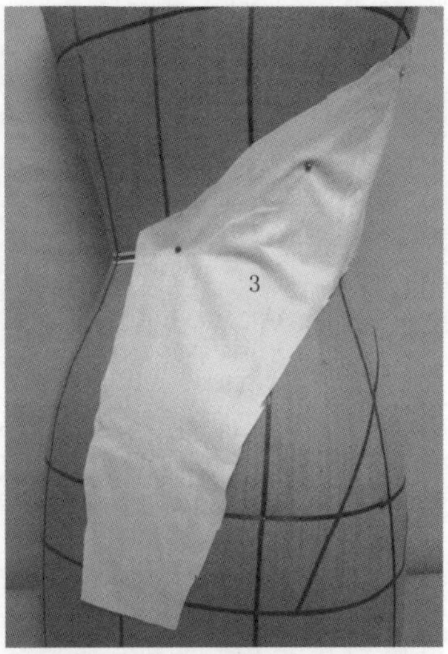

图4-6-66 粗裁衣片

第三部分的衣片是此款所有衣片中立体裁剪最难的一片，因为其跨越前后身且形态复杂。用剪刀将第三块面布按照人体模型上的轮廓标记线进行粗裁，留出缝份及修正量。粗裁时要注意逐渐修剪、逐渐推转、逐渐固定，一定不要裁过头。

（3）固定衣片（图 4-6-67、图 4-6-68）

第三块衣片斜跨前后身，而且通过腰部的凹陷，要使布料伏贴，必须将衣片转折处的多余布料打剪口。然后再将布料顺着斜向衣片抚紧，面料会自然贴合人体模型表面，衣片贴合人体后用大头针固定衣片。

（4）点影（图 4-6-69、图 4-6-70）

把衣片各部位调整好后，根据人体模型上衣身轮廓线，在衣片上用笔将衣身轮廓线进行点影。

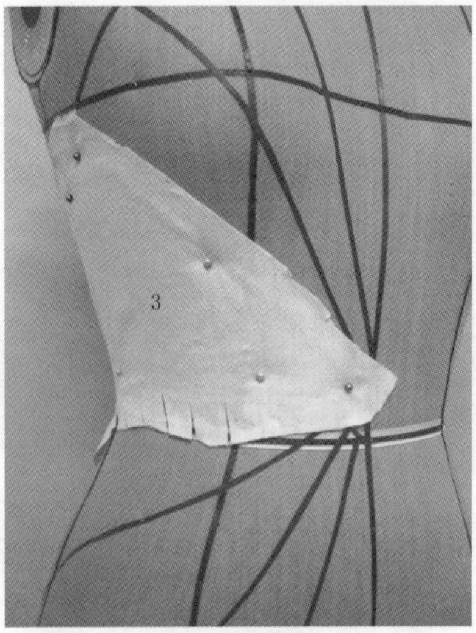

图4-6-67 固定衣片

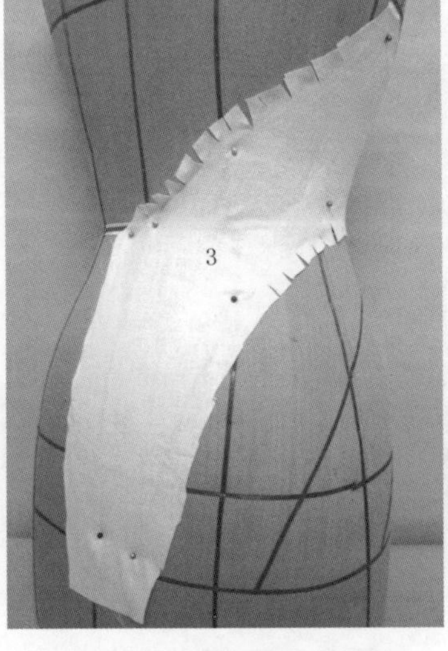

图4-6-68 固定衣片

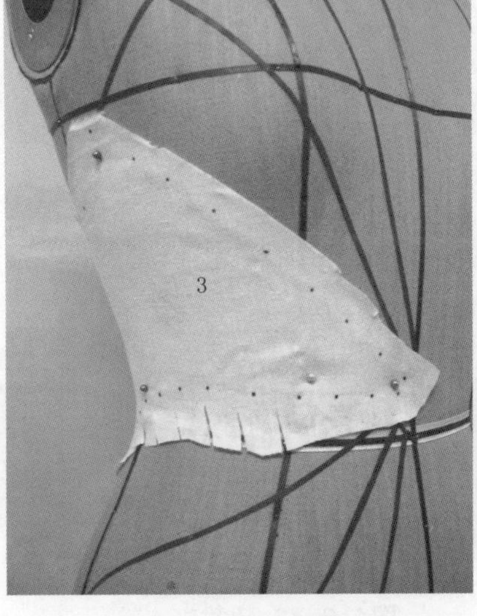

图4-6-69 点影

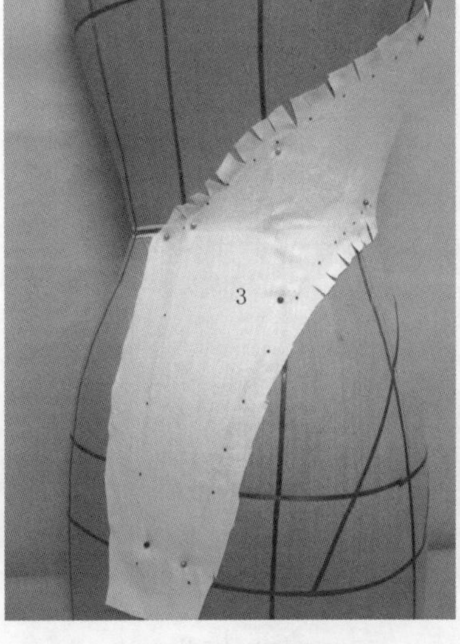

图4-6-70 点影

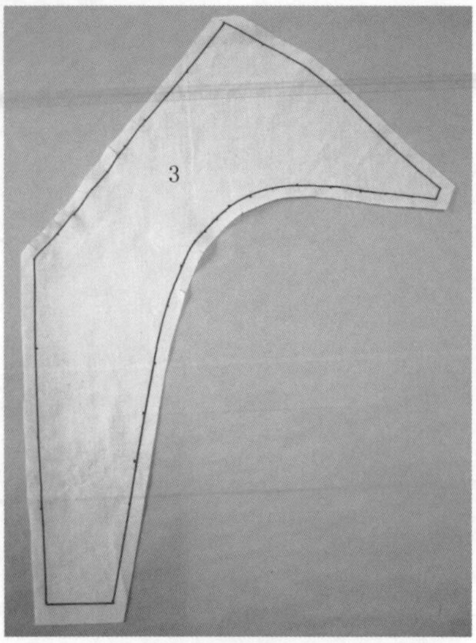

图4-6-71 画线、整理

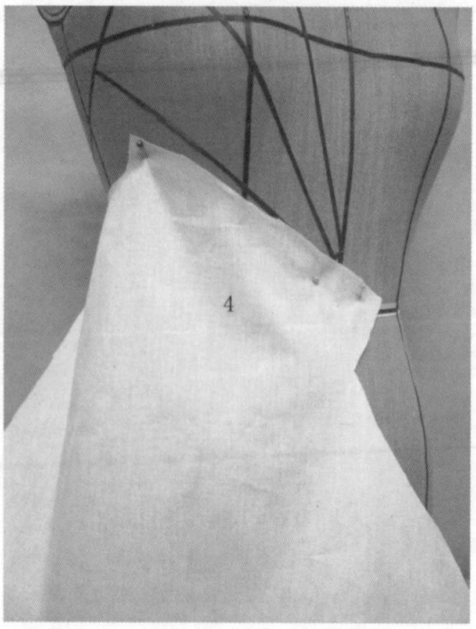

图4-6-72 披布

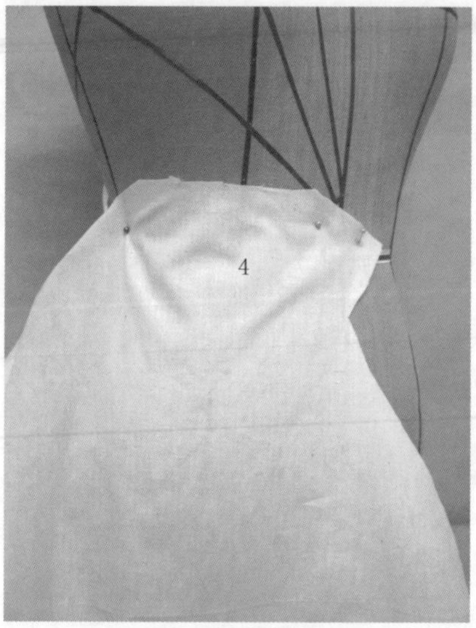

图4-6-73 粗裁衣片

（8）画线、整理（图 4-6-71）

把衣片从人体模型上取下、放平，再按照轮廓线点影将衣片的轮廓线用笔画好，并将多余量剪掉。

4. 第四部分衣片立体裁剪

（1）披布（图 4-6-72）

把裁剩下的布料覆于人体模型上，并用大头针固定。

（2）粗裁衣片（图 4-6-73—图 4-6-77）

用剪刀将第四块面布按照人体模型上的轮廓标记线进行粗裁，留出缝份及修正量。第四块布跨越前后身，粗裁时要注意逐渐修剪、逐渐推转、逐渐固定，一定不要裁过。

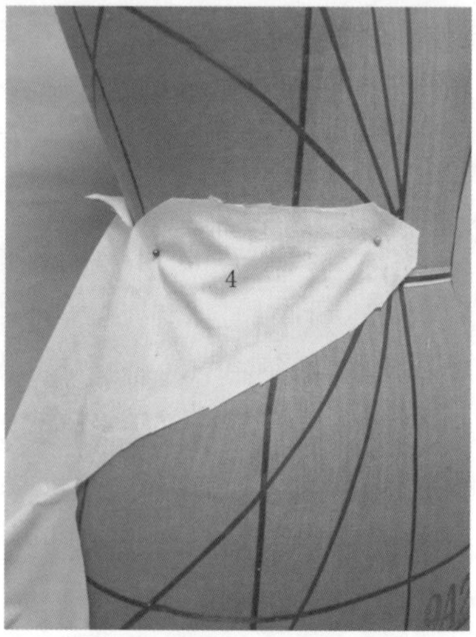

图4-6-74 粗裁衣片

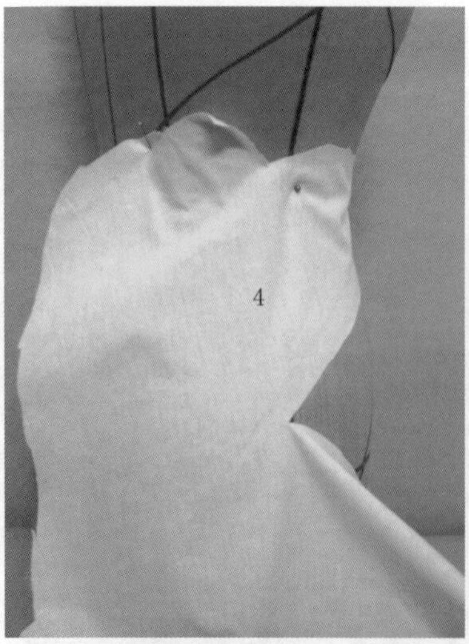

图4-6-75 粗裁衣片

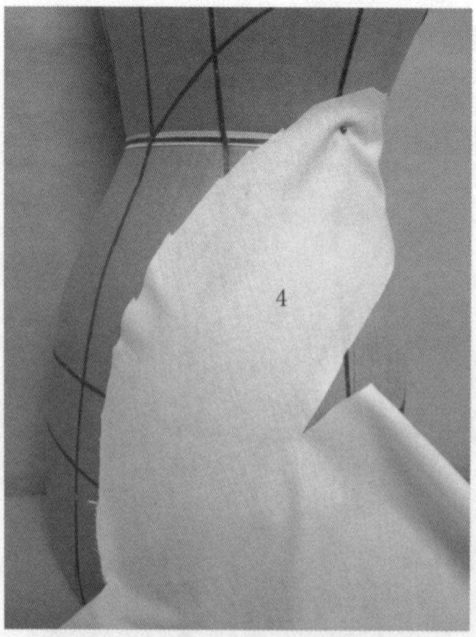

图4-6-76 粗裁衣

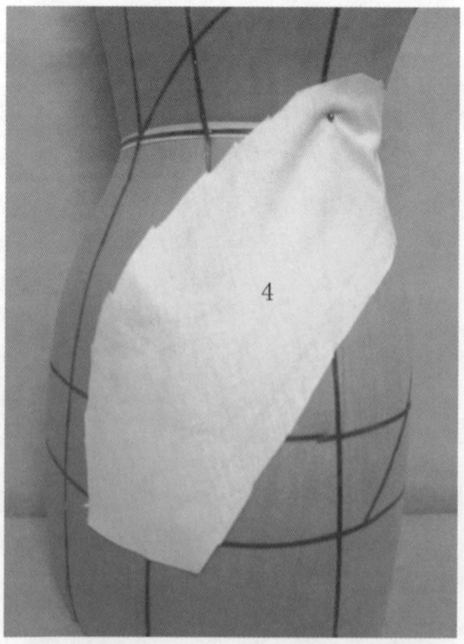

图4-6-77 粗裁衣片

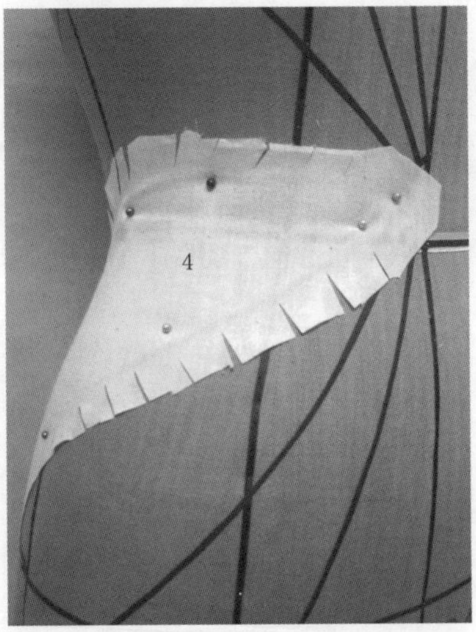

图4-6-78 固定衣片

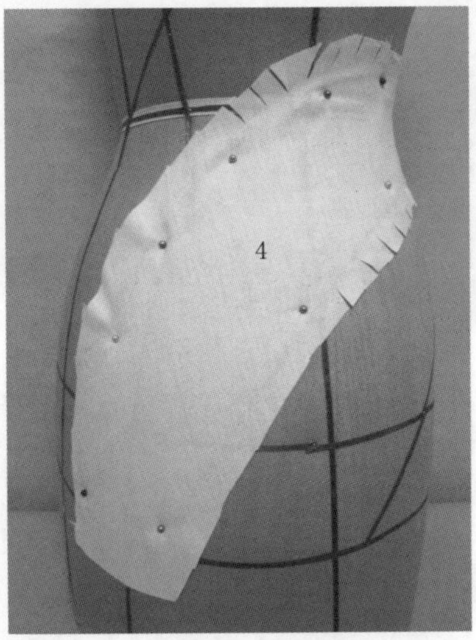

图4-6-79 固定衣片

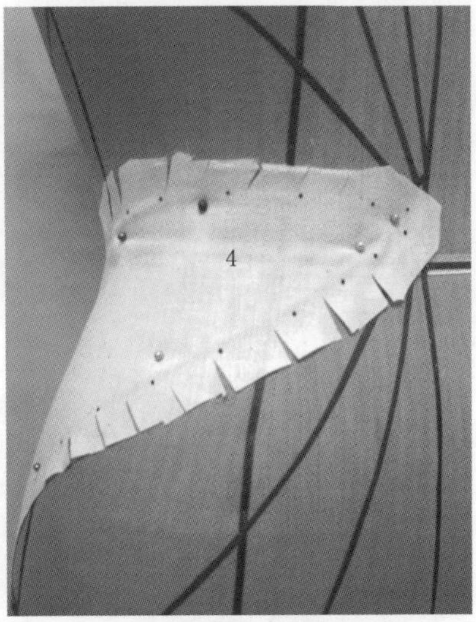

图4-6-80 点影

（3）固定衣片（图 4-6-78、图 4-6-79）

第四块衣片斜跨前后身，而且通过腰部的凹陷处，要使布料伏贴，必须将衣片转折处的多余量打剪口。再将布料顺着斜向衣片抚紧，面料会自然贴合人体模型表面。衣片贴合人体后用大头针固定衣片。

（4）点影（图 4-6-80、图 4-6-81）

把衣片各部位调整好后，根据人体模型上衣身轮廓线，在衣片上用笔将衣身轮廓线进行点影，同时将吊带领进行点影。

（5）画线、整理（图 4-6-82）

把衣片从人体模型上取下、放平，再按照轮廓线点影将衣片的轮廓线用笔画好，并将多余量剪掉。

5. 第五部分衣片立体裁剪

（1）披布（图 4-6-83）

把裁剩下的布料覆于人体模型上，并用大头针固定衣片。用剪刀将第五块面布按照人体模型上的轮廓标记线进行粗裁，留出缝份及修正量。

（2）固定衣片（图 4-6-84、图 4-6-85）

将布料顺着斜向衣片抚紧，使衣片贴合人体，用大头针固定衣片。

（3）点影（图 4-6-86、图 4-6-87）

把衣片各部位调整好后，根据人体模型上衣身轮廓线在衣片上用笔将衣身轮廓线进行点影。

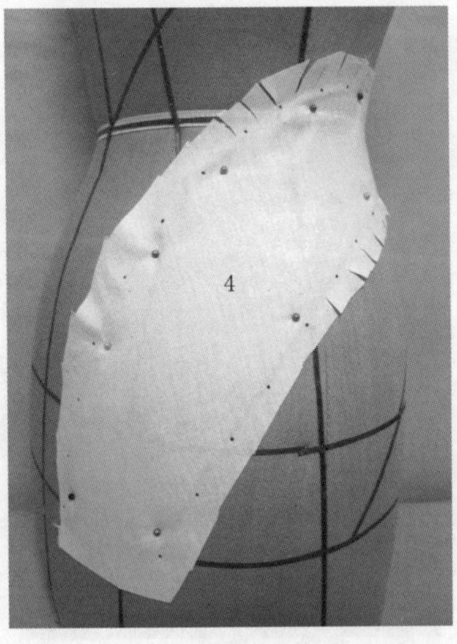

图4-6-81 点影

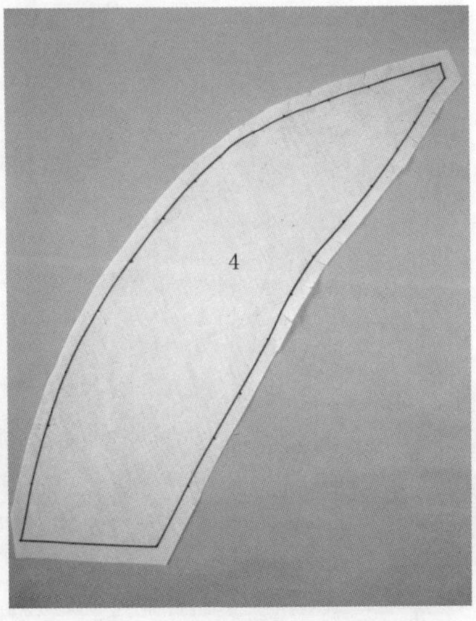

图4-6-82 画线、整理

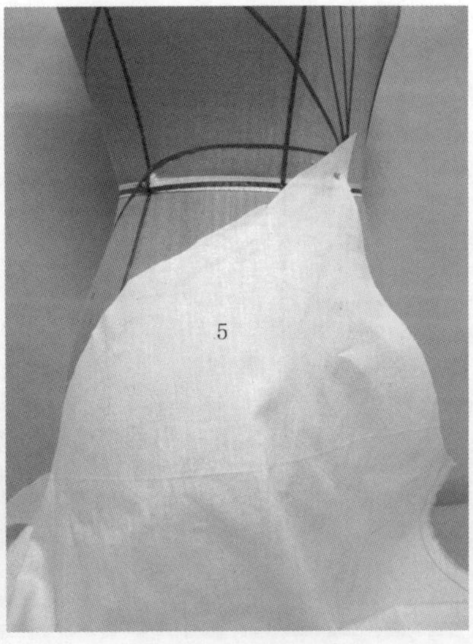

图4-6-83 披布

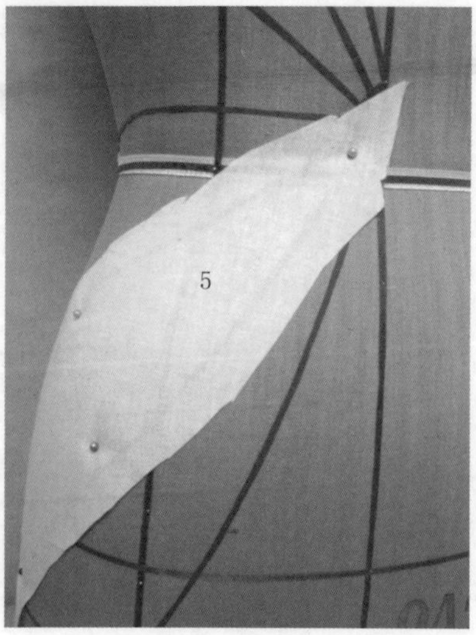

图4-6-84 固定衣片

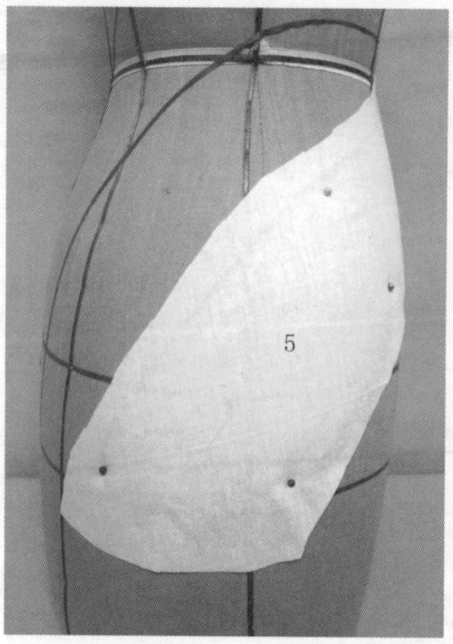

图4-6-85 固定衣片

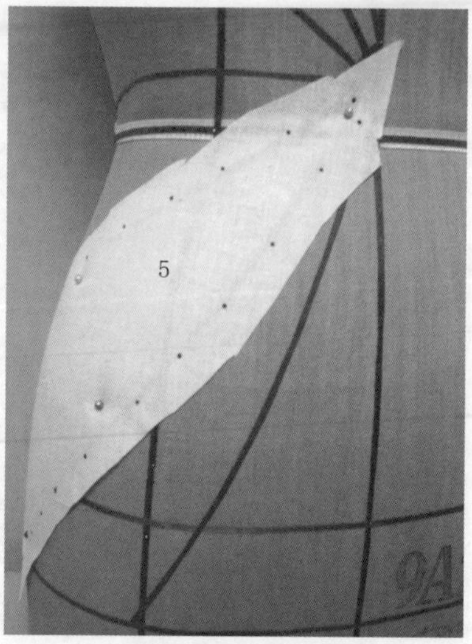

图4-6-86 点影

（4）画线、整理（图 4-6-88）

把衣片从人体模型上取下、放平，再按照轮廓线点影将衣片的轮廓线用笔画好，并将多余量剪掉。

6. 第六部分衣片立体裁剪

（1）拔布（图 4-6-89）

把裁剩下的布料覆于人体模型上，并用大头针固定衣片。

（2）固定衣片（图 4-6-90）

用剪刀将第六块面布按照人体模型上的轮廓标记线进行粗裁，要留缝份及修正量。再将布料顺着斜向衣片抚紧，使衣片贴合人体，用大头针固定。

（3）点影（图 4-6-91）

把衣片各部位调整好后，根据人体模型上衣身轮廓线，在衣片上用笔将衣身轮廓线进行点影。

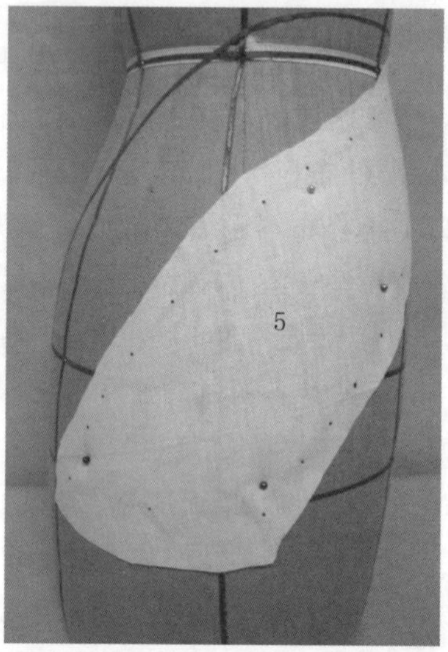

图4-6-87 点影

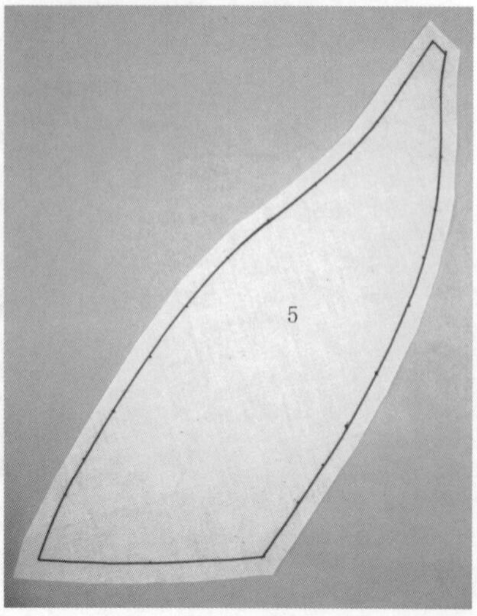

图4-6-88 画线、整理

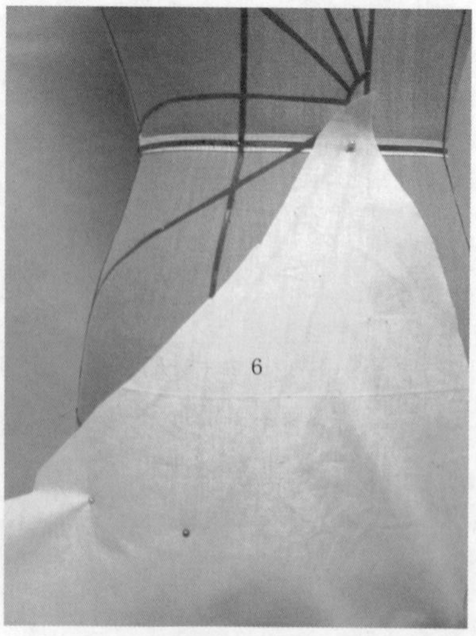

图4-6-89 拔布

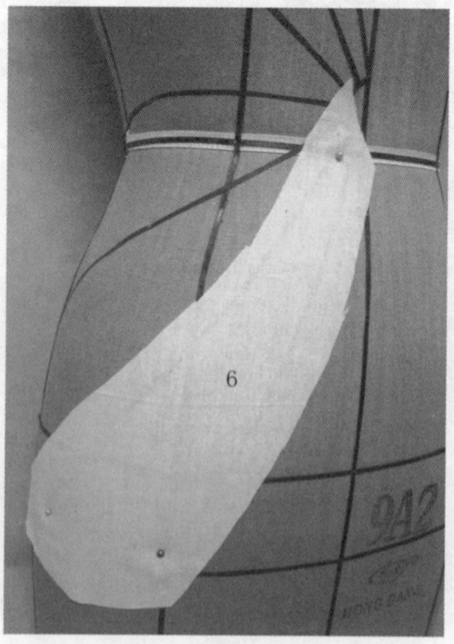

图4-6-90 固定衣片

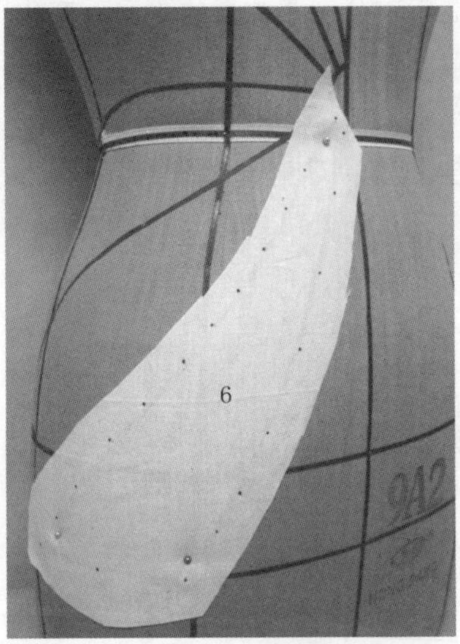

图4-6-91 点影

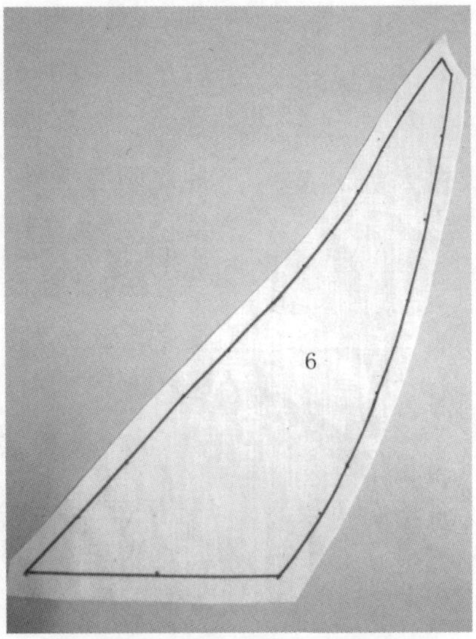

图4-6-92 画线、整理

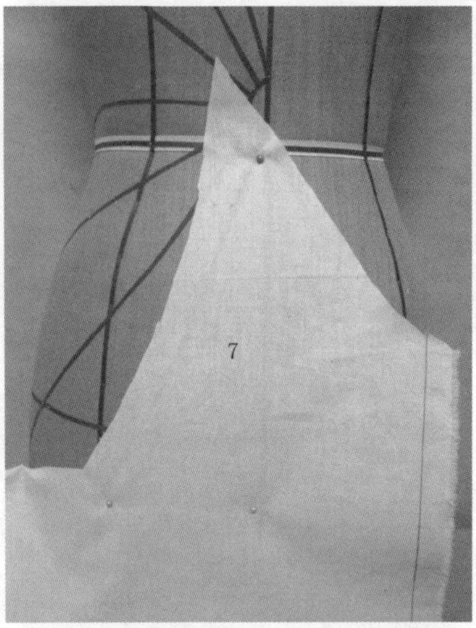

图4-6-93 披布

(4)画线、整理(图 4-6-92)

把衣片从人体模型上取下、放平,再按照轮廓线点影将衣片的轮廓线用笔画好,并将多余量剪掉。

7. 第七部分衣片立体裁剪

(1)拔布(图 4-6-93)

把裁剩下的布料覆于人体模型上,并用大头针固定。

(2)固定衣片(图 4-6-94)

用剪刀将第七块面布按照人体模型上的轮廓标记线进行粗裁,留出缝份及修正量。再将布料顺着斜向衣片抚紧,使衣片贴合人体,用大头针固定。

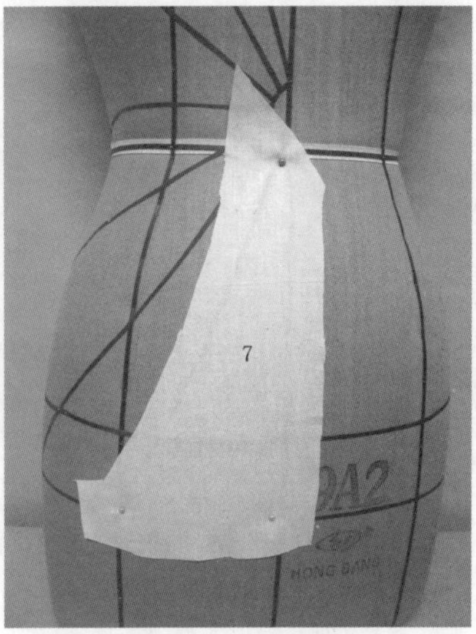

图4-6-94 固定衣片

(3)点影(图 4-6-95)

把衣片各部位调整好后,根据人体模型上衣身轮廓线,在衣片上用笔将衣身轮廓线进行点影。

(4)画线、整理(图 4-6-96)

把衣片从人体模型上取下、放平,再按照轮廓线点影将衣片的轮廓线用笔画好,并将多余量剪掉。

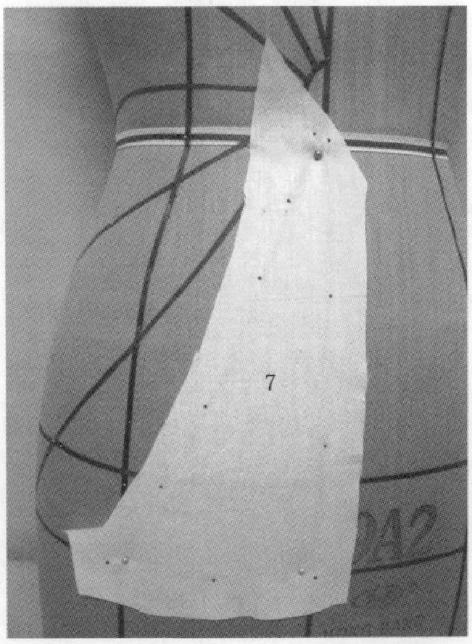

图4-6-95 点影

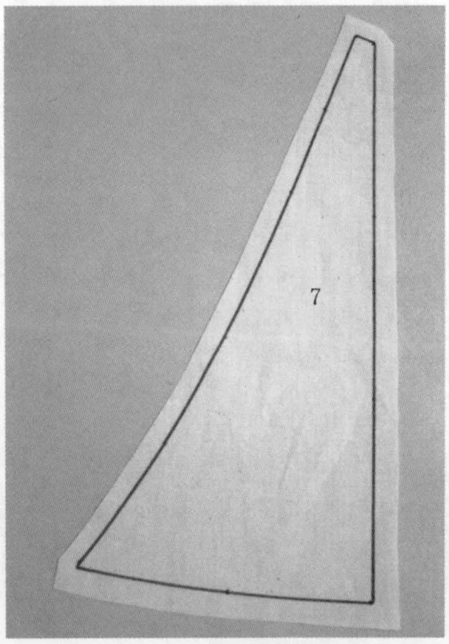

图4-6-96 画线、整理

（三）总结

（1）放射状分割衣身平面展开图（图 4-6-97）

从平面展开图中可看出，因放射状分割线经过人体起伏较大的部位，固裁片形成了起伏较大的优美曲线，裁片的形状是随着分割线位置的不同而变化。后吊带领的弯曲程度不是很大，因其在劲、胸、背等处的交界线，曲线弯曲较微妙。第一块与第二块衣片之间有空隙，此空隙解决了胸部的隆起，为胸省；第三块、第四块、第五块、第六块、第七块衣片之间都有空隙，此空隙解决了腰部的凹陷，臀部的凸起，为腰省。此分割线取代了胸省和腰省，使服装更具立体感。

（2）放射状分割衣身立体造型（图 4-6-98—图 4-6-100）

从立体造型中可看出，此款分割线自然、流畅，修饰上体。放射状分割线通过人体曲线变化最明显的部位，将胸省与腰省连通，形成连省成缝。通过放射状分割，能将人体胸部隆起、腰部凹陷、臀部凸起的立体感充分表现出来，呈现了人体的优美曲线。

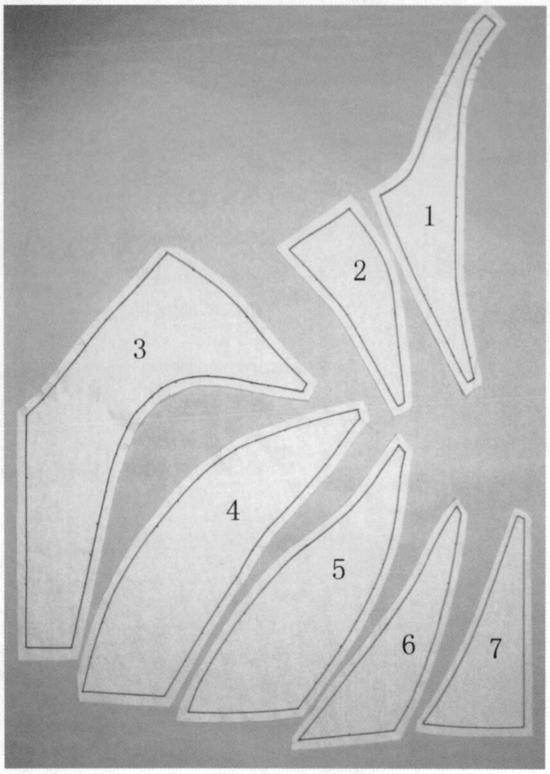

图4-6-97 放射状分割衣身平面展开图

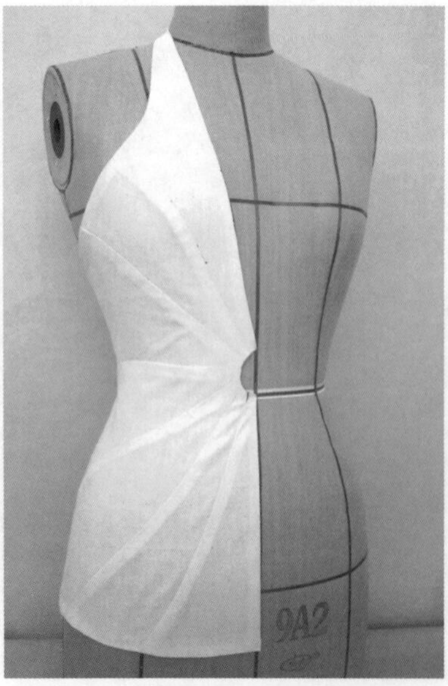
图4-6-98 衣身正面立体造型

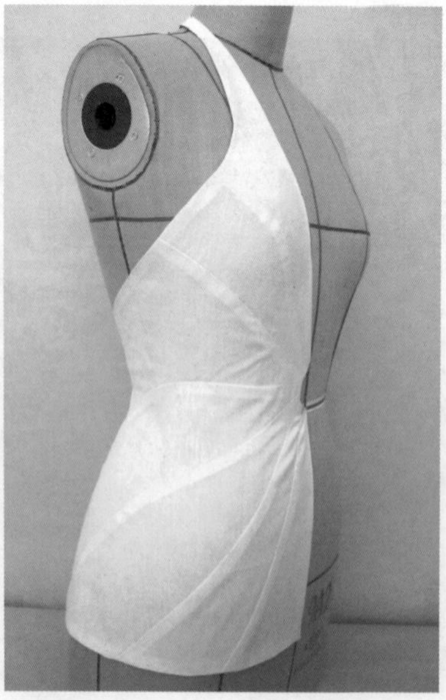
图4-6-99 衣身侧面立体造

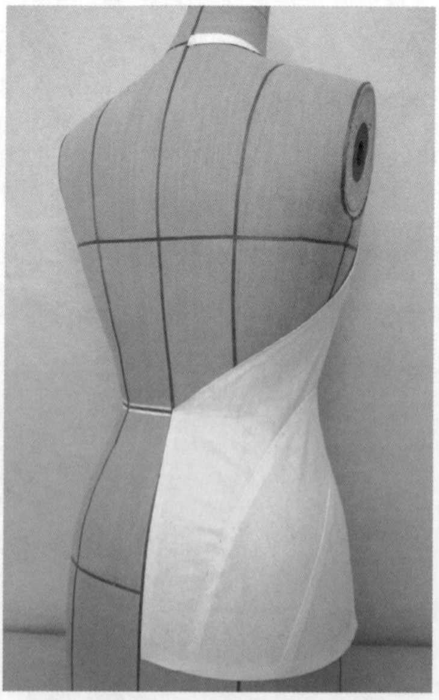
图4-6-100 衣身后面立体造型

第五章 衣领立体裁剪

衣领的好坏直接影响服装的整体效果和美感，是构成服装款式的重要部件。衣领在服装部件中造型变化较大，是服装款式变化的主要因素之一。衣领分领窝和领身两大部位。按结构特点衣领主要分为无领、立领、连翻领、驳折领、变化型衣领等。衣领的结构构成手法有平面裁剪和立体裁剪，在实际结构设计时可兼而用之。

第一节 无领

无领是指没有衣领的领型，又称领口领。无领只有领窝部位，无领身部位。无领是在领口线上进行各种变化的，其构成是所有衣领中最简单的，造型变化只体现在领口上的形状变化。

（一）操作方法

在无领立体裁剪中有两种操作方法：一是人体标记法，即先在人体上将领口造型标记出来，然后进行衣片的别裁；二是衣片标记法，即在人体上先将衣片制作出来，然后将领口造型标记出来。

1. 人体标记法

做衣身之前，先用粘带在人体模型上贴出领口轮廓线，调整好领口形状后，用大头针固定衣身裁片。注意，为避免前领口出现浮起问题，要将衣片前领口弧线拉紧。下面列举了不同形态的无领。

（1）基本领口（图5-1-1、5-1-2）

沿着颈根部表现自然的线条，与前面衣身基准线的标记方法一致。

（2）一字型领口（图5-1-3、5-1-4）

一字型领口又称水平领口。这种领领口显得特别宽大，前后领口呈水平状，领窝点较高。它多用于夏季服装中，穿着较凉爽。

（3）V型领口（图5-1-5、5-1-6）

V型领口造型呈V字形，领口最低点可高也可低，若高则为小V型领，若低则为大V型领。它给人轻便、轻松的感觉，常用于羊毛衫、毛衣、内衣等针织服装中。

（4）方型领口（图5-1-7、5-1-8）

这种领口造型呈方形，前后领口都有棱角。它给人年轻、活泼之感。大方领具有高贵、典雅的气质。

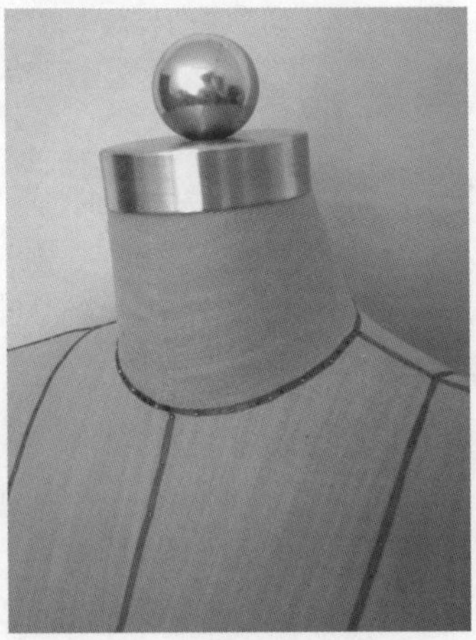
图5-1-1 基本领口前片

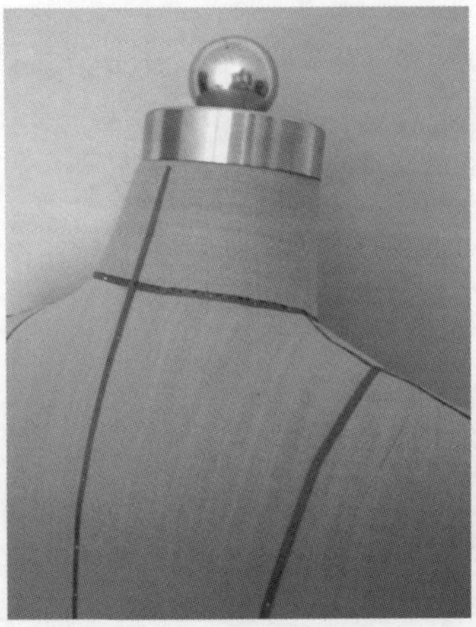
图5-1-2 基本领口后片

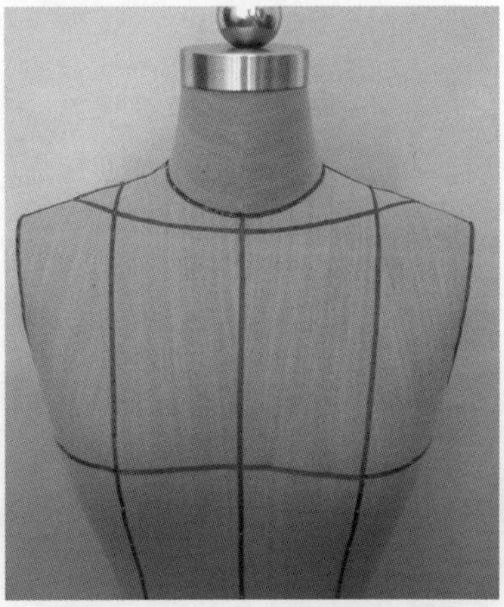
图5-1-3 一字型前领口

（5）非对称型领口（图 5-1-9、图 5-1-10）

这种领口左右造型呈非对称型，前后领口造型可随意进行变化，具有轻松、活泼之感。它常用于女装中，给人多变的感觉。

在以前的立体裁剪中，通常采用的是人体标记法，如紧身衣、各种衣身的立体裁剪及领部都属于人体标记法，因此在这里不详细介绍，操作中注意布料领口要略拽紧。

2. 衣片标记法

在人体上先将前后衣身制作完成，然后用粘带在领口处做出其轮廓造型，随时调整粘带的位置与形状，斟酌好后标上记号（图 5-1-11、5-1-12）。

在具体操作中，因人体胸部呈球面状，布料在领口处不容易抚平，领口处会出现多余布料，因此要将

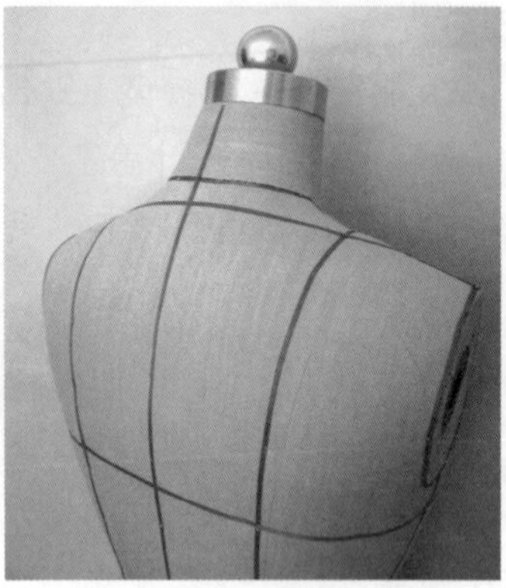

图5-1-4 一字型后领口

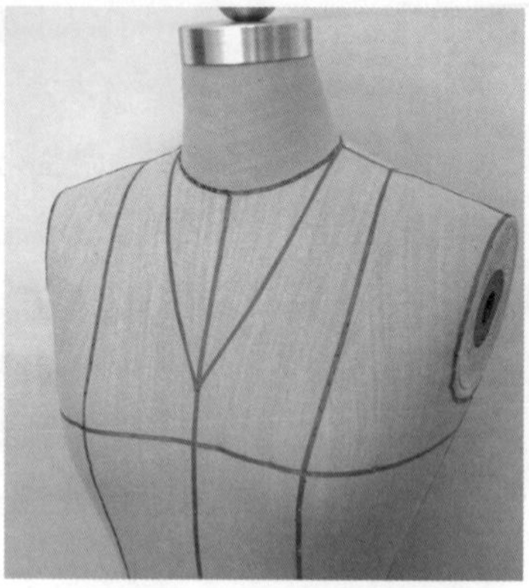

图5-1-5 V型前领口

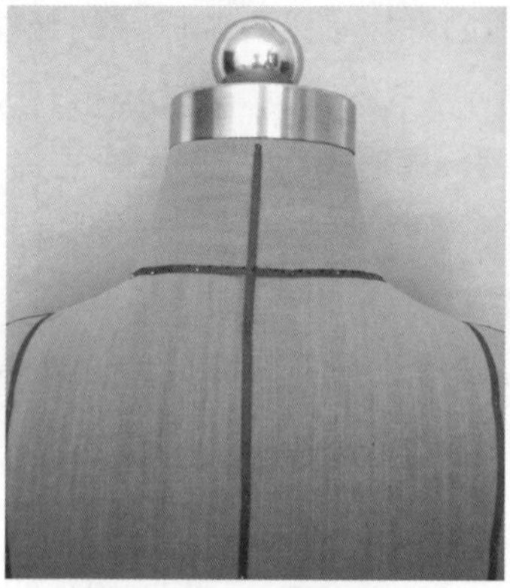

图5-1-6 V型后领口

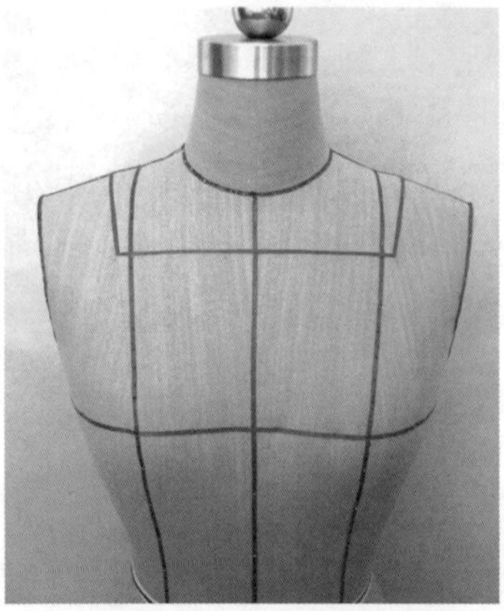

图5-1-7 方型前领口

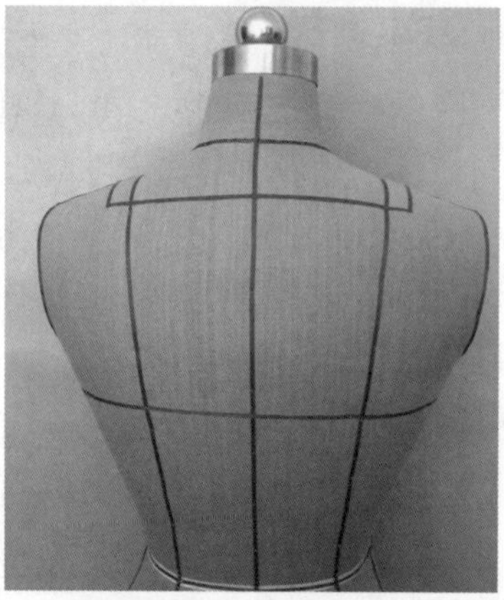

图5-1-8 方型后领口

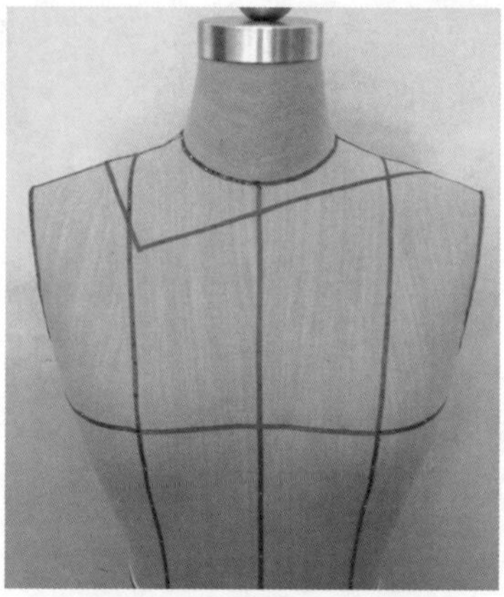

图5-1-9 非对称型前领口

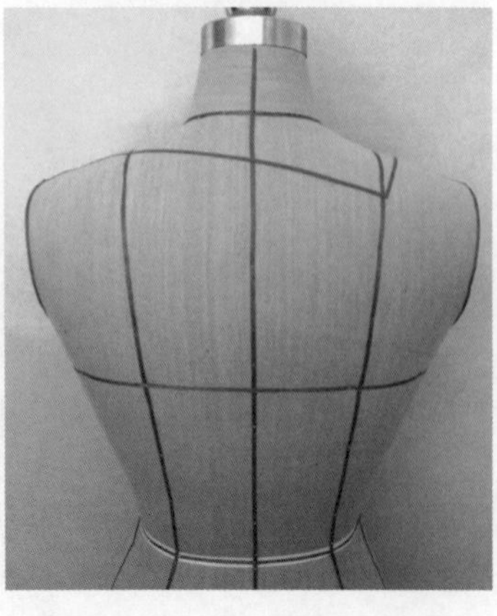

图5-1-10 非对称型后领口

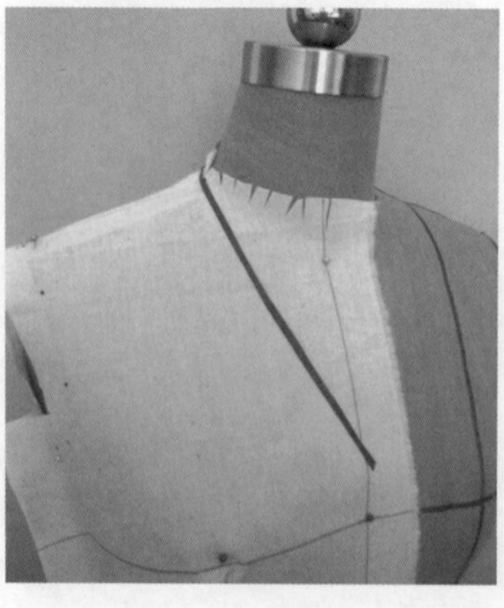

图5-1-11 前衣片标记法

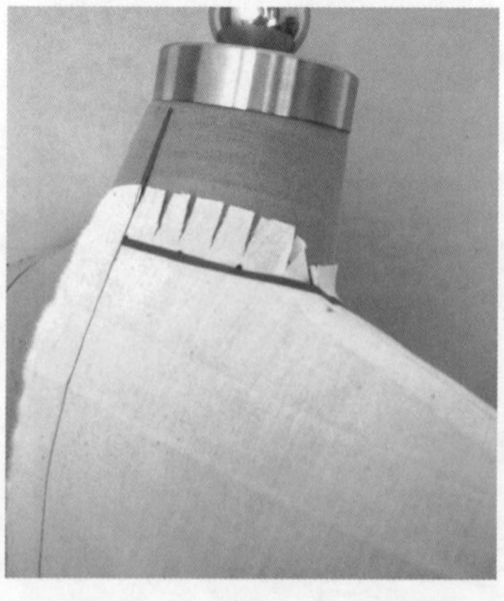

图5-1-12 后衣片标记法

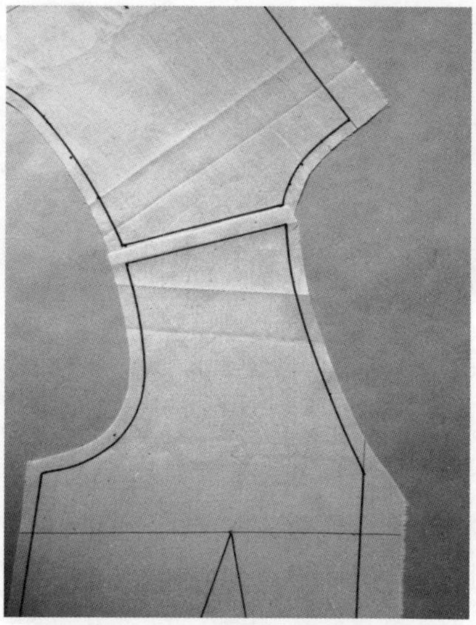

图5-1-13 无领平面展开图

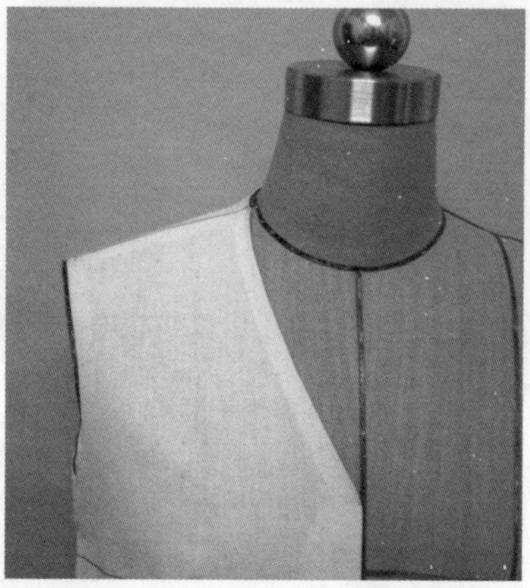

图5-1-14 无领前立体造型

图5-1-15 无领后立体造型

领口处的多余布料抚平的方法有两种：一是将多余量转移至省道或分割线中；二是借助工艺归拔和缩缝的方法处理。由于归缩的方法与面料特性有关，且有一定的难度，因此应尽量采用省道转移的方法处理。

（二）总结

（1）无领平面展开图

将衣片进行点影、画线、平面整理，画线时要注意前后领口弧线圆顺。从展开图（图5-1-13）中可以看出，它与平面裁剪图没有什么差别，但用立体裁剪可以直接看到效果，边设计边修改，满意后再裁剪，注意前后领口的立体性和协调性。

（2）无领立体造型

从立体造型图（图5-1-14、图5-1-15）中可看出，无领的领口变化随意性较大，设计者可自由进行设计，但前领口不能浮起，要与人体贴合一致。

第二节 立领

立领围绕于人体颈部，呈封闭状态，给人干净、利落、保暖之感，是衣领的重要种类之一。立领分为单立领和翻立领。单立领呈单一条状，自然包裹颈部，是一种常见的与颈部形态吻合的领型。翻立领由翻领与底领两部分组成。

单立领从造型上可分为直立领、向内倾斜型立领、向外倾斜型立领。这三种单立领主要是领下口线的结构变化，其领下口线的曲率特别重要。直立领领下口线呈直线状；向内倾斜型立领领下口线呈上弯状，上弯越大则领子与人体颈部越接近；向外倾斜型立领领下口线呈下弯状，下弯越大则领子与人体颈部离得越远。

一、直立领

直立领是立领结构中最简单的一种。直立领的显著特征是领侧边线与侧颈点水平线垂直。直立领款式见图5-2-1。

（一）准备工作

1. 布料准备

布料为长方形，纵向取m+6cm（m为领宽），横向取N/2+6cm（N为领围）。为立体裁剪操作方便，

图5-2-1 直立领款式

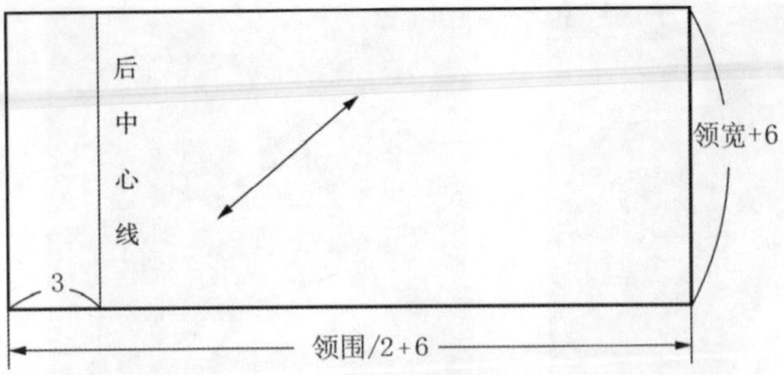

图5-2-2 直立领用布图

图5-2-3 直立领布料准备

领片用布纱支通常采用45°斜纱。直立领用布图见图5-2-2，布料准备见图5-2-3。

2. 标记前后领窝及后中心

按款式要求，用粘带在人体模型的衣身上将领窝的形状调整好，并将颈部的中心线也标记出来（图5-2-4、图5-2-5）。

（二）操作方法及技巧

（1）固定领片后中心（图5-2-6）

将领片的后中心线与人体模型的后中心线位置对齐，在颈根的净线上横向别两个大头针。

（2）固定领宽（图5-2-7）

根据直立领的领宽，在中心线处将领宽别出。在后中心的净线上横向别一个大头针，与颈根的净线构成领宽，领宽的大小根据需要而定。

（3）确定后领下口线（图5-2-8）

将后领片下口的布边向上翘起，确定后领下口线。

（4）确定前领下口线（图5-2-9）

先将领片下口的布边向上翘起，再把领片向前围绕，调整领片与颈部之间空隙大小，注意领侧边线与侧颈点水平线垂直。

（5）在领下口打剪口（图5-2-10）

为使领下口的缝份伏贴于人体模型上，即领片伏贴，将领下口线打剪口。注意剪口不能超过人体模型的颈根围净线。

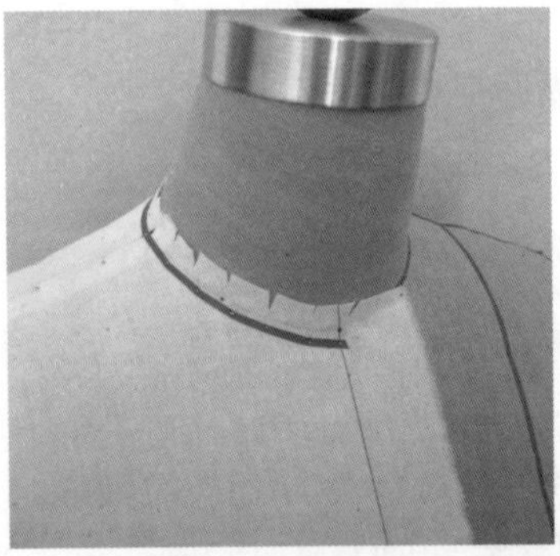

图5-2-4 标记前领窝

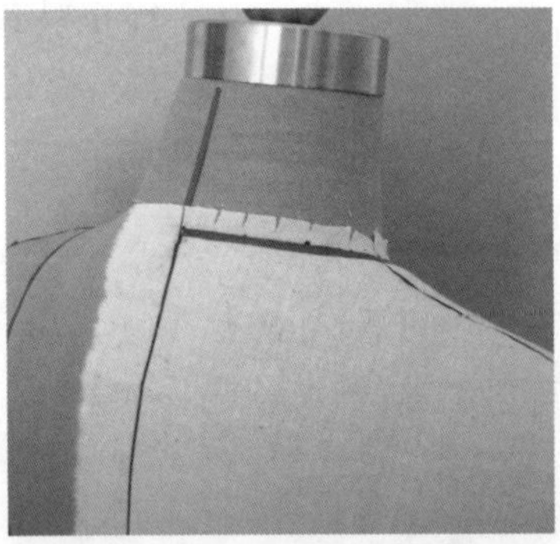

图5-2-5 标记后领窝及后中心

图5-2-6 固定领片后中心

图5-2-7 固定领宽

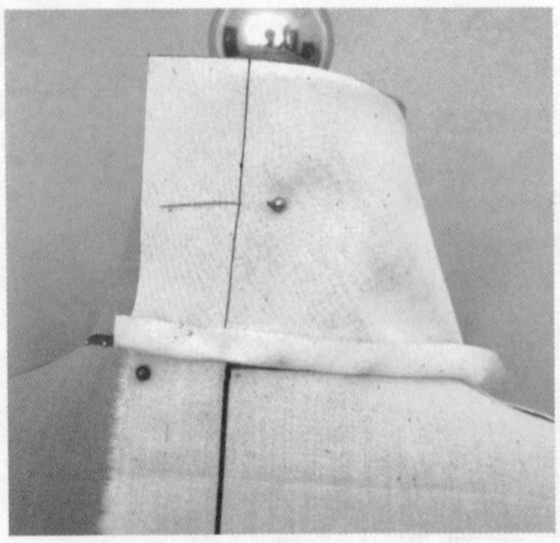

图5-2-8 确定后领下口线

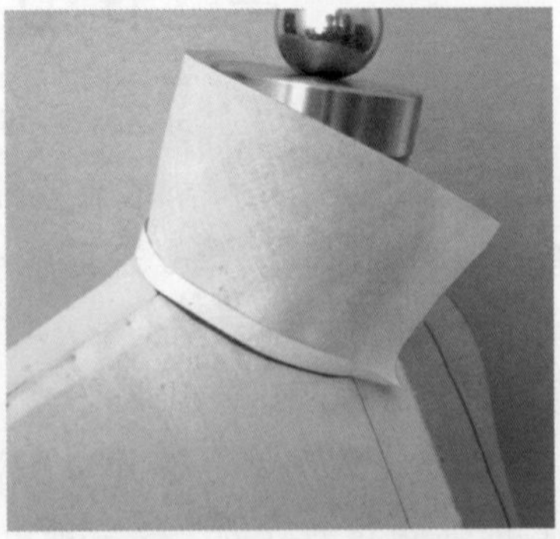

图5-2-9 确定前领下口线

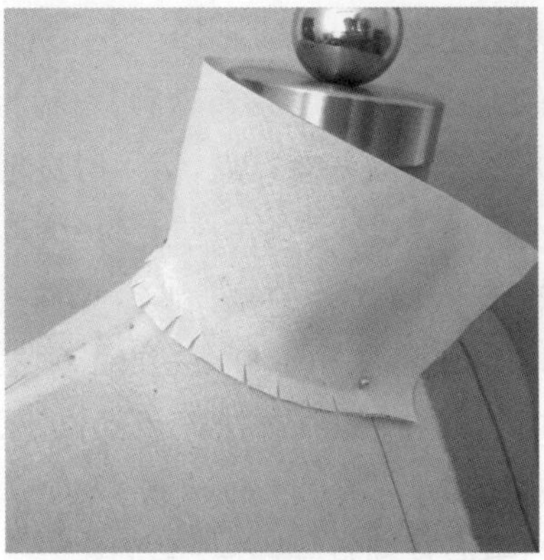

图5-2-10 在领下口打剪口

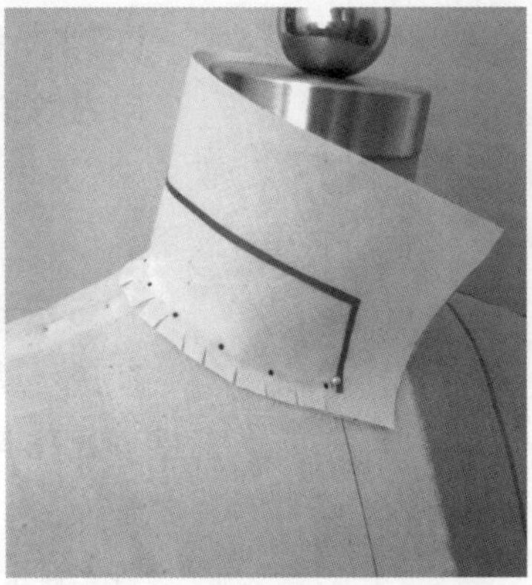

图5-2-11 确定领上口造型线

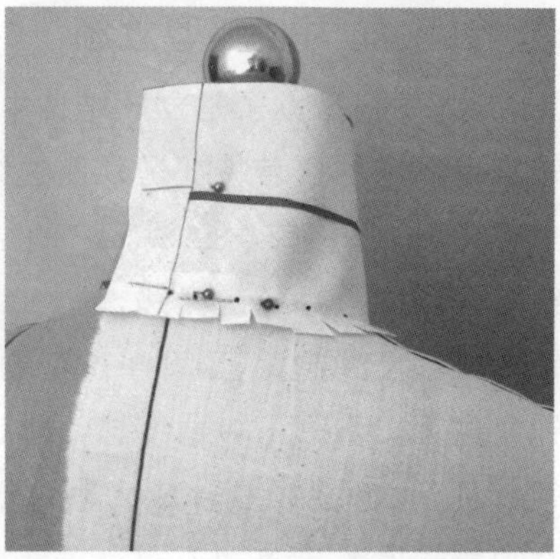

图5-2-12 领下口线点影

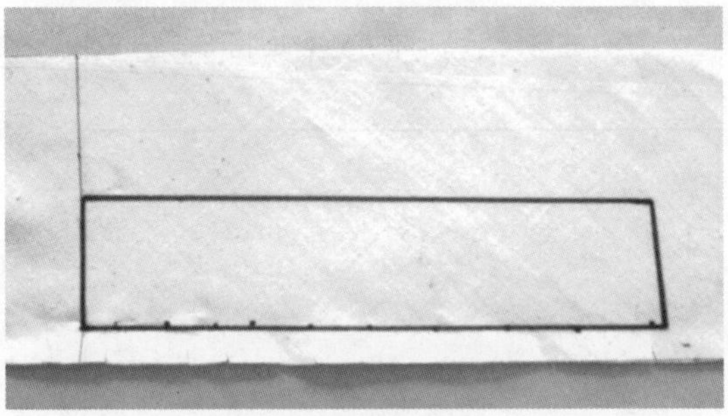

图5-2-13 领片的画线、整理

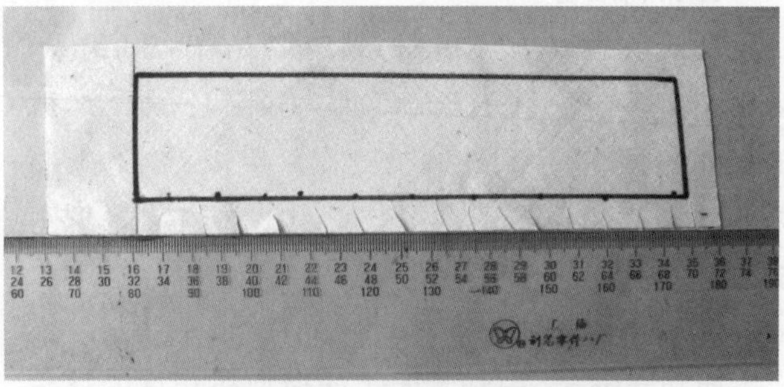

图5-2-14 直立领平面展开图

（6）确定领上口造型线（图 5-2-11）

领片伏贴后，根据设计者的要求，用粘带将领上口造型线标记出来。

（7）领下口线点影（图 5-2-12）

根据衣片领窝弧线的位置，在领片布上用笔将领下口净线进行点影。

（8）领片的画线、整理（图 5-2-13）

把领片从模型上取下并展平，将领子的轮廓线用笔画好，再将多余料剪掉。

（三）总结

（1）直立领平面展开图（图 5-2-14）

从平面展开图中可看出与平面裁剪一样，直立领的领下口线呈直线状，上下领口线平行，领下口围等于颈围。

（2）直立领立体造型（图 5-2-15、图 5-2-16）

从前后立体造型图中可看出此直立领的领侧边线与侧颈点水平线呈垂直状态，因为人体颈部呈圆台状，所以领上口线与人体颈部留有空隙。

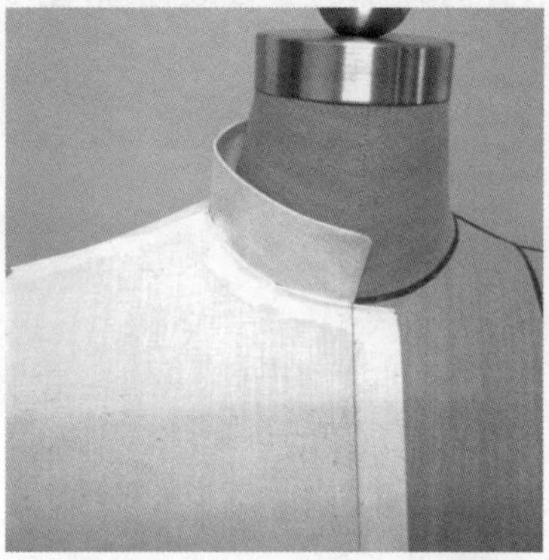

图 5-2-15 直立领前立体造型

图 5-2-16 直立领后立体造型

二、向内倾斜型立领

向内倾斜型立领是立领结构中最基本的一种，比较常见。它的显著特征是领侧边线与侧颈点水平线呈钝角，它又称钝角立领。它的结构特点是领下口线呈一条向上翘起的弧线，领上口围小于领下口围。领下口线上翘越大，则领子造型的圆台锥度越明显，钝角越大。当领下口曲度与领窝弧线曲度一致时立领特征消失，立领领片成为领口镶边。向内倾斜型立领款式见图 5-2-17。

（一）准备工作

1. 布料准备

取一块为长方形布料，纵向取 m+6~8cm（m 为领宽），横向取 N/2+6cm（N 为领围）。为立体裁剪操作方便，领片用布纱支通常采用 45° 斜纱。向内倾斜型立领用布图见图 5-2-18，布料准备见图 5-2-19。

2. 标记前后领窝及后中心

按款式要求，用粘带在人体模型的衣身上将领窝的形状标记好（向内倾斜型立领前领深不能向下调整太多），并将颈部的中心线标好（图 5-2-20、图 5-2-21）。

（二）操作方法及技巧

向内倾斜型立领的立体裁剪方法有两种，一种为直接法，另一种为折叠法。其各有特点，运用时灵活选用。

1. 方法一 :直接法

直接法就是在领窝上将衣领下口线、领翘、领宽直接确定下来的方法。这种操作方法一步到位，领片完整。

（1）固定领片后中心及领宽（图 5-2-22）

将领片的后中心线与人体模型的后中心线对齐，在颈根的净线上横向别两个大头针。再根据向内倾斜型立领的领宽，在中心线处将领宽别出。领

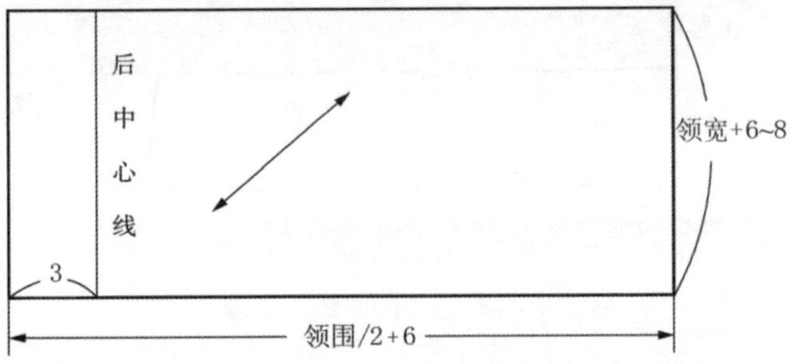

图5-2-18 向内倾斜型立领用布图

图5-2-19 向内倾斜型立领布料准备

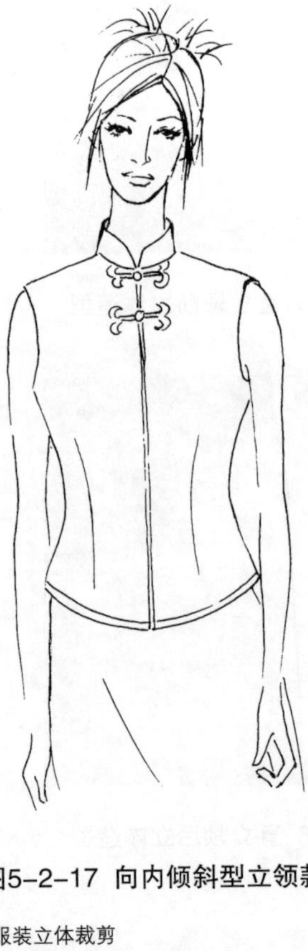

图5-2-17 向内倾斜型立领款式

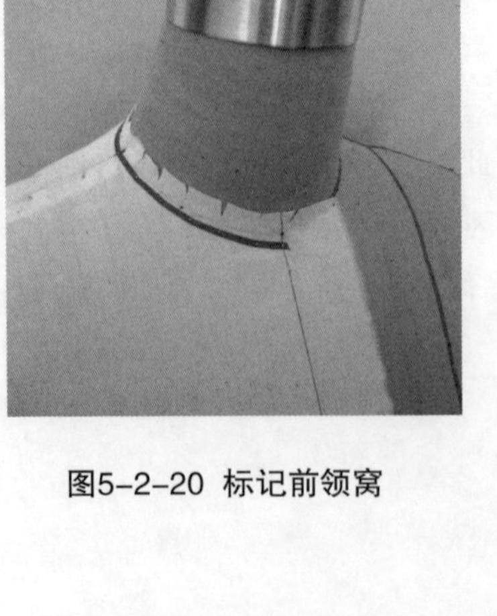

图5-2-20 标记前领窝

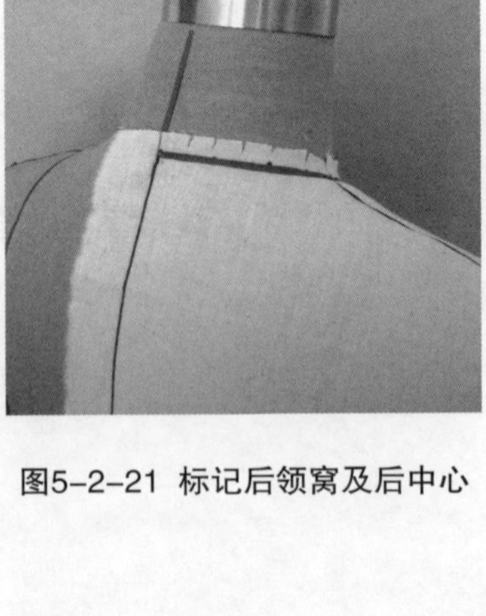

图5-2-21 标记后领窝及后中心

图5-2-22 固定领片后中心及领宽

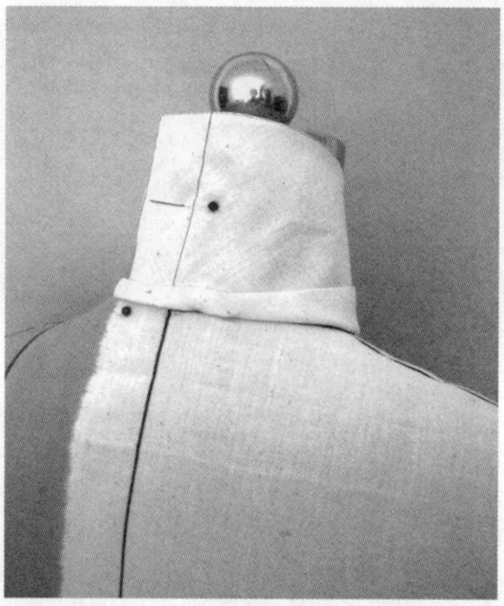
图5-2-23 确定后领下口线

图5-2-24 确定领翘

宽的大小根据需要而定。

（2）确定后领下口线（图 5-2-23）

将后领片下口的布边向上翘起，确定后领下口线。布边向上翘起时注意领片与人体颈部要留有空隙。

（3）确定领翘（图 5-2-24）

先将领片下口的布边向上翘起，再把领片向前围绕，若前领中心布边向上翘起量增大，则领片上口将靠近颈部，形成梯形的立领造型。注意调整领片与颈部之间空隙大小。空隙大，则领片下口的布边向上翘起小；空隙小，则领片下口的布边向上翘起大。调整到与人体颈部的倾斜一致，并略有松量。

（4）领下口处打剪口（图 5-2-25、图 5-2-26）

为使领下口的缝份伏贴于人体模型上，即领片伏贴，将领下口线打剪口，注意剪口不能超过人体模型颈根净线。剪好剪口后进一步调整领片与人体颈部的关系。

（5）领下口线点影（图 5-2-27、图 5-2-28）

根据衣片领窝弧线的位置，在领片布上用笔将领下口净线按领窝弧线进行点影。

（6）确定领上口造型线（见图 5-2-29、图 5-2-30）

根据设计者的要求，用粘带将领上口造型线标记出来，或用笔标记也可。

（7）卸下领片（图 5-2-31）

将领片从人体模型上卸下来。

（8）画线、整理（图 5-2-32）

把领片从模型上取下并展平，将领子的轮廓线用

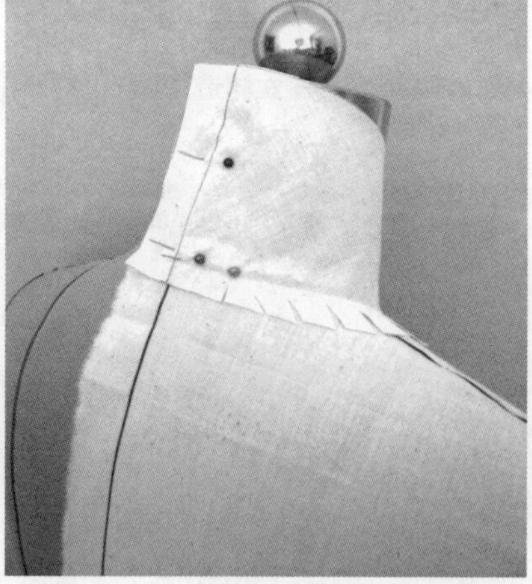
图5-2-25 后领下口处打剪口

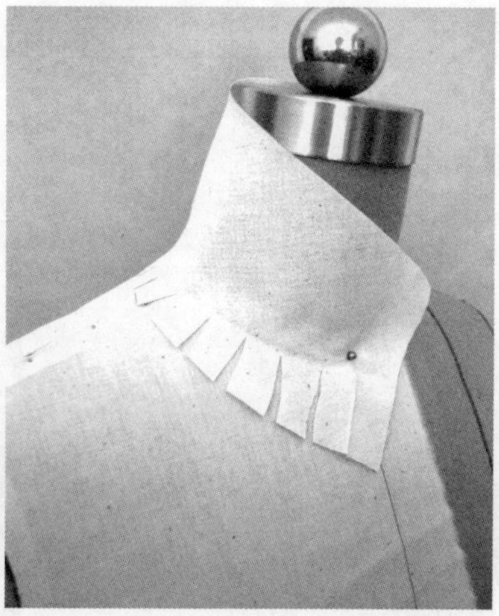
图5-2-26 前领下口处打剪口

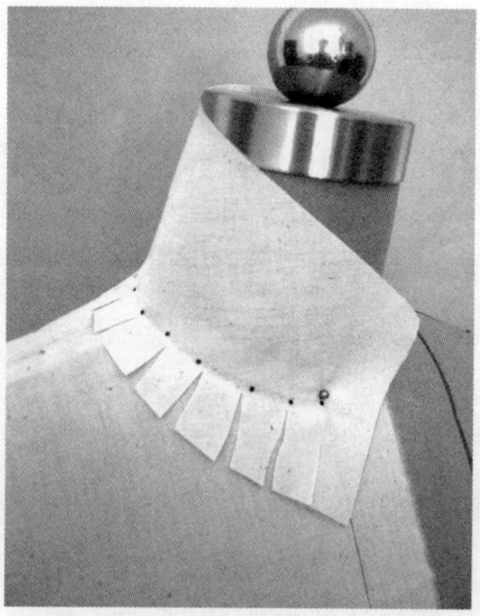
图5-2-27 领下口线点影

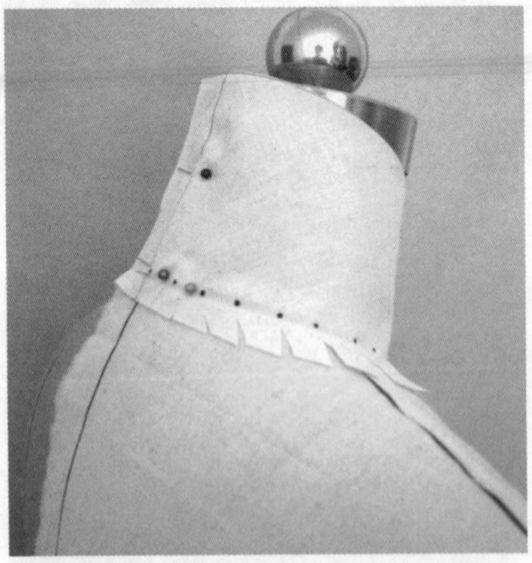

图5-2-28 领下口线点影

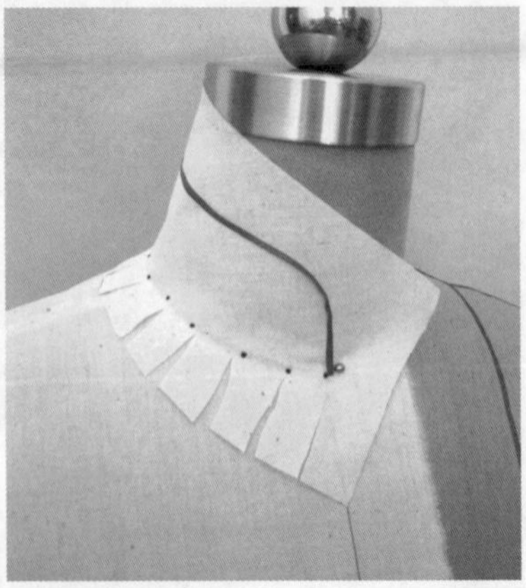

图5-2-29 确定领上口造型线

图5-2-30 确定领上口造型线

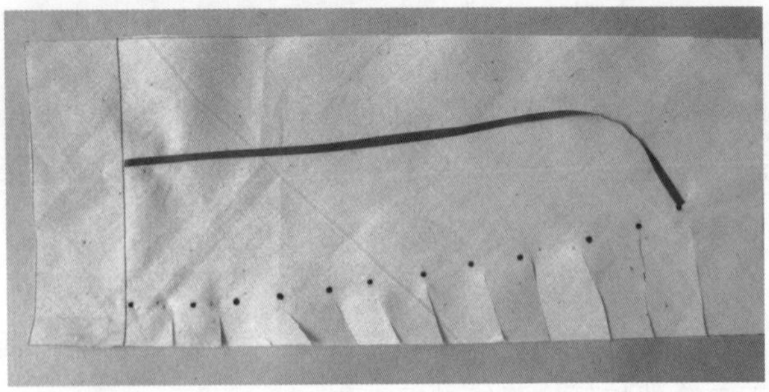

图5-2-31 卸下片

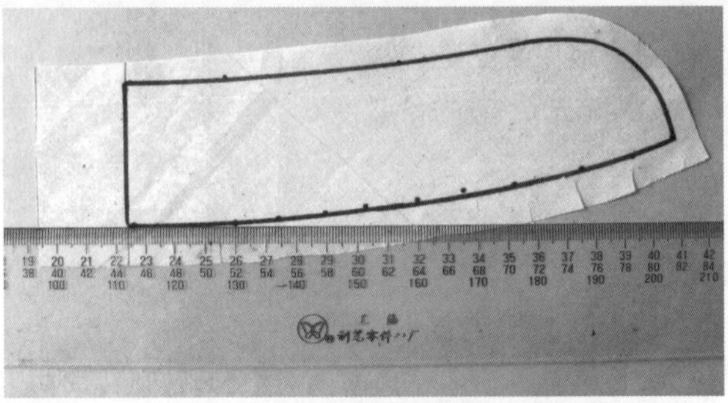

图5-2-33 向内倾斜型立领平面展开图

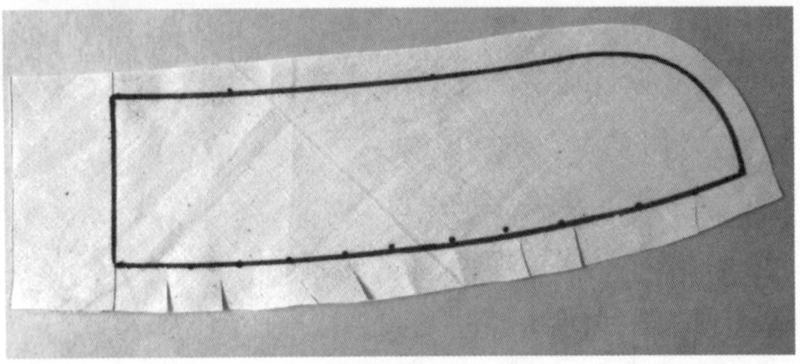

图5-2-32 画线、整理

笔画好，留出缝份并将多余布料剪掉。

（三）总结

（1）向内倾斜型立领平面展开图（图 5-2-33）

从平面展开图中可看出，与平面裁剪一样，领子前端有翘势。向内倾斜型立领的裁剪要点就是领子的翘势。翘势大，则领子离颈部近；翘势小，则领子离颈部远。

（2）向内倾斜型立领立体造型（图 5-2-34、图 5-2-35）

从前后立体造型图中可看出，此向内倾斜型立领的领侧边线向内倾斜，与人体颈部圆台状相吻合，但领上口线与人体颈部要留有定空隙。

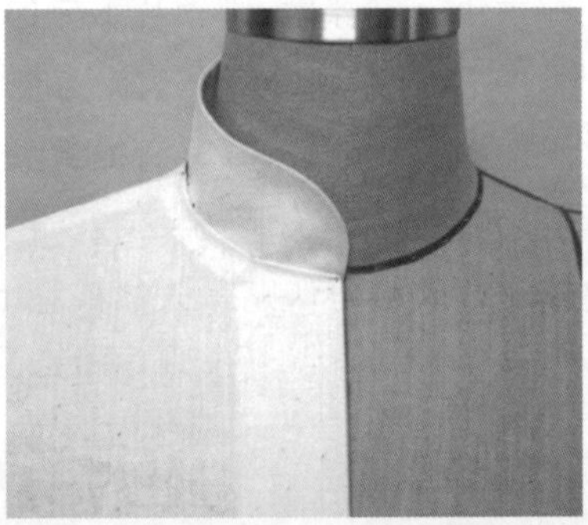

图5-2-34 向内倾斜型立领立体造型图

图5-2-35 向内倾斜型立领立体造型图

2. 方法二：折叠法

这种方法是通过折叠领上口，使领上口变短，调整出领子与颈部的空隙，从而得到领子的翘势和领宽。

（1）固定领片后中心及领下口线

将领片的后中心线与人体模型的后中心线对齐，领片下口净线与领窝对齐，把领片从后绕到前，用大头针固定，与直立领固定领片下口线与后中心线相同。

（2）折叠领片

把领片分成二、三处捏起来，用大头针仔细地别好，要观察领片的形状，考虑与肩倾斜的对比和颈部倾斜的均衡。

（3）标记领造型线

标记方法同前款。在领片上将领造型线标记出来。

三、向外倾斜型立领

向外倾斜型立领是立领结构中的一种，在时装中应用较多。它的显著特征是领侧线与水平线呈锐角，又称锐角立领。此种领的结构特点是：领下口线呈一条向下弯的弧线，领上口围长度大于领下口围长度，所以领片的造型为倒锥形，领下口弧线向下弯曲。弯曲度越大，则领片上、下口围度差越大，领子的倒锥形的锥度越明显。当领下口弧线的曲度与领窝弧线曲度一致时，立领特征完全消失，变为坦翻领。向外倾斜型立领款式见图 5-2-36。

（一）准备工作

1. 布料准备

取一块长方形布料，纵向取 m+8~10cm（m 为领宽），横向取 N/2+8（N 为领围）。为立体裁剪操作方便，领片用布通常采用 45^0 斜纱。向外倾斜型立领用布图见图 5-2-37，布料准备见图 5-2-38。

2. 标记前后领窝及后中心

方法同向内倾斜型立领。按款式要求，用粘带在人体模型的衣身上将领窝的形状标出，并将颈部的中心线也标记出（图 5-2-20、图 5-2-21）。

（二）操作方法及技巧

（1）固定后中心及领宽（图 5-2-39)

将领片的后中心线与人体模型的后中心线对齐，在颈根的净线上横向别两个大头针。注意，因为向外倾斜型立领的领下口线是向下弯曲，所以下端的领布留多一些，向下弯曲越强烈则布留得越多。再根据向外倾斜型立领的领宽，在中心线处向上将领

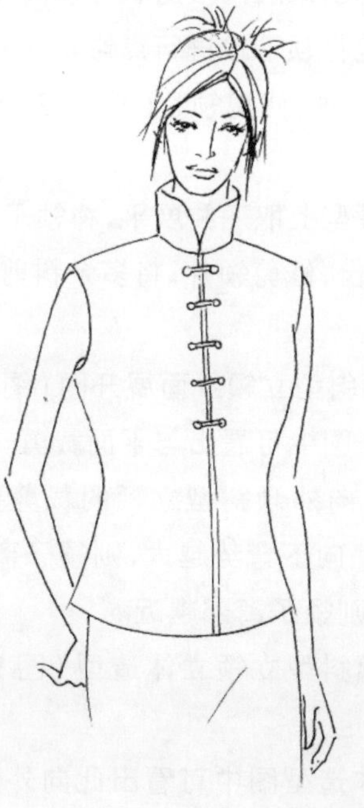

图5-2-36 向外倾斜型立领款式

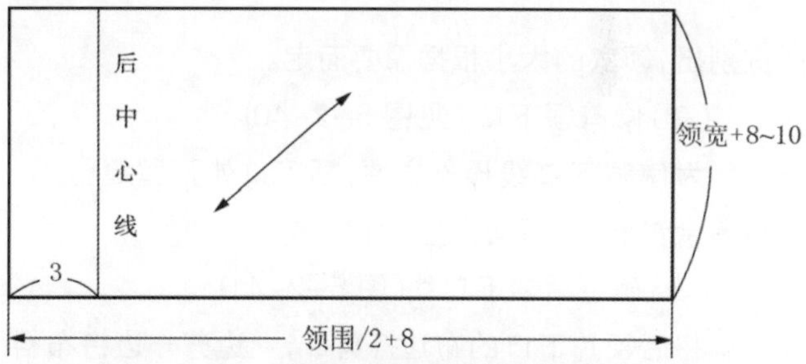

图5-2-37 向外倾斜型立领用布图

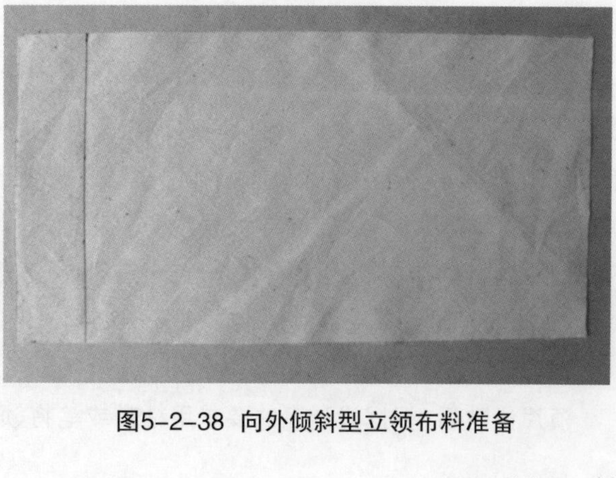

图5-2-38 向外倾斜型立领布料准备

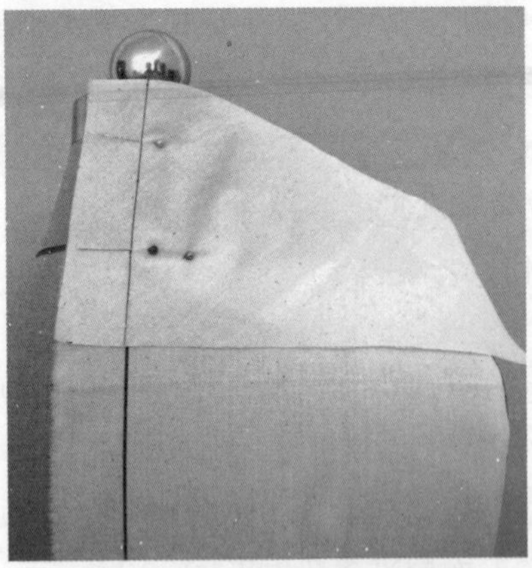

图5-2-39 固定后中心及领宽

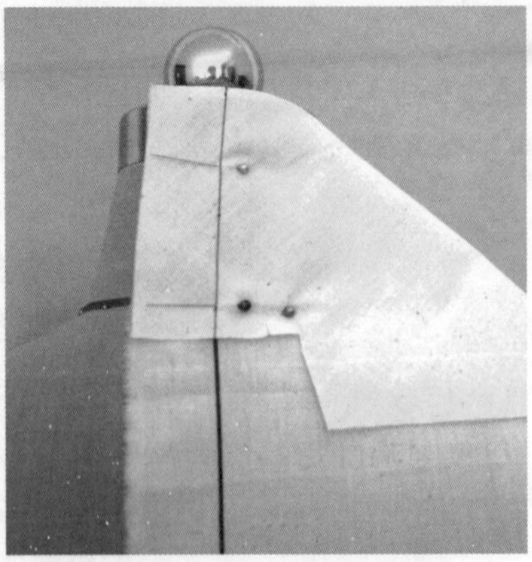

图5-2-40 修剪领下口

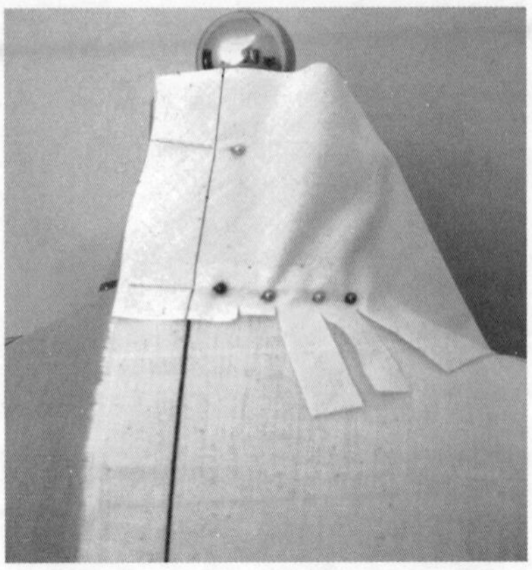

图5-2-41 确定后领下口线

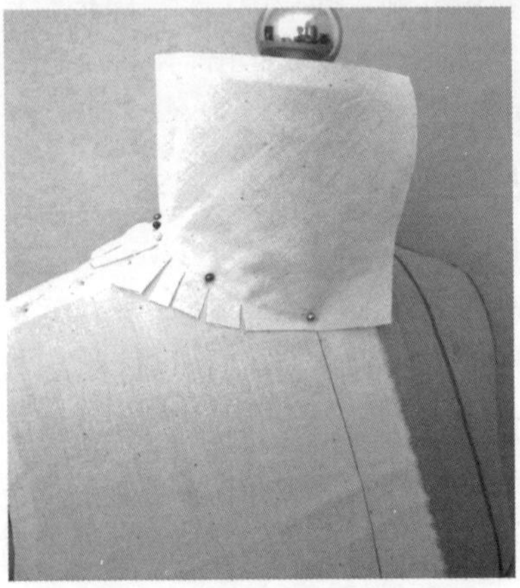

图5-2-42 确定前领下口线

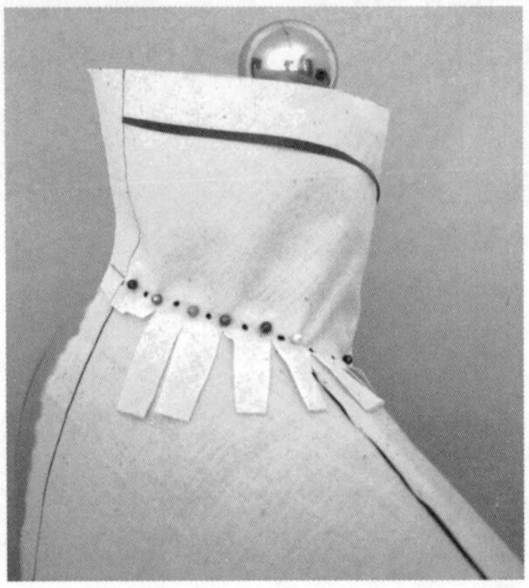

图5-2-43 确定领上口造型线并点影

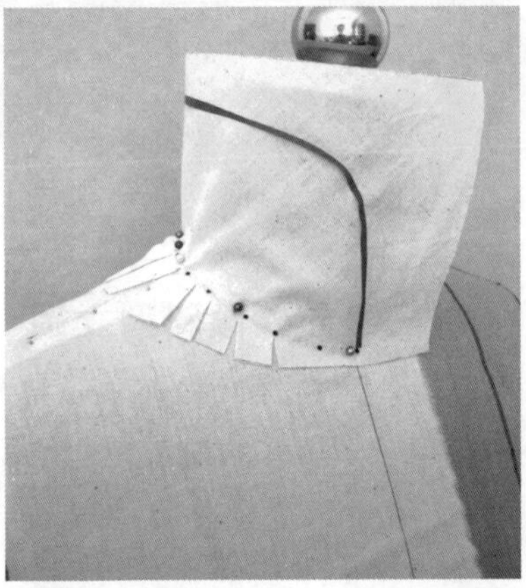

图5-2-44 确定领上口造型线并点影

宽别出，领宽的大小根据需要而定。

（2）修剪领下口（见图 5-2-40)

为使领下口线操作方便，领下口处预留缝份后，将多余量剪掉，横向大剪 3cm。

（3）确定后领下口线(图 5-2-41)

将后领片下口的布边打剪口，一边剪一边将布料向上抬起，把领片向前围绕，观察领片与颈部之间的空隙大小，确定后领下口线。

（4）确定前领下口线(图 5-2-42)

把领片向前围绕，并将前领片下口的布边打剪口，一边剪一边将布料向上抬起，同时调整领片与颈部之间空隙大小，空隙越大则向外倾斜型立领特征越明显，领侧边线与侧颈点水平线呈锐角。注意领片下口的布边打剪口时一定慢慢剪，一点一进行调整

（5）确定领上口造型线并点影(图 5-2-43、图 5-2-44)

领片伏贴后，根据设计者的要求用粘带或笔将领上口造型线标记出来。再根据衣片领窝弧线的位置，在领片布上用笔将领下口进行点影。

（6）画线、整理，修剪领片(图 5-2-45、图 5-2-46)

把领片从模型上取下并展平，将领子的轮廓线用笔画好，留出缝份，修剪领片，将多余料剪掉。

（三）总结

（1）向外倾斜型立领平面展开图（图 5-2-47）

从平面展开图中可看出与平面裁剪一样，领子前端向下有弯势，向外倾斜型立领的裁剪要点就是领子向下有弯势。向下弯势越大，则领子离颈部越远；向下弯势越小，则领子离部越近。

（2）向外倾斜型立领立体造型（图 5-2-48、图 5-2-49）

从前后立体造型图中可看出此向外倾斜型立领

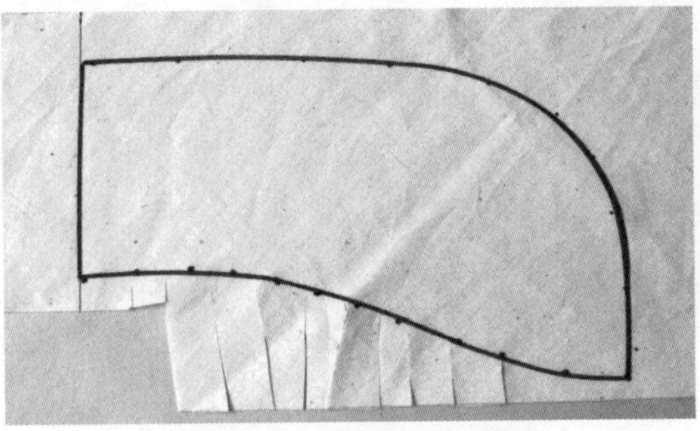

图5-2-45 画线、整理

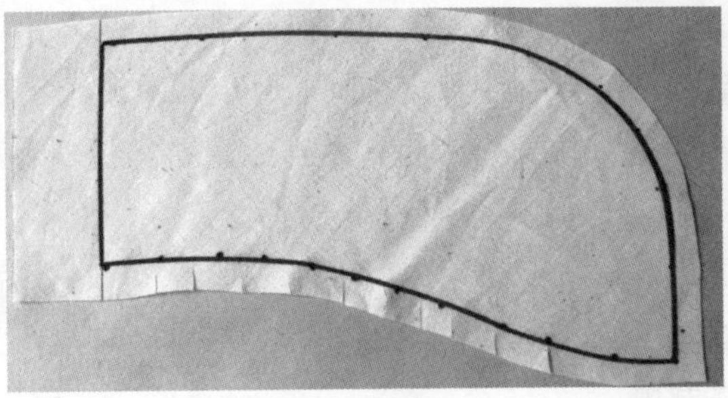

图5-2-46 修剪领片

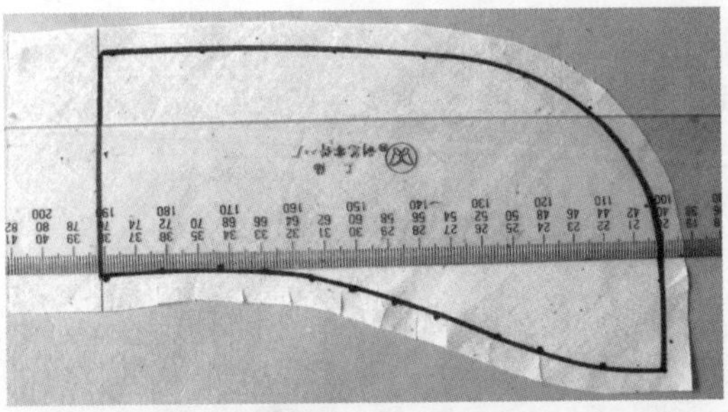

图5-2-47 向外倾斜型立领平面展开图

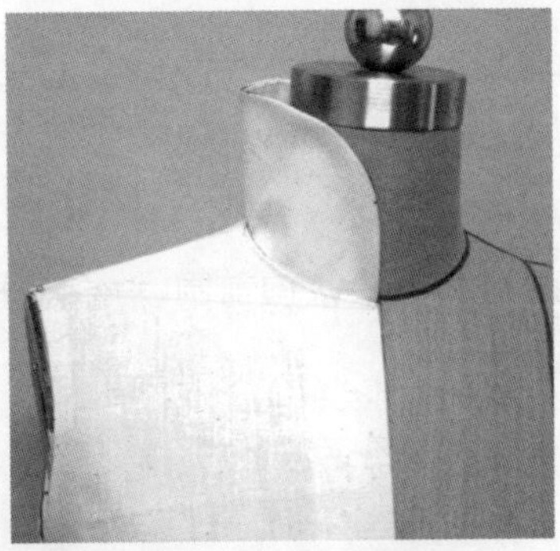

图5-2-48 正面立体造型图

图5-2-49 背面立体造型图

的领侧边线向外倾斜，离人体颈部较远，向外倾斜越大则与人体颈部的空隙也越大。

四、翻立领

翻立领是由翻领与底领两部分组成，底领属单立领类。它就是在单立领的基础上加翻领，这两部分是分离的，是依靠缝合相连的。穿着时既可以敞开，也可以闭合。下面以衬衣领为例，来讲解翻立领的立体裁剪。衬衣领领外口造型为尖形，也有为方形或圆形。衬衣领款式见图 5-2-50。

(一)准备工作

1. 布料准备

翻立领的底领的领型与向内倾斜型立领的相同，底领部分的布料准备可参考向内倾斜型立领的布料准备，其翻领部分的布料准备可参考向外倾斜

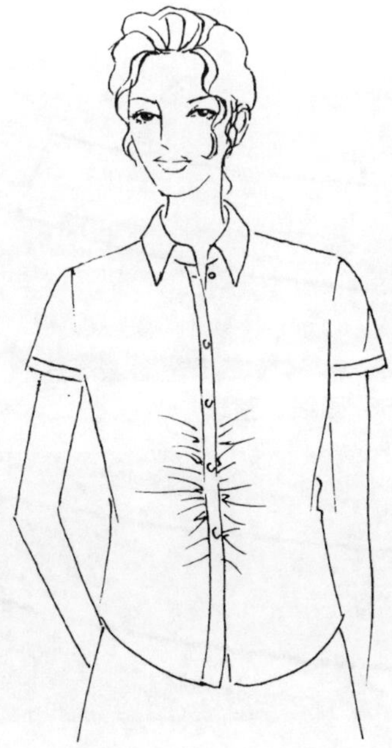

图5-2-50 衬衣领款式

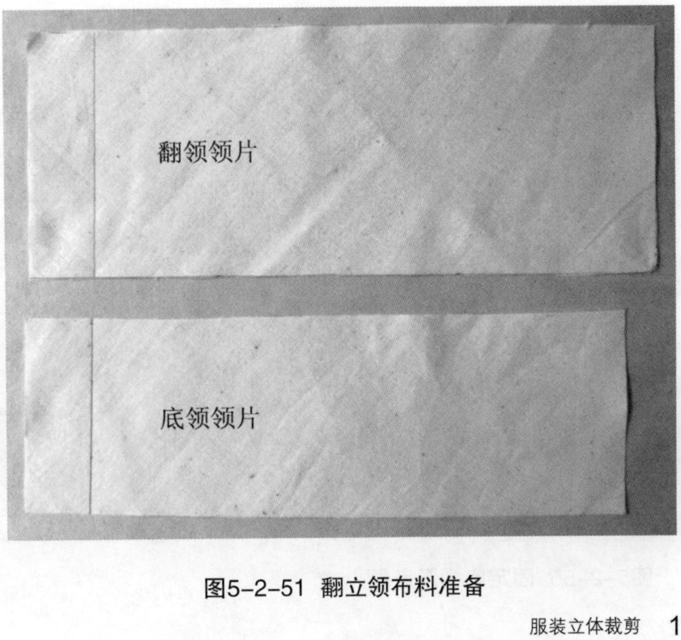

图5-2-51 翻立领布料准备

型立领的布料准备(图 5-2-51)。

2. 标记前后领窝及后中心

按款式要求,用粘带在人体模型的衣身上,将领窝的形状调整、标记好,并将颈部的中心线也标好(图 5-2-52、图 5-2-53)。

(二)操作方法及技巧

1. 底领立体裁剪

底领部分的立体裁剪同向内倾斜型立领的立体裁剪。注意底领包括门襟部分。

(1)固定底领及点影(图 5-2-54、图 5-2-55)

①先将领片的后中心线与人体模型的后中心线对齐,在中心线处将领宽别出。

②将领片下口的布边向上翘起,再把领片向前围绕,注意调整领片与颈部之间空隙大小。

③将领下口线打剪口,使领片伏贴于人体模型上,注意剪口不能超过人体模型颈根净线。剪好刀口后进一步调整领片与人体颈部的关系。

④把领片调整好后,根据衣片领窝弧线位置,在领片布上用笔将领下口净线按领窝弧线进行点影。

⑤根据设计者的要求,用粘带将领上口造型线标记出来。底领宽一般为 2.5~3.5cm。

(2)画线、整理(图 5-2-56)

把底领领片从人体模型上取下并展平,按照领上口造型线及领下口点影将底领的轮廓线用笔画好。

(3)修剪底领领片(图 5-2-57)

将底领的轮廓线用笔画好,留出缝份后将多布料剪掉。

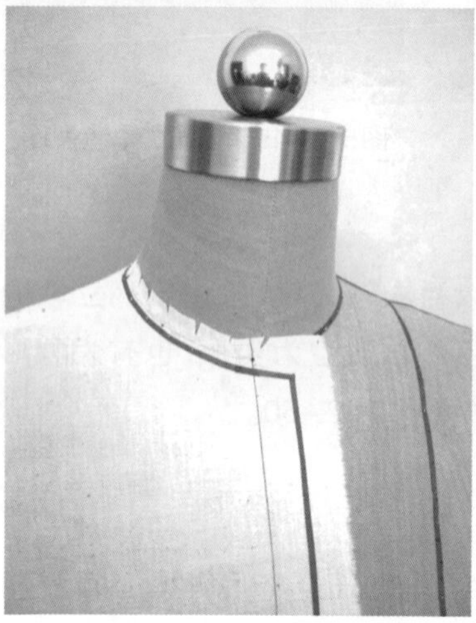

图5-2-52 标记前领窝

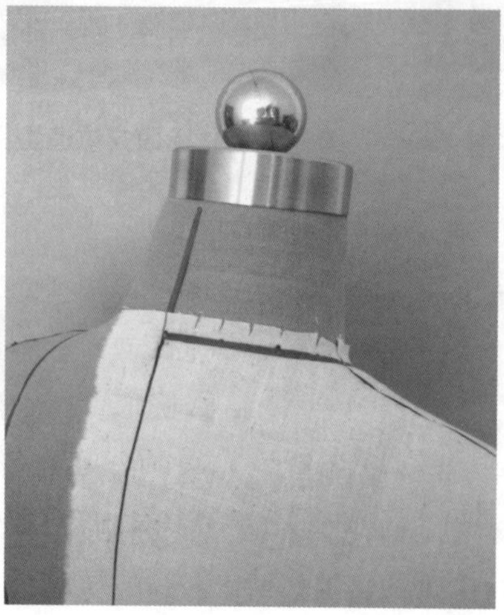

图5-2-53 标记后领窝及后中心

图5-2-54 固定底领及点影

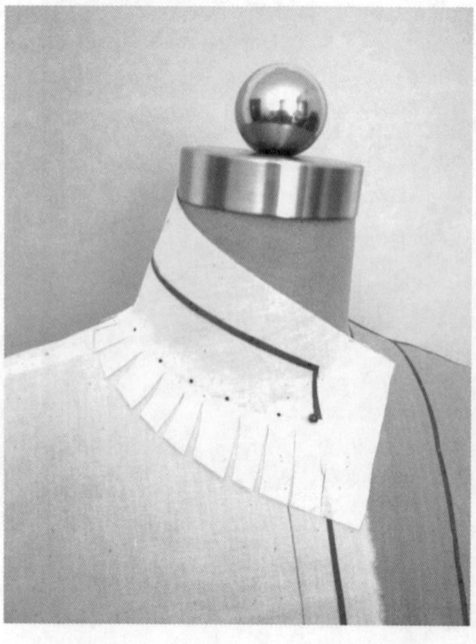

图5-2-55 固定底领及点影

图5-2-56 画线、整理

图5-2-57 修剪底领领片

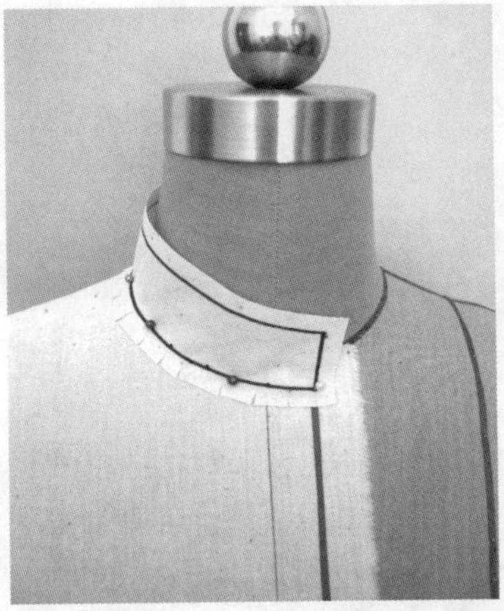
图5-2-58 固定底领

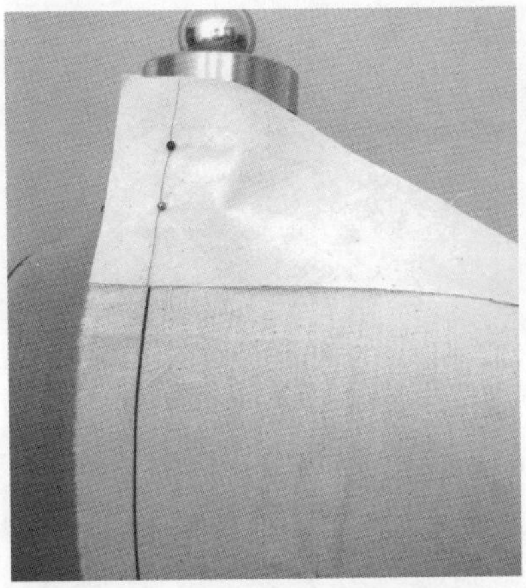
图5-2-59 固定翻领中心线

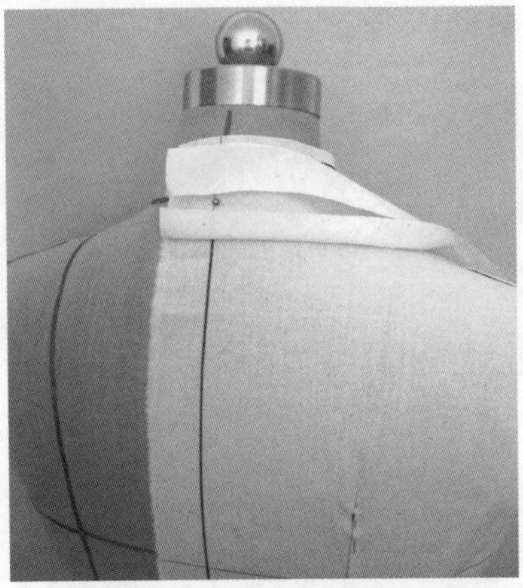
图5-2-60 折转翻领缝份

2. 翻领立体裁剪

（1）固定底领（图 5-2-58）

将修剪好的底领领片固定于衣片领窝处，底领下口线与衣片领窝净线对合，进一步观察底领的造型，若不合适则重新进行修正。

（2）固定翻领中心线（图 5-2-59）

将翻领的后中心线与底领的后中心线固定，翻领下端留的用布量多一些。

（3）折转翻领缝份（图 5-2-60、图 5-2-61）

将翻领上下两端的缝份折转，留出领宽，并将翻领向前绕，调整翻领造型。注意翻领部分在肩缝处要宽松些，一般为 0.7cm，根据面料的厚薄而定，要保证翻领的里外吃势均匀。

（4）固定翻领上口线（图 5-2-62、图 5-2-63）

以底领上口线为准，将翻领的上口线进行修剪，再从后领窝开始将翻领与底领在上口线处用大头针固定好，注意翻领的造型。

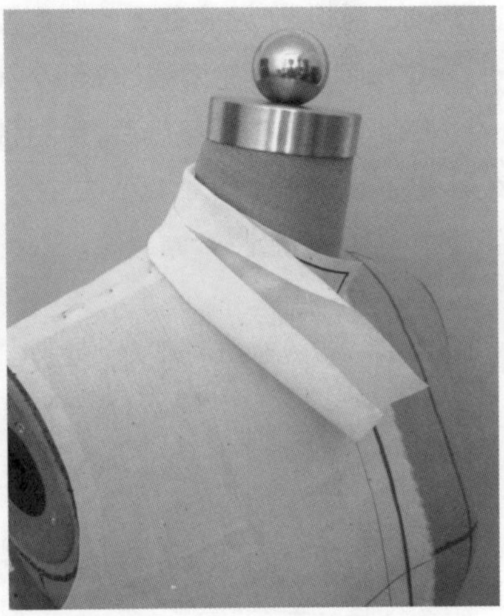
图5-2-61 折翻领缝份

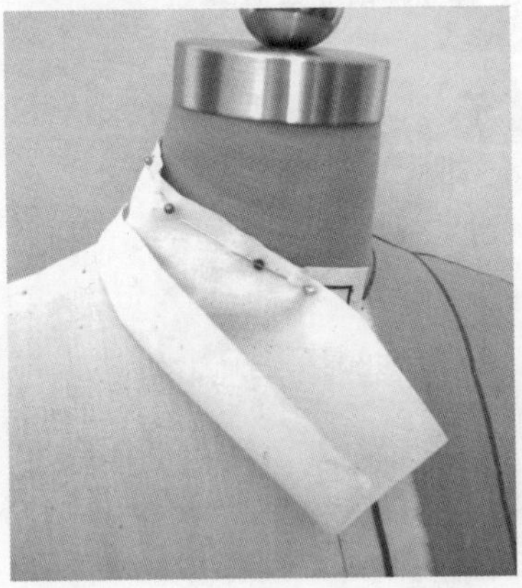
图5-2-62 固定翻领上口线

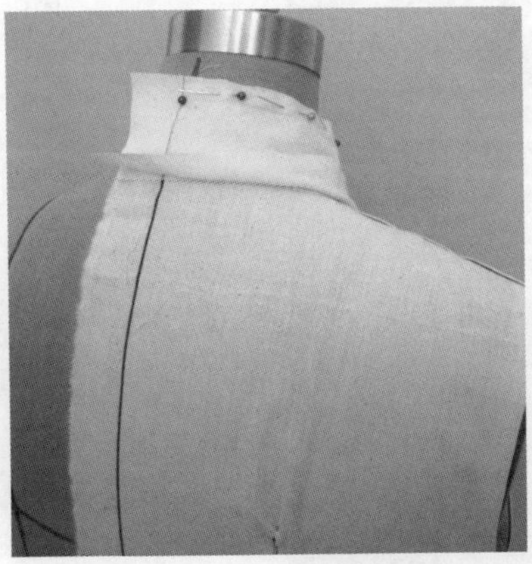
图5-2-63 固定翻领口线

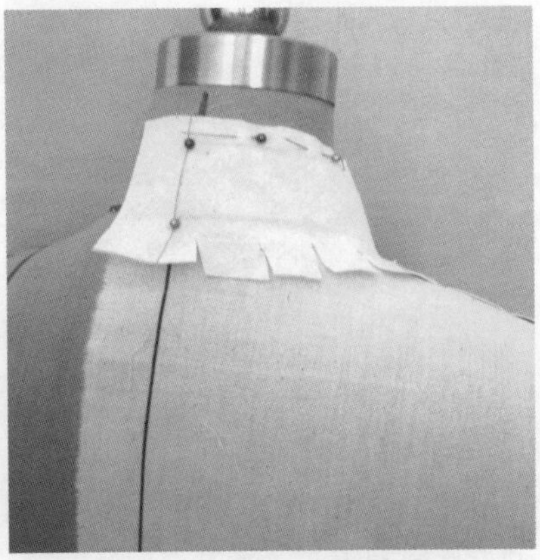
图5-2-64 翻领外口处打剪口

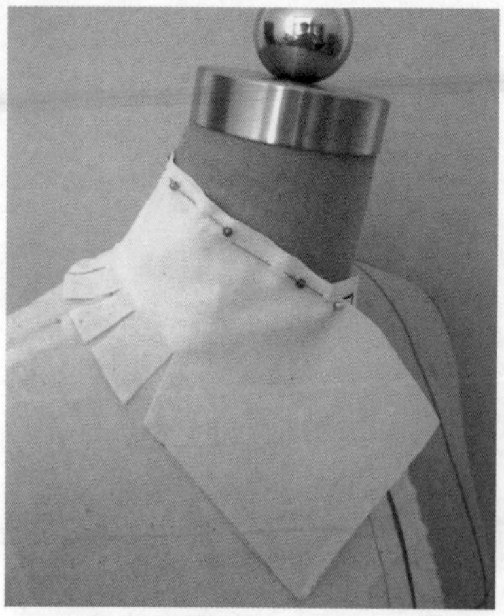

图5-2-65 翻领外口处打剪口

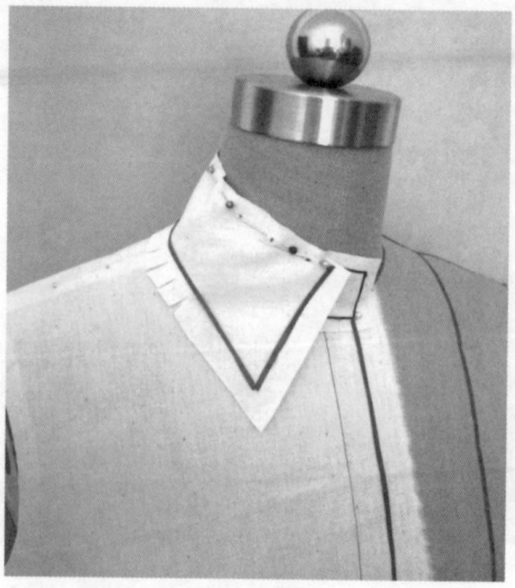

图5-2-66 确定翻领轮廓线

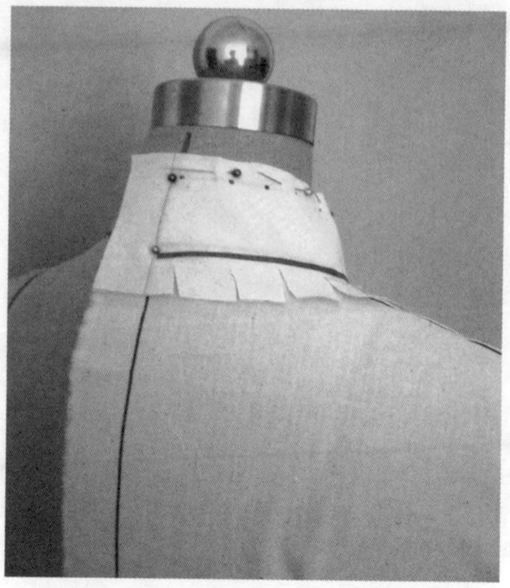

图5-2-67 确定翻领轮廓线

（5）翻领外口处打剪口（图 5-2-64、图 5-2-65）

为使翻领外口伏贴，将翻领外口打剪口。翻领外口要和衣身相贴，注意翻领的造型要准确。

（6）确定翻领轮廓线（图 5-2-66、图 5-2-67）

将翻领的形态调整好后，用粘带将翻领外口轮廓线标记下来，翻领宽为 4cm 左右。注意要与设计者的要求一致，最后将余布料掉。

（7）画线、整理（图 5-2-68）

把翻领领片从人体模型上取下并展平，按照领外口轮廓线及领上口点影将底领的轮廓线用笔画好，留出缝份后再将多布料剪掉。

（三）总结

（1）翻立领平面展开图（图 5-2-69）

从平面展开图中可看出，底领部分是向内倾斜型立领的展开图，前端有领翘。翻领的上口线向下弯

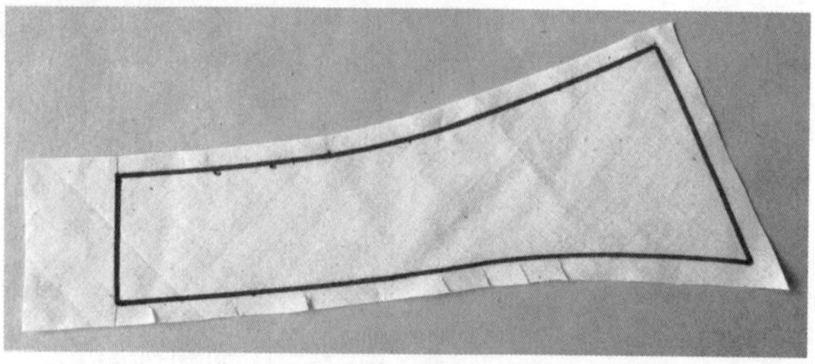

图5-2-68 画线、整理

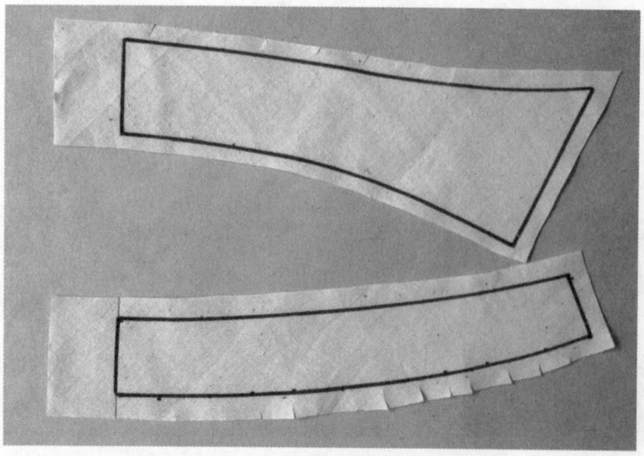

图5-2-69 翻立领平面展开图

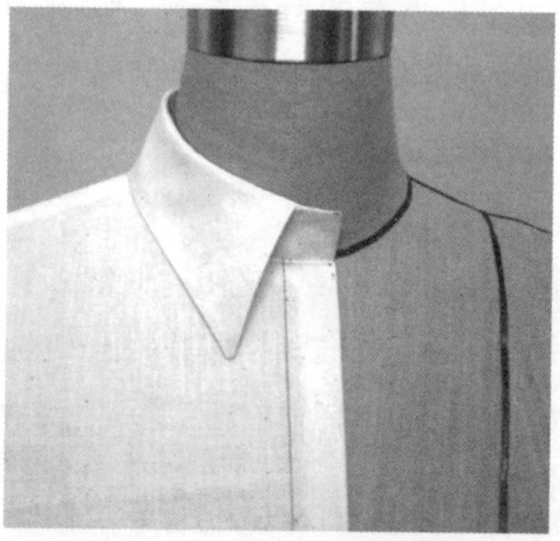

图5-2-70 翻立领前立体造型

图5-2-71 翻立领后立体造型

曲，向下弯曲的程度大于底领上口线向上弯曲的程度，主要原因是翻领比底领宽，翻领的外口线需要一定的松度。

（2）翻立领立体造型（图 5-2-70、图 5-2-71）

从立体造型中可看出，虽然翻领宽与底领宽存在差异，但用立体裁剪的手法可直接看出翻领的立体造型，能很好地控制翻领松度，使翻领平贴于衣身上，使造型更美观。

第三节　原身出领

原身出领属变化型领中的一种，从远处看似立领，但实际上是衣领与衣身连在一起，是在原领窝的基础上伸出一部分，也就是衣片曲面延展并产生一定的改变而形成立领结构。

原身出领的衣片曲面的改变需通过在领颈部位设置分割线或省道等来实现，这也就是多数原身出领都设置有领口省的原因。原身出领的领宽较窄时，立领面与衣身面的转折角度较小，可不设置领口省，由肩缝来完成结构的实现；领宽较宽时，立领面与衣身面的转折角度较大，若单纯由肩缝来完成结构的实现则不可能，可设置领口省或分割线来实现原身出领的结构。原身出领造型是秋冬季女装中常用的款式，适宜硬度适中的面料，不宜用柔软面料。

• V型原身出领

V 型原身出领的前领口呈 “V” 字造型，前领口的上端及后领口为原身出领。此款裁剪的重点是领弧线处留有松量，以满足人体颈部在前后左右屈伸、回旋等运动量。此领在后领口弧线上设置省道。V 型原身出领款式见 5-3-1。

（一）准备工作

1. 布料准备

布料准备见图 5-3-2。准备长方形面料两块，长为前（后）腰长 +10cm，宽为前（后）胸围 +10cm，在布料上画出前（后）中心线、前（后）胸围线。

2. 标记后领型及后中心线

根据设计者的要求，用粘带在人体模型的后颈上将立领的形状、颈侧线标出，并将颈部的中心线也标记好。标记后领型及后中心线见图 5-3-3。

图5-3-3 标记后领型及后中心线

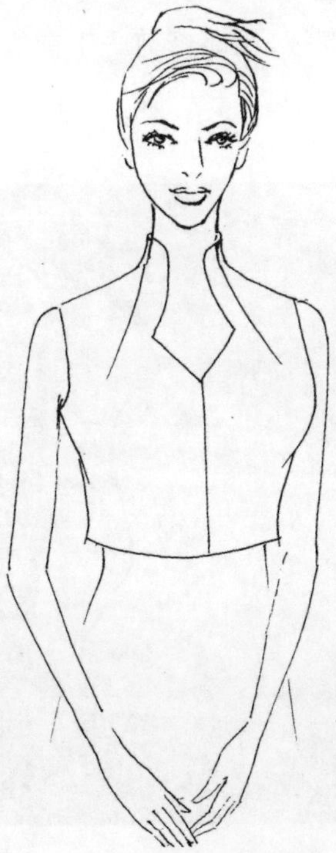

图5-3-1 V型原身出领款式图

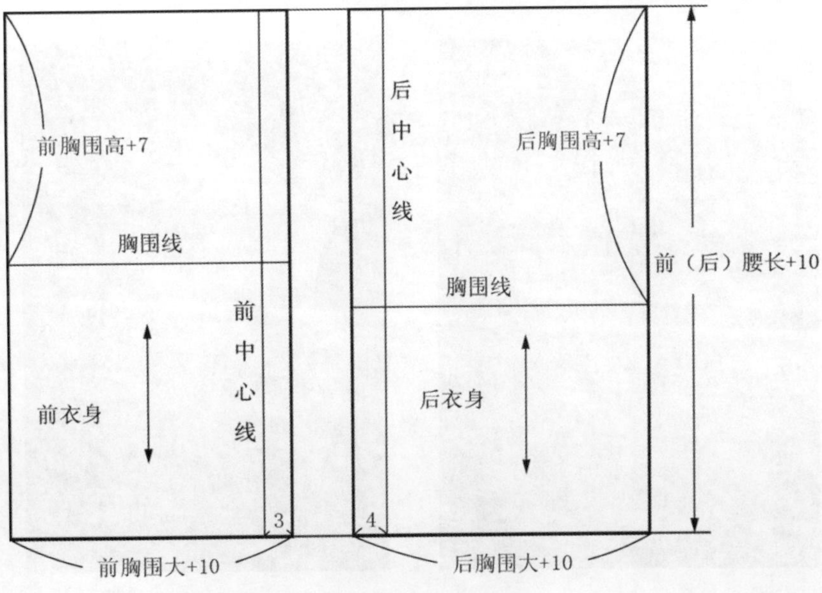

图5-3-2 原身出领布料准备图

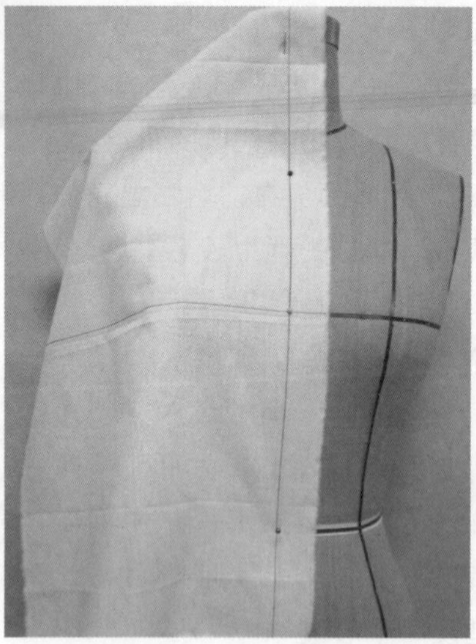

图5-3-4 固定前衣片

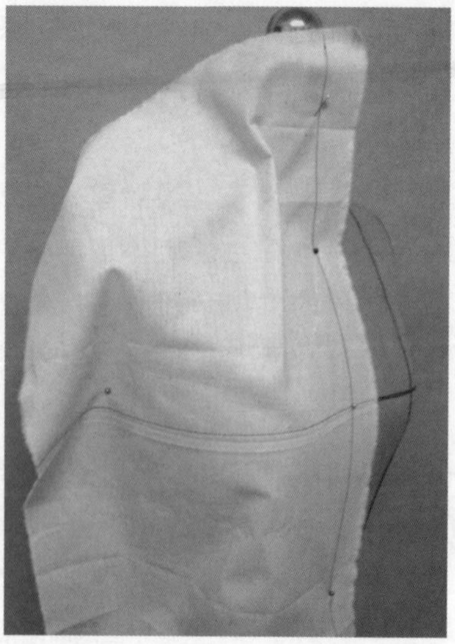

图5-3-5 固定胸围线及确领省

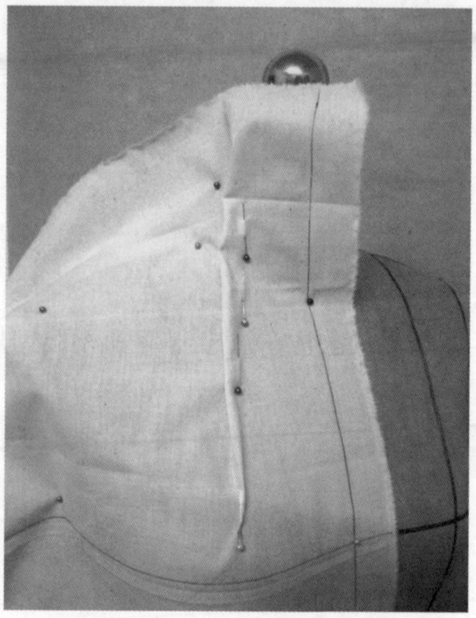

图5-3-6 固定肩线及领省

（二）操作方法及技巧

1. 前衣身立体裁剪

（1）固定前衣片（图5-3-4）

将前衣片的中心线、胸围线与人体模型上的对合一致，用大头针固定前衣片的中心线。

（2）固定胸围线及确定领省（图5-3-5）

将胸围线与人体模型的胸围线对合好，并进行固定，再根据服装款式确定领口省的位置，暂时确定领口省的大小。

（3）固定肩线及领省（图5-3-6）

注意领口省的大小将直接影响立领面的可改变程度，所以根据款式可适当将衣身其他部位的省道量转移至领口省，增大领口省的大小。把胸围线固定好后，从胸围处开始将布料向上抚平，胸上多余量放到领口处。将领口省按照款式位置用大头针固定下来，肩线按照标记形态固定前衣片肩线。省量越大，领口越贴近颈部；反之，减小省量，则领口与颈部的空隙越大。

（4）固定侧缝（图5-3-7）

把胸围线上布料固定好后，再将胸围线下侧缝处的布料顺势向下抚平，并用大针固定侧缝。

（5）修剪前衣片（图5-3-8）

按照前衣片的轮廓线，粗略修剪一下前衣片，缝份留得多一些。

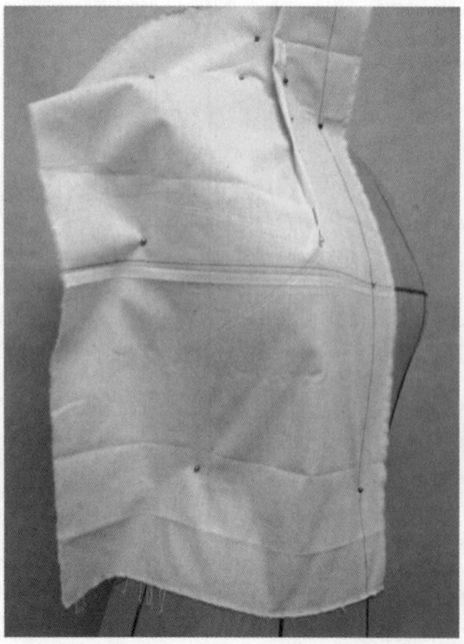

图5-3-7 固定侧缝

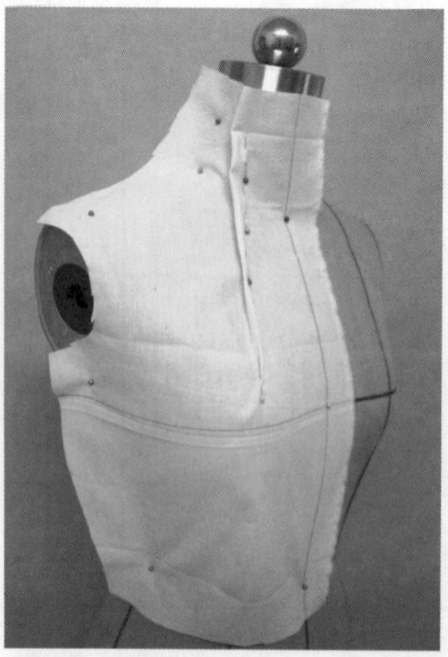

图5-3-8 修剪前衣片

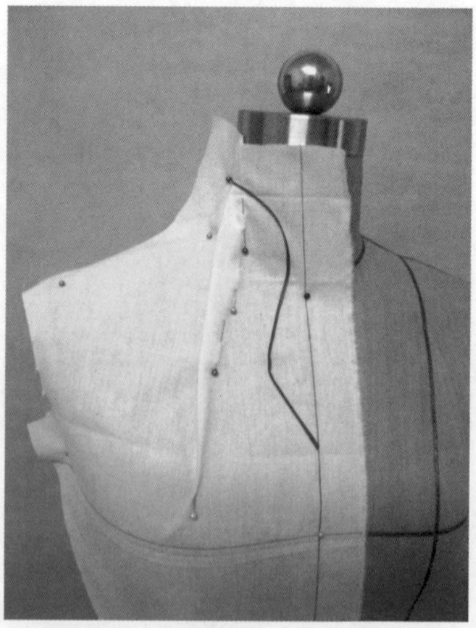

图5-3-9 确定领口造型线

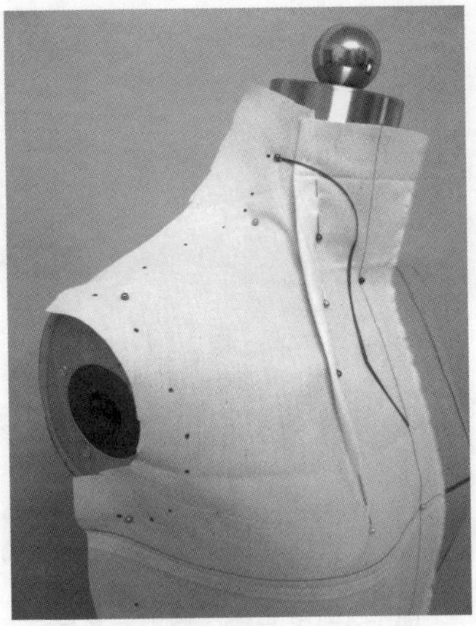

图5-3-10 点影

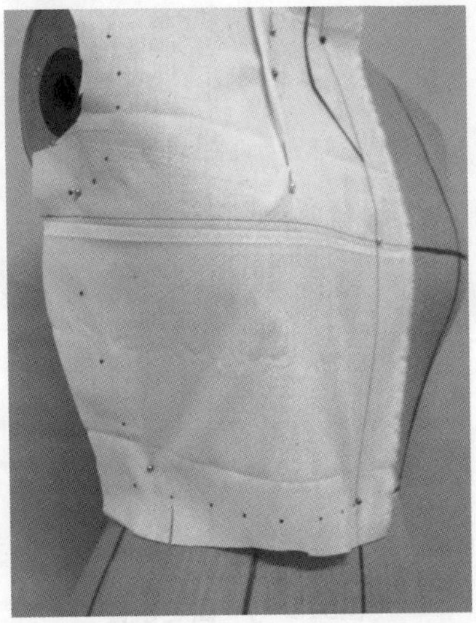

图5-3-11 点影

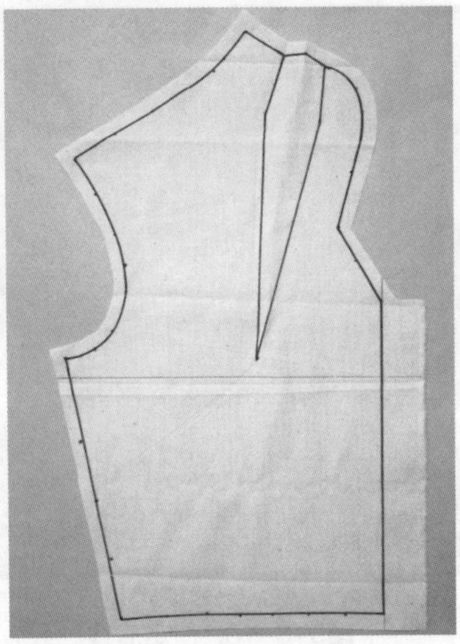

图5-3-12 画线、整理

（6）确定领口造型线（图 5-3-9）

根据款式要求，将领口造型线用粘带标记出来，注意要与款式一致。

（7）点影（图 5-3-10、图 5-3-11）

按照衣片各轮廓线的位置，在衣片上用笔将肩线、袖窿弧线、侧缝、腰围线净线进行点影。

（8）画线、整理（图 5-3-12）

把衣片从模型上取下并展平，按照点影、粘带标记、省道折痕将衣身的轮廓线及省位用笔画好。然后留出缝份，将衣片多余料剪掉。

2. 后衣身立体裁剪

（1）固定后中心线（图 5-3-13）

将后中心线、后胸围线与人体模型上的对合一致，并将后中心线固定，背部留有放松量。

（2）固定胸围线（图 5-3-14）

腰部略留松量，将腰部处的多余量推至胸围线以上，再作为松量转移至领口，使领子竖起来。用大头针固定后衣片的胸围线。

（3）腰部打剪口（图 5-3-15）

在后衣身腰部下端打剪口，使后腰部衣片伏贴，注意不要剪过腰部净线。进一步调整腰部衣身。

（4）固定肩线（图 5-3-16）

将胸围线在人体模型上固定好后，把腰部、后背处的多余量推到领部，按照人体模型肩线标记形态

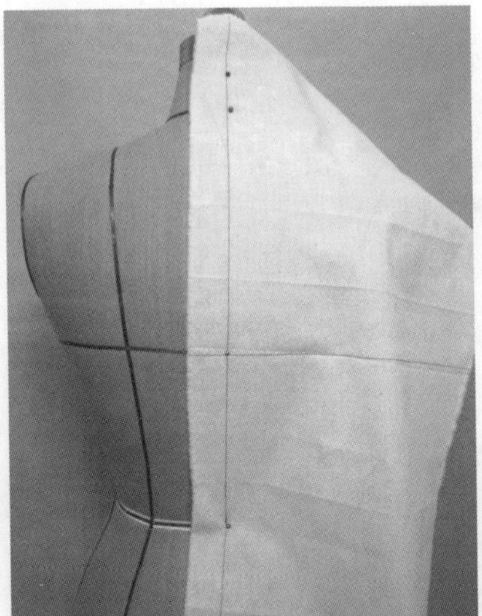

图5-3-13 固定后中心线

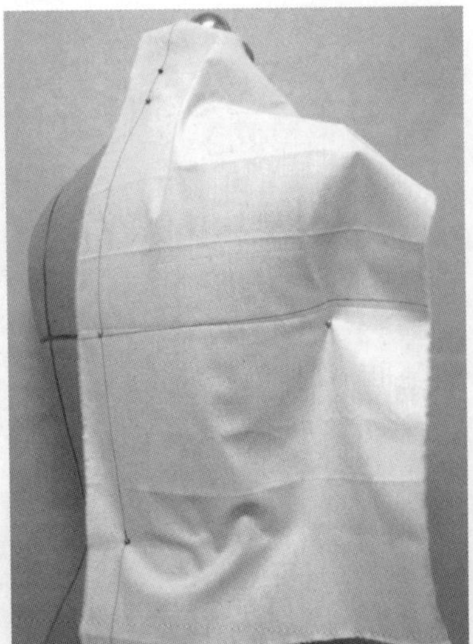

图5-3-14 固定胸围线

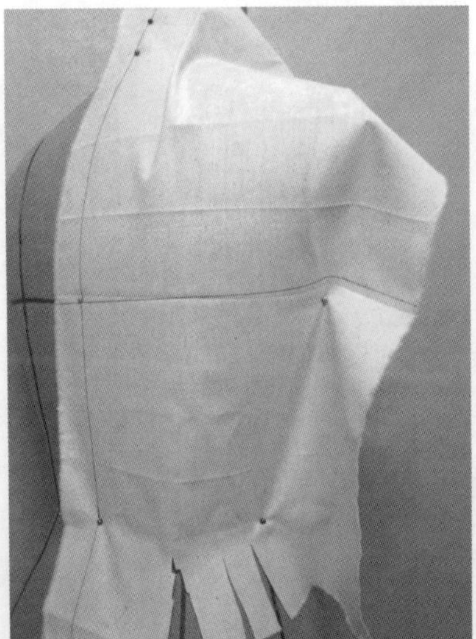

图5-3-15 腰部打剪口

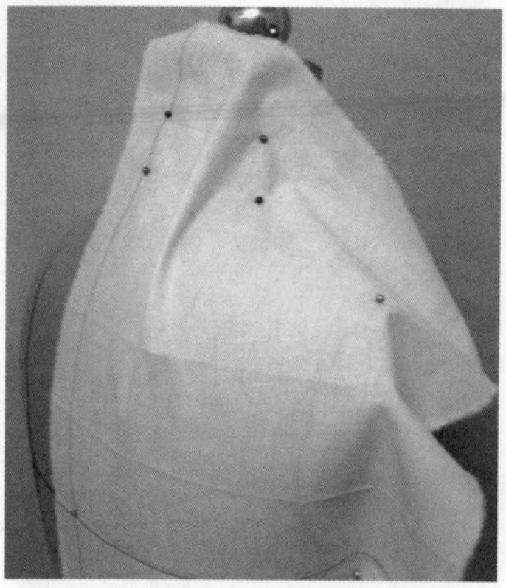

图5-3-16 固定肩线

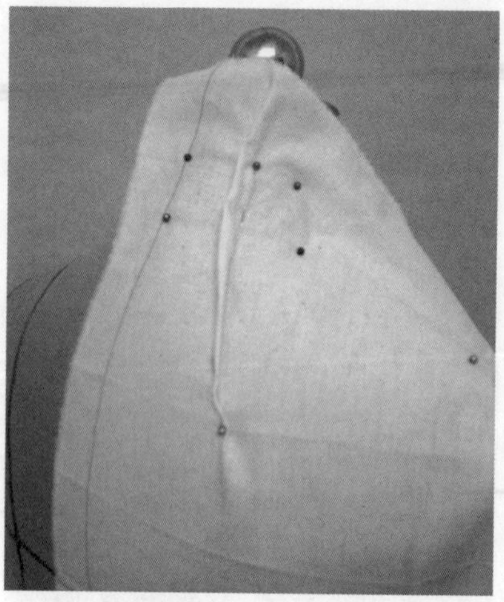

图5-3-17 固定领省

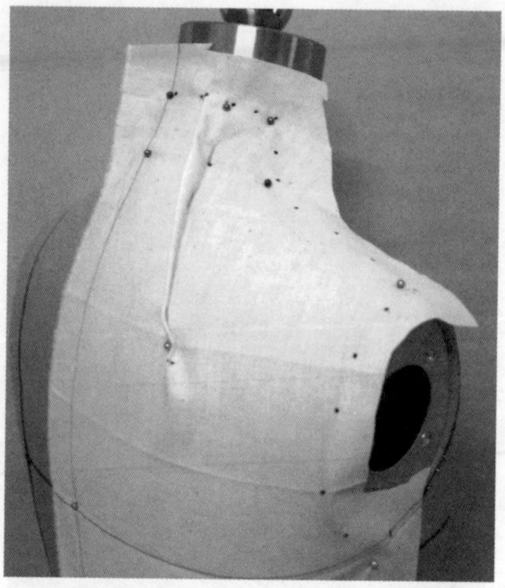

图5-3-18 点影、修剪后衣片

固定后衣片肩线。再根据服装款式确定领口省的位置，暂时确定领口省的大小。

（5）固定领省（图 5-3-17）

在领口处将多余的部分捏成省道，领口处要留有松量，省道的上口随颈部逐渐变小，省道下端对准肩胛高点，省尖形成锥状。

（6）点影、修剪后衣片（图 5-3-18、图 5-3-19）

按照后衣片领口造型线及各轮廓线的位置，在衣片上用笔将领口造型线、肩线、袖窿弧线、侧缝、腰围线等净线进行点影。然后再按照后衣片的点影大致地修剪一下后衣片，缝份留得多一些。

（7）衣片的画线、整理（图 5-3-20）

把衣片从模型上取下并展平，按照点影、粘带标记、省道折痕将衣身的轮廓线及省位用笔画好，留出缝份后将多余布料剪掉。

（三）总结

（1）V 型原身出领平面展开图（图 5-3-21）

从平面展开图中可看出，前领口结构呈 V 形，前后肩线上端向上翘起，前后领口线上有领省，为橄榄形省。可在领口转折处用熨斗拉伸，使其更符合人体体型。

（2）V 型原身出领立体造型（图 5-3-22、图 5-3-23）

从立体造型图中可看出，领口呈 V 字造型，领子在肩头上直立，领口呈外凸曲线，较美观、考究。衣领与颈部有空隙。

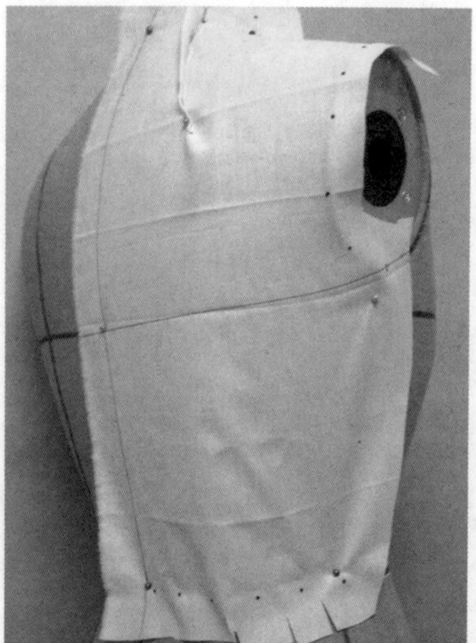

图5-3-19 点影、修剪后衣片

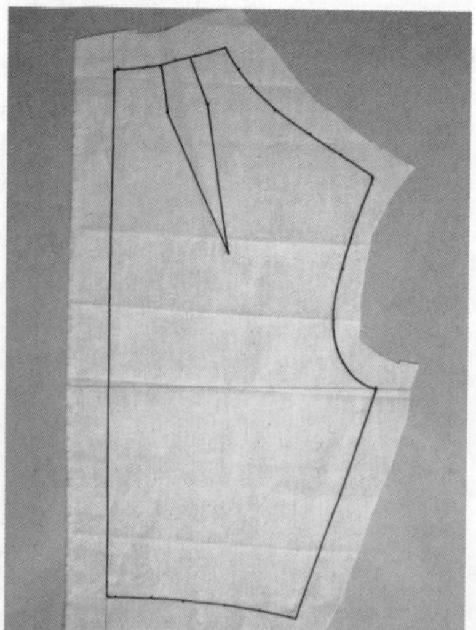

图5-3-20 画线、整理

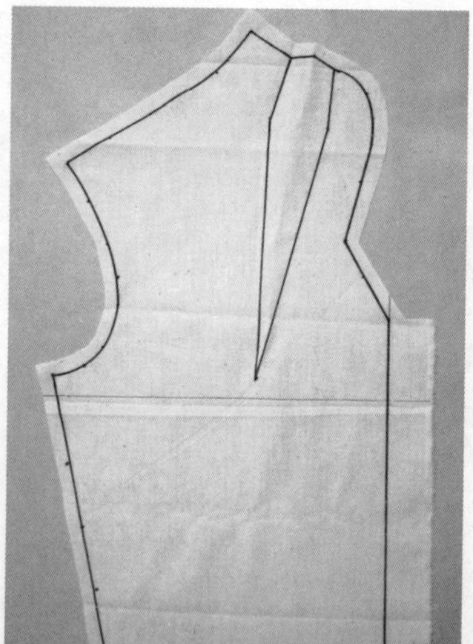

图5-3-21 V型原身出领平面展开图

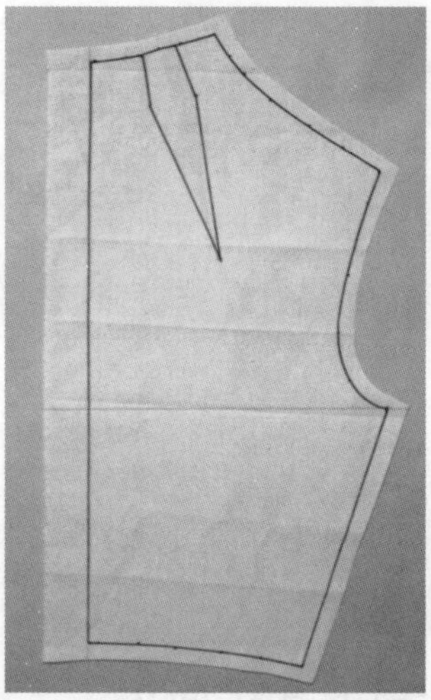
图5-3-21 V型原身出领平面展开图（续）

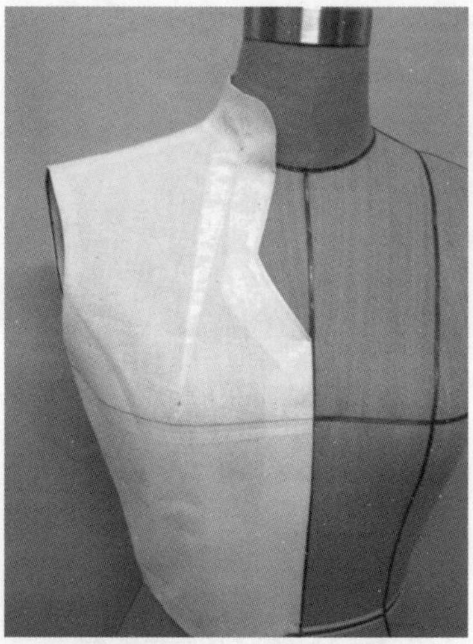
图5-3-22 V型原身出领前立体造型

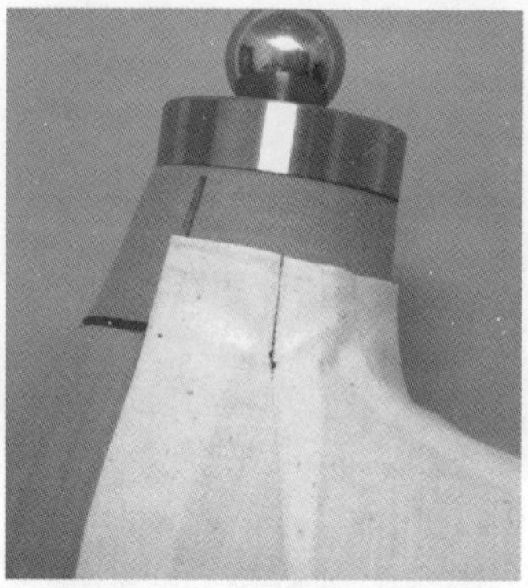
图5-3-23 V型原身出领后立体造型

第四节 连翻领

连翻领由底领与翻领组成，但两部分不断开地连在一起，由一块面料组成。连翻领的底领宽与翻领宽差数较小，底领略高，是常见的领型之一。

连翻领的翻折线呈曲线状，领子的外轮廓造型主要来源于仿生设计及建筑形体设计。翻领领角可为尖形、圆形、方形、自由曲线形。此领适合人群较广泛，面料选用也较广泛。

一、长连翻领

长连翻领的领角呈尖角形，前领窝点较低，领子略长，衣领与颈部留有空隙，穿着时衣领闭合，领子将人体颈部包裹起来。长连翻领款式图见图5-4-1。

（一）准备工作

1. 布料准备

准备一块长方形斜纱领布，长为N/2+6cm（N为领围），宽为m+n+8cm（m为翻领宽，n为底领宽）。在布料上将后中心线、领下口净线标出来。长连翻领用布图见图5-4-2，布料准备图见图5-4-3。

2. 标记前后领窝及后中心线

在人体模型上将领子后中心线及领窝线按款式

图5-4-1 长连翻领款式图

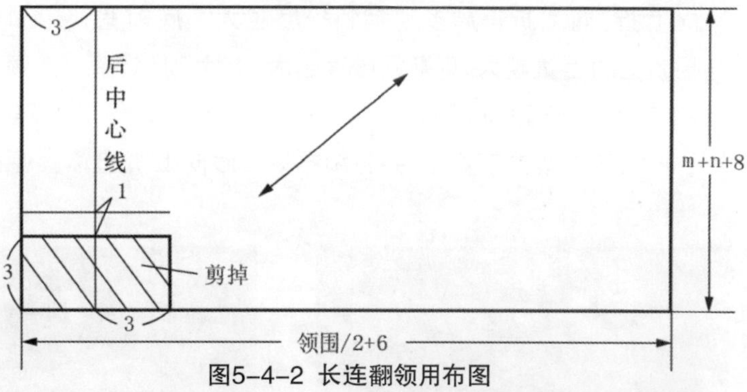

图5-4-2 长连翻领用布图

图5-4-3 布料准备

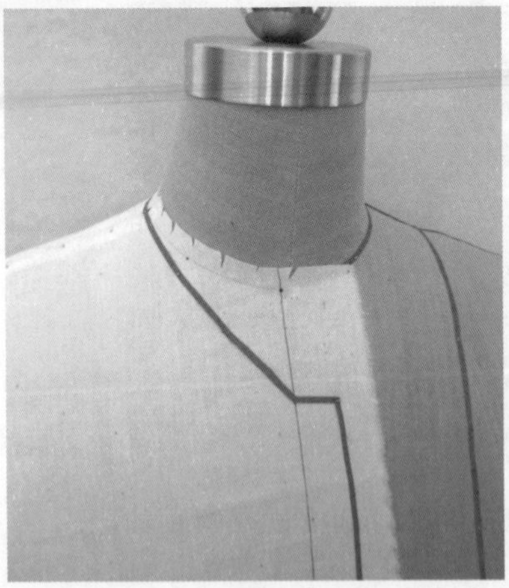

图5-4-4 标记前领窝线

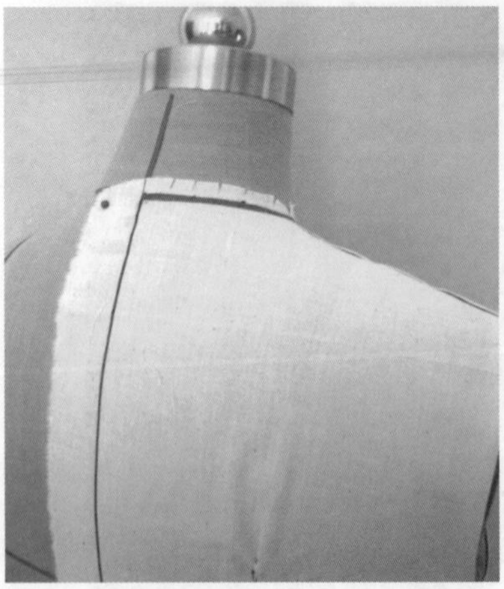

图5-4-5 标记后领窝及后中心线

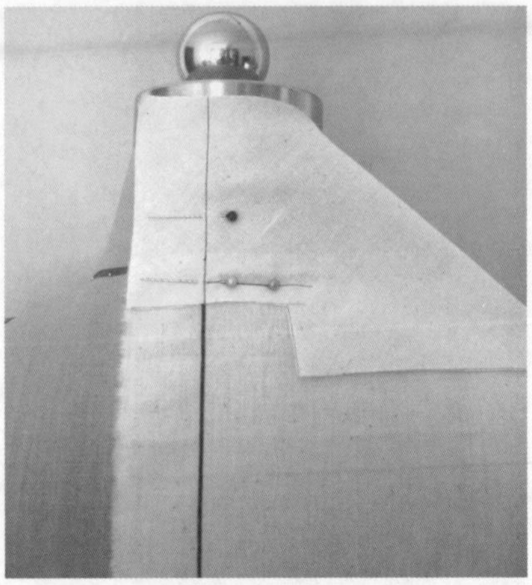

图5-4-6 固定后中心线

要求用粘带标记好（图 5-4-4、图 5-4-5）。长连翻领领窝点向下修正。

（二）操作方法及技巧

（1）固定后中心线（图 5-4-6）

将领片的后中心线与人体模型的后中心线对齐，将领片下口净线用大头针水平别两针，然后在后中心线上再将底领宽别出。

（2）折领下口线（图 5-4-7）

进行“三折”操作：一折为将领下口多余布料向上折，确定领子的翻领松度；二折为确定底领宽度，沿翻折线向下翻折；三折为确定翻领宽，沿翻领外口线将布料再向上折。此图为一折，将领下口多余布料向上折，向上折得越多则翻领松度越大。底领宽与翻领宽的差量越大，则翻领松度越大；反之则小。

（3）调整连翻领（图 5-4-8、图 5-4-9）

将领下口线向下修正，并将领布下口线向上折起后固定于领窝上（一折）。边固定边翻向正面（二折），观察翻折线的形状是否满意，然后再翻向反面修正或继续固定领布，直到满意为止。最后将翻领多余布料向上翻折（三折）。

注意调整领片前中心处的翻转量，调整连翻领的造型。领的翻折线靠近颈部，但也应保留一定的穿着舒适松量。领外口线要贴伏衣片。要认真调整，调整的关键部位是前领中心处的一翻量。要注意翻折线与人体有间隙。

（4）领下口线打剪口（图 5-4-10）

调整基本到位后，用大头针固定前中心部位，将三折和二折的两量拉起，将领下口线打剪口，使领下口伏贴于人体模型上，注意剪口不能超过人体模型颈根净线。用大头针沿领窝线固定领片与衣身，别至侧颈点附近时，领片应适当拉紧一些。剪好刀口后进一步调整领片与人体颈部的关系。

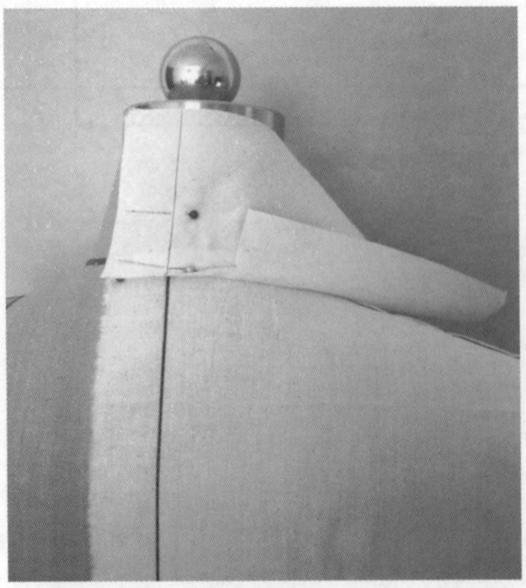

图5-4-7 折领下口线

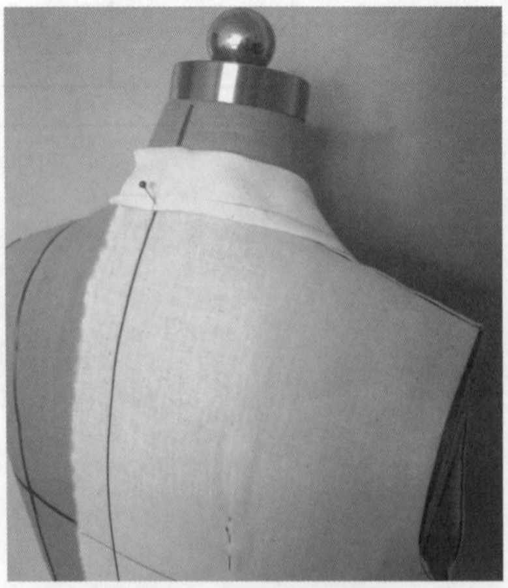

图5-4-8 调整连翻领

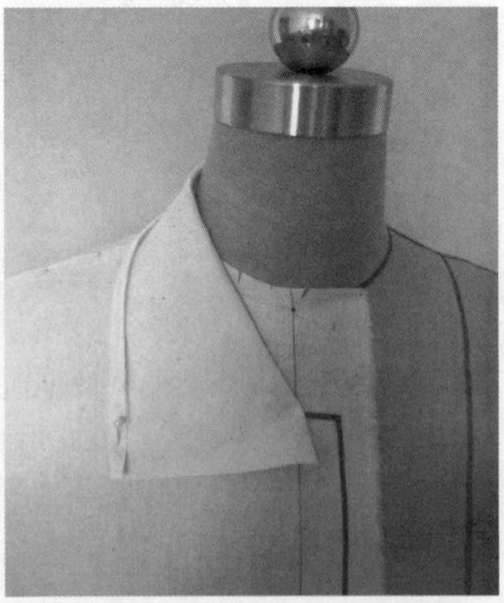

图5-4-9 调整连翻领

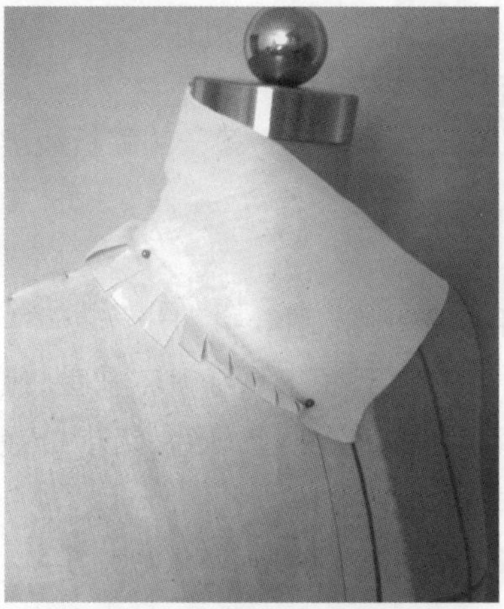

图5-4-10 领下口线处打剪口

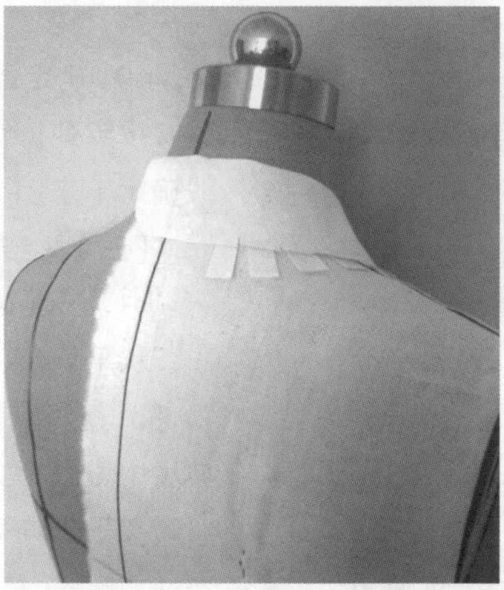

图5-4-11 调整领造型

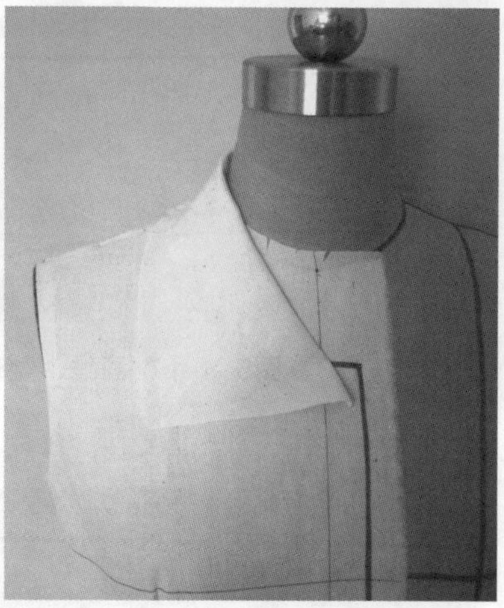

图5-4-12 调整领造型

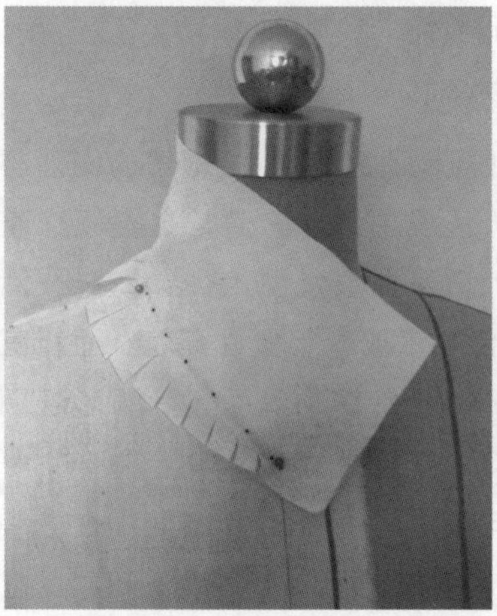

图5-4-13 领下口点影

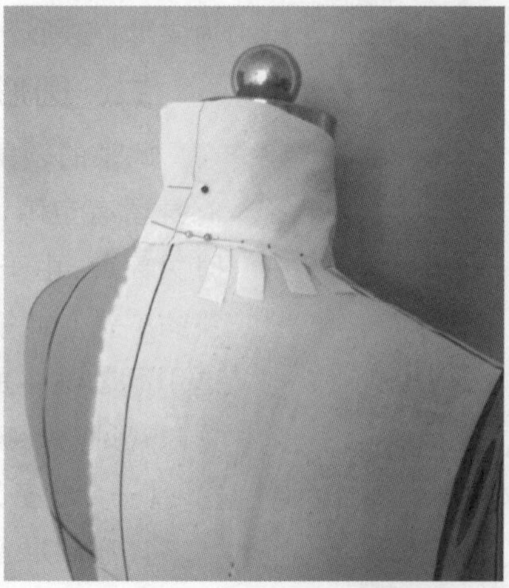

图5-4-14 领下口点影

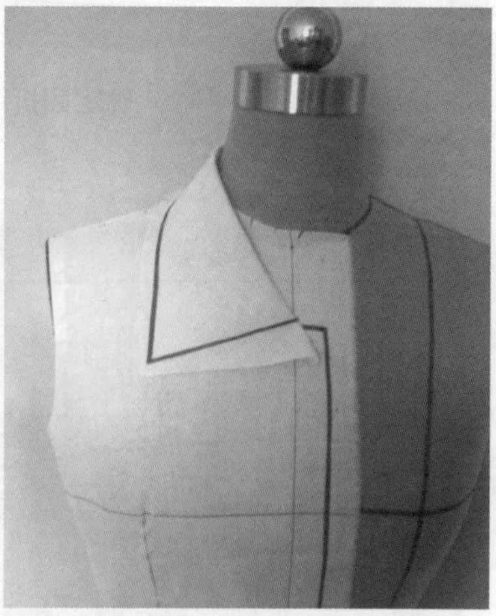

图5-4-15 标记领外口造型

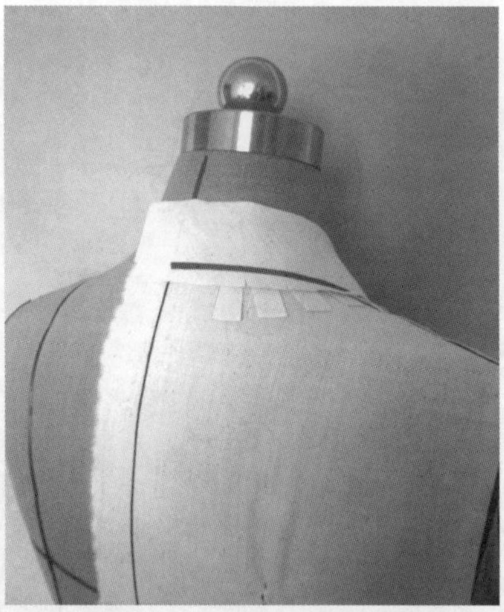

图5-4-16 标记领外口造型

（5）调整领造型（图 5-4-11、图 5-4-12）

再次将领子翻折好，进一步调整领造型，若领造型不满意则重新调整领下口线的位置。为使翻领伏贴于衣身，领外口可适当打剪口。要求底领宽与翻领宽符合设计要求，三个折线要垂直于后中心线，领子翻折线的转折处与人要留有间隙。

（6）领下口点影（图 5-4-13、图 5-4-14）

把领片调整好后，根据衣片领窝弧线的位置，在领片布上用笔将领下口净线按领窝弧线进行点影。

（7）标记领外口造型(图 5-4-15、图 5-4-16)

将领翻到正面，观察翻领宽、底领宽、翻折线的造型，要注意它们之间的平衡关系，底领与颈部留有空隙。最后在翻领面上将领外口造型标记好，再将领外口处多余布料剪掉。

（8）画线、整理（图 5-4-17）

把领片从人体模型上取下、展平，按照领上口造型线及领下口点影将领子的轮廓线用笔画好。然后留出缝份，将多余布料剪掉。

（9）确定翻折线（图 5-4-18）

按照翻折线的折痕，在领片上将领子的翻折线虚线确定下来。

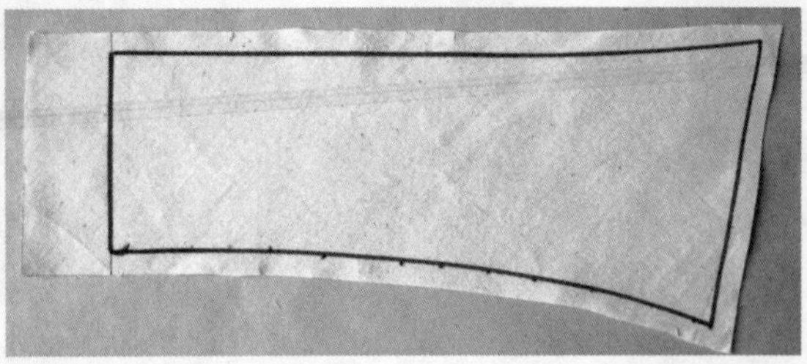

图5-4-17 画线、整理

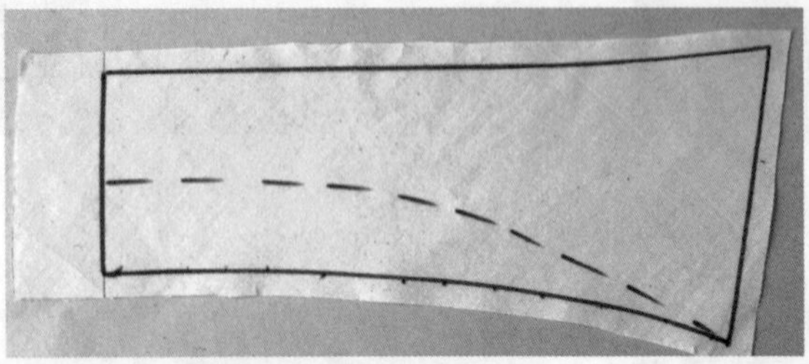

图5-4-18 确定翻折线

（三）总结

（1）长连翻领平面展开图（图 5-4-19）

从平面展开图中可看出，领下口线呈下弯型，底领部分逐渐变小，领角呈尖形，领上口线、领下口线与后中心线相交处成直角。

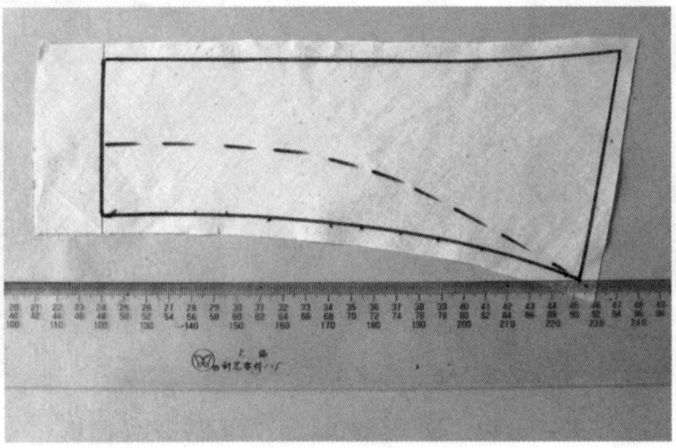

图5-4-19 长连翻领平面展开图

（2）长连翻领立体造型（图 5-4-20、图 5-4-21）

从立体造型图中可看出，此领围绕于人体颈部，衣领与颈部有空隙量，以满足颈部活动的需要，领角为尖形，前领较长为长连领造型。

二、圆形连翻领

此领的领角呈圆形，领宽略加宽、领子的侧面与衣身留有空隙，翻折线呈曲线状。通常这类领穿着时关闭着，由于领外口呈曲线造型，它给人轻松、活泼的感觉。此领适合儿童或青年女性穿着。面料宜选用柔软适中的女式呢、针织物等面料。圆形连翻领款式见图 5-4-23。

（一）准备工作

1. 布料准备

准备一块长方形斜纱布料，长为 N/2+6cm（N为领围）；宽为 m+n+8cm（m 为翻领宽，n 为底领宽）。从下向上 5cm 处确定开剪线，在布料上将后中心线

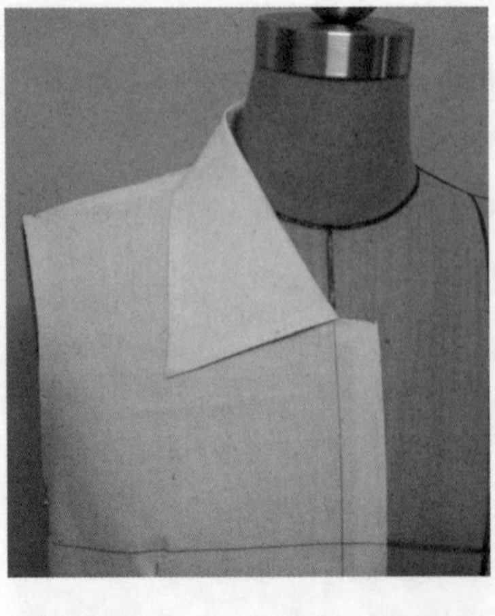

图5-4-20 长连翻领前立体造型

图5-4-21 长连翻领后立体造型

图5-4-22 圆形连翻领款式

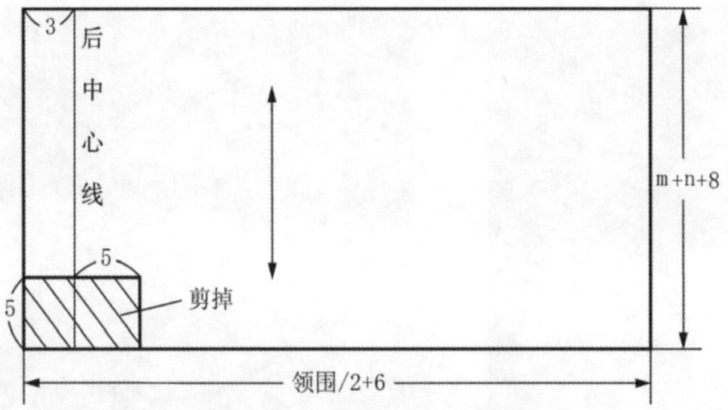

图5-4-23 圆形连翻领用布图

图5-4-24 布料准备

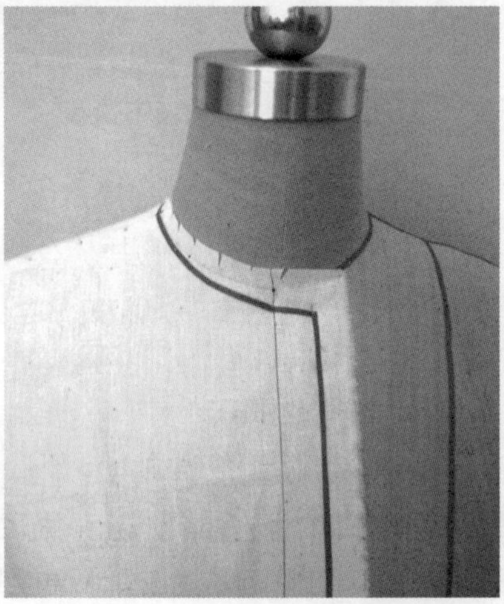

图5-4-25 标记前领窝

图5-4-26 标记后领窝及后中心

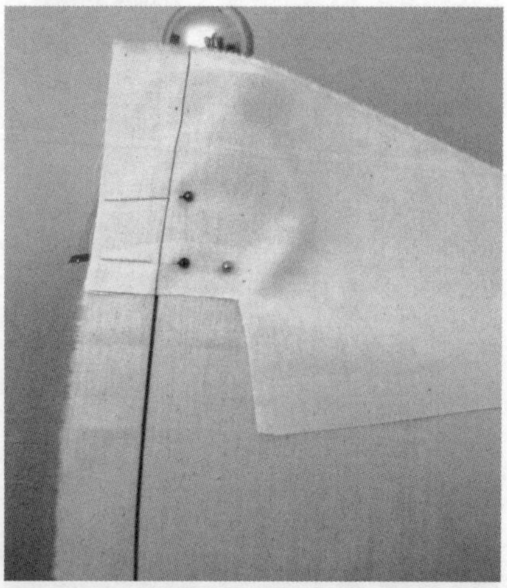

图5-4-27 固定后中心线

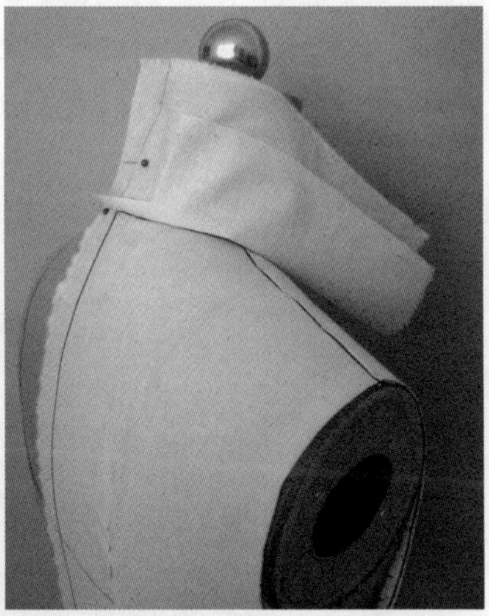

图5-4-28 折领下口线

标记出来。圆形连翻领用布图见图 5-4-23，布料备见图 5-4-24。

2. 标记前后领窝及后中心

领片进行立体裁剪之前，先在人体模型上将领子后中心线及领窝线按款式要求用粘带标记好(图 5-4-25、图 5-4-26)。圆形连翻领的领点向下修正。

(二)操作方法及技巧

(1)固定后中心线(图 5-4-27)

将领布的后中心与人体模型的后中心线对齐。从开剪线向上 1cm 确定领下口线，与人体模型的后颈窝相线对合，并用大头针水平别住，然后在后中心线上再将底领宽别出。

(2)折领下口线(图 5-4-28)

将领下口多余布料向上折，确定领子的翻领松度。底领宽与翻领宽的差量越大，则翻松度越；反之则小。

(3)领下口处打剪口(图 5-4-29、图 5-4-30)

这类领子的下口线呈下弯状态，要逐渐修剪下口线，在转折处为使布料伏贴，可打剪口。要慢慢剪，不要一步到位，特别是衣领的颈肩处。领下口处打剪口时，要时常将领子翻下来观察

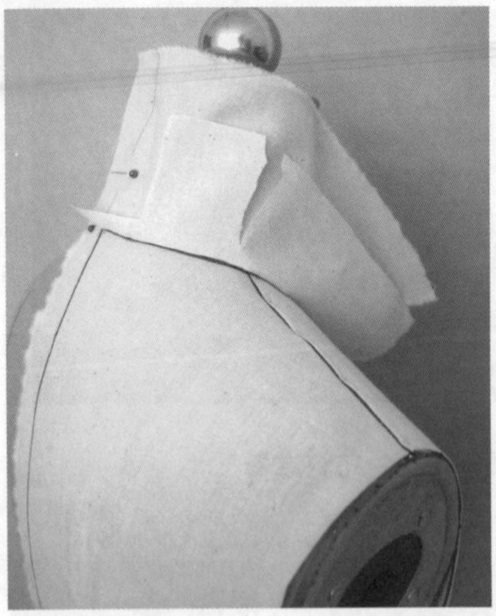
图5-4-29 领下口处打剪口

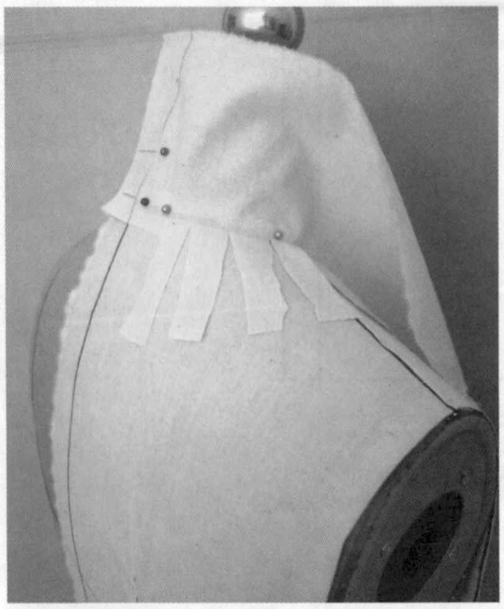
图5-4-30 领下口处打剪口

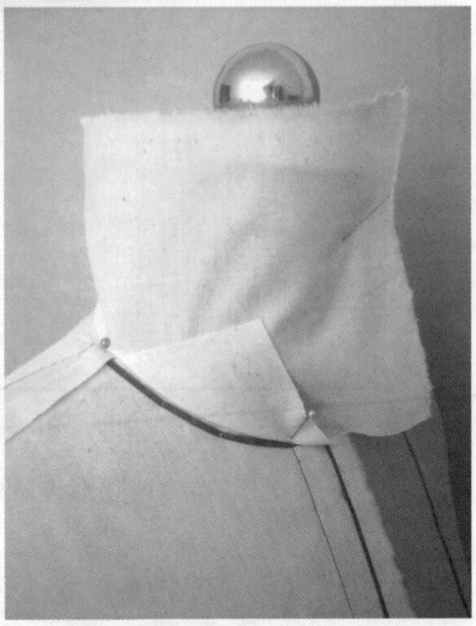
图5-4-31 折前领下口线

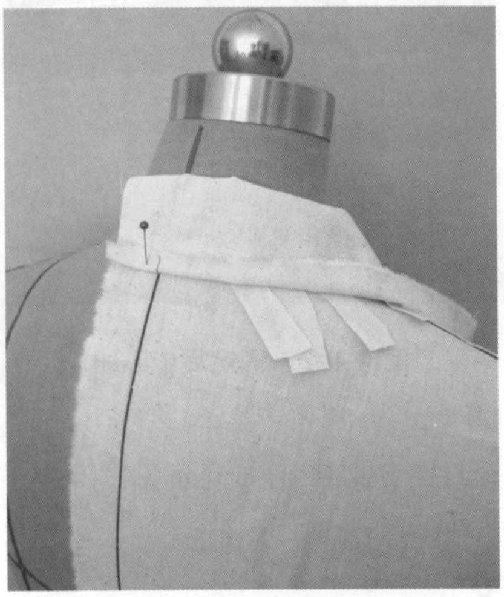
图5-4-32 翻领片

领子的各部位造型。此领的重点是下口线的修正，这直接决定领子的整体造型，切不可着急。注意衣领与颈部有空隙。

（4）折前领下口线（图 5-4-31）

将前领下口多余布料向上折，确定领子的中心点。

（5）翻折领片（图 5-4-32、图 5-4-33）

将领布下口线向上折起后固定于领窝上（一折）。一边固定一边翻向正面（二折），并观察翻折线的形状是否满意。然后再翻向反面修正或继续固定领布，直到满意为止。最后将翻领多余布料向上翻折（三折）。

注意进一步调整领造型，若领造型不满意则重新调整领下口线的位置。要求底领宽与翻领宽符合设计要求，三个折线要垂直于后中心线，领子翻折线的转折处与人体要留有空隙，以满足颈部的活动量。

（6）前领下口处打剪口（图 5-4-34）

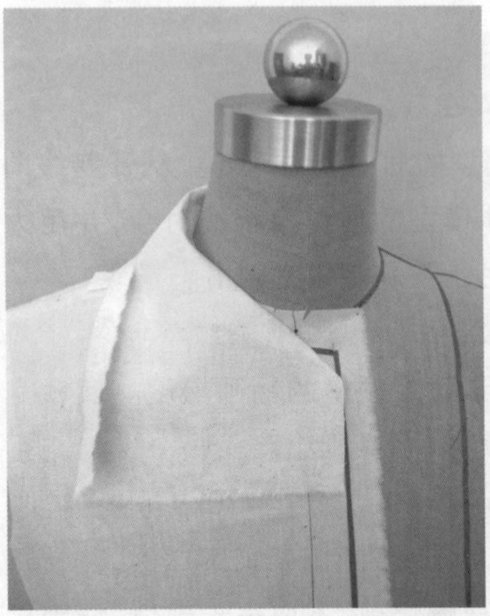
图5-4-33 翻折领片

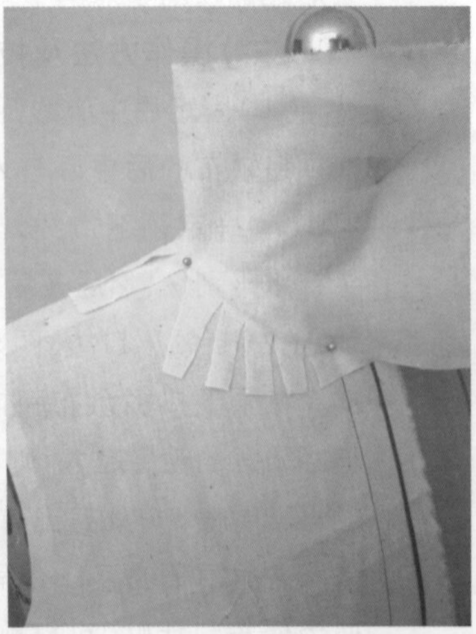
图5-4-34 前领下口处打剪口

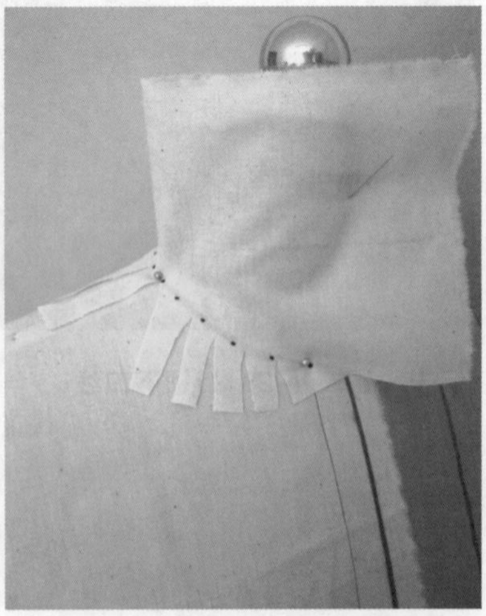
图5-4-35 前领下口线点影

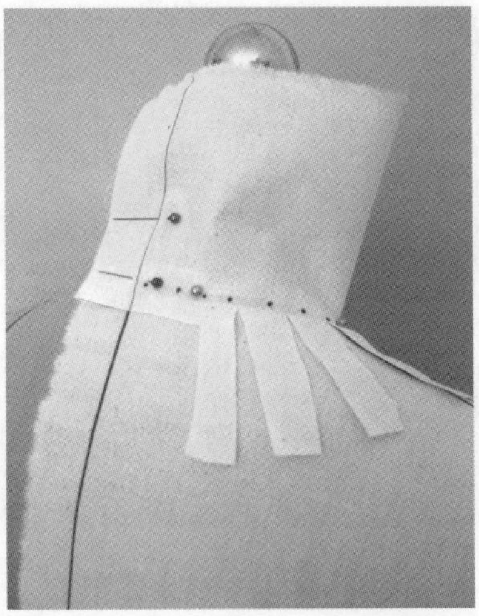

图5-4-36 后领下口线点影

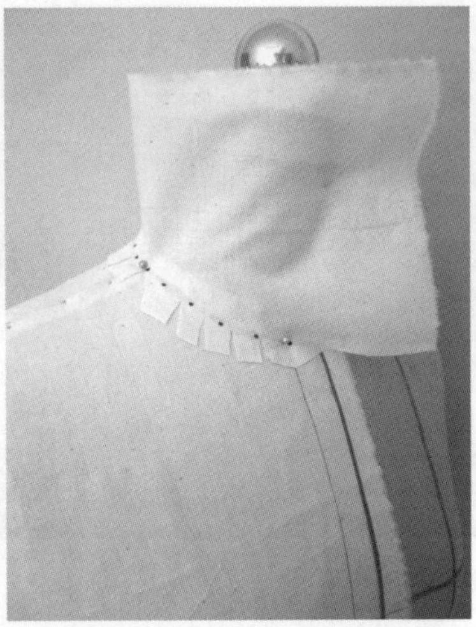

图5-4-37 修剪领下口

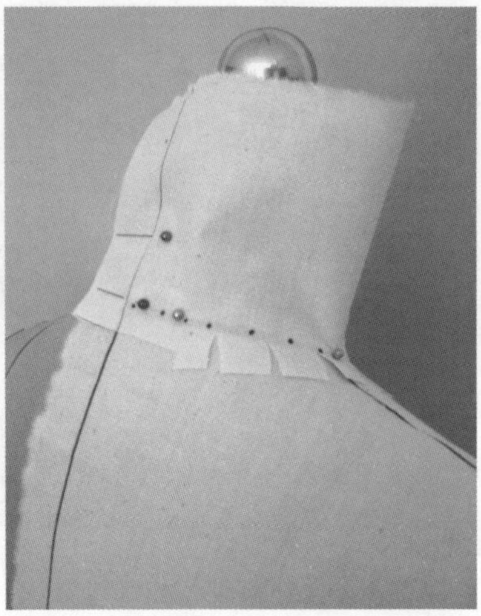

图5-4-38 修剪领下口

把前领下口剪放射状刀口，使领下口伏贴，不要剪过领窝净线。剪好剪口后，进一步调整领片与人体颈部的关系。然后再用大头针重新固定领下口线，大头针别至侧颈点附近时，应适度把领片拉紧一些。

（7）领下口线点影（图5-4-35、图5-4-36）

把领片调整好后，根据衣片领窝弧线的位置，在领片布上用笔将领下口净线按领窝弧线进行点影。

（8）修剪领下口（图5-4-37、图5-4-38）

把领下口线点影后，将领下口进行修剪，修剪时缝份留得略多些。把领子取下后还要重新进行修剪。

（9）观察领造型（图5-4-39、图5-4-40）

将领翻到正面，进一步观察领造型。观察翻领宽、底领宽、翻折线的造型，要注意它们之间的平衡关系，底领与颈部留有空隙。领的翻折线靠近颈部，但也应保留一定的穿着舒适松量。领外口线要贴伏于衣片，若不符要求则重新进行调整。

（10）领外口处打剪口（图5-4-41、图5-4-42）

领造型合格后，将领外口打剪口，使领子外口贴伏于衣身上。

（11）标记领外口造型（图5-4-43、图5-4-44）

领外口贴伏于衣身上后，在翻领面上用粘带将领外口造型标记好，注意与款式的一致性。

（12）展平领片（图5-4-45）

把领片从人体模型上取下、展平。

（13）画线、整理，修剪领片（图5-4-46）

把领片从人体模型上取下、展平，按照领上口造型线及领下口点影将领子的轮廓线用笔画好。然后留出缝份，将多余布料剪掉。按照翻折线的折痕，在领片上将领子的折线用虚线确定下来。

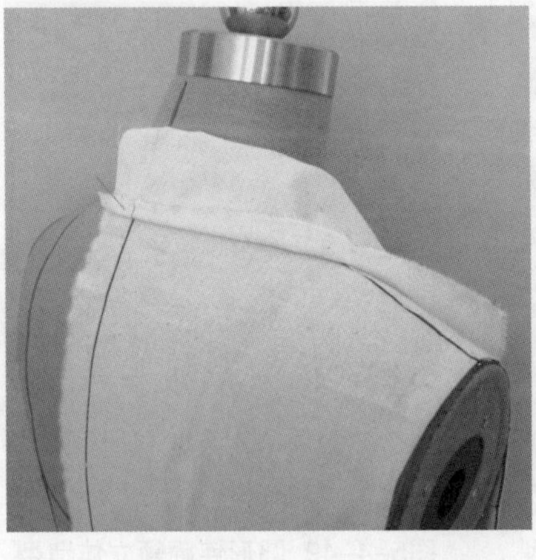

图5-4-39 观察领造型

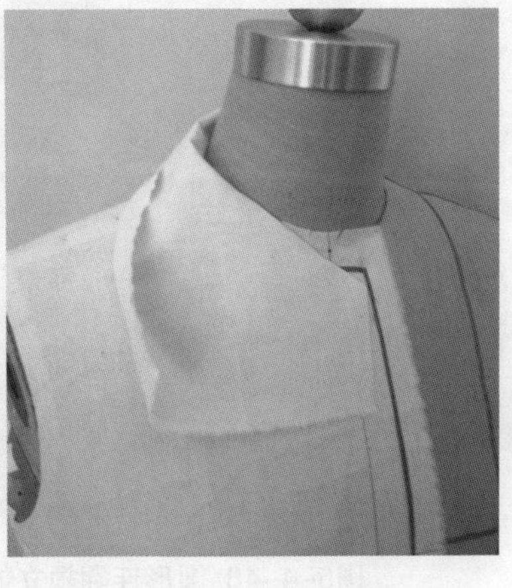

图5-4-40 观察领造型

图5-4-41 领外口处打剪口

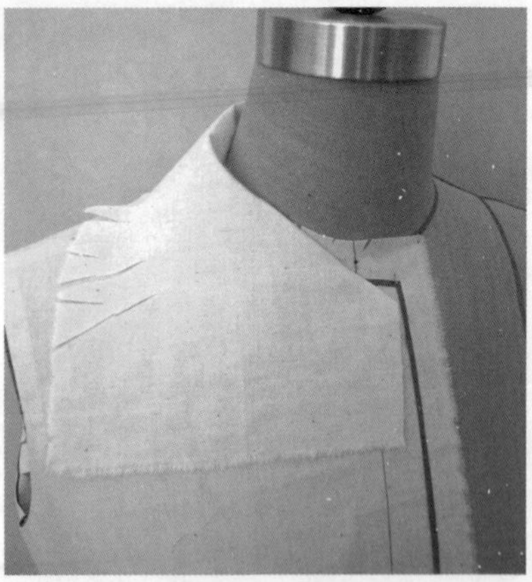

图5-4-42 领外口处打剪口

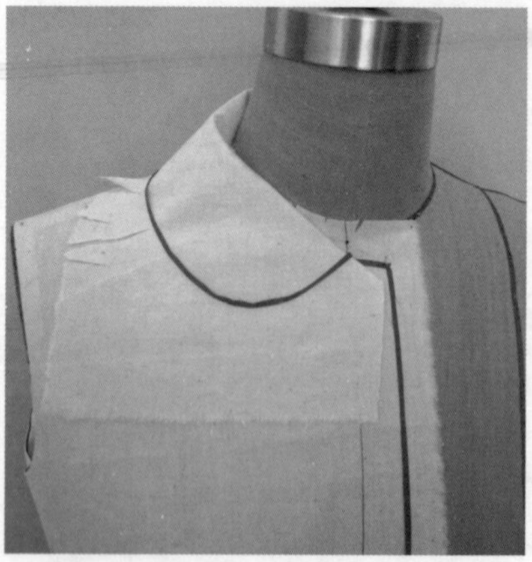

图5-4-43 标记领外口造型

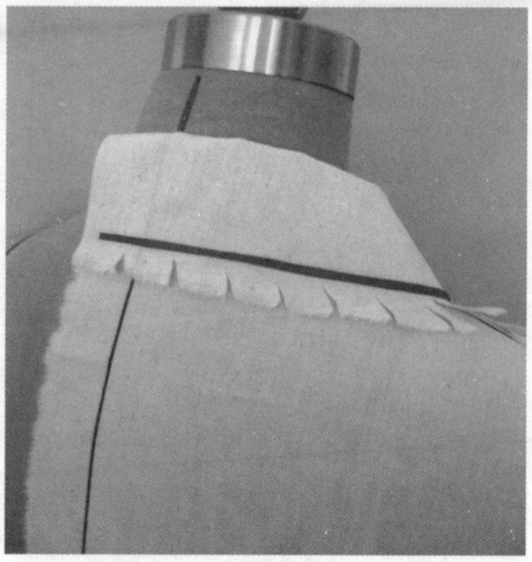

图5-4-44 标记领外口造型

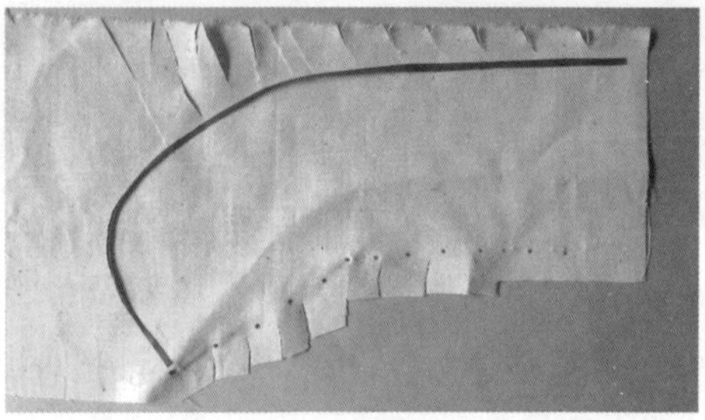

图5-4-45 展平领片

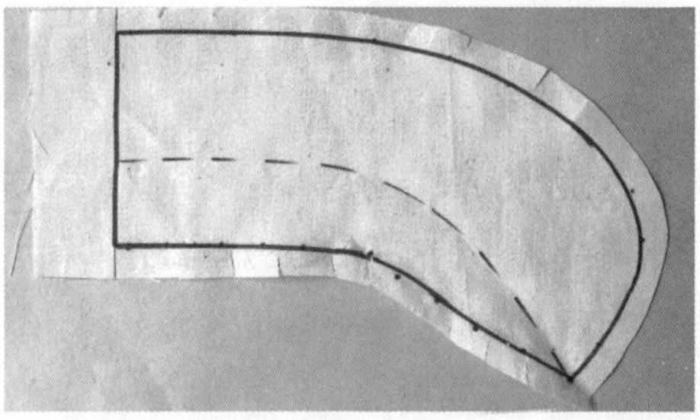

图5-4-46 画线、整理，修剪领片

（三）总结

（1）圆形连翻领平面展开图（图 5-4-47）

从平面展开图中可看出，领下口线下弯较大，底领部分逐渐变小，前领下口线呈膨胀状态，领角呈圆弧状，后领中心线与后下口线呈 90° 夹角。

（2）圆形连翻领立体造型（图 5-4-48、图 5-4-49）

从立体造型图中可看出，此领的领角呈圆形，衣领与颈部留有空隙，领外口线造型优美，与人体贴合较好，翻折线呈曲线。此领给人以活泼之感。

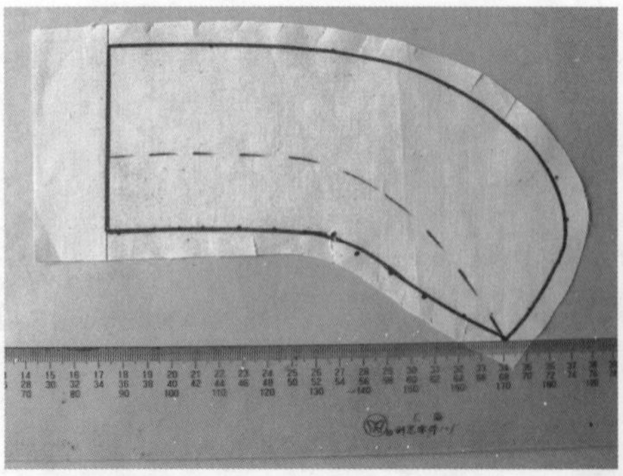

图5-4-47 圆形连翻领平面展开图

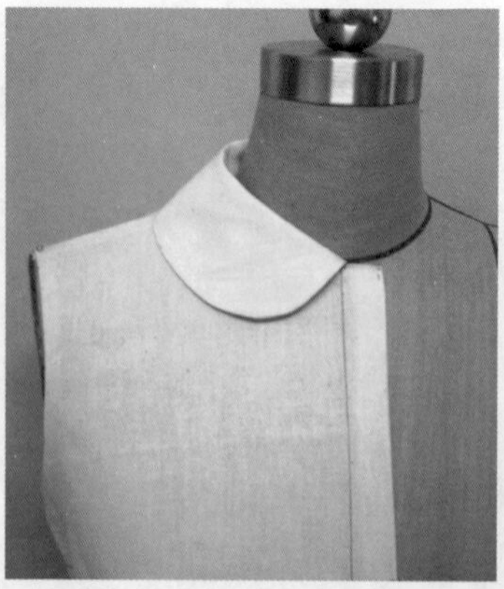

图5-4-48 圆形连翻领立体造型

图5-4-49 圆形连翻领立体造型

第五节 驳折领

驳折领是由翻领与驳领组成，翻领的前端与驳领缝缉在一起，驳领与前衣身又连一在起并翻贴于衣身上。驳折线为直线状，属敞开形领型，造型既活泼又严谨。驳头有宽有窄，有长有短，领缺口处也有各种变化，这样便形成了多种风格的领型。

一、西装领

西装领是驳折领的典型代表。图5-5-1所示西装领为平驳领，驳头适中，不长也不短，是深受人们喜爱的领型之一。

(一)准备工作

准备一块长方形的斜纱或经纱领布，长为N/2+6cm(N为领围)；宽为m+n+7cm(m为翻领宽，n为底领宽)。在布料上将后中心线标记出来。西装领用布图见图5-5-2，布料准备见图5-5-3。

(二)操作方法及技巧

西装领由驳领及翻领组成，下面主要介绍驳领及翻领的立体裁剪操作方法及技巧。

1. 驳领立体裁剪

(1)固定前衣身(图5-5-4)

前衣身的用布包括驳折领翻折部分的用布余量，即驳领部位的余量。西装对布料的丝缕要求较高，应认真绘制基础线。把布料准准备好后，将布料上的中心线、胸围线与人体模型上的对合，并用大头针固定。注意前胸留有余量。

(2)标记领窝及驳头(图5-5-5)

将衣身别好，在衣身上把领窝形态及驳头大小按款式标出下来，根据实际款式需要将驳头的造型确定下来。一是确定驳头的宽度，二是确定衣片串口的高低，串口位置略上，主要是驳头的宽度要与款式一致。领窝形态可方可圆。然后将驳头翻到正面看看是否满意，如果与原款式不符，则重新进行修正。将衣身其他部位轮廓线进行点影。

(3)画线、整理(图5-5-6)

把衣片从人体模型上取下并展平，按照各部位点影、领窝形态及驳头标记线，将领子的轮廓线用笔画好，并将多余量剪掉。

(4)固定衣身立体造型(图5-5-7)

将前后衣身进行缝合，确定驳头造型线，确定西装领衣身立体造型。

2. 翻领立体裁剪

(1)固定后中心线(图5-5-8)

将领片的后中心线与人体模型上的对齐，别上大

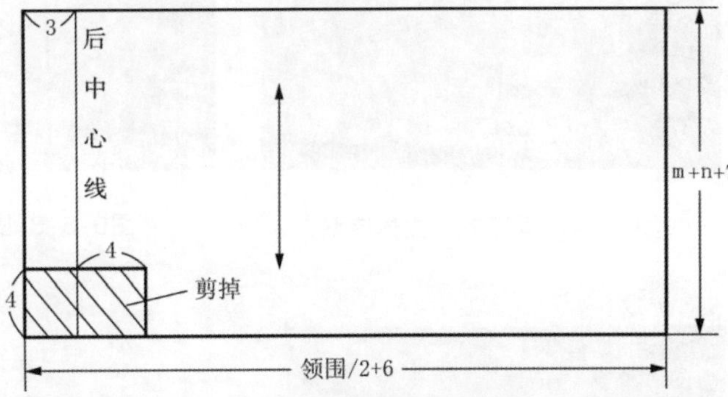

图5-5-2 西装领用布图

图5-5-1 西装领款式

图5-5-3 布料准备

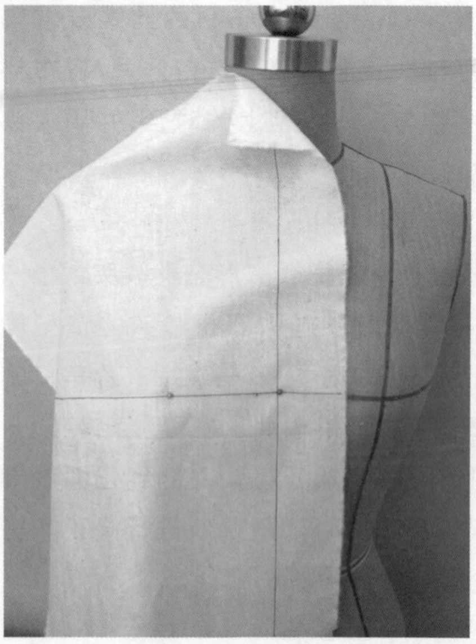

图5-5-4 固定前衣身

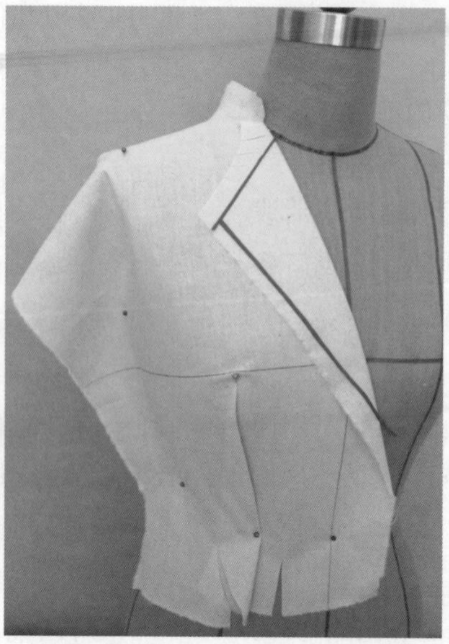

图5-5-5 标记领窝及驳头

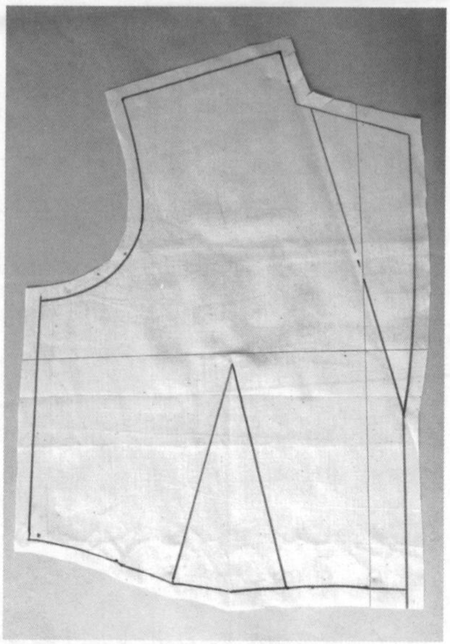

图5-5-6 画线、整理

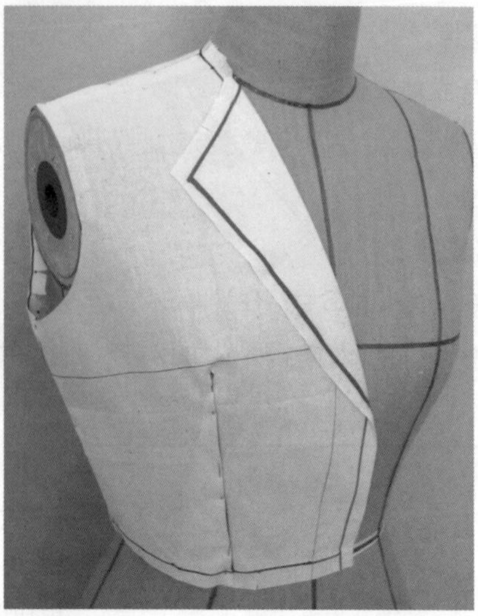

图5-5-7 固定衣身立体造型

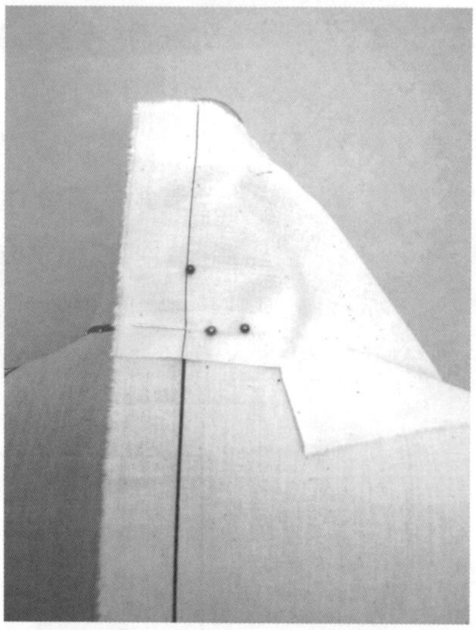

图5-5-8 固定后中心线

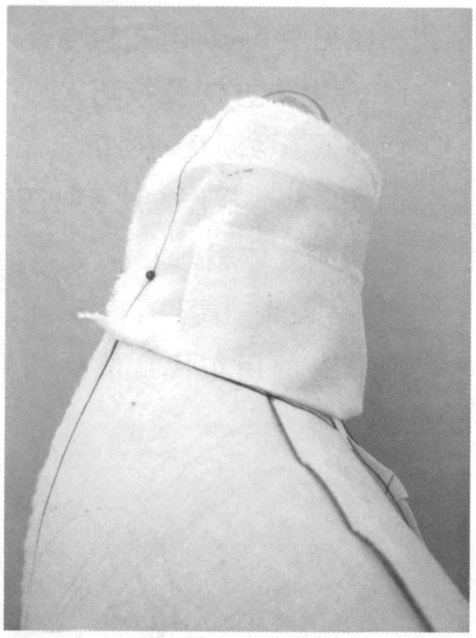

图5-5-9 折领下口线

图5-5-10 调整后驳折领

头针。然后再将领片的下口线与领窝固定，注意只固定到离后中心 4cm 处。

（2）折领下口线（图 5-5-9）

进行“三折”操作中的一折，将领下口多余布料向上折，向上折得越多则翻领松度越大。底领宽与翻领宽的差量越大，则翻领松度越大；反之则小。

（3）调整后驳折领（图 5-5-10）

将领布下口线向上折起后固定于领窝上（一折）；边固定边翻向正面，确定底领宽，观察翻折线的形状是否满意，然后再翻向反面修正或继续固定领布，直到满意为止（二折）。最后将翻领多余布料向上翻折（三折），确定翻领宽。

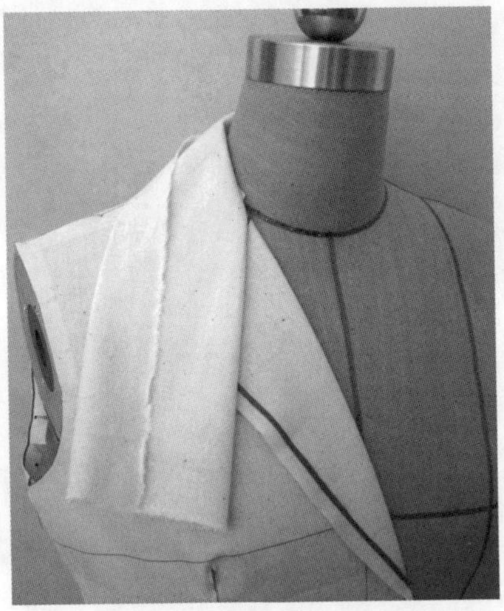

图5-5-11 调整前驳折

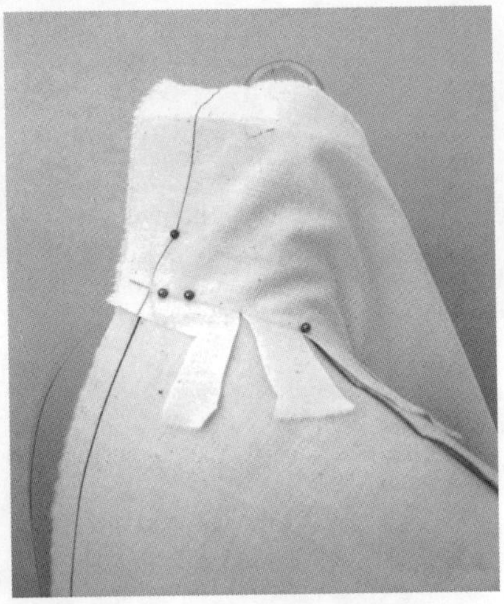

图5-5-12 领下口处打剪口

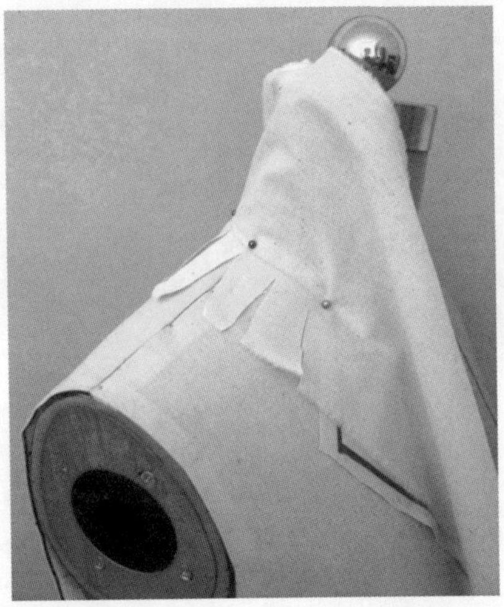

图5-5-13 领下口处打剪口

（4）调整前驳折领（图 5-5-11）

注意调整后领片的翻折线与前片的驳折线相和谐，一般应相连为直线状，且翻折线转折处应保留一定的穿着舒适松量。领外口线要贴伏于衣片。认真调整，调整的关键部位是前领中心处的一翻量。

（5）领下口线处打剪口（图 5-5-12、图 5-5-13）

把底领宽、翻领宽固定好后，将领子拉起，领下口线打剪口，一边剪一边将领子沿翻折线进行翻折，并观察后领是否平整，领片的翻折线与驳折线是否对合。注意在剪领下口线时要逐渐剪，一点一点进行调整。

（6）修剪领下口（图 5-5-14）

把领片造型调整好后，将领下口用大头针固定，最后将领下口多余布料剪掉。

（7）调整领片（图 5-5-15）

将领子沿翻折线进行翻折，并观察领片的翻折线与驳折线是否对。

（8）领外口处打剪口（图 5-5-16、图 5-5-17）

领造型符合要求后，将领外口打剪口，使领子外口贴伏于衣身上。

（9）标记领片轮廓线（图 5-5-18）

用粘带将领片及衣身的轮廓线标记好，根据款式的要求确定领缺口及领外口的造型线。

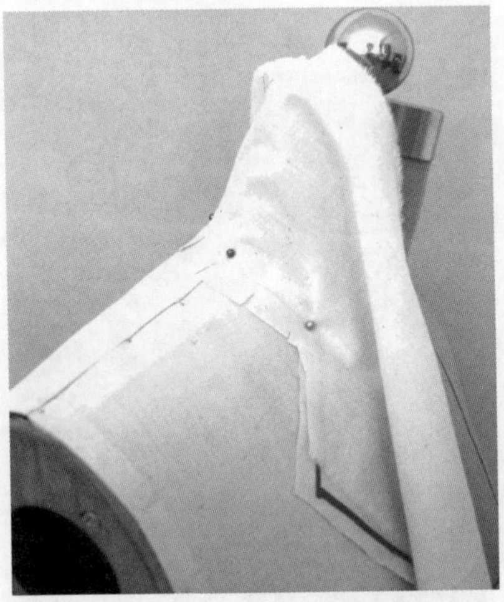

图5-5-14 修剪领下口

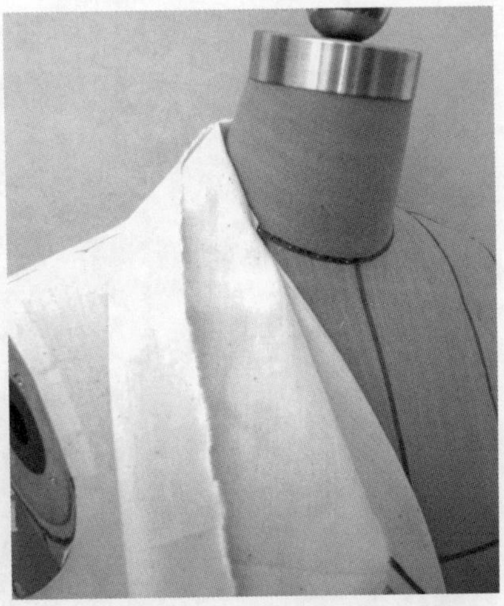

图5-5-15 调整领片

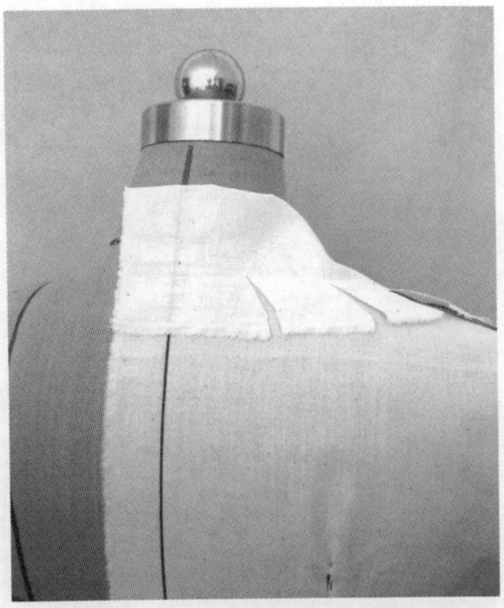

图5-5-16 领外口处打剪口

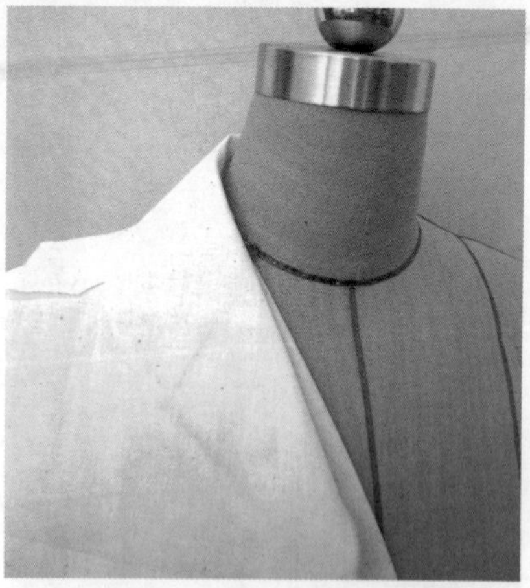

图5-5-17 领外口处打剪口

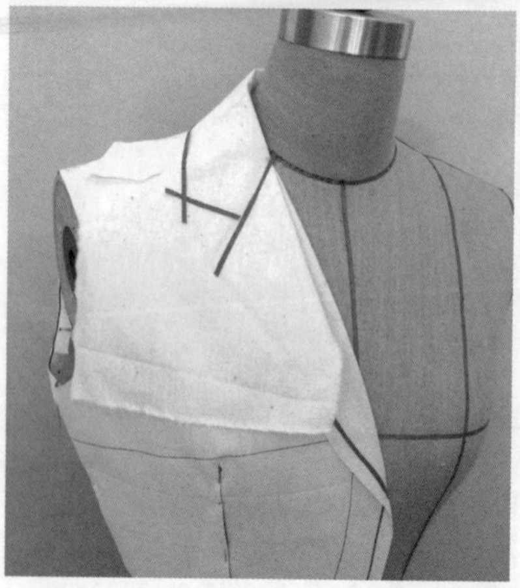

图5-5-18 标记领片轮廓线

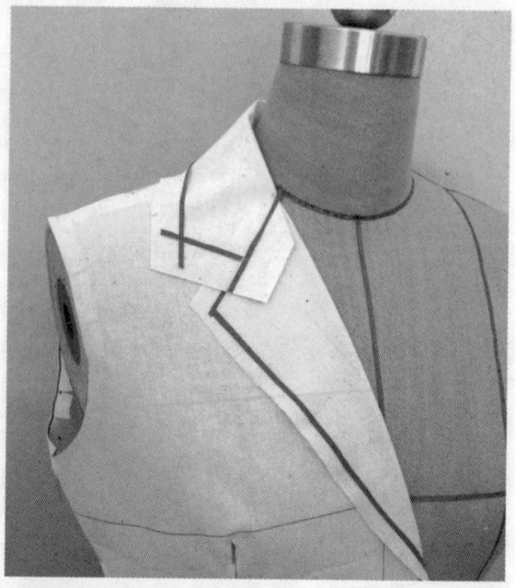

图5-5-19 修剪领片轮廓线

（10）修剪领片轮廓线（图 5-5-19、见图 5-5-20）

把领缺口及领外口的造型线确定好后，将多余布料剪掉。

（11）翻开驳领（图 5-5-21）

将驳头翻开，进一步观察、调整翻领与驳领的关系。

（12）翻下驳领（图 5-5-22）

将领片置于前衣片驳领部分之下，调整翻领与驳领的轮廓造型。

（13）串口点影（图 5-5-23）

把翻领与驳领造型调整好后，按驳领串口的位置将翻领串口的位置用笔点影。

（14）领下口点影（图 5-5-24）

将翻领拉起，在领下口净线处按照衣片领窝位置进行点影。

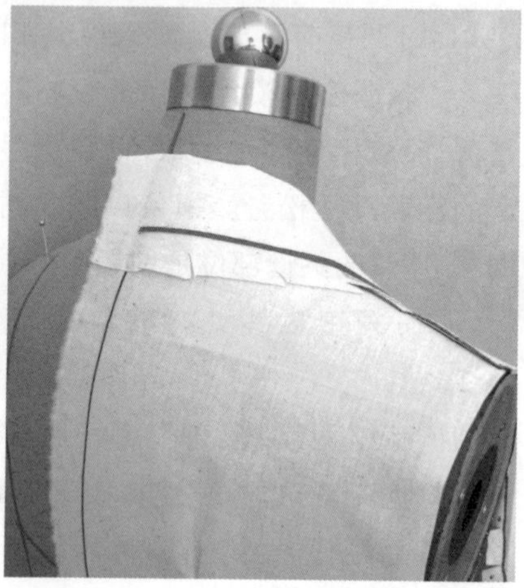

图5-5-20 修剪领片轮廓线

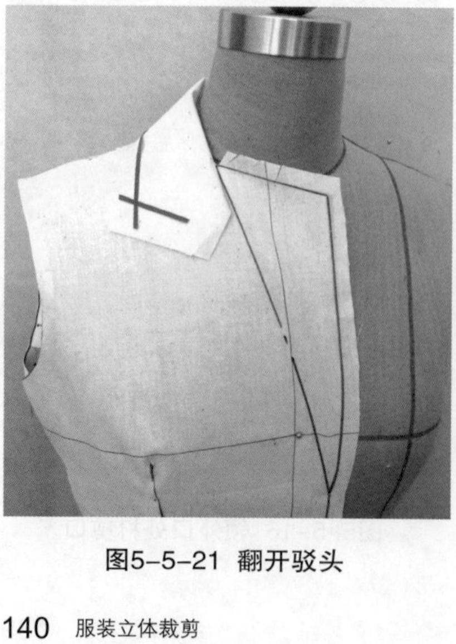

图5-5-21 翻开驳头

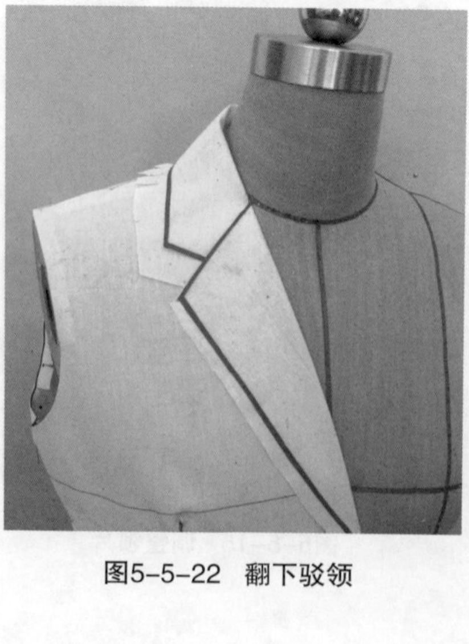

图5-5-22 翻下驳领

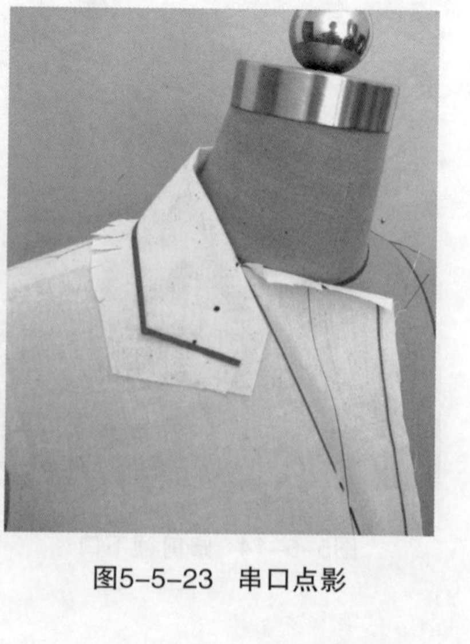

图5-5-23 串口点影

图5-5-24　领下口点影

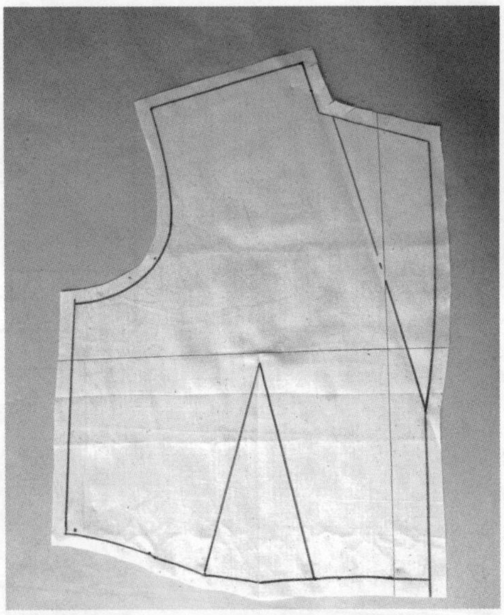

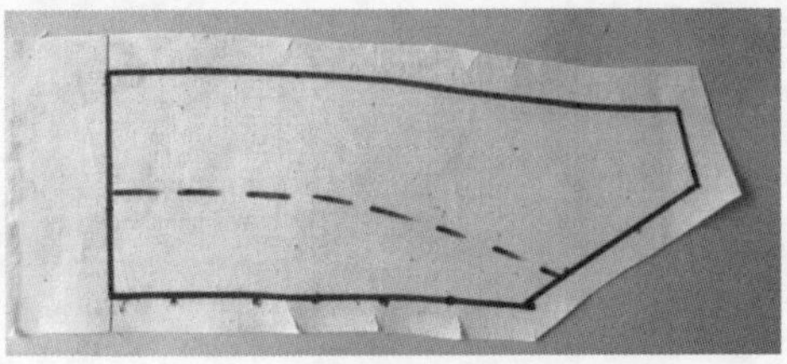

图5-5-25 西装领平面展开图

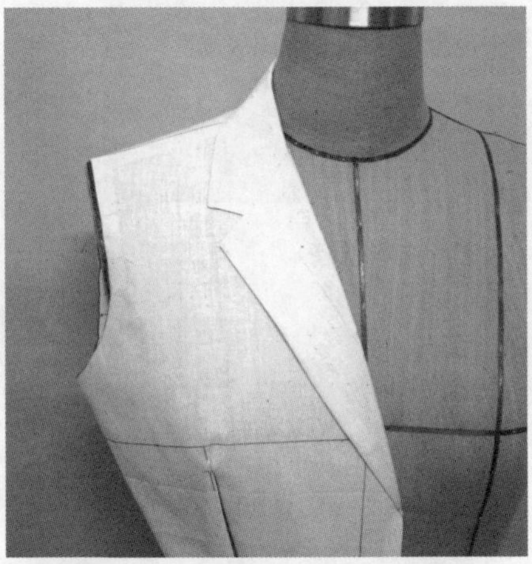

图5-5-26 西装领前立体造型

图5-5-27 西装领后立体造型

（三）总结

（1）西装领平面展开图（图 5-5-25）

从平面展开图中可看出，前领窝与驳领串口连接部位是互补的，两者的倾斜程度一致。领下口线的形态与领窝线相吻合，都为方形。

（2）西装领立体造型（图 5-5-26、图 5-5-27）

从立体造型图中可看出，衣领的翻折线前端为直线状，翻领与底领差较小，为平驳领。领外口造型可根据款式的要求而进行自由设计。

二、方驳领

方驳领属驳折领类，初看此领可将它归入连翻领类，但此领的翻折线呈直线状，固归入驳折领类。它是驳折领的特殊形式。其领子可长也可短，有串口或无串口，根据实际需要而定。穿着时可随意进行变化、有时可像立领一样直立着，具有良好的防寒性；驳头也可对合，形成关门领效果。穿着形式不同，其效果也不同。

前领窝点较低，领子略长，衣领与颈部留有空隙。方驳领款式图见图 5-5-28。

（一）准备工作

1. 布料准备

准备一块长方形斜纱领布，长为 N/2+6cm（N

图5-5-28 方驳领款式

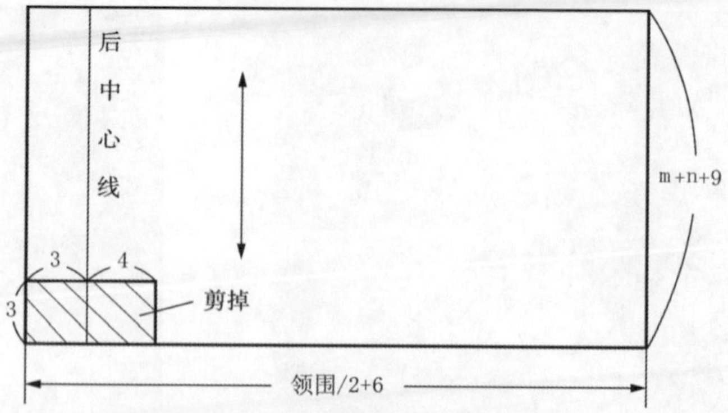

图5-5-29 方驳领用布

图5-5-30 布料准备

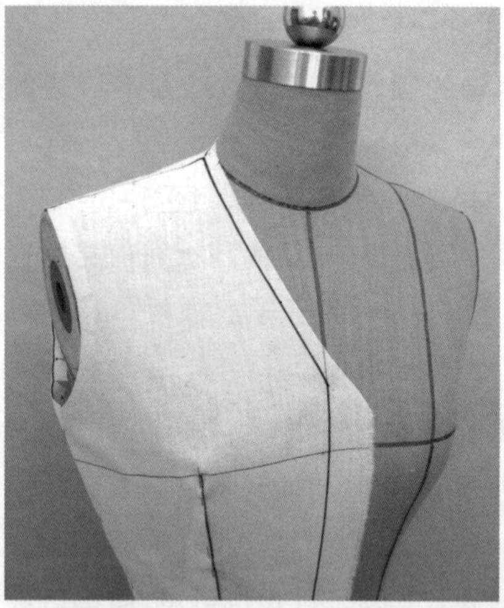
图5-5-31 标记前领窝

图5-5-32 标记后领窝及后中心

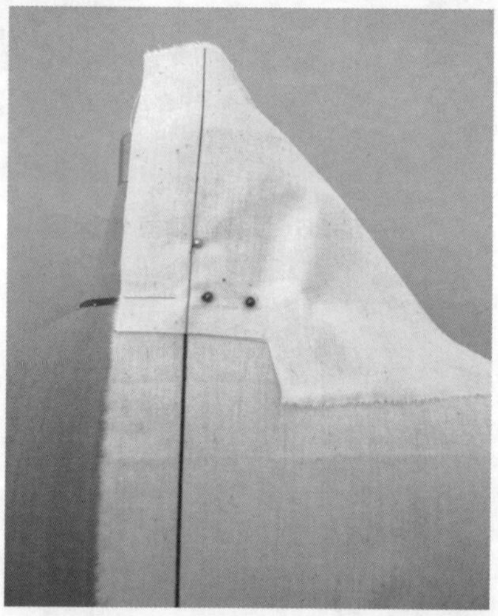
图5-4-33 固定后中心线

为领围），宽为m+n+9cm（m为翻领宽，n为底领宽）。在布料上画出后中心线。方驳领用布图见图5-5-29，布料准备见图5-5-30。

2. 标记前后领窝及后中心线

在人体模型上将领子后中心线及领窝线按款式要求用粘带标好（图5-5-31、图5-5-32）。方驳领的领窝点向下修正。

（二）操作方法及技巧

（1）固定后中心线（图5-5-33）

将领片的后中心线与人体模型的后中心线对齐，将领片下口净线用大头针水平别两针，然后在后中心线上再将底领宽别出，方法同前。

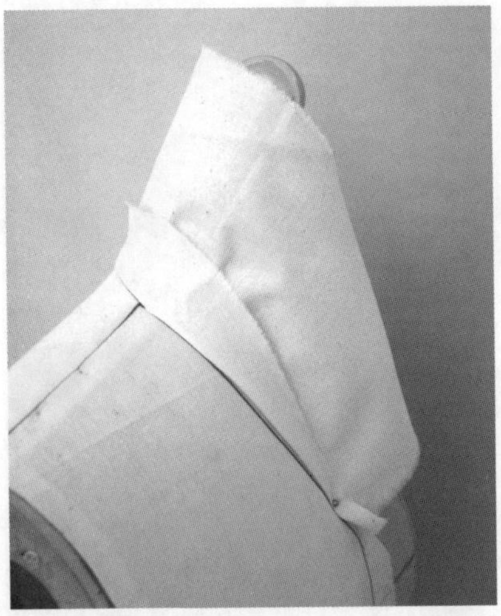

图5-5-34 折领下口线

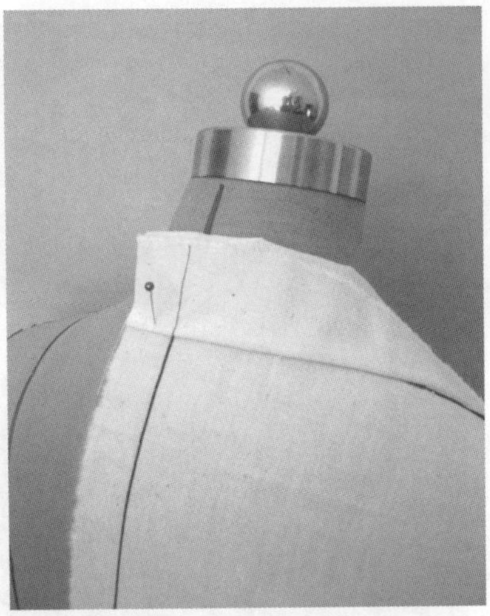

图5-5-35 翻折领片

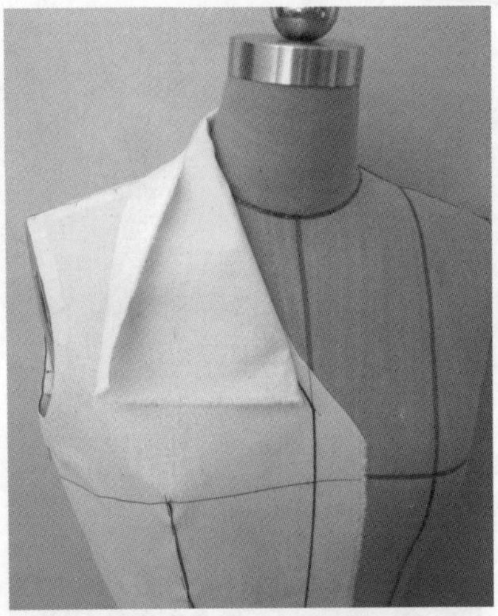

图5-5-36 翻折领片

（2）折领下口线（图 5-5-34）

将领下口多余布料向上折，前端与前领窝向上 4~5cm 处固定，确定领子的翻领松度。底领宽与翻领宽的差量越大，则翻领松度越大；反之则小。

（3）翻折领片（图 5-5-35、图 5-5-36）

将领布下口线向上折起后固定于领窝上（一折）。边固定边翻向正面（二折），观察翻折线的形状是否满意，然后再翻向反面修正或继续固定领布，直到满意为止。最后将领外口折上，观察其造型是否符合要求（三折）。

注意进一步调整领造型，若领造型不满意则重新调整领下口线的位置。要求底领宽与翻领宽符合设计要求，三个折线要垂直于后中心线，领子翻折线的转折处与人体要留有空隙，以满足颈部的活动。

（4）领下口处打剪口（图 5-5-37、图 5-5-38）

调整基本到位后，用大头针固定前中心部位，将三折和二折的部分拉起，将领下口打剪口，使领下口伏贴于人体模型上，注意剪口不能超过人体模型颈根净线。用大头针沿领窝线固定领片与衣身，别至侧颈点附近时领片应适当被拉紧一些。剪好剪口后，进一步调整领片与人体颈部的关系。

（5）修剪领下口（图 5-5-39、图 5-5-40）

把领下口线点影后，对领下口进行修剪，修剪时缝份要留得略多些。取下领子后还要重新进行修剪。

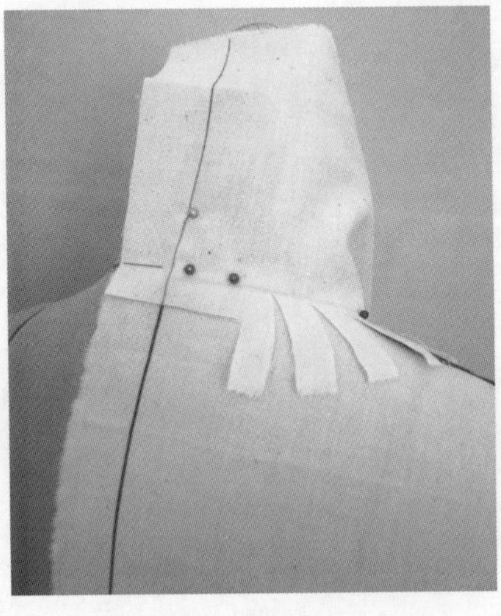

图5-5-37 领下口处打剪口

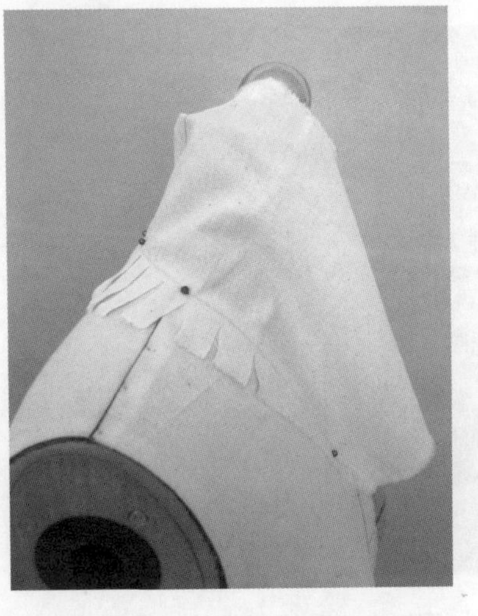

图5-5-38 领下口处打剪口

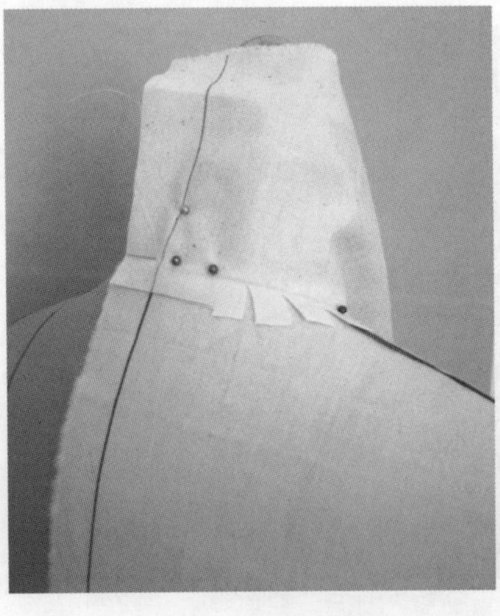

图5-5-39 修剪领下口

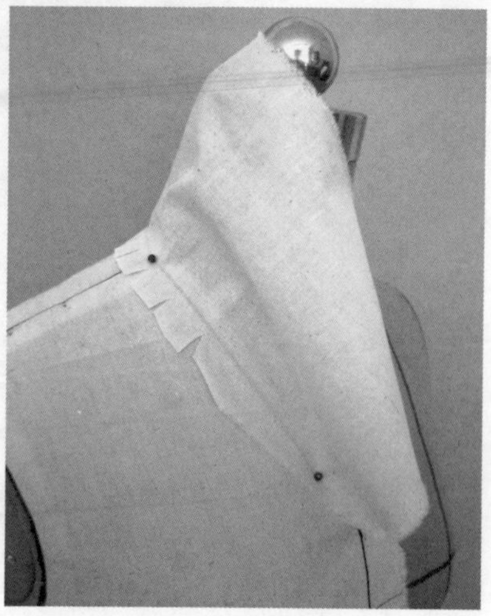

图5-5-40 修剪领下口

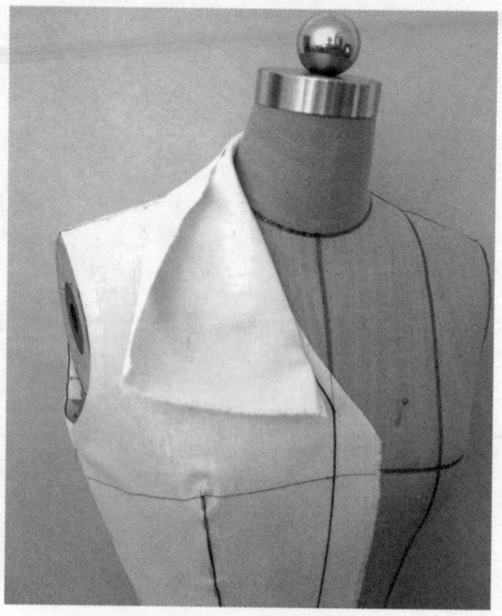

图5-5-41 观察领造型

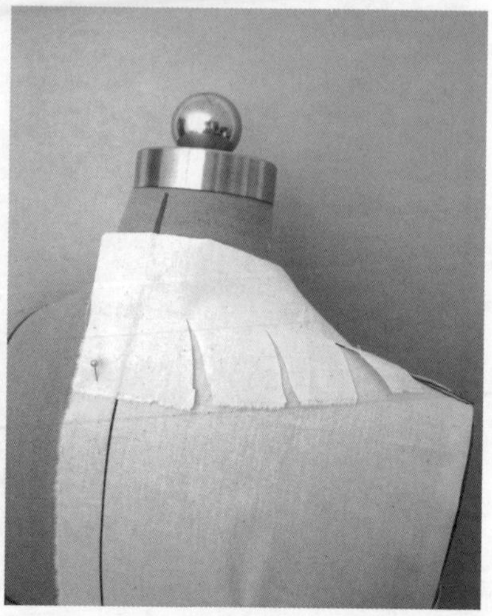

图5-5-42 领外口打剪口

（6）观察领造型（图 5-5-41）

将领翻到正面，进一步观察领造型。观察翻领宽、底领宽、翻折线的造型，要注意它们之间的平衡关系，底领与颈部留有空隙。领的翻折线靠近颈部，但也应保留一定的穿着舒适松量。领外口线要贴伏于衣片，若不符合要求则重新再进行整理。

（7）领外口打剪口（图 5-5-42、图 5-5-43）

领造型合格后，将领外口打剪口，使领子外口贴伏于衣身上。

（8）标记领外口造型（图 5-5-44、图 5-5-45）

确定领外口造型。根据款式要求及流行趋势，用粘带确定领宽及领外口曲线的造型，直至满意为止。

（9）修剪领外口（图 5-5-46、图 5-5-47）

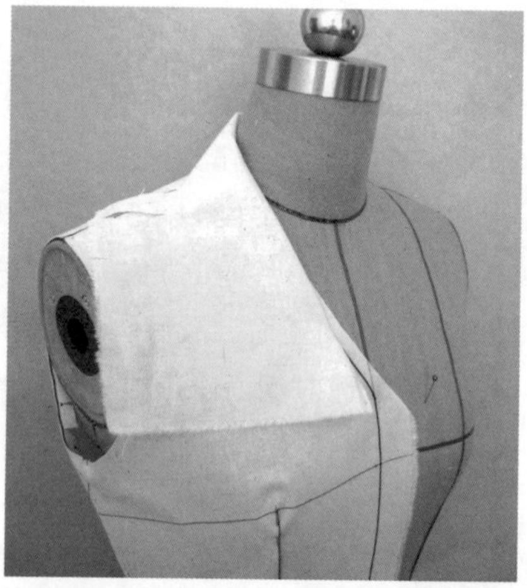

图5-5-43 领外口打剪口

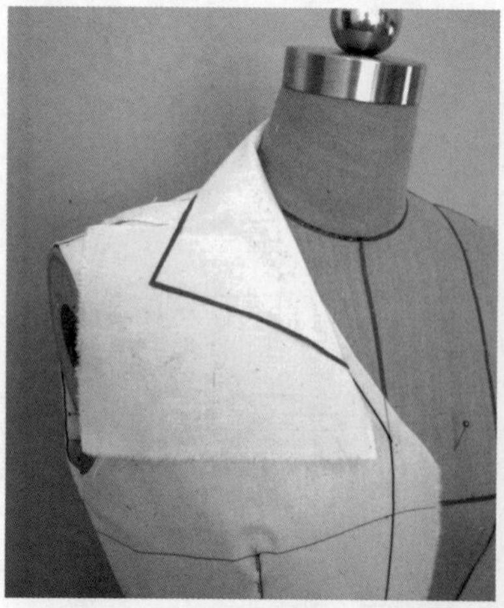

图5-5-44 标记领外口造型

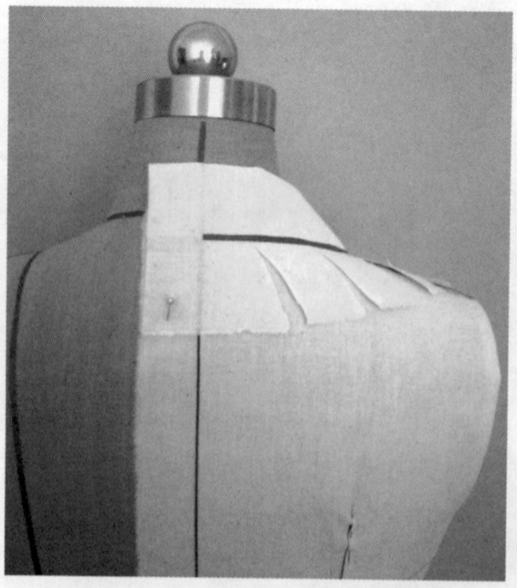

图5-5-45 标记领外口造型

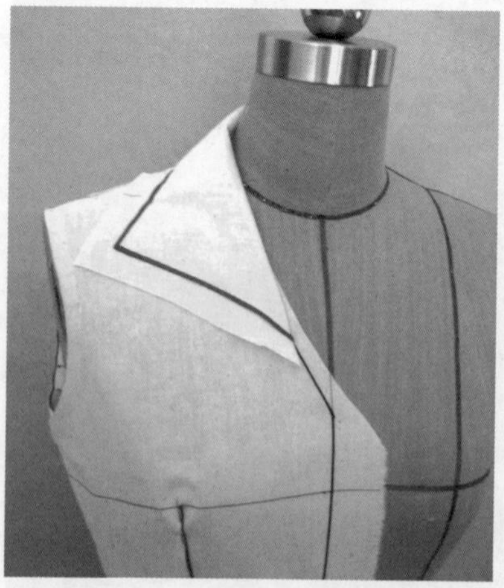

图5-5-46 修剪领外口

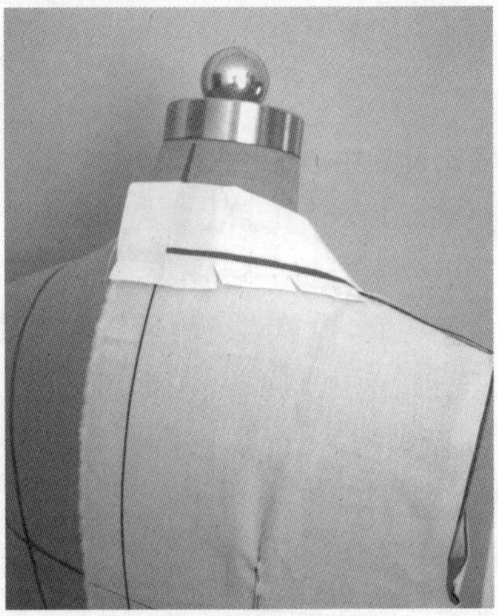

图5-5-47 修剪领外口

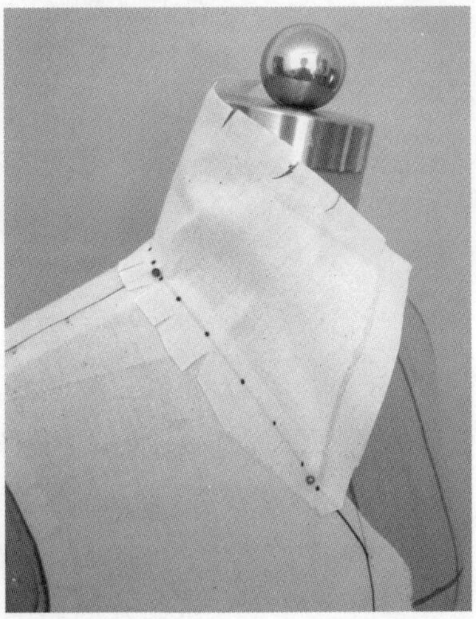

图5-5-48 领下口线点影

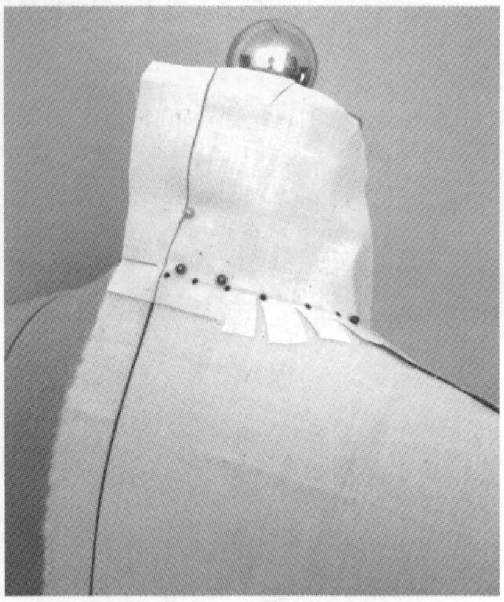

图5-5-49 领下口线点影

把领外口造型标记好后，将领外口多余布料剪掉。

（10）领下口线点影（图 5-5-48、图 5-5-49）

把领片调整好后，根据衣片领窝弧线的位置，在领片布上用笔将领下口净线按领窝弧线进行点影。

（11）画线、整理（图 5-5-50）

把领片从人体模型上取下并展平，按照领上口造型线及领下口点影将领子的轮廓线用笔画好。

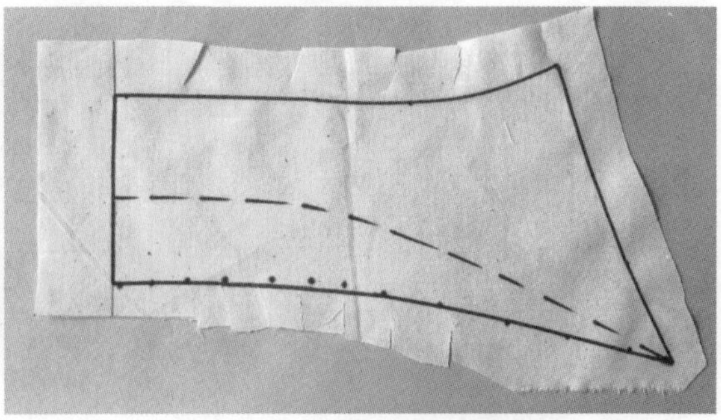

图5-5-50 画线、整理

（三）总结

（1）方驳领平面展开图（图 5-5-51）

从平面展开图中可看出，此领的翻折线前端呈直线状，归入驳折领类，是驳折领的特殊形式。领下口线呈下弯型，底领部分逐渐变小，领角呈方形，领上口线、领下口线与后中心线呈直角。领外口线是一条圆顺的线。

（2）方驳领立体造型（图 5-5-52、图 5-5-53）

从立体造型图中可看出，此领围绕于人体颈部、衣领与颈部有空隙量，以满足颈部活动的需要，领角为方形，驳折线呈直线状，领外口线呈现优美的曲线型。

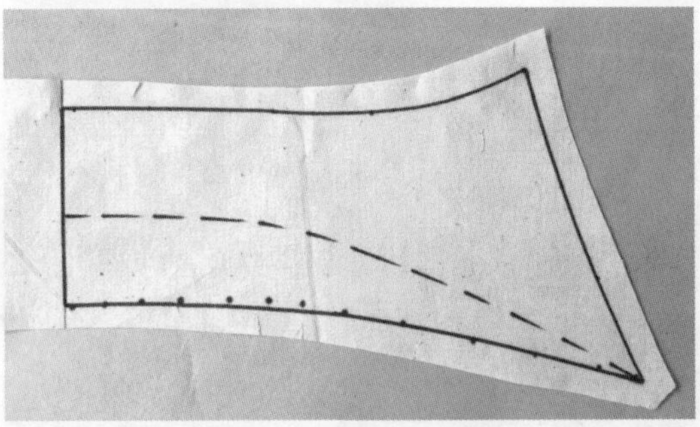

图5-5-51 方驳领平面展开图

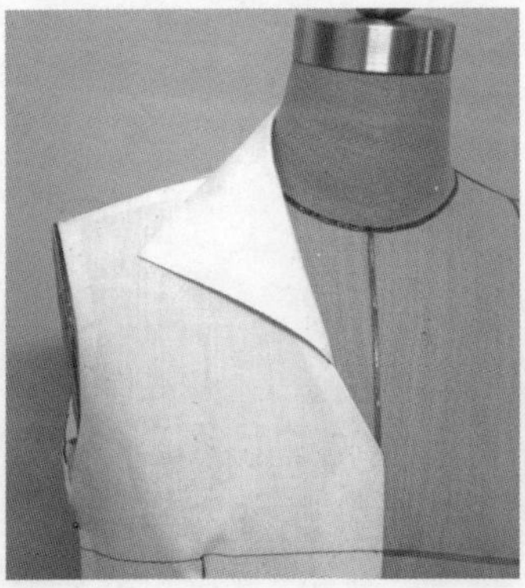

图5-5-52 方驳领前立体造型

图5-5-53 方驳领有立体造型

第六节 坦翻领

坦翻领是连翻领的特殊形式，底领与翻领在宽度上差异较大。底领较窄，一般为 0 ~ 1cm，翻领较宽，使翻领平坦地覆于肩背部，下面以海军领及披肩领为例进行立体裁剪。

一、海军领

海军领又称水兵领。海军领底领的高度较小，一般为 0.5~1cm，翻领较宽，图 5-6-1 所示为领宽至肩峰较宽的海军领

（一）准备工作

1. 布料准备

海军领用布图见图 5-6-2。图中 X 为后中心至翻领宽的水平距离，Y 为上翻折线至下绱领点的垂直距离。取一块长方形的布料，长为 X+Y+10cm、宽为 X+10cm。在布料上将后中心线标出来。布料准备见图 5-6-3。

2. 标记前后领窝及后中心

根据款式要求，在前后衣片上用粘带将前后领窝线标记出来（图 5-6-4、图 5-6-5），并用大头针固定。注意后领窝线略抬高，前领窝线的最低点一般不超过胸围线，如若超过是垫上胸布。

（二）操作方法及技巧

（1）固定后中心线（图 5-6-6）

把准备好的领布从后中心处搭在人体模型上，注意领片的后中心及领口线与人体模型的后中心及领窝线对合一致，在后中心线上再将领宽别出。从后背、肩处向前身把布理顺。

（2）理顺领布（图 5-6-7）

图5-6-1 海军领款式

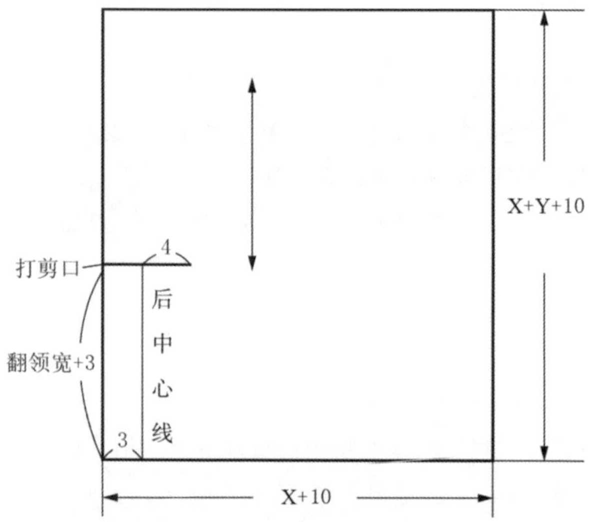

图5-6-2 海军领用布图

图5-6-3 布料准备

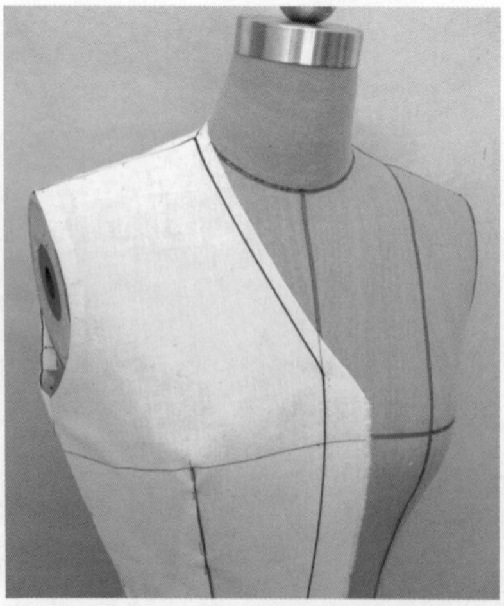

图5-6-4 标记前领窝线

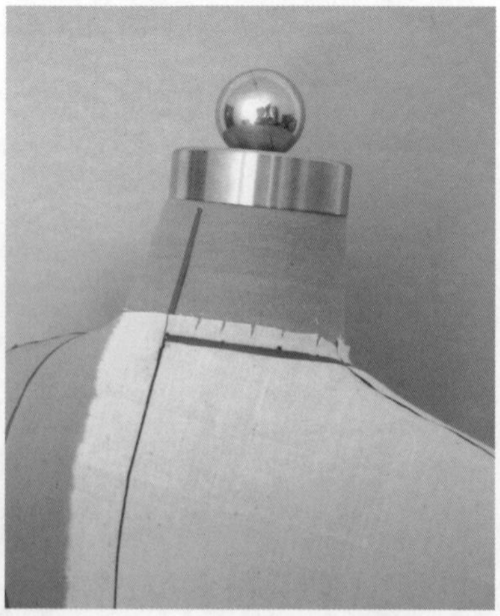

图5-6-5 标记后领窝及后中心线

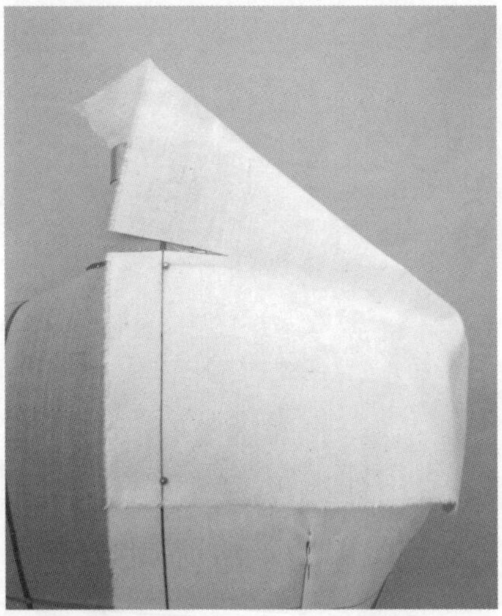

图5-6-6 固定后中心线

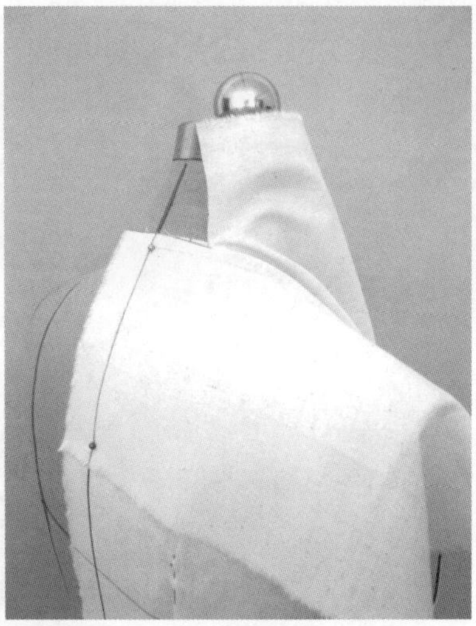

图5-6-7 理顺领布

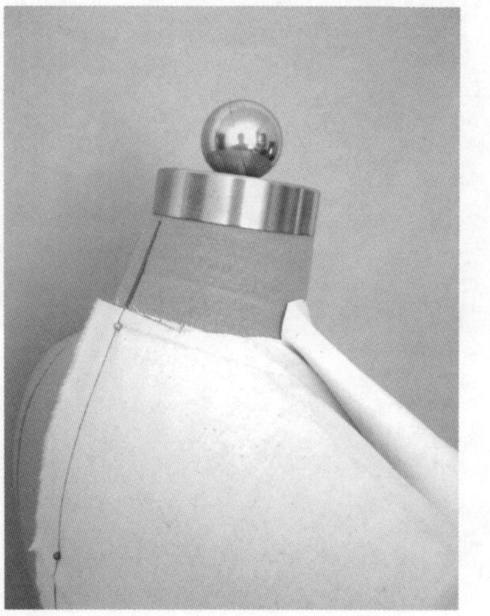

图5-6-8 粗裁领下口线

将后领平贴于人体模型上后，再将领布向前理顺。

（3）粗裁领下口线（图 5-6-8 ~ 图 5-6-10）

将领布向前理顺，在理顺的同时观察前领宽，根据领窝线的位置将领下口线剪出，要慢慢剪，剪时要留出余量，包括底领宽及缝份。最后将前后领口处多余布料剪掉。

（4）确定领下口线（图 5-6-11、图 5-6-12）

坦翻领的底领虽然较窄，但领子做好后底领部分不能外露，这就要求衣领下口线比实际领窝线短。在立体裁剪中要将领下口线进行特殊处理。

在后领下口线的缝份处打细的剪口，使后领伏贴。在肩部转折处打剪口，将领布充分拔开，底领不

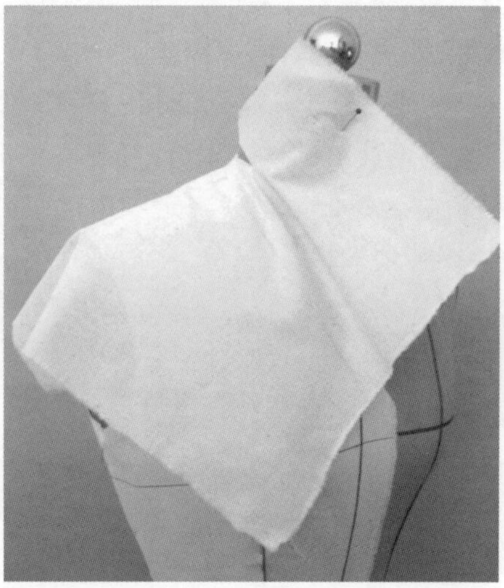

图5-6-9 粗裁领下口线

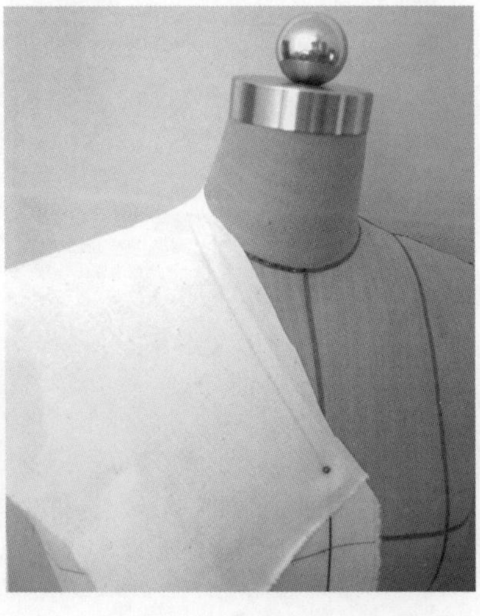

图5-6-10 粗裁领下口线

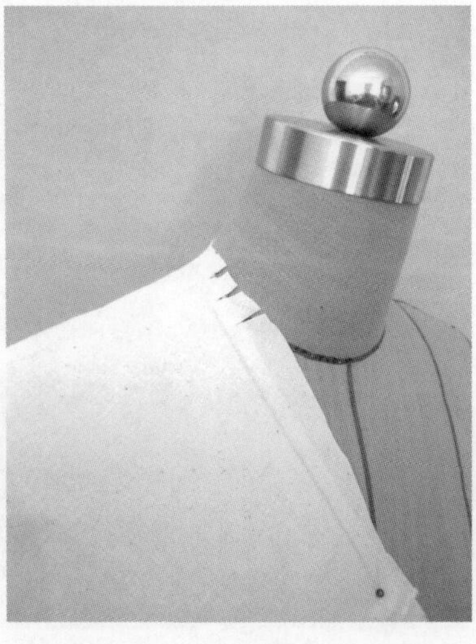

图5-6-11 确定领下口线

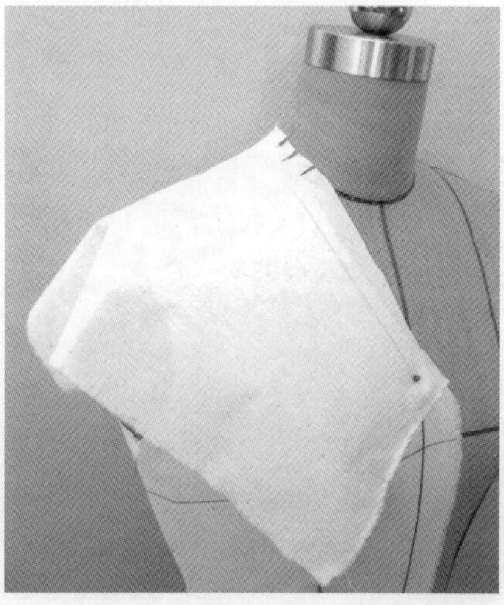

图5-6-12 确定领下口线

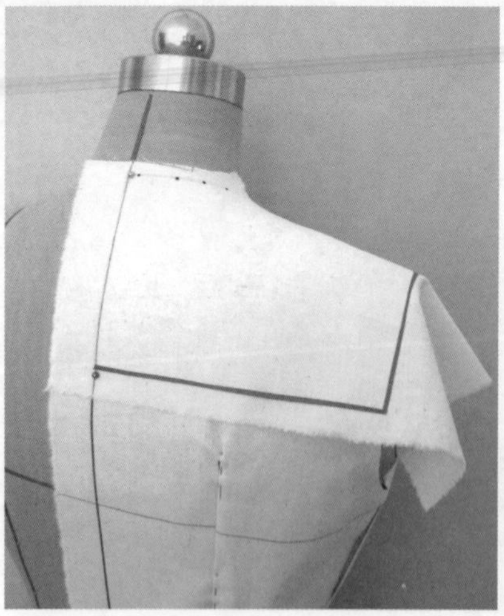
图5-6-13 确定领外口造

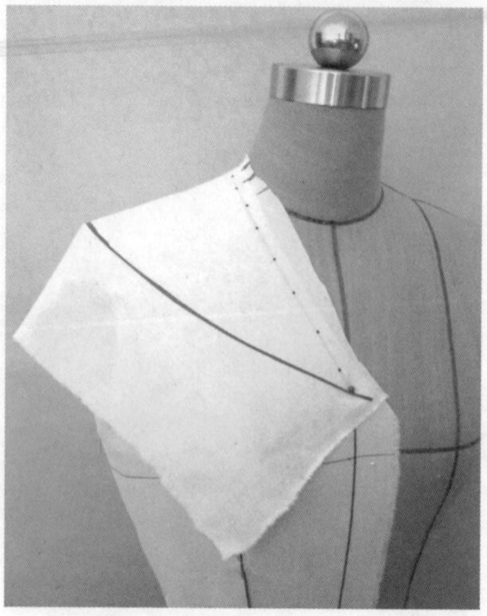
图5-6-14 确定领外口造型

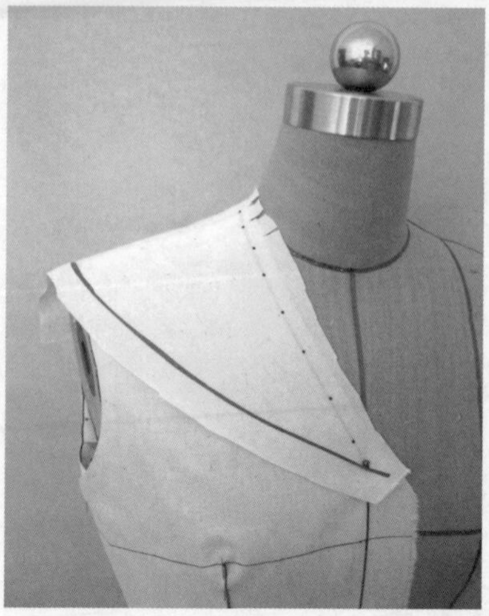
图5-6-15 修剪领外口造型

要有松量，尽量紧些，用大头针固定好。前领下口线略拉开，并用大头针固定好。

（5）确定领外口造型（图 5-6-13、图 5-6-14）

根据设计的款式要求，仔细观察各部位，最后将坦翻领前后外口造型线确定下来，注意整个领外口线整体性、协调性、流畅性。

（6）修剪领外口造型线（图 5-6-15、图 5-6-16）

把前后外口造型线标记好后，将领外口多余布料剪掉。

（7）展平领片（图 5-6-17）

把领片从人体模型上取下并展平、放好，此图为有标记线一面的领片。

（8）画线、整理(图 5-6-18)

把领片从人体模型上取下并展平，按照领上口造型线及领下口点影将领子的轮廓线用笔画好，留出缝份，将多余布料剪掉。按照翻折线的折痕，在领片上将领子的翻折线用虚线确定下来。

（10）固定领下口线（图 5-6-19、图 5-6-20）

将衣片掀起来，按衣片领口线固定衣领下口线。为形成底领，在肩部转折处将领布充分拔开，尽量紧些，前领下口线略拉开，并用大头针固定。

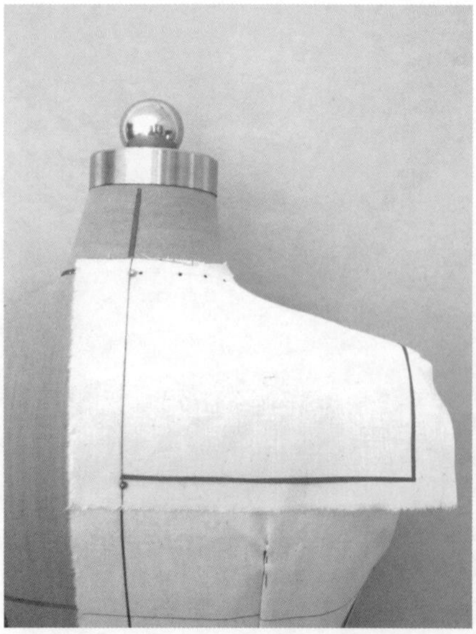
图5-6-16 修剪领外口造型线

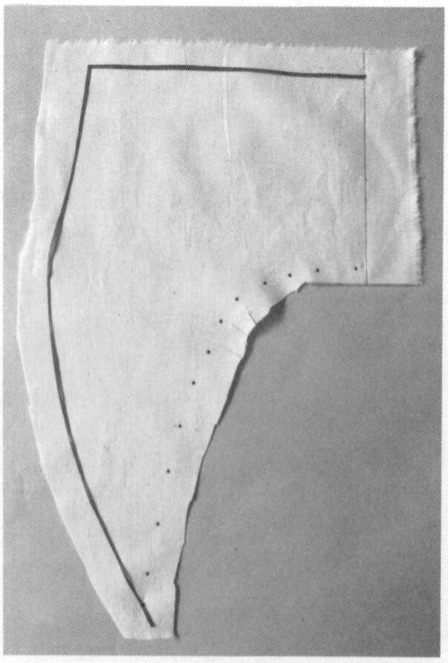
图5-6-17 展平领片

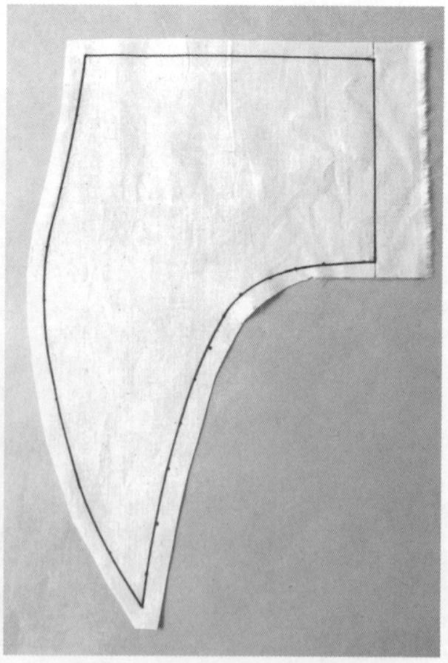
图5-6-18 画线、整理

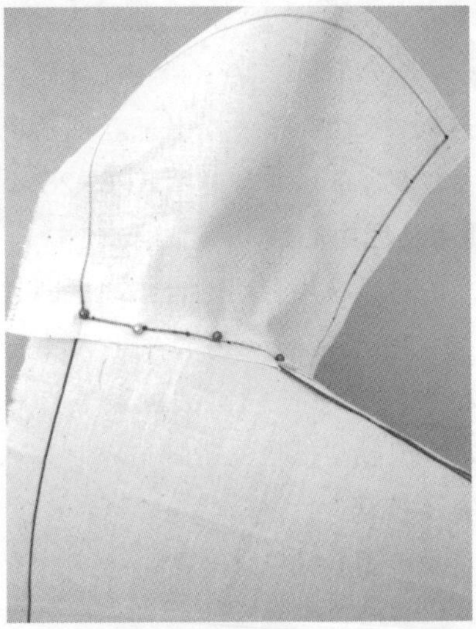

图5-6-19 固定领下口线

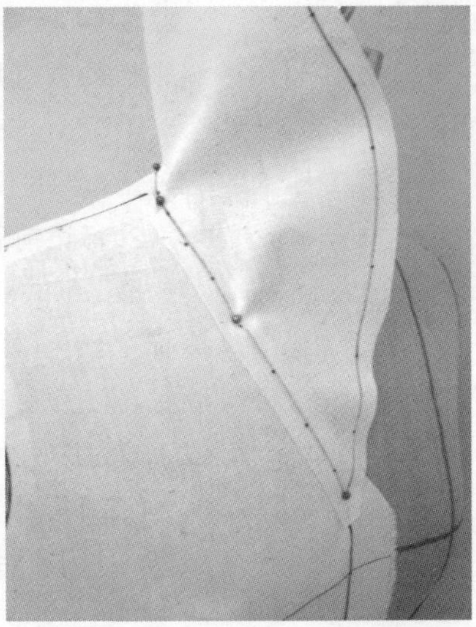

图5-6-20 固定领口下线

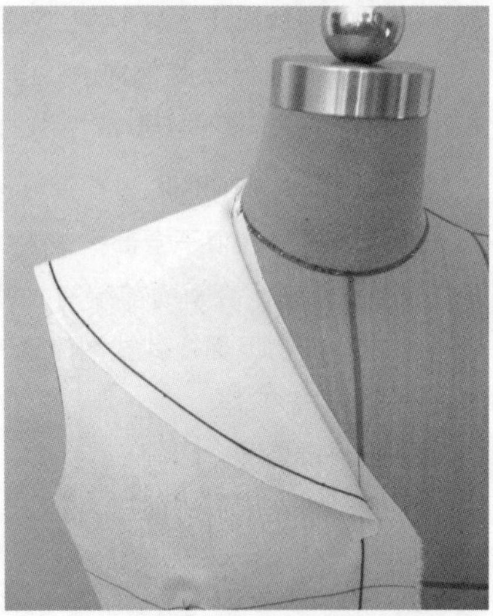

图5-6-21 调整领造型

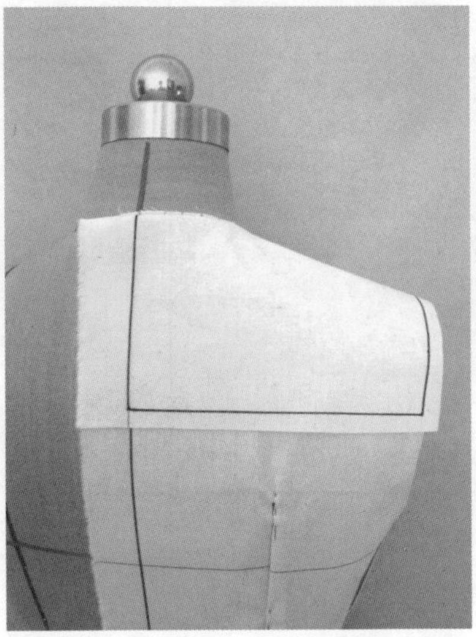

图5-6-22 调整领造型

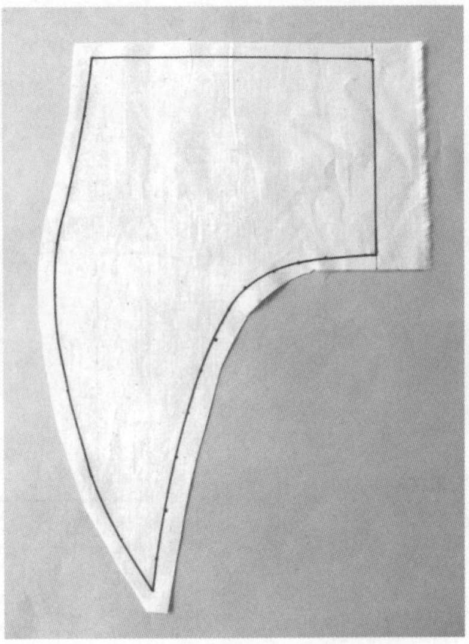

图5-6-23 海军领平面展开图

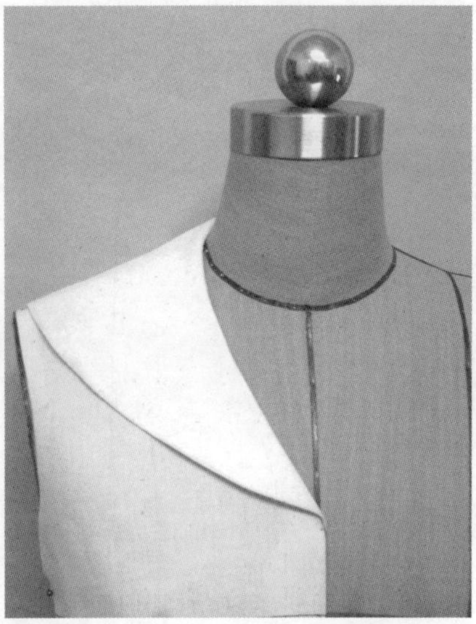

图5-6-24 海军领前立体造型

（11）调整领造型（图 5-6-21、图 5-6-22）

将领子翻折好，进一步观察调整领造型，要有小的底领，领下口线不外露，领外口线、翻折线要垂直于后中心线，若领造型不满意则重新调整领下口线的位置。

（三）总结

（1）海军领平面展开图（图 5-6-23）

从平面展开图中可看底领的高度较小，翻领较宽，领下口线形成优美的曲线造型。翻领宽及形状根据设计者的要求自由进行设计。为了制作柔软的领子造型，领子的领下口线和衣片领口线不要太弯曲。

（2）海军领立体造型(图 5-6-24、图 5-4-25）

从立体造型图中可看出，此领虽然翻领部分较宽，但

图5-6-25 海军领后立体造型

领子能很好地伏贴于人体模型上；底领宽虽然很窄，但领下口线的缝份没有外露。这与衣领下口线短于衣片下口线有关，使领子形成饱满的外观。

二、抽褶坦翻领

抽褶坦翻领的领子全部披在人体的肩部，除覆盖人体肩部外，在坦翻领的前端有抽褶，形成了独特的领子款式。抽褶坦翻领款式图见图5-6-26。

（一）准备工作

1. 布料准备

准备一块长方形的面料，见图5-6-27。图中的X为后中心至翻领宽的水平距离，Y为上翻折线至下绱领点的垂直距离。长方形的长为X+Y+10cm，宽为X+10cm。在布料上将后中心线标出来。抽褶坦翻领用布图见图5-6-27，布料准备见图5-6-28。

2. 标记前后领窝及后中心线

根据款式要求，在前后衣片上用粘带将前后领窝线标记出来（图5-6-29、图5-6-30），并用大头针固定。注意后领窝线略抬高，前领窝线的最低点一般不超过胸围线，如若超过则是垫上了胸布。

（二）操作方法及技巧

（1）固定后中心线（图5-6-31）

图5-6-26 抽褶坦翻领款式

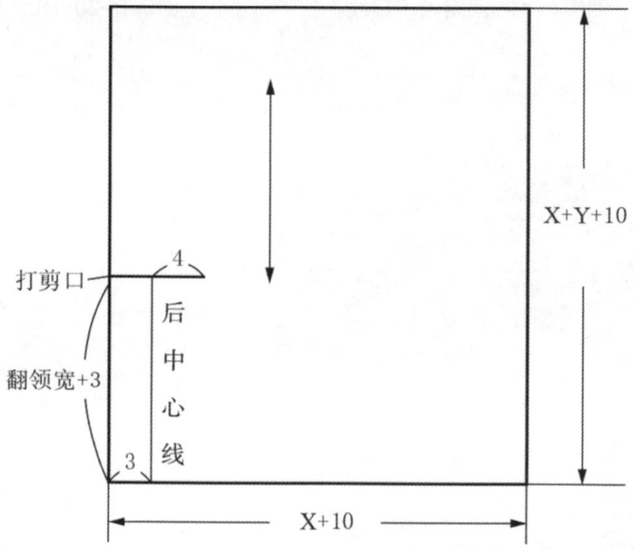

图5-6-27 抽褶坦翻领用布图

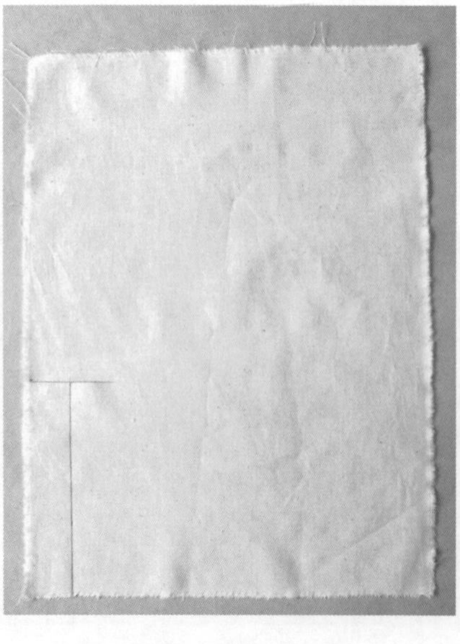

图5-6-28 布料准备

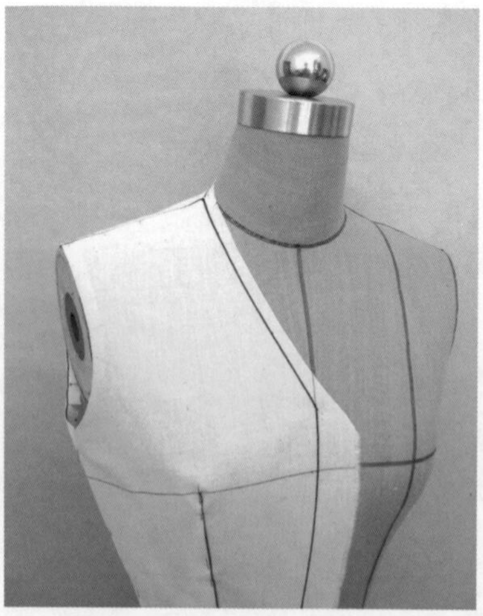

图5-6-29 标记前领窝

图5-6-30 标记后领窝及后中心

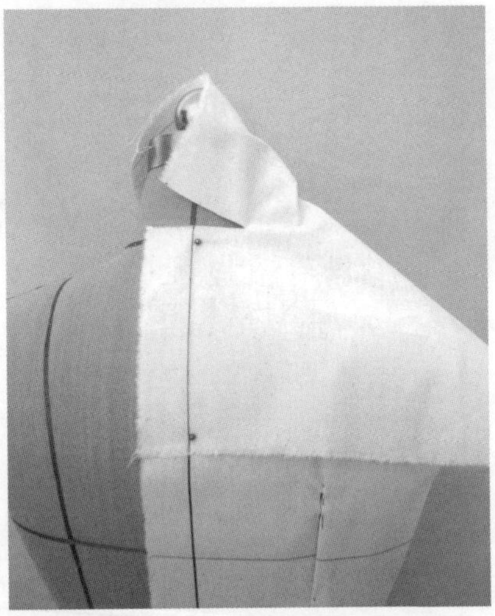

图5-6-31 固定后中心线

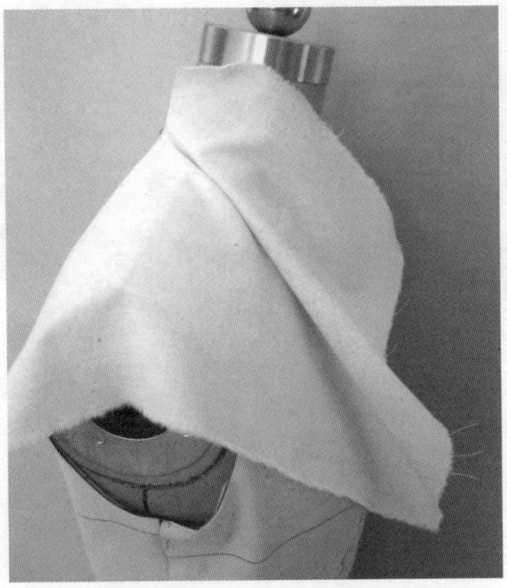

图5-6-32 理顺领布

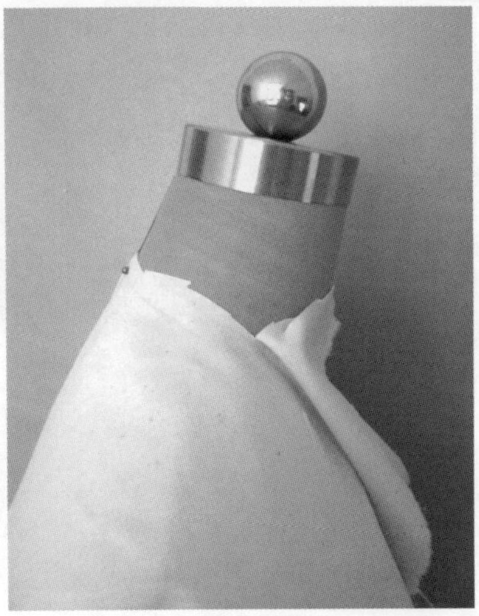

图5-6-33 粗裁领下口线

把准备好的领布从后中心处披在人体模型上，注意领片的后中心及领口线与人体模型的后中心及领窝线对合一致，在后中心线上将领宽别出。从后背、肩处向前身把布理顺、理平整。

（2）理顺领布（图 5-6-32）

将后领平贴于人体上后，再将领布向前理顺。

（3）粗裁领下口线（图 5-6-33、图 5-6-34）

将领布向前理顺，在理顺的同时观察前领宽，根据领窝线的位置将领下口线慢慢剪出，剪时要留出余量，包括底领宽及缝份，最后将前后领口剩余布料剪掉。

（4）确定领下口线（图 5-6-35、图 5-6-36）

坦翻领的底领虽然较窄，但领子做好后底领部分不能外露，就要求衣领下口线比实际领窝线短。将领下口线进行特殊处理，在后领下口线的缝份处打细的剪口，以使后领伏贴。在肩部转折处打剪口，将领布充分拔开，底领不要有松量，尽量紧些，用大头针固定好。把前领下口线略拉开，并用大头针固定好。

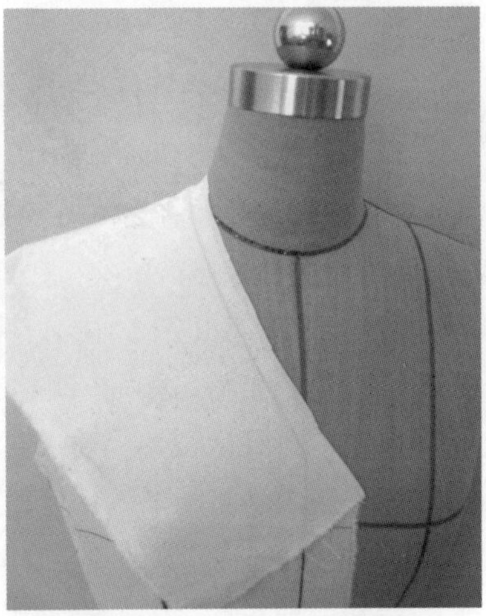

图5-6-34 粗裁领下口线

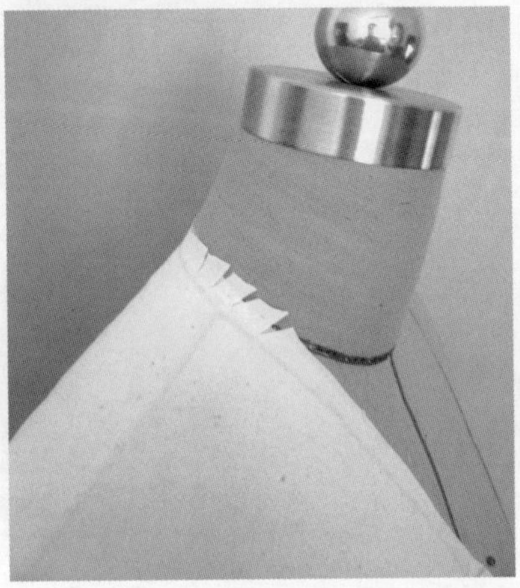

图5-6-35 确定领下口线

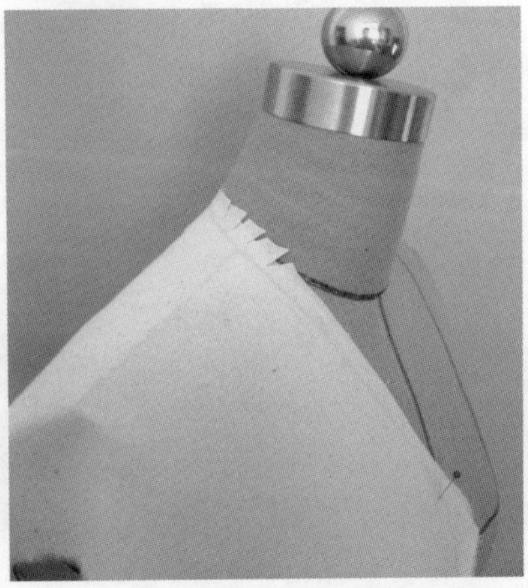

图5-6-36 确定领下口线

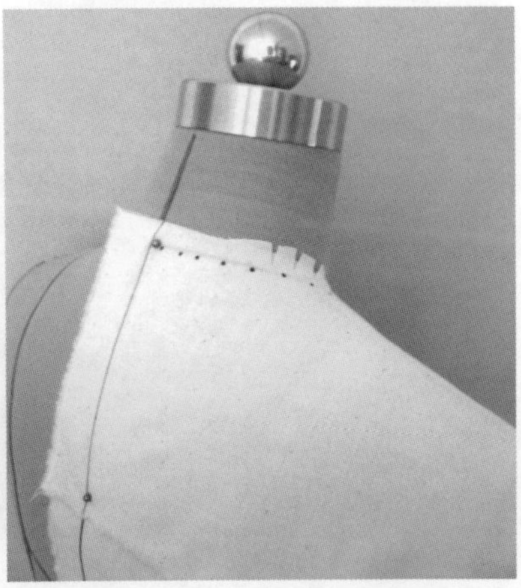

图5-6-37 领下口点影

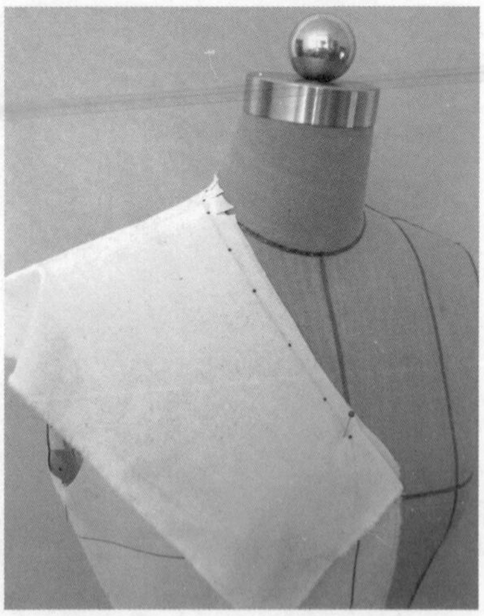

图5-6-38 领下口点影

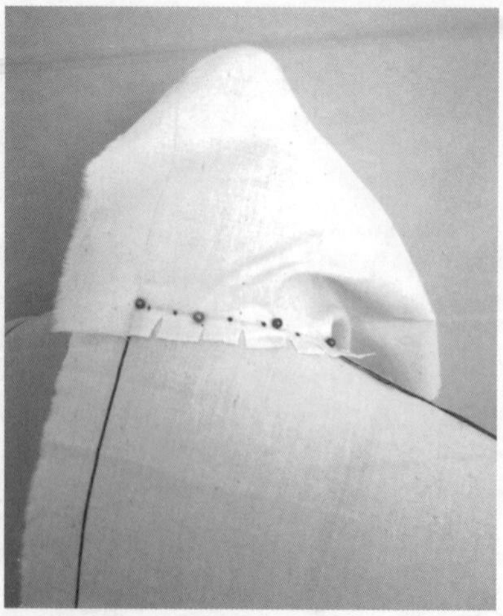

图5-6-39 固定领下口线

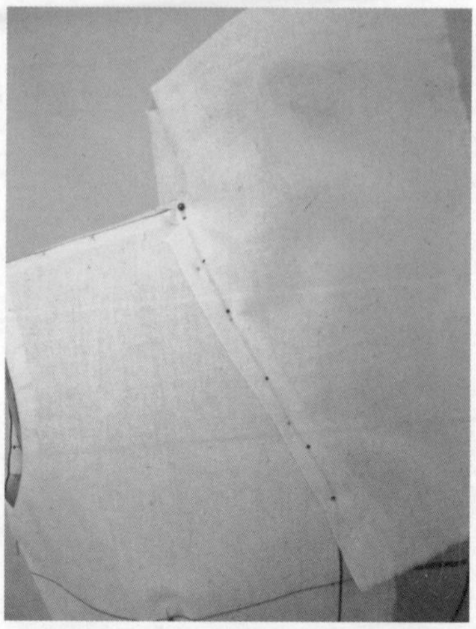

图5-6-40 固定领下口线

（5）领下口点影（图 5-6-37、图 5-6-38）

根据设计的款式要求，仔细观察各部位，再将领下口按领窝净线点影。

（6）固定领下口线（图 5-6-39、图 5-6-40）

将衣片掀起来，按衣片领口线固定衣领下口线。为形成底领，在肩部转折处将领布充分拔开，尽量紧些，前领下口线略拉开，并用大头针固定好。

（7）调整领型（图 5-6-41—图 5-6-43）

将领子翻折好，进一步调整领造型，若领造型不满意则重新调整领下口线的位置。要求底领宽与翻领宽符合设计要求，领子翻折线的转折处与人体要留有间隙。

（7）领前端抽褶（图 5-6-44）

按款式要求，将领前端抽褶。抽褶时要一个一个进行，同时还要观察整个领子的造型。

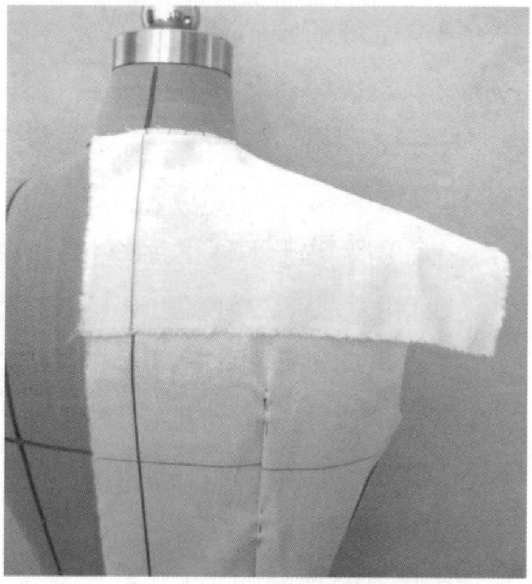

图5-6-41 调整领型

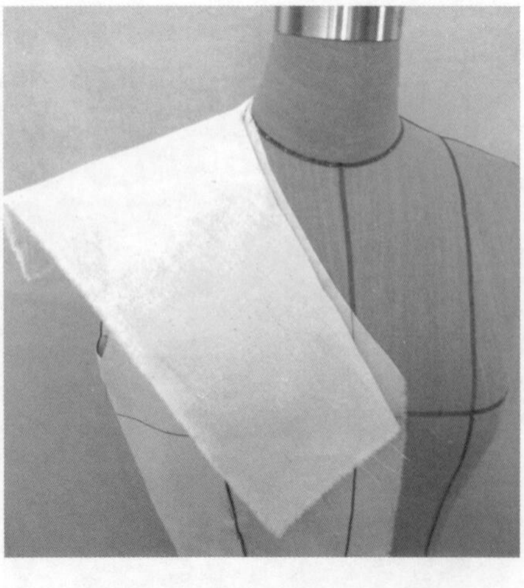

图5-6-42 调整领型

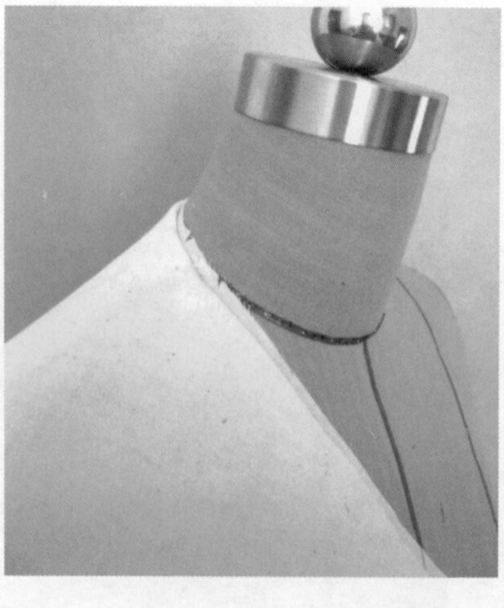

图5-6-43 调整领型

图5-6-44 领前端抽褶

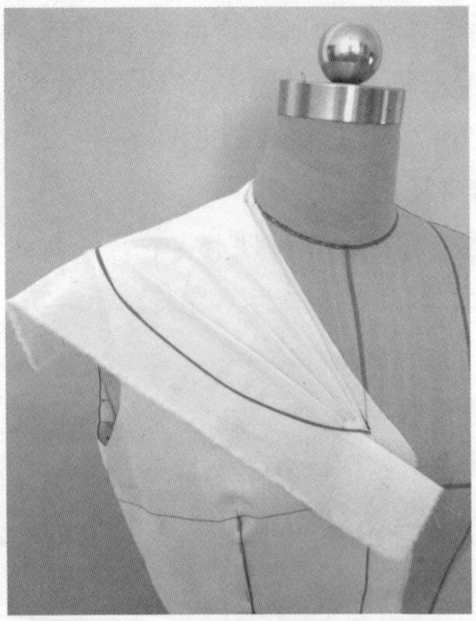

图5-6-45 确定领外口造型

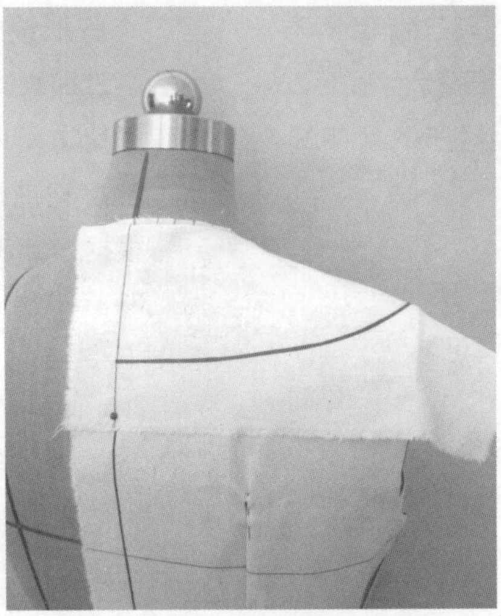

图5-6-46 确定领外口造型

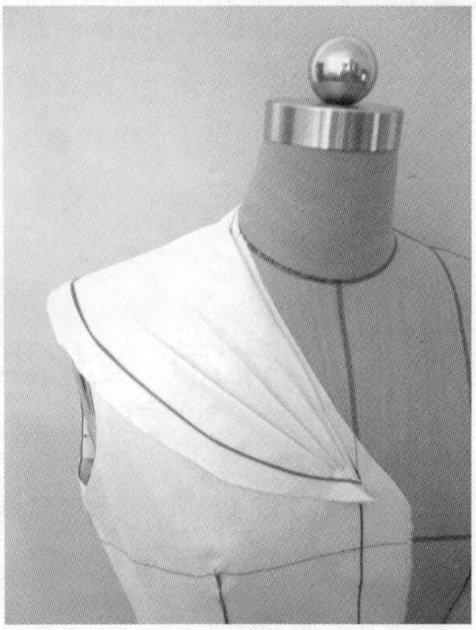

图5-6-47 修剪领外口造型线

（8）确定领外口造型（图 5-6-45、图 5-6-46）

根据设计的款式要求，仔细观察各部位，最后将前后外口造型线确定下来，注意整个领外口线的整体性、协调性、流畅性。

（9）修剪领外口造型线（图 5-6-47、图 5-6-48）

把前后领外口造型线标记好后，将领外口多余布料剪掉。最后将领片整理好。

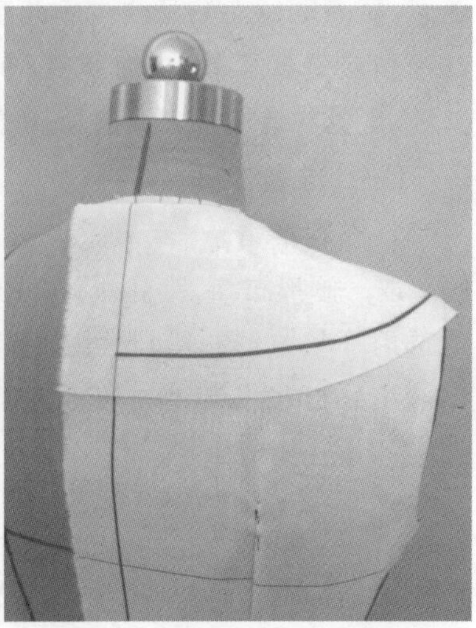

图5-6-48 修剪领外口造型线

（三）总结

（1）抽褶坦翻领平面展开图（图 5-6-49）

从平面展开图中可看出，领前端有抽褶量，抽褶量的下端轮廓线为折线，翻领较宽，领窝弧线较弯曲，后领中心线分别与领外口线及领下口线的夹角呈直角，领外口线圆顺通畅。领外口线可按个人的喜好随意进行变化。

（2）抽褶坦翻领立体造型（图 5-6-50、图 5-4-51）

从立体造型图中可看出，此领前端有抽褶，是在坦翻领的基础

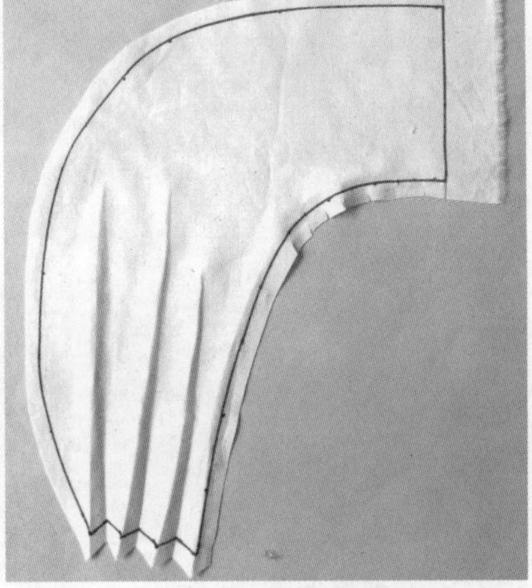

图5-6-49 抽褶坦翻领平面展开图

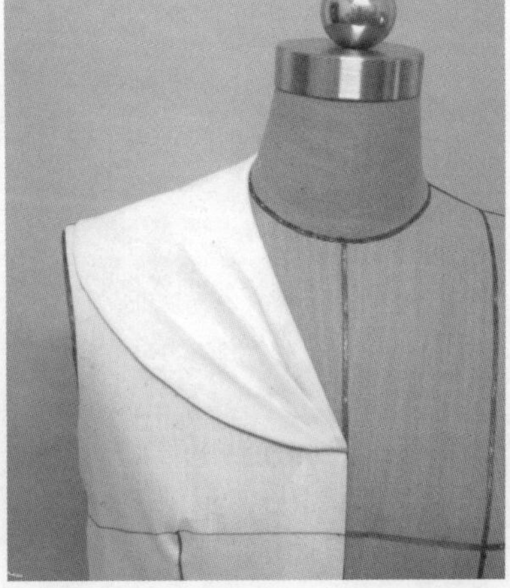

图5-6-50 抽褶坦翻领前立体造型

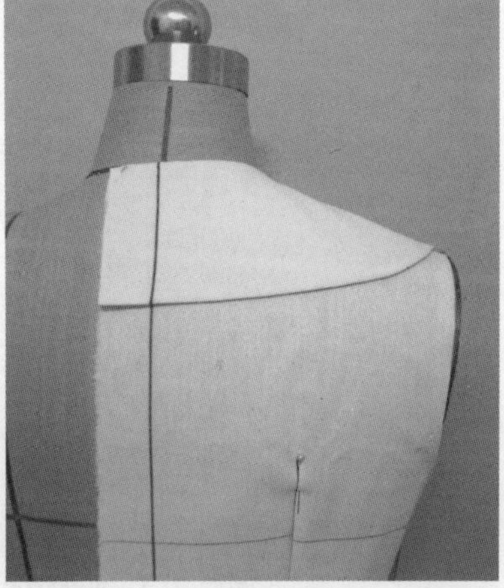

图5-6-51 抽褶坦翻领后立体造型

上变化而来，较有情趣。虽然翻领部分较宽，但领子能很好地伏贴于人体上；底领宽虽然很窄，但领下口线的缝份没有外露，这与衣领下口线短于衣片下口线有关，使领子能形成饱满的观。

第七节 变化型领款

变化型领款是指一些富于层次及形态变化的领款，其结构较复杂，是一种高品味的设计，具有独特的视觉美感，深受广大女性的喜爱。

一、波浪领

波浪领的领呈V字形，是坦翻领的变形领。此领基本无底领，翻领部分为波浪状，造型活泼生动、随意，富有动感。它适合少年儿童及青年女性服装。其面料应选择柔软，但有弹性、有身骨的面料，如乔其纱，尼丝纺等织物。波浪领款式图见图5-7-1。

（一）准备工作

1. 布料准备

取一圆形布料，半径为N/2+10cm（N为领围）；或选用一长方形布料，尺寸见图5-7-2。由于该领型的领外口长出领下口较多，需要在布料的中间先剪一个圆形或桃形的孔洞，孔洞的周长为领口线周长的1/2(即为N/2)。在布料上将后中心线标记出来。波浪领用布图见图5-7-2，布料准备见图5-7-3。

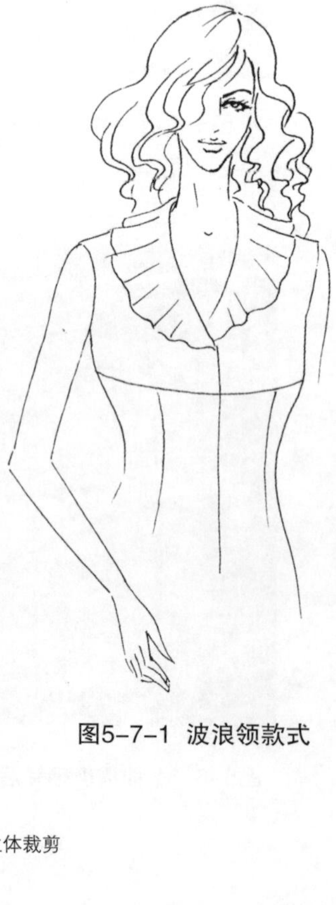

图5-7-1 波浪领款式

2. 标记前后领窝及后中心

根据设计者的要求，在人体模型上将衣片领窝线用粘带标记出来，本款领窝弧线为V字形(图5-7-4、图5-7-5)。

（二）操作方法及技巧

（1）固定后中心线(图5-7-6)

将领片的后中心线与人体后中心线对齐，并用大头针固定。

（2）固定后领下口线(图5-7-7)

将领片的后领部位固定于衣身后领窝处，并按领窝形状在领片上做剪口，从而固定后领下口线及波浪。

（3）作领外侧波浪(图5-7-8—图5-7-15)

一边在领下口处打剪口，一边将领子捏住做波浪，观察领外口的波浪。观察时要一只手按住领口

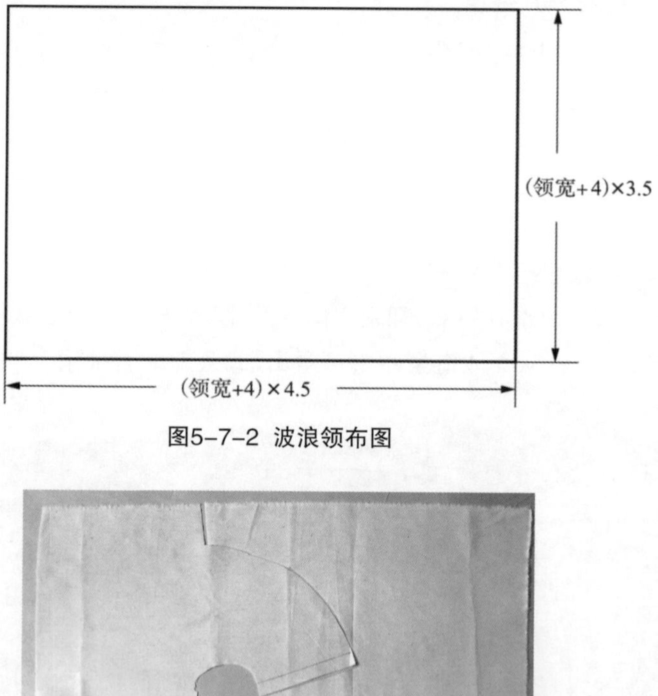

图5-7-2 波浪领布图

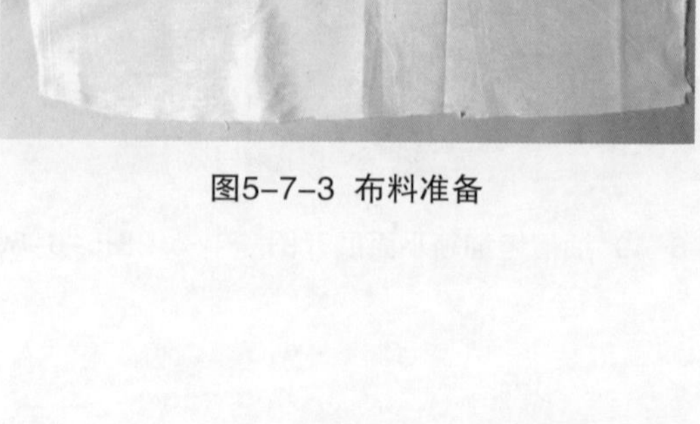

图5-7-3 布料准备

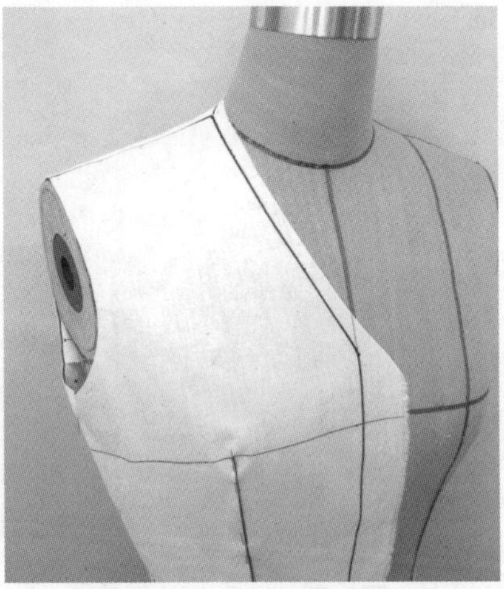
图5-7-4 标记前领窝线

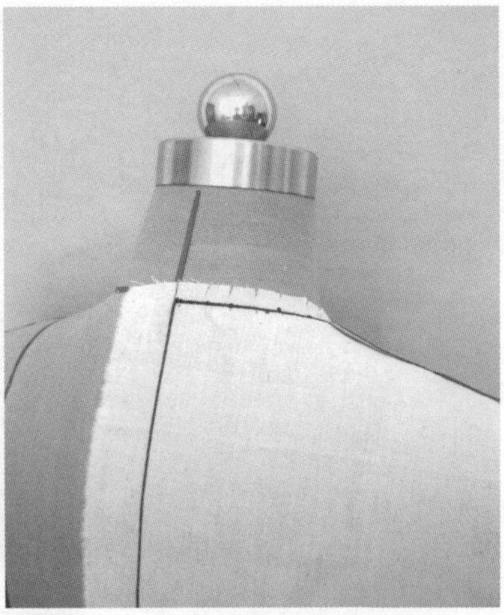
图5-7-5 标记后领窝及后中心线

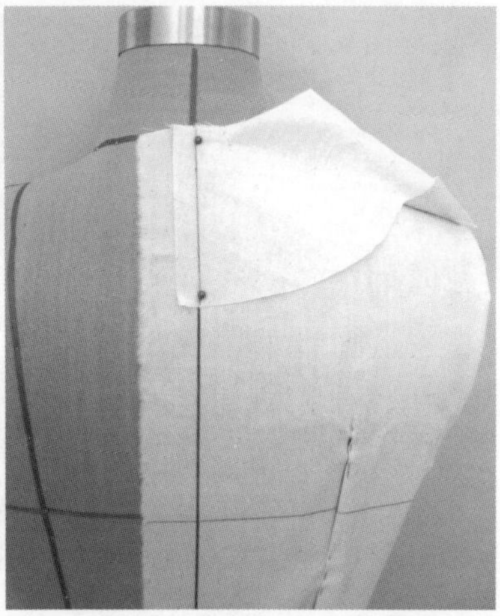
图5-7-6 固定后中心线

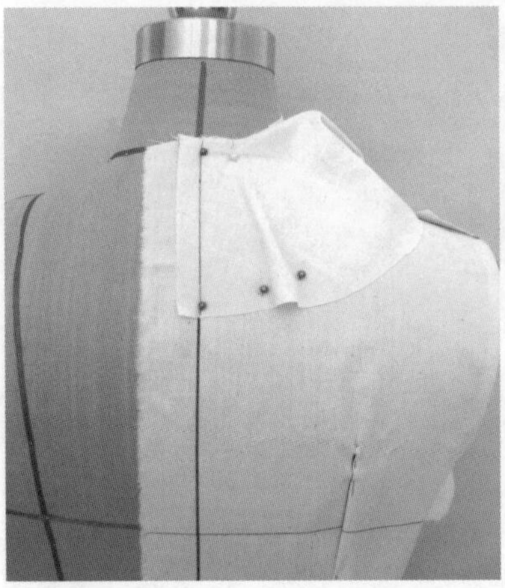
图5-7-7 固定后领下口线

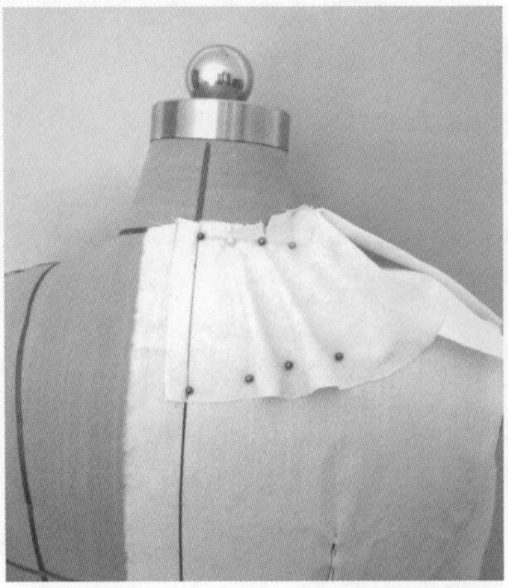
图5-7-8 做领外侧波浪

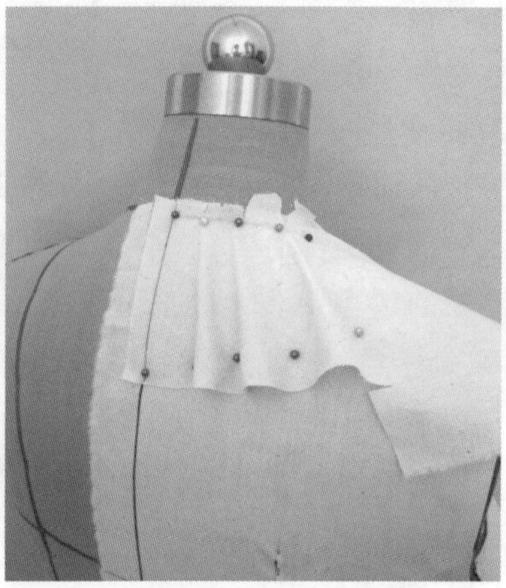
图5-7-9 做领外侧波浪

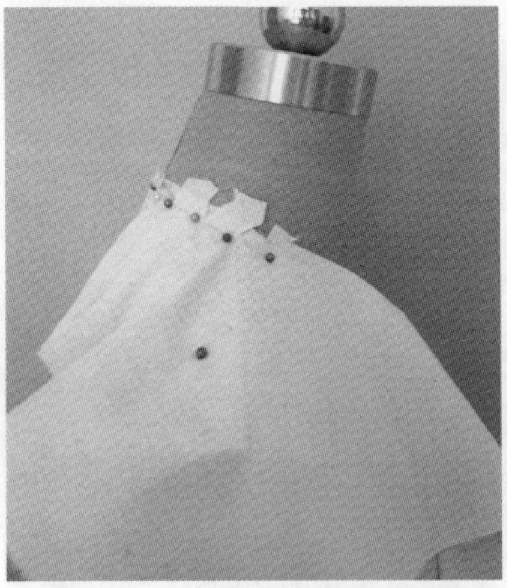
图5-7-10 做领外侧波浪

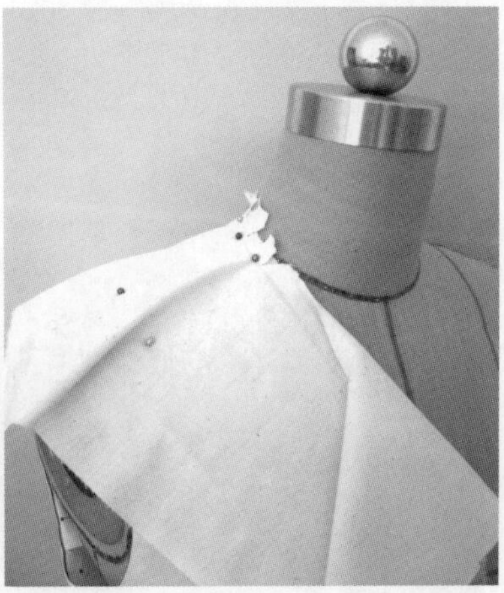
图5-7-11 做领外侧浪

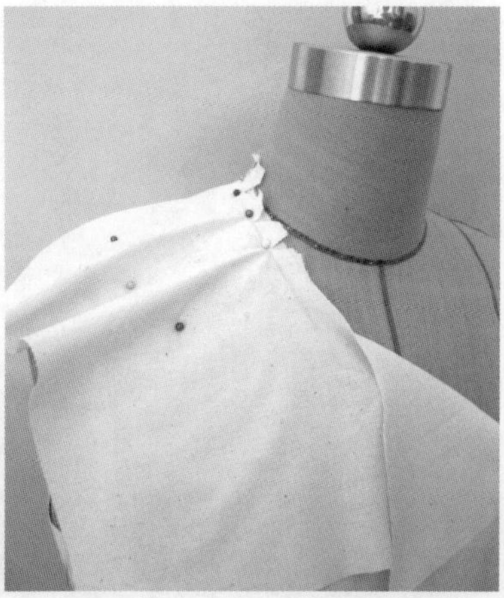
图5-7-12 做领外侧波浪

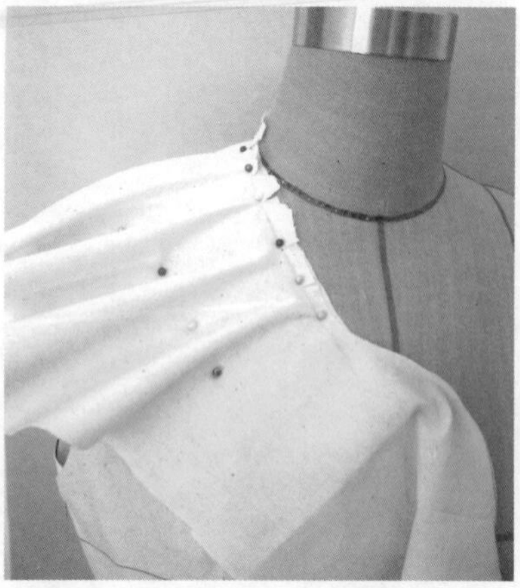

图5-7-13 做领外侧波浪

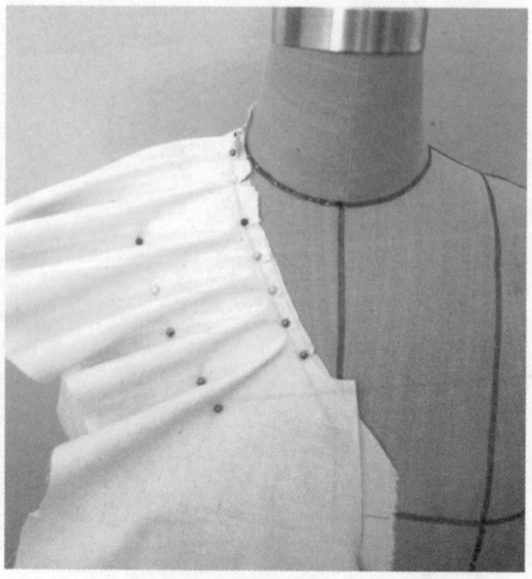

图5-7-14 做领外侧波浪

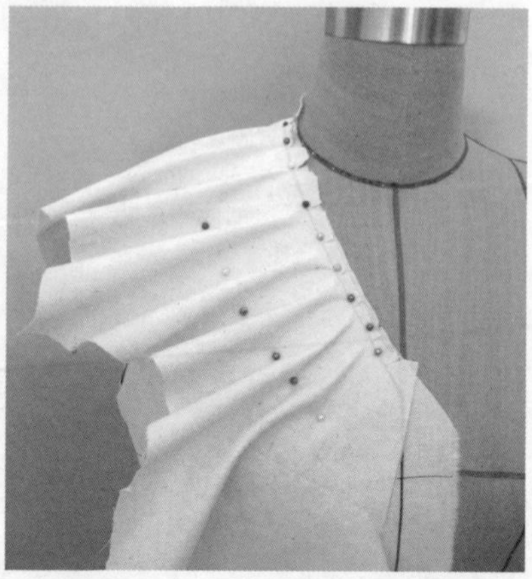

图5-7-15 做领外侧浪

线，另一只手捏住领片做波浪，然后固定于衣身领窝上。波浪做得要均匀，整理好一处便固定一处。肩部的波浪不宜做得过多。

（4）修剪外侧波浪（图5-7-16、图5-7-17）

将领样固定于衣身后，观察波浪的位置是否合适，波浪的部位是否恰当，若不合适则重新进行修正。最后按波浪领的造型将多余的部分粗略剪去。在整个领子的裁剪中，领下口线的裁剪是关键，要一点一点修正，切不可急。

（5）标记领外口波浪造型（图5-7-18、图5-7-19）

把领外侧波浪修剪好后，在领波浪布上将领外口造型用粘带标记好。

（6）点影（图5-7-20）

对领下口线及领外口线分别点影。领外口线点影时

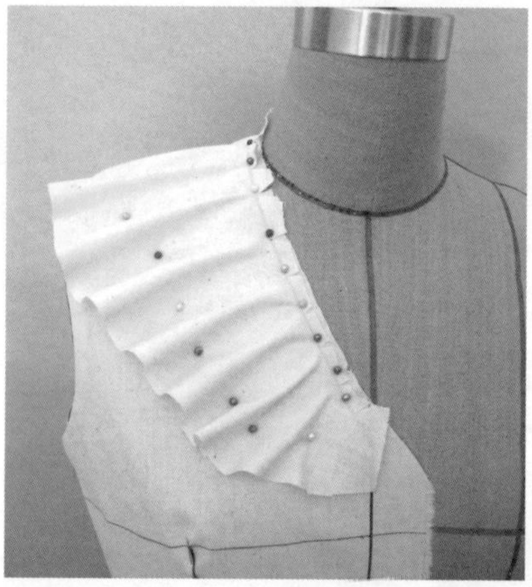

图5-7-16 修剪外侧波浪

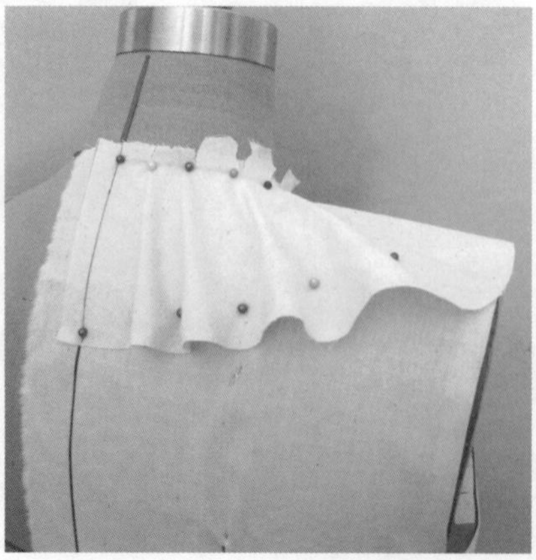

图5-7-17 修剪外侧波浪

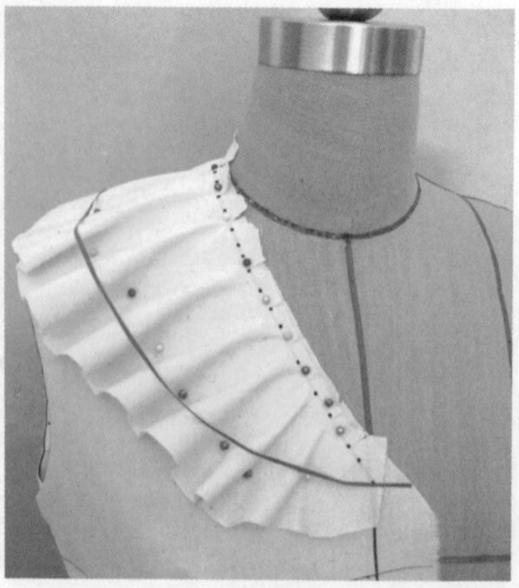

图5-7-18 标记领外口波浪造型

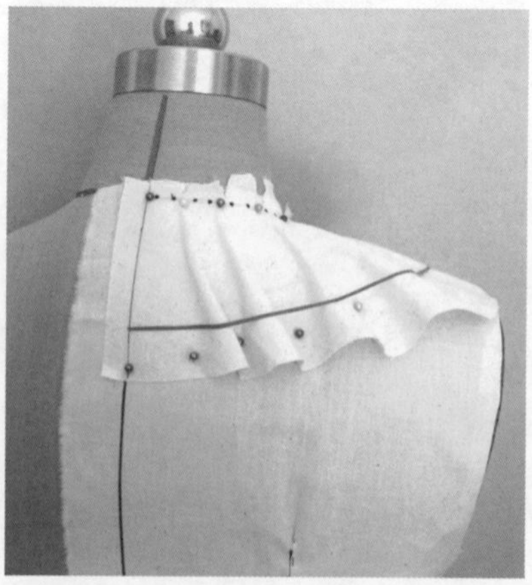

图5-7-19 标记领外口波浪造

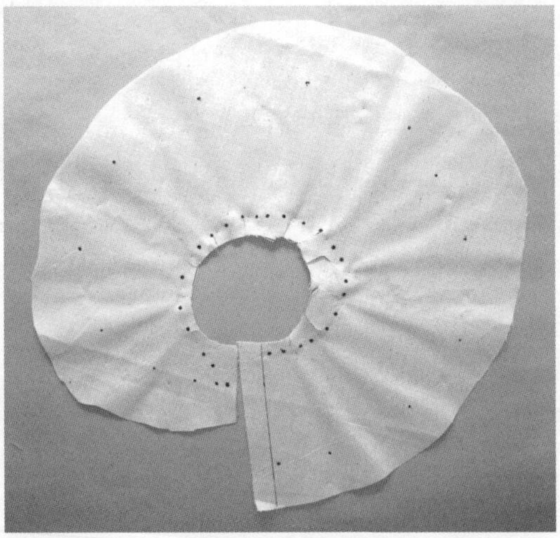

图5-7-20 点影

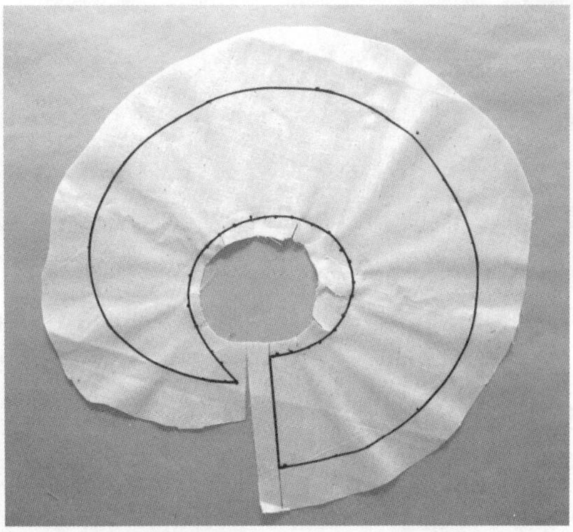

图5-7-21 画线、整理

将左手手指插入波浪造型最高处的下方，右手拿笔沿标记线进行点影，注意左手手指要平稳；领下口线点影时直接按照衣片领窝形态进行点影。

（7）画线、整理（图 5-7-21）

把领片从人体模型上取下并展平后，按照领外造型线及领下口点影将领子的轮廓线用笔画好，留出缝份后将多余布料剪掉。

（三）总结

（1）波浪领平面展开图（图 5-7-22）

从平面展开图中可看出，此领的下口线弯曲度较大，领外口线较长，这正是波浪领造型的需要。

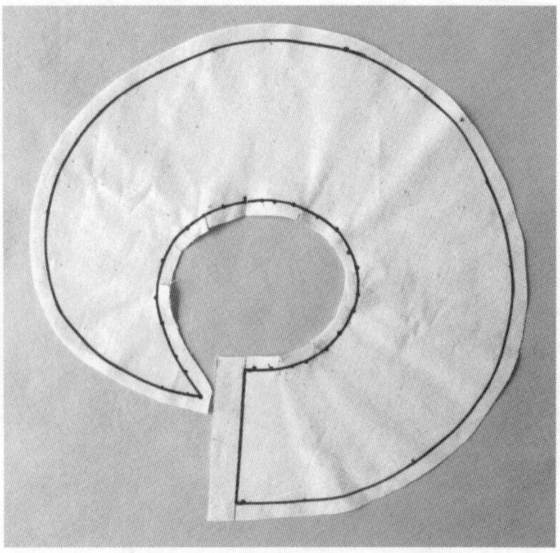

图5-7-22 波浪领平面展开图

（2）波浪领立体造型（图 5-7-23、图 5-7-24）

从立体造型图中可看出，波浪领的外口自然流畅，位置均匀、起伏美观。领宽可根据款式设计来决定宽窄。

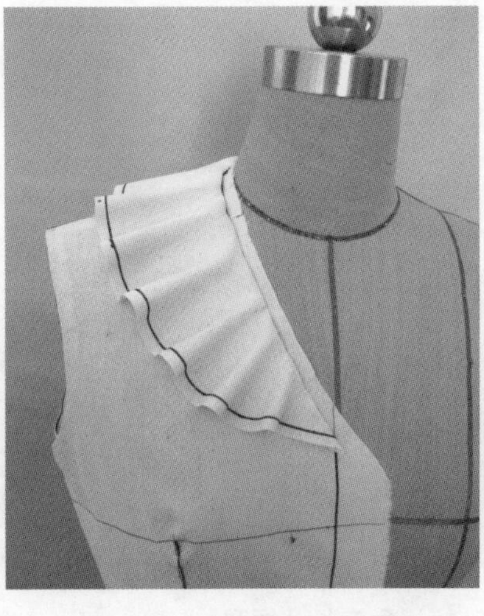

图5-7-23 波浪领立体造型

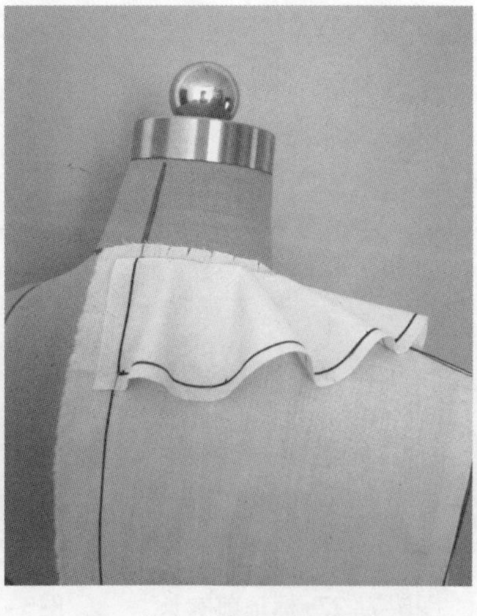

图5-7-24 波浪领立体造型

二、垂褶领

垂褶领是一种形似于水波、带有强烈动感的造型。垂褶是通过肩部打褶裥或不打褶裥所形成的。打褶裥给人稳定感，不打褶裥给人随意感。这种领款适宜用在女夏装的设计上，需选用悬垂好的面料，如乔其纱，美丽绸、丝绒、柔姿纱等织物。此款垂褶领跨越整个胸部，垂褶是通过肩部不打褶裥所形成的。款式图见图 5-7-25。

（一）准备工作

1. 布料准备

取一块 45° 斜丝向的长方形布料，纵向为前（后）衣长 +8~10cm（包含领口贴边及修正量），横向为胸围 /2+20cm（包含垂褶量及修正量）。在布料中心画出中心线，衣片中心为 45° 斜纱。垂褶领用布图见图 5-7-26。

2. 标记前后衣长及后领窝

根据设计者的要求，在人体模型上将前后衣长及后衣片领窝线用粘带标记出来（图 5-7-27、图 5-7-28）。本款前领窝为垂褶，在制作时根据款式再将前领口确下来。

（二）操作方法及技巧

1. 制作前衣片及垂褶

（1）扣烫领口贴边（图 5-7-29）

将前衣片领口扣烫 4cm 贴边，由于领口是斜纱，所以扣烫时注意不要将领拉长。

（2）固定前中心线（图 5-7-30）

将布料上的中心线与人体模型的中心线对齐，中

图5-7-25 垂褶领款式

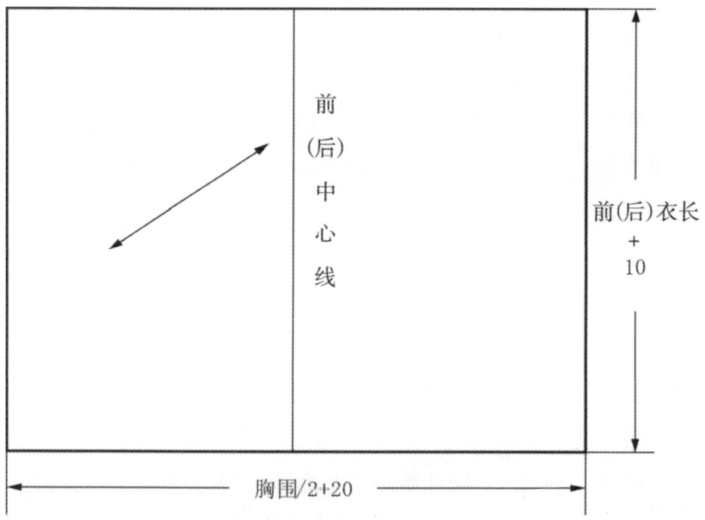

图5-7-26 垂褶领用布图

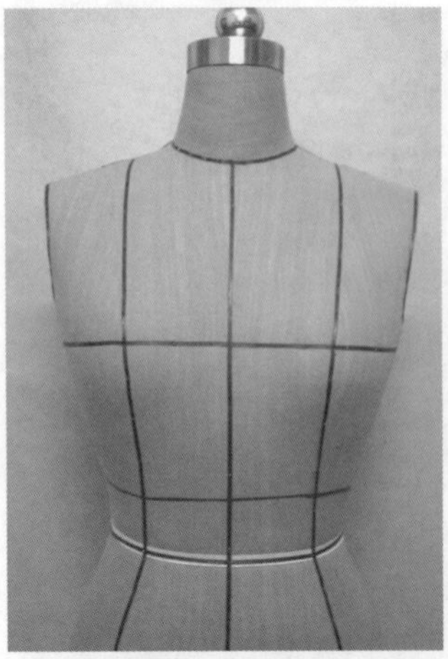

图5-7-27 标记前衣长

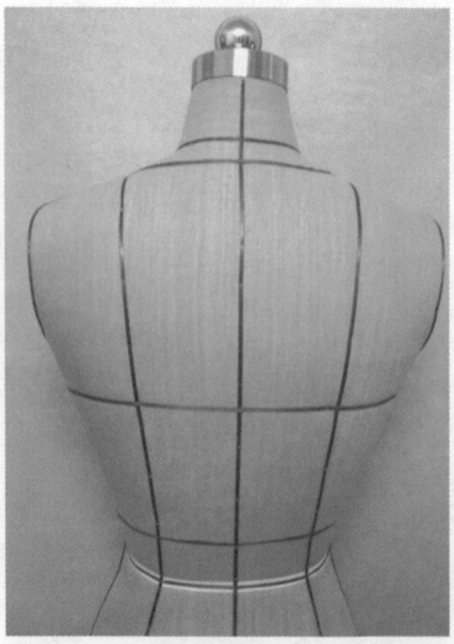

图5-7-28 标记后衣长及领窝

图5-7-29 扣烫领口贴边

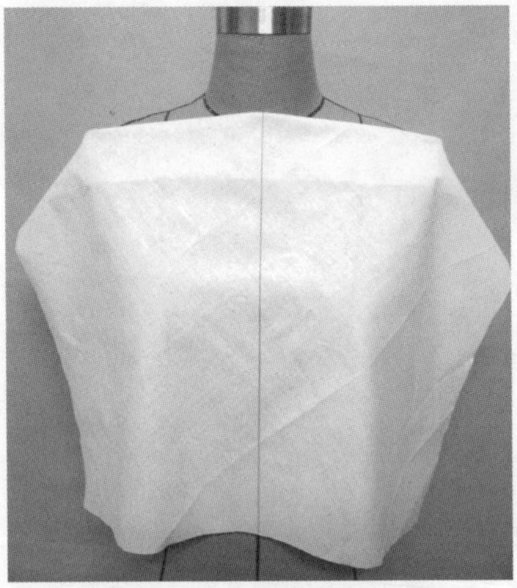

图5-7-30 固定前中心线

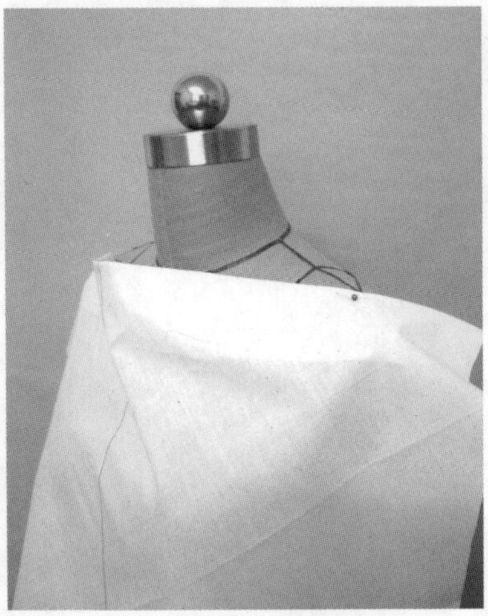

图5-7-31 固定垂褶

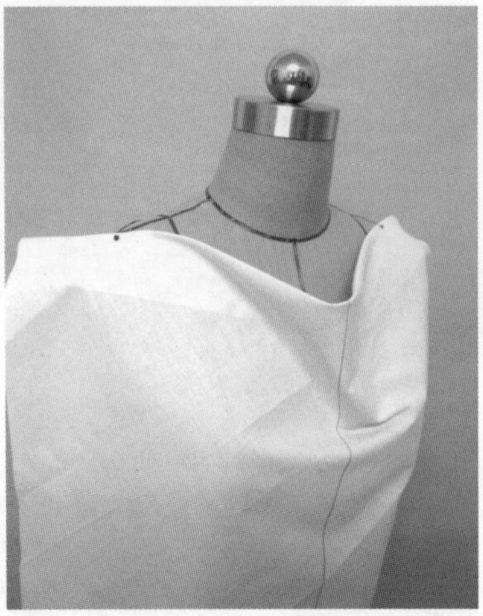

图5-7-32 固定垂褶

心线在胸点的下端用大头针固定，在肩部用大头针将布料暂时固定。

（3）固定垂褶（图 5-7-31—图 5-7-34）

将固定肩端的大头针拿下来，在领口的两侧肩缝处将领口拉出，使领口宽出，堆积后形成垂褶。先将左肩布料拉出，并固定左肩；再将右肩布料拉出，并固定右肩。先做第一层垂褶，后做第二层垂褶。根据需要确定褶的深度及褶与褶之间的宽度，注意丝缕要顺直，布料的中心线一定要与人体模型的中心线一致。

（4）固定侧缝及肩缝（图 5-7-35—图 5-7-37）

进一步将领口处的垂褶整理好，在前胸宽、腰部处适当放出宽松量，大约为 1~2cm。将侧缝及肩缝用大头针固定。

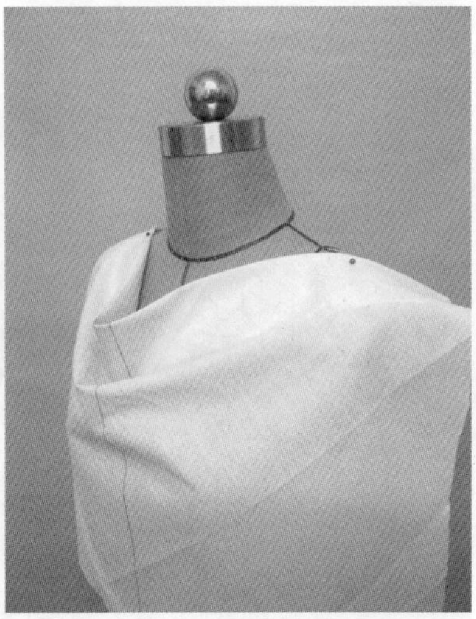

图5-7-33 固定垂褶

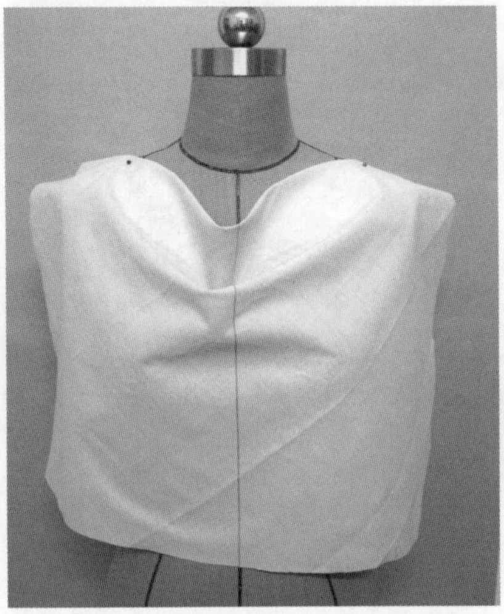

图5-7-34 固定垂褶

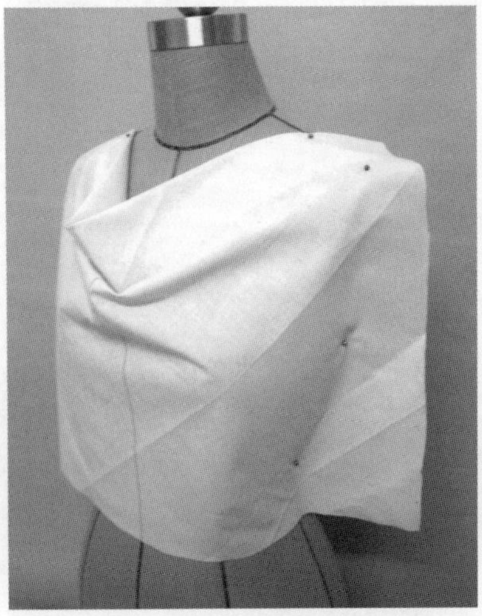

图5-7-35 固定侧缝及肩缝

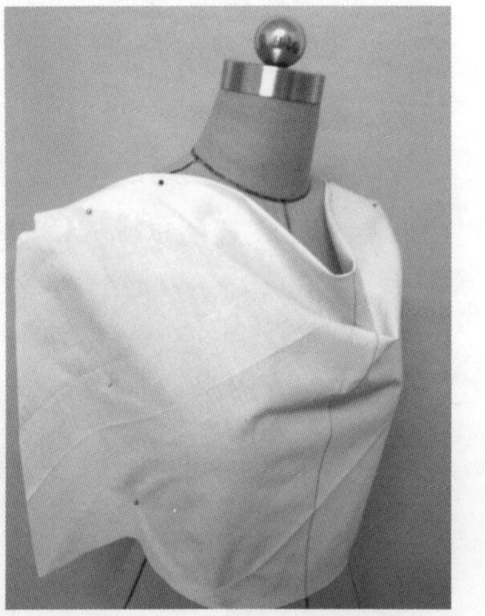

图5-7-36 固定侧缝及肩缝

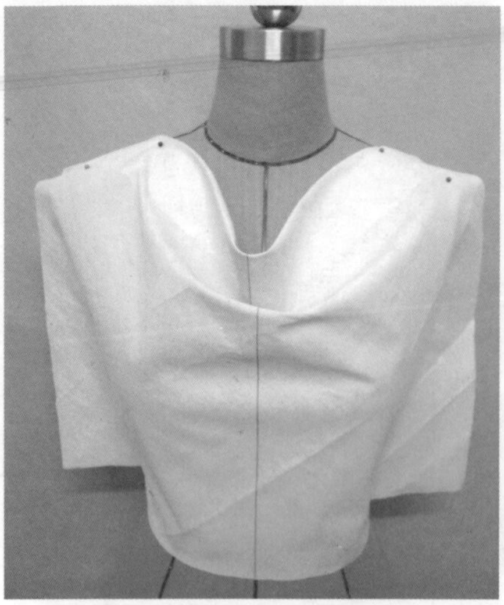

图5-7-37 固定侧缝及肩缝

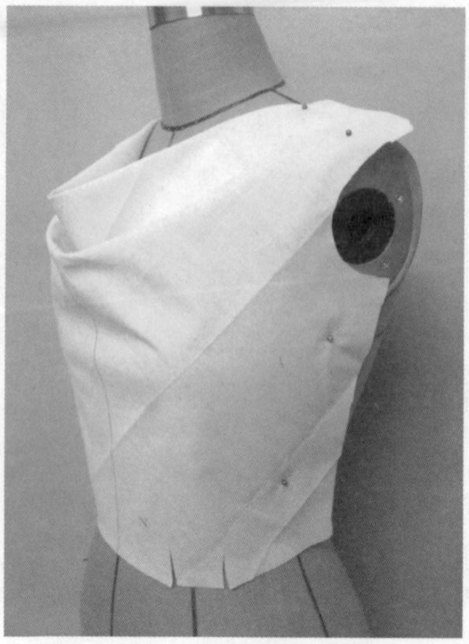

图5-7-38 修剪衣片

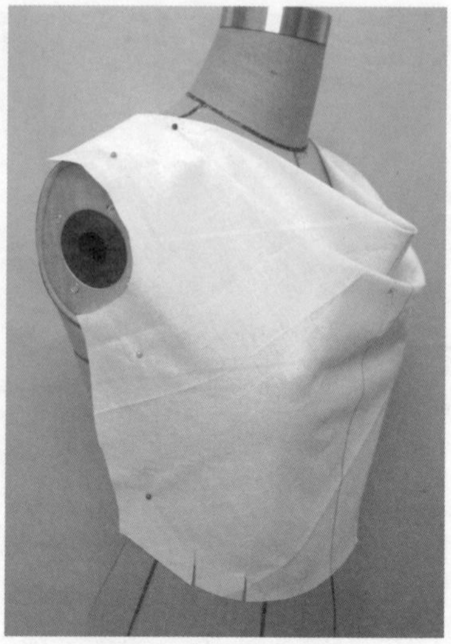

图5-7-39 修剪衣片

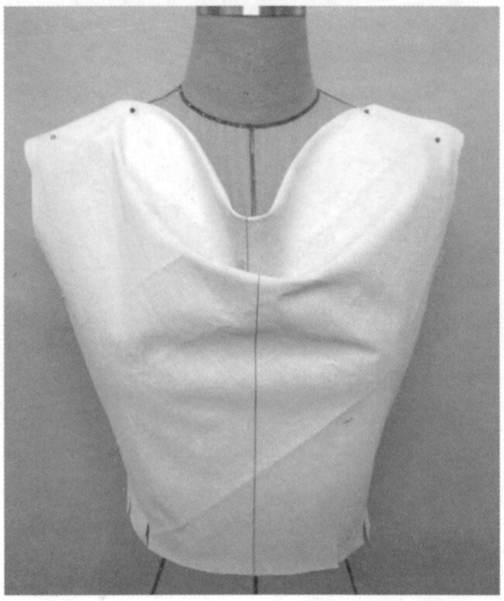

图5-7-40 修剪衣片

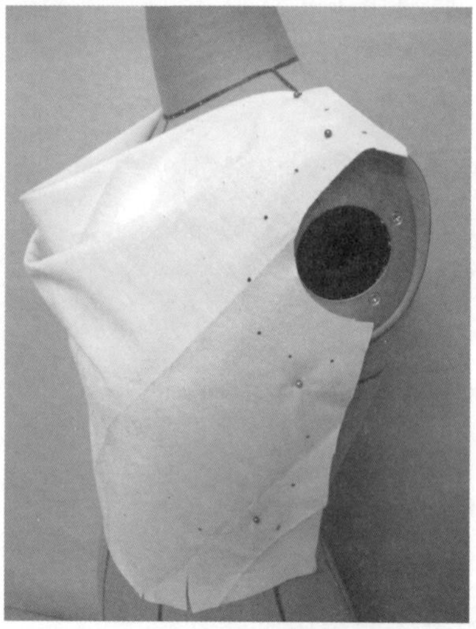

图5-7-41 点影

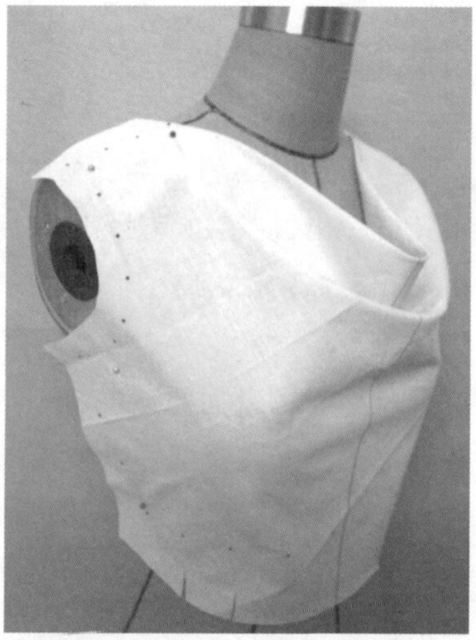

图5-7-42 点影

（5）修剪衣片（图 5-7-38—图 5-7-40）

把前衣身整理、固定好后，将肩部、袖窿、侧缝、腰围处的多余量剪去，腰围处打剪口以使其伏贴。

（6）点影（图 5-7-41、图 5-7-42）

修剪好前衣身后，根据人体模型上的轮廓线，将衣片上的肩缝、袖窿弧线、侧缝线、腰围线进行点影。

（7）画线、整理（图 5-7-43）

把领片从人体模型上取下并展平，注意要轻拿、轻放。 然后按照衣片造型线的点影，将衣片的轮廓线用笔画好，留出缝份，将多余布剪掉。

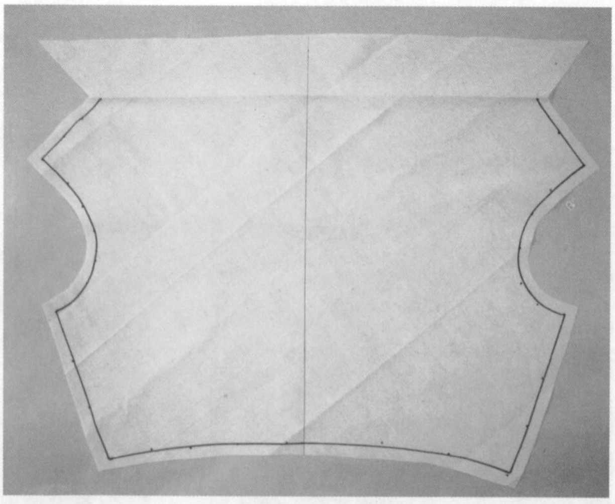

图5-7-43 画线、整理

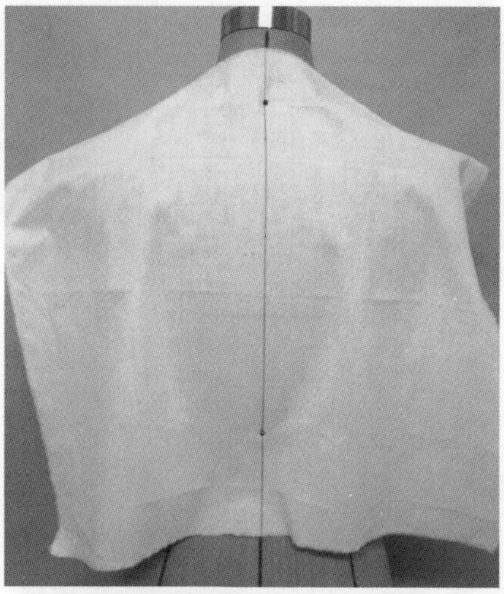

图 5-7-44 固定后中心线

图5-7-45 后中心线上端剪口

图 5-7-46 修剪后领口

2. 制作后衣片

（1）固定后中心线（图 5-7-44）

将布料上的后中心线与人体模型的后中心线对齐，在领口、腰围处用大头针暂时固定。

（2）后中心线上端打剪口（图 5-7-45）

为使后领口伏贴，将后中心线上端打剪口，但不能剪过领口净线。

（3）修剪后领口（图 5-7-46）

将布料从后中心、后领口、肩缝开始向下抚平，把多余量转至腰围处。用大头针固定领口及肩缝，并将领口多余量剪掉。

（4）固定侧缝（图 5-7-47）

将袖窿、侧缝抚平，把多余量转至腰围处，用大头针固侧缝。

（5）固定后腰省（图 5-7-48）

将后腰省别出。

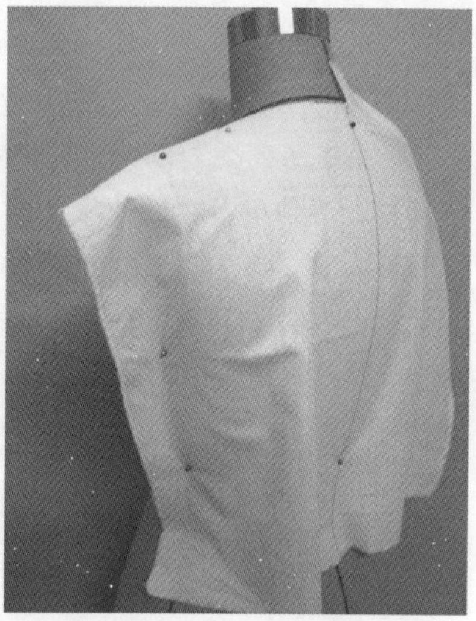

图5-7-47 固定侧

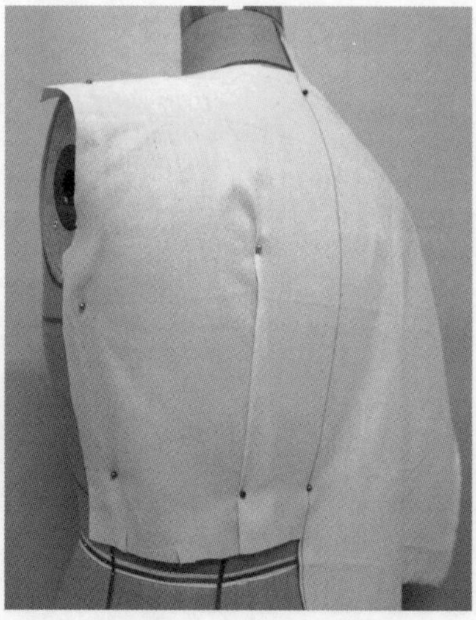

图5-7-48 固定后腰省

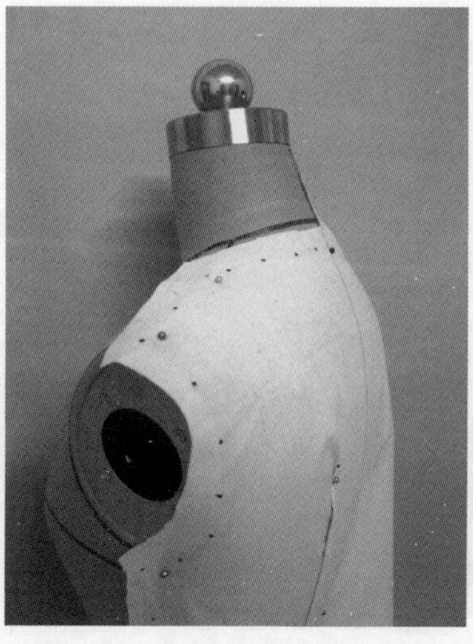

图5-7-49 点影

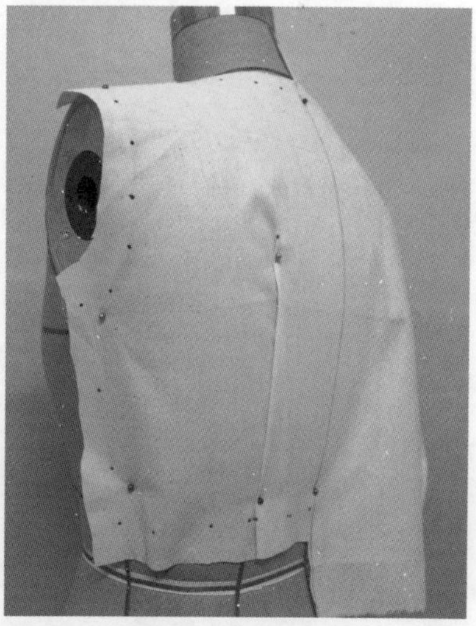

图5-7-50 点影

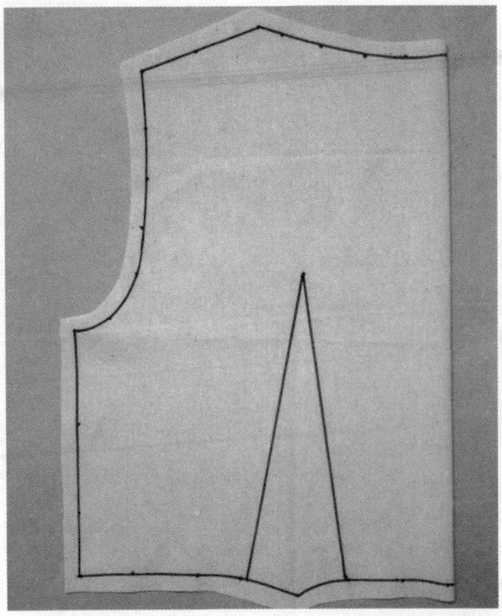

图5-7-51 画线、整理

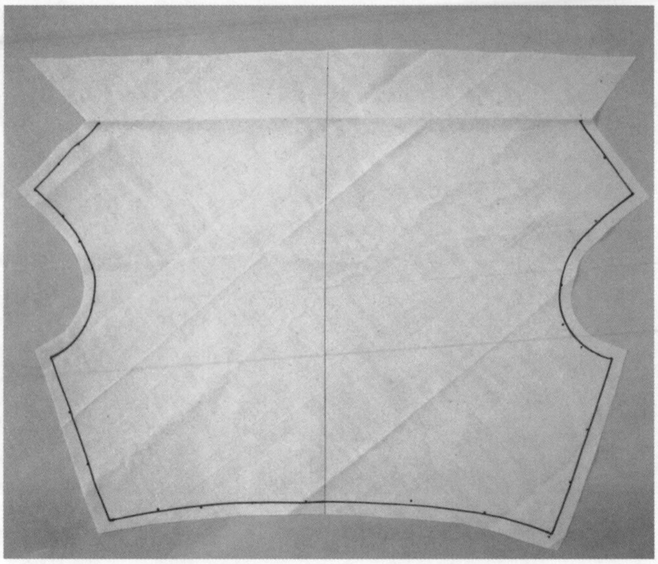

图5-7-52 垂褶领平面展开图

（6）点影（图 5-7-49、图 5-7-50）

将后衣身修剪好后，根据人体模型上的轮廓线，将衣片上的领口、肩缝、袖窿弧线、侧缝线、腰围线进行点影。

（7）画线、整理（图 5-7-51）

按照衣片造型线的点影，将衣片的轮廓线用笔画好，留出缝份后将多余布料剪掉。

（三）总结

（1）垂褶领平面展开图（图 5-7-52、图 5-7-53）

从平面展开图中可看出，前中心线、肩线及领口比原型图有所改变，其中包含垂褶量，前领口与中心线呈垂直关系。当把衣片穿到人体上时，肩缝又恢复了原来的肩线形态。前中心线为正斜纱支，前后肩线等长。

（2）垂褶领立体造型（图 5-7-54、图 5-7-55）

从立体造型图中可看出，垂褶造型是在领与前胸处，此垂褶为肩部不打褶裥形成的垂褶，布料的中心线与人体的前中心线对合，布料的中心线采用斜纱，使垂褶流畅美观、自然。垂褶也可在肩部处打褶裥，将前中心布料自然下垂形成垂褶，在实际中根据设计加以选择。

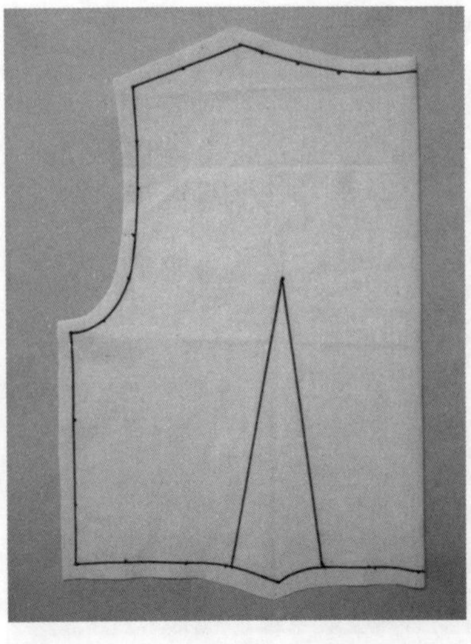

图5-7-53 垂褶领平面展开图

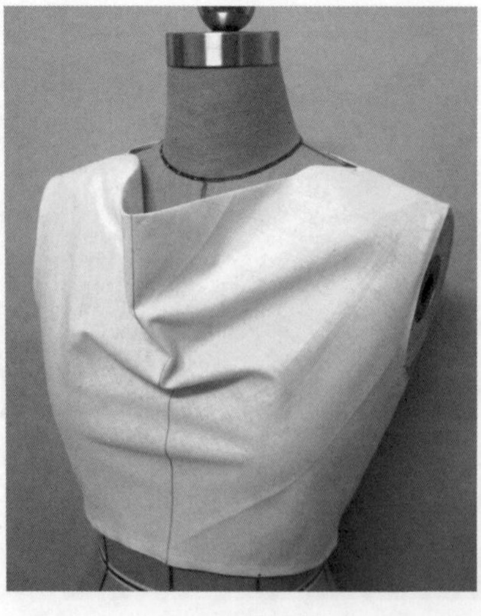

图5-7-54 垂褶领前立体造型

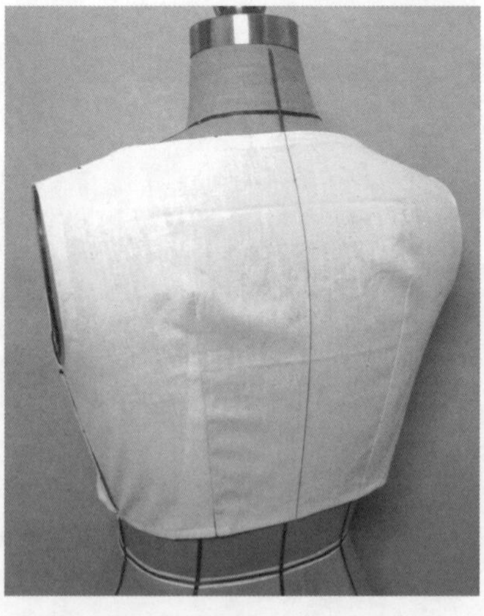

图5-7-55 垂褶领后立体造型

第六章 衣袖立体裁剪

衣袖是指覆盖人体手臂部分的、与衣片袖窿相缝合的袖片。衣袖是服装整体的重要组成部分，占上装近一半的面积，亦是服装设计的重点之一。衣袖的形态直接影响服装的款式、结构和造型风格，因此应根据服装的种类和面料的风格，设计、选择出与服装总体风格特点和谐一致的袖型，从而获得最佳的视觉效果。

衣袖既可以用立体裁剪，也可以用平面裁剪。如圆装袖、连袖、分割袖等基本型通常采用平面裁剪、立体检验的方法，其比较方便；变化型衣袖一般采用立体裁剪方法，因为用平面裁剪往往很难预算它的份量和形状，而这用立体裁剪就容易解决。

第一节 无袖

无袖是只有袖窿而没有袖身部分的衣袖，袖窿的形态即为衣袖的造型线。其构成是所有衣袖中最简单的，造型变化只体现在袖窿的形状变化上。

图6-1-1 袖口经过肩线的无袖

无袖袖口有时经过肩线、有时在肩线以外形成拖肩的造型，故无袖分为袖口经过肩线的无袖、袖口在肩线以外的无袖。在无袖结构设计中，袖窿深的设计尤为重要，既不能太深也不能太浅，太深则不太雅观，太浅会卡住腋部使人难受。通过立体裁剪方法，可以直观地看到袖窿深及袖口的变化，如有不妥则可及时加以调整。

一、袖口经过肩线的无袖

此类无袖袖口经过肩线是衣片袖窿的造型线（图6-1-1），袖口的最低点在腋下1~2cm为佳。这就决定了此类无袖袖窿深及胸围尺寸不能太大，如果胸围尺寸过大，则袖口下端不贴体，内衣外露，不雅观。故此类无袖的袖口及胸围尺寸最好为贴体或较贴体风格。注意为避免袖窿出现浮起问题，要将袖窿弧线拉紧。

袖口经过肩线的无袖操作方法有两种：第一种是先将前后衣身制作完成，在此基础上用粘带在袖窿处作出轮廓造型，随时调整粘带的位置及形状，斟酌好后标上记号。注意袖窿深不宜太深，一般在腋下1~2cm。第二种是做衣身之前，先用粘带在人体模型上贴出袖窿轮廓线，调整好袖窿形状后用大头针将衣身裁片固定好。下面详细介绍第二种方法。

（一）准备工作

1. 布料准备

准备两块长方形布料，布料的纵向取前（后）衣长+8cm（为缝份及修正量），横向取前（后）胸围大+8cm（为缝份及修正量）。在前后衣片上标记中心线及胸围线。袖口经过肩线的无袖布料准备可参考图4-1-2。

2. 标记衣身造型线

在人体模型上按款式造型图用粘线将前后袖口、领口、衣长位置标记出来，并用大头针固定(图6-1-2、图6-1-3)。

(二)操作方法及技巧

1. 前衣片立体裁剪

(1)固定前中心线及胸围线(图6-1-4)

把布料覆于人体模型上，将衣片的前中心线、胸围线与人体模型的前中心线、胸围线对齐，并用大头针固定BP点及前中心。注意胸围线呈水平状，前片中心基准线成垂直状态。

(2)粗裁领口，整理肩胸部(图6-1-5、图6-1-6)

先粗裁领口，然后将布料从前中心向颈围方向理顺，修剪领口并打剪口，以使其伏贴。再将布料从肩部向袖窿自然地贴在模型上，整理好后用大头针固定肩部。注意将袖窿抚紧。

(3)固定侧缝(图6-1-7)

将布料从袖窿向侧缝处抚平，把多余量留在腰部，侧缝用大头针固定。

(4)粗裁及收省(图6-1-8、图6-1-9)

先将肩线、袖窿、侧缝进行粗裁。再将腰部多余

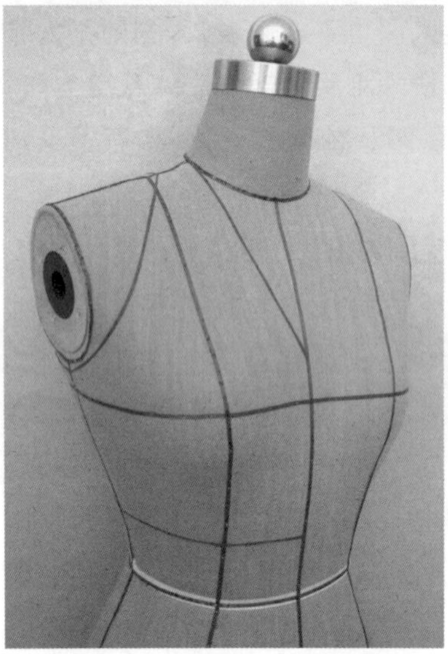

图6-1-2 标记衣身造型线

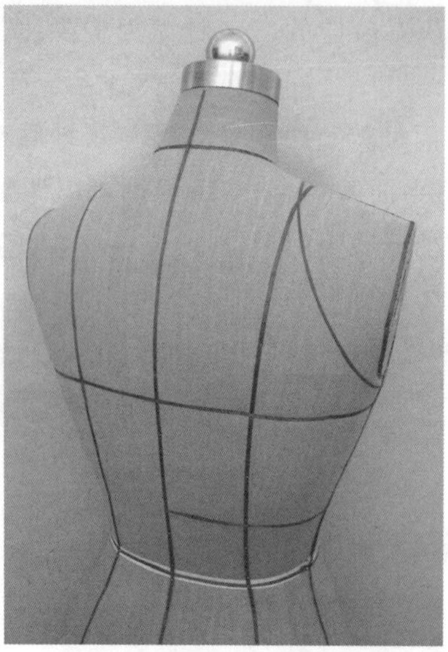

图6-1-3 标记衣身造型线

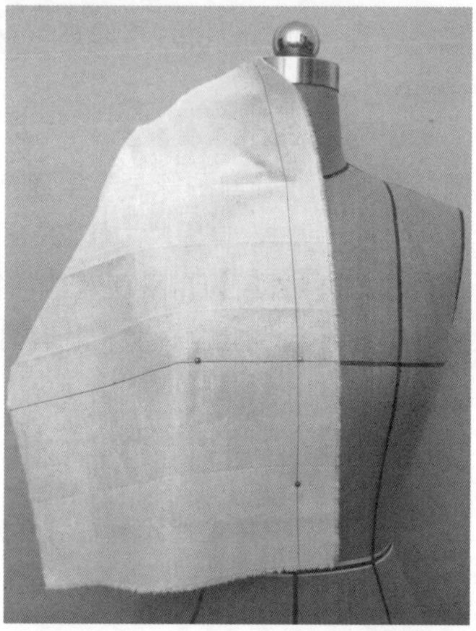

图6-1-4 固定前中心线及胸围线

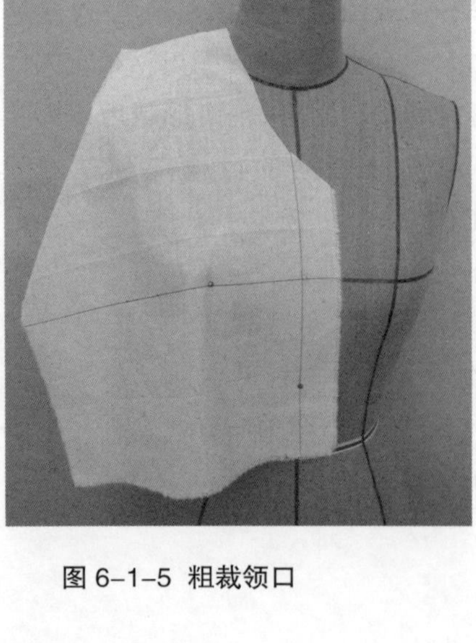

图6-1-5 粗裁领口

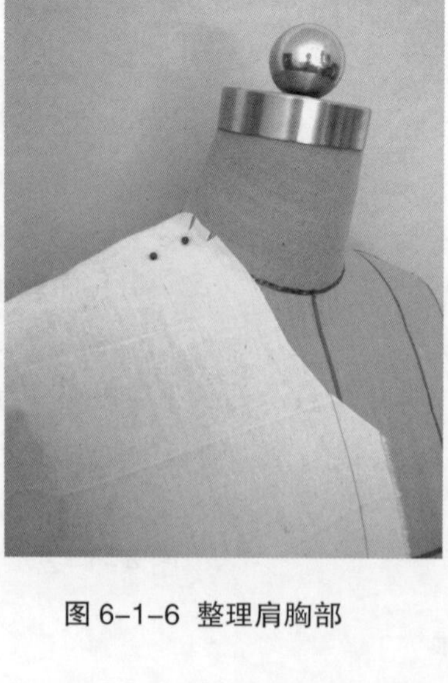

图6-1-6 整理肩胸部

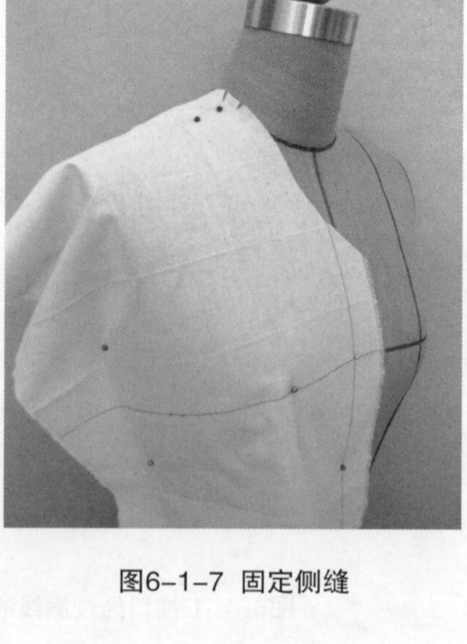

图6-1-7 固定侧缝

的部分做为腰省，用大头针将其别出，腰省以胸高点的正下方为最佳位置。

（5）粗裁腰围及点影（图 6–1–10、图 6–1–11）

可先按标记线对腰围进行粗裁。把衣片收省及各部位调整好后，根据衣片侧缝、袖窿、肩部、领口、腰围的位置，在衣片上用笔将领口线、肩线、袖窿弧线、侧缝线、腰围线进行点影。

（6）画线、整理（图 6–1–12）

把衣片从人体模型上取下、放平，先将省位确定下来。再按照各轮廓线点影，将衣片的轮廓线用笔画好，并将多余量剪掉。检查领口弧线、袖窿弧线、腰围线是否圆顺。

2. 后衣片立体裁剪

（1）固定后中心线及胸围线（图 6–1–13）

把布料覆于人体模型上，将衣片的后中心线、胸围线与人体模型的后中心线、胸围线对齐，并用大头针固定后中心线。注意后片中心基准线成垂直状态。

（2）粗裁后领口（图 6–1–14）

将布料从中心线向领口处抚平，粗裁领口，裁时从后领窝点开始至侧颈点，粗裁时一定慢慢剪，千万不要剪过侧颈点。然后再打剪口以使其伏贴。最后将多余布料沿颈围剪掉，用大头针固定领口。

（3）固定袖窿及侧缝（图 6–1–15、图 6–1–16）

将布料从肩部向袖窿、侧缝处理顺，把衣身上的

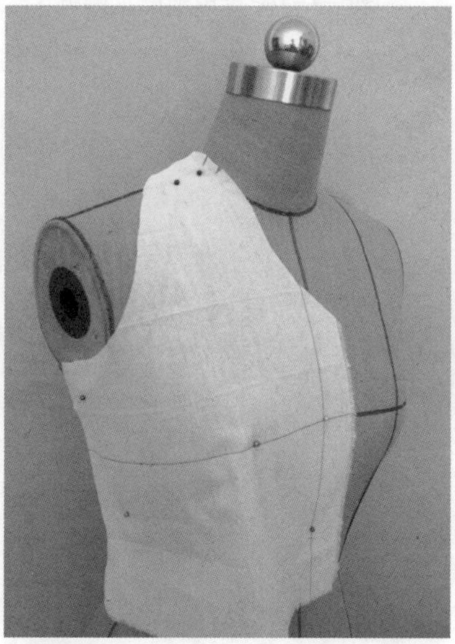

图6–1–8 粗裁

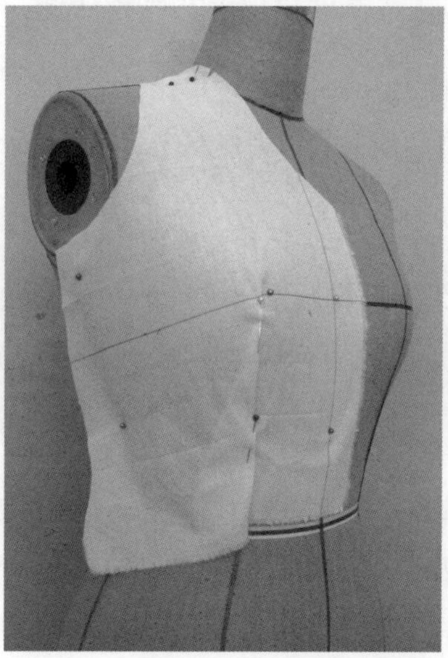

图6–1–9 收省

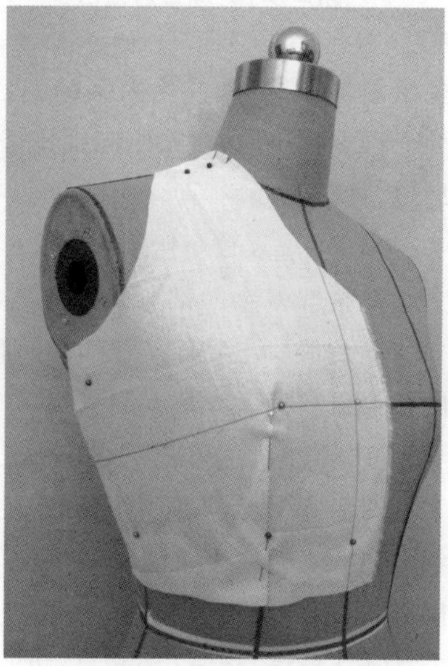

图6–1–10 粗裁腰围

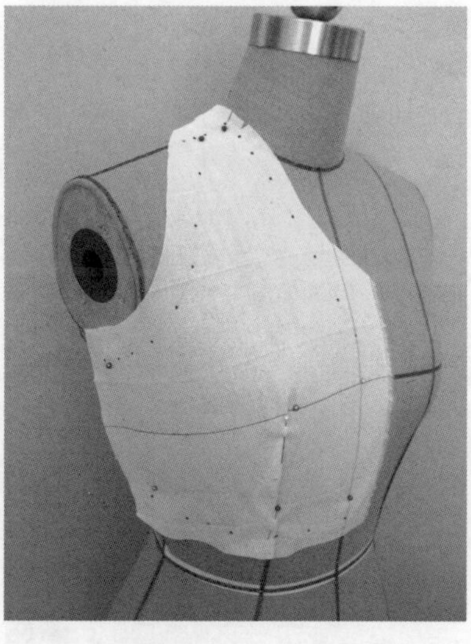

图6–1–11 点影

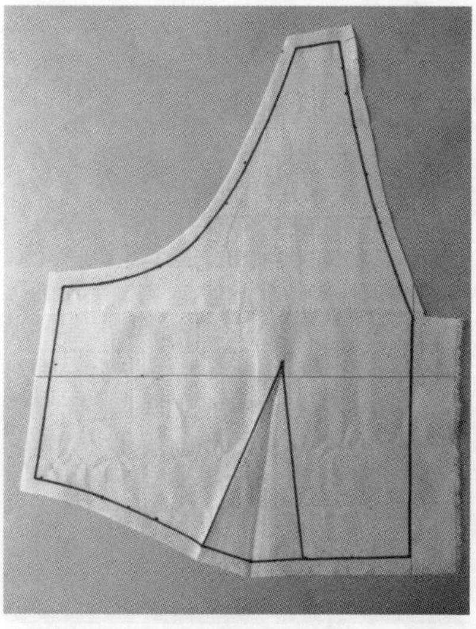

图6–1–12 画线、整理

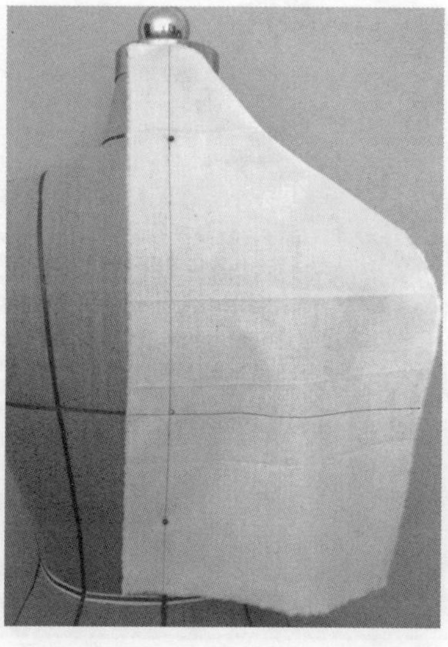

图6–1–13 固定后中心线及胸围线

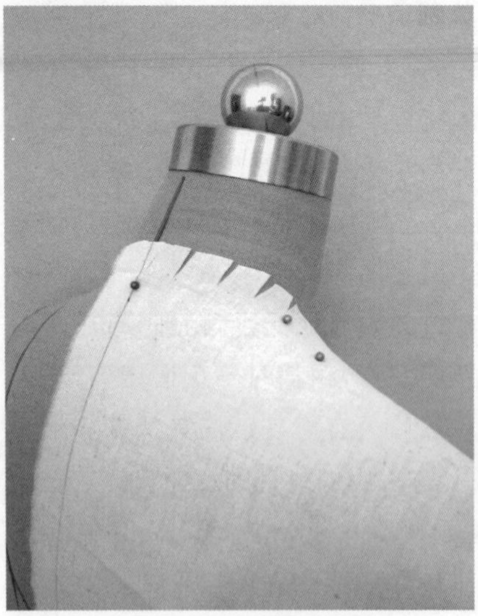

图6-1-14 粗裁后领口

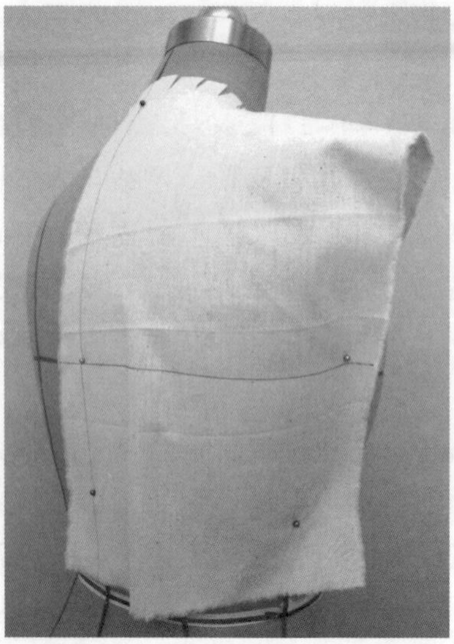

图6-1-15 固定袖窿及侧缝

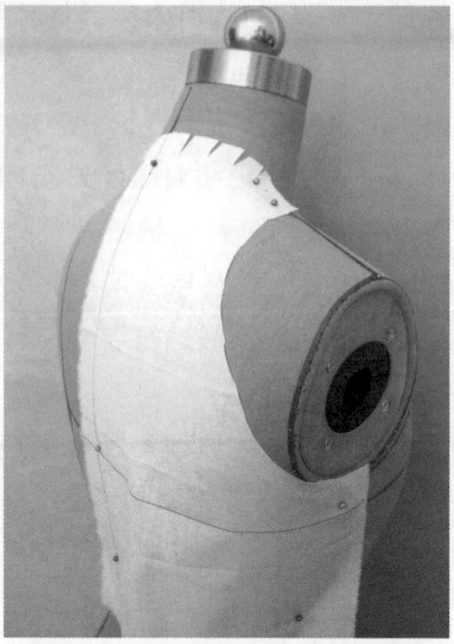

图6-1-16 修剪袖窿及侧缝

多余量放至腰部，并用大头针固定袖窿、侧缝。在人体模型上理顺侧缝时，观察纵向线是否垂直。最后用剪刀修剪肩缝、袖窿弧线。

（4）收省及修剪腰围线（图 6-1-17、图 6-1-18）

把腰部多余的部分做为腰省，用大头针将其别出，腰省指向肩胛骨最高点。把腰围及腰省固定好后，将腰围处的多余量剪掉。

（5）点影（图 6-1-19）

在后衣片上分别将人体模型上的领口线、肩线、袖窿线、侧缝线、腰围线如实地在坯布上标记出来。直线处点影疏些，弧线处点影密些。

（6）画线、整理（图 6-1-20）

将后衣片取下，连接各点影标记，留出缝份，剪掉其余

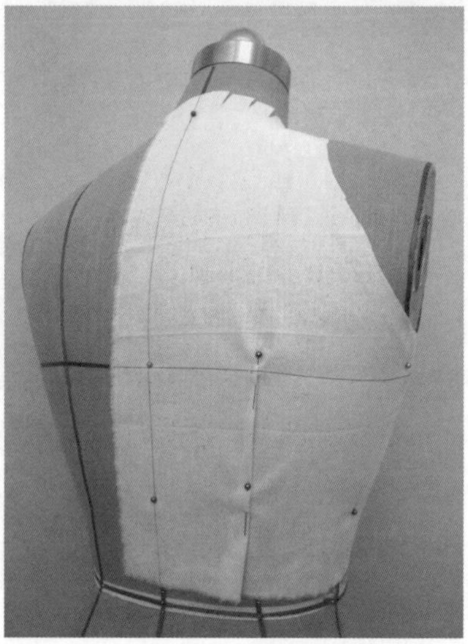

图6-1-17 收省

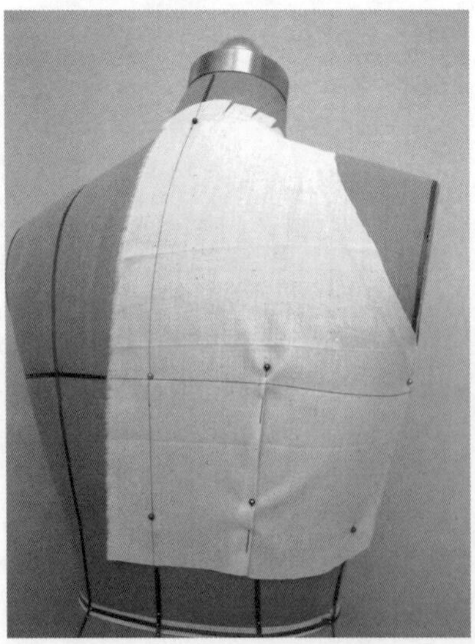

图6-1-18 修剪腰围线

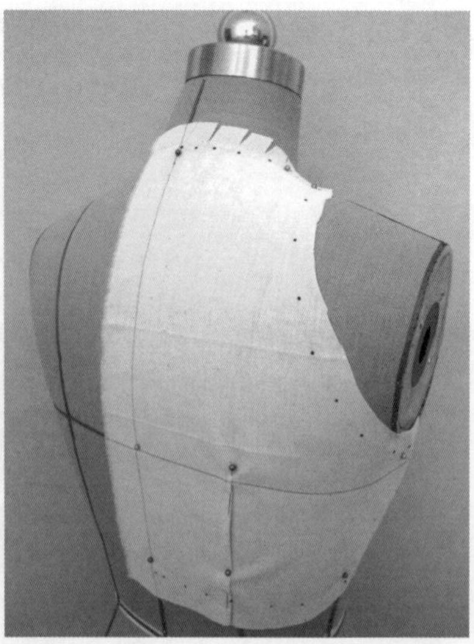

图6-1-19 点影

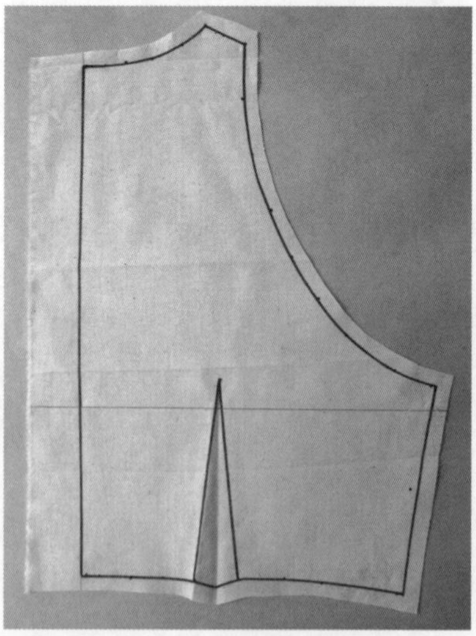

图6-1-20 画线、整理

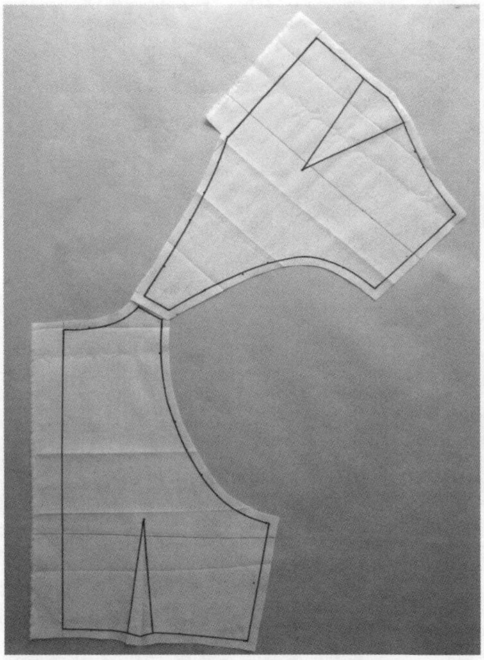

图6-1-21 平面展开图

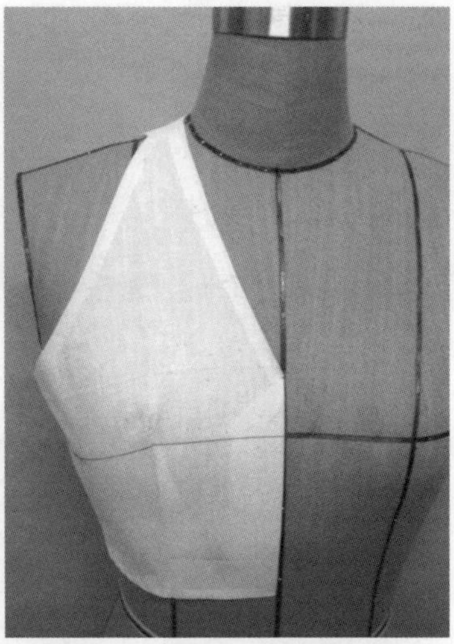

图6-1-22 前身立体造型

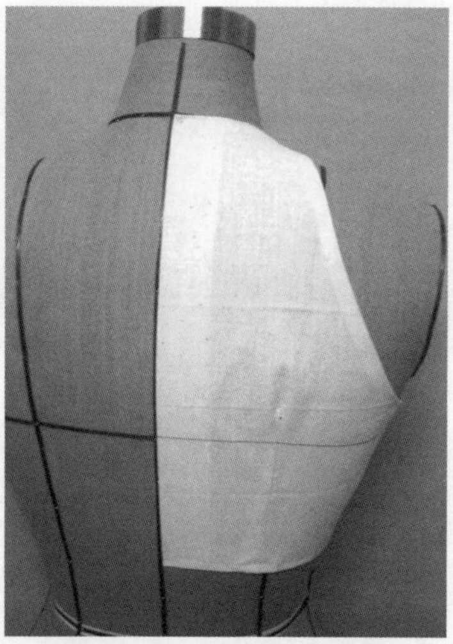

图6-1-23 后身立体造型

的。再将前后肩缝、侧缝份别拼合，检查领口弧线、袖窿弧线、腰围线是否圆顺。

（三）总结

（1）袖口经过肩线的无袖平面展开图（图 6-1-21）

从平面展开图中可看出，与平面结构设计没有什么差别，运用立体裁剪可直观地看到其效果，边设计边修改，直至理想形态。注意前后袖窿的立体性和协调性。

（2）袖口经过肩线的无袖立体造型（图 6-1-22、图 6-1-23）

从立体造型图中可看出，无袖的袖口随款式变化而变化，随意性较强。袖窿处不能浮起，与人体贴合一致。袖窿深不宜太深，以防内衣外露不雅观。

二、袖口在肩线以外的无袖

此类无袖袖口在肩线以外，为拖肩袖。袖口在手臂的上端，故袖口的大小要满足臂围尺寸。此款前领为一字形领、领宽较宽、领深较浅，后背为低领口，呈 V 字造型。款式见图 6-1-24。

图6-1-24 袖口在肩线以外的无袖

（一）准备工作

1. 布料准备

准备两块长方形布料。前（后）衣身的布料长为前（后）腰长 +8cm（为缝份及修正量），宽为 1/2 胸围 +10~12cm（为缝份及修正量）。在前（后）衣身布料上将中心线及胸围线（BL）标记好。布料准备可参考图 4-1-2。

2. 标记衣身造型线

在人体模型上按款式造型图用粘线将前后领口位置标记出来，并用大头针固定（图 6-1-25、图 6-1-26）。

（二）操作方法及技巧

1. 前衣片立体裁剪

（1）固定前中心线及胸围线（图 6-1-27）

将前衣片布料的中心线、胸围线与人体模型上的

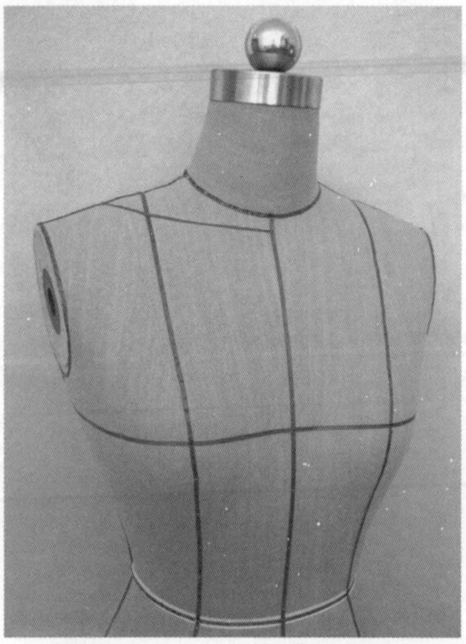

图6-1-25 标记衣身造型线

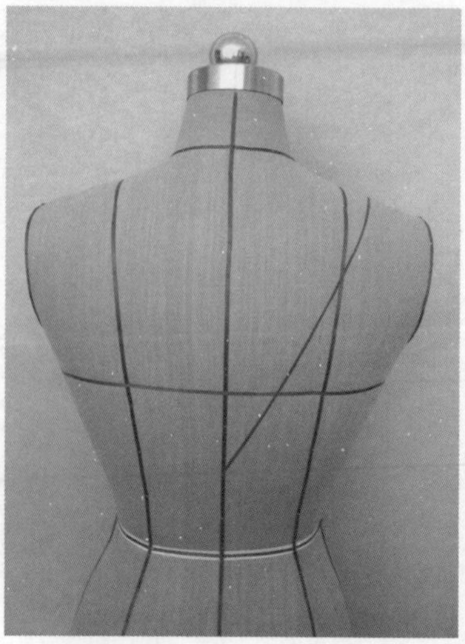

图6-1-26 标记衣身造型线

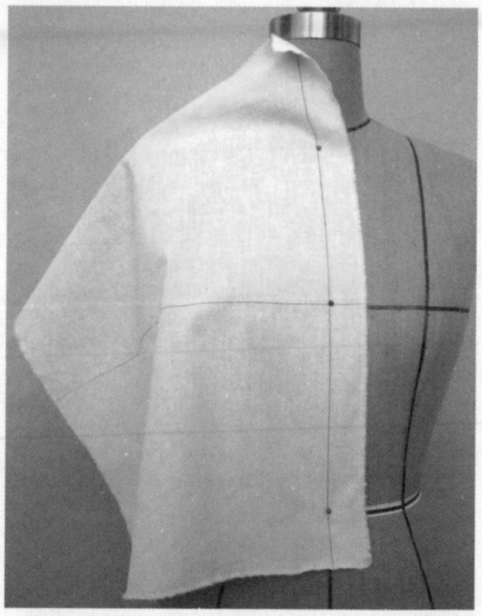

图6-1-27 固定前中心线及胸围线

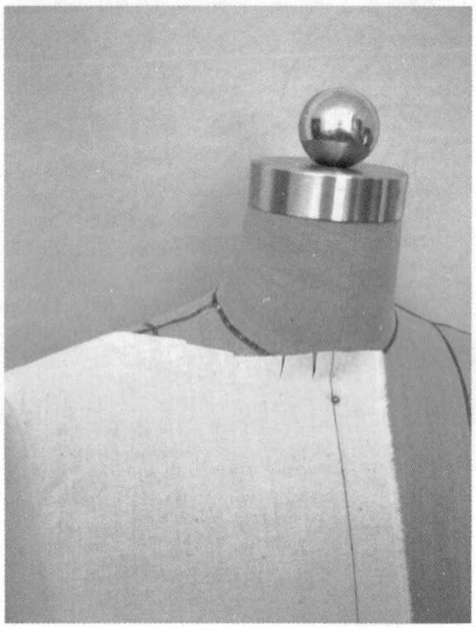

图6-1-28 领口粗裁

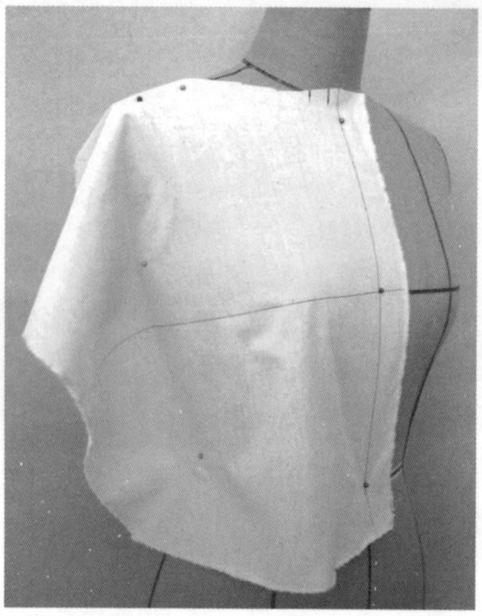

图 6-1-29 固定衣片

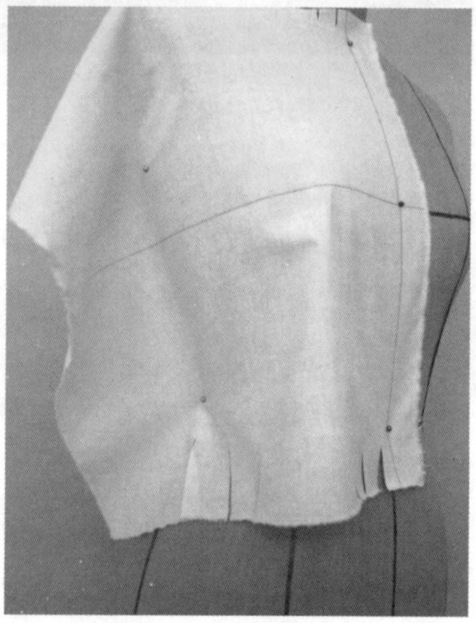

图6-1-30 腰部打剪口

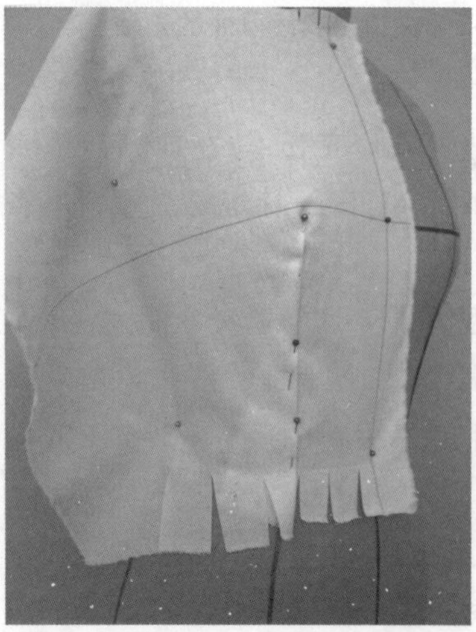

图6-1-31 收省

对合一致，并用大头针固定中心线。由于前衣片是左右对称，故只立体裁剪一侧即可，另一侧不操作或初略修剪，待平面裁剪时再对称拓印和修剪另一侧的结构。

（2）粗裁领口（图 6-1-28）

将领口进行粗裁，并打剪口以使其伏贴。把前领口剪成一字型领。

（3）固定衣片（图 6-1-29、图 6-1-30）

将布料从领口向肩部、袖窿、侧缝自然地贴在模型上，整理好后用大头针固定，整理好一处则固定一处，把胸部多余量留在腰部收腰省。最后将腰部打剪口。

（4）收省及粗裁（图 6-1-31—图 6-1-33）

先将腰部多余的部分做为腰省，用大头针将其别出，腰省以胸高点的正下方为最佳位置，再将腰围线、侧缝线进行粗裁。袖窿处的修剪应预留足够的面料余量，以满足

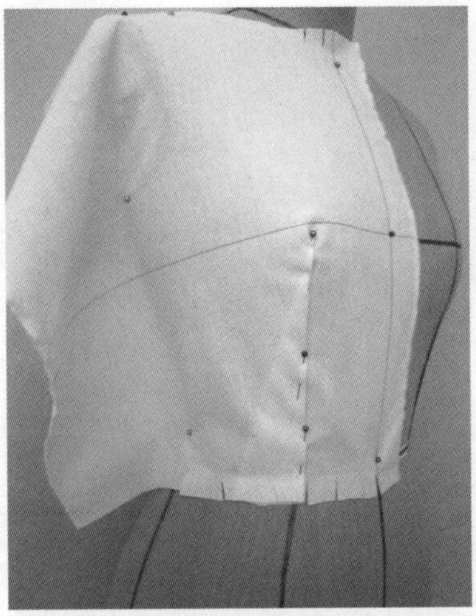

图 6-1-32 粗裁腰围

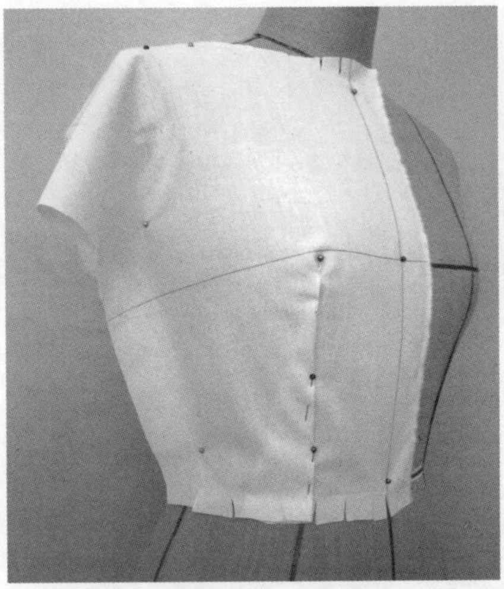

图6-1-33 粗裁侧缝

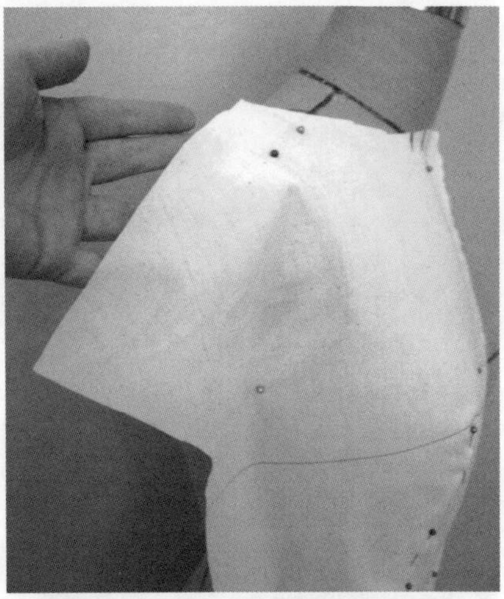

图6-1-34 修剪拖肩袖

拖肩袖的操作。

（5）修剪拖肩袖（图 6-1-34）

按拖肩袖的造型，将拖肩袖裁剪出来，注意不要剪过。

（6）点影（图 6-1-35、图 6-1-36）

把衣片收省及各部位调整好后，根据衣片侧缝、肩部、领口、腰围的位置，在衣片上用笔将领口线、肩线、侧缝线、腰围线进行点影，再将腰省中心线点出。

2. 后衣片立体裁剪

（1）固定后中心线及胸围线（图 6-1-37）

把布料覆于人体模型上，将衣片的后中心线、胸围线与人体模型的后中心线、胸围线对齐，并用大头针固定后中心线下端。注意后片中心基准线成垂直状态。

（2）固定肩线（图 6-1-38）

将布料从后中心线向肩线处抚平，把多余量留在腰

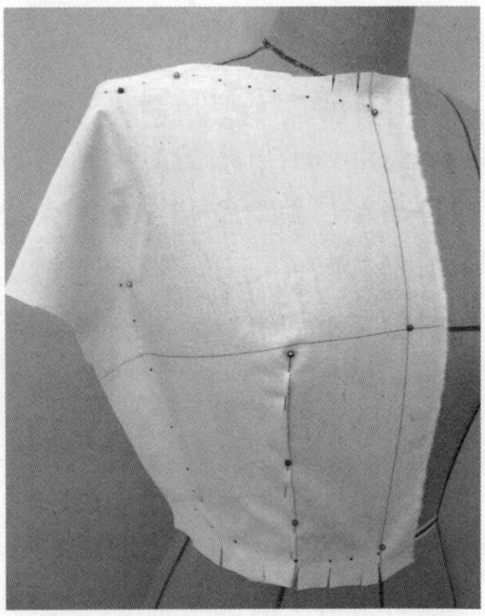

图6-1-35 点影

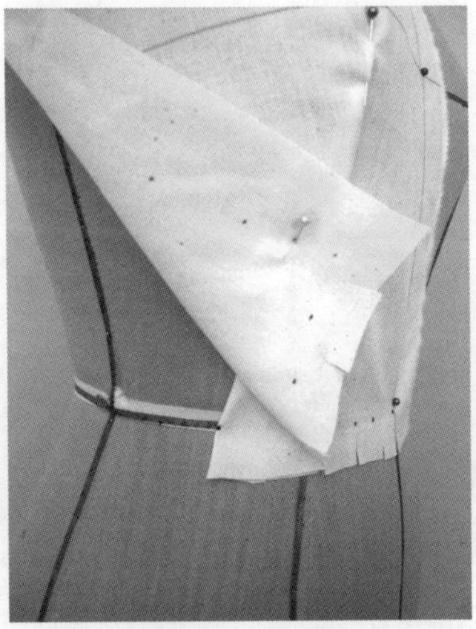

图6-1-36 点影

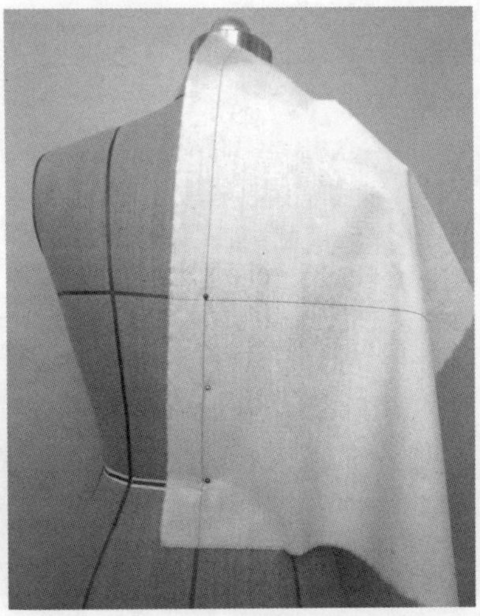

图6-1-37 固定后中心线及胸围线

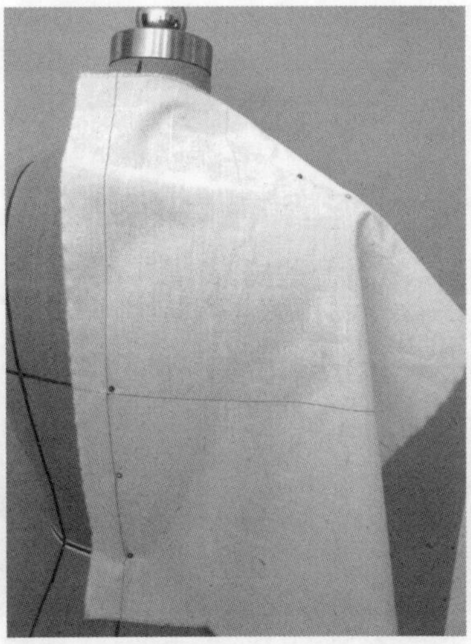

图6-1-38 固定肩线

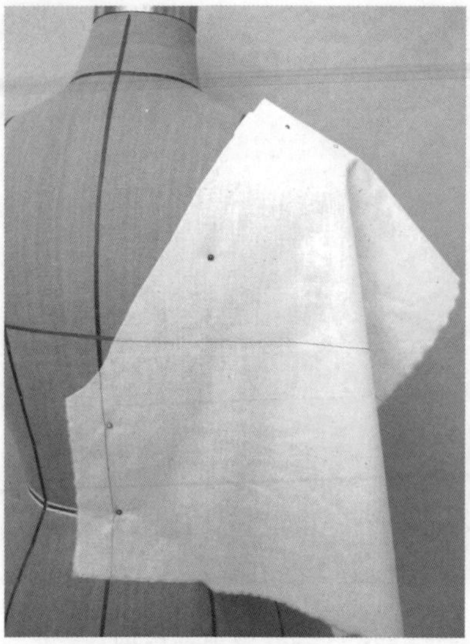

图6-1-39 固定后领口

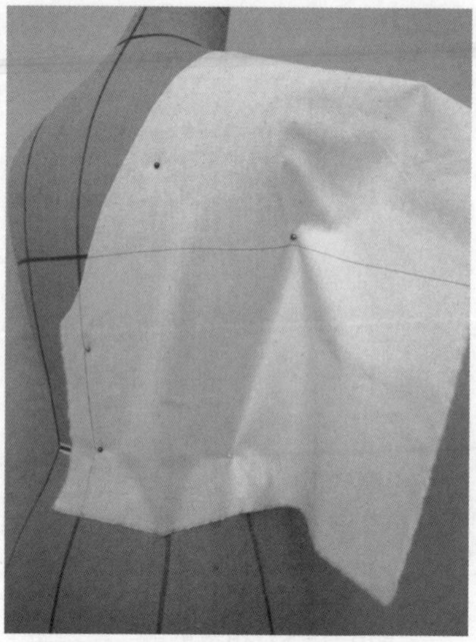

图6-1-40 固定袖窿及侧缝

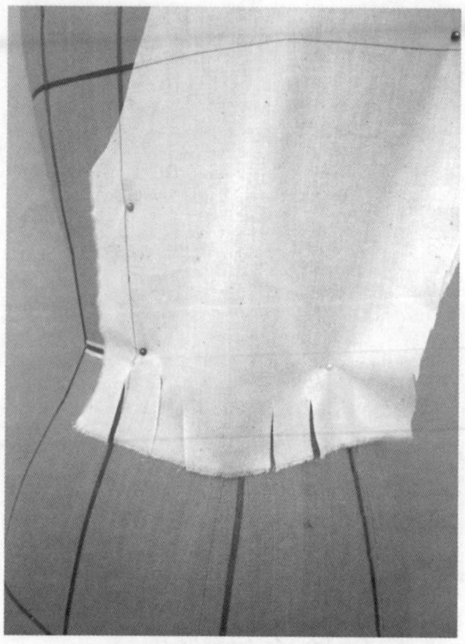

图6-1-41 腰围打剪口

部，肩线用大头针固定。

（3）固定后领口（图 6-1-39）

逐步修剪低敞的 V 字形后领口造型，在修剪的过程中领口线会逐步产生多余松量，将这些松量顺时针推转至腰省处。固修剪领口时要缓慢进行，开始时领口处的缝份要大一些，最后再逐步进行修剪，用大头针固定领口。注意领口处的布料要拉紧，以免领口成型后宽出。

（4）固定后袖窿及侧缝（图 6-1-40、图 6-1-41）

将布料从肩部向袖窿、侧缝处理顺，把衣身上的多余量放至腰部，并用大头针固定袖窿、侧缝。在人体模型上理顺侧缝，观察纵向线是否垂直。最后用剪刀在腰围处打剪口，粗裁侧缝及拖肩袖的造型，将拖肩袖裁剪出来，注意不要剪过。

（5）修剪袖窿及拼合侧缝（图 6-1-42）

根据前袖窿的造型修剪后袖窿，给侧缝预留适当的松量后进行拼合，注意腰部的松量不可过小，应为 4cm 以上；由于后背为低领口露背造型，所以胸围处的松量不宜太大，一般为 6cm 左右，。注意前后袖窿深在臂根下 1~2cm，不能太深，袖口要满足臂围尺寸。

（6）收省（图 6-1-43、图 6-1-44）

将腰部多余的部分做为腰省，用大头针将其别出，腰省以肩胛骨的正下方为最佳位置。把腰省固定好后，将腰围处多余布料剪掉。

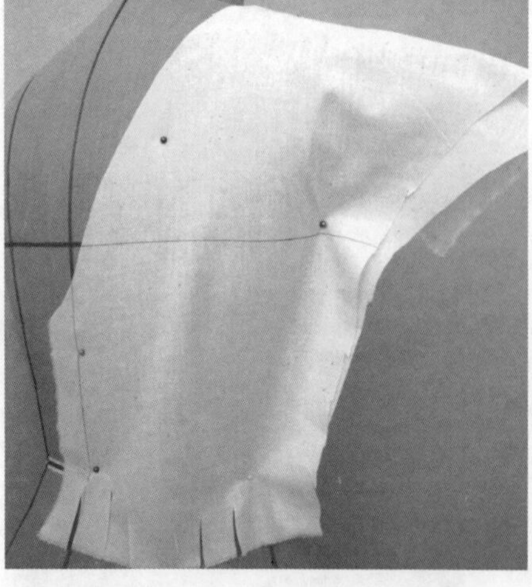

图6-1-42 修剪袖窿及拼合侧缝

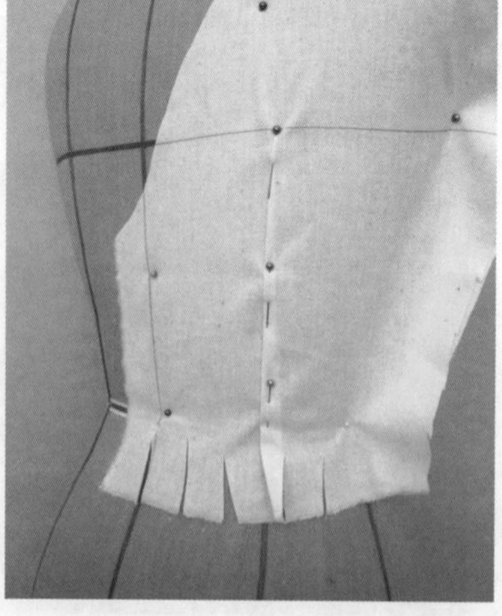

图6-1-43 收省

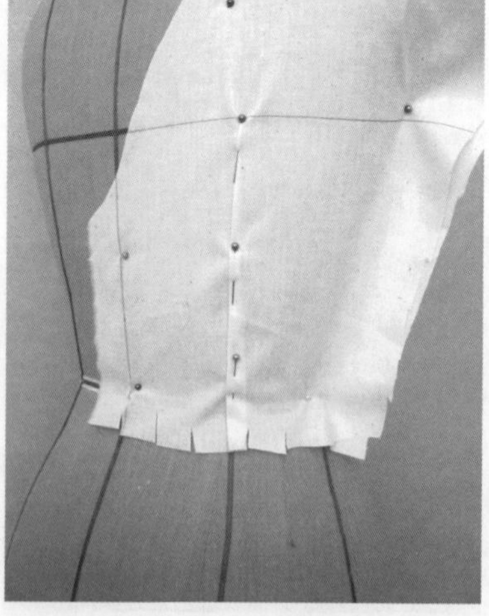

图6-1-44 修剪腰围

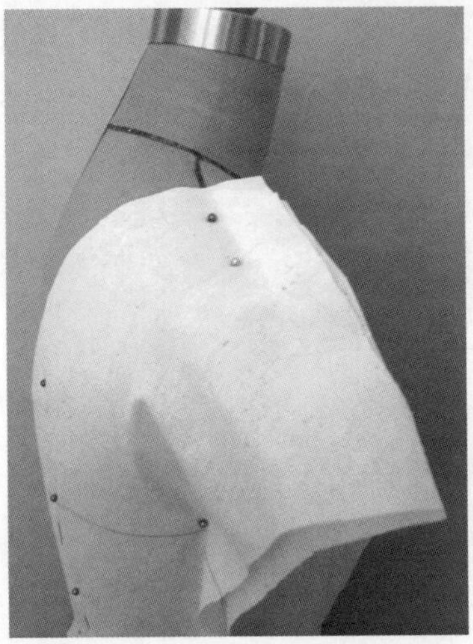

图 6-1-45 拼合前后肩缝

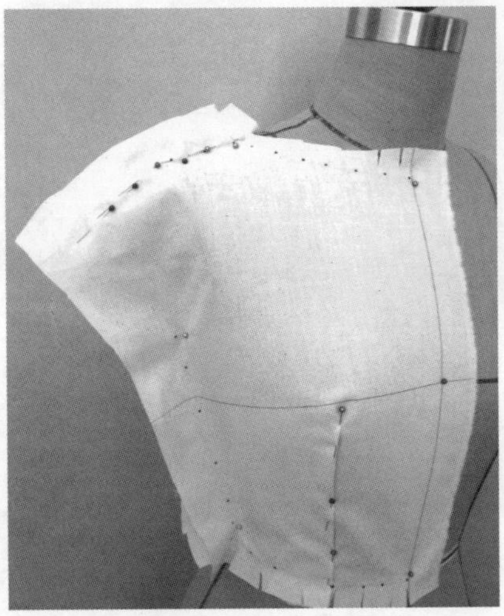

图6-1-46 点影

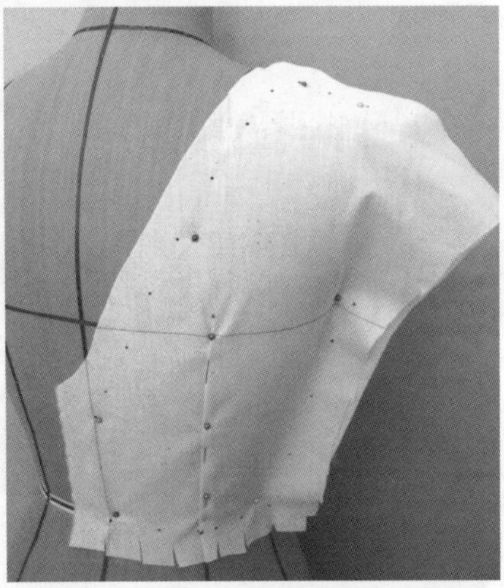

图6-1-47 点影

（7）拼合前后肩缝（图 6-1-45、图 6-1-46）

先将前袖窿进行修剪，修剪要符合所设计的款式造型。再将前后肩缝用大头针进行拼合，拖肩的部分基本顺延，肩端以外的肩斜线适当下斜，造型自然流畅。

（8）点影（图 6-1-46—图 6-1-49）

把前后衣片收省及各部位调整好后，根据前后衣片侧缝、肩部、领口、腰围的位置，在前后衣片上用笔将领口线、肩线、袖窿弧线、侧缝线、腰围线进行点影。注意肩线按照肩线拼合的位置进行点影。

（9）画线、整理（图 6-1-50、图 6-1-51）

将前后衣片领口、肩线、侧缝、袖口进行点影，然后取下并将轮廓线圆顺画出，最后给各轮廓线留出

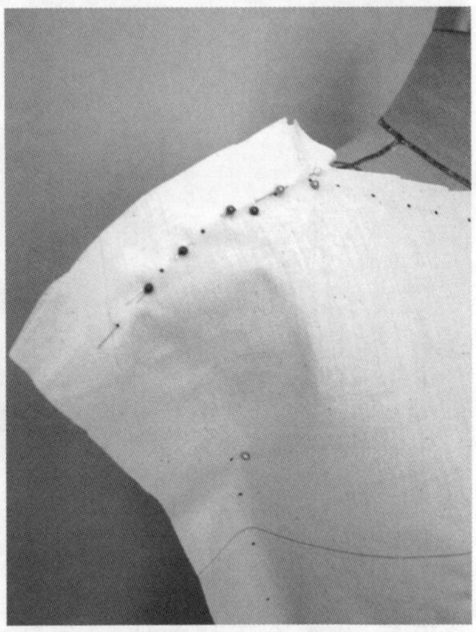

图6-1-48 点影

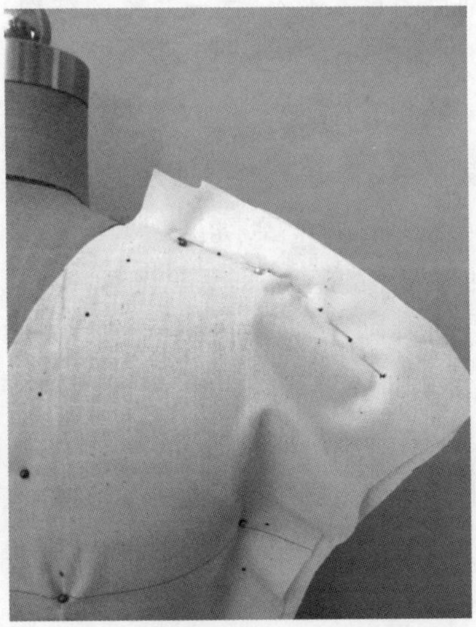

图6-1-49 点影

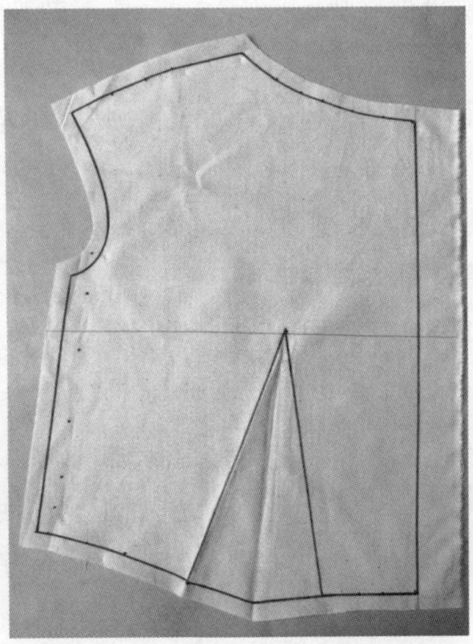

图6-1-50 画线、整理

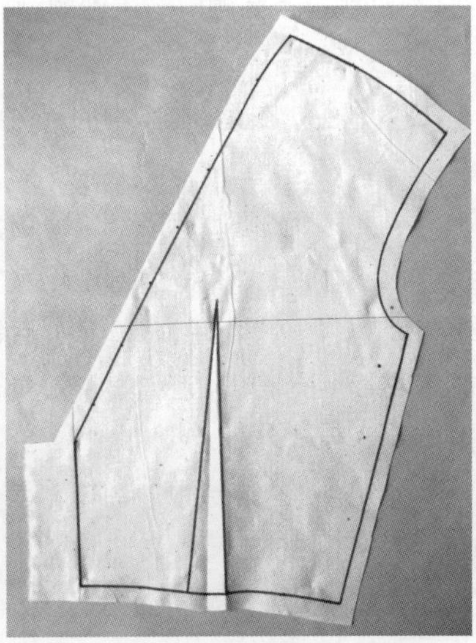

图6-1-51 画线、整理

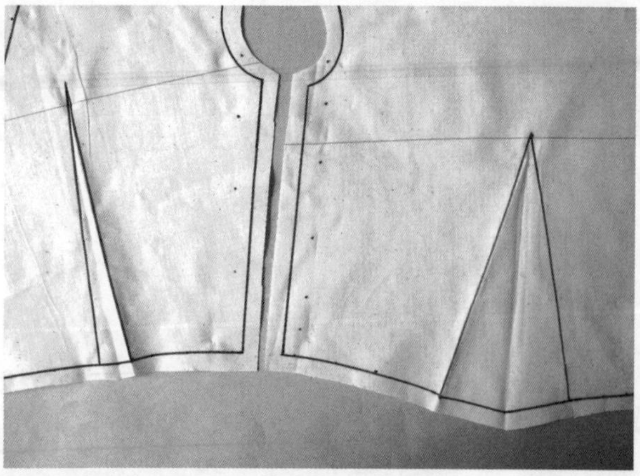

图6-1-52 检验腰围线

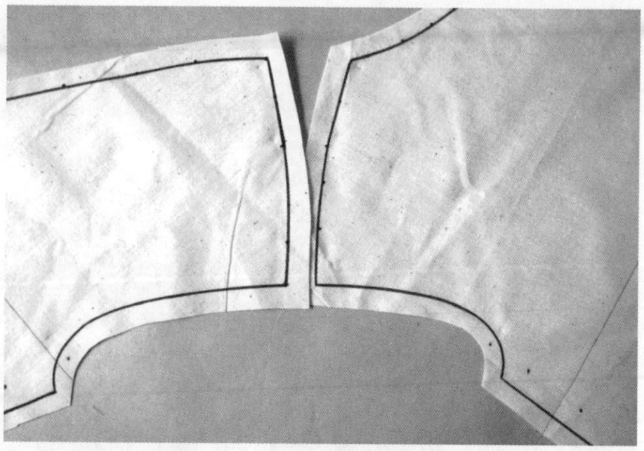

图6-1-53 检验袖窿线

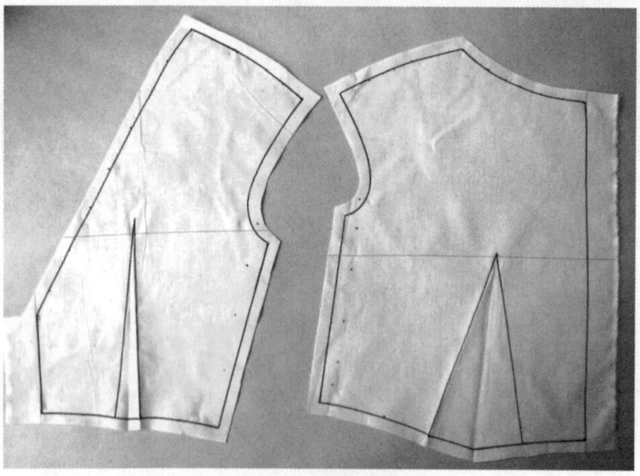

图6-1-54 平面展开图

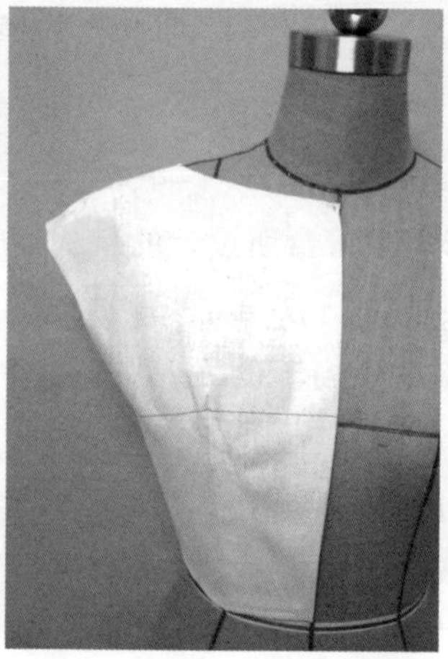

图6-1-55 前身立体造型

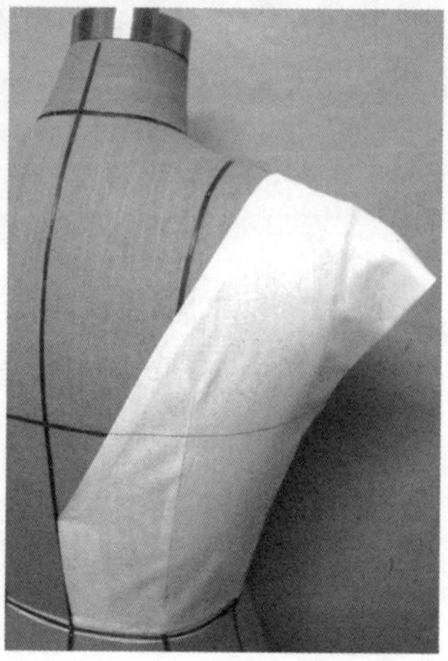

图6-1-56 后身立体造型

缝份后，将多余面料剪掉。

（10）检验（图 6-1-52、图 6-1-53）

将前后衣片的侧缝线、肩线对齐，观察前后腰围线、袖窿线是否圆顺。若不圆顺，则重新进行修正。

（三）总结

（1）袖口在肩线以外的无袖平面展开图（图 6-1-54）

从平面展开图中可看出，肩缝为曲线状，袖窿弧线变化微妙，虽为然拖肩造型但胸宽不是很大，肩宽较宽，前领宽较宽，后领深较深，后领口呈 V 字造型，前后衣片上有腰省，因胸腰有松量，故前后腰省的省道边为直线状。

（2）袖口在肩线以外的无袖立体造型（图 6-1-55、图 6-1-56）

从立体造型图中可看出，此款袖的袖口线在肩线以外，肩端为曲线造型，胸腰的放松量不是很大，前领口呈一字造型，后背为露背设计，呈 V 字造型。

第二节 基本型袖

基本型袖是袖片的基本形态，为一片袖的结构，属一片圆装袖。

一、袖距、袖摆的确定

在衣袖立体裁剪中，无论基本型袖还是其他袖型，都要注意袖距与袖摆这两个要素。

袖距是指衣袖与人体的距离，即从正面看衣袖与人体的左右距离。如图 6-2-1 所示，A 袖距与人体较远，B 袖距与人体较近。袖距较大时，手臂活动范围就较大，袖山深越小，袖肥越大，袖子造型不好；反之，袖距较小时，手臂活动范围就越小，袖山深越大，袖肥越小，袖子造型好。一般规律为，衣身的袖窿确定后，袖山与袖窿缝合时形成的斜剖面大小会因袖距的远近不同而发生变化。

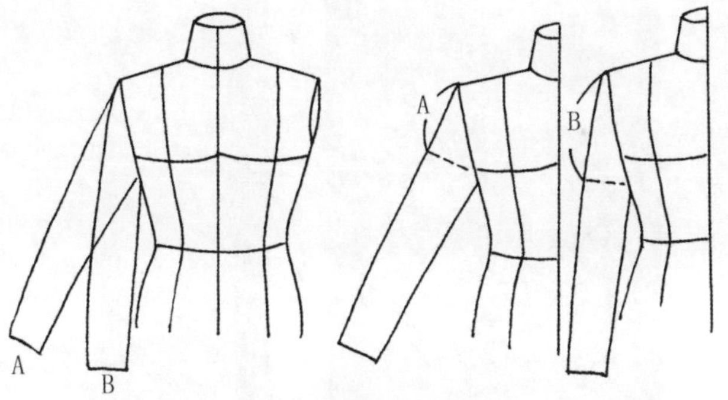

图6-2-1 袖距

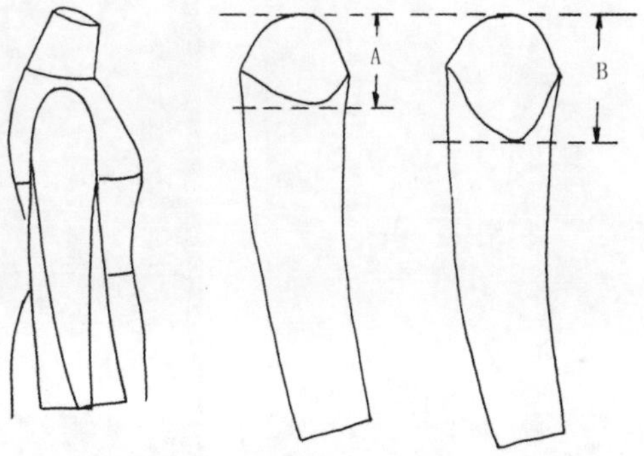

图6-2-2 袖摆

袖摆是指衣袖与衣身相比较而所处的位置，即从侧面看衣袖是朝前还是朝后、或是在中线位置（图6-2-2）。袖摆的位置会直接对手臂前后活动产生影响，即使袖距相同，但若袖摆不同则袖的前后活动的范围也不同。一般亚洲人的手臂略靠前，西方人的手臂略靠后。

对袖子的影响，除上述两要素外，还有如袖肥、肘部尺寸等其他因素，但从立体裁剪角度来看，重要的仍是袖距与袖摆。

二、基本型袖立体裁剪

基本型袖为一片袖，袖身、袖口有一定的放松量，为满足肘部凸起，设定袖肘省。为操作方便，可把手臂从人体模型上取下来。基本型袖款式见图6-2-3。

（一）准备工作

1. 布料准备

准备一块长方形布料，长为袖长 +6~8cm，宽为臂根围 +6~10cm。在布料上标记出袖中线、袖深线。基本型袖用布图见图 6-2-4。

（二）操作方法及技巧

（1）固定袖中线（图 6-2-5）

将布料的袖中线、袖深线与手臂模型上的对齐，并用大头针固定，注意摆正纵横布纹。从布料上端把手臂的形状整理出来，确定好手臂的方向位置。

（2）加放松量（图 6-2-6）

衣袖留取的松量多少可按穿着习惯、穿衣场合及款式设计等因素决定。留取松量的部位是袖根、袖肘、袖口等。基本型衣袖的松量可按图示的大小来

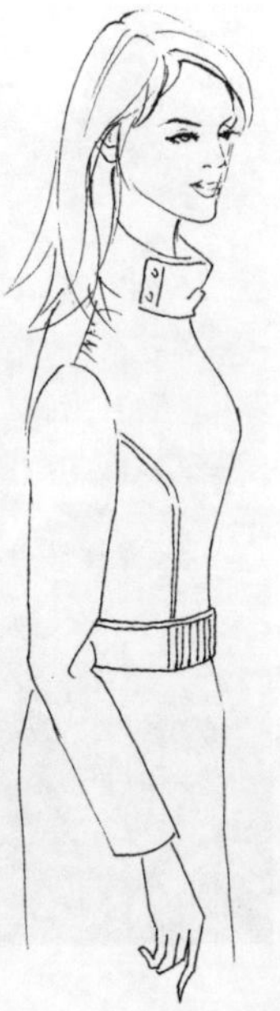

图6-2-3 基本型袖款式

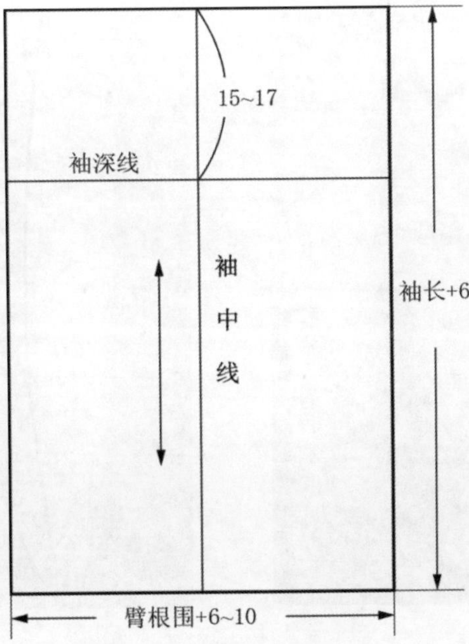

图6-2-4 基本型袖用布图

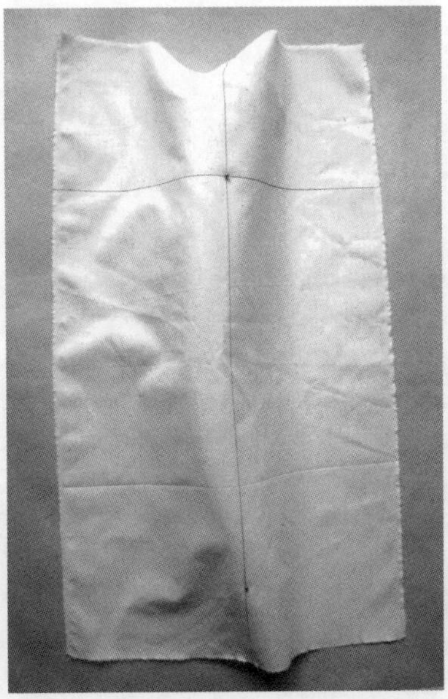

图6-2-5 固定袖中线

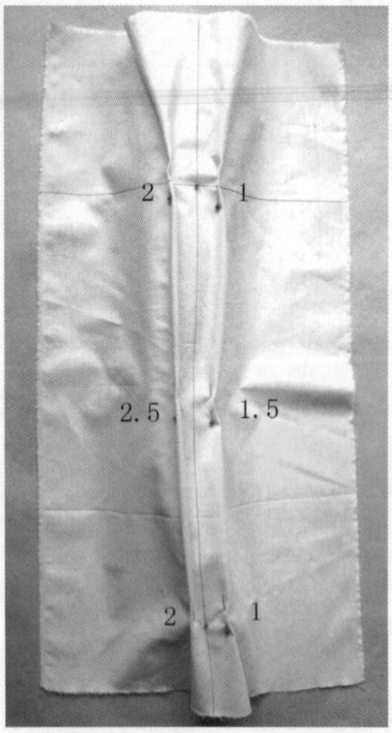

图6-2-6 加放松量

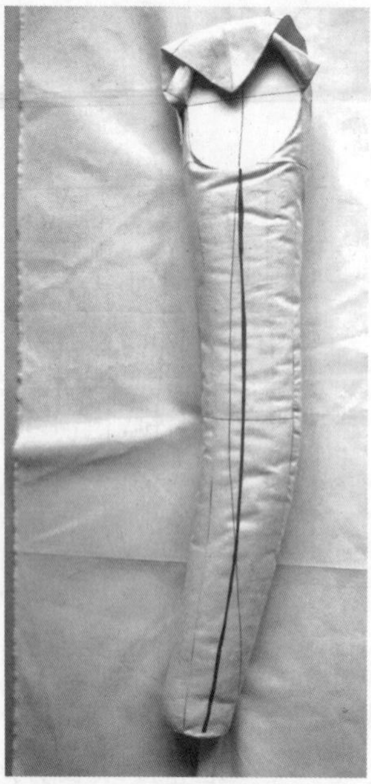
图6-2-7 确定袖内缝

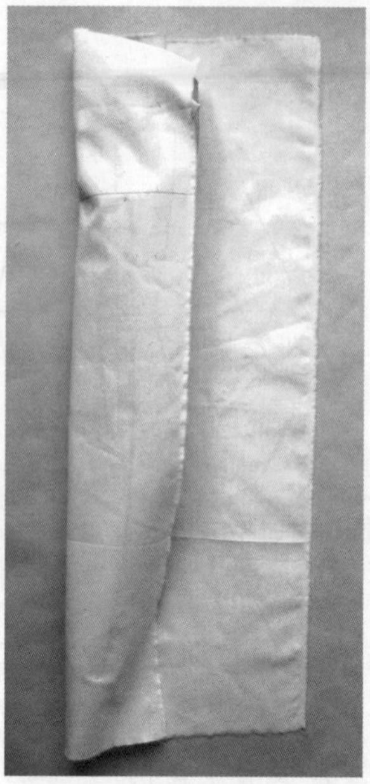
图6-2-8 包裹前侧布

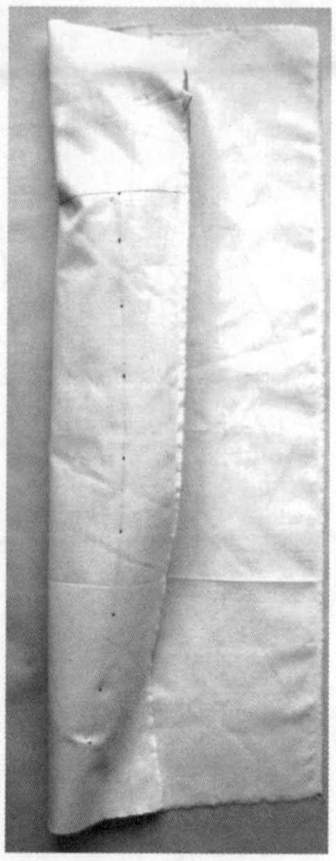
图6-2-9 点影

确定，一般袖前侧的松量小于袖后侧的松量。

（3）确定袖内缝（图 6-2-7）

用粘带在手臂内侧将袖内缝的位置标记下来，位置在手臂里侧的中心部位，注意袖肘处可略直。

（4）包裹前侧布（图 6-2-8）

处理前袖缝时，把前侧布包裹到手臂里侧。

（5）点影（图 6-2-9、图 6-2-10）

以袖内缝标记为准，在前侧布上进行点影。

（6）修剪前袖缝（图 6-2-11）

以前侧布上的点影为准，留出缝份，将多余布料剪掉。

（7）确定后袖缝（图 6-2-12—图 6-2-14）

先将前侧布翻起，以便固定后侧布。把后侧布包裹到手臂里侧中线。因肘部凸起，肘部以下手臂向前倾斜，使布料在肘部产生多余量，将多余量用大头针别起，即为袖肘省。

（8）点影（图 6-2-15、图 6-2-16）

以袖内缝标记为准，在后侧布上进行点影。后侧

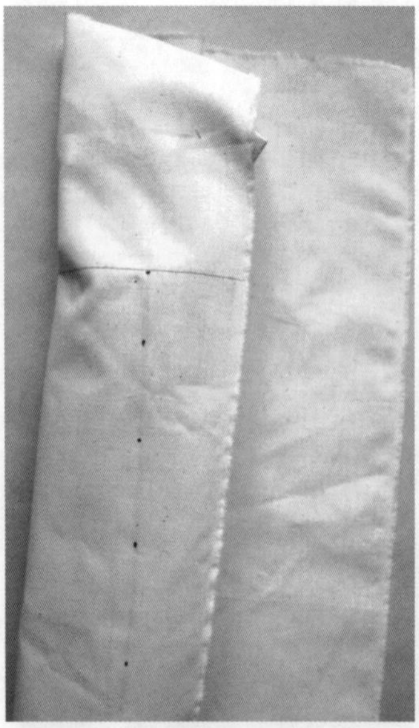
图6-2-10 点影

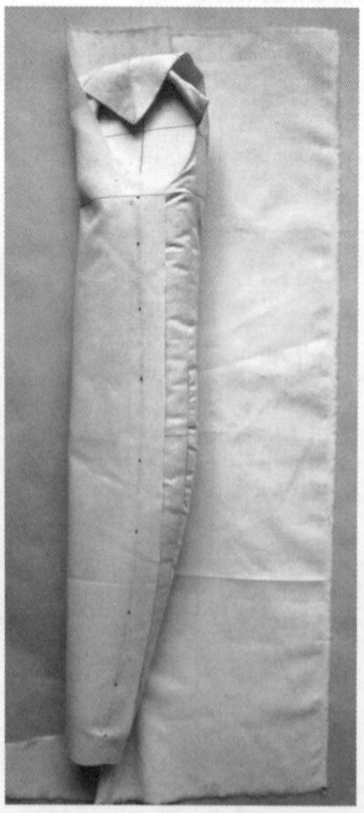
图6-2-11 修剪前袖缝

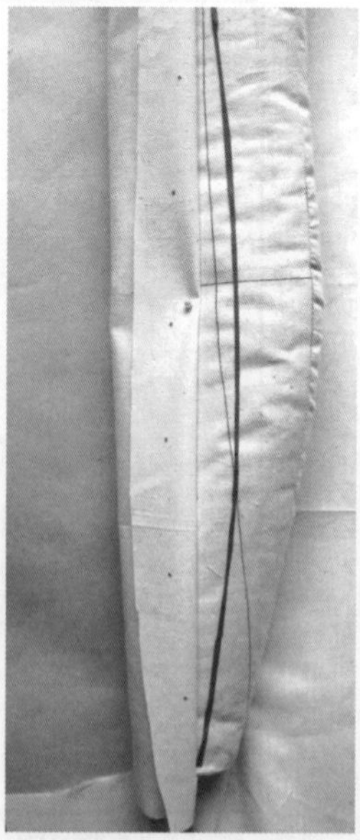
图6-2-12 前侧布翻起

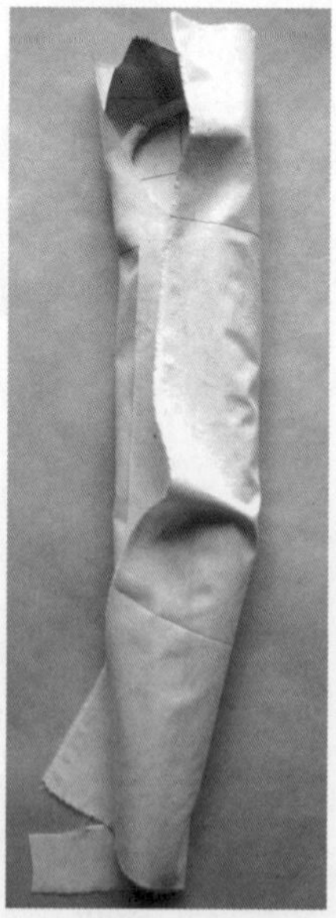
图6-2-13 后侧布包裹

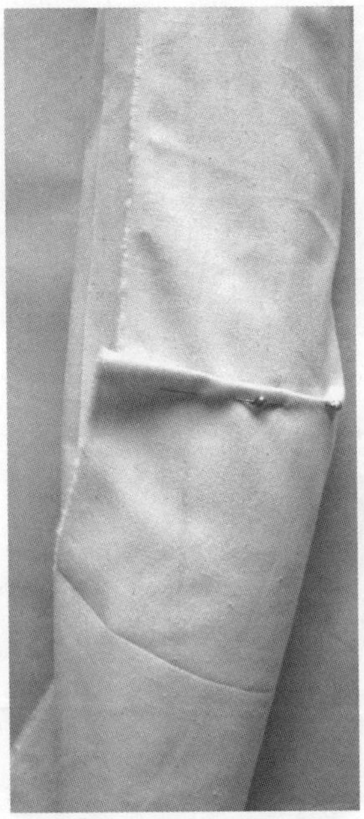
图6-2-14 固定袖肘省

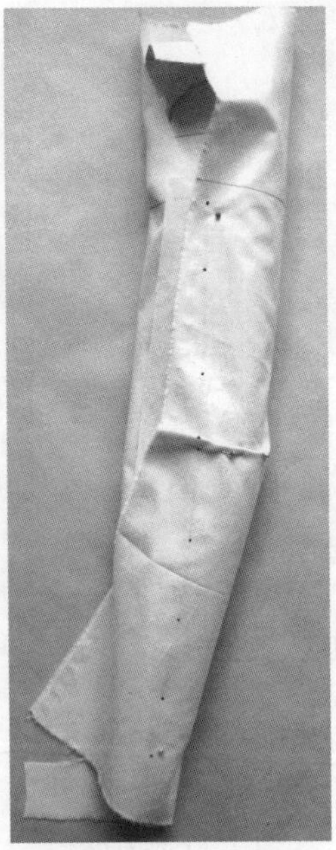
图6-2-15 点影

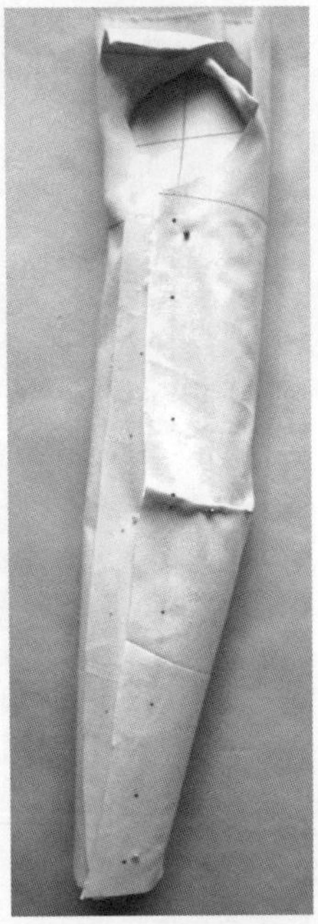
图6-2-16 修剪后侧布

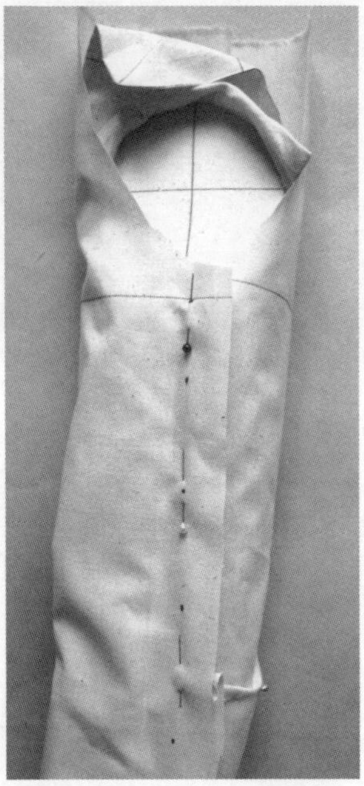
图6-2-17 固定袖内缝

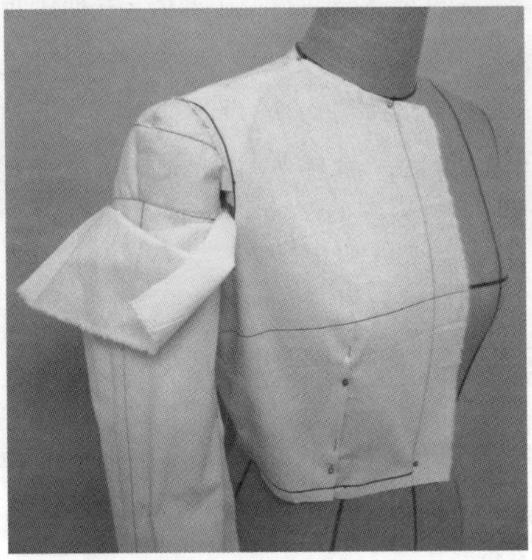
图6-2-18 固定袖子

布预留出缝份，将多余布料剪掉。最后袖口处留足布料，再将袖口布料大致修剪下。

(9)固定袖内缝(图6-2-17)

将前后袖缝用大头针固定在一起，进一步整理其形态。

(10)固定袖底缝(图6-2-18—图6-2-19)

将袖子安装在衣身的袖窿部，将袖山顶点对准肩缝线，用针固定。

(11)固定袖山(图6-2-20、图6-2-22)

用针逐一别出袖山余料，要边操作边观察，使其均匀、饱满。后袖山的吃势略大于前袖山的吃势，最

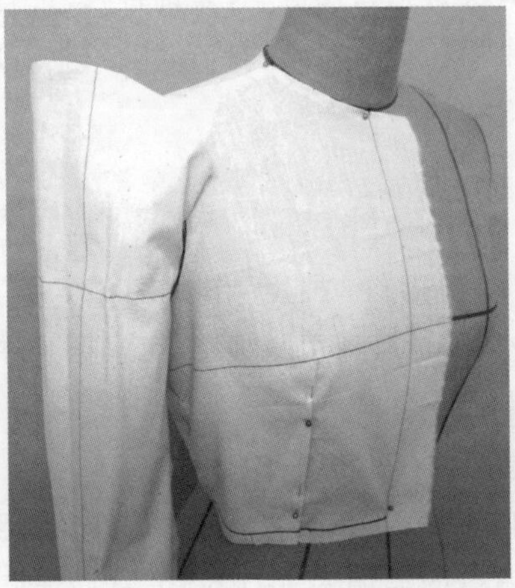
图6-2-19 固定袖底缝

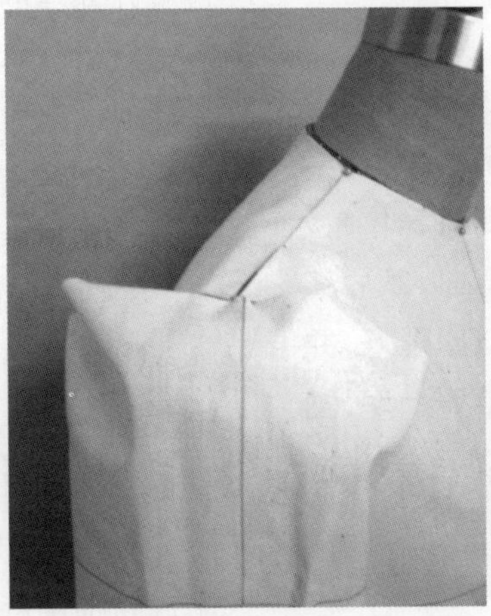
图6-2-20 固定袖山

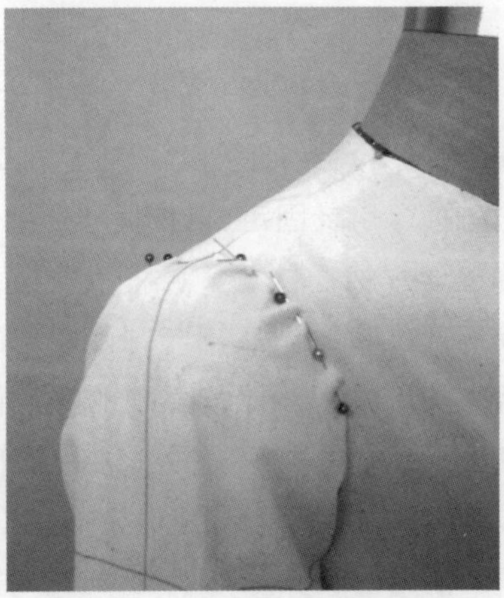
图6-2-21 固定袖山

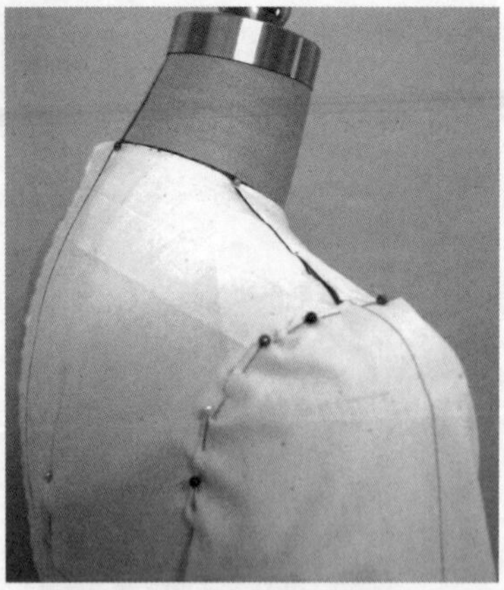

图6-2-22 固定袖山

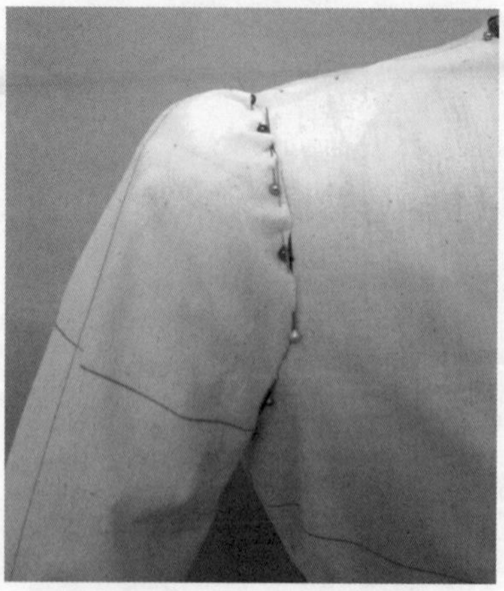

图6-2-23 确定袖位、袖距

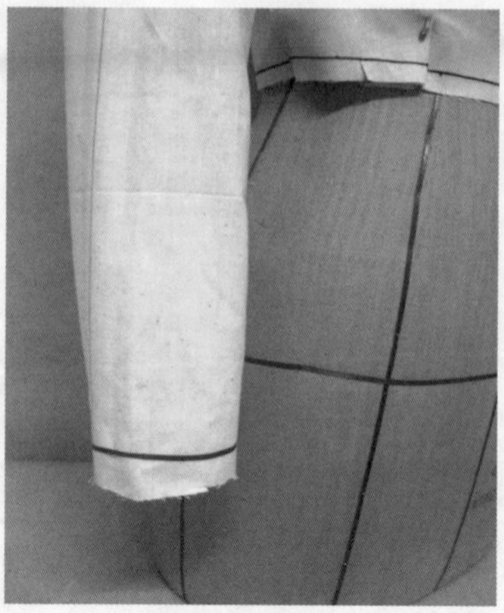

图6-2-24 确定袖口

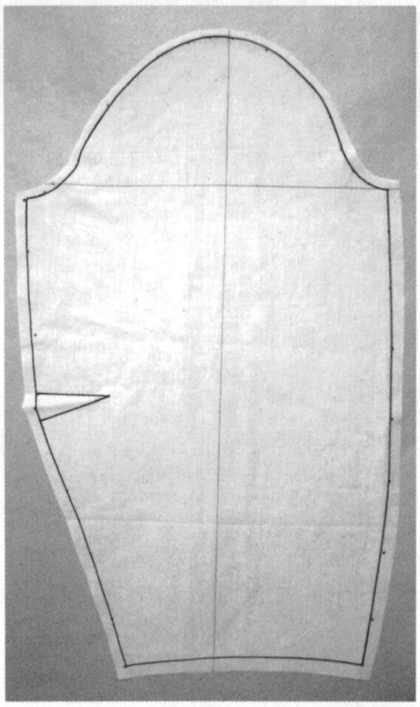

图6-2-25 基本型一片袖平面展开图

后把袖山处轮廓大概确定下来。

（12）确定袖位、袖距（图 6-2-23）

把衣袖安装在衣身的袖窿部位，将袖山顶点对准肩缝线，用大头针固定。在前后袖山上留取足够的吃势与袖窿用针固定，再依据衣片袖窿确定袖深位置，并整理好袖摆位置。再将手臂插叉腰弯曲，然后在腋下部位将袖山底部与袖窿底部的布料整理好，并用大头针别好。这样裁成的衣袖便于手臂上举，袖身也不会产生太多皱纹，衣袖会很轻便、灵活、舒适。

（13）确定袖口（图 6-2-24）

根据袖长决定袖口的位置。袖口线与地面基本平行，或前略高，用粘带围绕袖口进行标记，留出缝份，把余料剪掉。

（三）总结

基本型一片袖平面展开图见图 6-2-25。从平面展开图中可看出，前后袖山曲线与前后袖缝线的变化情况。前袖山凹势大于后袖山凹势，后袖山向外凸起，前袖缝呈凹势，后袖缝长于前袖缝并向外凸起，在后袖肘处收一袖肘省，以解决肘部的凸起。袖中线始终保持经纱方向。这些变化都可以从手臂形态中悟出道理。

第三节 变化型袖款

变化袖是服装设计的一个重点。变化袖的立体裁剪既要注重造型，又要考虑其功能性。

一、灯笼袖

灯笼袖是常见的变化袖型，是在一片袖基础上进行展开处理的。其女性化特点鲜明，装饰性强，带有欧式风格。本款袖用料适宜轻薄的棉布和纱料。灯笼袖款式见图 6-3-1。

（一）准备工作

1. 布料准备

准备好前（后）衣身用料。袖片用料见图 6-3-2。袖片用料可用经纱缕，也可采用斜纱缕，可根据具体款式要求和面料特性而定。

2. 标记衣身造型线（图 6-3-3、图 6-3-4）

本款袖的肩部有细褶皱且有膨胀感，所以与之相配合的袖窿应在肩点向里调入 1~1.5cm，从而使肩宽变窄，协调膨胀效果。

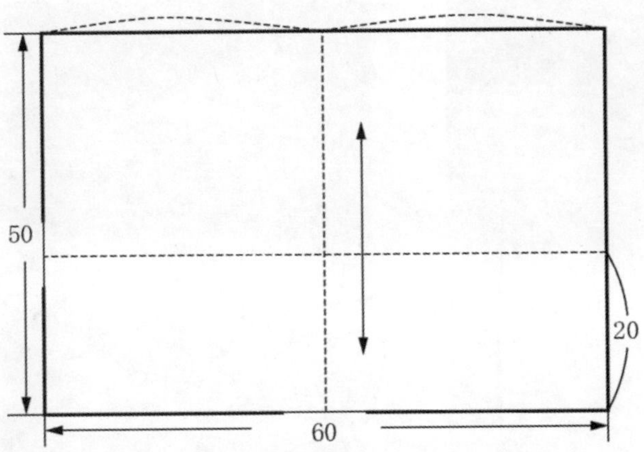

图6-3-2 袖片用布图

(二)操作方法及技巧

(1)袖片布对位(图 6-3-5)

将袖片布料覆于肩臂部,袖中线上端与肩线对准,下端与上臂倾斜度相符合,用针固定。

(2)肩部褶皱处理

①前袖片肩部褶皱(图 6-3-6)。

由袖中线向前袖片方向逐步捏出褶皱,褶皱自然均衡,同时将肩部的膨胀感要调整适宜。

②后袖片肩部褶皱(图 6-3-7)

由袖中线向后袖片方向逐步捏出褶皱,褶皱自然均衡,同时将肩部的膨胀感要调整适宜,符合袖型审美要求。

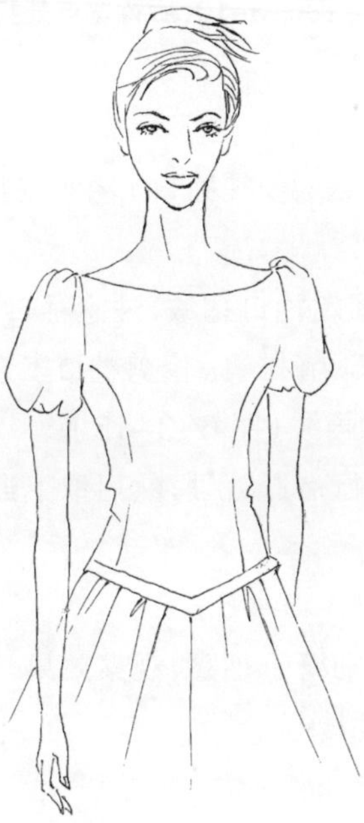

图6-3-1 灯笼袖款式

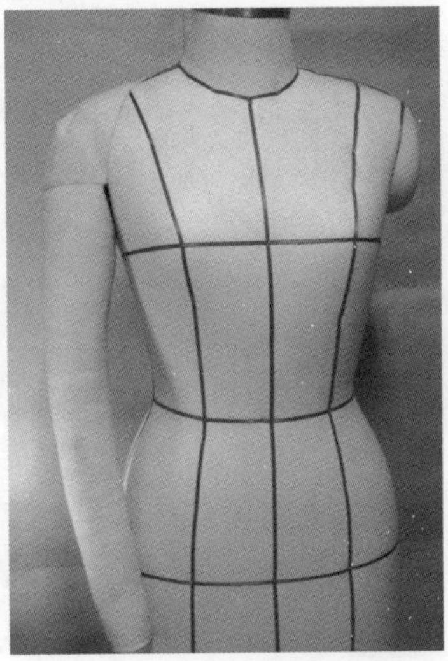

图6-3-3 布制手臂的安放

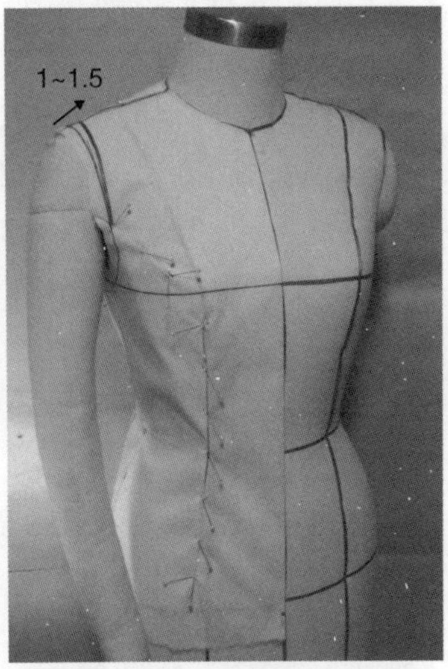

图6-3-4 袖窿弧线的修正

图6-3-5 袖片布对位

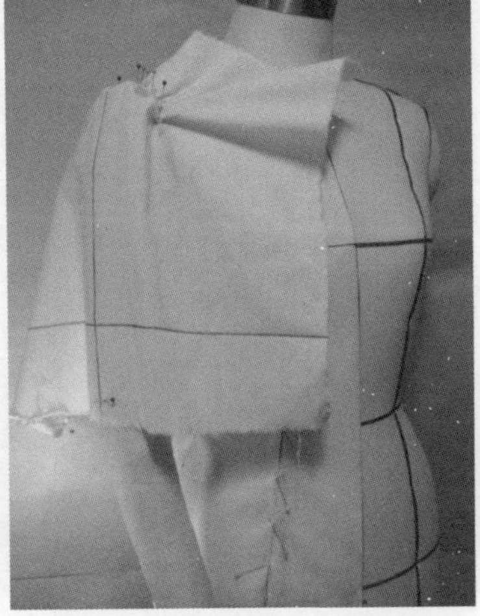

图6-3-6 前袖片肩部褶皱

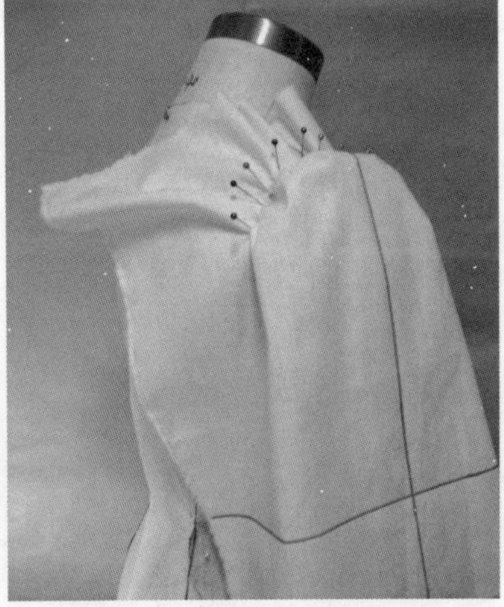

图6-3-7 后袖片肩部褶皱

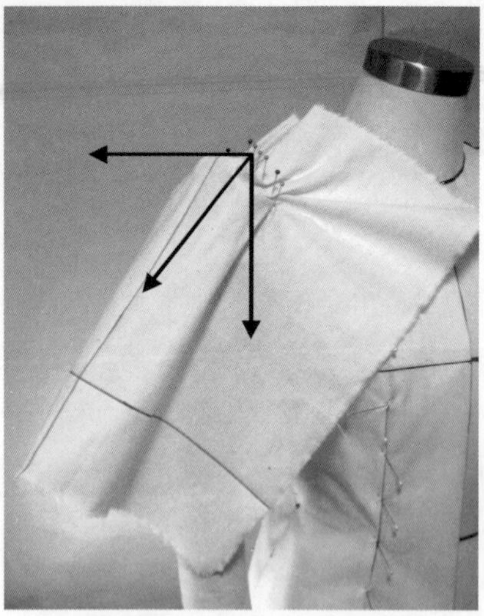

图 6-3-8 调整袖身斜度

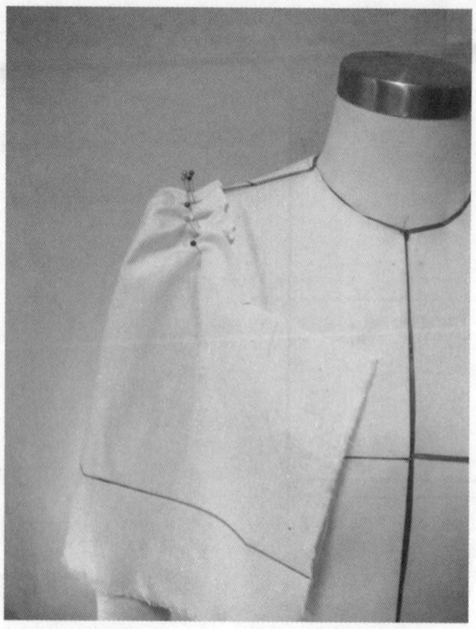

图6-3-9 前胸宽点处打剪口

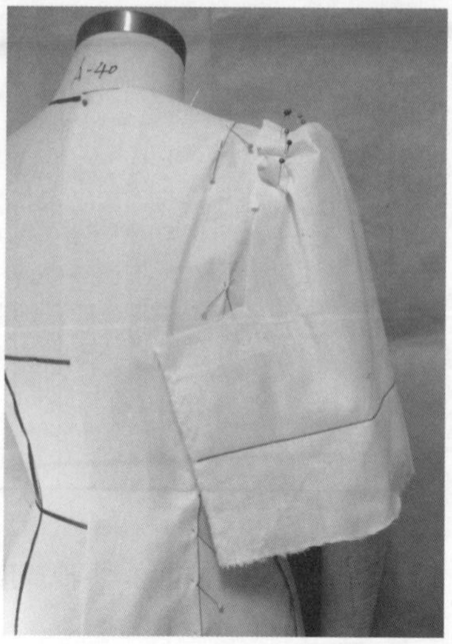

图6-3-10 后背宽点处打剪口

（3）调整袖身斜度（图 6-3-8）

袖身斜度直接影响着人体手臂活动范围的大小，一般应控制在 45° 左右。

（4）胸、背宽点处打剪口（图 6-3-9、图 6-3-10）

在胸宽点、背宽点处入剪，剪掉袖山处多余面料，留余 1.5cm，并在胸、背宽点处打剪口，以便袖山下部折转。

（5）前后袖片下部折转（图 6-3-11、图 6-3-12）

将袖片下部分别从前胸宽点和后背宽点处向内折转，同时保证水平线与水平面的平行，用针固定袖窿底部弧线与袖片，调整袖身的肥瘦和形态，并用大头针固定。

（6）固定袖口褶皱，修剪袖口（图 6-3-13、图 6-3-14）

确定袖长，用针固定袖口褶皱，注意袖口比所对应手臂围度多加放 2.5cm 松量。修剪袖口多余布料。

（7）袖片的点影、画线（图 6-3-15）

将定型的袖片进行点影处理，然后取下连线，形成灯笼袖平面裁片。

（8）试样效果（图 6-3-16）

将袖片用大头针别缝于袖窿，观察效果，试样修正。最后形成袖片板型。

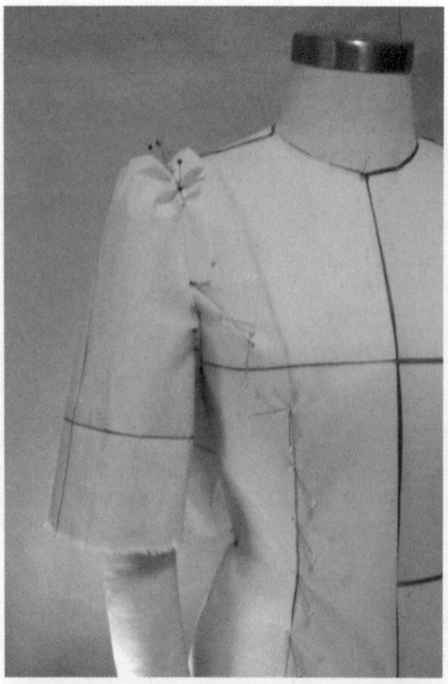

图6-3-11 前袖片下部折转

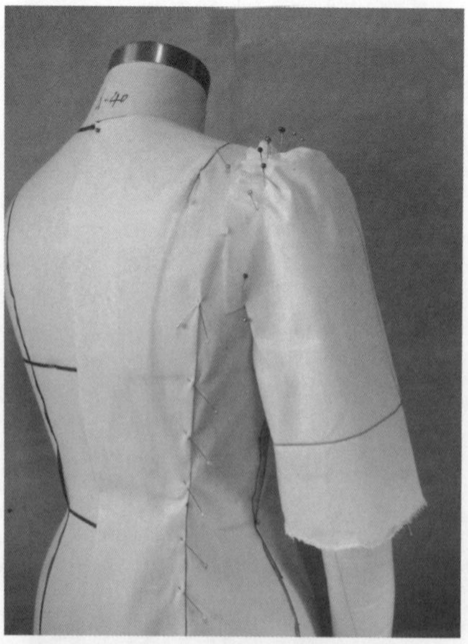

图6-3-12 后袖片下部折转

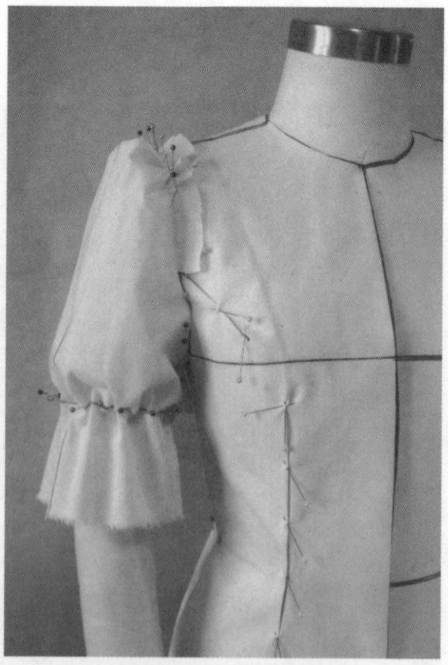

图6-3-13 袖口褶皱

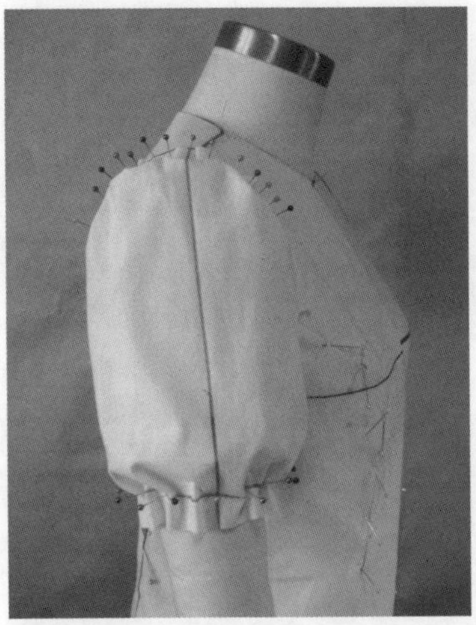

图6-3-14 修剪袖口

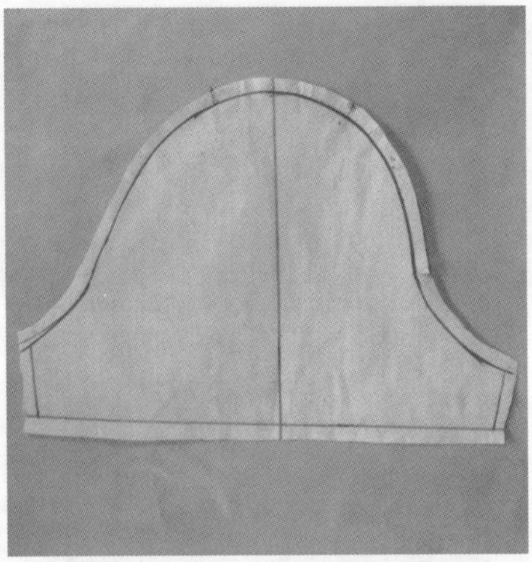

图6-3-15 点影、画线及平面展开图

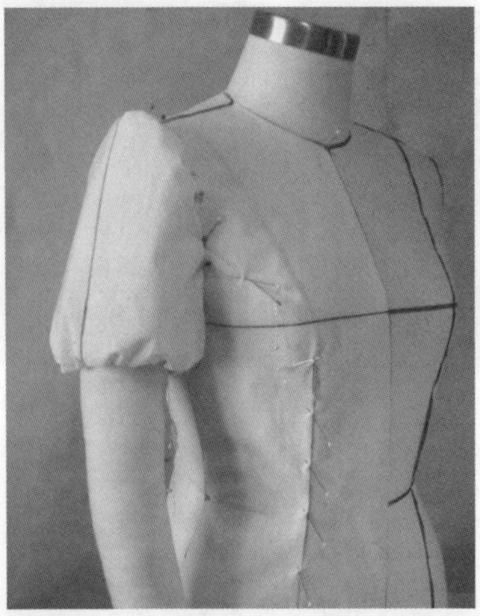

图6-3-16 试样后的灯笼袖立体造型

（三）总结

（1）灯笼袖平面展开图（图 6-3-15）

通常灯笼袖袖山高度要比正常的袖山高高出1.5~3cm。袖肥的变化则在 5cm 左右（受褶的数量和大小的影响）。

（2）灯笼袖立体造型（图 6-3-16）

灯笼袖的造型主要受袖山和袖口处所收褶的数量的影响。可以是自然的缩褶，也可以用位置和褶量大小相对固定的折叠褶，但其效果会有所差异。褶的位置也会对袖子的立体造型产生影响，一般褶集中在袖中线两侧 5cm 范围内。

二、环浪袖

环浪袖是在袖山处重复一定数量的环形折叠波浪的一种变化袖型（图 6-3-17）。夸张袖山部位，收小袖口，形成造型独特的装饰性女装袖型。本款袖适用于有一定硬挺度的材料。

（一）准备工作

1. 布料准备

准备好前后衣身用料，袖片用料见图 6-3-18。袖片的用料可以用经纱缕，也可采用斜纱缕，可根据具体的款式要求和面料特性而定。

2. 标记衣身造型线

本款袖型的肩部有环形波浪，肩部加宽在视觉上容易产生膨胀感，所以与之相配合的袖窿应作出调整，肩点向里调入 1~1.5cm，从而使肩宽变窄，协调效果（图 6-3-19、图 6-3-20）。

（二）操作方法及技巧

（1）袖片布对位（图 6-3-21）

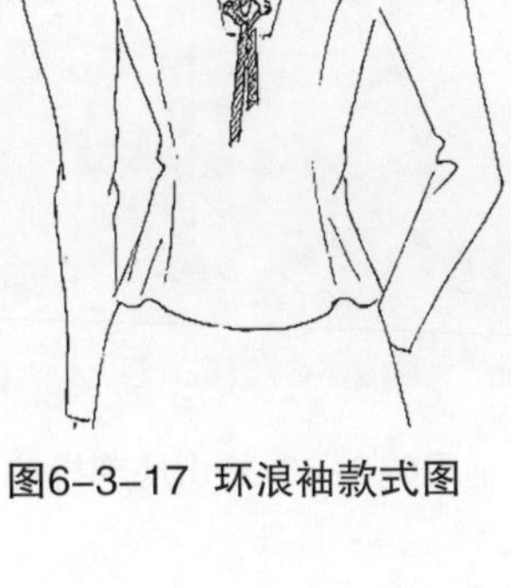

图6-3-17 环浪袖款式图

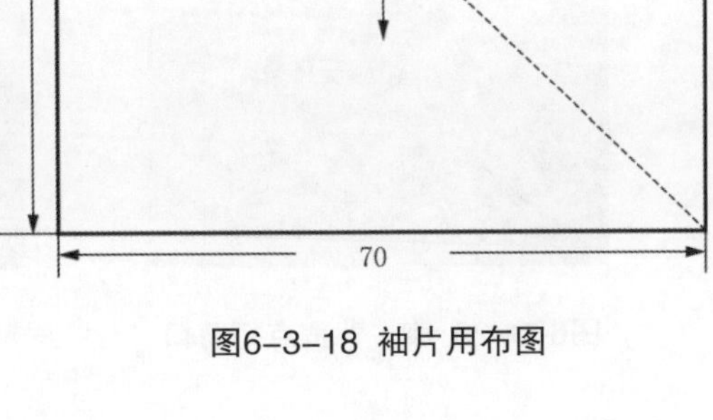

图6-3-18 袖片用布图

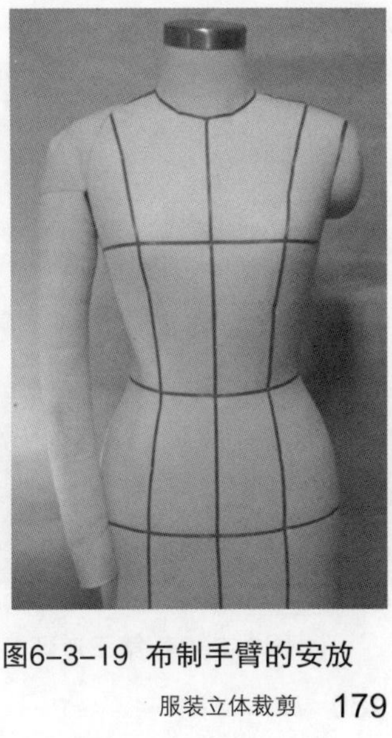

图6-3-19 布制手臂的安放

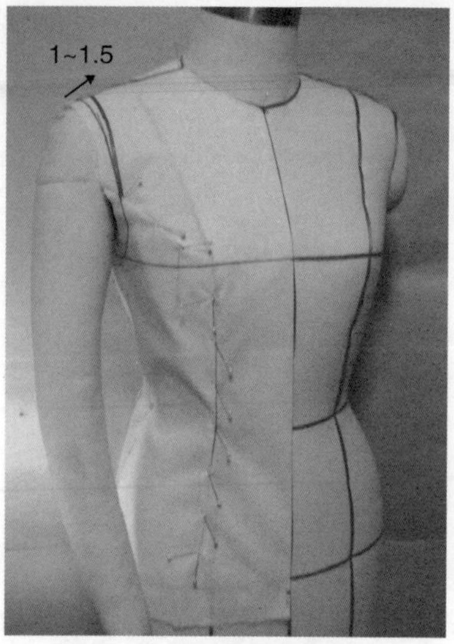

图6-3-20 袖窿弧线的修正

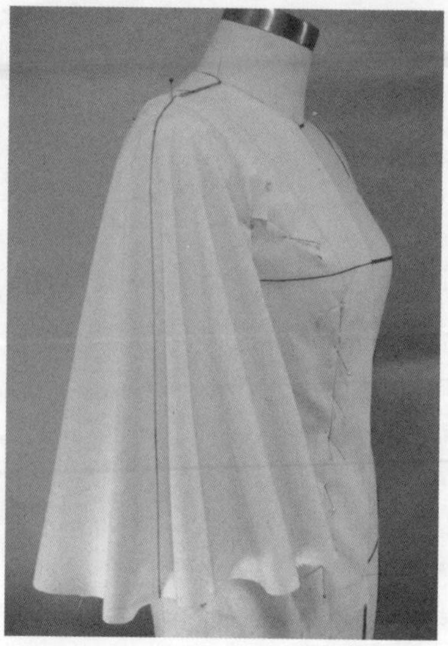

图6-3-21 袖片布对位

图6-3-22 第一道环浪

将袖片布料覆于肩臂部，袖中线上端与肩线对准，下端与上臂倾斜度相吻合，用针固定。

（2）肩部环浪处理

①第一道环浪（图6-3-22）

前后袖片以袖中线为对称轴，两边同时折叠，形成第一道环浪，折叠量以形成所需环浪形态为标准。本款折叠量分别为5cm。环浪要对称，浪峰光顺，浪底无多余褶皱出现。

②第二道环浪（图6-3-23）

第二道环浪的操作和整理手法与第一道环浪基本相同，位置上可以设计为与第一道环浪浪峰线非平行状态。

③第三道环浪（图6-3-24）

以相同手法操作、整理第三道环浪，操作中要注意保持袖中线的位置不发生偏差。

（3）胸、背宽点打剪口（图6-3-25）

从胸宽点、背宽点开剪，将整理好的环形波浪的多余面料

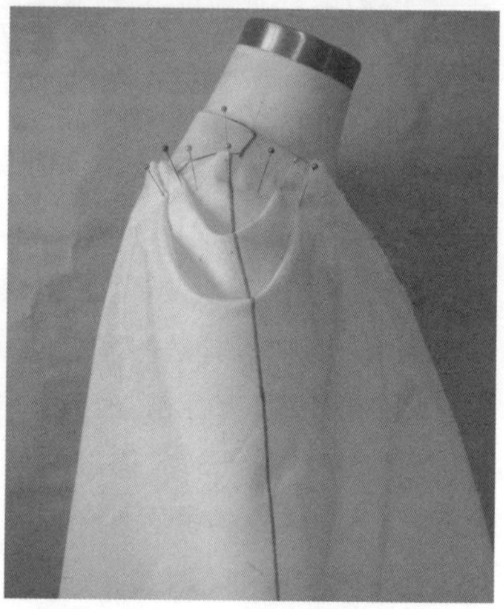

图6-3-23 第二道环浪

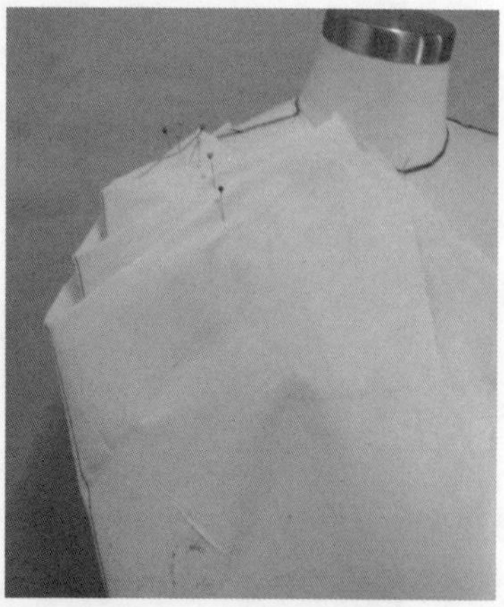

图6-3-24 第三道环浪

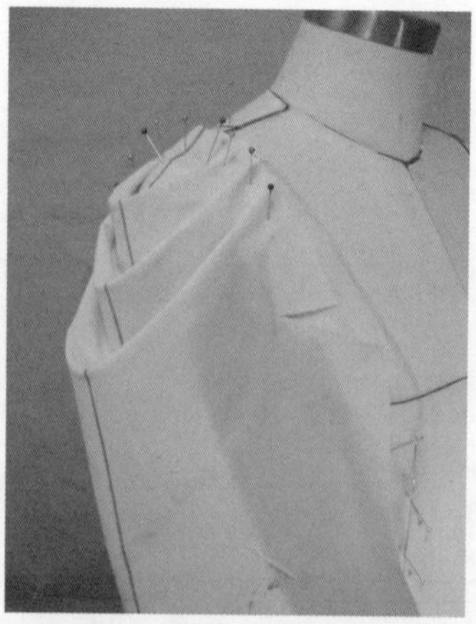

图6-3-25 胸、背宽点打剪口

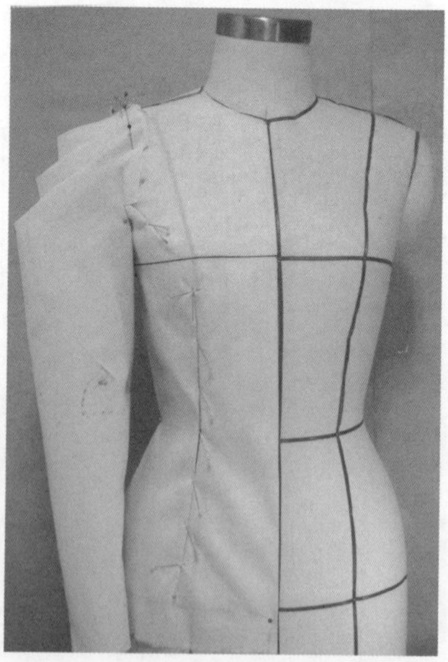

图6-3-26 袖山底部折转

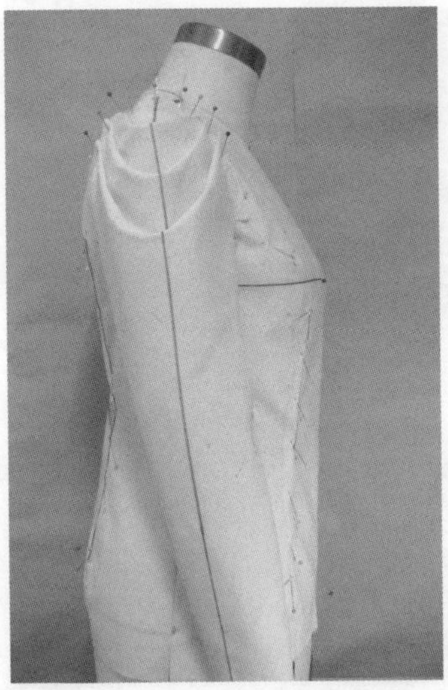

图6-3-27 调整袖身

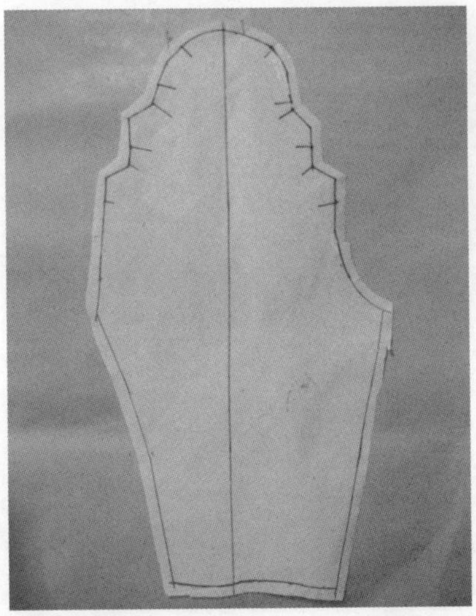

图6-3-28 袖片点影、画线及平面展开

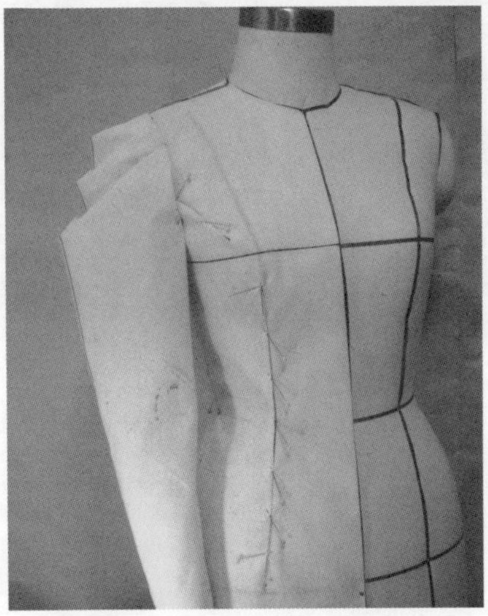

图6-3-29 环浪袖型效果

剪掉，留 1.5cm 缝份，并在胸宽点和背宽点处分别打剪口，以备袖山下部折转。

（4）袖山底部折转（图 6-3-26）

将袖山底部以剪口为折转点，分别向内折转，并调整造型。

（5）调整袖身造型（图 6-3-27）

把袖身肥度调整到造型需要的量，确定前后袖缝位置和袖缝线的形态。注意观察袖中线的偏斜度。

（6）袖片点影、画线（图 6-3-28）

将形态较为理想的袖片进行点影，然后取下，并画线形成平面袖片，注意袖中线的倾斜补正。观察袖片形态特征。

（7）袖型效果试样（图 6-3-29、图 6-3-30）

将袖片别缝于衣身的袖窿弧线上，观察试样效果，同时修正。

（三）总结

（1）环浪袖平面展开图（图 6-3-28）

环浪袖型的变化主要体现在袖山高度的夸张变化，而对袖肥的影响并不是很明显。合体袖型的袖中线向前偏斜 2~4cm，是必然的结构变化。

（2）环浪袖立体造型图（图 6-3-29、图 6-3-30）

环浪袖型夸张性强，稳定性略差，一般用于礼服等需装饰性较强的服装上。这种环浪袖型更适合用立体裁剪完成。

三、喇叭袖

喇叭袖是在袖身和袖口处形成波浪，整体廓形像喇叭花的外形。其处理方法主要以展开为主，但随着袖身和袖口的不断张开，袖山高度也在随之产生变化。本款袖适用于悬垂性好的材料。喇叭袖款式见图 6-3-31。

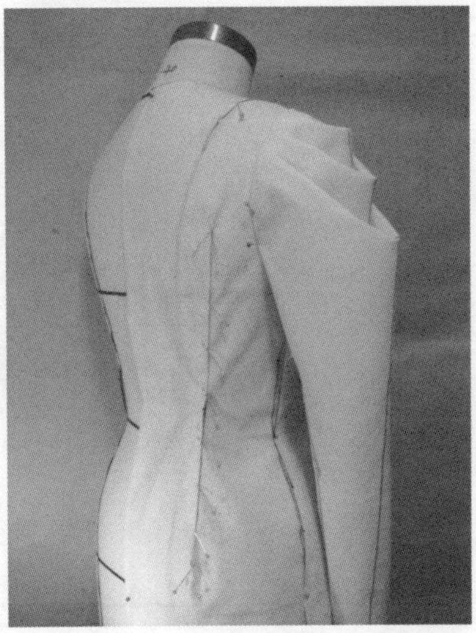

图6-3-30 环浪袖型效果

图6-3-31 喇叭袖款式

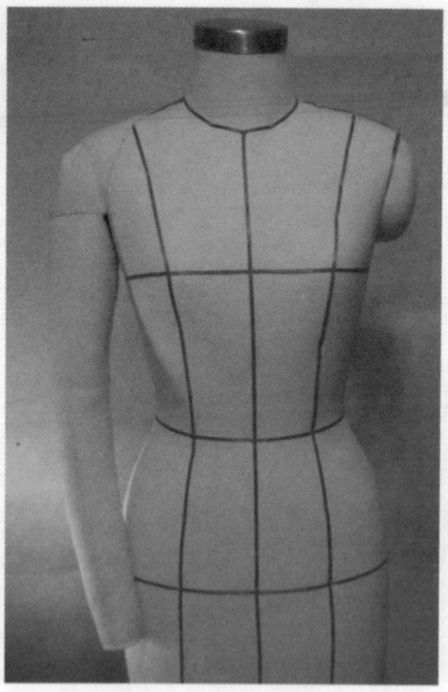

图6-3-33 布制手臂的安放

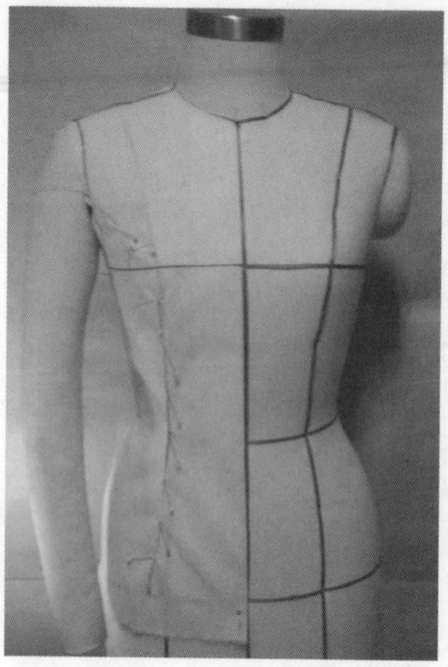

图6-3-34 袖窿弧线的准备

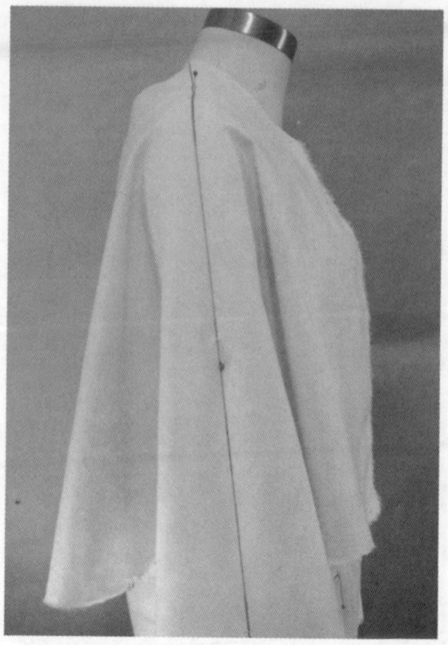

图6-3-35 袖片布对位

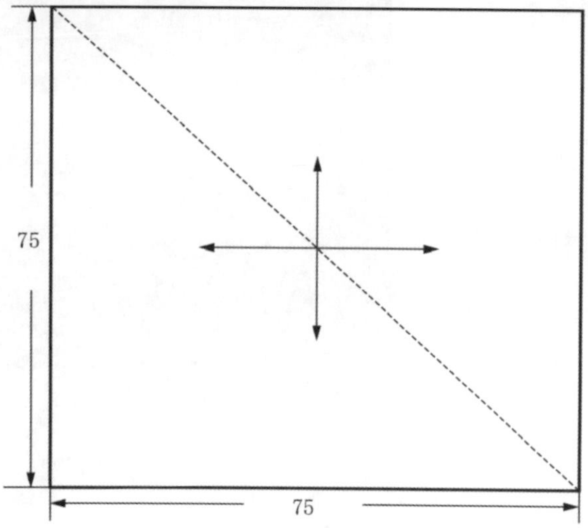

图6-3-32 袖片用布图

(一)准备工作

1. 布料准备

准备好前后衣身用料。袖片用料见图 6-3-32。袖片的用料采用斜纱向,也可根据具体的款式要求和面料特性而定。

2. 标记衣身造型线

本款袖型的肩部袖窿弧线为正常位置的袖窿弧线(图 6-3-33、图 6-3-34)。

(二)操作方法及技巧

(1)袖片布对位(图 6-3-35)

将袖片布料覆于肩臂部,袖中线上端与肩线对准,下端与上臂倾斜度相吻合,用针固定。

(2)袖身波浪处理(图 6-3-36)

以袖中线为参照线,在前后袖片上分别整理出纵向波浪并暂时固定。

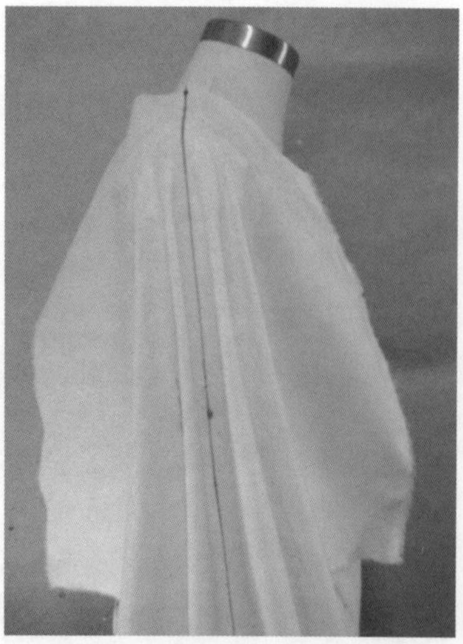

图6-3-36 袖身波浪处理

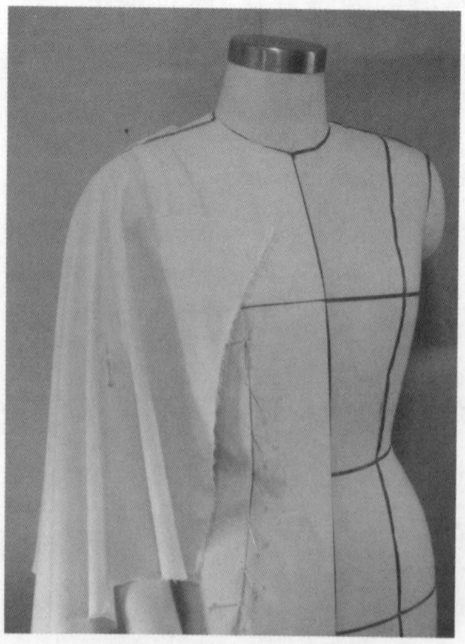

图6-3-37 胸、背宽点打剪口

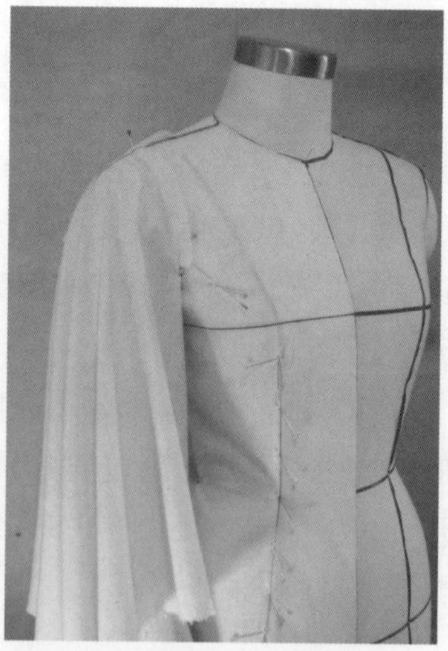

图6-3-38 袖山下部折转

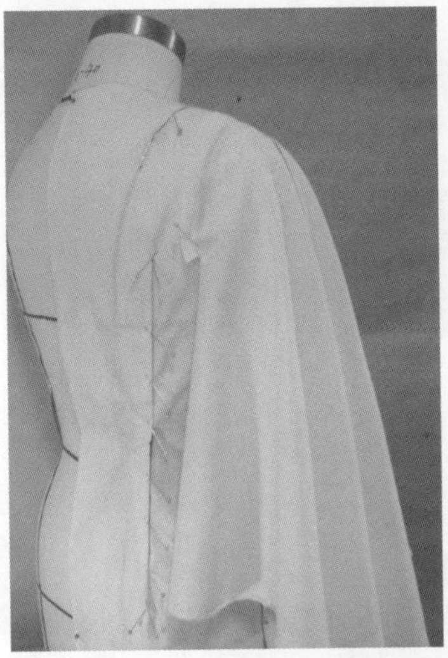

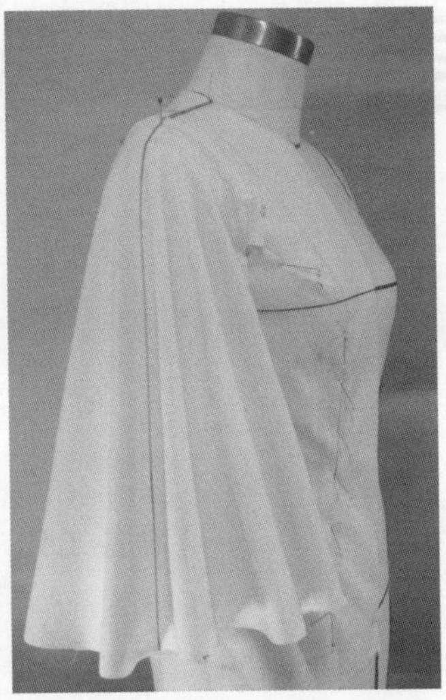

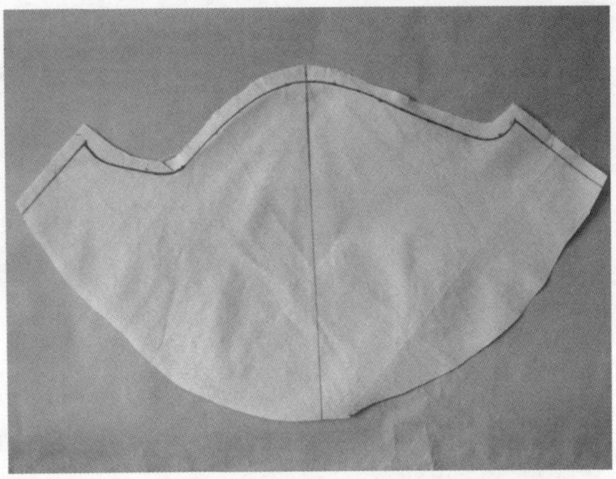

图6-3-41 袖片的点影、画线及平面展开

图6-3-39 袖山下部折转

图6-3-40 袖身造型调整

（3）胸、背宽点打剪口（图 6-3-37）

从胸宽点、背宽点开剪，将已经整理好波浪的袖山上部多余面料剪掉，留下 1.5cm 缝份。在胸宽点和背宽点处分别打剪口，以备袖山下部折转。

（4）袖山底部折转（图 6-3-38、图 6-3-39）

将袖山底部以剪口为折转点，分别向内折转，并调整袖身造型。

（5）袖身造型调整（图 6-3-40）

把袖身肥度和波浪数量调整到造型需要的量，确定前后袖缝位置和袖缝线的形态。

（6）袖片的点影、画线（图 6-3-41）

将形态较为理想的袖片进行点影，然后取下，并画线形成平面袖片。观察袖片形态特征。

（7）袖型效果试样（图 6-3-42、图 6-3-43）

将袖片别缝于衣身的袖窿弧线，观察试样效果，同时修正。

（三）总结

（1）喇叭袖平面展开图（图 6-3-41）

喇叭袖型虽然简单，只是将一片基础袖进行扇形剪展开，但在平面裁剪过程中容易忽略掉在袖身和袖口变化的同时，袖山高也在逐渐地变低，袖缝线与袖山线的角度关系不变。

（2）喇叭袖立体造型（图 6-3-42、图 6-3-43）

喇叭袖型的波浪的丰富与否与袖片剪展量的多少有着直接的关系，同时也受到所用面料悬垂性的影响。一般短袖的波浪可以适当的多些，而长袖略少。

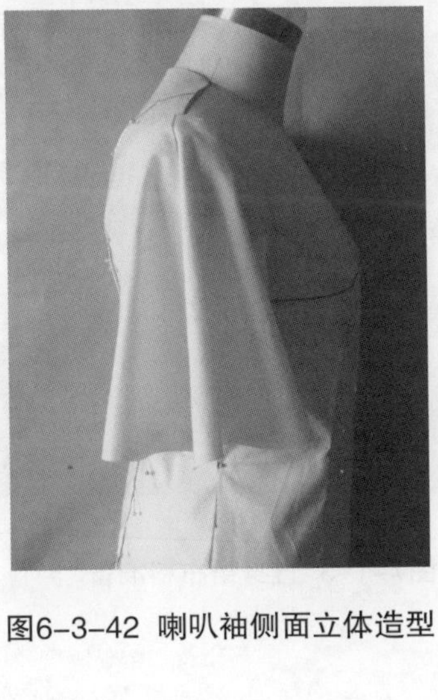

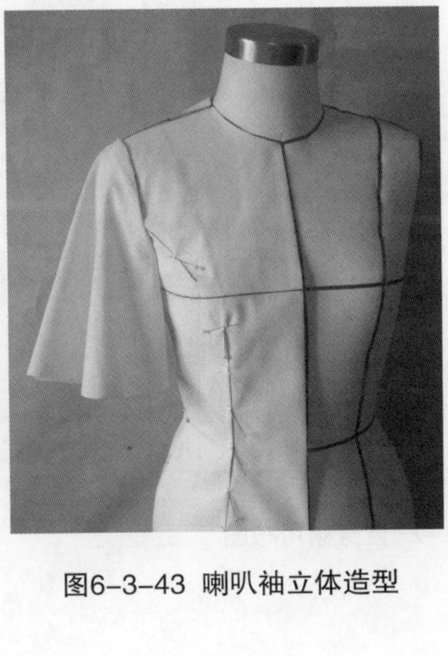

图6-3-42 喇叭袖侧面立体造型

图6-3-43 喇叭袖立体造型

第七章 裙装立体裁剪

裙装是下装的重要品种，也是女装不可缺少的组成部分。裙装的结构变化极为丰富，因此非常适合采用立体裁剪的方法进行裁制，尤其是裙装的变化用立体裁剪的方法更是得心应手，简单易行。

第一节 基本型裙

一、直身裙

直身裙也称筒裙、一步裙，它是裙装中最基本的款式。其基本特征是腰部收省，臀部较合体，裙摆与臀部围度基本相同。其他各种款式的裙子都可以由这个基本型变化出来。直身裙款式见图 7-1-1。

（一）准备工作

1. 布料准备

根据直身裙臀围确定用布的宽度，根据裙长确定用布的长度，再加上缝份、折边及放松量。这样，用布长为裙长 +5cm、宽为臀围 /4 +8cm。

在布样上画出前（后）中心线和臀围线（按照人体模型上的臀围标志来确定）。直身裙用布图见图 7-1-2，布料准备见图 7-1-3。

2. 标记腰围线、臀围线

根据款式要求，用粘带在人体模型上分别贴出腰围线、臀围线的位置（图 7-1-4、图 7-1-5）。腰围线可以位于最细处，也可以下落。

（二）操作方法与技巧

（1）固定前中心线（图 7-1-6）

将布料的前中线和臀围线分别与人体模型上的

图7-1-1 直身裙款式

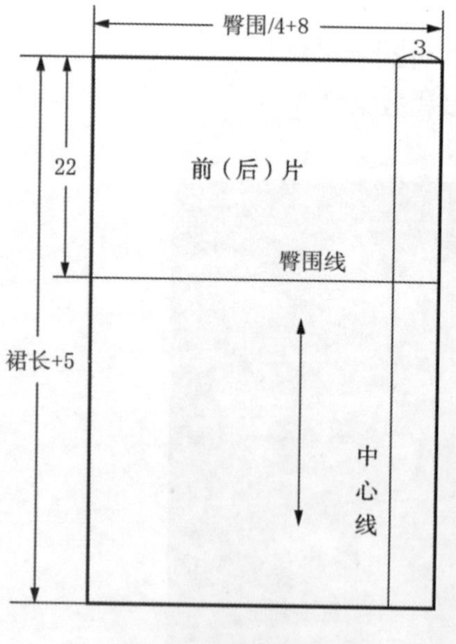

图7-1-2 直身裙用布图

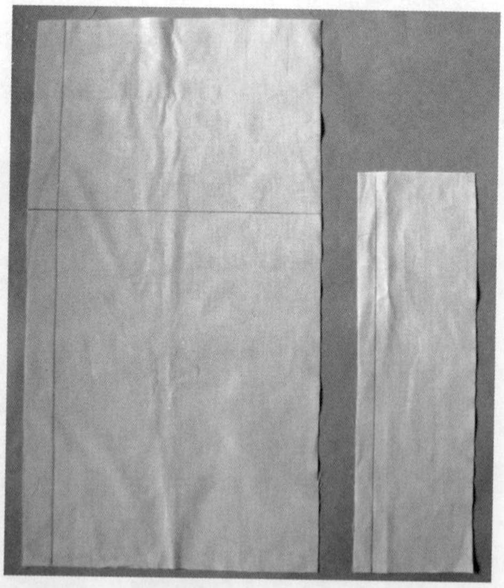

图7-1-3 直身裙布料准备

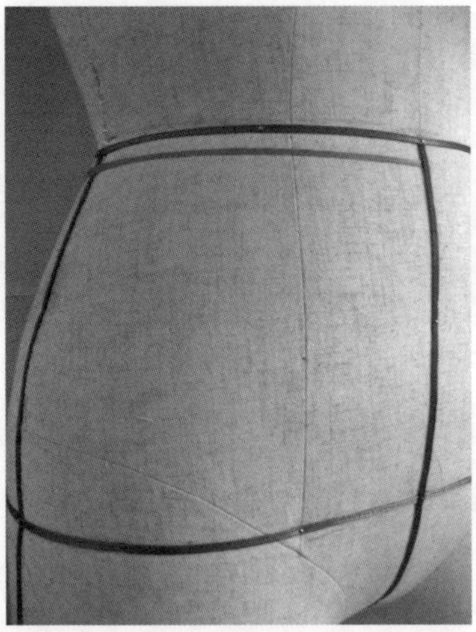

图7-1-4 标记前腰围线、臀围线

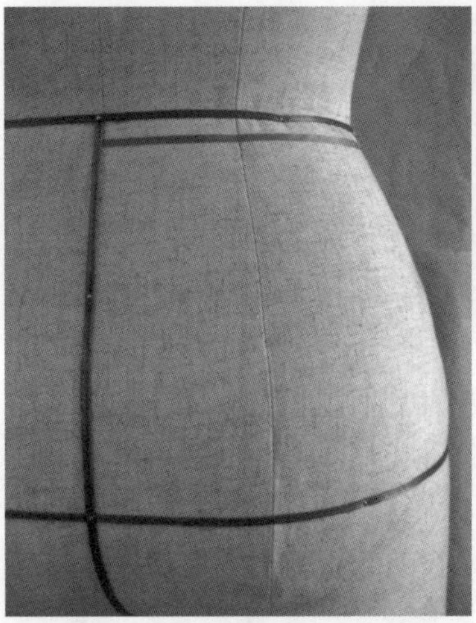

图7-1-5 标记后腰围线、臀围线

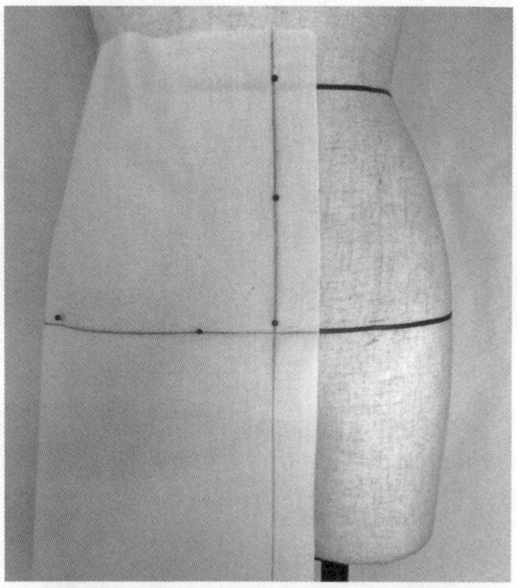

图7-1-6 固定前中心线

前中心标记线和臀围标记线对齐，臀围线的下部分要保持顺直，用大头针固定中心线。

（2）折叠臀围放松量（图 7–1–7）

在臀围线处折叠 0.5~1cm 的臀围放松量，用大头针固定臀围线及折叠量。

（3）固定侧缝（图 7–1–8）

将臀围线以上部分向侧缝方向推抚，侧缝胯骨处可以留有一定的缩缝量（缩缝量的大小要考虑面料的归拔程度），下部分根据造型来固定。

（4）固定前腰省（图 7–1–9）

根据造型需要将腰部余量折出两个省道，注意省道不要太长，以免腹部太紧。用大头针固定腰围线。

（5）固定后中心线、折叠腰围放松量（图 7–1–10）

后裙片的处理方法基本上与前片相同。对齐后中心

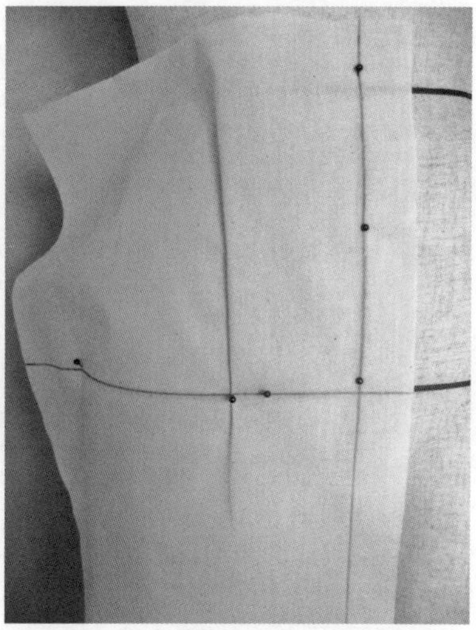

图7-1-7 折叠臀围放松量

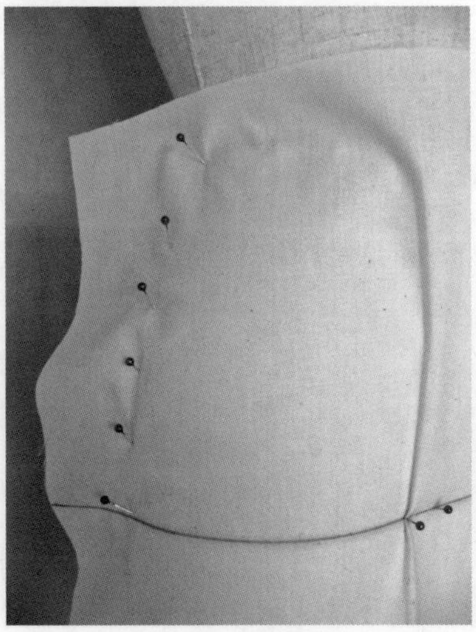

图7-1-8 固定侧缝

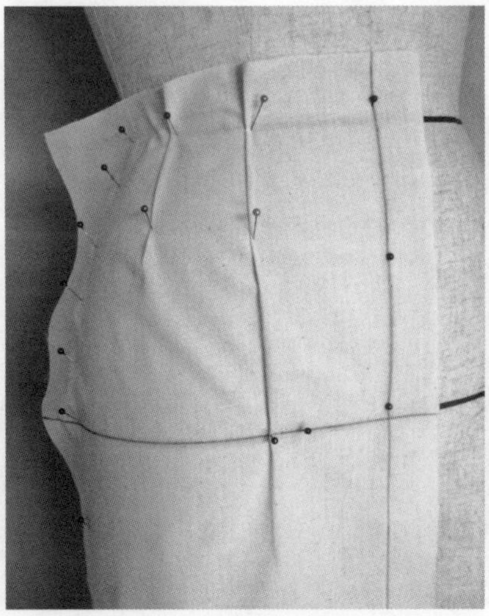

图7-1-9 固定前腰省

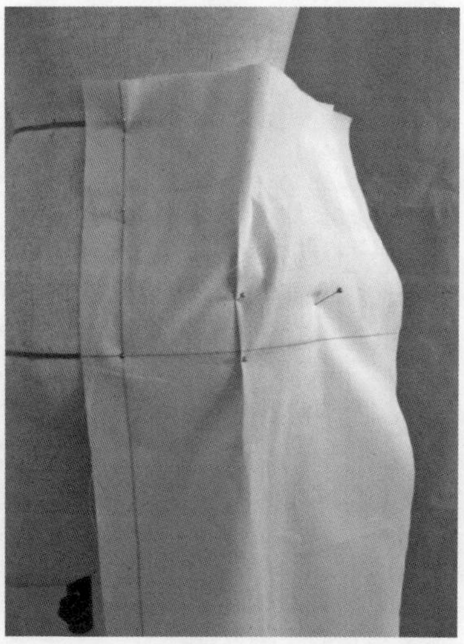

图7-1-10 固定后中心线

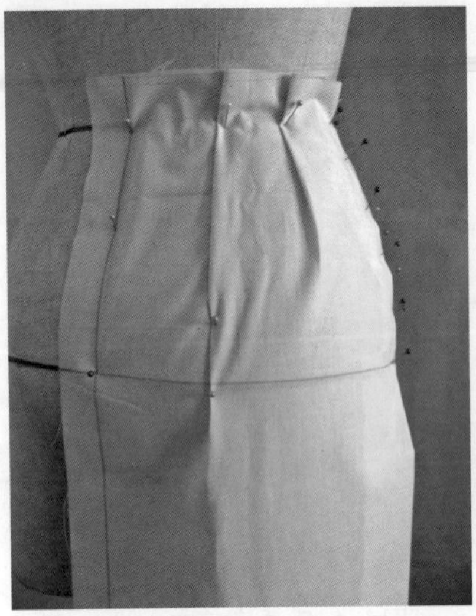

图7-1-11 固定后腰省

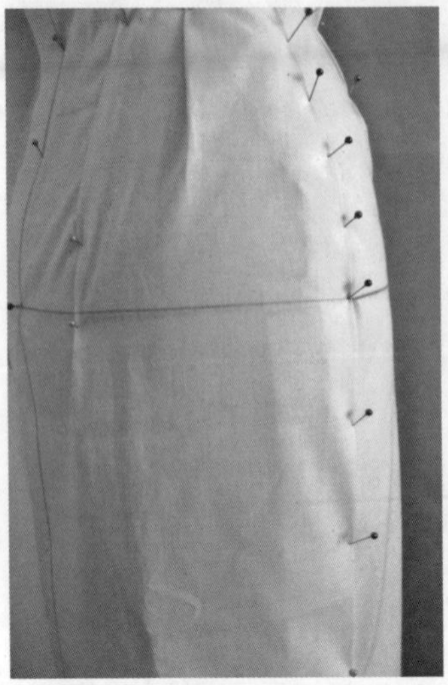

图7-1-12 固定后侧缝

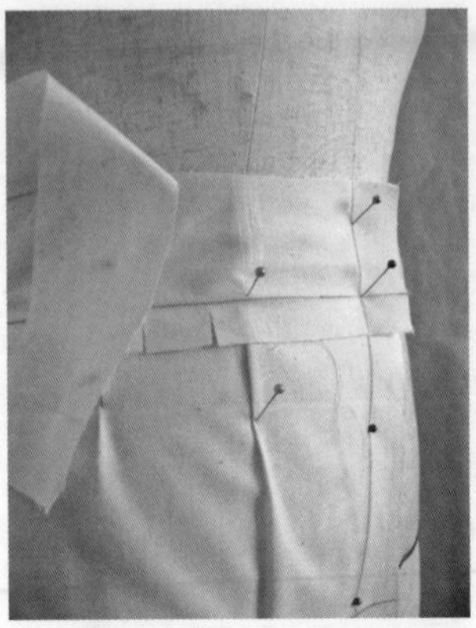

图7-1-13 固定裙腰

线和臀围线，用大头针固定后中心线。

（6）固定后腰省（图 7-1-11）

将臀围线以上部分向侧缝推抚，侧缝处留有一定的缩缝量。把腰部多余部分折出后腰省。由于后腰部凹陷，省道量比前片稍大，省长也加长。

（7）固定后侧缝（图 7-1-12）

观察腰、臀及下摆造型，符合款式要求后将前后裙片侧缝处对合，折叠后片侧缝缝份，用大头针固定。为满足人体活动需要，可在前（后）中心或侧缝处开衩。

（8）固定裙腰（图 7-1-13）

将腰面布对准前中心和腰下口线，边抚平腰布边修剪腰面上端，并在腰面下端打剪口。

（9）点影（图 7-1-14）

在前后裙片上按照标记线的位置用铅笔点影。

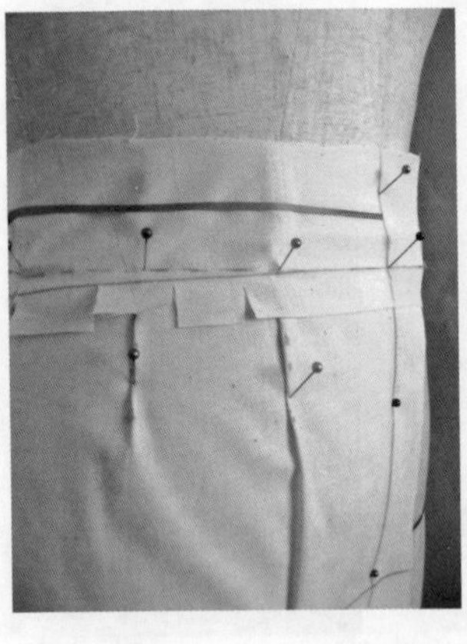

图7-1-14 点影

点出腰围线、侧缝线、省道、裙长线及开衩位置。

（10）画线、整理（图 7-1-15）

从人体模型上取下前后裙片，按照点影线位置重新修正裙片平面结构图。从结构图中可以看出，腰省不是直线而是弧线，后腰省为胖形省，前腰省为瘪形省，后省要略长于前省。

（三）总结

（1）直身裙平面展开图（图 7-1-16）

从直身裙平面展开图中可以看出，其结构与平面制图基本一致，腰围两侧向上起翘，后腰中心也向下凹进。

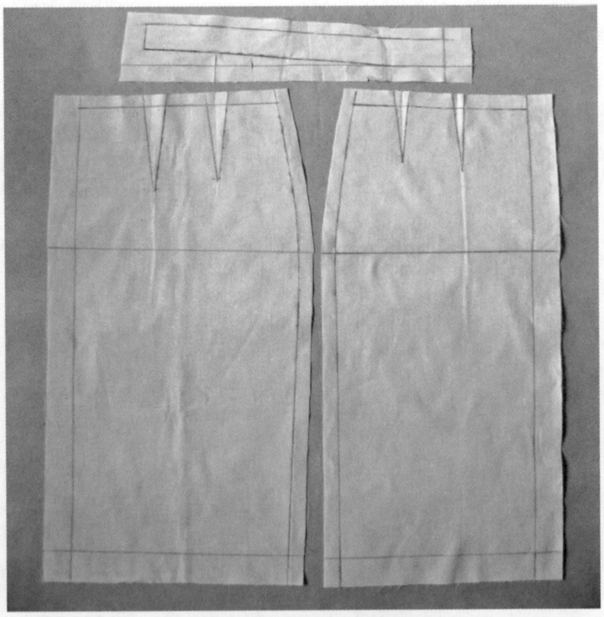

图7-1-15 画线、整理

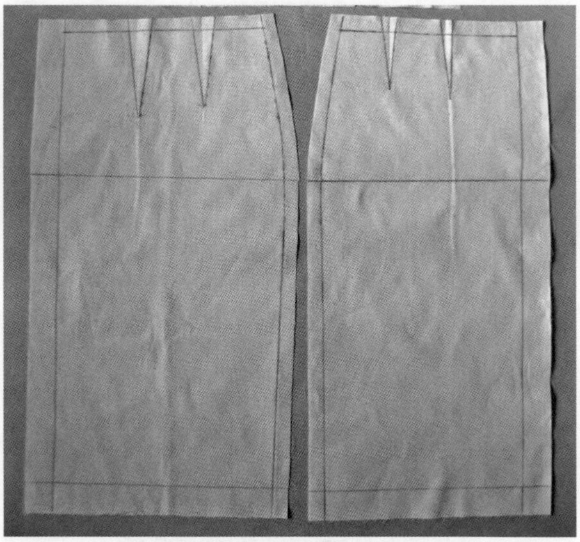

图7-1-16 直身裙平面展开图

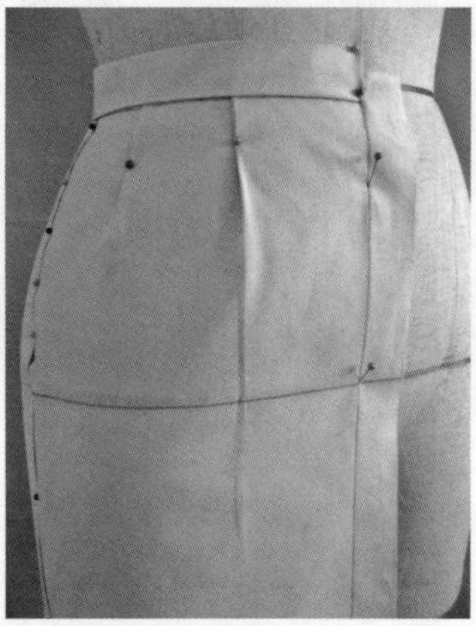

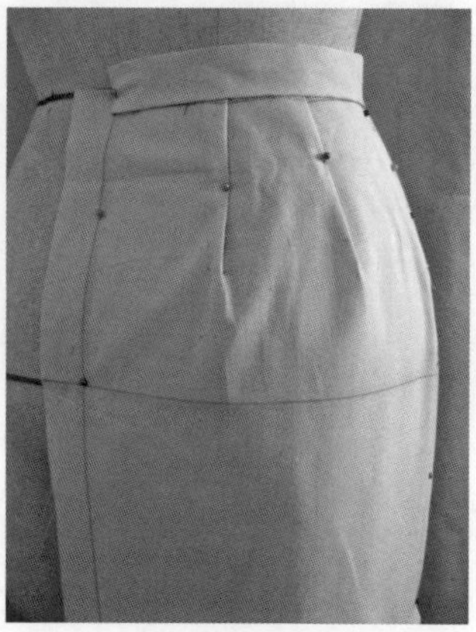

图7-1-17 直身裙前立体造型　图7-1-18 直身裙后立体造型

（2）直身裙立体造型图（图 7-1-17、图 7-1-18）

图 7-1-17 为直身裙前身立体造型图，图 7-1-18 为直身裙后身立体造型图。

二、斜裙

斜裙也称波浪裙，其腰围没有省道，下摆呈波浪形。可以根据造型需要，制做不同的斜裙摆度，其制作过程比直身裙简单。斜裙款式见图 7-1-19。

（一）准备工作

1. 布料准备

斜裙的主要尺寸有腰围和裙长，臀围处较宽松。用布量要考虑裙摆度的大小和面料的丝缕方向。取一块布料，长为 90cm、宽为 90cm（幅宽为 90cm）。将布料按 45° 角对折，沿折线量取裙长。腰部粗裁，剪去 15cm，裙摆对折后 50cm 左右（按裙摆度要求进行调节）。斜裙用布图见图 7-1-20，布料准备见图 7-1-21。

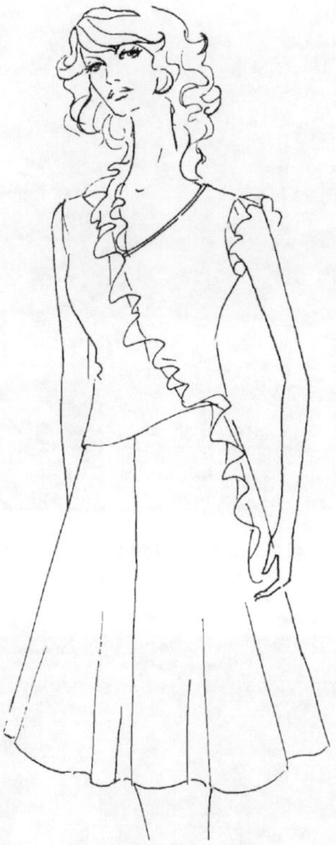

图7-1-19 斜裙款式

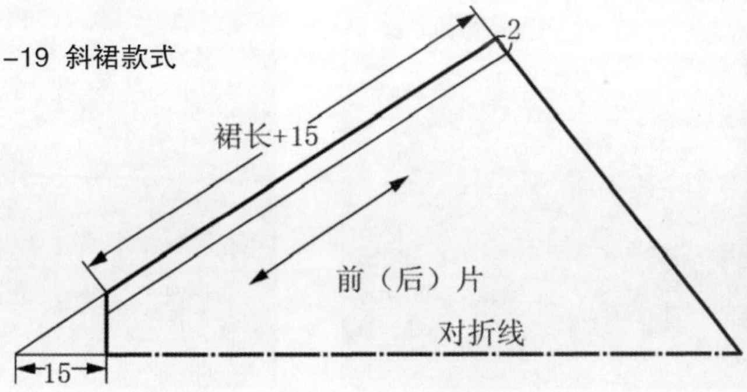

图7-1-20 斜裙用布

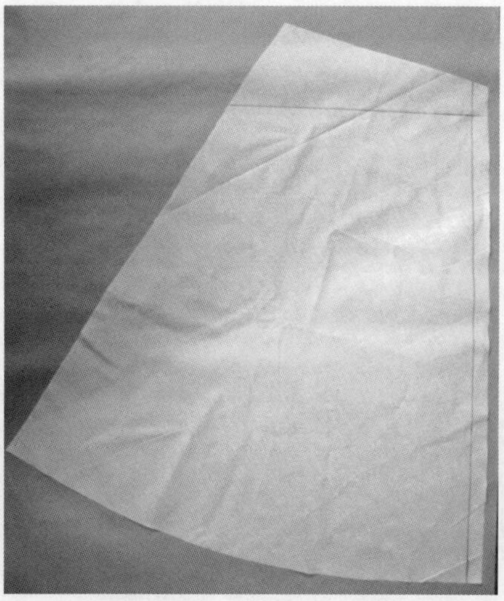

图7-1-21 斜裙布料准备

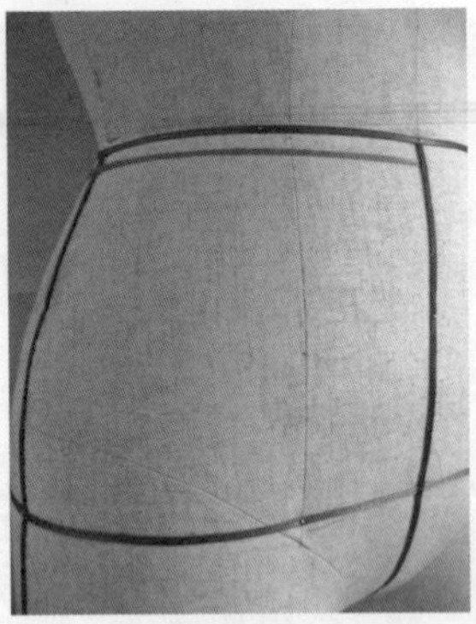

图7-1-22 标记前腰围线

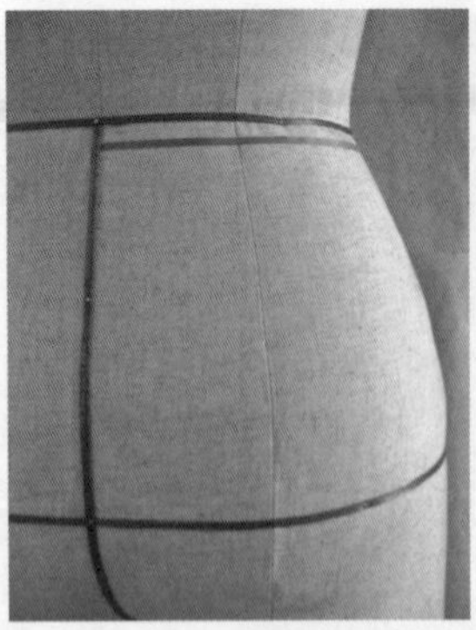

图7-1-23 标记后腰围线

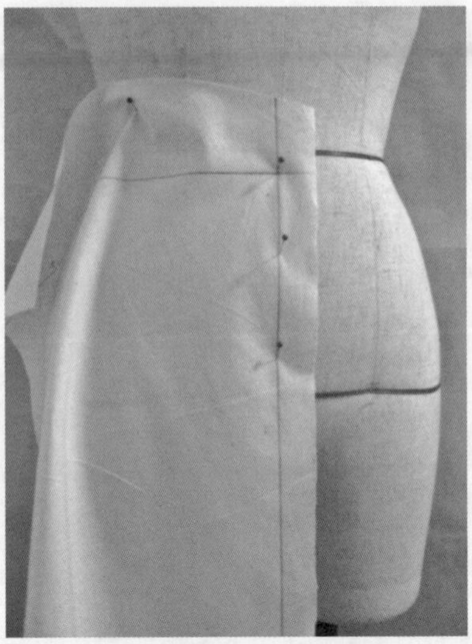

图7-1-24 固定前中心线

2. 标记前后腰围线、臀围线

根据款式要求，用粘带在人体模型上分别贴出腰围线、臀围线的位置（图 7-1-22、图 7-1-23）。腰围线可以位于最细处，也可以下落。

（二）操作方法与技巧

（1）固定前中心线（图 7-1-24）

将斜裙前身布料的中心线、腰围线对齐人体模型的前中线、腰围线也，用大头针固定，使布料自然悬垂。

（2）形成第一个波浪（图 7-1-25）

在有波浪的部位将腰部面料向上拉伸，把侧面多余面料稍向有波浪处推抚，形成一个自然波浪，用大头针固定。把腰部多余面料剪去，并打剪口。

（3）形成前身其余波浪（图 7-1-26）

按同样的手法做出其余波浪，注意波浪要均匀、自然。同时将腰围线以上余料打剪口，以保持平整。

（4）固定后裙片（图 7-1-27）

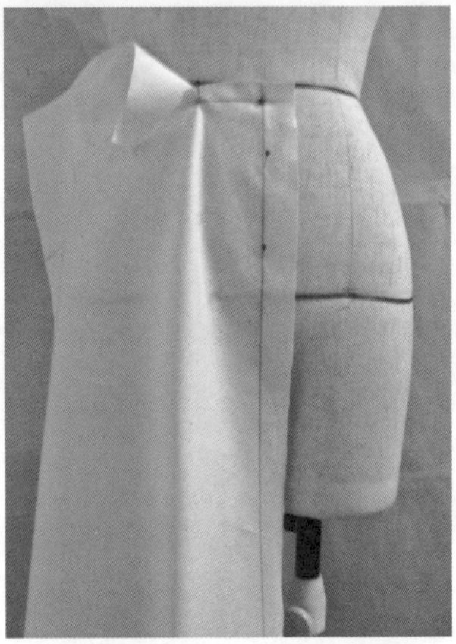

图7-1-25 形成第一个波浪

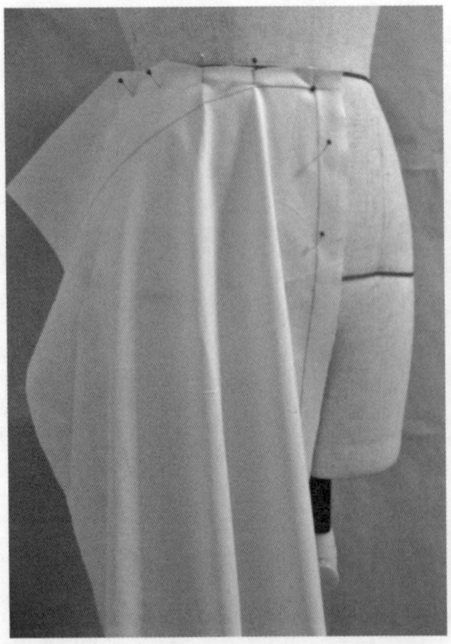

图7-1-26 形成前身其余波浪

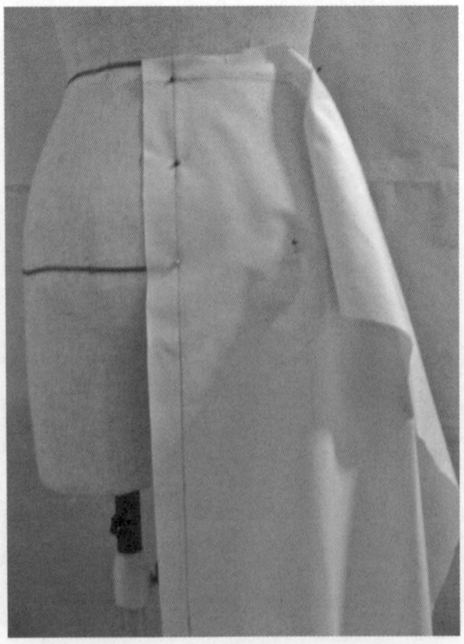

图7-1-27 固定后裙片

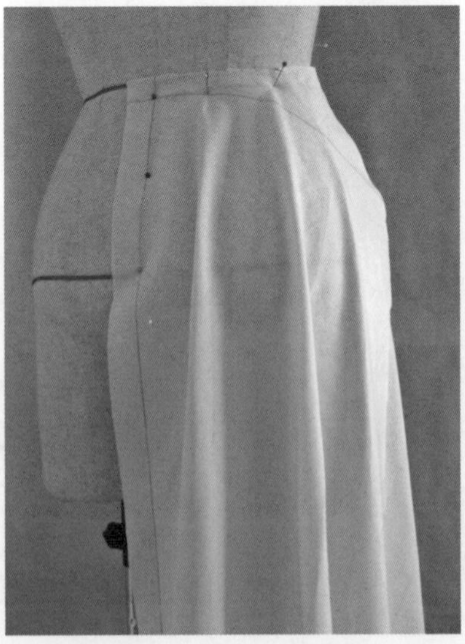

图7-1-28 形成后身波浪

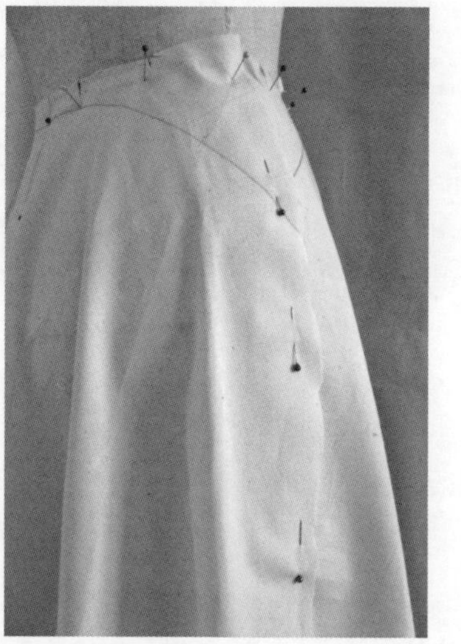

图7-1-29 固定侧缝

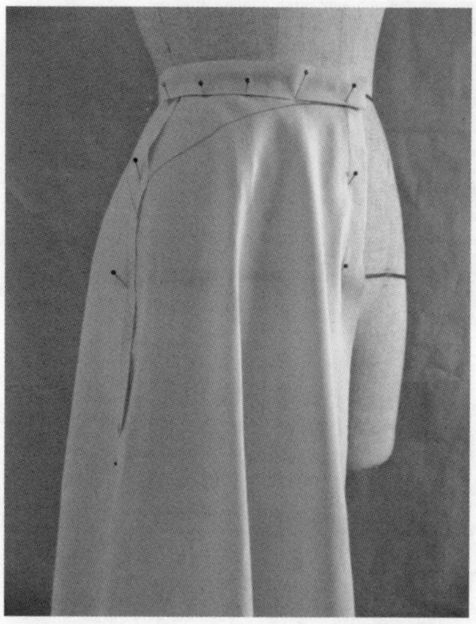

图7-1-30 固定裙腰

图7-1-31 确定裙长

将后裙片按前片的方法固定在人体模型上。

(5)形成后身波浪(图 7-1-28)

后身波浪的处理与前身相同，也要求在有波浪处腰围向上拉伸，把侧面多余部分向波浪处推抚。腰围线以上余量同样打剪口。

(6)固定侧缝(图 7-1-29)

拼合前后裙片侧缝线，用大头针固定，侧缝处也要有波浪量，把多余面料剪去，下摆波浪若不均匀则可略作调整。

(7)固定裙腰(图 7-1-30)

裙腰的操作方法同直筒裙。

(8)确定裙长(图 7-1-31)

根据款式确定裙长，标记位置。注意裙摆要保持水平，不能出现高低不平。

(9)点影(图 7-1-32)

在前后裙片上，按照标记线的位置用铅笔点影。要求点出腰围线、侧缝线及裙长线的位置。

(10)画线、整理(图 7-1-33)

从人体模型上取下前后裙片，按点影线位置重新修正裙片平面结构。从结构图中可以看出，腰围线不是均匀的圆弧，而是在波浪的顶点成三角形状态，前后腰围也有所差别。

(三)总结

(1)斜裙平面展开图(图 7-1-34)

从斜裙平面展开图中可以看出，其结构与平面制图略有差别，腰围两侧向上起翘较大，裙摆不同于标准圆弧，斜纱处半径小，直纱处略大。

(2)斜裙立体造型图(图 7-1-35、图 7-1-36)

从斜裙立体造型图中可以看出，斜裙下摆的波浪均匀，长短也没有差异。

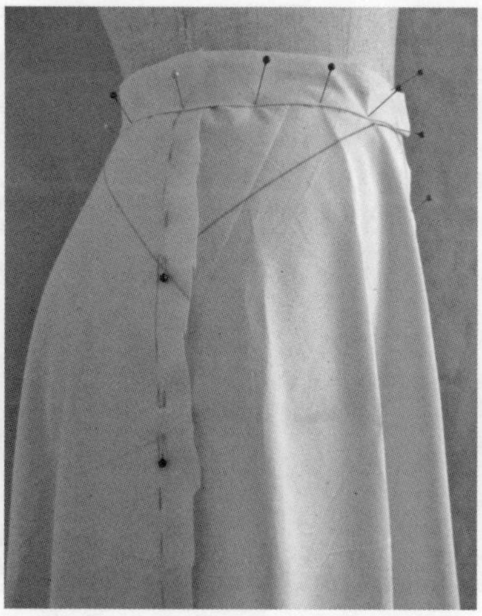

图7-1-32 点影

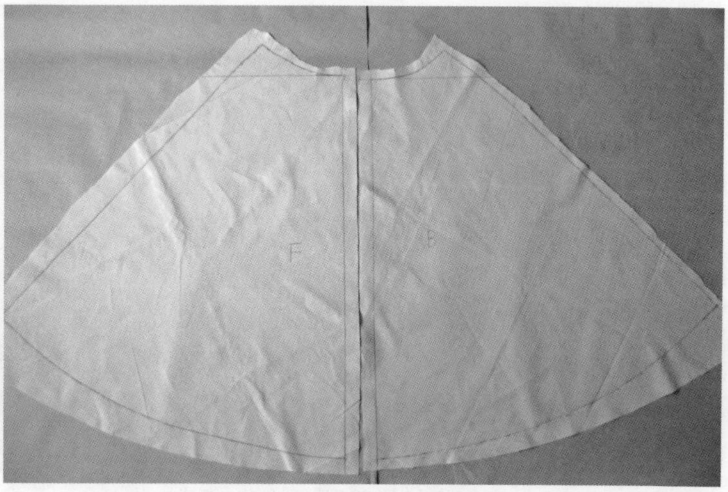

图7-1-33 画线、整理

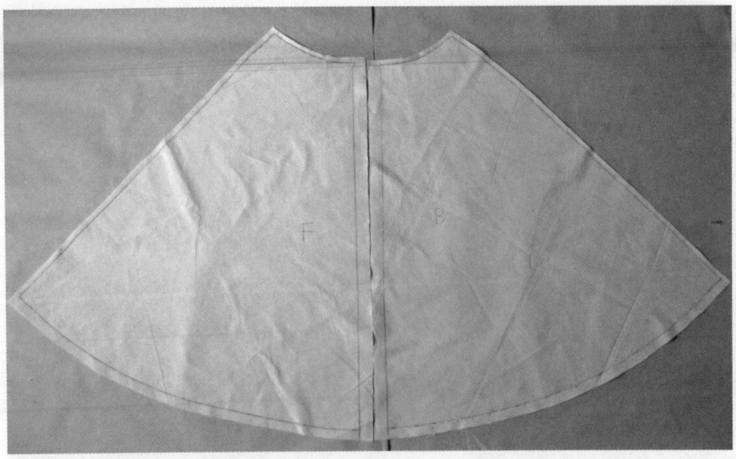

图7-1-34 斜裙平面展开图

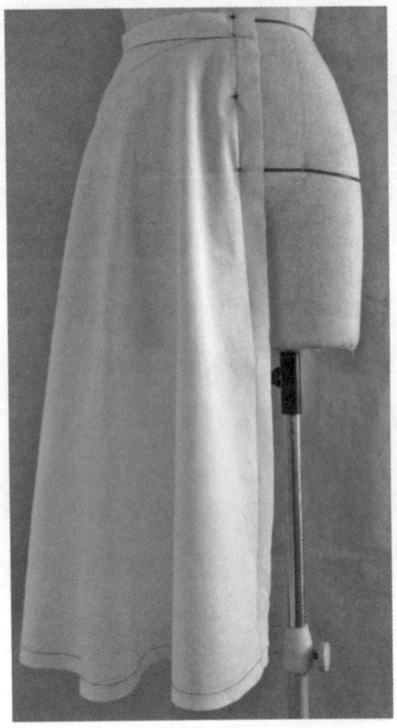

图7-1-35 斜裙前立体造型

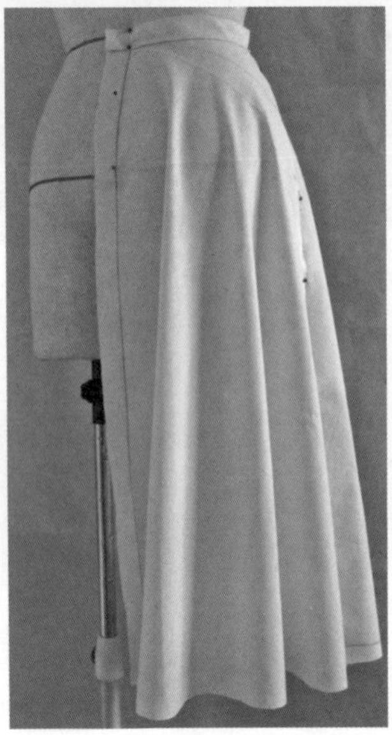

图7-1-36 斜裙后立体造型

图7-2-1 抽褶裙款式

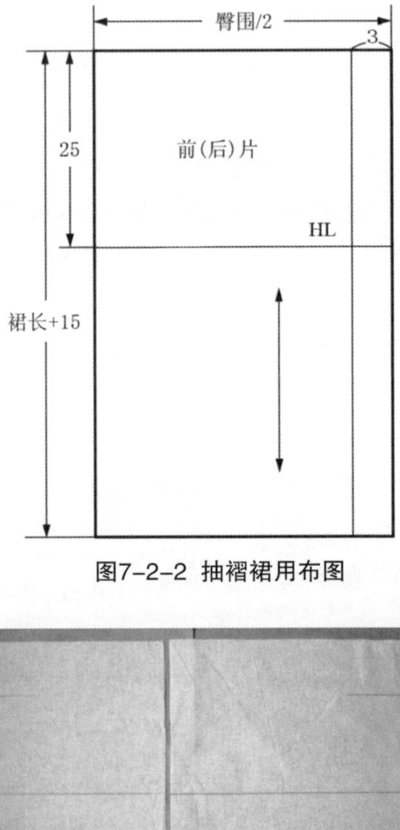

图7-2-2 抽褶裙用布图

第二节 变化型裙款

裙装款式的变化丰富多彩，多数以直身裙和斜裙作基准，根据款式特点进行不同的调整。这里以斜褶直身裙和育克裙为例来进行立体变化。

一、抽褶裙

抽褶裙的款式特征是在腰部有碎褶，使裙身形成膨松的皱褶，也是裙摆量较大的一种裙装。材料宜选用柔软又有下垂感的织物。抽褶裙款式见图 7-2-1。

（一）准备工作

1. 布料准备

根据臀围与裙长的尺寸，前（后）裙片用布宽度为臀围 /2 左右，长度在裙长的基础上加上 15cm 左

图7-2-3 布料准备

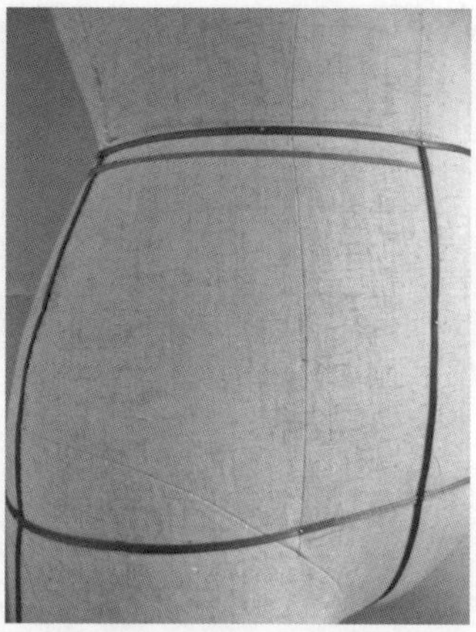

图7-2-4 标记前腰围线

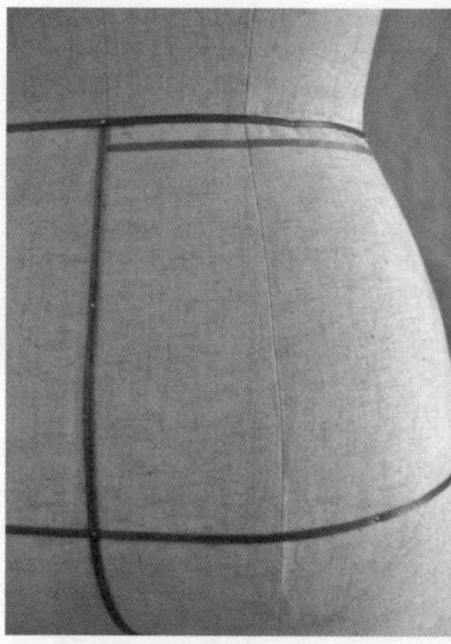

图7-2-5 标记后腰围线

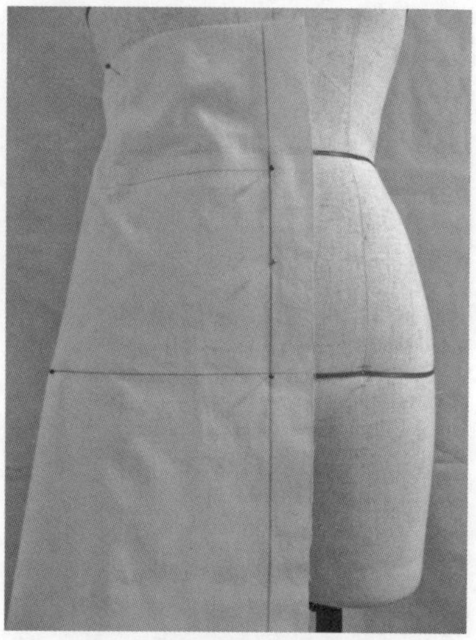

图7-2-6 固定前中心线

右的预留量。抽褶裙用布量见图 7-2-2，布料准备见图 7-2-3。

2. 标记前后腰围线

用粘带在人体模型上分别贴好腰围线的位置（图 7-2-4、图 7-2-5）。腰围线可以位于最细处，也可以下落。

（二）操作方法与技巧

（1）固定前中心线（图 7-2-6）

将布料前中心线（对折线）与人体模型的前中心线重合，布样上的臀围线位置要与人体模型重合一致。

（2）固定前腰碎褶（图 7-2-7）

根据款式要求，从腰围前中心向侧面均匀（需确定抽褶量）或不规则地做出褶裥，边折叠边固定碎褶，并固定于臀围处。

（3）固定后中心线（图 7-2-8）

前后裙片的抽褶处理相同，用大头针固定抽褶裙后中线。

（4）固定后腰碎褶（图 7-2-9）

调整后腰部的碎褶，使之伏贴、顺直，注意前后要均匀。

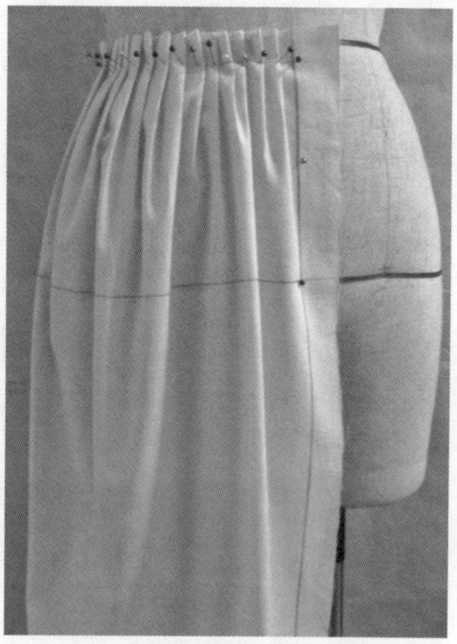

图7-2-7 固定前腰碎褶

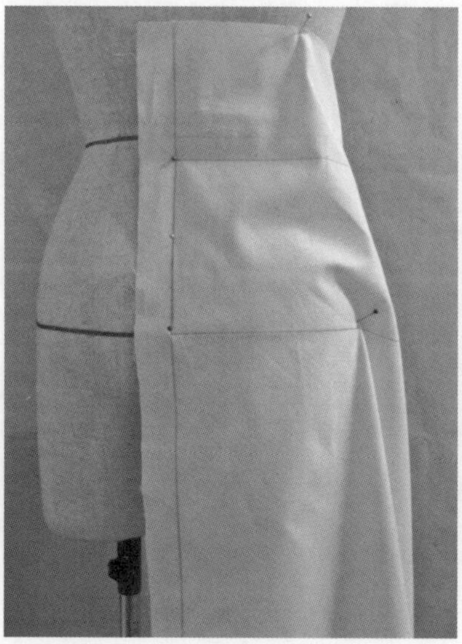

图 7-2-8 固定后中心线

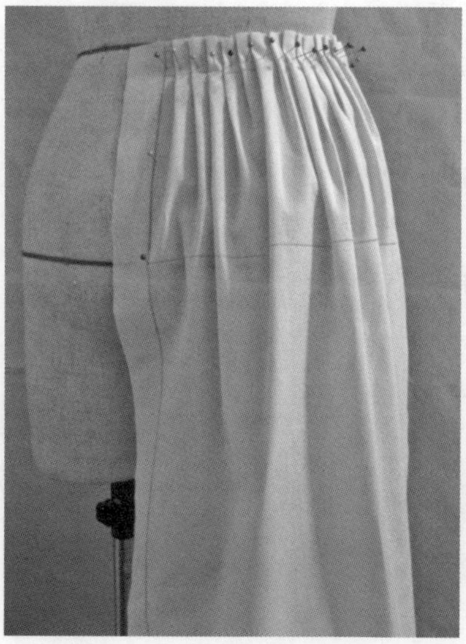

图 7-2-9 固定后腰碎褶

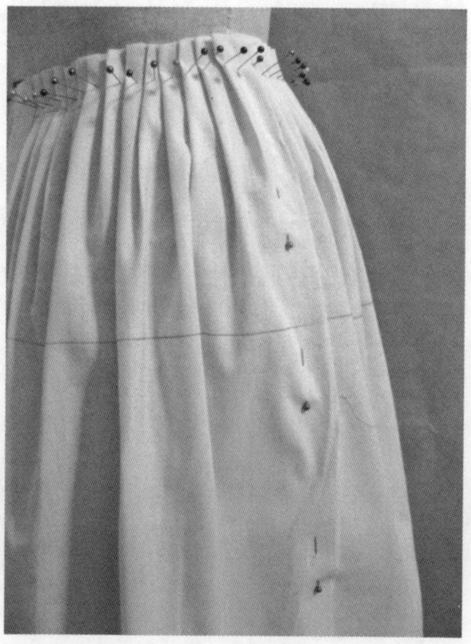

图7-2-10 固定侧缝

图7-2-11 标记裙长

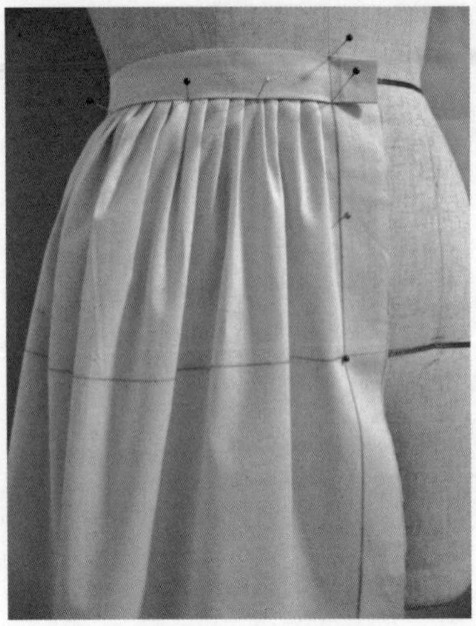

图7-2-12 固定裙腰

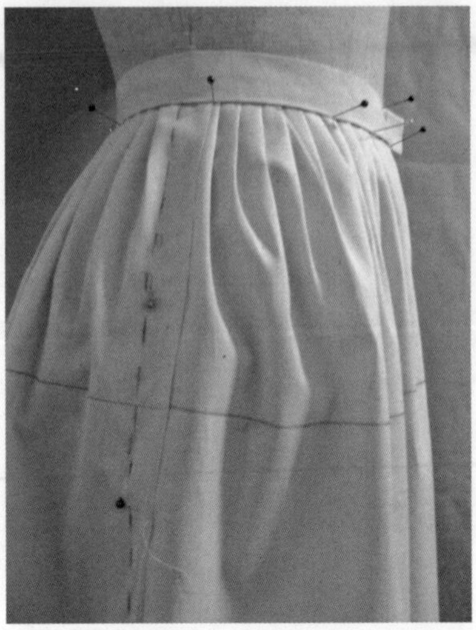

图7-2-13 点影

（5）固定侧缝（图 7-2-10）

抽褶裙的侧缝可以为直线，直接用大头针固定。

（6）标记裙长（图 7-2-11）

按照款式图要求，用粘带在抽褶裙的下摆标记裙长的位置，注意长度要一致。

（7）固定裙腰（图 7-2-12）

按照款式要求装上裙腰，量好裙长，并标注裙长记号。

（8）点影（图 7-2-13）

对照人体模型标记线，在腰围线处进行点影，同时在裙摆位置作也进行点影。腰部碎褶的位置及大小可以点影，也可不点影。

（9）画线、整理（图 7-2-14）

从人体模型上取下前后裙片，按点影线位置重新修正裙片平面结构。从结构图中可以看出，抽褶裙结构为一个长方形（如果下摆略大，也可为扇面形）。

图7-2-14 画线整理

（三）总结

（1）抽褶裙平面展开图（图 7-2-15）

从抽褶裙平面展开图中可以看出，其结构与平面制图没有差别，因此这种款式可以采用平面裁剪的方法进行制作。

图7-2-15 抽褶裙平面展开图

（2）抽褶裙立体造型图（图 7-2-16、图 7-2-17）

从抽褶裙立体造型图可以看出，抽褶裙下摆形成的波浪均匀，长度也没有差异。

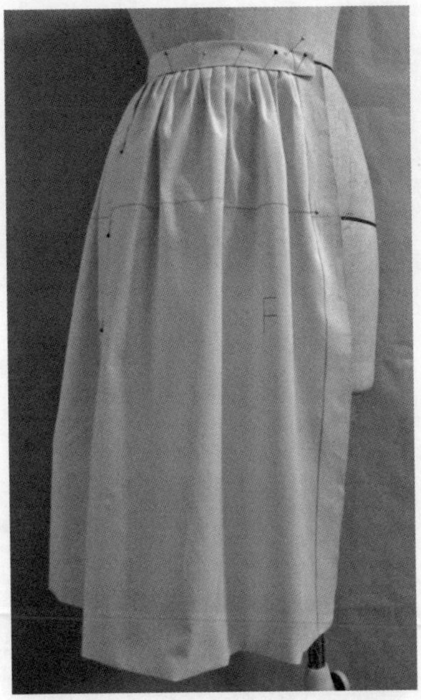

图7-2-16 抽褶裙前立体造型

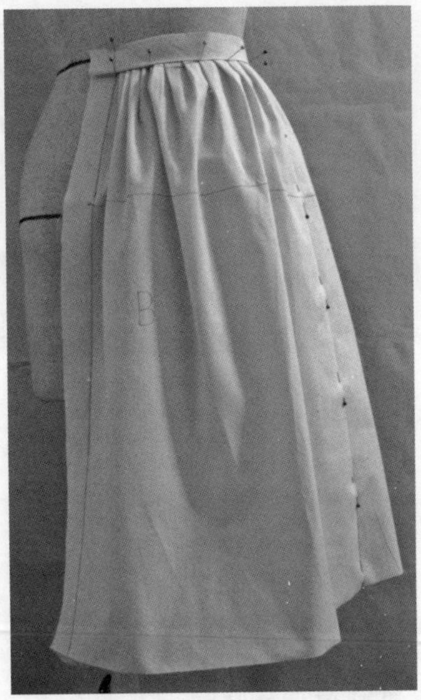

图7-2-17 抽褶裙后立体造型

图7-2-18 斜褶直身裙款式

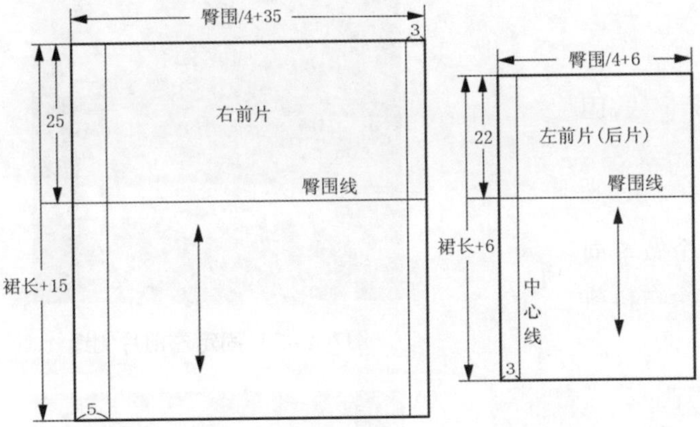

图7-2-19 斜褶直身裙用布

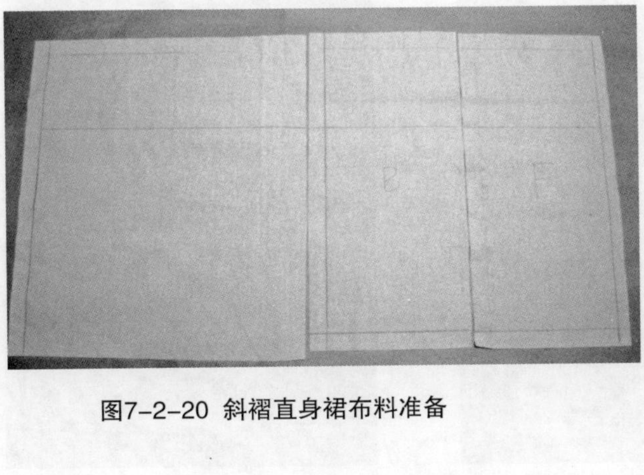

图7-2-20 斜褶直身裙布料准备

二、斜褶直身裙

斜褶直身裙由三片组成，左右不对称形式，右前片较大，有斜向褶裥，门襟及下摆呈圆弧形，外型属直身裙造型。斜褶直身裙款式见图 7-2-18。

（一）准备工作

1. 布料准备

前右裙片宽度为臀围 /4+35cm，长度为裙长 +15cm。前左裙片的宽度为臀围 /4+6cm，长度为裙长 +6cm。后裙片宽度为臀围 /4+6cm，长度为裙长 +6cm。斜褶直身裙用布见图 7-2-19，布料准备见图 7-2-20。

2. 标记前后腰围线、臀围线及门襟线的位置

根据款式要求，用粘带在人体模型上分别贴出腰围线和右前片止口的位置（图 7-2-21、图 7-2-22）。

（二）操作方法与技巧

（1）固定左前片臀围线（图 7-2-23）

对齐左前片臀围线和侧缝，用大头针固定。臀围处留有 0.5cm 左右的松量（也可不留松量）。

（2）固定左前片侧缝（图 7-2-24）

向侧缝推抚左前片，位于腰臀之间的侧缝部分

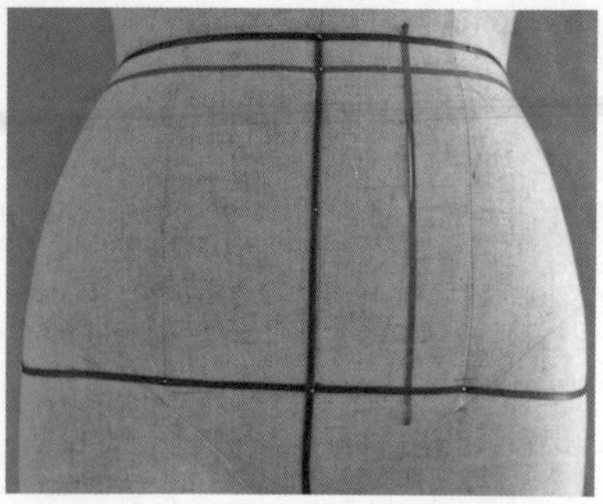

图7-2-21 标记前腰围、臀围及门襟线

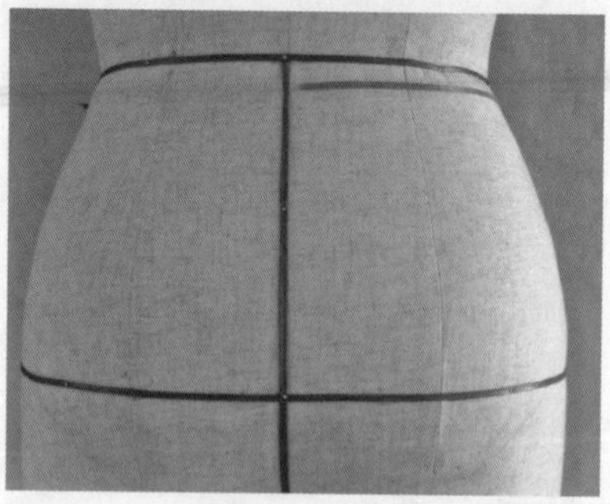

图7-2-22 标记后腰围、臀围线

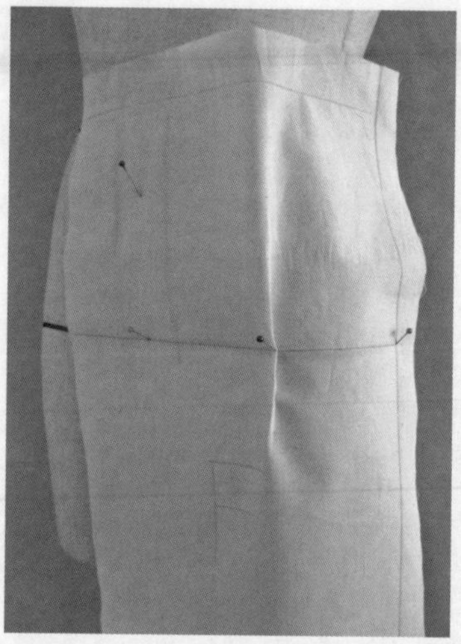

图7-2-23 固定左前片臀围线

要留有一定的缩缝量，固定侧缝（剪去多余部分），下部分根据款式来固定。

（3）固定左前片腰围（图 7-2-25）

将中心线与布边平行后固定，根据款式造型将腰围多余量收省，并用大头针固定腰省。

（4）修剪左前片门襟及下摆（图 7-2-26）

根据款式造型，用粘带贴出左前片门襟及下摆的形态，将多余部分剪掉。

（5）固定右前片侧缝（图 7-2-27）

将右前片臀围线、腰围线对齐人体模型上相应的标记线，固定右前片臀围线以上部分的侧缝，侧缝斜度要与左前片一致。

（6）做斜褶（图 7-2-28）

向左上方抚平臀部的布料，在腰部按款式要求逐个做单向斜褶，分别固定，边固定边调整侧缝。将腰围线以上多余布料剪

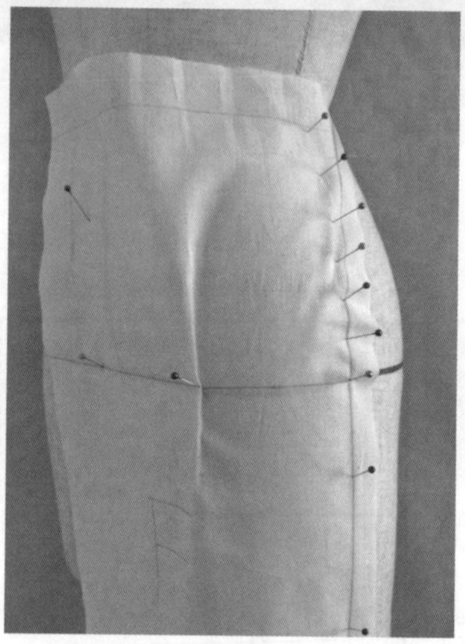

图7-2-24 固定左前片侧逢

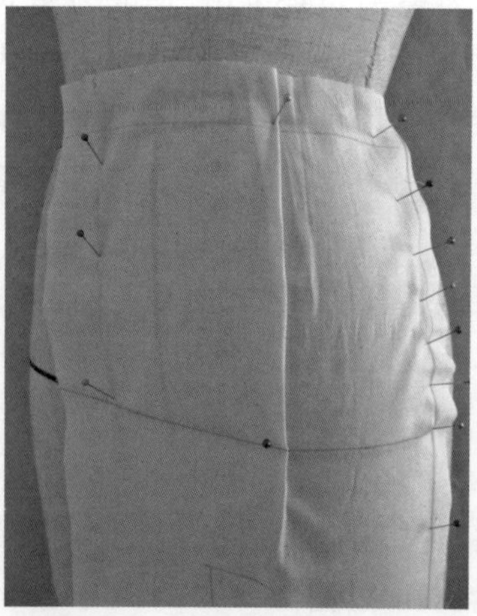

图7-2-25 固定左前片腰围

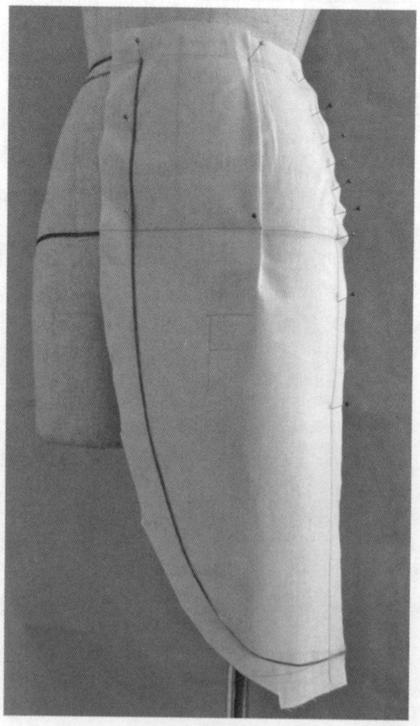

图7-2-26 修剪门襟及下摆

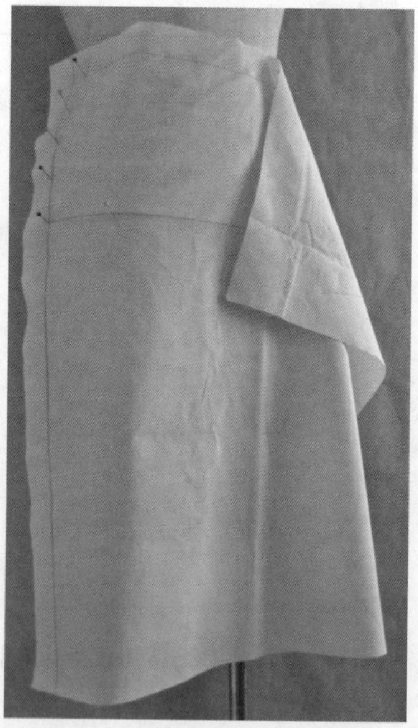

图7-2-27 固定右前片侧缝

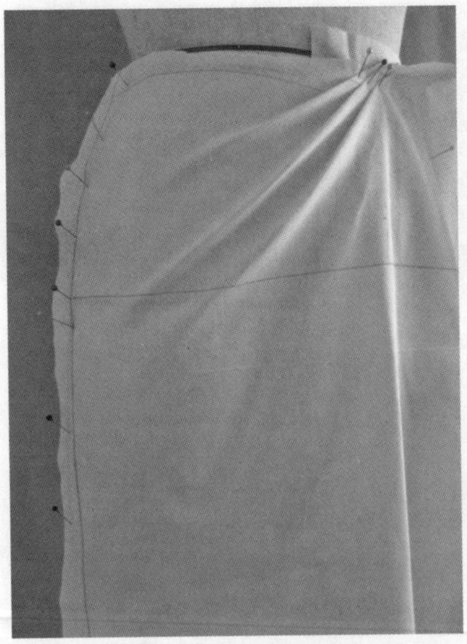

图7-2-28 做斜褶

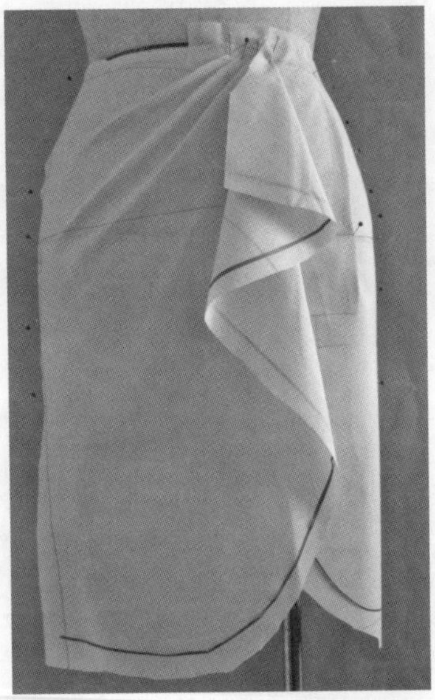

图7-4-29 修剪右前片门襟

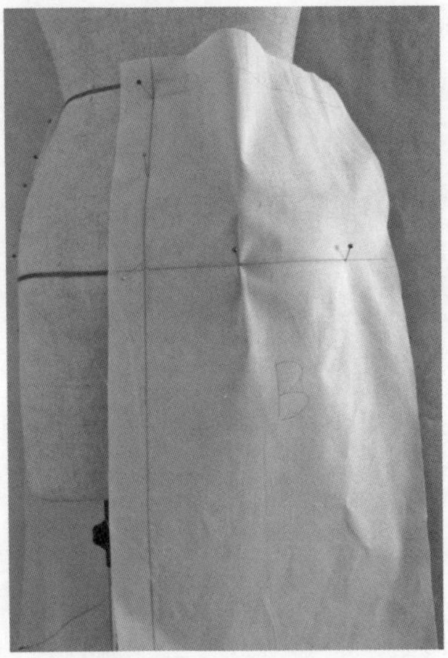

图7-4-30 固定后中线

掉。

（7）修剪右前片门襟（图 7-2-29）

把右前片剩余的布料向上展开，用粘带按照款式的要求贴出门襟止口线，把多余部分剪掉。下摆部分对照款式要求，剪出右前片下摆弧线形态。

（8）固定后中线（图 7-2-30）

后裙片的处理方法与左前片的处理方法基本上相同。对齐后中心线和臀围线，用大头针固定后中心线，臀围线处折叠 0.5cm 左右的放松量（也可以不折叠）。

（9）固定侧缝（图 7-4-31）

观察腰臀及下摆造型，符合款式要求后将前后裙片侧缝处对合，折叠后片侧缝缝份，用大头针固定。

（10）固定后腰省（图 7-2-32）

将臀围线以上部分向侧缝推抚，侧缝处留有一定的缩缝量。把腰部多余部分折叠成后腰省。由于后腰部凹陷，省道量比前片稍大，省长也加长。

（11）固定裙腰（图 7-2-33）

在腰围处装上裙腰，腰宽要根据造型来确定。

（12）点影（图 7-2-34）

对照人体模型标记线，画出腰围线、省道、臀围线和侧缝线。按照粘带的标记，画出斜褶的位置及

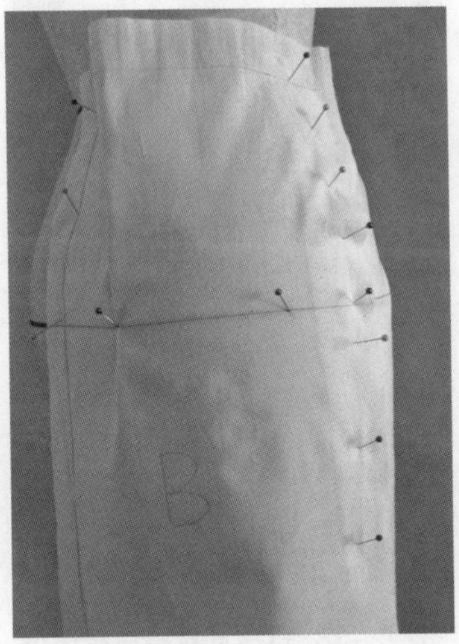

图7-2-31 固定侧缝

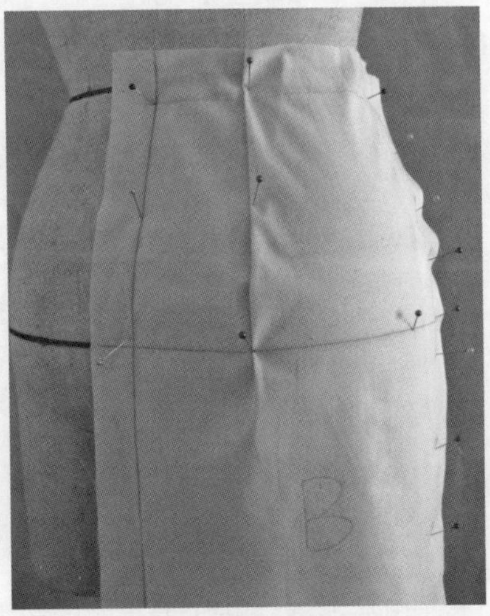

图7-2-32 固定后腰省

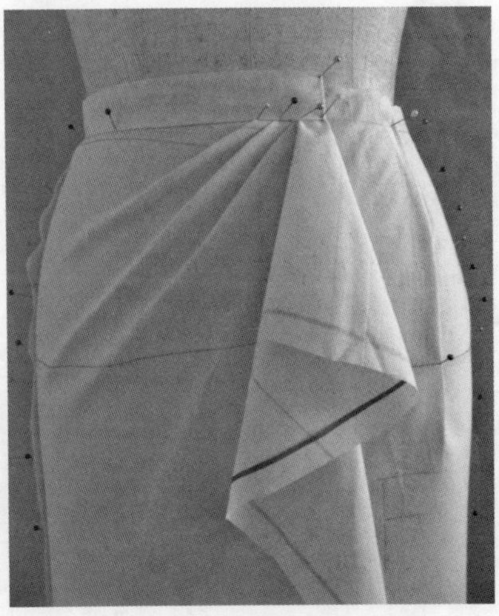

图7-2-33 固定裙腰

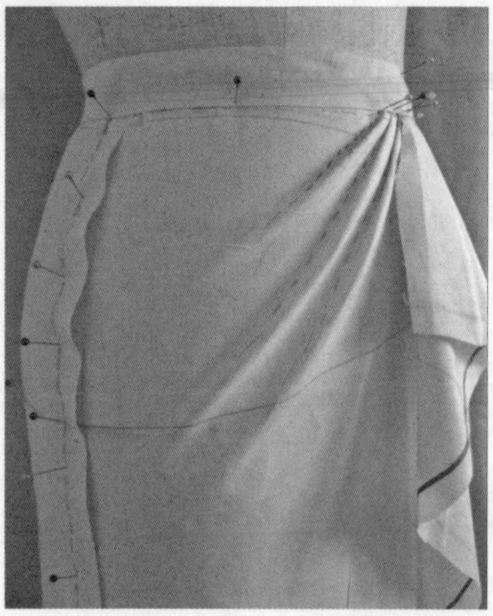

图7-2-34 点影

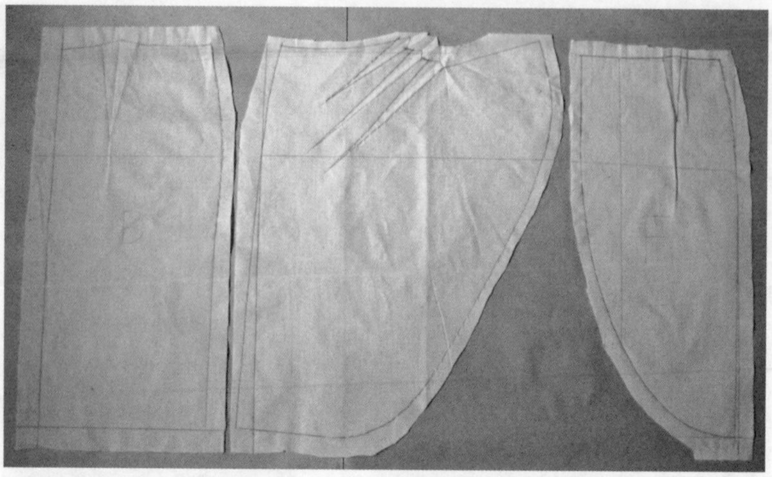

图7-2-35 画线、整理

门襟下摆的形态。

（13）画线、整理（图 7-2-35）

从人体模型上取下裙片，按点影线位置重新修正裙片结构。从图中可以看出，右前片中心线及门襟与左前片有明显差别。留出缝份后剪掉多余布料。

（三）总结

（1）斜褶直身裙平面展开图（图 7-2-36）

从斜褶直身裙平面展开图中可以看出，其结构与平面制图有很大差别，尤其是斜褶部位的处理更适合立体结构设计。因此，这种款式更适合采用立体裁剪的方法。

（2）斜褶直身裙立体造型图（图 7-2-37、图 7-2-38）

从斜褶直身裙立体造型图可以看出，右前身的斜褶形态自然，造型合体，门襟的波浪处理效果理想。

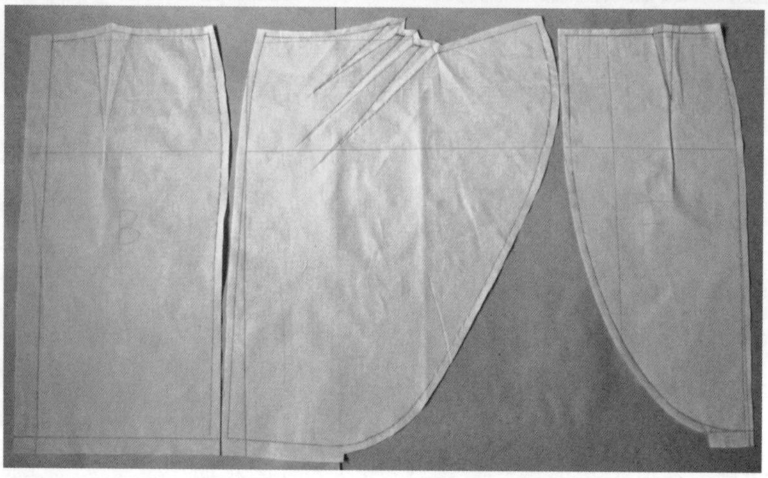

图7-2-36 斜褶直身裙平面展开图

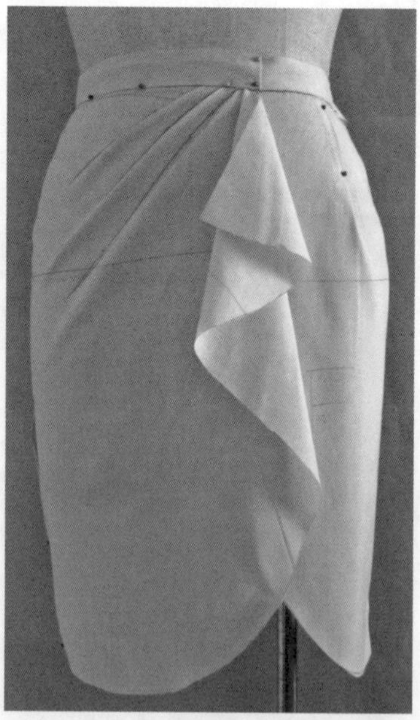

图7-2-37 斜褶直身裙前身造型

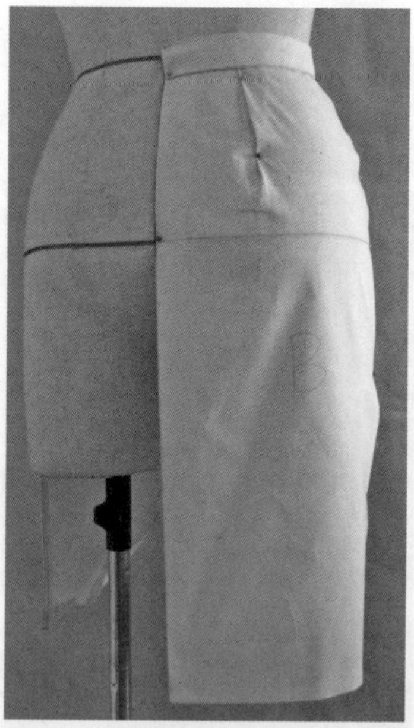

图7-2-38 斜褶直身裙后身造型

三、育克裙

育克裙在腰臀之间有一条育克分割线，腰围处一般没有省道。裙片常设有褶裥，既能充分显示女性的腰臀曲线，又有较好的运动功能。育克裙款式见图 7-2-39。

(一)准备工作

1. 布料准备(图 7-2-40、图 7-2-41)

前(后)育克宽度为臀围 /4+10cm，长度为育克最长长度加 8cm。前(后)裙片宽度臀围 /4+ 褶裥量 +15cm，前(后)裙片长度为裙长 - 育克长 +10cm。

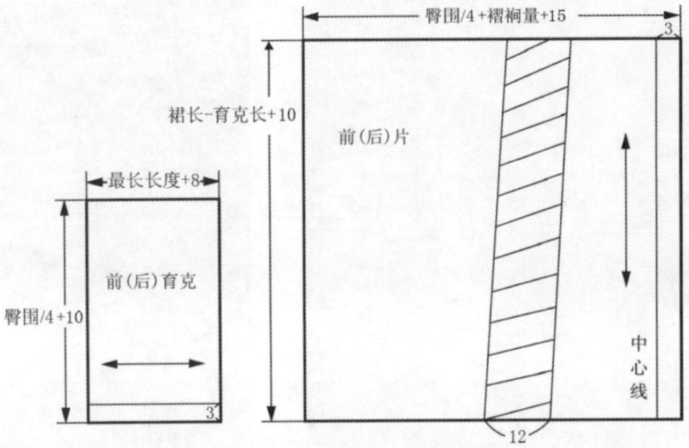

图7-2-40 育克裙用布

图7-2-41 育克裙布料准备

2. 标记前后育克线及褶裥的位置(图 7-2-42、图 7-2-43)

根据育克裙款式造型及育克线所处的位置，用粘带贴出育克线及褶裥的位置。前片育克分割线一般采用弧形或斜线形。

(二)操作方法与技巧

(1)固定育克前中心线(图 7-2-44)

将前身育克布料覆在人体模型上，对齐前中心线。分割线以下部分留出 2cm 缝份，把多余部分留在腰围线以上。

(2)固定腰围线及侧缝(图 7-2-45)

图7-2-39 育克裙款式

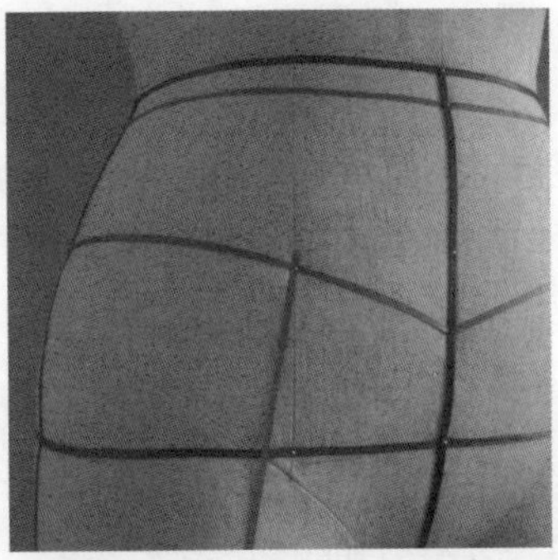
图7-2-42 前身标记线

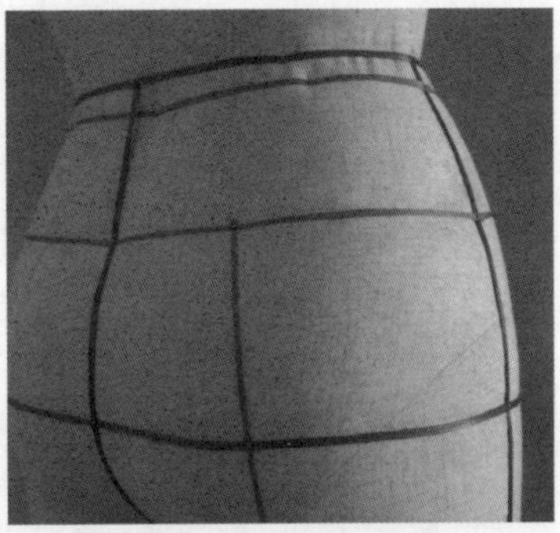
图7-2-43 后身标记线

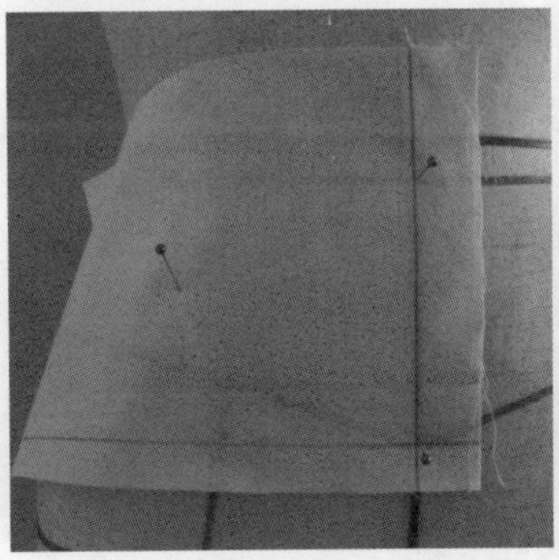
图7-2-44 固定前中心线

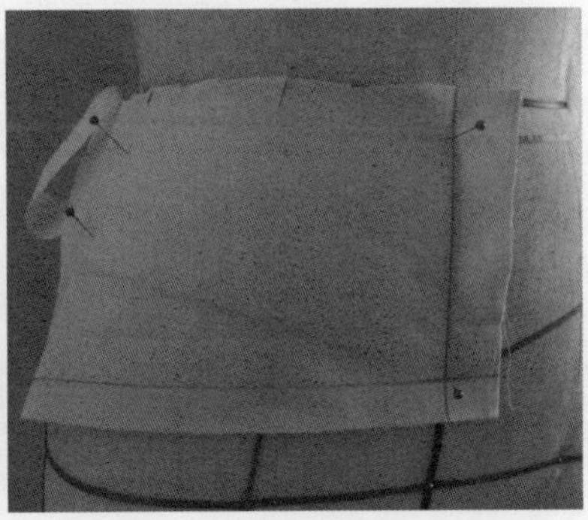
图7-2-45 固定腰围线及侧缝

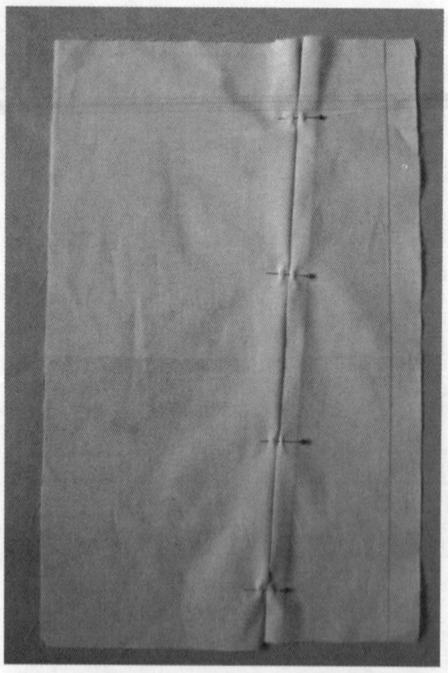

图7-2-46 烫前片褶裥

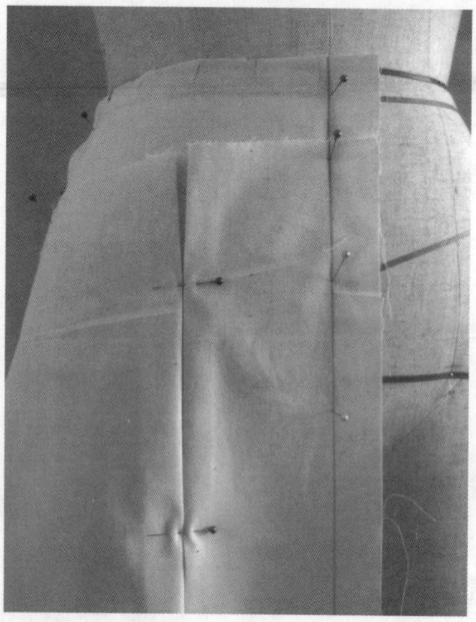

图7-2-47 固定前中心线

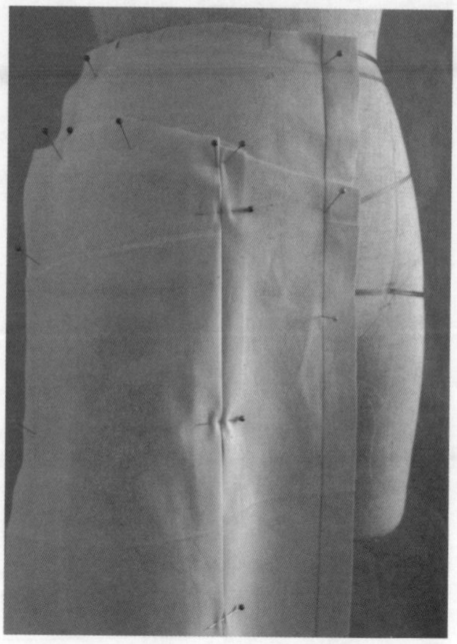

图7-2-48 固定前片上口线和侧缝

从中心线处向斜下方推抚育克布料，使育克尽量伏贴，并用大头针固定育克腰围线及侧缝（为保持造型，育克一般不超过臀围线）。边固定边将腰围线以上部分多余布料剪去，并在缝份内打剪口，使得腰围处更加伏贴。

（3）烫前片褶裥（图 7-2-46）

用熨斗烫出前片褶裥，可以用大头针固定。

（4）固定前中心线（图 7-2-47）

对齐前片中心线及臀围线位置，用大头针固定前中心线。

（5）固定前片上口线和侧缝（图 7-2-48）

将褶裥左侧略下拉，在褶裥处下摆形成一定的外翘，并用大头针固定上口线和侧缝，同时修剪侧缝线。

（6）固定育克后中心线（图 7-2-49）

将后身育克布料覆在人体模型上，对齐后中心线。分割线以下部分留出 2cm 缝份，把多余部分留在腰围线以上。

（7）固定后腰围线及侧缝（图 7-2-50）

从中心线处向斜下方推抚育克布料，使育克尽量伏贴。并用大头针固定育克腰围线及侧缝，边固定边将腰围线以上部分多余布料剪去，并在缝份内打剪口，使得腰围处更加伏贴。

（8）烫出后片褶裥（图 7-2-51）

用熨斗烫出后片褶裥，并用手针固定。

（9）固定后中心线（图 7-2-52）

对齐后片中心线及臀围线位置，用大头针固定后

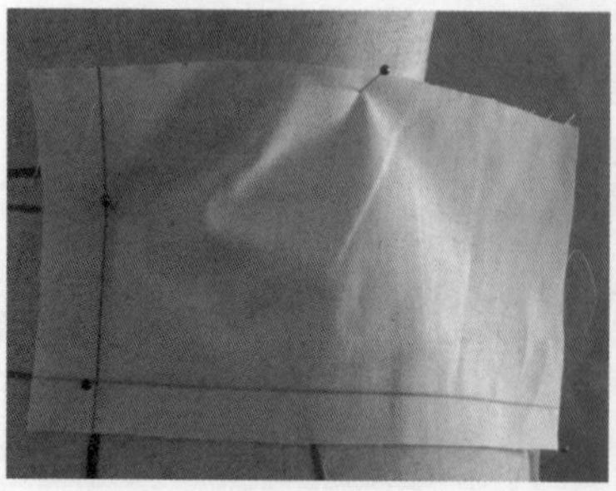

图7-2-49 固定前中心线

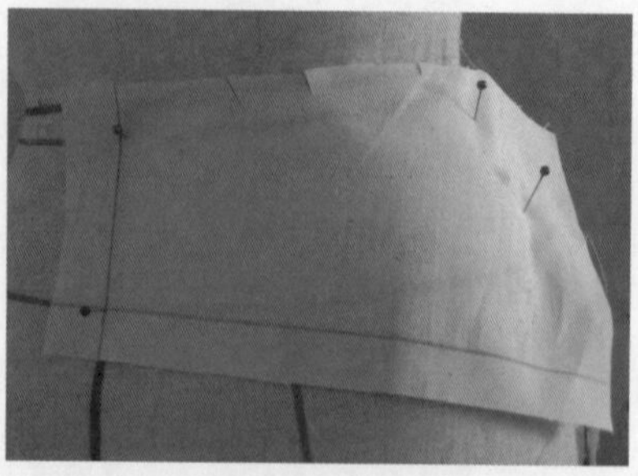

图7-2-50 固定后腰围线及侧缝

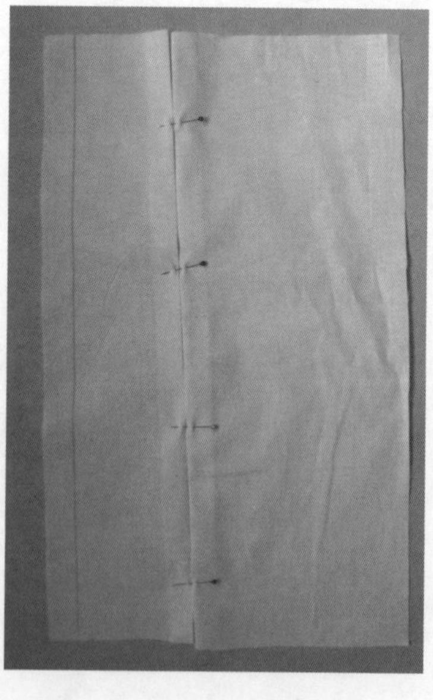

图7-2-51 烫出后片褶裥

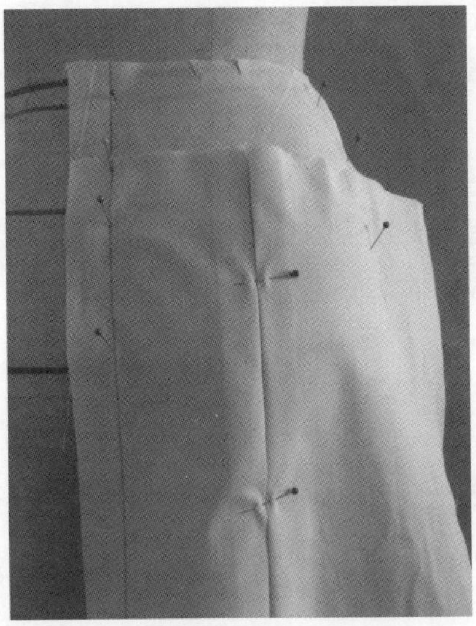

图7-2-52 固定后中心线

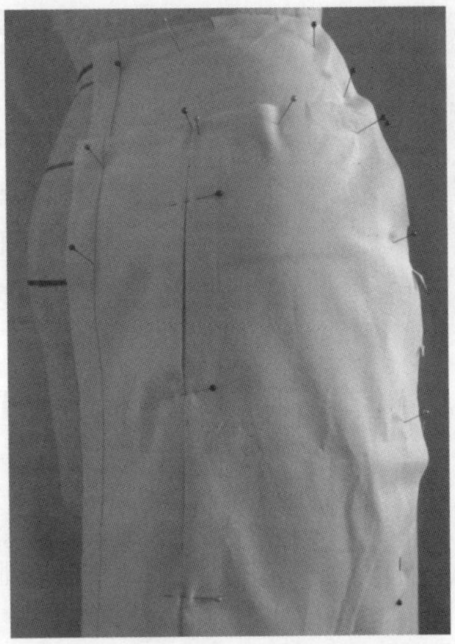

图7-2-53 固定后上口线和侧缝

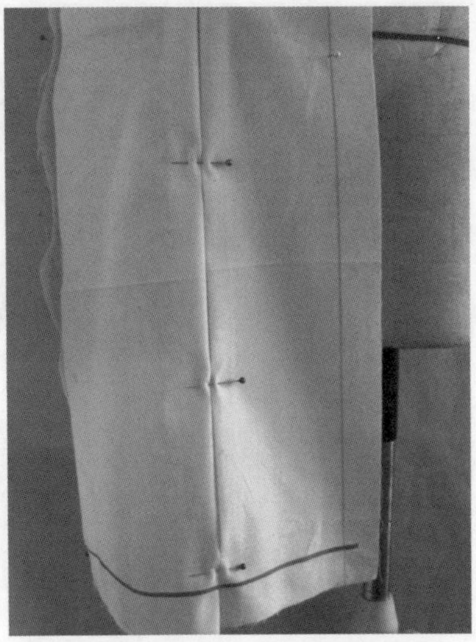

图7-2-54 标记裙长

中心线。

（10）固定后片上口线和侧缝（图 7-2-53）

将褶裥右侧略下拉，在褶裥处下摆形成一定的外翘，并用大头针固定上口线和前后侧缝，同时修剪后侧缝线。

（11）标记裙长（图 7-2-54）

按照款式图的要求，用粘带在育克裙的下摆处标记裙长的位置，注意长度要一致。

（12）固定裙腰（图 7-2-55）

在腰围处装上裙腰，腰宽要根据造型来确定。

（13）点影（图 7-2-56）

对照人体模型标记线的位置，在布料上画出腰围线、育克分割线、褶裥及侧缝线的位置。

（14）画线、整理（图 7-2-57）

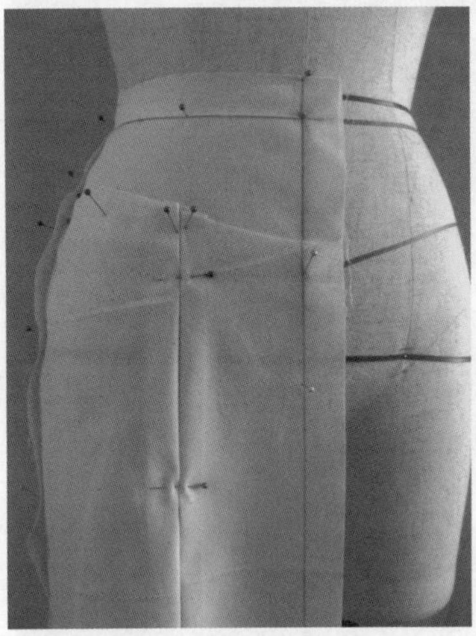

图7-2-55 固定裙腰

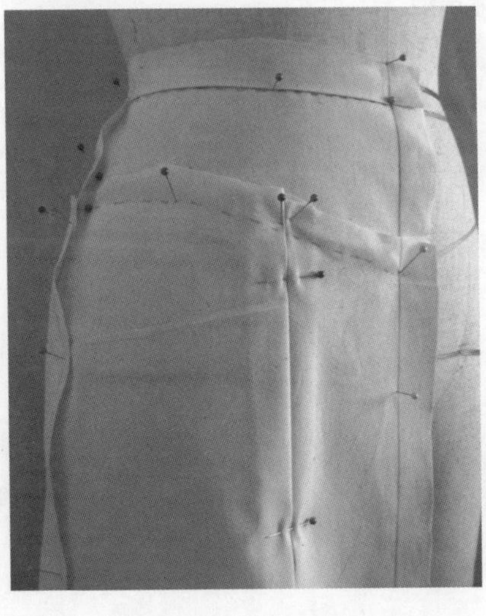

图7-2-56 点影

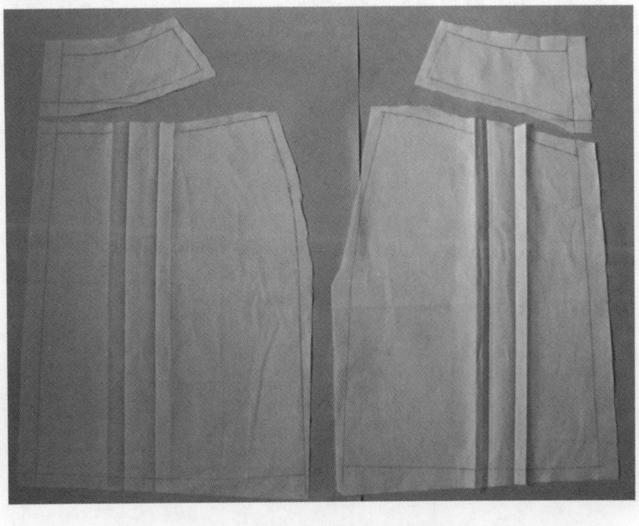

图7-2-57 画线、整理

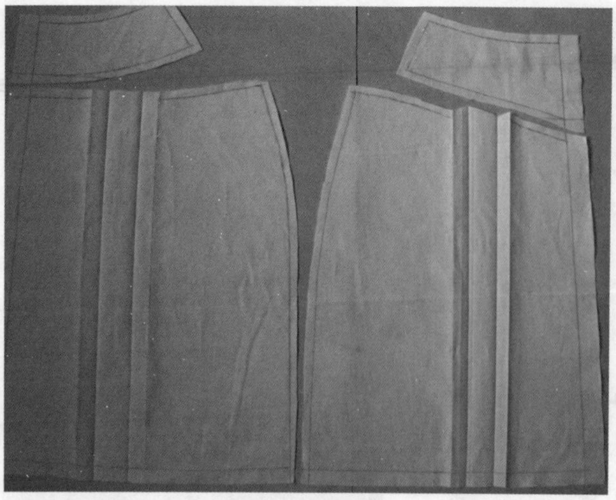

图7-2-58 育克裙平面展开图

从人体模型上取下前后裙片及育克，按点影位置重新修正裙片及育克平面结构图形，并留出缝份。

（三）总结

（1）育克裙平面展开图（图 7-2-58）

从育克裙平面展开图可以看出，其结构与平面制图几乎没有差别，因此这种款式可以采用平面制图的方法制作。

（2）育克裙立体造型图（图 7-2-59、图 7-2-60）

从育克裙立体造型图可以看出，通过立体结构处理的育克更加伏贴，整体造型更容易把握。

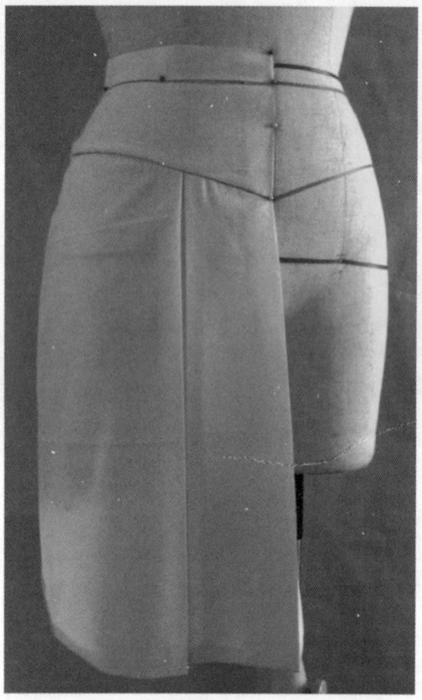

图7-2-59 育克裙前立体造型

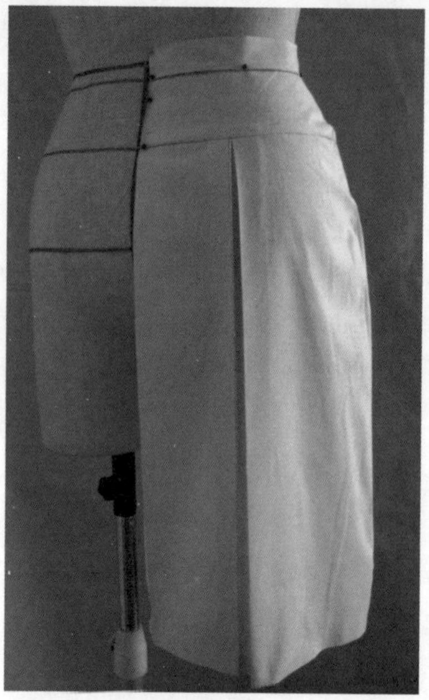

图7-2-60 育克裙后立体造型

第八章 裤装立体裁剪

裤装是包裹人体腰、臀及下肢之间所有部位的服装。横裆结构的存在，使得裤装比裙装更为复杂，其立体裁剪过程也更困难。裤装的立体裁剪需要一个躯体连下肢的人体模型，其中必须有一个下肢在裆底部位，并可以自由装卸，以便于横裆部位的立体裁剪。在人体模型上用粘带标记出腰围线、臀围线内、外侧缝线的位置，以及裆弧线和腿前中心线位置。本章以筒裤、贴体牛仔裤、罗马裤为例来介绍裤装的立体裁剪。

第一节 基本型裤

一、筒型裤

筒型裤的臀围有一定的放松量，直裆长稍短，裤管大小适宜，裤长较长，给人以修长的感觉。筒型裤款式见图 8-1-1。

（一）准备工作

1. 布料准备

按臀围和裆宽确定用布的宽度，按裤长确定用布长度，再增加一定的加放量。这样，筒型裤前片用料长为裤长 +10cm，宽为臀围 /4 +15cm；筒型裤后片用料长为裤长 +10cm，宽为臀围 /4 +20cm。筒型裤用布图见图8-1-2，筒型裤布料准备见图8-1-3。

2. 标记腰围线和臀围线

根据款式要求，用粘带在人体模型上分别贴出腰围线、臀围线及裤长线的位置（图 8-1-4、图 8-1-5）。腰围线可以位于最细处，也可以下落。

图8-1-1 筒型裤款式

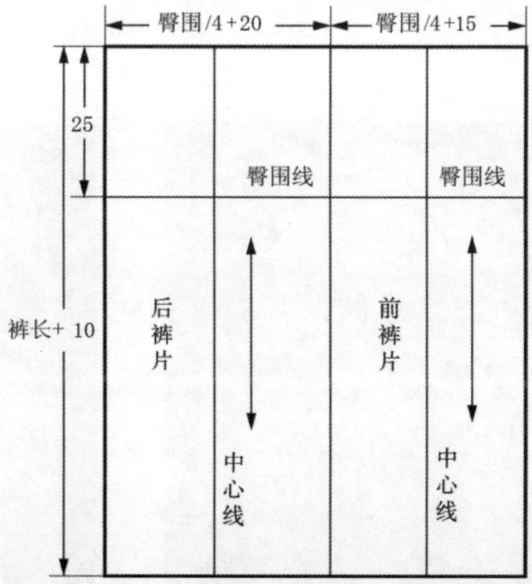

图8-1-2 筒型裤用布图

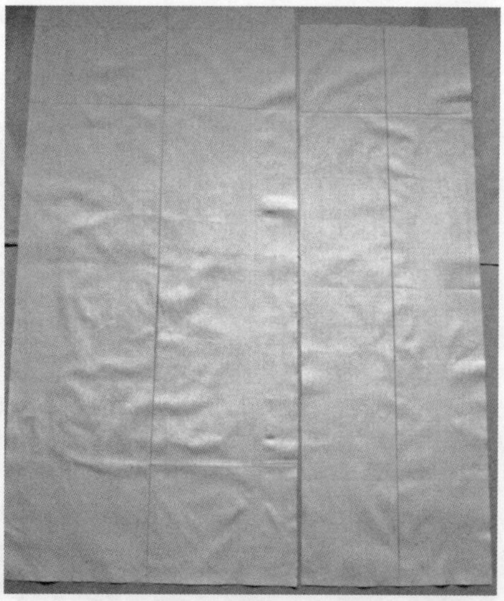

图8-1-3 筒型裤布料准备

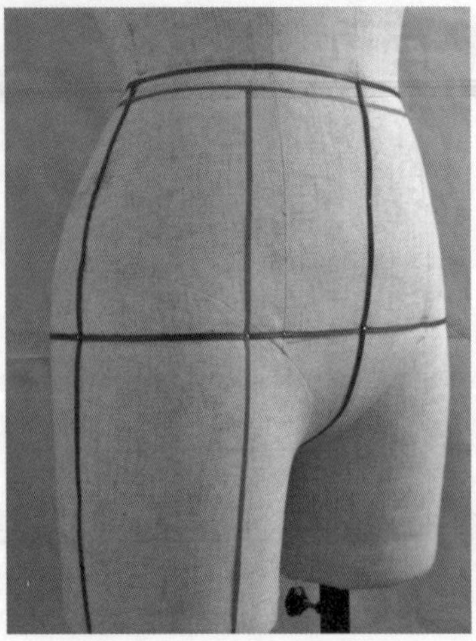

图8-1-4 标记前身

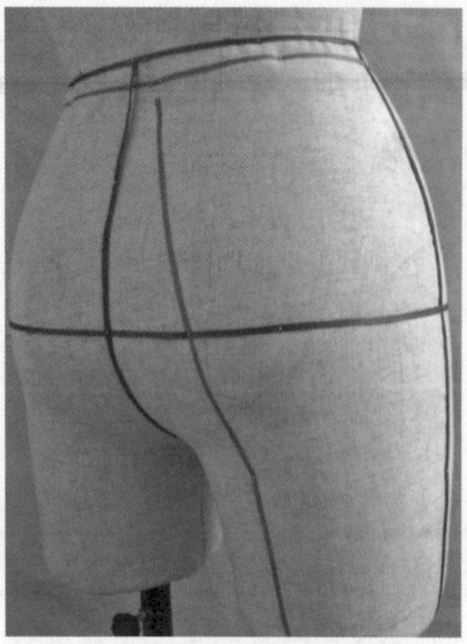

图8-1-5 标记后身

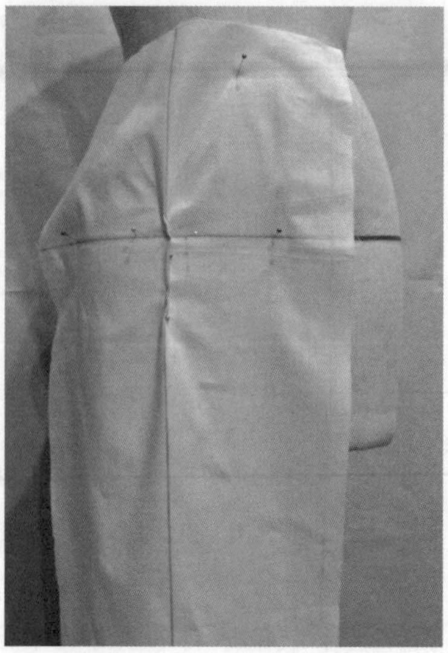

图8-1-6 固定前中线

(二)操作方法与技巧

(1)固定前中线(图 8-1-6)

把粗裁好的前片布料覆于人体摸型右腿上。要求裤片烫迹线和右腿中心线对齐,裤片臀围线与人体摸型上的臀围线对齐,并用大头针固定布料。特别要注意,对于筒裤这种较合体的裤型,需要在臀围线或腹围处增加裤片放松量,一般在烫迹线部位用大头针别进 1cm,也就是增加了 2cm 的松量。

(2)固定腰围褶裥(图 8-1-7)

向上抚平布料,将腰围处多余部分折叠成褶裥。要求第一个褶裥设计在烫迹线上,并保持上下顺直。褶裥一般倒向侧缝,根据多余布料量设置两个或一个褶裥,用大头针固定。腰围线以上留 2cm 缝份,把多余部分剪去。

(3)固定侧缝部位(图 8-1-8)

横档以上部分可以伏贴于人体摸型上,根据布料的热缩程度,在臀侧处稍留一定的归拢量(归拢量 0.5cm 左右),也可以不留归拢量。横裆以下部分,要考虑烫迹线和下肢的间隙,根据筒裤造型需要固定侧缝,侧缝和人体要留有间隙,把多余部分剪去。

(4)固定前裆缝(图 8-1-9)

抚平前裆以上部分布料,把多余部分剪去。前裆弧线处和人体间隙要适中,弧线要平滑,小裆点向下离开人体摸型 2cm 左右。内侧缝处理和外侧缝的要一致,保证烫迹线顺直、居中。同时,脚口肥度要适中,固定方法同外侧缝。

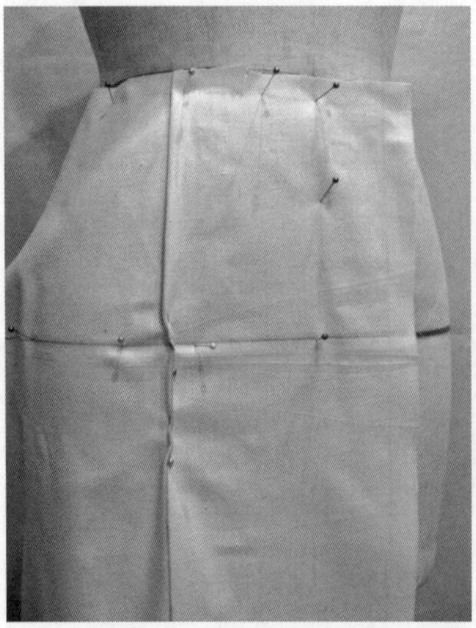

图8-1-7 固定腰围褶裥

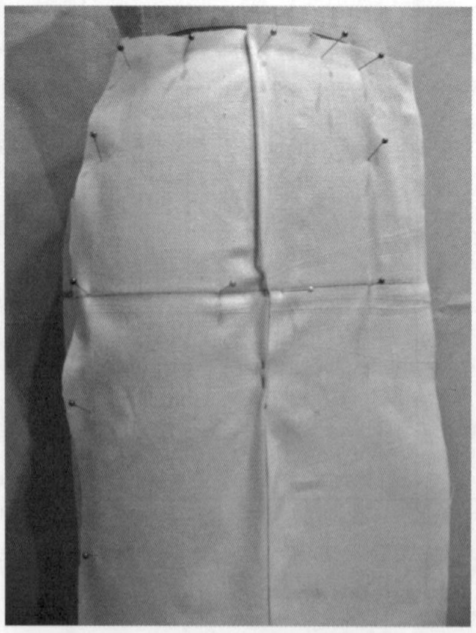

图8-1-8 固定侧缝部位

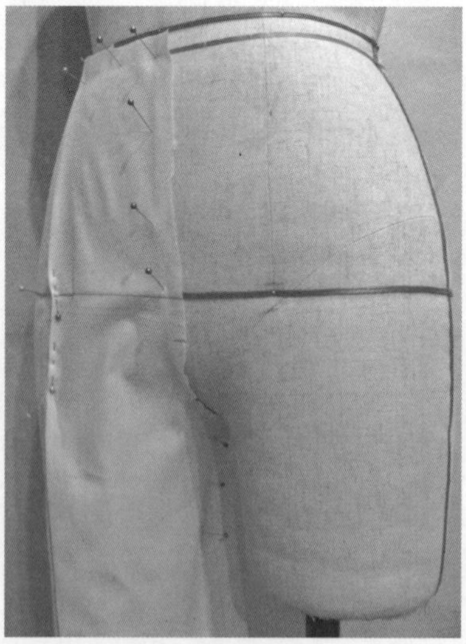

图8-1-9 固定前裆缝

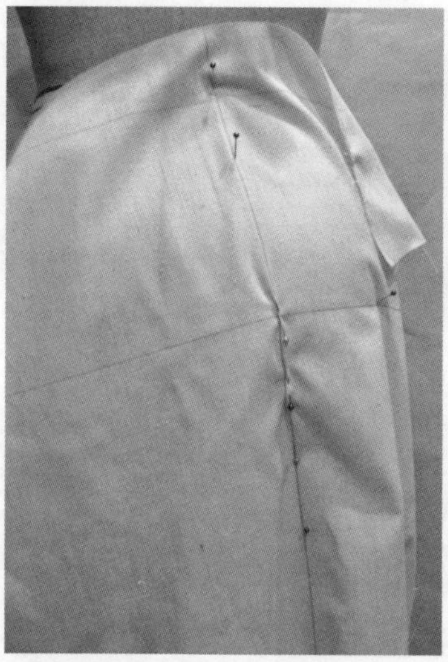

图8-1-10 固定后中线

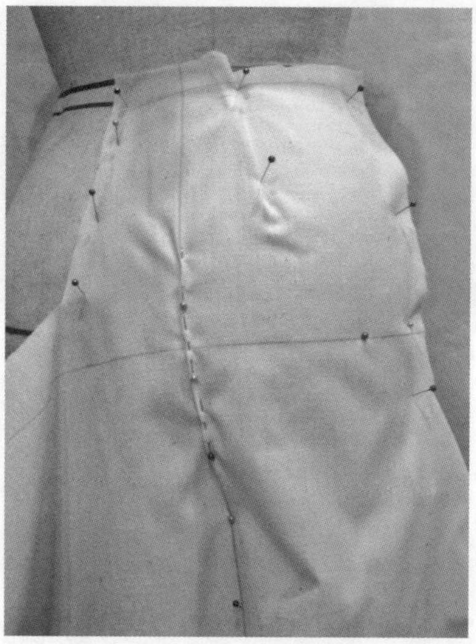

图8-1-11 固定后裆斜线

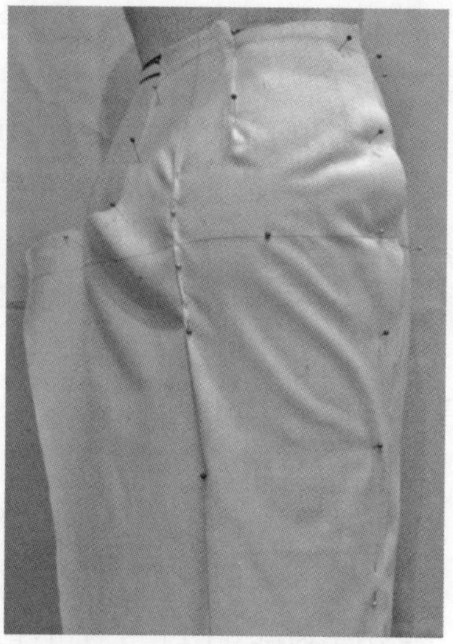

图8-1-12 固定外侧缝

（5）固定后中线（图 8-1-10）

把后片布料中心线、臀围线与人体摸型上的烫迹线、臀围标记线对齐。在臀围与烫迹线交点处，竖直折 0.7cm 左右，相当于在后片留出了 1.5cm 左右的放松量。用大头针固定。

（6）固定后裆斜线（图 8-1-11）

抚平后裆部位，固定后裆斜线。同时按前片方法固定后片外侧缝。注意大腿部位布片和人体的间隙要适中，要突出人体臀部曲线。把腰围多余部分在三等分处折出两个省量，将多余部分剪去。

（7）固定外侧缝（图 8-1-12）

臀围处稍加褶皱，作为工艺吃势量。

（8）固定后裆弧线（图 8-1-13）

按照前裆的处理方法处理后裆弧线，边剪边固定。剪切时要考虑前片内侧缝的长度，裆弧处可与人体摸型完全贴合。后片内侧缝的处理要保证烫迹线的位置不发生改变，脚口不发生扭曲，然后再重新修剪裆底弧线形态，使前后内侧缝长度一致，并用大头针固定。

（9）固定裤腰（图 8-1-14）

裤腰布可双折，男裤的宽度为 3.5cm 左右，女裤的可稍窄。

（10）点影（图 8-1-15）

对腰围线、前后裆线、下裆线、脚口线、外侧缝进

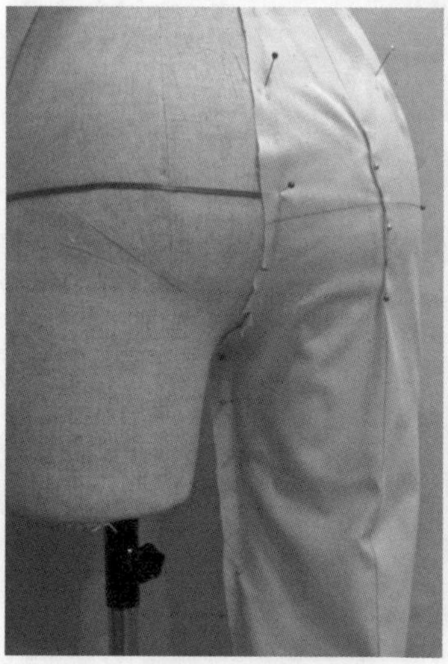

图8-1-13 固定后裆弧线

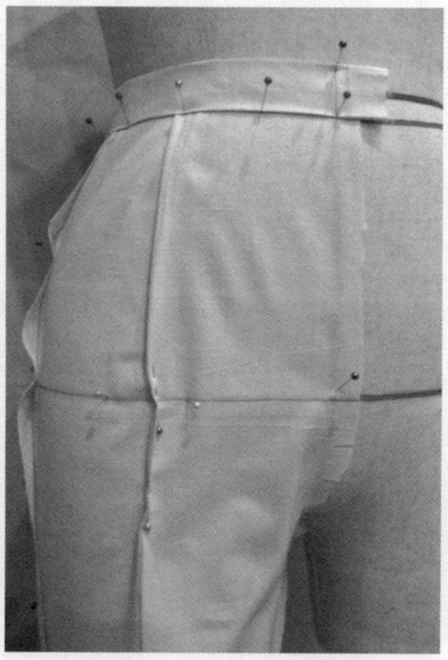

图8-1-14 固定裤腰

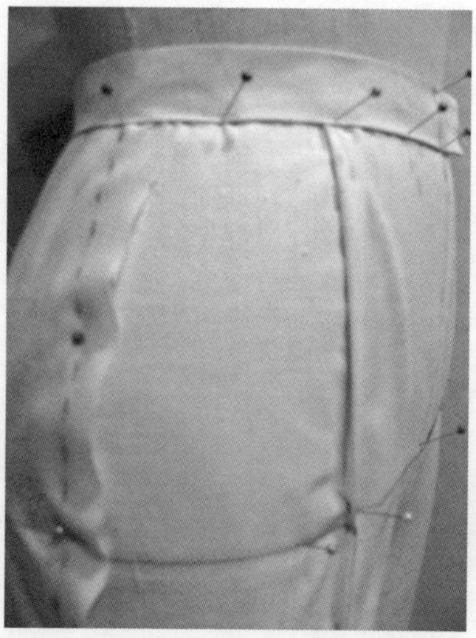

图8-1-15 点影

行点影。注意省道的位置及省尖的位置要标注清楚。

（11）画线、整理（图 8-1-16）

用直尺、弯尺按照前后裤片上的点影位置将各点连接，并画出褶裥和省道的左右及上下位置，弧线部分要光滑圆顺。裆弧线、下裆线及外侧缝要光滑圆顺。

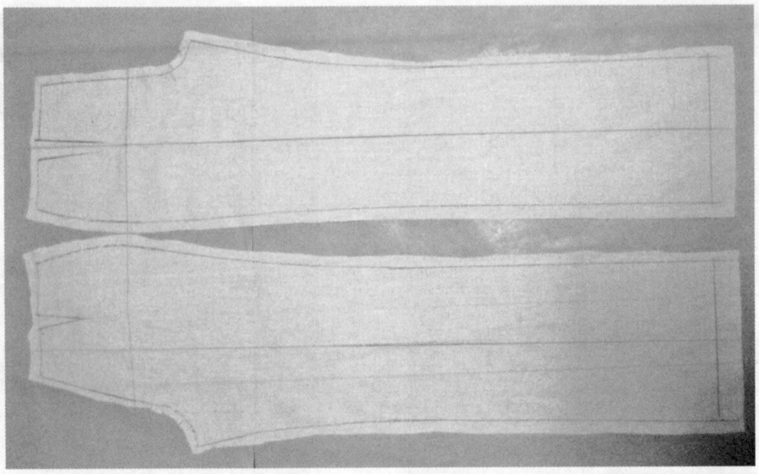

图8-1-16 画线、整理

（三）总结

（1）筒型裤平面展开图（图 8-1-17）

从平面展开图中可看出，筒型裤前后裆弧线位于人体腹部和臀部的凸起位置，并且经过了裆底的凹陷处，因此裤片裆弧线形成了起伏较大的曲线。髋骨的向外凸起，膝部的凹陷形态，也导致了外侧缝的弧线形态。这种处理使筒裤更具立体感，增加了服装的立体效果，使之更符合人体形态。

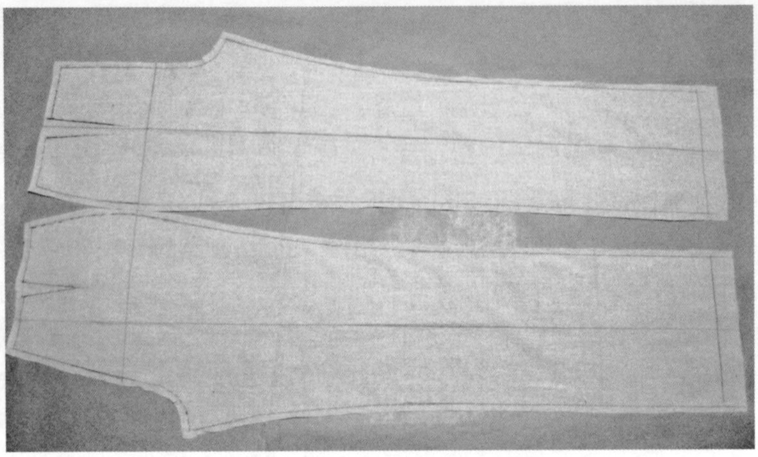

图8-1-17 平面展开图

（2）筒型裤立体造型（图 8-1-18、图 8-1-19）

从立体造型中可看出，筒型裤的褶裥和省道位于人体明显的突起部位的周围，能将人体的立体感充分表达出来，裆宽、腹部及臀部贴体效果容易处理，更好地满足了人体的优美曲线。

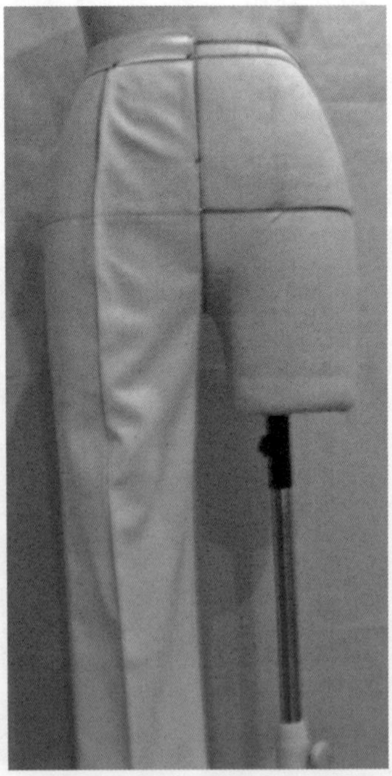

图8-1-18 前身立体造型

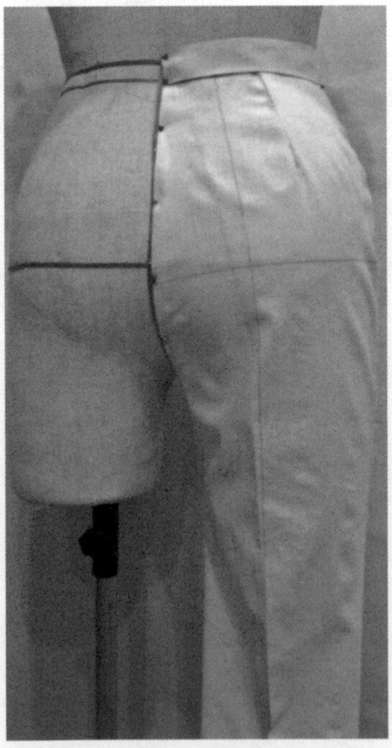

图8-1-19 后身立体造型

二、锥型裤

锥型裤的臀围放松量一般较大，直裆适中，大腿部位较肥，脚口较小，裤长较短，给人以轻松、活泼的感觉。锥型裤款式见图 8-1-20。

（一）准备工作

1. 布料准备

按臀围和裆宽确定用布的宽度，按裤长确定用布长度，再增加一定的加放量。这样，锥型裤前片用料长为裤长 +15cm，宽为臀围 /4 +15cm；锥型裤后片用料长为裤长 +15cm，宽为臀围 /4 +20cm。锥型裤用布图见图 8-1-21，锥型裤布料准备见图 8-1-22。

2. 标记腰围线和臀围线

根据款式要求，用粘带在人体模型上分别贴出腰围线、臀围线及裤长线的位置（图 8-1-23、图 8-1-24）。腰围线可以位于最细处，也可以下落。

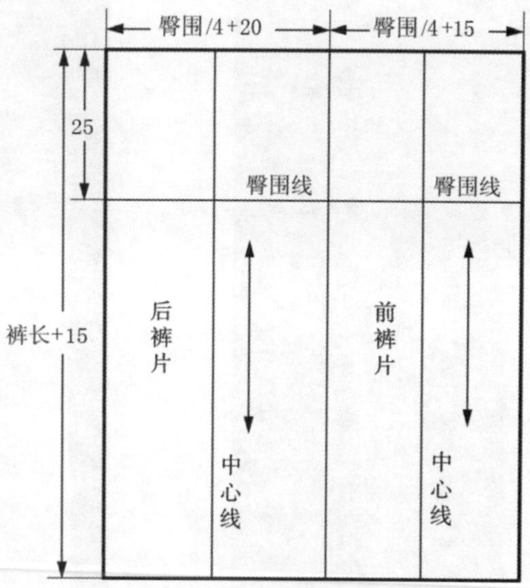

图8-1-21 锥型裤用布图

图8-1-22 锥型裤布料准备

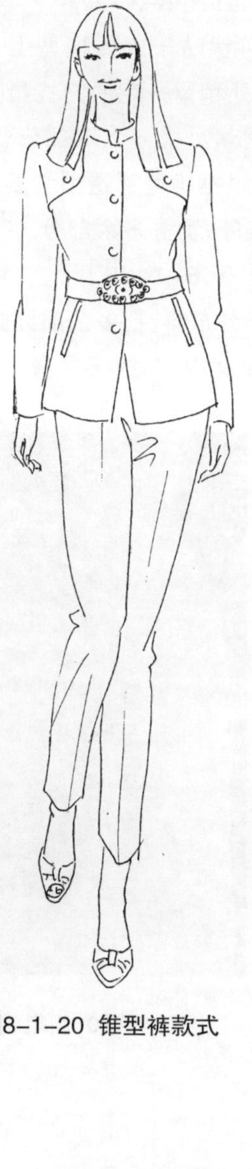
图8-1-20 锥型裤款式

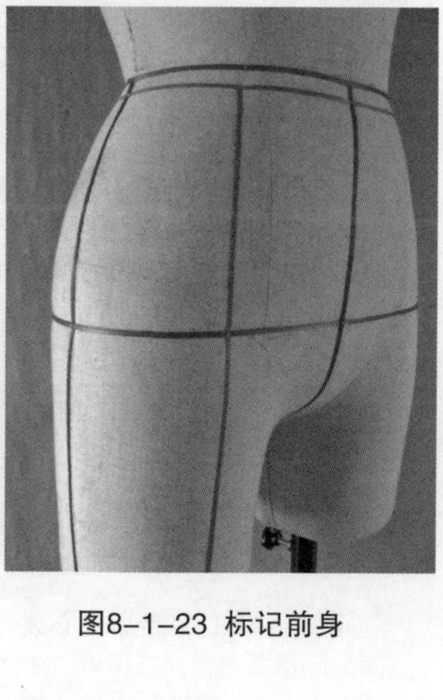
图8-1-23 标记前身

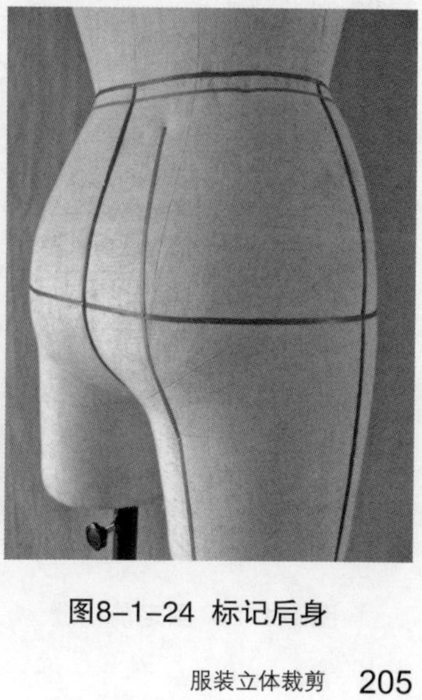
图8-1-24 标记后身

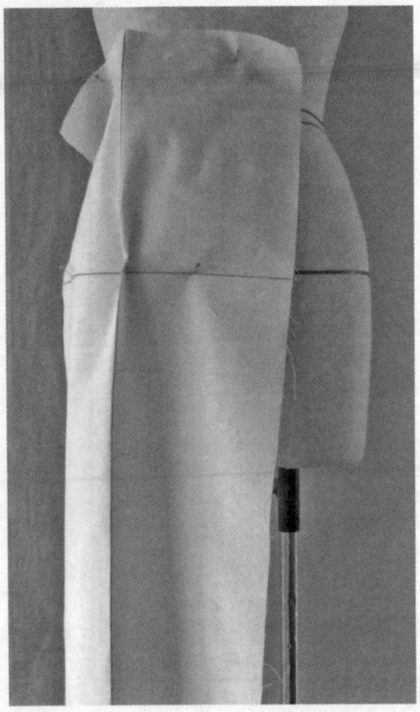

图8-1-25 固定前中线

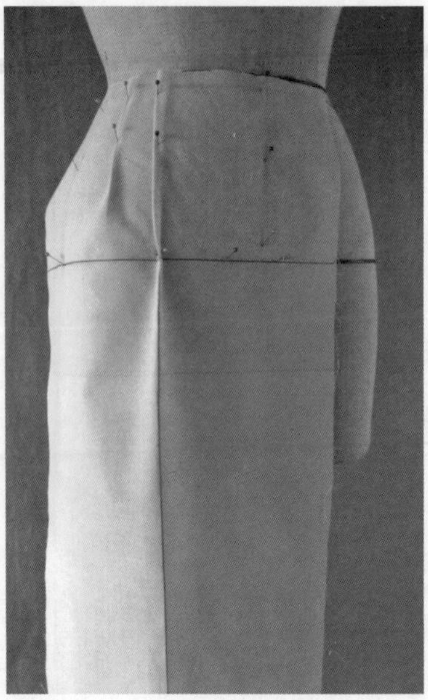

图8-1-26 固定腰围褶裥

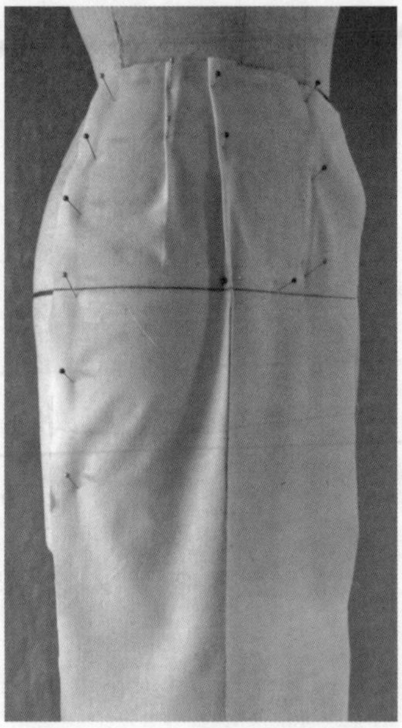

图8-1-27 固定侧缝部位

（二）操作方法与技巧

（1）固定前中心线（图 8-1-25）

把粗裁好的前片布料覆于人体摸型右腿。要求裤片烫迹线和右腿中心线对齐，裤片臀围线与人体摸型的臀围线对齐，并用大头针固定布料。特别要注意，对于锥型裤这种较宽松的裤型，需要在臀围线或腹围处增加裤片放松量，一般在烫迹线部位用大头针别进 2cm，也就是增加了 4cm 的松量。

（2）固定腰围褶裥（图 8-1-26）

向上抚平布料，将腰围处多余部分折叠。要求第一个褶裥设计在烫迹线上，并保持上下顺直。褶裥倒向侧缝，根据多余量设置两个或一个褶裥，用大头针固定。腰围线以上留 2cm 缝份，把多余部分剪去。

（3）固定侧缝部位（图 8-1-27）

横档以上部分可伏贴于人体模型上，根据布料的热缩程度，在臀侧处稍留一定的归拢量（0.5cm 左右），也可以不留归拢量。横裆以下部分要考虑烫迹线和和下肢的间隙，根据锥型裤造型需要固定侧缝，侧缝和人体要留有间隙，剪去多余部分。

（4）固定前裆缝（图 8-1-28）

抚平前裆以上部分布料，把多余部分剪去。前裆弧线处和人体间隙要适中，弧线要平滑，小裆点向下

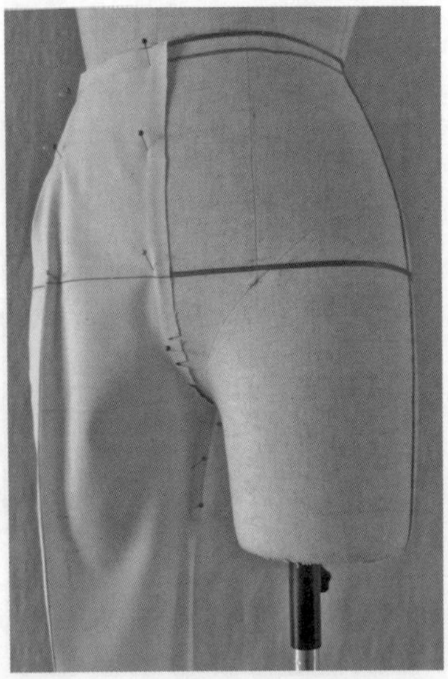

图8-1-28 固定前裆缝

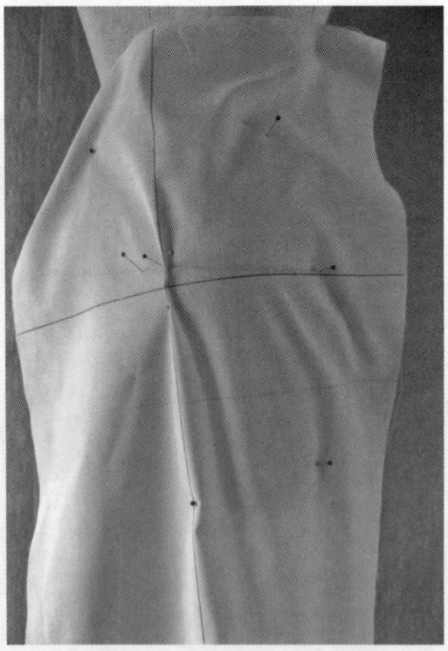

图8-1-29 固定后中心线

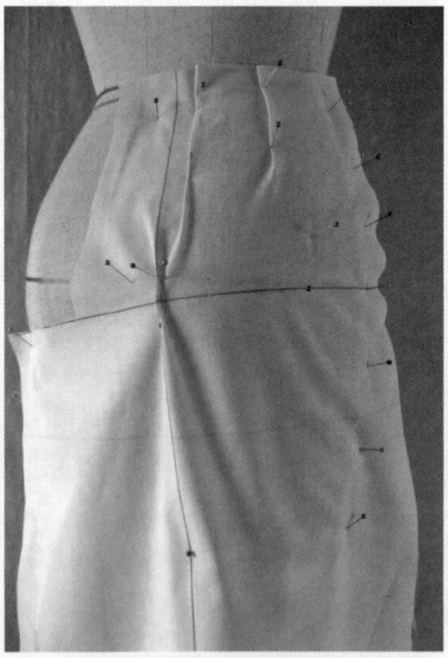

图8-1-30 固定后裆斜线

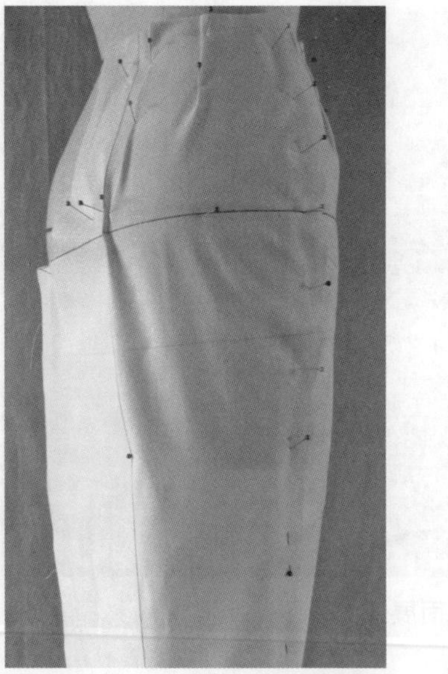

图8-1-31 固定外侧缝

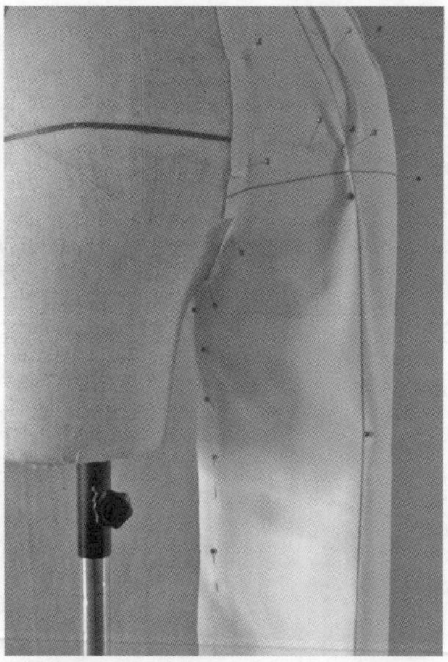

图8-1-32 固定后裆弧线

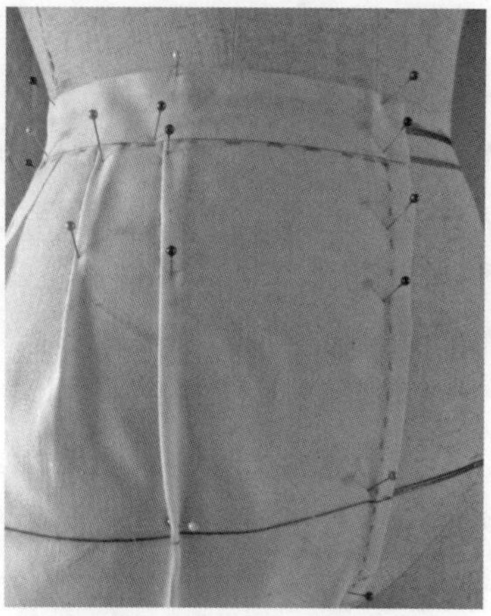

图8-1-33 固定裤腰

离开人体模型 2cm 左右。内侧缝处理和外侧缝的要一致，保证烫迹线顺直、居中，将多余部分剪去，固定方法同外侧缝。脚口肥度略小。

（5）固定后心中线（图 8-1-29）

把后片布料中心线、臀围线侧缝点与人体模型的烫迹线、臀围标记线对齐。在臀围与烫迹线交点处，竖直折 1cm 左右，相当于在后片留出了 2cm 左右的放松量，用大头针固定。

（6）固定后裆斜线（图 8-1-30）

抚平后裆部位，固定后裆斜线。同时按前片方法固定后片外侧缝。注意大腿部位布片和人体的间隙要适中，要突出人体臀部曲线。把腰围多余部分在三等分处折出两个省量，然后将多余部分剪去。

（7）固定外侧缝（图 8-1-31）

臀围处稍加褶皱，作为工艺吃势量。

（8）固定后裆弧线（图 8-1-32）

按照前裆的处理方法，处理后裆弧线，边剪边固定。剪切时，要考虑前片内侧缝的长度，裆弧处可与人体摸型完全贴合。后片内侧缝的处理要保证烫迹线的位置不发生改变，脚口不发生扭曲，然后再重新修剪裆底弧线形态，使前后内侧缝长度一致，并用大头针固定。

（9）固定裤腰（图 8-1-33）

裤腰布可双折，男裤的宽 3.5cm 左右，女裤的可稍窄。

（10）点影（图 8-1-34）

对腰围、前后裆、下裆线、脚口线、外侧缝进行点影，注意省道及省尖的位置要标注清楚。

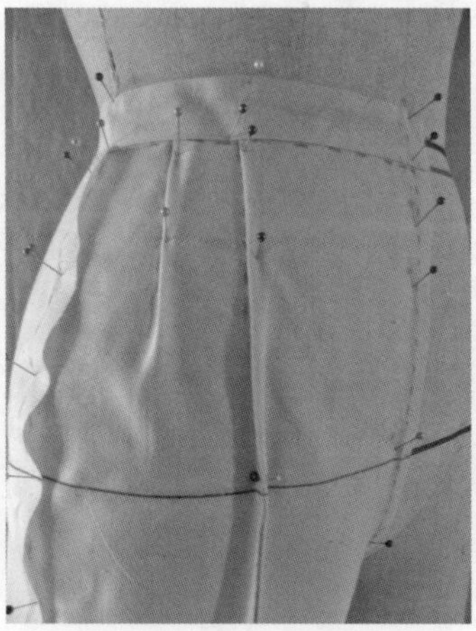

图8-1-34 点影

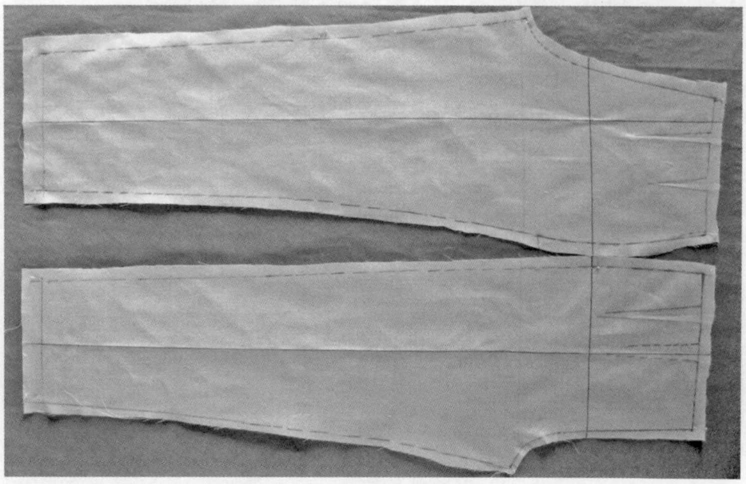

图8-1-35 画线、整理

（11）画线、整理（图 8-1-35）

用直尺、弯尺按照前后裤片上的点影位置将各点连接，并画出褶裥和省道的左右及上下位置。裆弧线、下裆线及外侧缝要光滑圆顺。

（三）总结

（1）锥型裤平面展开图（图 8-1-36）

从平面展开图中可看出，锥型裤前后裆弧线位于人体腹部和臀部的凸起位置，并且经过了裆底的凹陷处，因此裤片裆弧线形成了起伏较大的曲线。虽然髋骨的向外凸起，膝部的凹陷形态，由于大腿部位较宽松，导致了外侧缝呈较直形态。

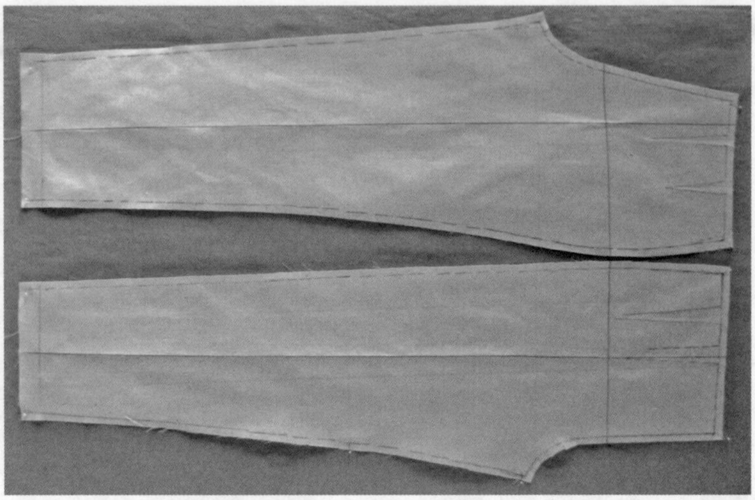

图8-1-36 平面展开图

（2）锥型裤立体造型（图 8-1-37、图 8-1-38）

从立体造型中可看出，锥型裤的褶裥和省道位于人体明显的突起部位的周围，能将人体的立体感充分表达出来，裆宽、腹部较为宽松，臀部贴体效果容易处理，更好地满足了臀部的优美曲线。

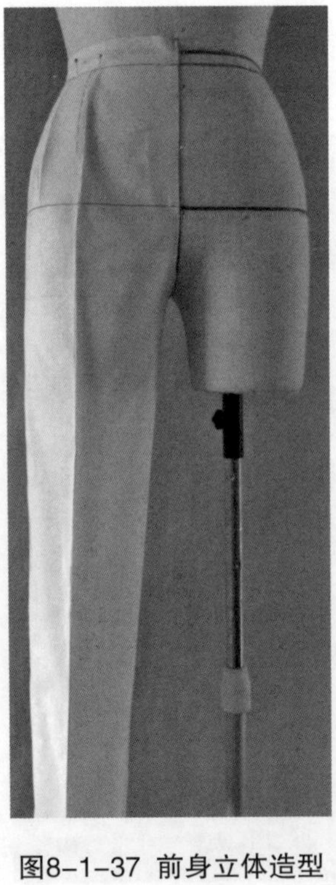

图8-1-37 前身立体造型

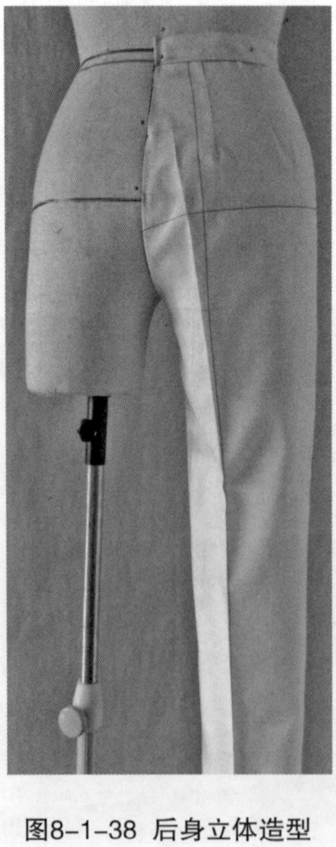

图8-1-38 后身立体造型

三、喇叭裤

喇叭裤被誉为贴体性最好的裤装。一般采用低腰结构，裆门宽较小，有一定的提臀功能。这里介绍的喇叭裤，大腿部位合体，没有分割线，整个造型简洁，裤身修长，给人以时尚的感觉。喇叭裤款式见图 8-1-39。

图8-1-39 喇叭裤款式

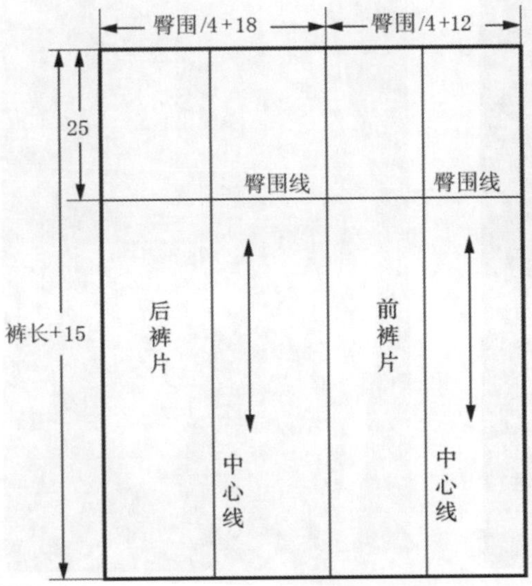

图8-1-40 喇叭裤用布图

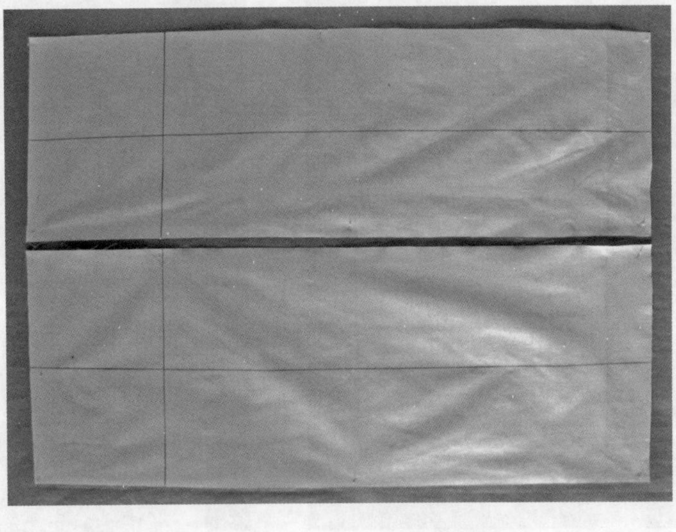

图8-1-41 喇叭裤布料准备

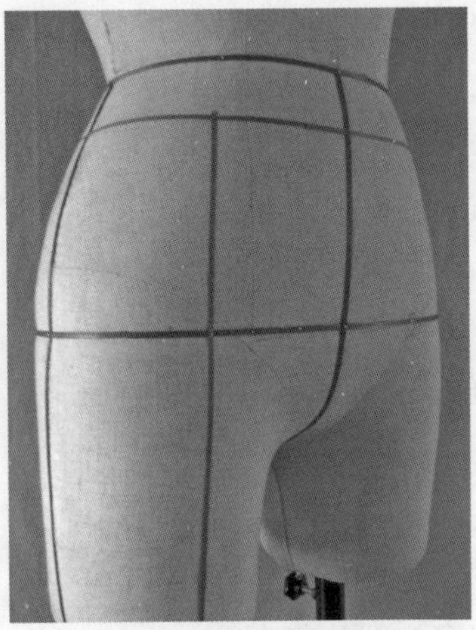

图8-1-42 标记前身

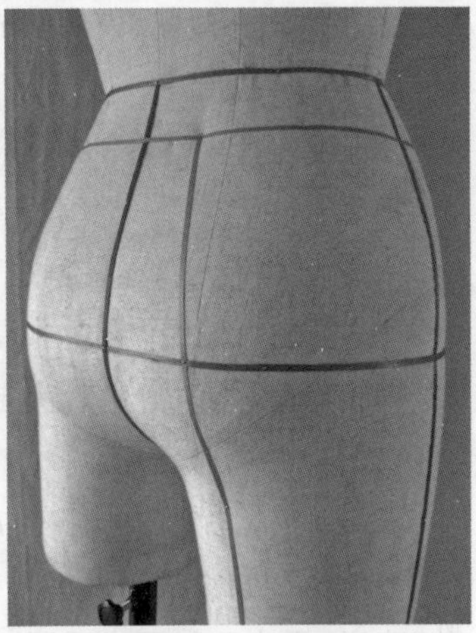

图8-1-43 标记后身

（一）准备工作

1. 布料准备

喇叭裤前片用料长为裤长 +15cm，宽为臀围 /4 +12cm；喇叭裤后片用料长为裤长 +15cm，宽为臀围 /4 +18cm。喇叭裤用布图见图 8-1-40，布料准备见图 8-1-41。

2. 标记腰围线和臀围线

喇叭裤腰围线比普通裤腰围线低 4cm 左右，也可以根据流行来确定。据款式要求用粘带在人体模型上分别贴出腰围线、臀围线及裤长线的位置（图 8-1-42、图 8-1-43）。

（二）操作方法与技巧

（1）固定前中心线（图 8-1-44）

将前片布料覆合于人体模型右腿，裤片烫迹线、臀围线与人体模型的中心线、臀围线对齐，臀围处留出 0.7cm 的松量。

（2）固定腰围、外侧缝（图 8-1-45）

从烫迹线向左上方和右上方抚平布料，多余量在裤中线处收省，把腰围其他部分平整。腰围线以上留出缝份后，将多余部分剪去。同时固定外侧缝，膝围线处略合体，脚口处加大。侧缝处留出 2cm 缝份，然后剪去多余部分。

（3）固定前裆弧线和内侧缝（图 8-1-46）

前裆弧线贴合人体模型，弧线要平滑，边调整松度边修剪弧线形状。内侧缝的处理要与外侧缝的一致，保证烫迹线顺直、居中。把脚口处理成喇叭形状，

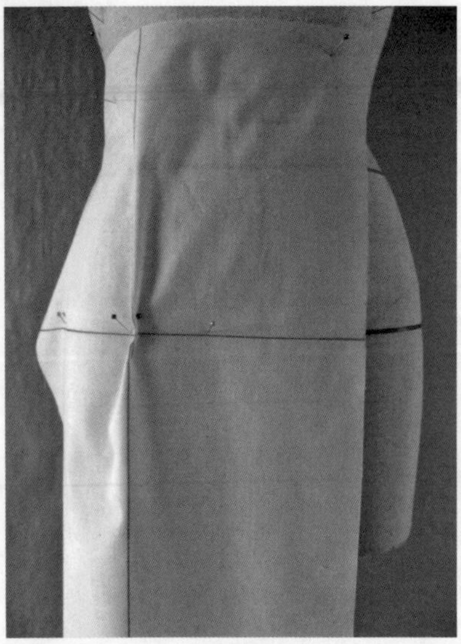

图8-1-44 固定前中线

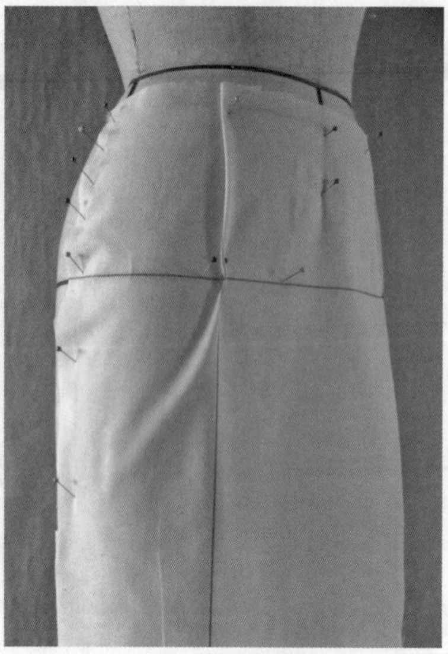

图8-1-45 固定腰围、前裆

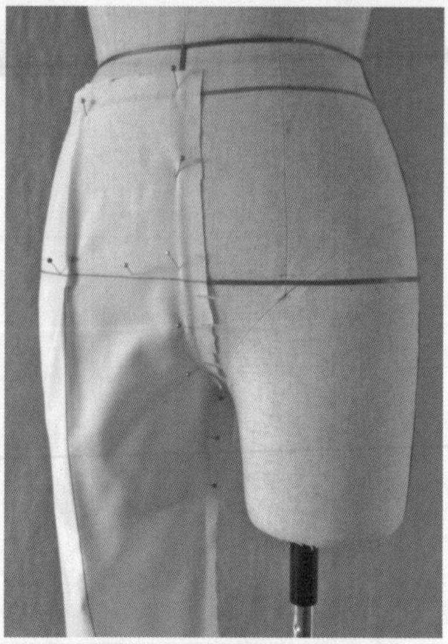

图8-1-46 固定前裆弧线

从膝上开始向外放出，内外侧缝要同时调整。膝围的围度略窄，要保证自由穿脱。

（4）固定后中线（图 8-1-47）

把后片布料对齐人体模型的中心线、臀围线侧缝点，用大头针固定。

（5）固定外侧缝（图 8-1-48）

摆正后中心线的位置，固定外侧缝。要求臀底及大腿处要合体，脚口加大。

（6）固定后片腰省（图 8-1-49）

沿臀围线向上抚平后裤片，在后片腰围中点处将多余部分折成省道，用大头针固定后腰，然后将多余部分剪去。

（7）固定后裆缝、内侧缝（图 8-1-50）

略拉紧后裆缝，边修剪裆缝边固定。同时固定内裆缝。大

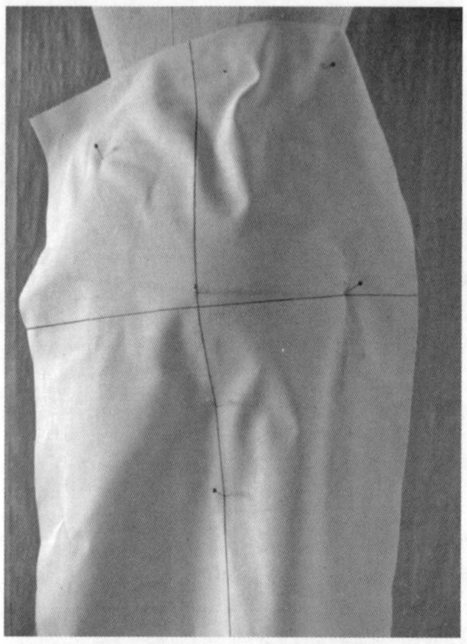

图8-1-47 固定后中线

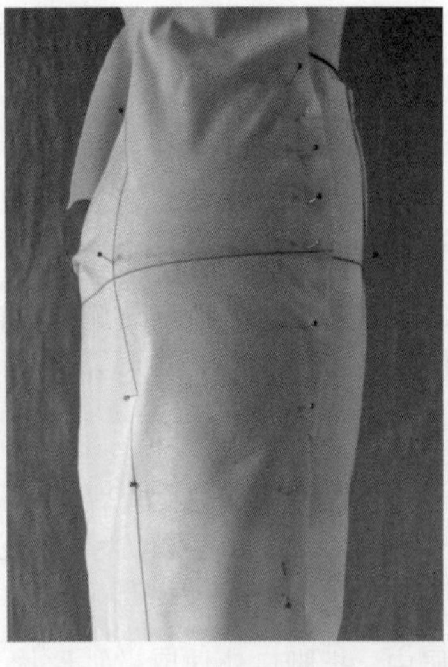

图8-1-48 固定外侧缝

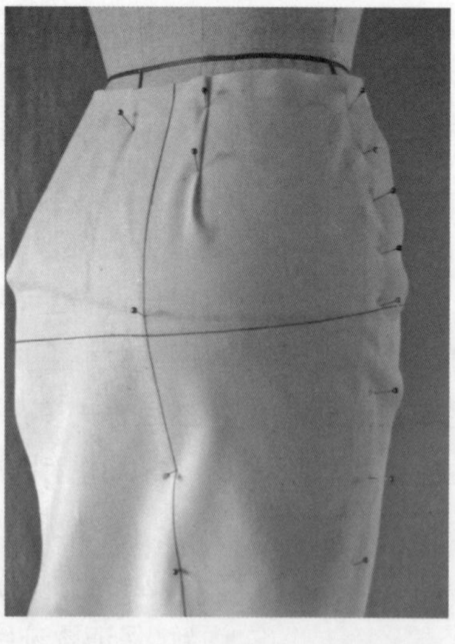

图8-1-49 固定后片腰省

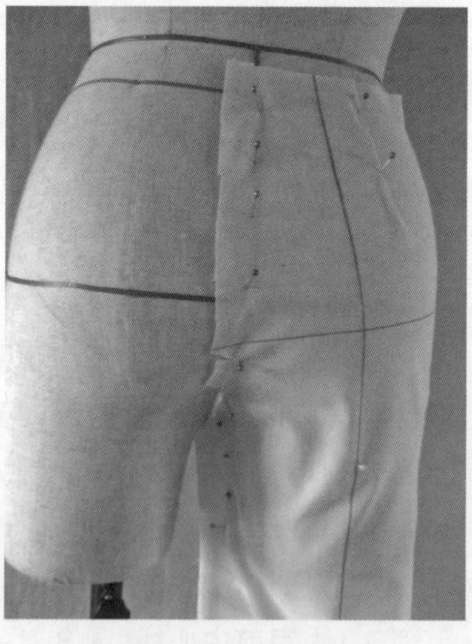

图8-1-50 固定后裆缝

腿处要合体。

（8）固定裤腰（图 8-1-51）

裤腰固定方法同喇叭裤。

（9）点影（图 8-1-52）

在裤片上沿人体腰围线、后裆线、下裆线、脚口线、外侧缝进行点影。

（10）画线、整理（图 8-1-53）

从人体模型上取下前后裤片，按照点影的位置重新修正裤片结构图。要注意腰围线、裆弧线及内外侧缝等曲线的连接。

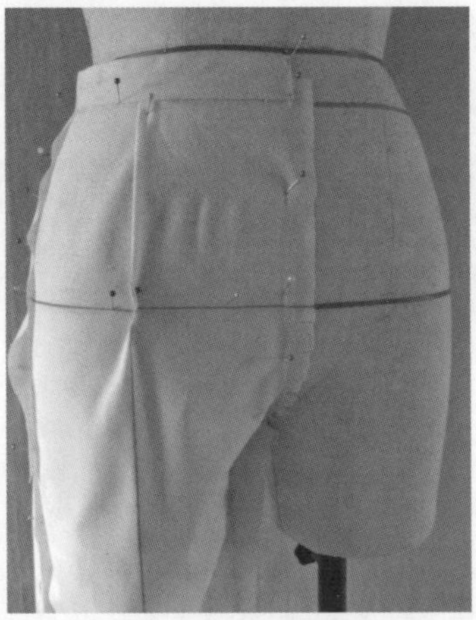

图8-1-51 固定裤腰

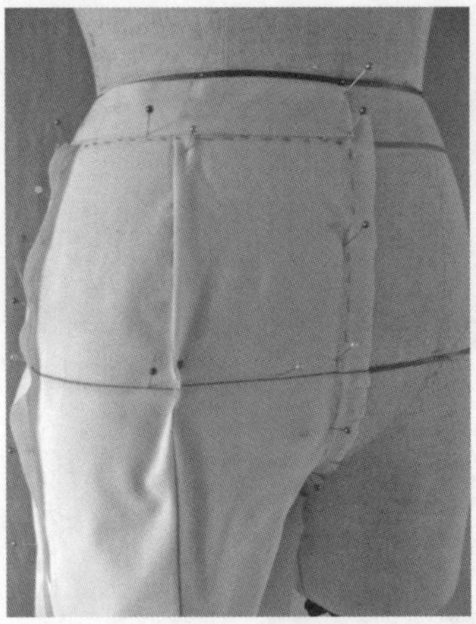

图8-1-52 点影

（三）总结

（1）喇叭裤平面展开图（图 8-1-54）

从展开图可以看出，立体与平面所得到的图形略微有些差别，具体表现在裆宽和裆弧线的形态及尺寸。掌握了裤子裆弧线与人体的关系，能更好地把握裤装的平面制图。

（2）喇叭裤立体造型（图 8-1-55、图 8-1-56）

从立体造型中可看出，喇叭裤的臀部及大腿的处理较为贴体，侧缝的效果较好，以及脚口的喇叭造型等，将人体的臀部和腿部的优美曲线充分表达出来，更好地满足了人体的形态。

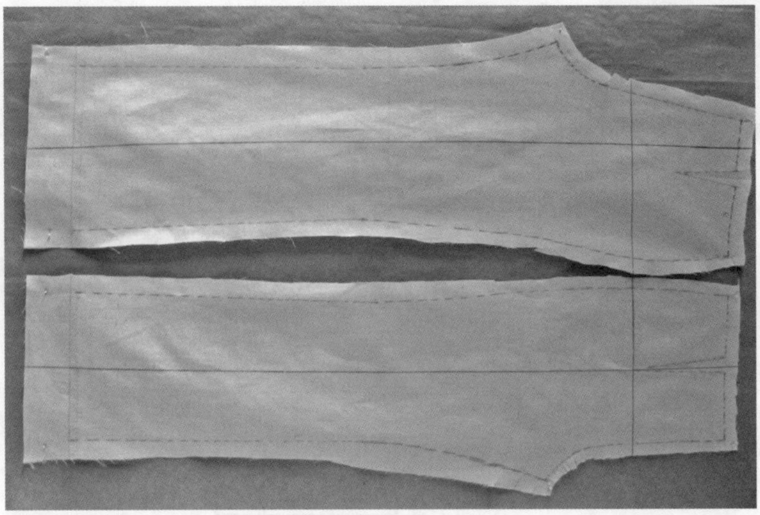

图8-1-53 画线、整理

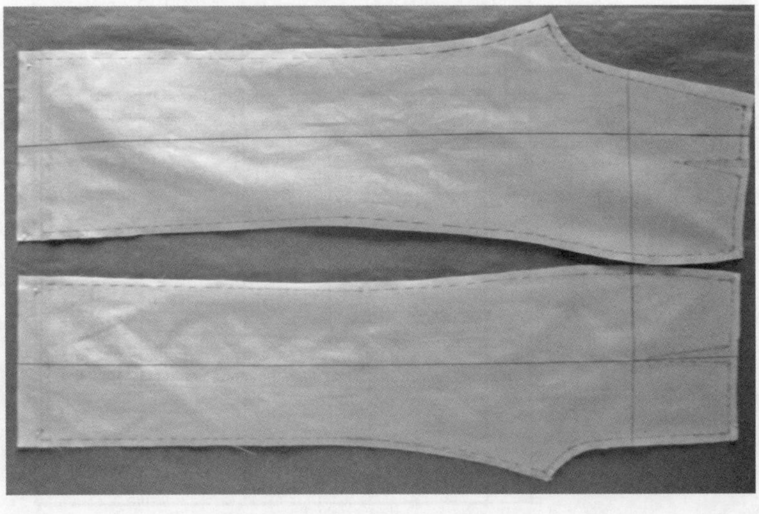

图8-1-54 喇叭裤平面展开图

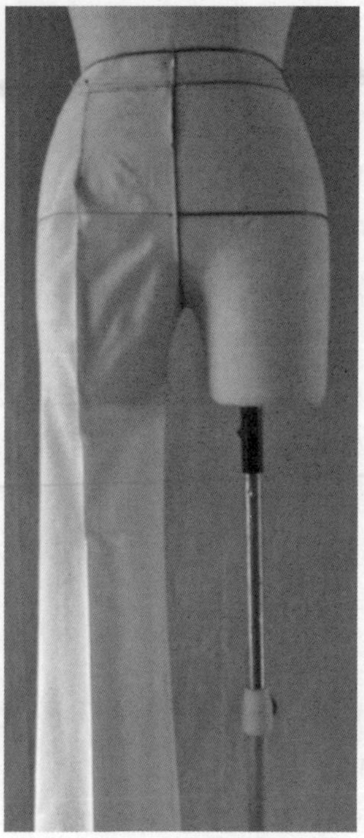

图8-1-55 喇叭裤前立体造型

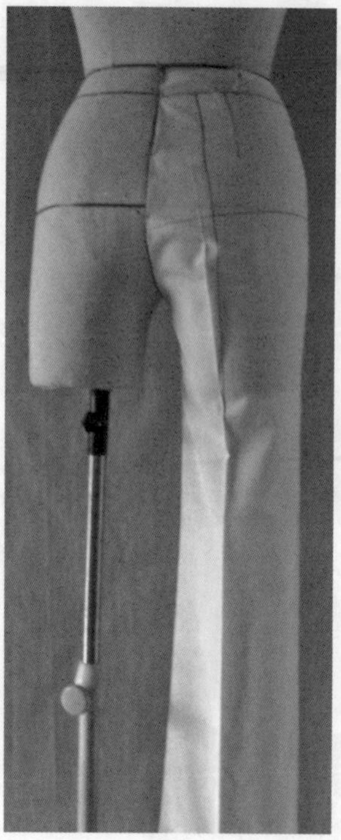

图8-1-56 喇叭裤后立体造型

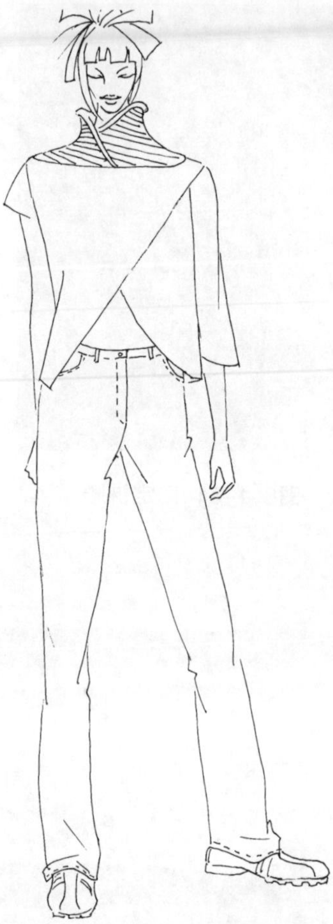

图8-2-1 牛仔分割裤款式图

第二节 变化型裤款

一、牛仔分割裤

牛仔分割裤被誉为贴体性最好的裤装。一般采用低腰结构，裆门宽较小，具有一定的提臀功能。这里介绍的牛仔分割裤，大腿部位合体，有育克分割线，整个造型简捷，修长。牛仔分割裤款式见图8-2-1。

(一)准备工作

1. 布料准备

前片用布量和筒裤一致。考虑有分割线，后裤片长度可稍短，一般为裤长 +5cm。育克用布宽为H/4+10cm，长为 15cm 左右。牛仔分割裤用布图见图 8-2-2，布料准备见图 8-2-3。

2. 标记腰围线和臀围线

牛仔分割裤腰围线比普通裤腰围线低 4cm 左右，后片育克根据流行来确定，一般侧面 4cm 左右，后裆处 7cm 左右。据款式要求，用粘带在人体模型上分别贴出腰围线、臀围线及裤长线的位置(图 8-2-4、图 8-2-5)。

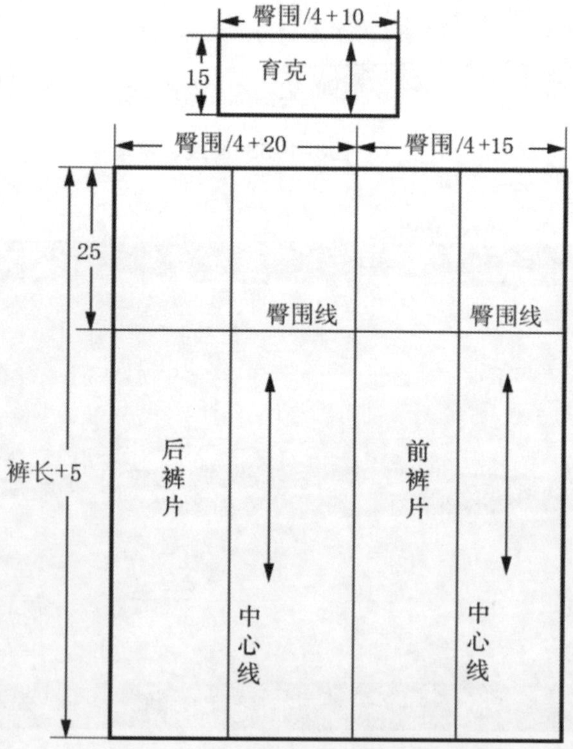

图8-2-2 牛仔分割裤用布图

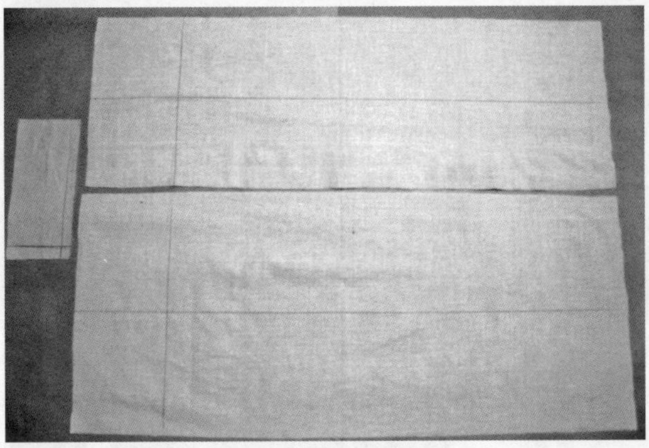

图8-2-3 牛仔分割裤布料准备

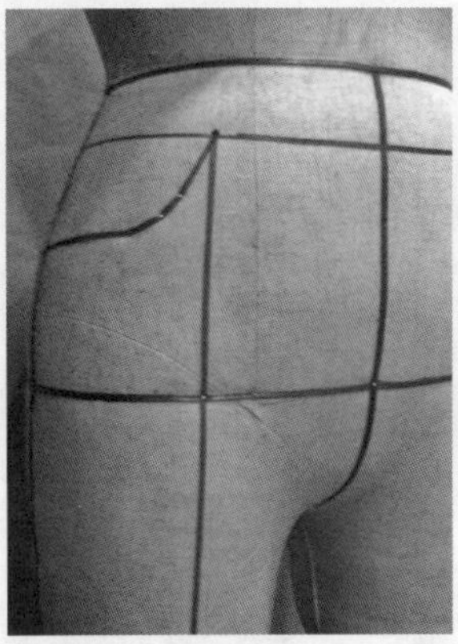

图8-2-4 前片标记线

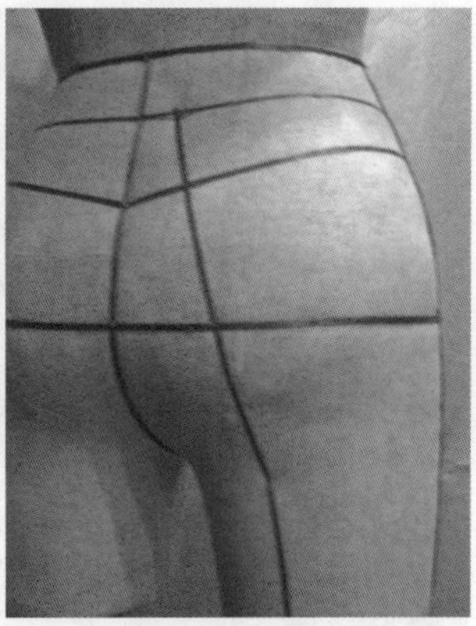

图8-2-5 后片标记线

（二）操作方法与技巧

（1）固定前中线（图 8-2-6）

将前片布料覆合于人体摸型右腿，裤片烫迹线、臀围线与人体摸型的中心线、臀围线对齐。

（2）固定腰围、前裆（图 8-2-7）

从烫迹线向左上方和右上方抚平布料，使腰围部分平整，留出缝份后，把多余部分剪去。同时固定外侧缝和前裆线，把多余部分剪去。

（3）固定前裆弧线（图 8-2-8）

前裆弧线贴合人体模型，弧线要平滑，边调整松度边修剪弧线形状。内侧缝的处理要与外侧缝的一致，保证烫迹线顺直、居中。脚口可以处理成嗽叭形状，内外侧缝要同时调整。膝围的围度不能太窄，要保证自由穿脱。

（4）固定后中线（图 8-2-9）

对齐后片布料和人体摸型的中心线、臀围线，抚平臀围线以上部分布料，把多余部分剪去，并用大头针固定。

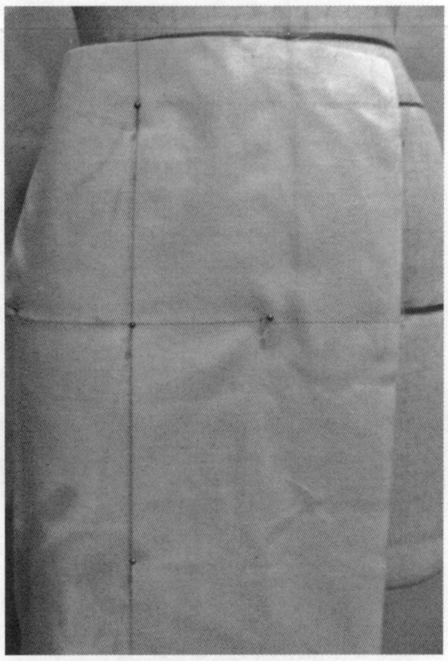

图8-2-6 固定前中线

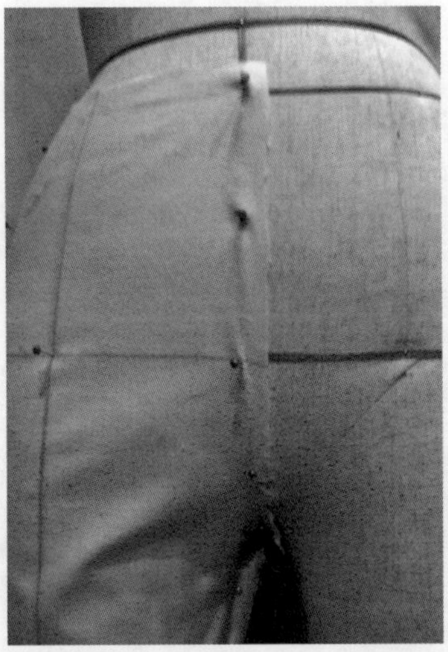

图8-2-7 固定腰围、前裆

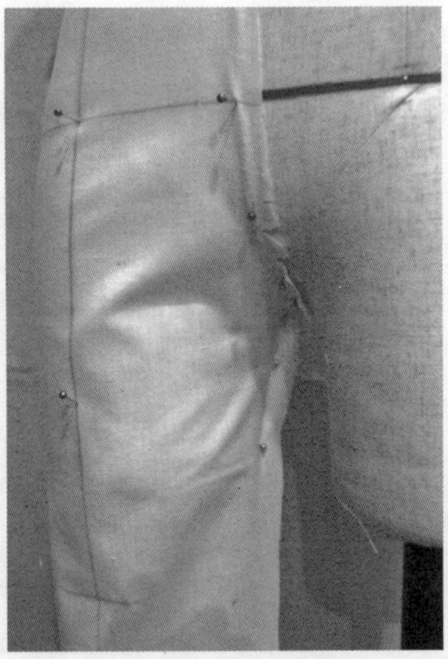

图8-2-8 固定前裆弧线

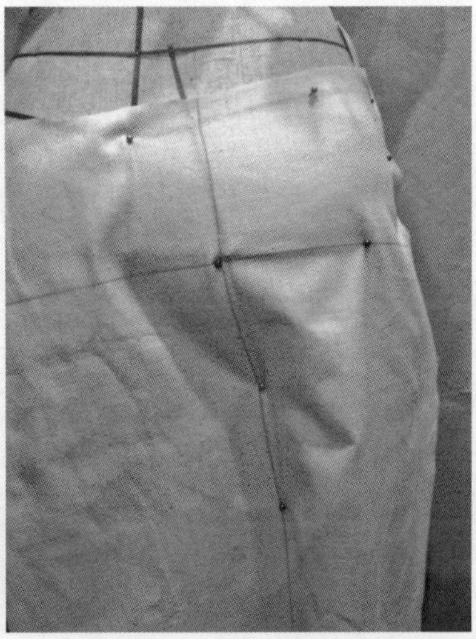

图8-2-9 固定后中线

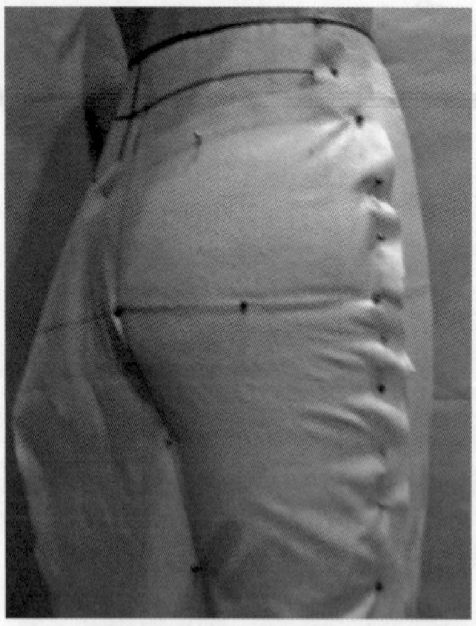

图8-2-10 固定外侧缝

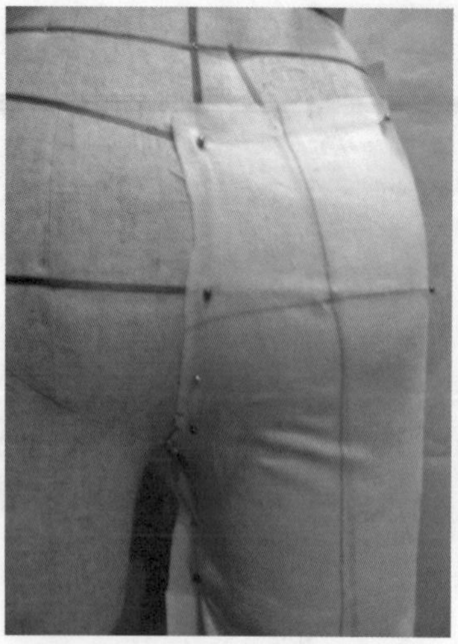

图8-2-11 固定后裆缝

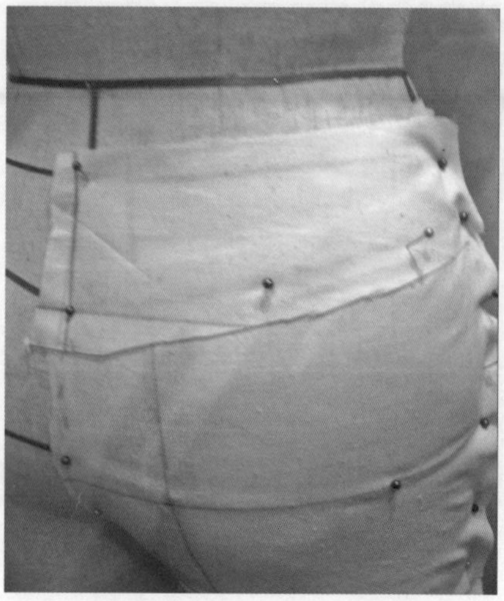

图8-2-12 固定后片育克

（5）固定外侧缝（图 8-2-10）

摆正后中心线的位置，固定外侧缝。要求臀底及大腿处要合体。

（6）固定后裆缝（图 8-2-11）

拉紧后裆缝，边修剪裆缝边固定，同时固定内裆缝，大腿处要合体。

（7）固定后片育克（图 8-2-12）

从腰围中点处向左下方和右下方抚平布料，使之与臀部贴合，将多余部分剪去。

（8）定裤腰（图 8-2-13）

尺小及方法同筒型裤。

（9）点影（图 8-2-14）

在裤片上沿人体腰围、后裆、下裆线、脚口线、外侧缝进行点影。注意育克分割线、后贴袋要标注清楚。

（10）画线、整理（图 8-2-15）

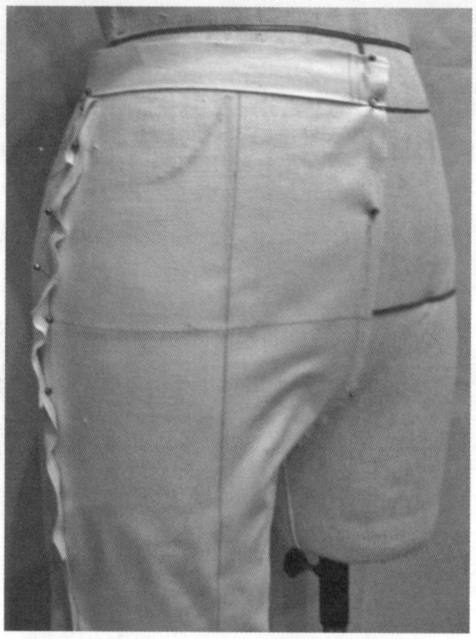

图8-2-13 固定裤腰

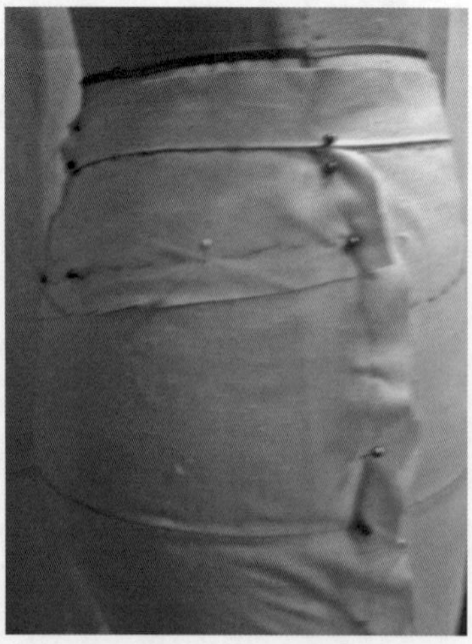

图8-2-14 点影

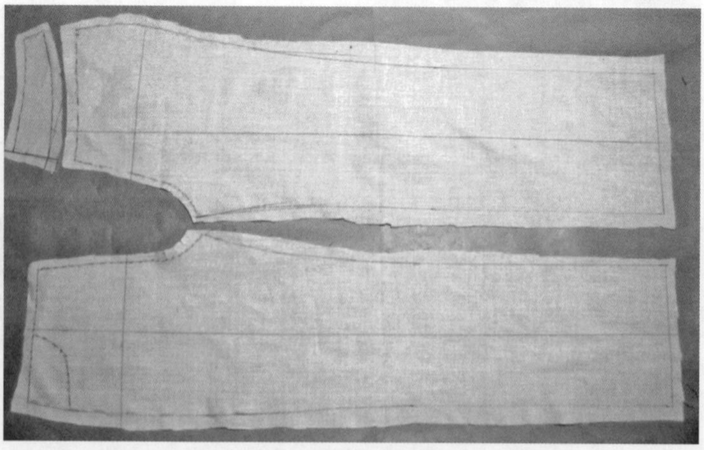

图8-2-15 画线、整理

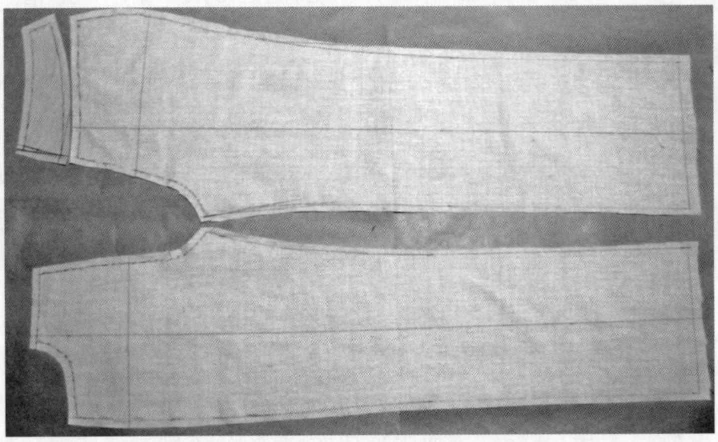

图8-2-16 牛仔分割裤平面展开图

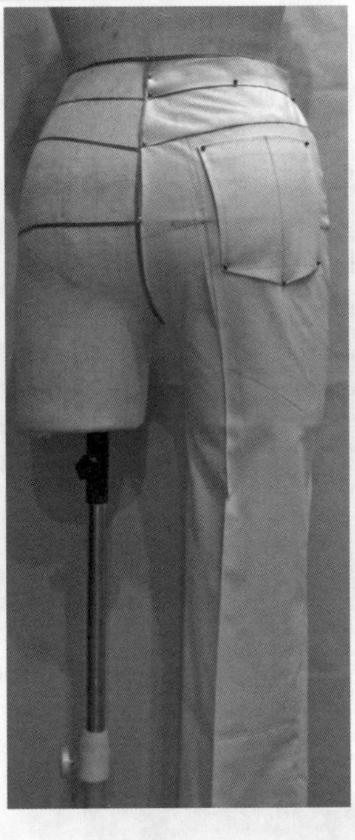

图8-2-17 牛仔分割裤前立体造型　图8-2-18 牛仔分割裤后立体造型

从人体摸型上取下前后裤片，按照点影的位置重新修正裤片结构图。要注意腰围线、裆弧线及内外侧缝等曲线的连接。

(三)总结

(1)牛仔分割裤平面展开图(图 8-2-16)

从展开图可以看出，立体与平面所得到的图形略微有些差别，具体表现在裆宽和裆弧线的形态及尺寸。掌握了裤子裆弧线与人体的关系，在今后的平面制图中能更好地把握裤装的结构造型。

(2)牛仔分割裤立体造型(图 8-2-17、图 8-2-18)

从立体造型中可看出，牛仔分割裤的臀部及大腿的处理更为贴体，侧缝的效果也较好，能将人体的臀部和腿部的优美曲线充分表达出来。

二、罗马裤

罗马裤通常也称垂褶裤，是一种典型的时装裤，整个裤子只有两片，外侧缝一般呈边折状态。两侧的垂褶靠反复折转形成，行走时垂褶自由摆动，给人以粗犷、浪漫、别具一格的感觉。在罗马裤的立体裁剪中，重点要掌握垂褶的产生及形成的方法，注意力的使用，深入理解面料的不同纱向所产生的不同效果。罗马裤款式见图 8-2-19。

(一)准备工作

1. 布料准备

罗马裤采用斜纱面料，外侧缝常采用 45^0 斜纱，这里以八分裤为例。准备

图8-2-19 罗马裤款式

长 90cm、宽 90cm 的正方形布料（根据裤长的需要用料可适当增减），沿对角线方向对折，按图示做出标记。罗马裤用布图见图 8-2-20，布料准备见图 8-2-21。

2. 标记腰围线和臀围线

根据款式要求，用粘带在人体模型上分别贴出腰围线、臀围线及裤长线的位置（图 8-2-22、图 8-2-23）。腰围线可以位于最细处，也可以下落。

（二）操作方法与技巧

（1）固定外侧缝（图 8-2-24）

布料对角线对齐外侧缝，将布料披在人体模型上，从侧面开始操作。从对角线开始，前后各留出 10cm 左右的余量并固定，这是形成的第一个垂褶。

（2）固定垂褶（图 8-2-25）

由前向后分别作出第二、第三个垂褶，并在腰部加以固定。做垂褶时，要注意将腰部的布料向斜上方提拉，并根据垂褶的大小调整布料内部的拉力，使其形成自然的垂褶。这样在行走时就不会因运动而消去垂褶。

（3）形成垂褶（图 8-2-26）

越是向下的垂褶，越难于形成。一定要掌握用力技巧，一方面加大用力，另一方面垂褶也要适当加大。注意，不要强迫使布料成形，否则制成成衣后就

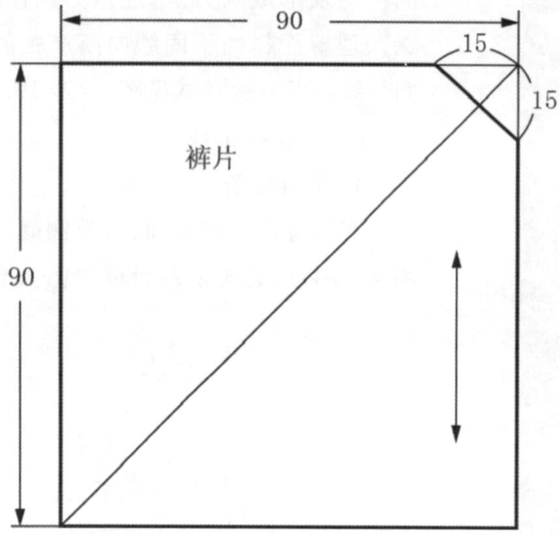

图8-2-20 罗马裤用布图

图8-2-21 罗马裤用布准备

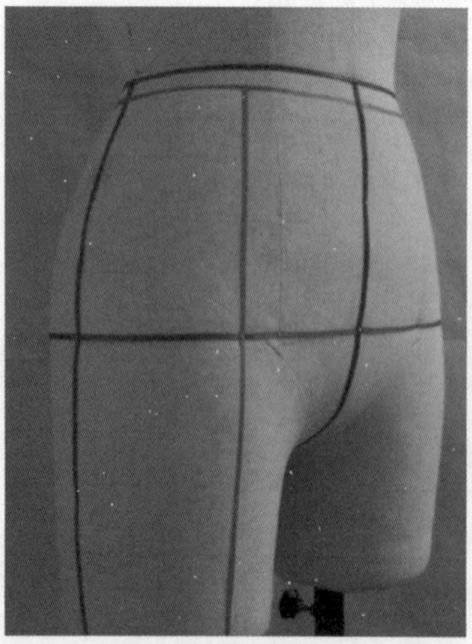
图8-2-22 标记前身

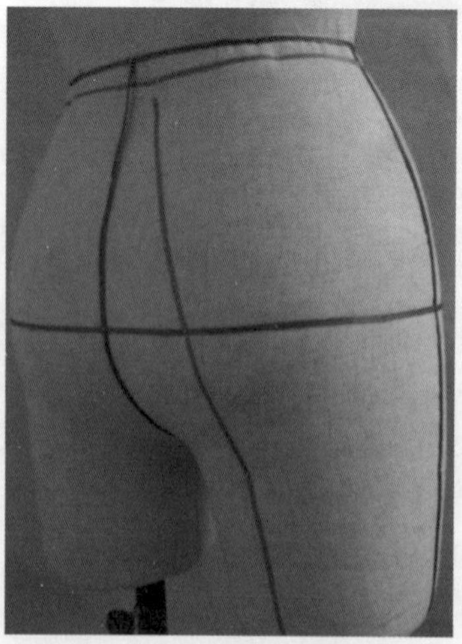
图8-2-23 标记后身

图8-2-24 固定外侧缝

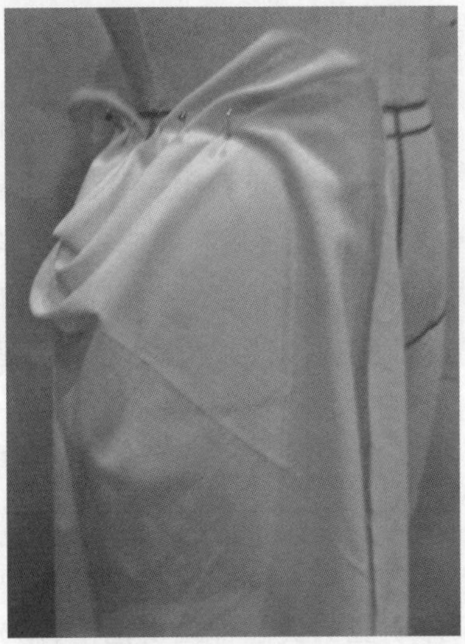

图8-2-25 固定垂褶

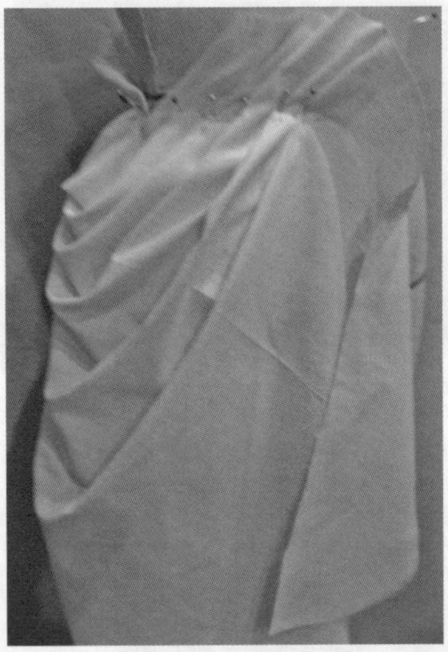

图8-2-26 形成垂褶

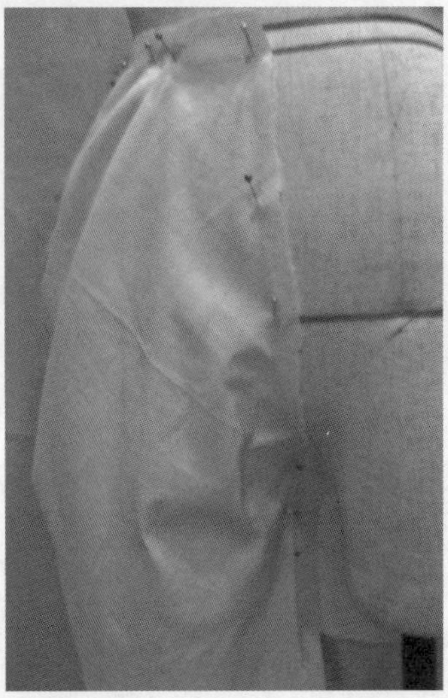

图8-2-27 固定前裆弧线

会恢复原状。

（4）固定前裆弧线（图 8-2-27）

剪去腰围处多余布料。按照筒裤前裆弧线的处理方法，留出必要的缝份，把余料剪去，固定前裆弧线。注意，大小裆点要离开裆底 4cm 左右，以满足款式需求。同时，根据裤片剪去脚口多余布料，做出内侧缝。

（5）固定后裆弧线（图 8-2-28）

剪去腰围处多余部分布料。按照筒裤后裆弧线的处理方法，留出必要的缝份，剪去余料，固定后裆弧线。注意，大小裆点要离开裆底 4cm 左右，以满足款式需求。同时，剪去脚口多余布料，做出内侧缝。

（6）固定裤腰（图 8-2-29）

按筒裤方法固定裤腰，前中心留出 3cm 左右的重叠量。

（7）点影（图 8-2-30）

对腰围线、垂褶位置线、内侧缝及前后裆弧线进行点影。尤其要注意垂褶的位置及大小，防止成品后变形。

（8）画线、整理（图 8-2-31）

从人体摸型上取下裤片，按点影线重新修正裤片结构图形，并根据要求留出缝份，把多余部分剪去。

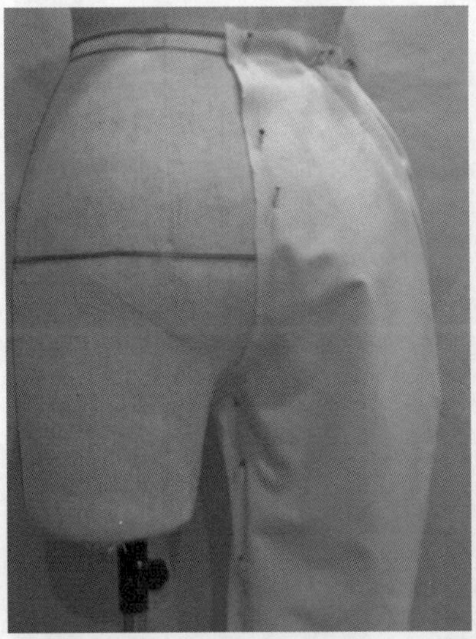

图8-2-28 固定后裆弧线

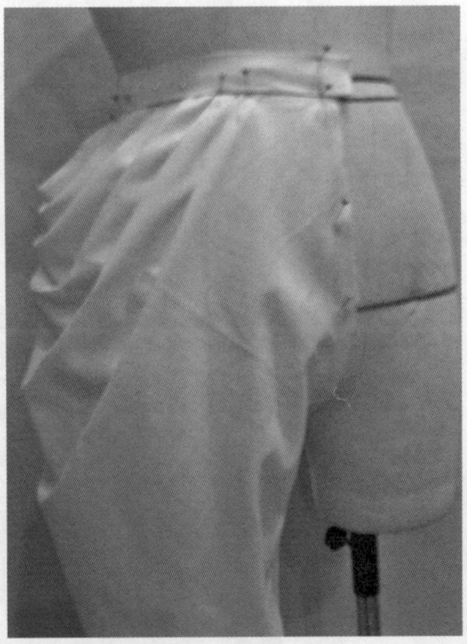

图8-2-29 固定裤腰

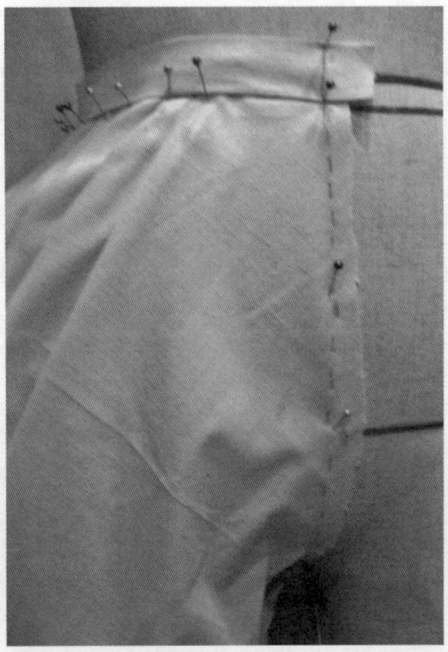

图8-2-30 点影

要注意褶裥和裆弧线的形态处理。

（三）总结

（1）罗马裤平面展开图（图 8-2-32）

从平面展开图中可看出，平面制图更难于把握款式特点，而且制成成衣之后与原有款式有一定差别。因此，像罗马裤这类款式特殊的服装，采用立体裁剪来处理，结构更简单，更容易达到效果。

（2）罗马裤立体造型（图 8-2-33、图 8-2-34）

从罗马裤的立体造型中可以看出，垂褶位于人体明显的突起部位的周围，款式更具特色，利用立体结构设计更容易把握造型，动态效果更好。

图8-2-31 画线、整理

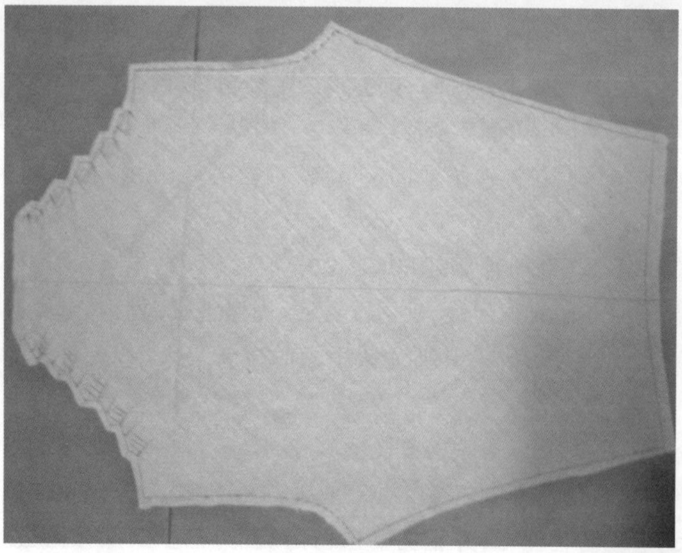

图8-2-32 平面展开图

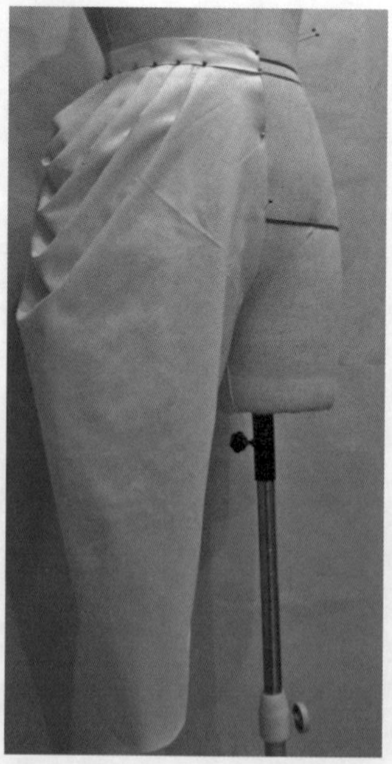

图8-2-33 罗马裤前立体造型

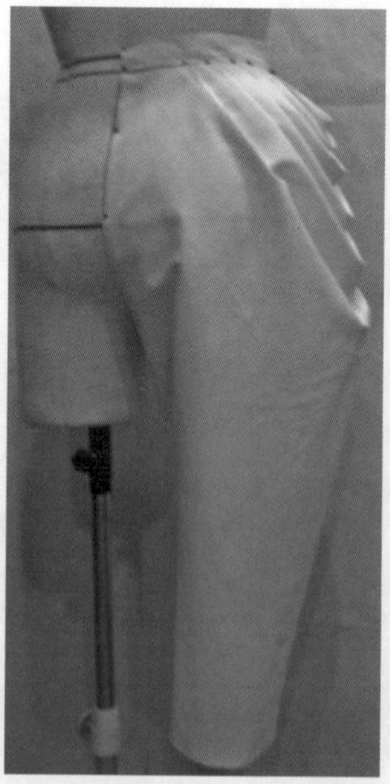

图8-2-34 罗马裤后立体造型

第九章 礼服立体裁剪

礼服华贵高雅、温婉妩媚。礼服款式变化繁多，设计创作空间大，是许多设计师发挥创意、展现艺术才华的创作对象。因此礼服的服装结构大多繁琐、特殊，并运用了较多的装饰元素以增加艺术感染力。这些结构在平面结构设计中往往很难实现，而立体裁剪的灵活、直观的优势能把礼服结构准确、完美地表现出来，因此立体裁剪是礼服制作中重要的方法。服装立体构成艺术与技法是服装立体构成变化的主要方法，在礼服中运用非常广泛。

第一节 服装立体构成艺术与技法

服装立体构成艺术是将布料覆盖在人体模型或其他支架上，运用抽褶、折叠、编织、缠绕、绣缀、堆积、分割等技术手法，将整块布料不通过剪切而只通过用针固定，形成服装的造型。

服装立体构成的技术手法主要有抽褶、折叠、编织、缠绕、绣缀、堆积、分割七种，这些手法既可单独使用，也常组合使用。在立体裁剪中服装立体构成除了用试样布做练习外，还应选择不同面料进行各种实验，通过比较与分析积累经验。

一、抽褶法

（一）抽褶法及其特点

抽褶法是指将布料反复、无规则地折叠固定，或用缝线收紧固定，使面料呈现抽褶效果的褶纹，从而产生必要的量感和美观的折光效应的立体构成手法。这种褶纹具有极强的立体浮起效果和一定的不规则性，极具变化。抽褶法在服装上应用最为广泛。

抽褶的褶纹形态丰富，造型灵活多变，能在服装的各个部位应用，既可以用于局部，也可以整体应用。褶纹的疏密、强弱、刚柔的变化，以及重叠层次、褶纹方向的变化，都能营造出各式各样的服装造型效果。从结构功能上看，打褶与省和分割线一样，也具有合体性和造型性这两种功能。省和分割线的功能可以用打褶的形式取代，但打褶与它们呈现出来的风格却不一样。褶的造型是其他形式所不能取代的。

抽褶具有三种造型特点：第一，褶具有多层的立体效果，具有三维空间的立体感。第二，褶具有运动性。在打褶方式上，褶裥都遵循着一个基本构成方式，即保有固定褶的一方，而另一方自然打开，因此褶的方向性很强。褶通过特定方向牵制了人体的自然运动，富有秩序地不断变换，给人以飘逸灵动之感。第三，褶具有装饰性。褶的造型会产生立体效果、肌理和动感，而这些效果是附着在人身上的，因此会产生造型上的视觉效果和丰富的联想。也就是说，褶的造型容易改变人体本身的形态特征，以新的面貌出现。这也是褶具有装饰性的根源。

一般来说，轻薄的、柔软的面料需要较大的抽褶量才能形成褶纹；挺括的或刚性的面料，其抽褶量比较小，不宜分布过密；坯布类质地的面料，其抽褶量应介于它们之间。通过实验得知，通常面料抽缩前的长度为抽缩后的长度的 1.5 倍时为最佳，但也可以为 2 倍或 3 倍，甚至更多。抽褶法常用材料有丝绸、天鹅绒、丝绒、涤纶长丝及薄型织物。

（二）抽褶法的工艺技术要点

抽褶法的工艺技术要点：①先在布料上画出要抽褶的线的位置，然后在布料上按造型的需要计算出所需抽褶线的长度，抽褶线的长度一般为抽褶长度 ×（1.5~3 倍）；②缝线时注意将线头放在布料反面，线迹长度应长短一致，要边缝合边抽缩布料以观察皱褶的造型效果。若效果不理想则可调整布料的抽缩长度或缝线轨迹；③将抽缩后的布料覆于人体模型上时，要根据造型的需要恰到好处地理顺布痕。一般不要将布料平均地固定，这样会使抽缩起来的

①没抽褶的花边

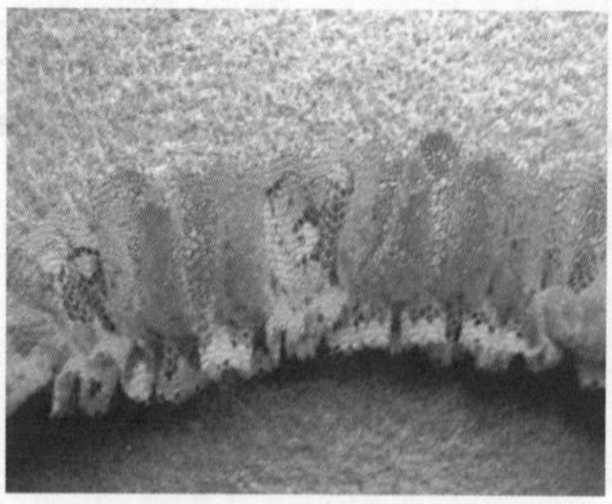

②抽褶后的花边

图9-1-1 花边的抽褶

图9-1-2 放射褶裙

褶起伏小、无节奏感。

(三)抽褶法的工艺方法

这里以花边为例(图9-1-1)来讲解抽褶法的工艺方法:①沿着距花边的底边5mm的位置进行平缝,针脚要大一些。②缝好后,轻轻地沿着缝线将花边抚向缝线打结的方向,做出褶来。③注意不要让褶边太过紧凑。④抽褶时的缝线用手针及用缝纫机缝都可以。用缝纫机抽褶时,把缝纫机的上线压力调松,针迹调大(上线调得松的话,打出的褶较密),然后进行车缝,缝好后将缝线拉紧,即可得到抽褶的效果。

(四)抽褶法应用实例

抽褶法可用于服装局部或整体造型设计。褶的形态多种多样,有碎褶、细褶、宽褶和密褶等。面料的不同,即使同一种褶法,其形态也常常不同。抽褶已成为辨识度最高的时尚经典元素。

1. 局部抽褶法

(1)放射褶裙(图9-1-2):上衣进行曲线分割后,在分割线上下进行抽褶工艺处理,分别从两个方向进行放射抽褶。

(2)蓬松褶裙(图9-1-3):裙身抽缩后形成蓬松造型效果,且裙身为多层,每层都进行抽缩。此裙在抽缩工艺中放入装饰条以固定褶。

(3)纵斜向褶裙(图9-1-4):上衣进行纵斜向分割,在分割线中加入抽缩造型,同时裙身进行悬垂褶处理。此款抽褶量很大。抽褶工艺可参考图9-1-1花边抽褶法先进行抽缩,后再放入分割线中。

(4)裙身分割中的抽褶裙(图9-1-5):裙装有直线分割,在分割线中加入抽缩造型。抽褶工艺可

图9-1-3 蓬松褶裙

图9-1-4 纵斜向褶裙

图9-1-5 裙身分割中的抽褶裙

图9-1-6 细抽褶上衣

图9-1-7 明线抽褶黑色裙

图9-1-8 流线型的抽褶上衣

参考图9-1-1花边抽褶法先进行抽缩，后再放入分割线中。

2. 整体抽褶法

（1）细抽褶上衣（图9-1-6）：细细的抽褶，更加精致与注重细节，所营照出来的立体感也是长条抽褶所不能替代的。它不仅给时装带来凹凸不平的韵律和立体感，还修饰了身材。为穿脱方便，在抽缩工艺中要放入橡皮筋，胸围弹力要适合。

（2）明线抽褶黑色裙（图9-1-7）：此款连衣裙上有横向分割，在每层分割线上进行抽褶，同时裙摆逐渐加大。此款黑色的明线抽褶连衣裙具有自然、纯美的感觉。

（3）流线型的抽褶上衣（图9-1-8）：此款上衣为无领，在领口处加大了抽褶量，使布料自然下垂，形成流线感。夸张的抽褶设计，收肩的领口以及贴体的袖口设计，散发着优雅的古典美。

二、折叠法

（一）折叠法及其特点

折叠法是将布料的一部分按有规则或规则的方法进行折叠，用大头针或针线将折叠的部分拉开或不拉开，从而产生富有立体感、蓬松的外观造型的立体构成方法。折叠法用直丝缕、横丝缕、斜丝缕的布料都可以，根据造型需要可设计在胸、背、腰、肩、头、腿及袖等部位。它在服装中应用较为广泛。

折叠法形成的褶给人轻盈、柔和、流畅的美感，能在褶纹的疏密、凸凹、明暗和运动变化中产生节奏和韵律，为服饰增添丰富多彩的情趣。折叠部位的裥宽度一般可在4～10cm。若宽度过小则可拉开的量太少，不能形成必要的体积和态势；若宽度过大则可拉开的量太多，给人臃肿感。因此适当地选择折叠量是十分重要的。面料宜选用美丽绸、尼丝纺、涤纶乔其纱等挺度好且富有身骨又具光泽感的织物，尤以美丽绸类织物为最佳。折叠法是产生必要的量感和美观的折光效应的立体构成手法。

（二）折叠裥的分类

折叠法是通过布料的折叠完成的，折叠的工艺形式是折叠裥。折叠裥一般由三层面料组成，外层是衣片结构的一部分，称为裥面，中、内层是进行结构设计而展开处理的裥量。折叠裥的分类（图9-1-9）有以下几种：

1. 按其形成外观线型分

（1）直线裥：折叠裥两端折叠量相同，其外观呈一条条平行线。

（2）曲线裥：同一折叠裥所折叠的量不断变化，在外观上形成一条条连续变化的弧线。它一般出现在合体服装设计的人体曲面部位，折叠进去的展开量中含省量。

（3）斜线裥：折叠裥两端折叠量不同，呈均匀变化，外观为一条条互不平行的斜线。斜喇叭裥裙就是典型代表。

2. 按形成折叠裥的形态分

（1）顺裥：指向同一方向打折叠裥。

（2）阴裥：两个折叠裥的两条明折边相对而折的

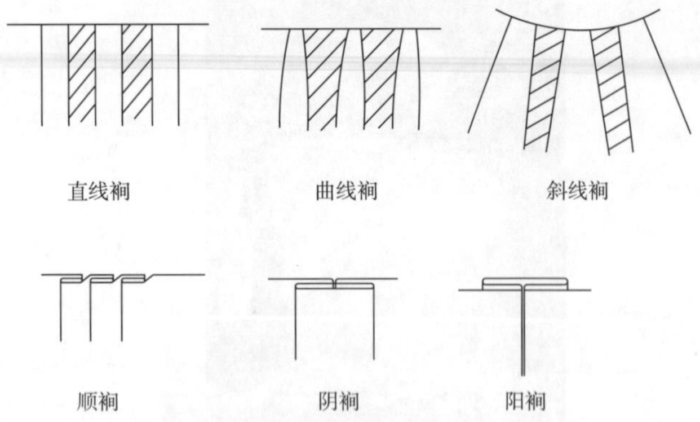

图9-1-9 折叠裥的分类

折叠裥。

（3）阳裥：两个折叠裥的两条明折边相背而折打的折叠裥。

（三）折叠法工艺技术要点

折叠法的工艺技术要点有：①估计用布量。用布量的实际长度（或宽度）= 实际造型的长度（或宽度）+ 折叠造型所需的用布量（或蓬松造型的用布量），折叠用布量 = 折叠个数 × 一个折叠宽度。②确定折叠量。根据蓬松造型的大小估计折叠量的大小，一般蓬松感小的折叠量可取 4~7cm，蓬松感大的折叠量可取 7~10cm。③根据款式造型的需要，确定裥的固定形式。有时裥口朝上或朝下，有时裥口朝左或朝右，有时裥又呈斜向排列。④做蓬松造型的要求。做蓬松造型时要将裥部分的布料拉开，注意动作要轻松，以免将拉开的布变皱或变形，从而影响造型的饱满和厚实度。⑤拉开的或不拉开的裥造型，应与整体造型的风格相统一。

（四）折叠法应用实例

（1）裙侧折叠造型衣（图 9-1-10）

裙侧由向上折叠的横向折叠裥所组成，在折叠裥中将胸腰差解决好。在裙身的前中心部位，有立体的折叠工艺，极富立体感和艺术性。在袖口、领口等处都有折叠。袖口及裙身前中心的折叠是由双层单片折叠布所组成。折叠应用在不同部位以及不同工艺的处理，使整体造型浑然一体，情趣盎然。

（2）整体曲面折叠衣（图 9-1-11）

采用整体曲面折叠使衣片本身具有立体感。服装要通过立体裁剪的方法来实现，在裁剪过程中要预留出弯曲的量。褶裥自然打开，整个造型随意，能产生美妙的阴影感。

（3）穿插重复折叠装（图 9-1-12）

采用折纸宝塔为基础折叠，随着人体体型进行穿插，得到的折纸服装造型效果。此款服装的形成要先通过平面的方法折叠出大小合适的折纸宝塔造型，然后通过立体裁剪的方法与人体造型相结合。

（4）折线折叠衣（图 9-1-13）

此款服装在前胸折叠出有折纸贺卡感觉的立体效果，别具一格。其造型可以通过分解形成，即把外套作为一个整体，里面的衣服也作为一个整体，把做好的折线折叠衣片与外衣相连在一起，做出如折纸贺卡的造型。

图9-1-10 裙侧折叠造型衣

图9-1-11 整体曲面折叠衣

图9-1-12 穿插重复折叠装

图9-1-13 折线折叠衣

图9-1-14 球型胸部编织衣

图9-1-15 随意编织装

三、编织法

(一)编织法及其特点

编织法是将布料折成条或扭曲缠绕成绳状,然后用编织形式编成具有各种美观纹样的衣身造型。若辅之以其他方法如折叠、抽缩等能做成具有雕塑感的立体造型,是具有“前卫”意识的设计师经常使用的方法。编织方法有十字、人字、网状、套结编织和自由编织等。无论用那一种方法,都要在人体凹陷及凸起部位将省道的量分布于条状的编织之中。

编织材料可根据设计的需要在编织前准备好。可以将材料剪成条状,宽略小于2倍的成型尺寸,然后将布条两侧折光后备用;或做成缝份藏在布条里端的扁平状布条;也可将材料剪成宽为5cm左右的布条,搓成布绳后备用。材质可选用素绉缎、棉布、电力纺、多色纱、美丽绸类布料、塑料纸、羽毛、皮革等。还可以根据造型的需要选择具有强折光效应、奇异的立体效果、色彩多变的材料。

(二)编织法的工艺技术要点

编织法的工艺技术要点有:①条状编织造型是将布料折成所需宽度的扁平状布条。布条裁剪宽度为:2×布条实际宽度+2×缝份。②扁平状布条是通过缝纫机缝合来完成,要将缝份藏在布条的里端。布条先面面相对进行缝合,后翻到正面烫平。③将做好的扁平状布条随机地进行编织,形成织纹。对不能紧密排列的部位,应将布条巧妙地在不引人注目的地方进行穿插。④若用羽毛进行编织,则将羽毛放在衬布上为好。

(三)编织法应用实例

(1)球型胸部编织衣(图9-1-14)

在裙身胸部用扁平状布条进行曲线编织,形成球型织纹,织物组织具有浮起效果和一定的规则性,生动活泼、极具情趣和变化。

(2)随意编织装(图9-1-15)

此款服装由绳随意编织而形成。随意编织给人一种不规则性,具随意效果,织纹形成后有一定的立体感。

(3)曲线编织裙(图9-1-16)

通过曲线编织而构成。先做基本裙装,然后在基本裙装上有秩序地进行编织。裙身立体感强。

图9-1-16 曲线编织裙

图9-1-17 羽毛编织装

（4）羽毛编织装（图 9–1–17）

服装的上部分由羽毛编织而形成，属编织法比较特殊的一种。先做好透明衬布，将羽毛放在衬布上并加以固定。

四、缠绕法

（一）缠绕法及其特点

缠绕法是将布料有规则地或随机地缠绕在人体或人体模型上。缠绕法是人类自古至今最基本的服装样式之一，从原始人用树叶、兽皮缠绕裹身作为身体的遮蔽和保暖物，古罗马人用缠绕式托嘎作为装束以及印度妇女的莎丽装，到现代法国女装设计师格瑞夫人著名的缠绕式时装，缠绕式造型样式真可谓千姿百态源远流长。

缠绕前要把布料集中在缠绕的放射点周围，把布料的边缘折光。缠绕后形成的布纹应该流畅，呈自然的放射状，不能过分生硬。这样的缠绕造型显得生动活泼，折边上形成立体感强烈的布痕效果，富有生气。缠绕法常用材料宜选择有光泽或有弹性的美丽绸、涤丝纺等织物。由于材料的光泽感，经缠绕后会形成有规则的或自由形态的光环，使立体造型倍具艺术感染力。

（二）缠绕法的工艺技术要点

缠绕法的工艺技术要点：①为布料的缠绕作好前期准备工作，根据款式的需要将准备用于缠绕的部位确定下来。②布料的边缘要折净、折光，形成的布纹要流畅自然、不能生硬刻板。③布纹的形成易呈放射状、波纹状，通过布痕的机理效果充分表达出来，缠绕法的造型活泼且富有生气和趣味性。④在缠绕的过程中，根据造型的需要可进行再设计。

（三）缠绕法应用实例

（1）缠绕坦领装（图 9–1–18）

缠绕部位主要集中在胸部两侧，衣领与衣身进行缠绕。大坦翻领缠绕在人体的肩、胸及颈部，形成较大的立体起伏状，显出雍容华贵的造型。衣身中也有斜向缠绕，与衣领交相辉映。领与袖身为一块布，领自然缠绕后过度到袖片。此款面料应选择有较好塑形性的材质。

（2）缠绕波浪裙（图 9–1–19）

上身进行缠绕造型设计。在上身的前胸处有斜向缠绕，此处缠绕比较随意，材料悬垂于裙摆，产生波浪感。裙身的左侧至右侧有斜向的缠绕，此处缠绕有一定的规律性。整体造型形成线条流水感。

（3）缠绕垂褶裙（图 9–1–20）

在右臀至左胯下形成环形缠绕，在右臀下将布料缝缩，左胯处折叠缠绕，形成叠加波纹。整体造型富有变化，给人以美感。

（4）缠绕花朵裙（图 9–1–21）

在裙身上用较宽布片进行缠绕形成立体感较强的大花朵。

图9–1–18 缠绕坦领装

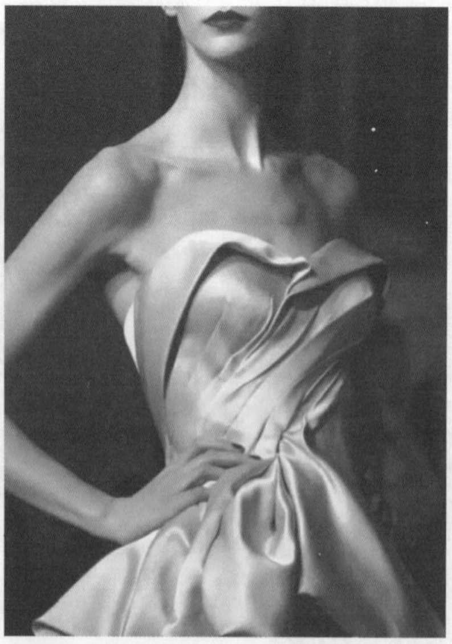

图9–1–19 缠绕波浪裙

图9–1–20 缠绕垂褶裙

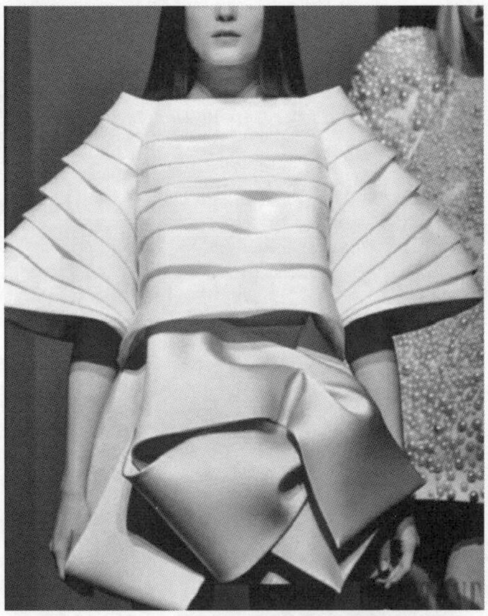

图9-1-21 缠绕花朵裙

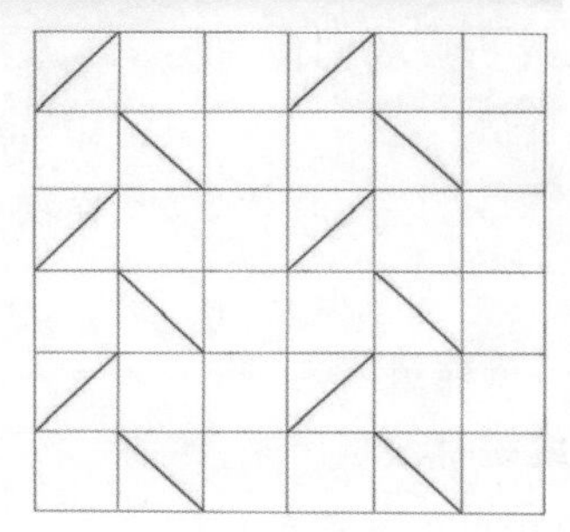

图9-1-22 人字针针法

图9-1-23 人字针完成图

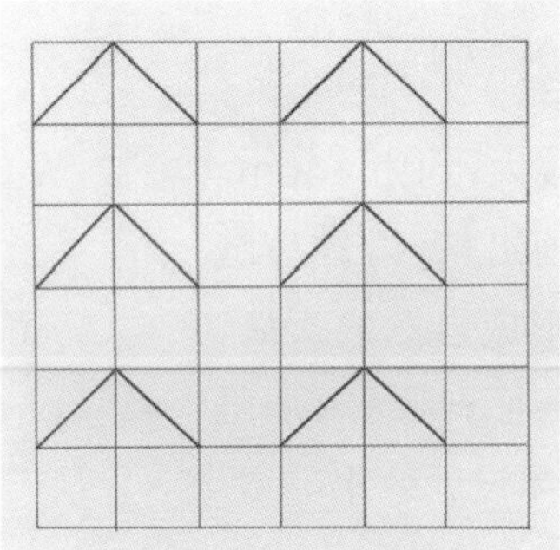

图9-1-24 八字针针法

图9-1-25 八字针完成图

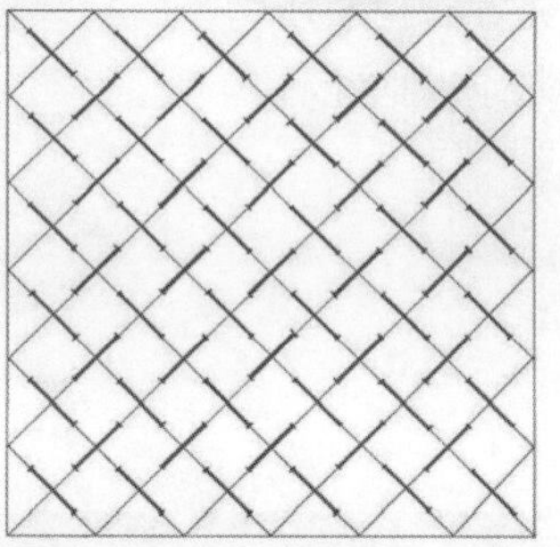

图9-1-26 十字针针法

图9-1-27 十字针完成图

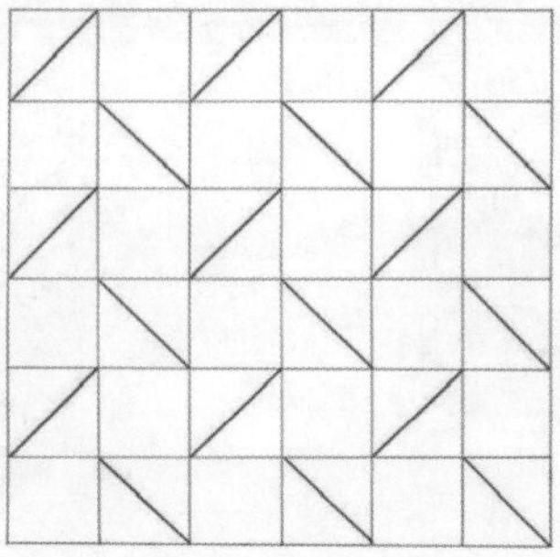

图9-1-28 双人字针针法

图9-1-29 双人字针完成图

五、绣缀法

（一）绣缀法及其特点

绣缀法是通过手工缝缀形成凹凸、旋转等立体感强的纹理，装饰在服装的各个部位，通过巧妙的大头针别合方法，在人体模型上形成优雅别致的造型。它的处理方法常有两种：一种是用布料缝缀成图案后用针与衣服固定；另一种是直接在衣服上缝缀成图案。绣缀法所使用的材料要求可塑性好，具有适当的厚度和较丰富的视觉效果。绣缀法有人字针法、八字针法、十字针法、双人字针法等绣缀针法。

绣缀法常见的工艺方法：①人字针法（图 9-1-22、图 9-1-23）。②八字针法（图 9-1-24、图 9-1-25）。③十字针法（图 9-1-26、图 9-1-27）。④双人字针法（图 9-1-28、图 9-1-29）。

（二）绣缀法的工艺技术要点

绣缀法的工艺技术要点：①先观察服装款式造型，在服装款式造型所需的部位上将绣缀针针法画出来，并将针法图中的直线两端进行缝缩。绣缀针针法的每格间距根据款式缝缩需要而定，可宽可窄，一般为 2~7cm。②在需要的部位用人字针、八字针、十字针、双人字针等绣缀针法将布料缝缀起来，形成有规则的、立体感强的折痕。③根据款式造型需要，用大头针将布料巧妙地加以固定，注意要使具有装饰性折痕的布料充分地显示在重要的部位。④进一步从整体上进行调整，使具有装饰性折痕的部位与其他部位能有机地组合、浑然一体。

（三）绣缀法应用实例

（1）胸腰绣缀裙（图 9-1-30）

在胸腰部位进行绣缀工艺设计，缝缩量较大，约为 16cm。先在胸腰部位的反面将绣缀针法画出来，再进行缝缩。缝缩部位的上端留有 10cm 宽的布料及腹部下端的布料不绣缀，使其形成自然的折痕，裙下端再进行绣缀工艺处理。

（2）腹腰绣缀垂褶裙（图 9-1-31）

在腹腰绣缀工艺设计，缝缩量较大，约为 14cm。先在腹腰部位的反面将绣缀针法画出来，再进行缝缩。臀部下端的布料不绣缀，使其形成自然的折痕，裙身再进行垂褶设计。此裙为双层面料，绣缀加垂褶设计营造出肌理变化的灵动的整体设计效果。

（3）不对称灯笼绣缀礼服（图 9-1-32）

运用菱形网状花纹，加上两种颜色，呈现出一种不对称的美。根据计算用料原则，首先算出裙子所需要的用量，然后加上上身绣缀花苞造型所需要的量，再加上修正量。

（4）喇叭花绣缀裙（图 9-1-33）

裙装的上部分合体，下部分呈喇叭状。先把整体裙装制作出来，用双层本色料制作大喇叭花，并固定在裙身上。此裙材料需有一定的挺括性。

图9-1-30 胸腰绣缀裙

图9-1-31 腹腰绣缀垂褶裙

图9-1-32 不对称灯笼绣缀礼服

图9-1-33 喇叭花绣缀裙

六、堆积法

（一）堆积法及其特点

堆积法是根据面料的剪切性，从多个不同方向进行挤压、堆积，以形成不规则的、自然的、立体感强烈的皱褶的立体构成技术手法。由于堆积法能利用织物皱痕的饱满及折光效应，因此堆积法形成的造型极富艺术感染力。该法宜选择剪切特性好的、具有一定挺度及富有光泽感的材料，如素绉缎、美丽绸、斜纹绸、尼龙纺等织物。

（二）堆积法工艺技术要点

堆积法的工艺技术要点：①从三个或三个以上方向挤压、堆积布料，使布料皱褶堆积呈三角形或多边形。②各个皱褶之间最好不能形成平行堆积关系，否则会显得呆板、单调，而且各部位的堆积量要大小不同，有所变化。③皱褶堆积时要有一定的高度，堆积高度要根据款式而定，一般为3cm左右。④在堆积布料时，要边操作边观察，发现不自然的布痕要放松布料以重新操作；同时要注意布料的剪切特征，越是斜向的布料形成的布痕弹性越强，立体感也越强。

（三）堆积法应用实例

（1）帽饰堆积衣（图9-1-34）

由帽饰自然下垂堆积，材料为单层，自然下垂后的布料固定于腰上，形成有线条清晰的堆积垂痕，具有一定的装饰性。

（2）球型抽缩堆积裙（图9-1-35）

裙装通过堆积形成球型，在裙身上有三道横向分割。第一道分割线的位置在领口下约8cm，裙身通过抽褶固定在第一道分割线中，下端抽缩后固定于第二道分割线，衬裙略短，使裙身形成球状，给人膨胀感；第二道分割线的位置在腹臀部，裙身的制作方法与上层裙身相同，堆积后也形成球状；第三道分割线的位置在膝部，在此位置固定最下端抽褶后的裙身。

（3）波浪堆积衣（图9-1-36）

上身为宽松造型，在肩及胸部衣身上有布料堆积的波浪造型，波浪是通过抽缩堆积而成。波浪的堆积是随意的，但要注意波浪的造型。

（4）花球绣缩堆积裙（图9-1-37）

此裙上窄下宽，上端在领口处抽缩并加以固定。在裙身的腹臀部，有堆积绣缩的花球（此花球是将布

图9-1-34 帽饰堆积衣

图9-1-35 球型抽缩堆积裙

图9-1-36 波浪堆积衣

图9-1-37 花球绣缩堆积裙

料抓起后进行缠绕所形成)。做好花球后多余的裙身垂向两侧，裙下部有堆积产生。注意在堆积布料时要边操作边观察，要根据款式确定造型设计。

七、分割法

(一)分割法及其特点

分割法是通过分割线对服装进行分割处理，可借助视错原理改变人体的自然形态，从而创造理想的比例和完美的造型。在服装设计中可运用分割线的形态、位置和数量的不同组合，以形成服装的不同造型及合体状态的变化规律。随着分割线的构成和工艺处理的不同，在服装中它始终表现出迥然不同的装饰风格以及丰富多彩的审美情趣和艺术韵律。现代分割线具有种类繁多、个性明显、穿着效果好等特点，在服装设计和工艺中的运用独树一帜。

服装设计是通过线条的结合而展开的，服装式样的演变是凭着线条的操纵而产生的。“线”在服装造型中有着重要的价值，它既能构成多种形态，又能起装饰和分割形态的作用；既能随着人们的线条灵活地进行塑造，也可以改变人体的一般造型特点，兼具功能特点，它对服装造型与合体起着主导作用。

(二)分割线的种类

衣片上的分割线按结构设计的性质可分为功能型(工艺型)分割线和装饰型(造型)分割线。功能型分割线一般在设计中有较固定的位置和形态，含有省量，多用于合体的服装；装饰型分割线的位置、形态较随意，它不含有省量，多用于宽松型服装。衣片上的分割线按形态可分为横向、纵向、斜向、直线、曲线等分割线。

1. 纵向分割

衣片上的纵向分割是决定服装围度风格的重要组成部分。纵向分割线把人体可以分成若干几何块面。纵向分割线位置若设计在人体最突出和有代表性的转折块面的分界线上，则人体的体型表现优美，合体服装就无皱折且伏贴。衣片的纵向分割主要表现为这几种形式：①三开身：如西服就是三开身的纵向分割形式。②四开身：如衬衣、外套、风衣等就是四开身的纵向分割形式。衣片的纵向分割线设计在侧缝线上。③领口省与腰省、袖窿省与腰省等都是纵向分割。④公主线、刀背缝份割：将肩省与胸腰省结合起来形成一条纵向分割线，就是经典的公主线。公主线、刀背缝份割都是以人体胸高点和肩胛骨为设计重点，多用在合体服装上，因为设计在人体前后面与侧面的分界线上，可以更显现人体的曲线美。

2. 横向分割

主要体现为一种水平或近似水平的分割线，如将袖窿省与前中心省连接形成横向分割，将肩胛省转移至袖窿处，连接两省形成后片的水平分割。衣片的横向分割主要表现为三种形式：①以不同的衣长作为横向分割的表现形式。②以腰部附近断缝作为横向分割的形式。③以育克作为横向分割的形式。

3. 斜向分割

斜向分割是界于水平与垂直之间的分割形式，且是一种不对称的分割，如将右衣身的肩省与左衣身的侧缝省连接，形成贯穿衣身的斜向分割线。

4. 直线分割与曲线分割

在服装分割线设计中，成型后的线形主要表现为直线分割与曲线分割两种基本形式，其余皆是在此基础上的变体。直线分割是分割的基本表现形式，而曲线分割是对分割设计的丰富，但应注意的是，曲度越大，工艺难度也就越大。

(三)分割法的工艺技术要点

分割法的工艺技术要点：①在人体模型上确定

分割部位，并用标记线标识出来。②分割部位的确定是按仿形方法绘出分割线的形态，按类比的方法确定分割线的位置。③按照立体裁剪原型的操作方法与步骤分片完成，分割线要光滑美观。④分割线将衣片分为两部分，其两侧分割线互为相关结构线，形态要吻合、长度应相等或结构线一方需将展开量进行工艺加工后使其长度改变以达到与另一方相关结构线长度相等。

（四）分割法应用实例

（1）金属曲线分割礼服（图9-1-38）

此套裙为合体礼服。礼服上的曲线分割大多为功能性分割，特别是胸下的曲线分割，对合体性起着重要作用。在服装的边缘和胸部上添加带状金属物体，使服装显得高贵、有质感。

（2）皮革加横线分割服（图9-1-39）

上装为横线分割服，带有色彩的圆形分割皮革被分散地添加到服装中，使服装变得更加活泼可爱、有创意。

（3）镂空曲线紧身衣（图9-1-40）

紧身衣后背呈曲线镂空状，立体裁剪时先将分割线的位置在人体模型上标记出来，然后进行衣片立体裁剪。在立体裁剪中，曲线部位的裁片应略拉紧，以免成衣后弧线部位松出。

（4）多片重叠分割服（图9-1-41）

此款为较合体服，身上有若干个的多片重叠衣片所形成的分割线。在多片重叠分割中，要注意分割线之间的位置及分割线的形态。

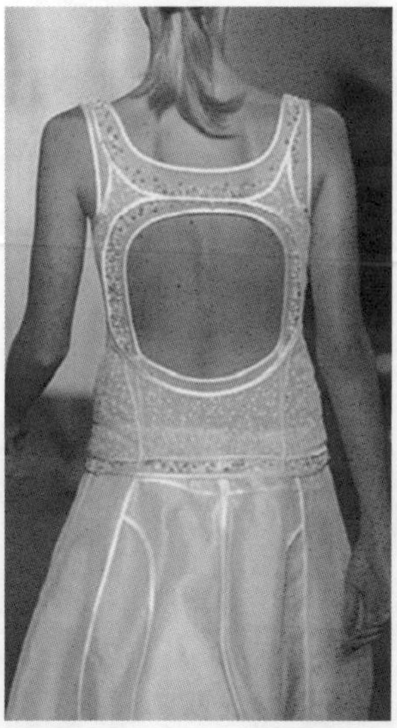

图9-1-40 镂空曲线紧身衣

图9-1-41 多片重叠分割服

图9-1-38 金属曲线分割礼服

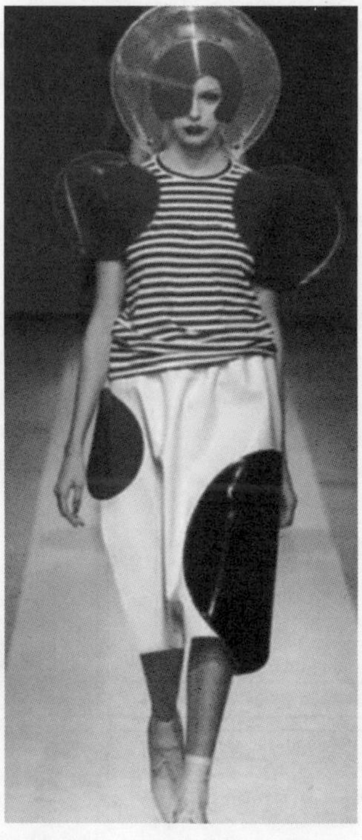

图9-1-39 皮革加横线分割服

第二节 表演礼服

表演礼服大多运用特殊的服装结构表现服装新、奇、特，以表达某种时尚和设计理念。为突出舞台表演效果，此类服装通常造型夸张，有很强的创意性。因此表演礼服最适合用立体裁剪的方法来制作。

一、流线折叠立围式表演礼服

此款服装造型独特，有很强的雕塑感，在紧身衬裙外运用中厚面料的挺括度塑造出具有流畅线条的立体效果。衣身与裙身造型的完美呼应使得服装整体造型立体感强、层次分明，具有大气、高贵之感。流线折叠立围式表演礼服款式造型见图 9-2-1。

（一）准备工作

1. 补正人体模型

在制作礼服前先对人体模型的胸部进行补正。补正程度以着装者穿戴胸衣时的状态为准。补正人体模型见图 9-2-2。

2. 布料准备

取一块布料，纵向为衣长 +6cm，横向为胸围 /4+6。在布料上画好前后中心线、前后腰围线、BP 点等。布料准备见图 9-2-3。

3. 款式标记

根据设计的要求，用粘带在人体模型上贴出礼

图9-2-1 流线折叠立围式表演礼服款式

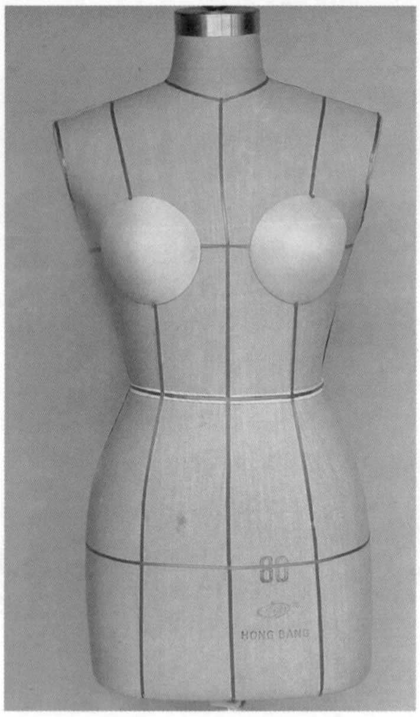

图9-2-2 补正人体模型

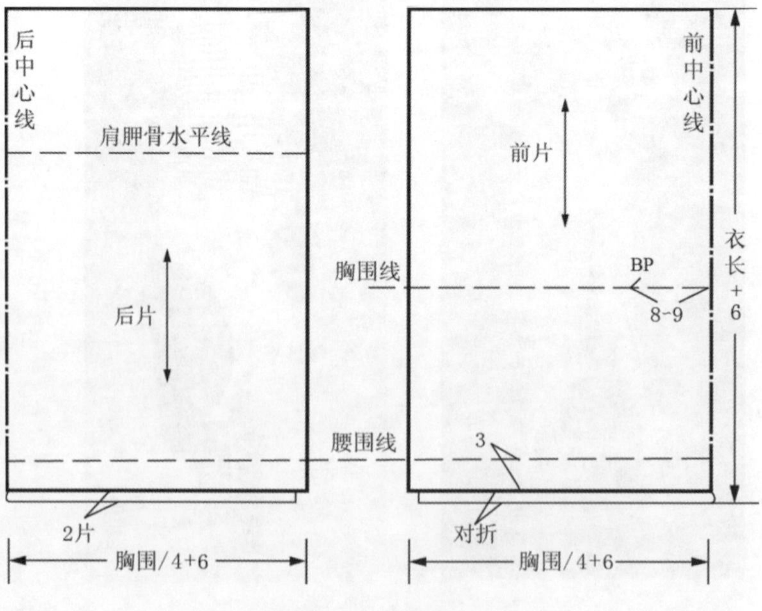

图9-2-3 布料准备

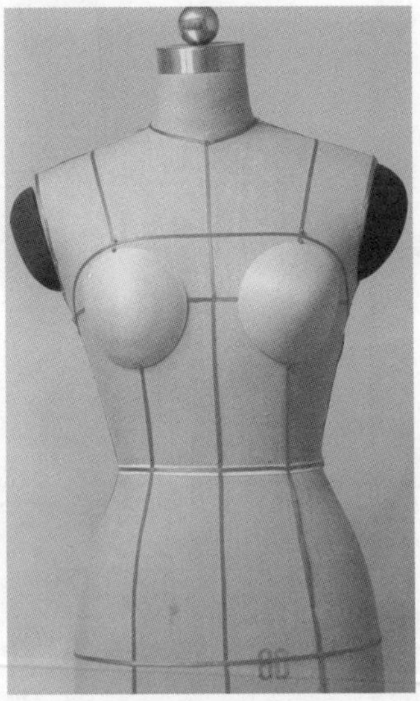

图9-2-4 款式标记

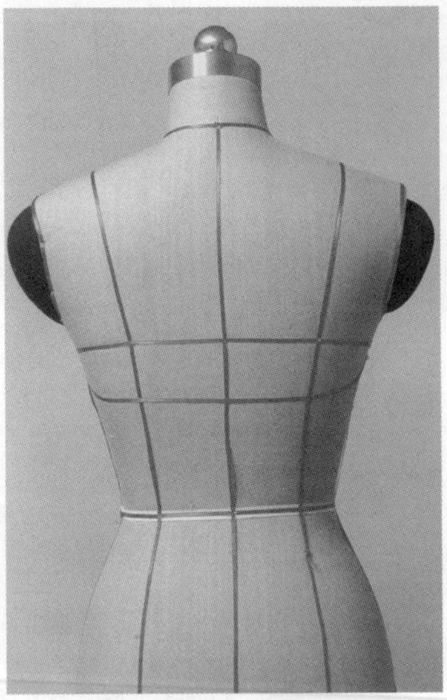

图9-2-5 款式标记

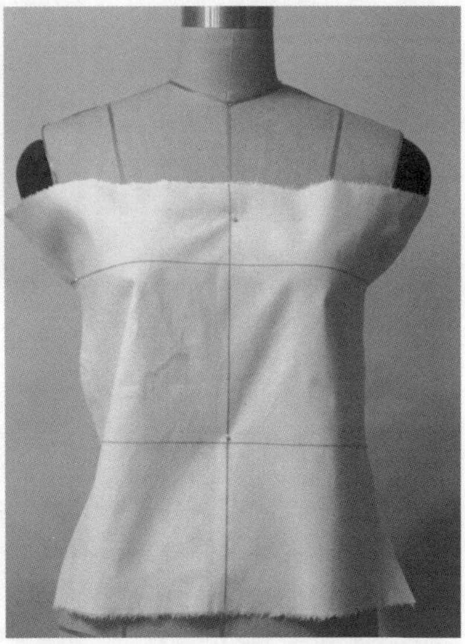

图9-2-6 固定前片紧身衬衣布料

服里面的紧身衣的造型。款式标记见图 9-2-4、图 9-2-5。

(二)操作方法及技巧

(1)固定前紧身衬衣布料(图 9-2-6)

将布料覆在人体模型上,并将前中心线、BP 点与模型上相应的线的对齐并固定。

(2)前片紧身衬衣的制作(图 9-2-7)

按照人体模型标记线的位置确定紧身衣上端边缘的位置,将省量在胸腰处捏出,修剪、整理后固定。

(3)后片紧身衬衣的制作(图 9-2-8)

与前片制作方法相同,按模型标记线的位置确定紧身衣上端边缘的位置,将省量在腰围处捏出,修剪、整理后固定。

(4)前后片裙身的制作(图 9-2-9—图 9-2-11)

把布料的标记线与人体模型的标记线对齐,一边按设计要求整理波浪造型,一边在腰围处打剪口并固定,然后确定侧缝及下摆线位置。前、后裙身的制作方法相同,修剪、整理后固定侧缝。

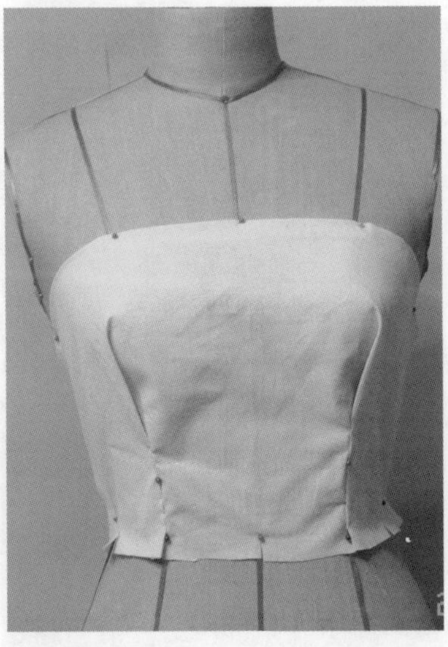

图9-2-7 前片紧身衬衣的制作

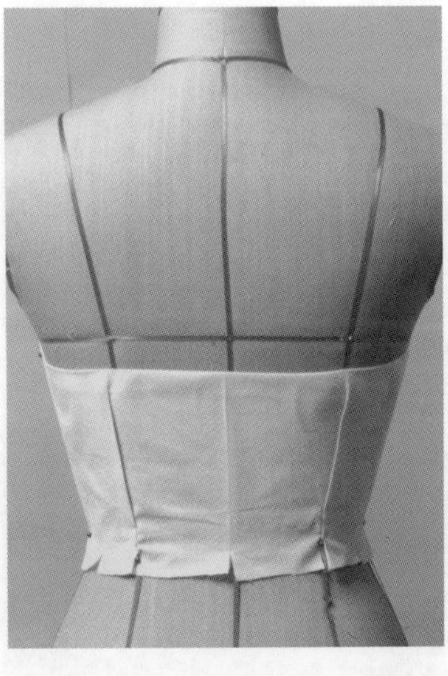

图9-2-8 后片紧身衬衣的制作

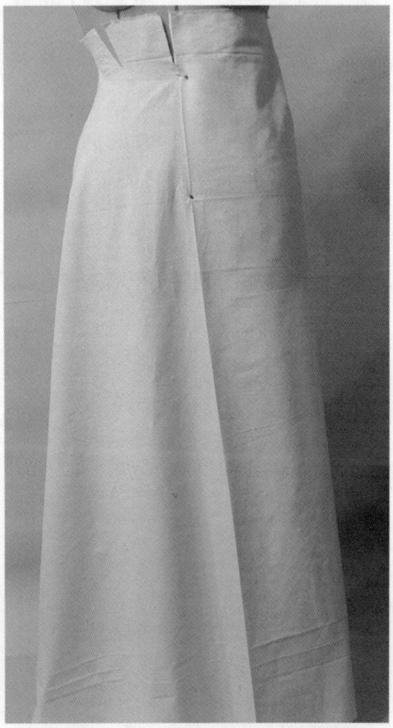

图9-2-9 裙身制作

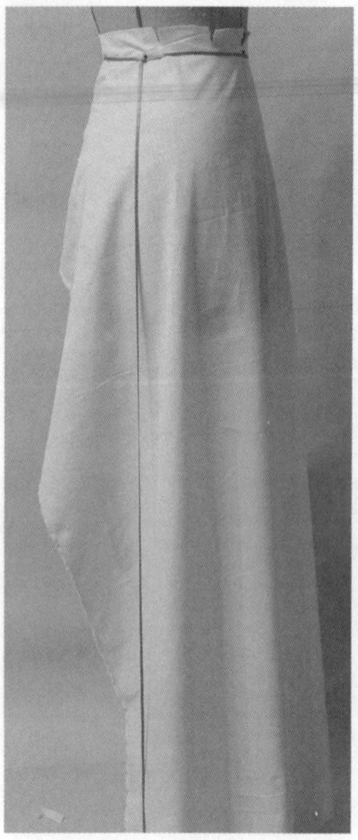

图9-2-10 裙身制作

图9-2-11 裙身制作

图9-2-12 前紧身衣裙整理

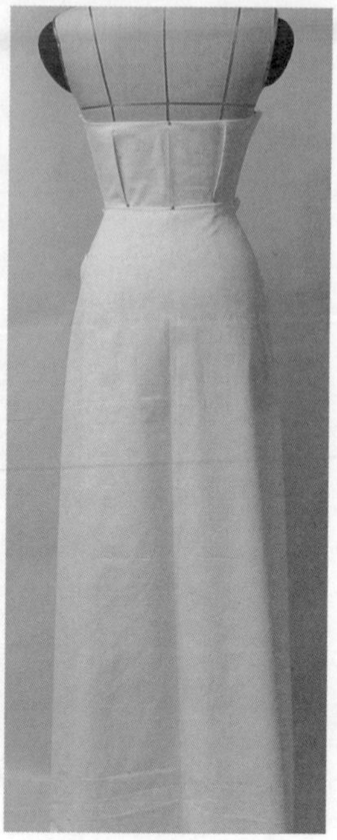

图9-2-13 后紧身衣裙整理

（5）前、后紧身衣裙的整理（图 9-2-12、图 9-2-13）

将前、后紧身衣裙进一步整理。

（6）前左侧衣身的制作（图 9-2-14、图 9-2-15）

按照设计要求将布片在模型腰部铺平把所有省量推到胸部上方，使布片上方远离胸部形成立体效果，固定好后修剪造型。

（7）前右侧衣身的制作（图 9-2-16、图 9-2-17）

与左片制作方法相同，按照设计要求将布片在人体模型腰部抚平，把所有省量推到胸部上方，在适当位置折叠做出多层次造型，布片上方远离胸部形成立体效果，固定好后修剪造型。

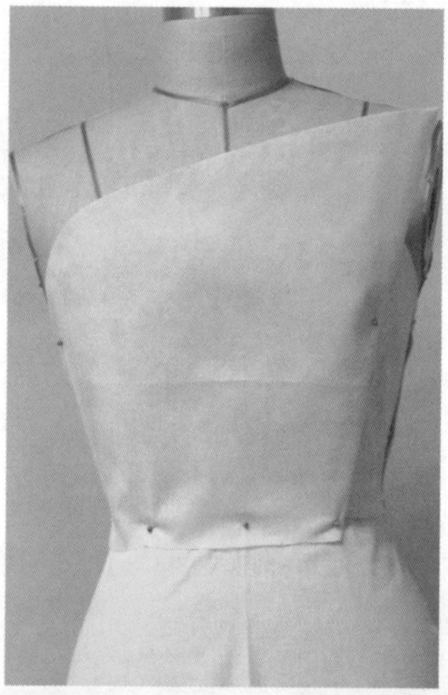

图9-2-14 前片正面衣身的制作

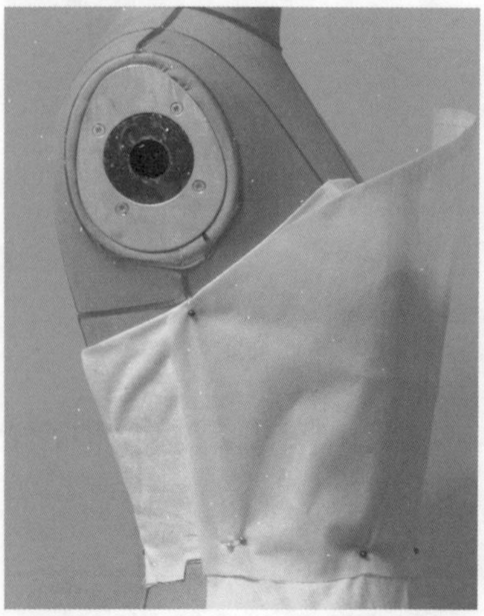

图9-2-15 前片左侧面衣身的制作

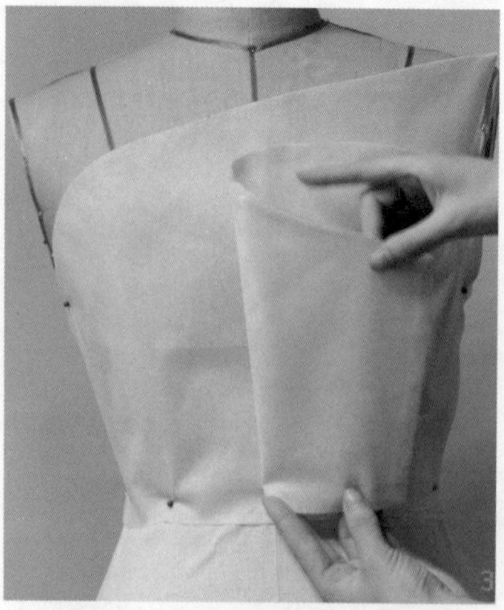

图9-2-16 前片右侧衣身的制作

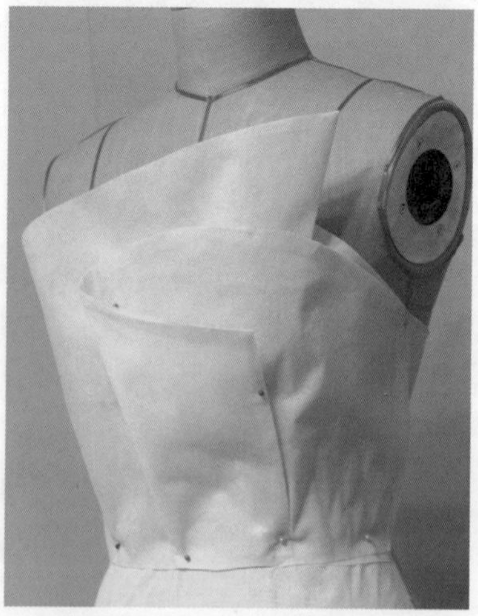

图9-2-17 前片右侧衣身的制作

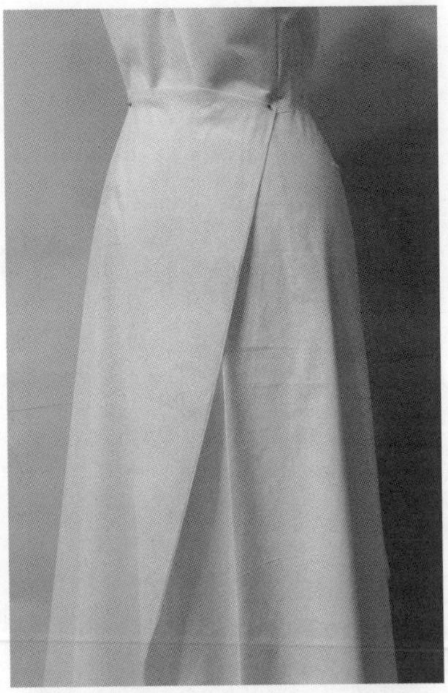

图9-2-18 前片左侧裙身的制作

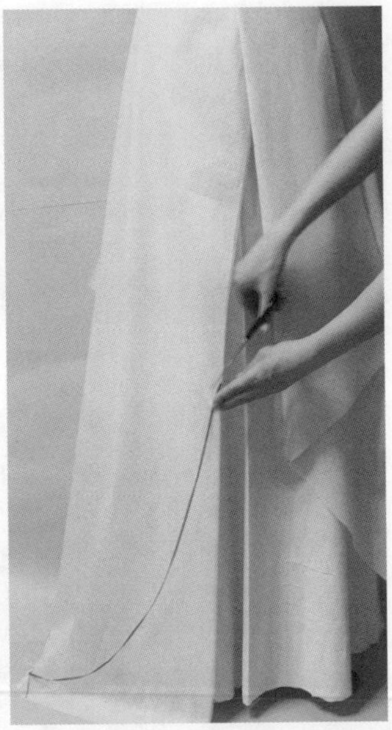

图9-2-19 前片左侧裙身的制作

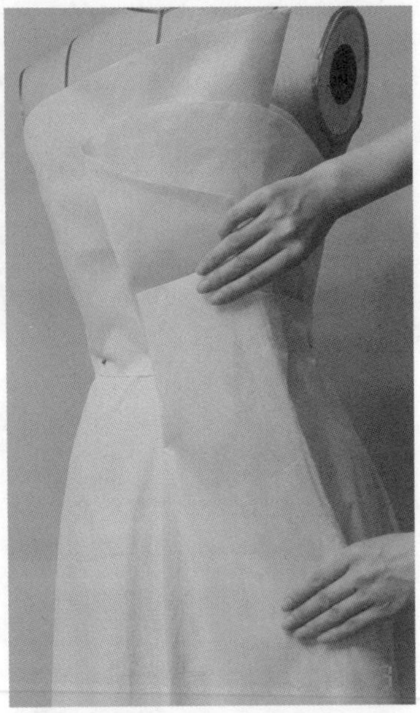

图9-2-20 前片右侧裙身的制作

（8）前片左侧裙身的制作（图 9-2-18、图 9-2-19）

将裙片调整为边缘倾斜一定角度的斜裙，固定后修剪前下摆边缘。

（9）前片右侧裙身的制作（图 9-2-20、图 9-2-21）

将右裙片折叠宽度、倾斜角度与衣片相协调，调整、固定后修剪裙前下摆边缘成流线造型。

（10）修剪、整理裙身造型（图 9-2-22、图 9-2-23）

按照款式造型进一步修剪裙身，并与上身造型协调一致，使之造型优美、线条流畅。

（11）裙腰带的制作（图 9-2-24、图 9-2-25）

纵向取腰围长加缝份，横向取 13cm+2cm（缝份），经纱向，横向折叠后固定在腰围处。

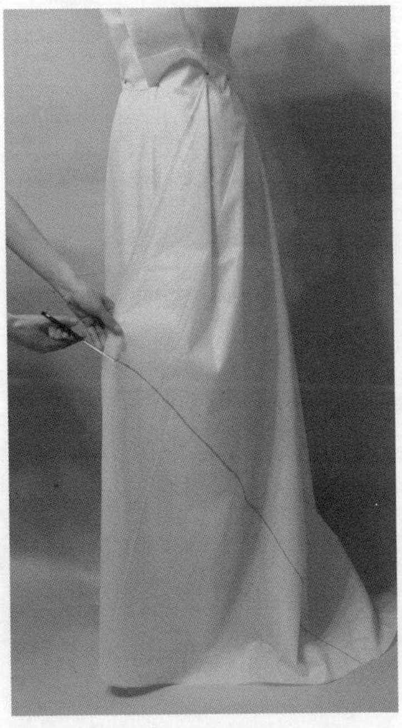

图9-2-21 前片右侧裙身的制作

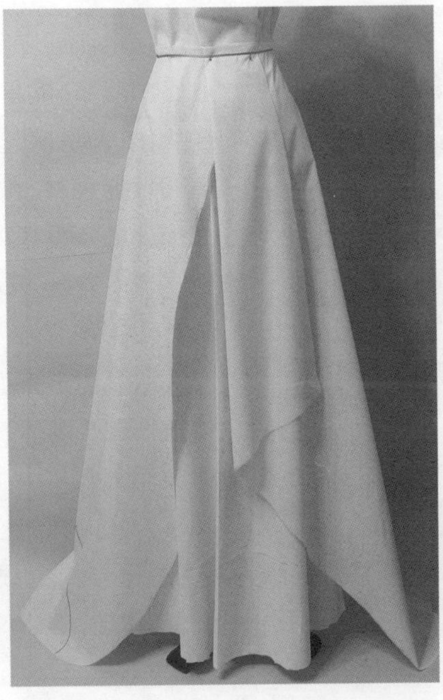

图9-2-22 修剪、整理裙身造型

图9-2-23 修剪、整理裙身造型

图9-2-24 裙腰带的制作

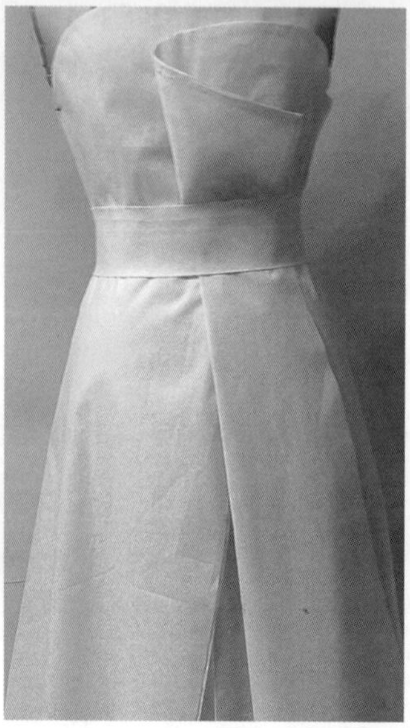

图9-2-25 裙腰带的制作

图9-2-26 修剪、整理整体造型

图9-2-27 修剪、整理整体造型

（12）修剪、整理整体造型（图 9-2-26、图 9-2-27）

按照款式造型设计，进一步修剪、整理整体造型，增强其立体感和流线造型。

三、总结

（1）流线折叠立围式表演礼服平面展开图（图 9-2-28）

从平面展开图可看出前后紧身衣腰省量较大，特别是前腰省，略呈曲线形。腰省量的大小通常与腰围的大小、乳房隆起程度成正比。由于外侧衣片是腰部无省收腰贴体、胸部由下到上向外伸展的立体效果，所以外衣片腰围处呈下弯弧形，衣片上宽下窄。

（2）流线折叠立围式表演礼服立体造型（图 9-2-29、图 3-2-30）

从立体造型图中可看出此款服装内紧身衣与人体模型完全贴体，能将人体曲线充分体现出来。同时为实现外侧衣片立体效果将省量全部转到胸上部，腰部无省贴体，达到了收腰、胸部向外伸展的立体效果，裙身与衣身线条、造型风格相呼应，收腰裙摆外开，整体造型呈 X 形。

图9-2-28 流线折叠立围式表演礼服的贴体基本衣身平面展开图

图9-2-29 前衣身整体立体造型

图9-2-30 后衣身整体立体造型

图9-2-31 分割拼接式礼服造型

二、分割拼接式礼服

这款礼服在上衣身采用几何图形分割，用不同颜色面料拼接，裙身前短后长的流线、蓬起造型，形成了简洁而富有变化。整体造型既典雅大方又具有活泼、时尚的艺术情趣。这款礼服宜采用悬垂性好、挺括的面料制作。分割拼接式礼服造型见图 9-2-31。

（一）准备工作

1. 补正人体模型

制作礼服前，先对人体模型的胸部进行补正。补正程度以着装者穿戴胸衣时的状态为准。补正人体模型见图 9-2-32。

2. 布料准备

取一块布料，纵向为衣长 +6cm，横向为胸围/4+6cm。在布料上画好前后中心线、前后腰围线、BP 点等标记线。布料准备见图 9-2-33。

3. 款式标记

根据服装款式设计的要求，用粘带在人体模型上标记出衣身及分割线的造型。款式标记见图 9-2-34、图 9-2-35。

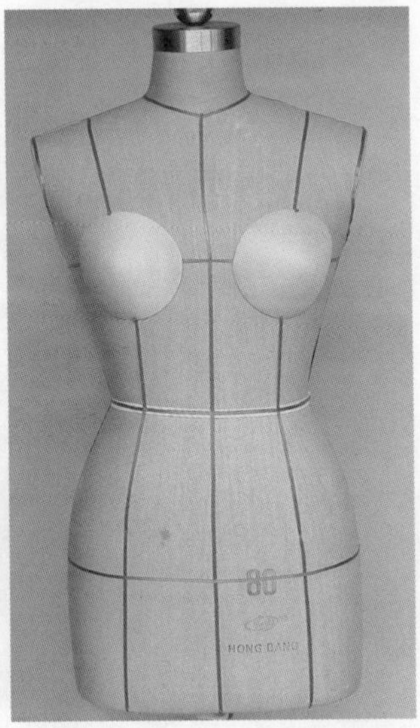

图9-2-32 补正人体模型

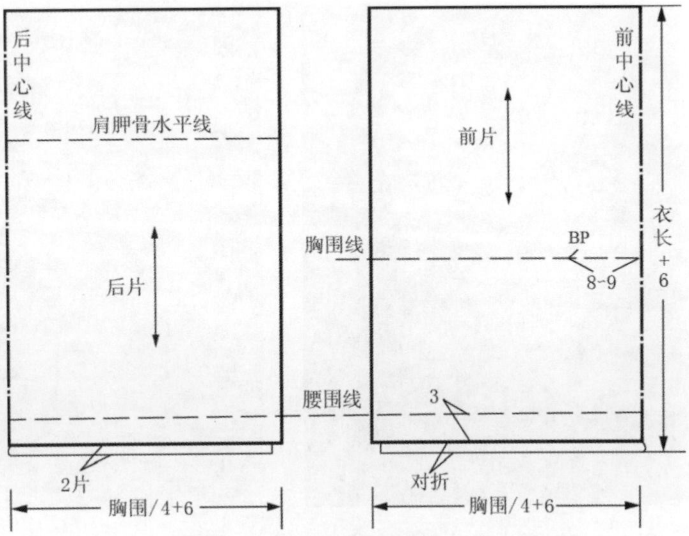

图9-2-33 布料准备图

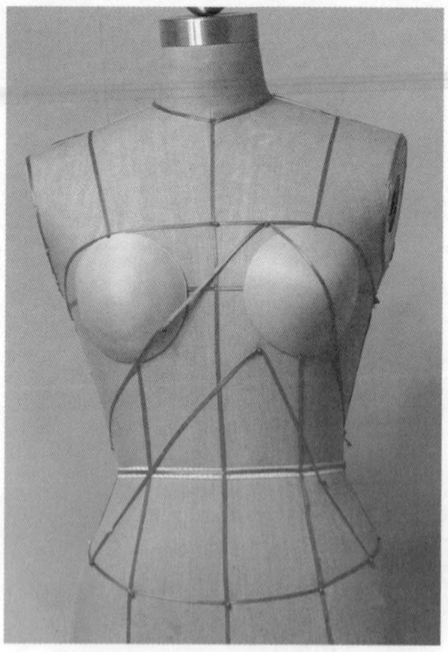

图9-2-34 款式标记

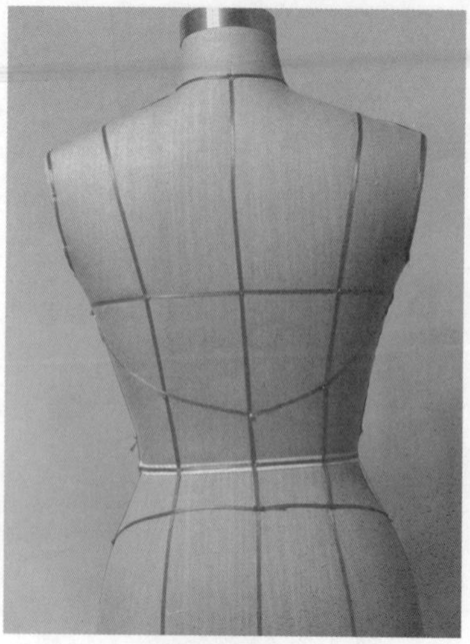

图9-2-35 款式标记

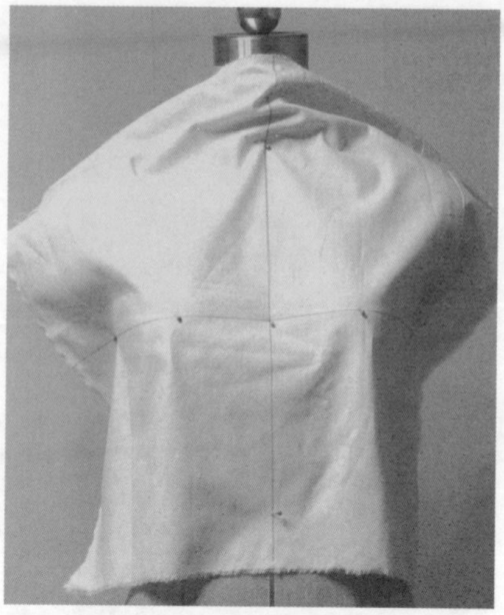

图9-2-36 固定前衣身布料

（二）操作方法及技巧

（1）固定前衣身布料（图 9-2-36）

将布料覆在模型上，将前中心线、BP 点与模型上的对齐并固定。准备在此布料上画出衣片的分割图形。

（2）前左上分割片的制作（图 9-2-37、图 9-2-38）

按照人体模型上标记线的位置确定衣身上各分割线在布片上的点影线。在前左上分割片进行点影线时，将布片下端沿人体模型标记的斜向分割线位置抚平，画点影线。将省量分别放在腋下和左胸上方处捏合做省。画好线后修剪、整理、固定。

（3）前衣中上分割片的制作（图 9-2-39、图 9-2-40）

按照人体模型标记线的位置确定中上分割片的点影线。将布片沿左胸下方标记好的斜向分割线位置抚平，画点影线。因为分割线经过胸高下方，所以有少量胸省从分割线中去除。右侧分割线因为通过胸高点，所以胸省在分割线中去除。下方左右两条分割线分别通过腰省位置，所以腰省在分割线中去除。将布料在人体模型的各条分割线上抚平，画好点影线后修剪成型。为突出分割拼接特点，布料选用其他颜色，整理后固定。

（4）前中下分割片的制作（图 9-2-41、图 9-2-42）

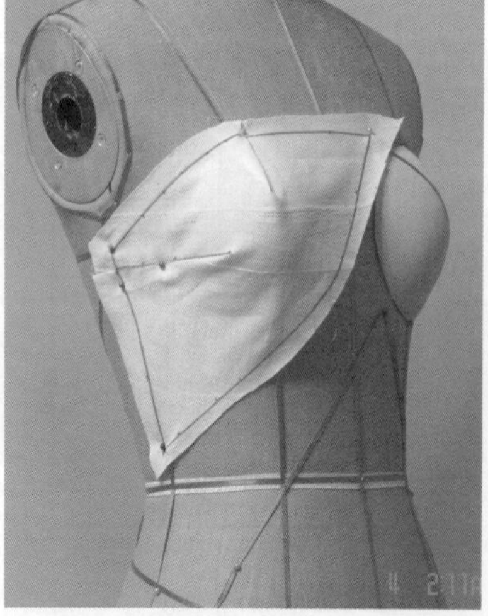

图9-2-37 前左上分割片的制作

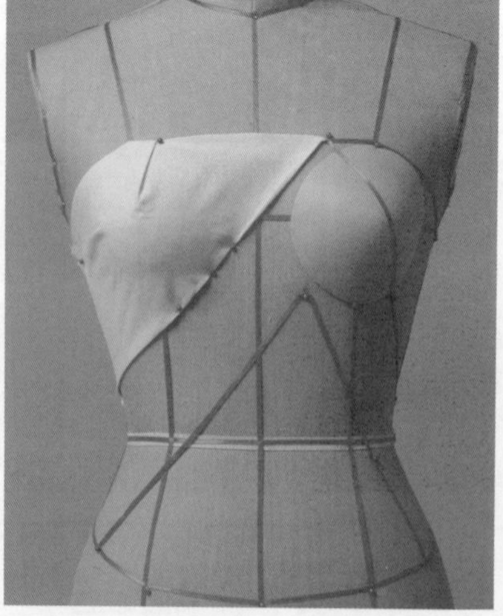

图9-2-38 前左上分割片的制作

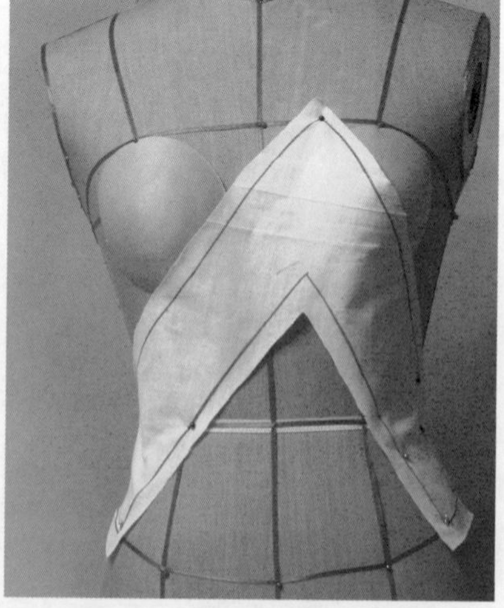

图9-2-39 前中上分割片的制作

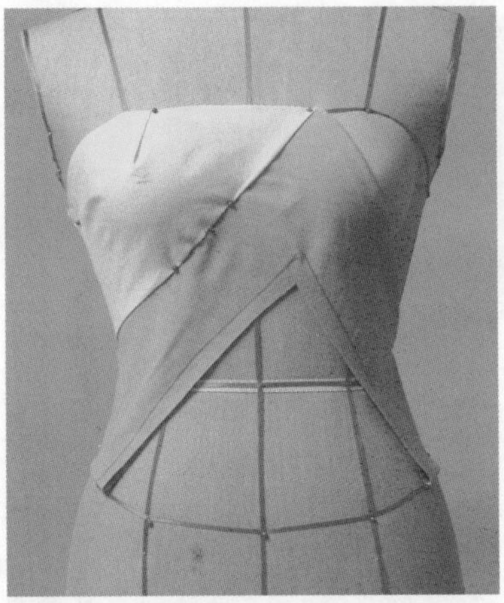

图9-2-40 前中上分割片的制作

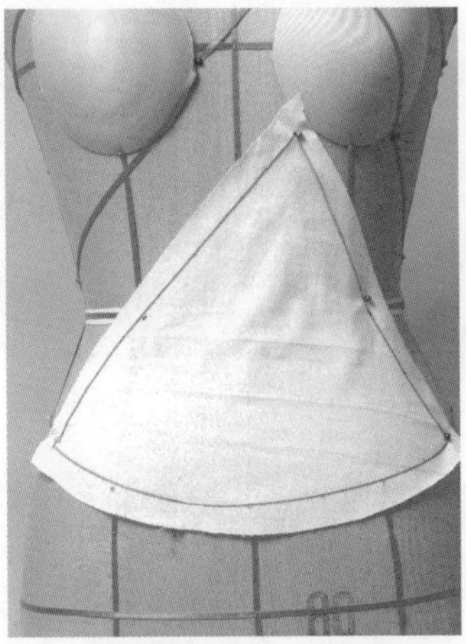

图9-2-41 前中下分割片的制作

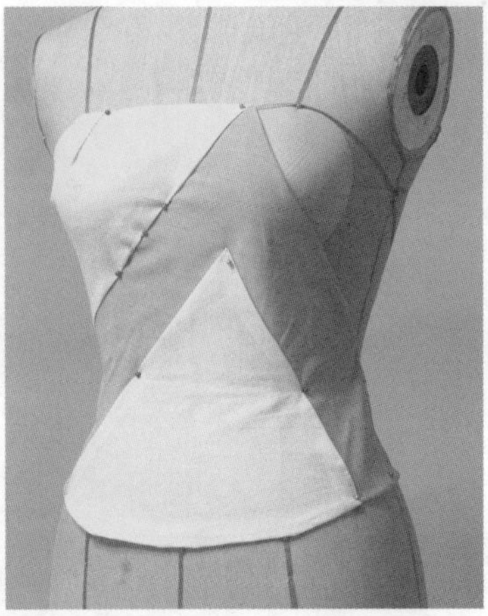

图9-2-42 前中下分割片的制作

按照人体模型标记线的位置确定前中下分割片，此分割片上方左右两条分割线分别通过腰省位置，所以腰省在分割线中去除。下方按标记线做底摆点影线。最后将布料在模型的标记线上抚平，画好点影线后修剪成型，并加以固定。

（5）前衣右上分割片的制作（图 9-2-43、图 9-2-44）

先将侧缝处按正确纱向固定好，顺着上方衣片造型线和下方分割线把布料抚平，按标记画线。下方分割线因为通过胸高点，所以胸省在分割线中去除。最后修剪、整理后固定。

（6）前上装饰布的制作（图 9-2-45、图 9-2-46）

取一块布料，纵向为衣身上方造型线长加缝份，横向为 11cm+2 cm（缝份），经纱向。把它折叠后固定在衣身上方造型线处。

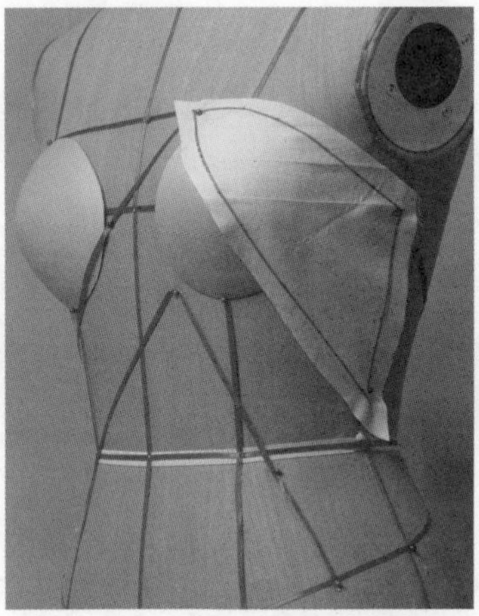

图9-2-43 前右上分割片的制作

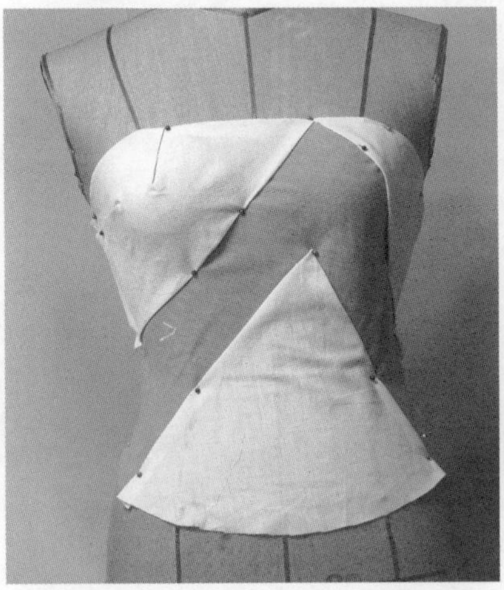

图9-2-44 前右上分割片的制作

图9-2-45 前上装饰布的制作

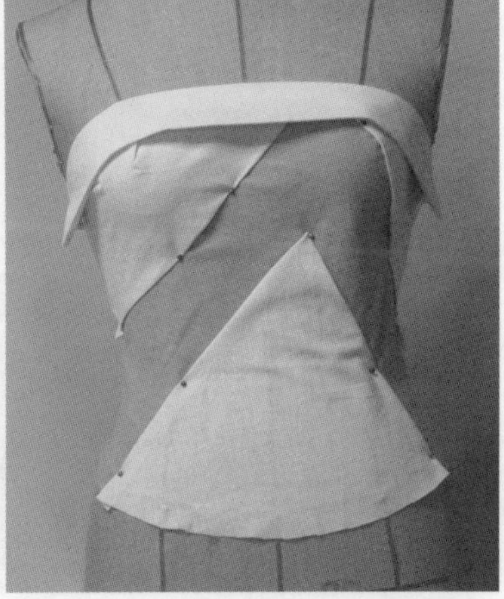

图9-2-46 前上装饰布的制作

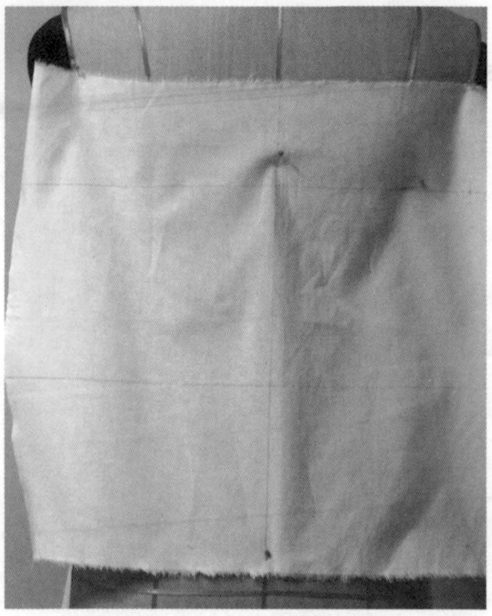

图9-2-47 后衣身的制作

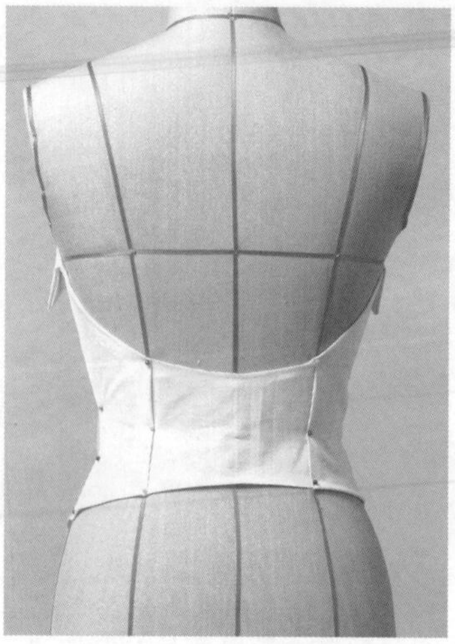

图9-2-48 后衣身的制作

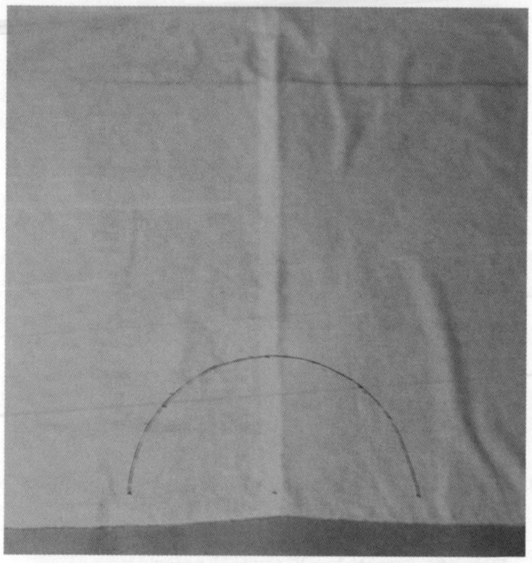

图9-2-49 裙身布料的准备图

（7）后衣身的制作（图 9-2-47、图 9-2-48）

将布料覆在人体模型上，并将后中心线、胸围线与人体模型上的对齐固定。按模型上后片造型标记线的位置确定衣身上、下两端边缘的位置，将省量在腰处捏出，修剪、整理后固定。

（8）裙身布料的准备（图 9-2-49）

取一块正方形布料，边长为前裙长的四倍，以其中一边中点为圆心画半圆，半圆弧长等于腰围 +6cm（叠门量），留出缝份后剪去半圆。

（9）裙身的制作（图 9-2-50—图 9-2-52）

以修剪的半圆弧形为腰围线，把它固定在人体模型腰围处，叠门处相搭。将裙后侧两方角稍做修剪，把裙底边抽褶，向内折叠并固定在衬裙上。最后整理褶皱和外形。

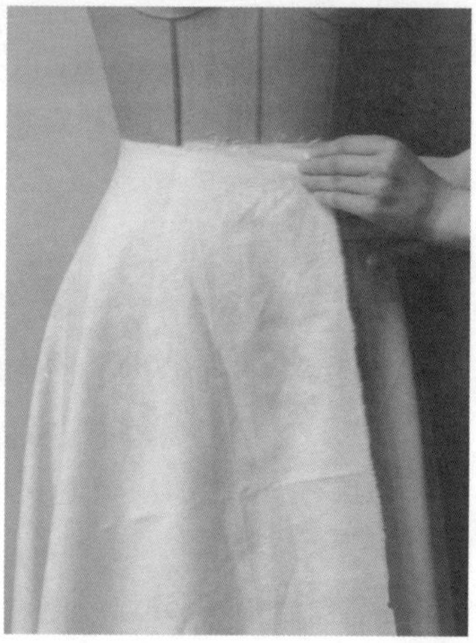

图9-2-50 裙身的制作

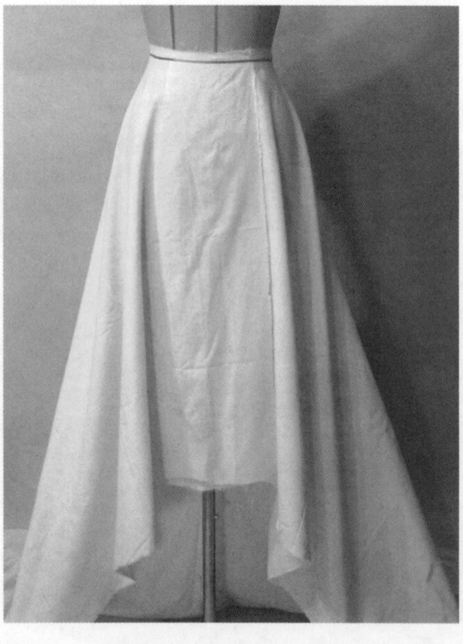

图9-2-51 裙身的制作

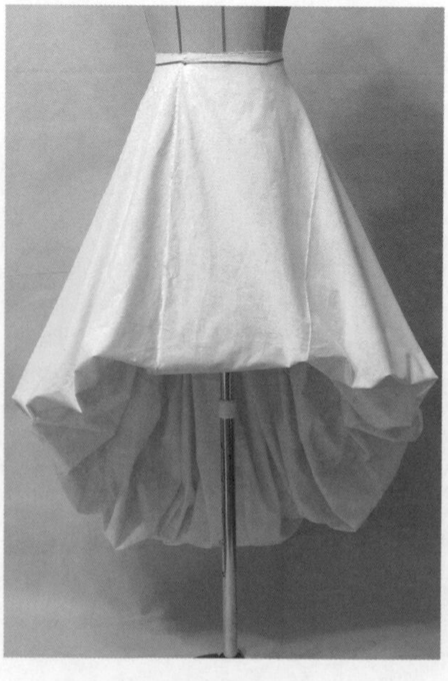

图9-2-52 裙身的制作

图9-2-53 修剪、整理整体造型

图9-2-54 修剪、整理整体造型

图9-2-56 分割拼接礼服立体造型

（10）修剪、整理整体造型（图 9-2-53、图 9-2-54）

按照款式造型设计修剪、整理整体造型。

（三）总结

（1）分割拼接礼服平面展开图（图 9-2-55）

从平面展开图可看出，前后衣身分割线呈曲线型，特别是前片的分割线处，每条分割都有省量分配其中。分割线内省量的大小通常与腰围的大小、乳房隆起程度成正比。

（2）分割拼接礼服立体造型（图 9-2-56—图 9-2-58）

从立体造型图中可看出，此款服装衣身与人体模型较贴合，能将人体曲线充分体现出来。分割线既具有美观性又兼具把衣片的省量从中去除的功能，使衣片贴合于人体。整体造型突出胸腰曲线，衣身呈 X 造型。

图9-2-55 分割拼接礼服平面展开图

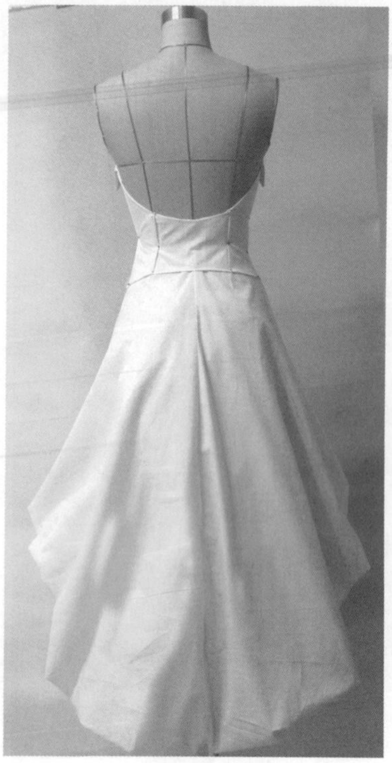

图9-2-57 分割拼接礼服立体造型

图9-2-58 分割拼接礼服立体造型

图9-3-1 条状编织礼服造型

第三节 婚礼服

近年来婚礼服的款式逐渐向简洁大方、舒适典雅的方向发展，有人称之为休闲式婚礼服。其特点大都结构造型简洁、适体，外观高贵、典雅，表现出女性柔美修长的身姿。由于婚礼服的合体性强，同时注重细节装饰，所以适合采用立体裁剪的方式。

一、条状编织礼服

此款礼服采用条状布料编织的形式附于上衣身，形成立体美观的编织纹样，非对称式的造型和装饰使服装轮廓富有变化，整体造型富有艺术情趣。它采用光泽感强、悬垂性好、挺括的面料制成。条状编织礼服造型见图 9-3-1。

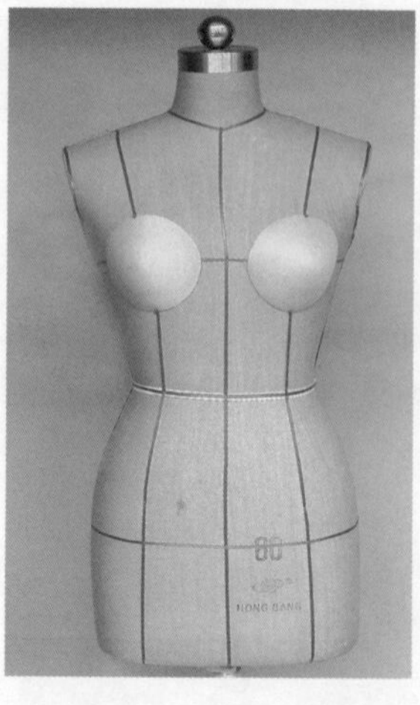

图9-3-2 补正人体模型

（一）准备工作

1. 补正人体模型

制作礼服前，先对人体模型的胸部进行补正。补正程度以着装者穿戴胸衣时的状态为准。补正人体模型见图 9-3-2。

2. 布料准备

取一块布料，纵向为衣长 +6cm，横向为胸围/4+6，画好前后中心线、前后腰围线、BP 点等。布料准备见图 9-3-3。

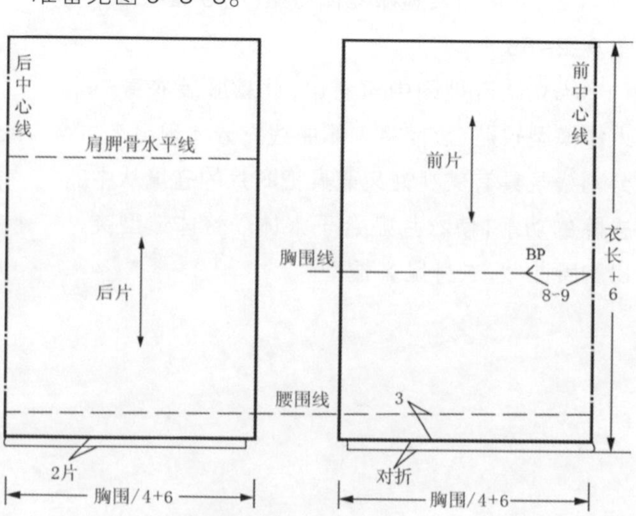

图9-3-3 布料准备

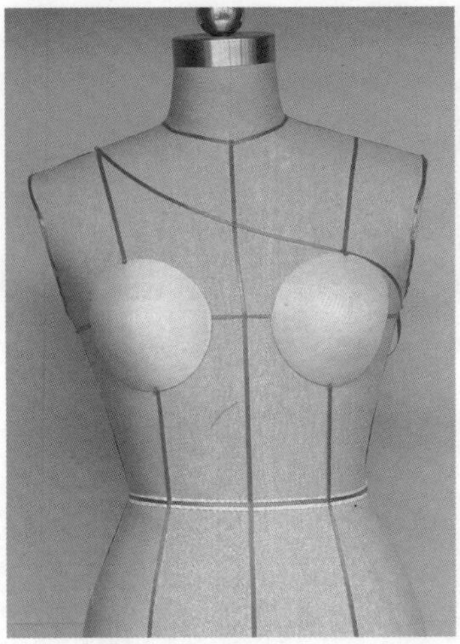

图9-3-4 款式标记

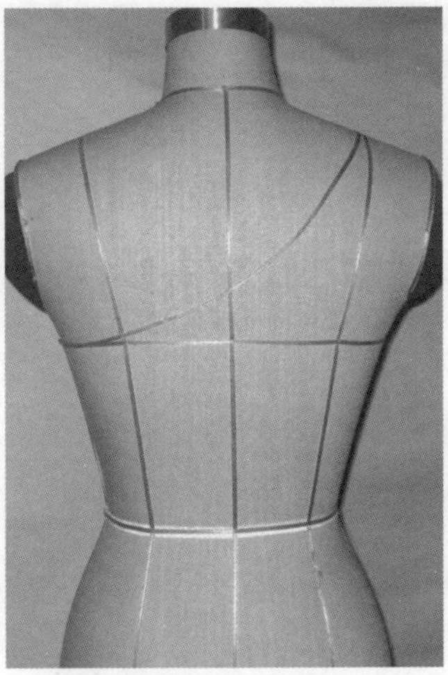

图9-3-5 款式标记

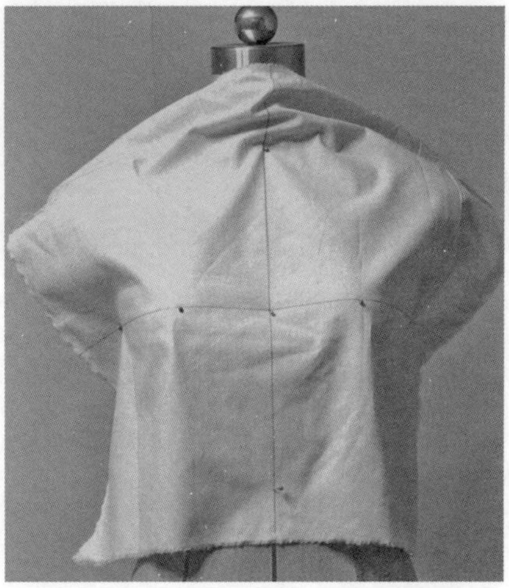

图9-3-6 固定前紧身衬衣布料

3. 款式标记

根据设计的要求，用粘带在人体模型上标记出前后里面的紧身衣的造型。款式标记见图 9-3-4、图 9-3-5。

(二)操作方法及技巧

(1)固定前紧身衬衣布料(图 9-3-6)

将布料覆在人体模型上，将前中心线、BP 点与模型上的对齐固定。

(2)固定后紧身衬衣布料(图 9-3-7)

将布料覆在人体模型上，将后中心线、胸围线与模型对齐固定。

(3)前紧身衬衣的制作(图 9-3-8)

按照人体模型上标记线的位置确定紧身衣上端边缘的位置，将省量在胸腰处捏出，修剪、整理后固定。

(4)后片紧身衣的制作(图 9-3-9)

与前片制作方法一样，按人体模型标记线的位置确定紧身衣上端边缘的位置，将省量在腰处捏出，修剪、整理后固定。

(5)细条装饰布的制作(图 9-3-10—图 9-3-12)

取一块 45° 斜纱向的方形布料，在布料上画出宽 4cm、长为所装饰部位的长度加上 3cm 缝份的条状，以备衣身装饰条用布。画好后沿线剪下布条，然后把它折叠、扣烫成宽度为 1cm 的条状装饰布。

(6)安装细条装饰布(图 9-3-13—图 9-3-16)

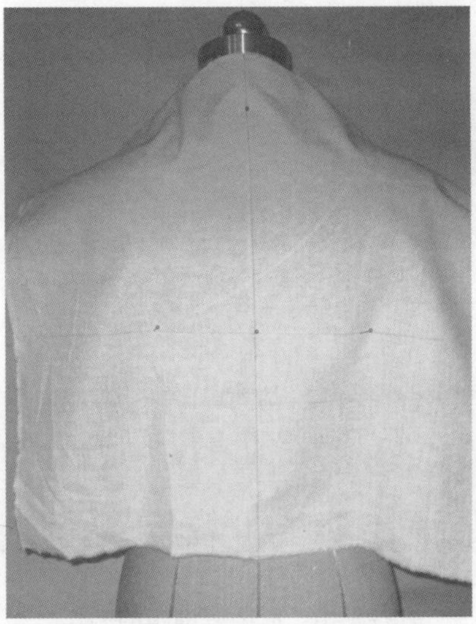

图9-3-7 固定后紧身衬衣布料

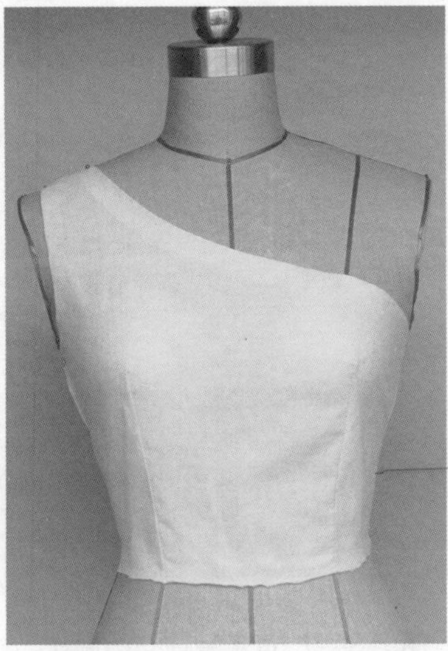

图9-3-8 前紧身衬衣的制作

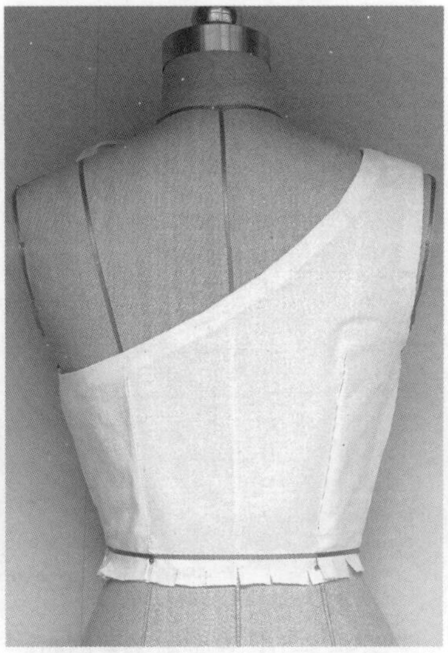

图9-3-9 后片紧身衣的制作

图9-3-10 细条装饰布的制作

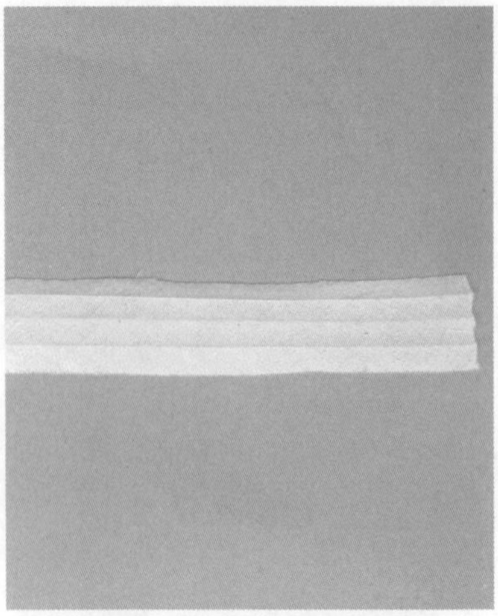

图9-3-11 细条装饰布的制作

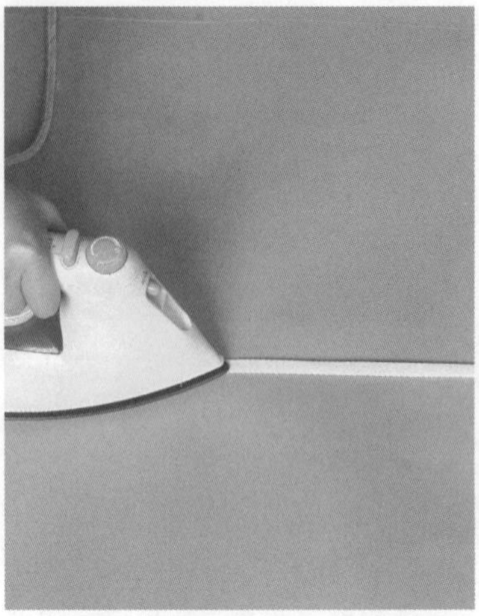

图9-3-12 细条装饰布的制作

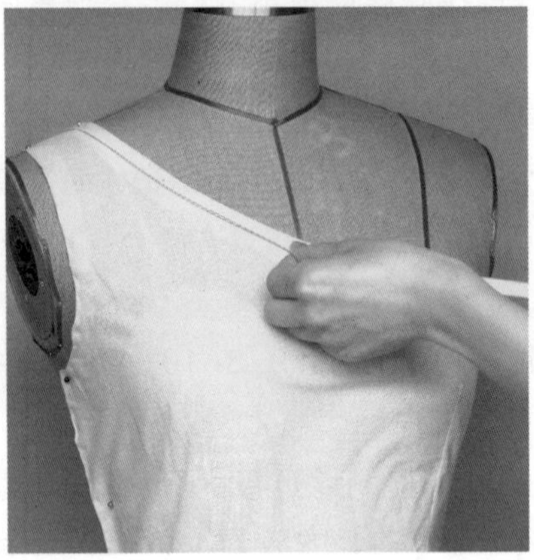

图9-3-13 安装细条装饰布

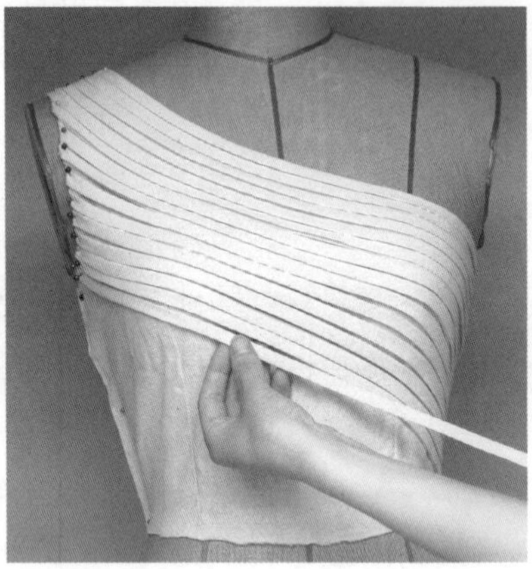

图9-3-14 安装细条装饰布

图9-3-15 安装细条装饰布

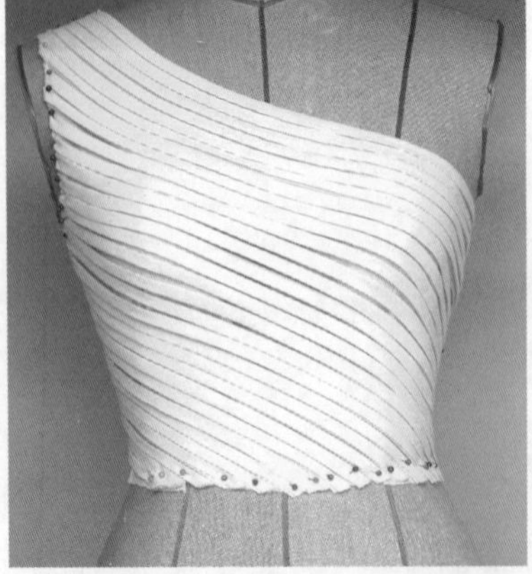

图9-3-16 安装细条装饰布

图9-3-17 宽条装饰布的制作

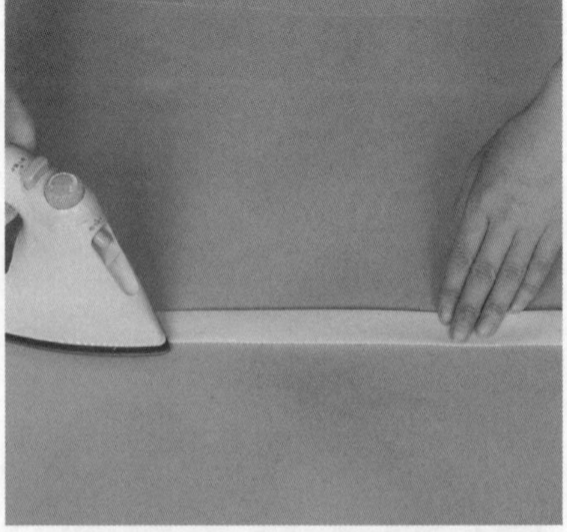

图9-3-18 宽条装饰布的制作

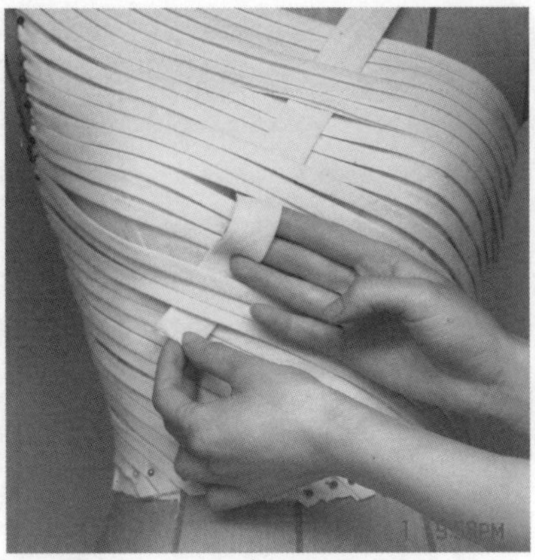

图9-3-19 安装宽条装饰布

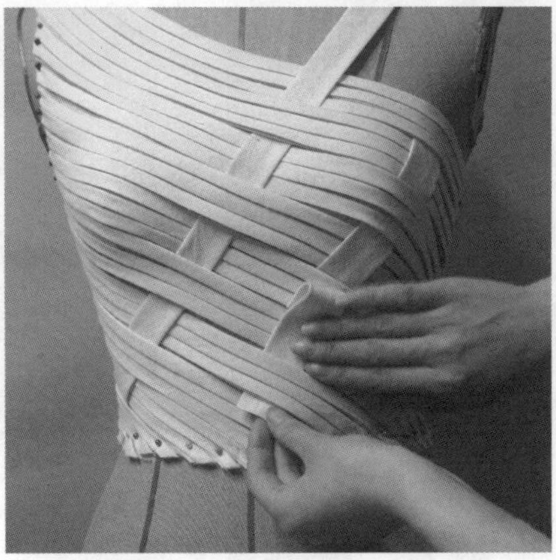

图9-3-20 安装宽条装饰布

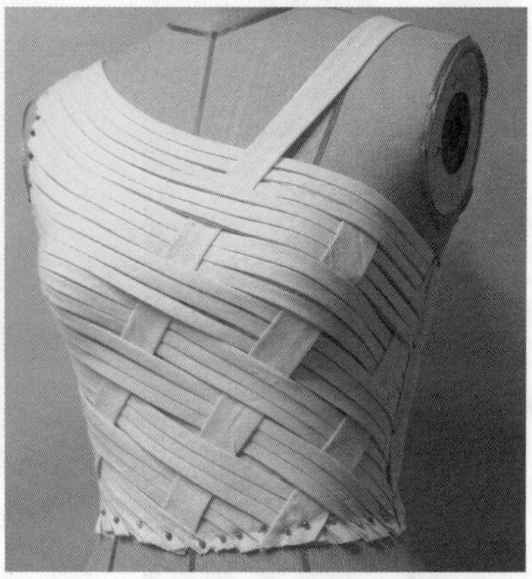

图9-3-21 安装宽条装饰布

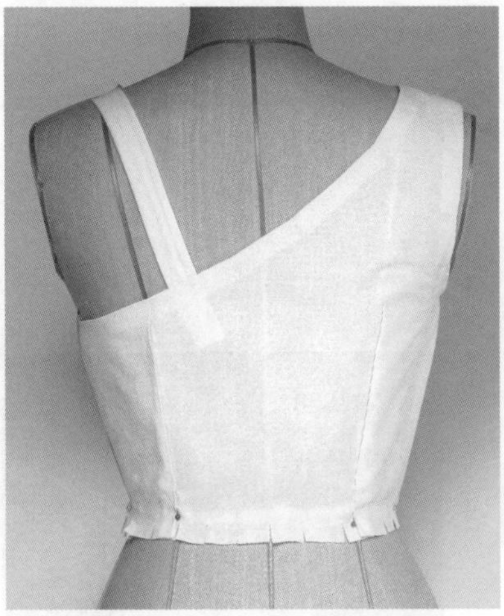

图9-3-22 安装宽条装饰布

沿着紧身衣上端造型线边缘倾斜方向，将细条装饰布两端固定在衣身上。按顺序依次、紧密地以相同方向排列。最后将前片全部布满细条装饰布后，修剪、整理成型。

（7）宽条装饰布的制作（图 9-3-17、图 9-3-18）

取一块 45° 斜纱向的长方形布料，在布料上画出宽为 6cm，长为所装饰部位的长度加上 3cm 缝份的条状。画好后沿线剪下布条，然后把它折叠、扣烫成宽度为 2cm 的条状装饰布。

（8）安装宽条装饰布（图 9-3-19—图 9-3-22）

沿着紧身衣上端造型线边缘倾斜方向，将宽条装饰布两端固定在衣身上。按款式要求依次地以相同方向排列，然后再修剪、整理成型。最后把其中一条装饰布通过肩部与后片连接。

（9）前后裙身的制作（图 9-3-23、图 9-3-24）

前、后片裙身的制作方法相同。把布料上的标记线与人体模型上的标记线对齐，一边按设计要求整理波浪造型一边在腰围处打剪口，并固定，然后确定侧缝及下摆线位置，修剪、整理后固定侧缝。

（10）修剪、整理整体造型（图 9-3-25）

按照款式造型设计修剪整、理整体造型。

（三）总结

（1）条状编织礼服平面展开图（图 9-3-26）

从平面展开图中可看出，前后紧身衣腰省量较大，特别是前腰省，略呈曲线形。腰省量的大小通常与腰围的大小、乳房窿起程度成正比。

（2）条状编织礼服立体造型（图 9-3-27、图 3-4-28）

从立体造型图中可看出，此款礼服内紧身衣与人体模型完全贴合，能将人体曲线充分体现出来。条状编织贴合于紧身衣外，省量在条状缝隙中消除。宽条装饰布穿插在细条装饰布中，起到固定和装饰前片的作用。礼服整体造型合体、修长。

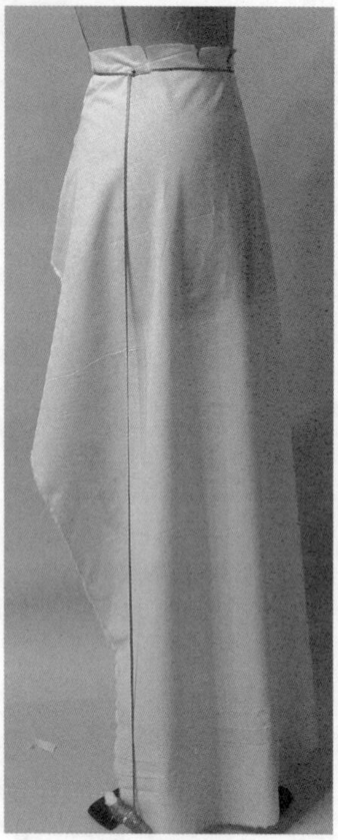

图9-3-23 前后裙身的制作

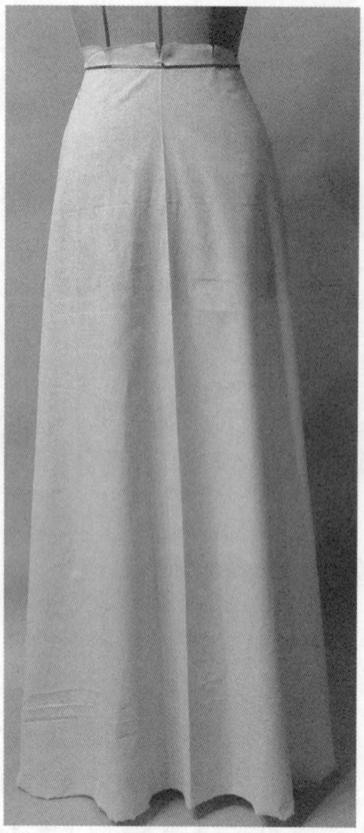

图9-3-24 前后裙身的制作

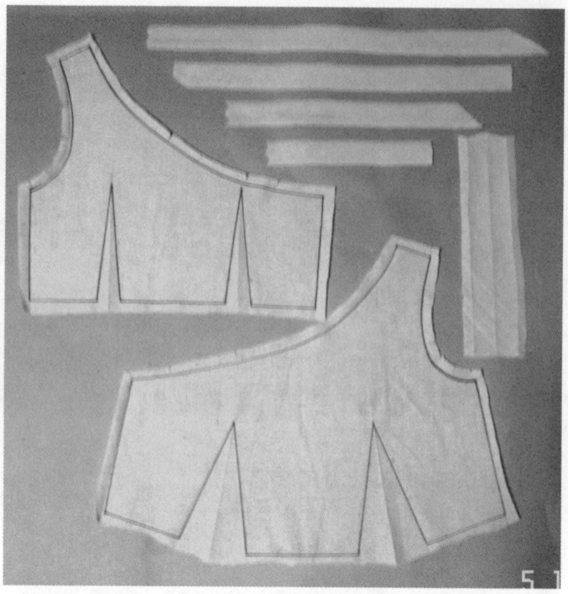

图9-3-26 条状编织礼服平面展开图

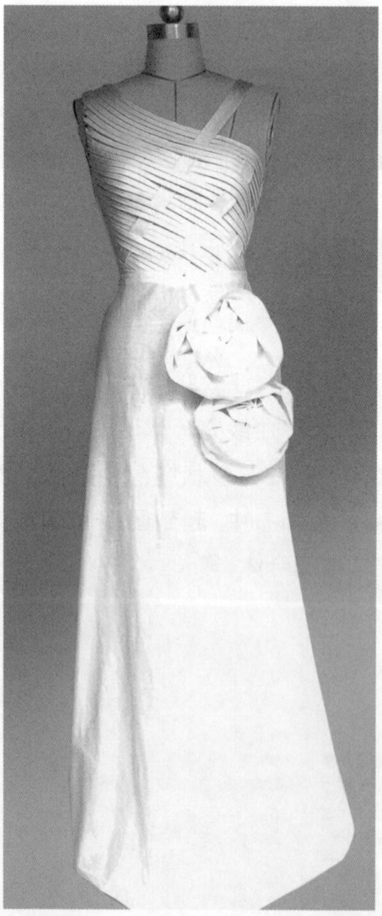

图9-3-25 修剪、整理整体造型

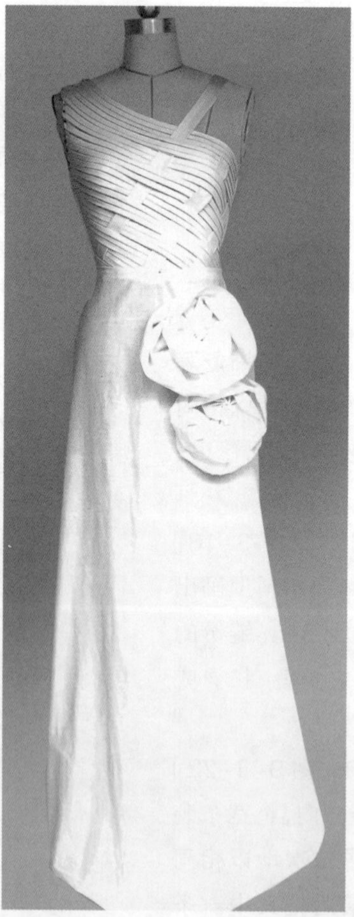

图9-3-27 条状编织礼服立体造型

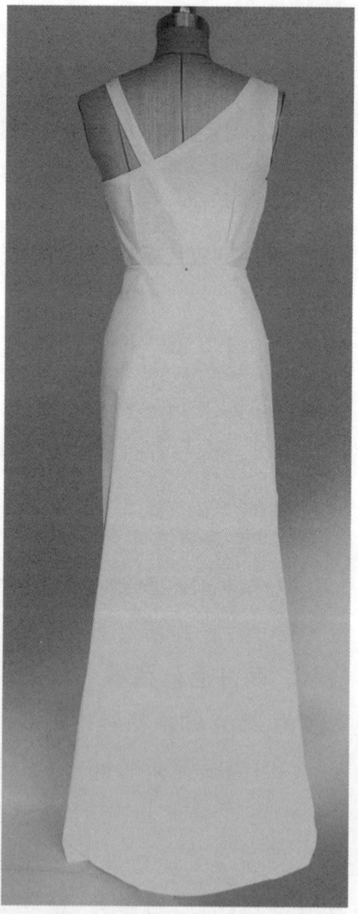

图9-3-28 条状编织礼服立体造型

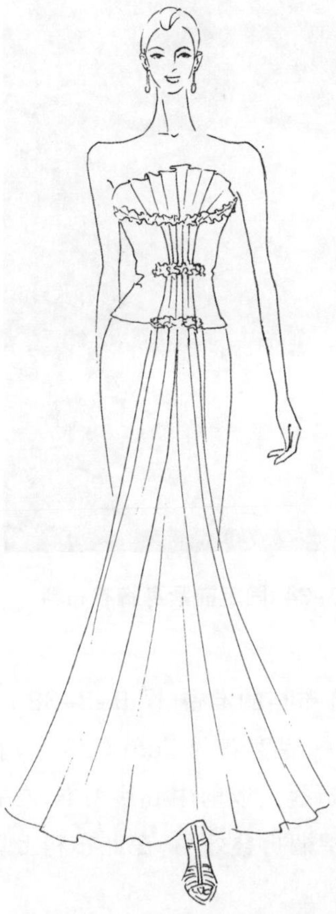

图9-3-29 褶裥分割式礼服造型

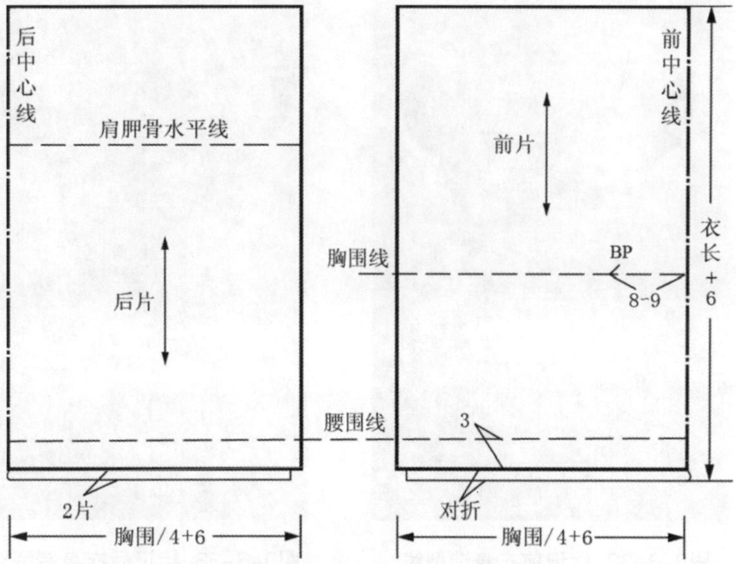

图9-3-31 布料准备

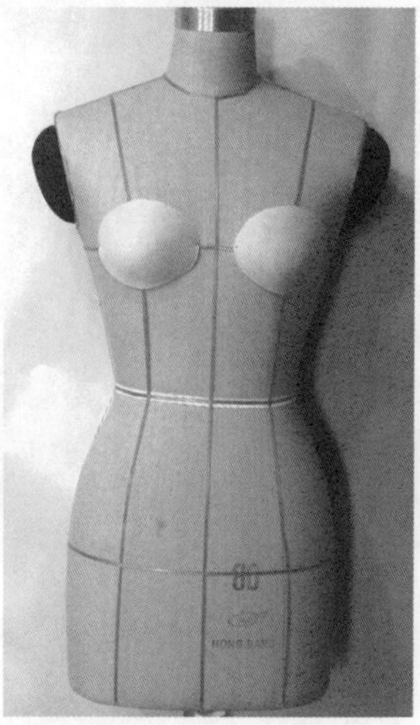

图9-3-30 补正人体模型

二、褶裥分割式礼服

这款礼服采用变化有序的纵向褶裥和横向分割表现服装修长、立体的感觉。不同宽度的褶裥量在穿着后形成服装变化无穷的动感效果。分割线和腰围线处的三条长短不同的横向花边装饰，使简洁的服装轮廓富有变化，增添了其浪漫情调，整体造型高贵典雅、富有艺术气息。制作礼服的面料宜采用光泽感强、悬垂性好、挺括的面料制作。褶裥分割式礼服造型见图 9-3-29。

（一）准备工作

1. 补正人体模型

制作礼服前，先对人体模型的胸部进行补正。补正程度以着装者穿戴胸衣时的状态为准。补正人体模型见图 9-3-30。

2. 布料准备

准备长方形布料，前面布两块与后面布一块。前面布两块包含前紧身胸衣上、下两部分，后面布为后紧身胸衣布。上部分紧身胸衣用布见图 9-3-31。

3. 标记衣身造型线

在人体模型上，按款式造型用粘带将前后造型线、分割线位置标出来，并用大头针固定。注意要体现胸部的隆起及腰部的凹陷。标记前、后衣身造型线见图 9-3-32、图 9-3-33。

（二）操作方法及技巧

（1）固定前紧身胸衣布料（图 9-3-34）

将画好的布料覆在人体模型上，将前中心线、BP 点与模型上的对齐并固定。

（2）前紧身胸衣的制作（图 9-3-35—图 9-3-37）

按照模型标记线的位置确定紧身胸衣上端边缘的位置，将省量在胸下方处捏出，画线、修剪、整理后固定。

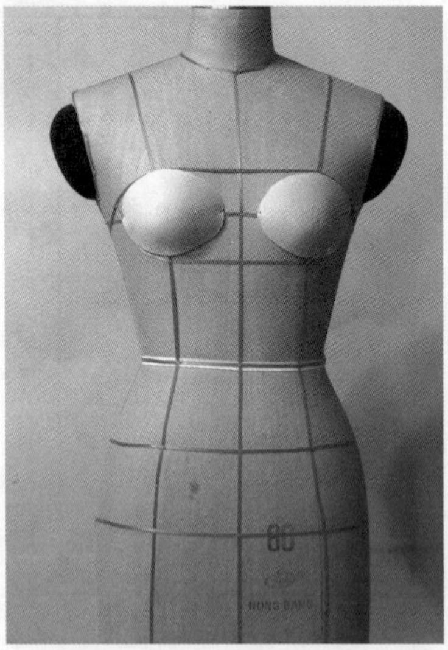

图9-3-32 标记前衣身造型线

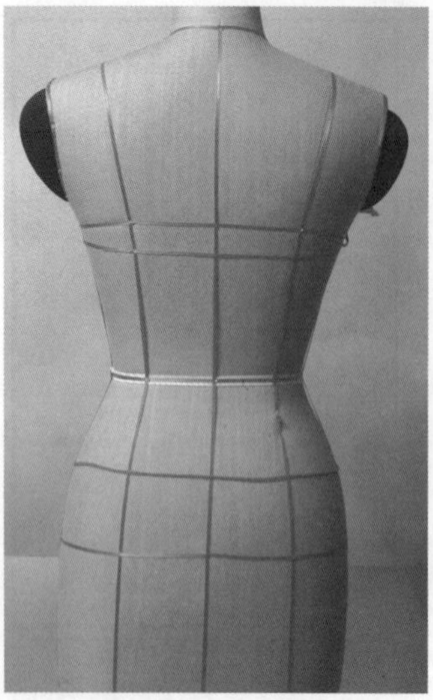

图9-3-33 标记后衣身造型线

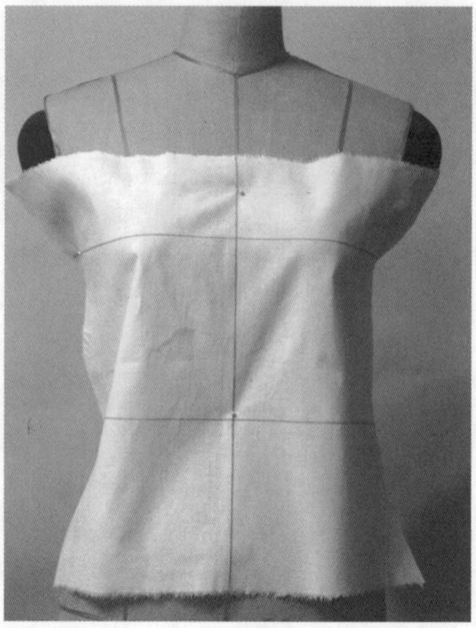

图9-3-34 固定前紧身胸衣布料

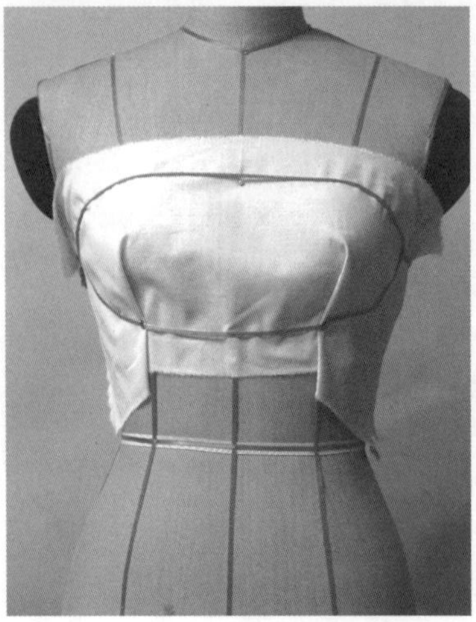

图9-3-35 前紧身胸衣的制作

（3）前胸衣外褶裥装饰布料的准备（图 9-3-38）

取裥面宽 4cm，裥中、裥底宽各为 7cm 的 8 个褶裥，左右各 4 个对向前中心线折叠。以前中心线为准，左右各 4 个褶裥呈对称排列。把褶裥折叠好后，在此布料上取长 20cm、宽 50cm 的布料一块。

（4）前胸衣外褶裥装饰的制作（图 9-3-39~ 图 9-3-41）

展开上部褶裥，捏合下部褶裥，按照模型上端标记线的位置确定褶裥装饰上端边缘的位置，并将省量折叠在胸下褶裥中。画线、修剪、整理后固定。

（5）前下部褶裥胸衣布料的准备（图 9-3-42）

取裥面宽 1cm，裥中、裥底宽各为 1cm 的 8 个褶裥，

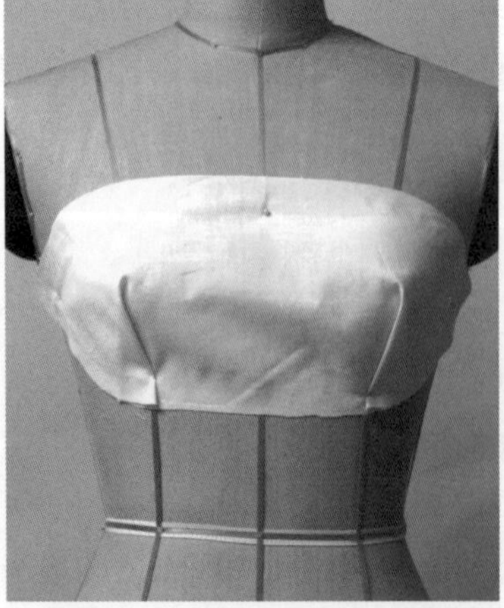

图9-3-36 前紧身胸衣的制作

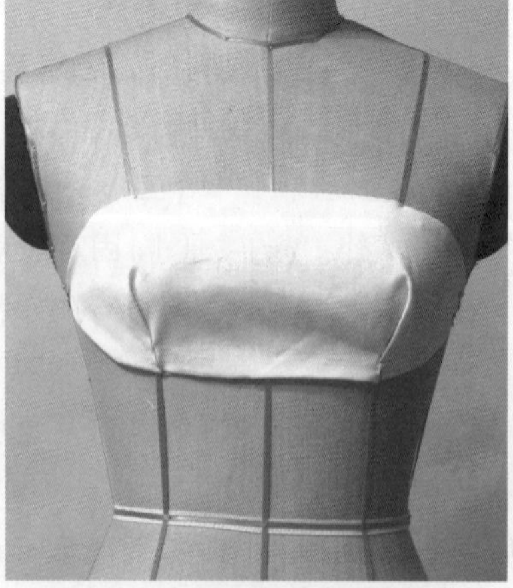

图9-3-37 前紧身胸衣的制作

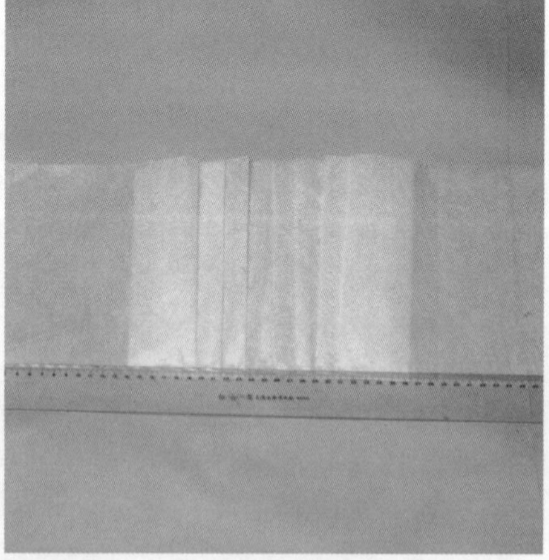

图9-3-38 前胸衣外褶裥装饰布料的准备

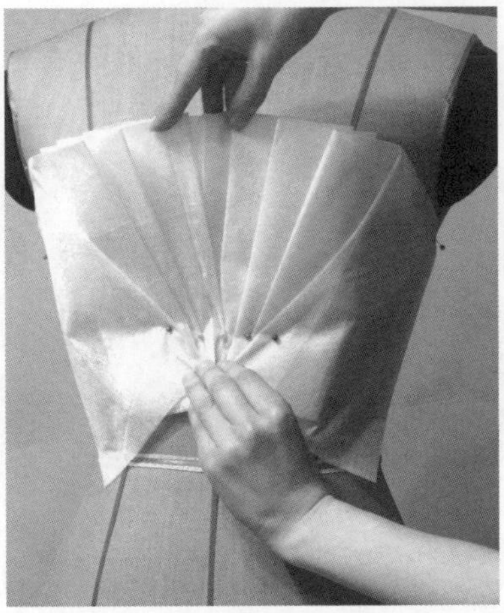

图9-3-39 前胸衣外褶裥装饰的制作

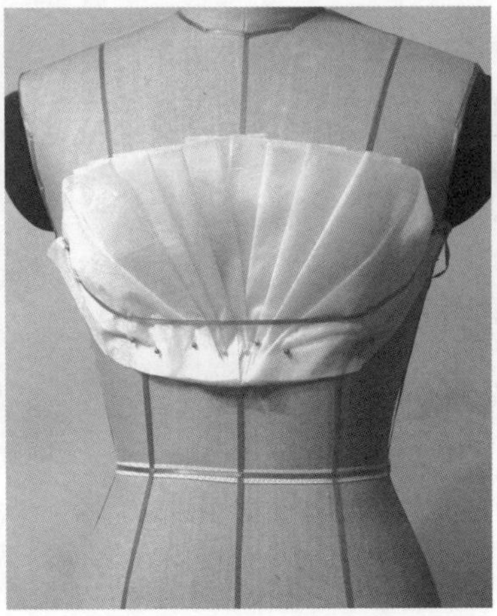

图9-3-40 前胸衣外褶裥装饰的制作

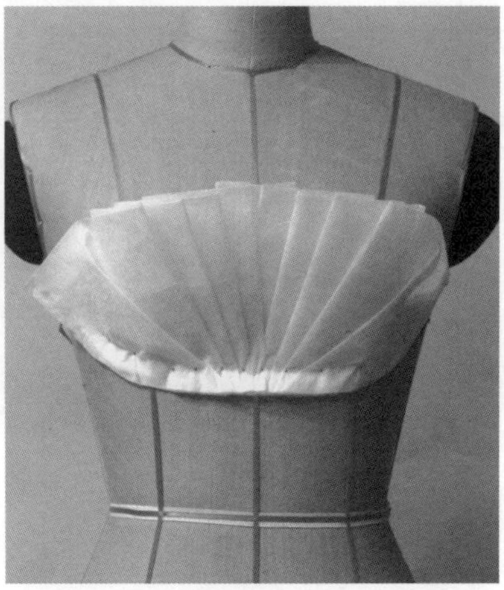

图9-3-41 前胸衣外褶裥装饰的制作

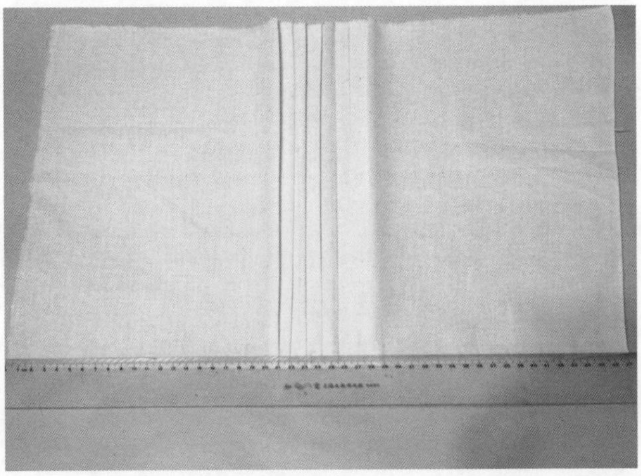

图9-3-42 前下部褶裥胸衣布料的准备

左右各4个对向前中心线折叠。把褶裥折叠好后，在此布料上取长33cm(衣长)、宽50cm的布料一块。

（6）前下部褶裥胸衣的制作(图9-3-43—图9-3-45)

将褶裥部分固定在人体模型上，上端按胸下方分割线型修剪、整理，然后固定。腰围线处将小部分省量捏入褶裥中，修剪侧缝和衣下分割线造型，整理后固定衣身。

（7）后紧身衣的制作(图9-3-46、图9-3-47)

将布料覆在模型上并将后中心线、腰围线与人体模型上的对齐并固定，按照人体模型标记线的位置确定紧身胸衣上、下两端边缘的位置，将省量在腰围

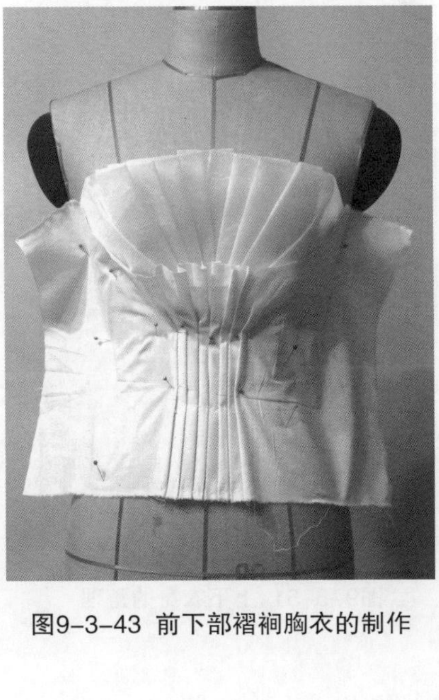

图9-3-43 前下部褶裥胸衣的制作

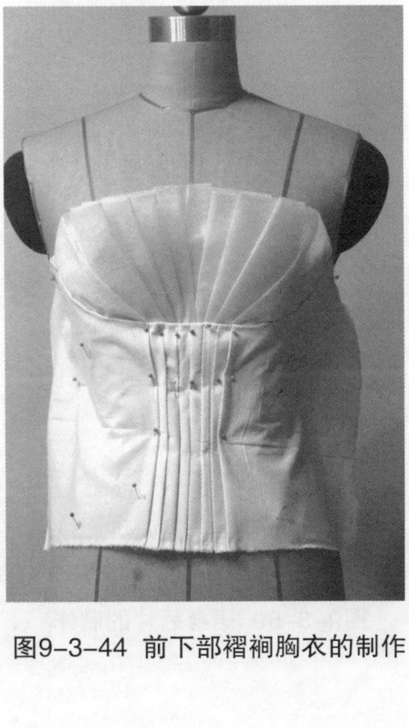

图9-3-44 前下部褶裥胸衣的制作

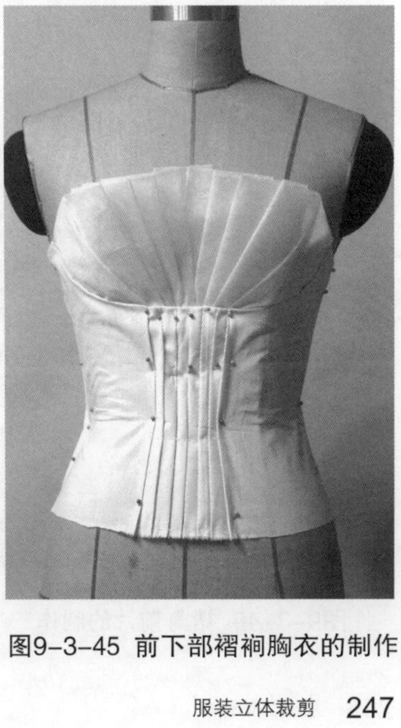

图9-3-45 前下部褶裥胸衣的制作

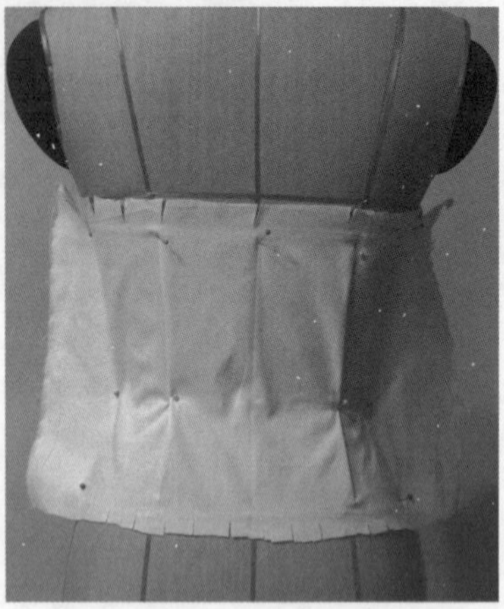
图9-3-46 后紧身衣的制作

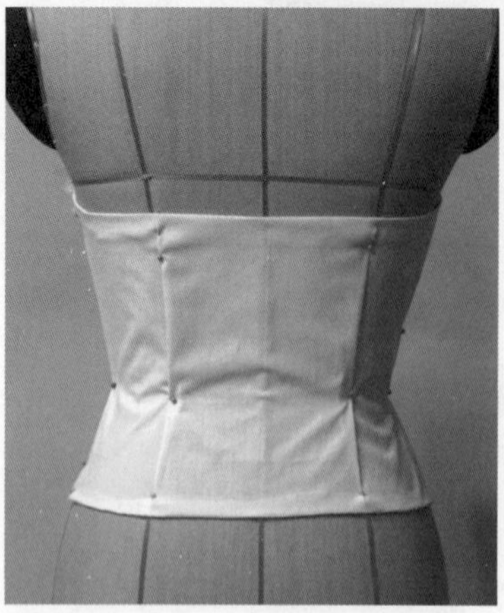
图9-3-47 后紧身衣的制作

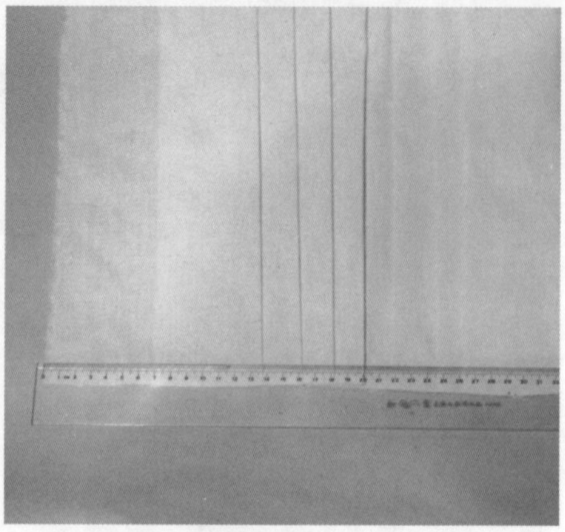
图9-3-48 前片裙身布料的准备

处捏出，修剪、整理后固定。

（8）前片裙身布料的准备（图 9-3-48）

取 2cm 宽的裥面，裥中、裥底宽各为 15cm 的 8 个褶裥，左右各 4 个褶裥向前中心线折叠。把褶裥折叠好后，在此布料上取长为裙长、宽 50cm 的布料一块。

（9）裙身前片的制作（图 9-3-49）

裙身布料中心线与人体模型上的中心线对齐，裙身上端按着模型上标记的分割线确定。裙腰处的褶裥内捏入腰臀的省量，此时褶裥形成立体放射状形态。把裙身前片修剪、整理后固定。

（10）裙身后片的制作（图 9-3-50）

把布料的标记线与人体模型的标记线对齐，一边按设计要求整理波浪造型，一边在腰围处打剪口并固定，然后确定侧缝及下摆线位置。修剪、整理后固定侧缝。

（11）上下衣身的整理（图 9-3-51）

上下衣身按分割线位置整理、固定，并在分割线和腰围线处加入装饰花边，作为点缀。

（三）总结

（1）褶裥分割式礼服平面展开图（图 9-3-52）

从平面展开图中可看出，因上部分紧身胸衣处在人体起伏较大的部位，所以分割线处省量很大；下紧身胸衣由于不在人体起伏较大的部位，所以捏入褶

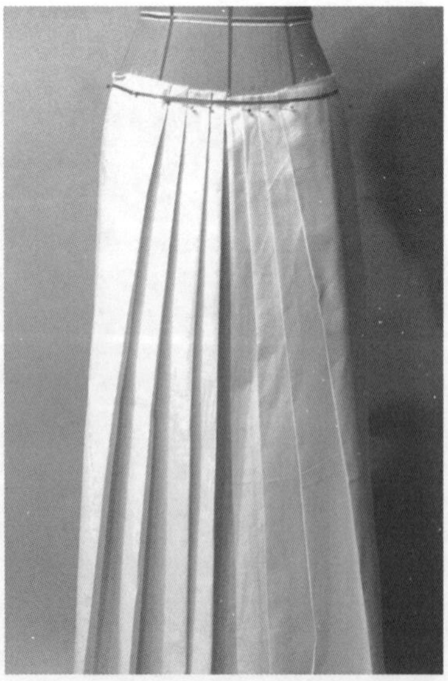
图9-3-49 裙身前片的制作

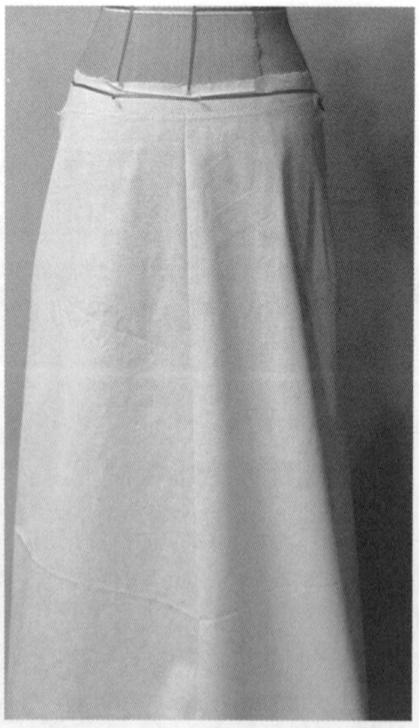
图9-3-50 裙身后片的制作

图9-3-51 上下衣身的整理

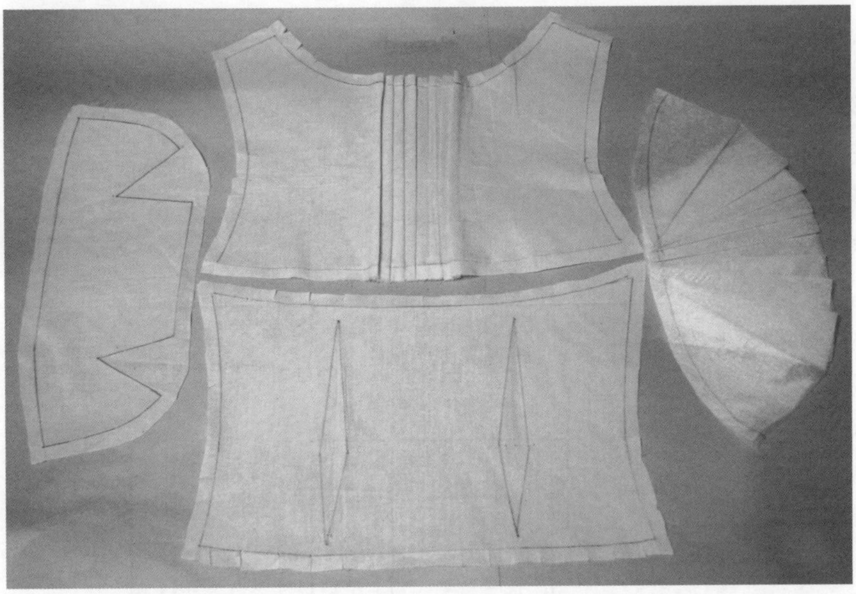

图9-3-52 褶裥分割式礼服平面展开图

裥中的省量较小；同时因造型需要，前衣身大部分省量被推捏到侧缝处，所以侧缝曲线明显增大。衣身中省量的大小通常与腰围的大小、乳房窿起程度成正比。

（2）褶裥分割式礼服立体造型（图9-3-53—图9-3-55）

从立体造型中可看出，通过分割把褶裥分成三段，并把胸、腰、臀处的省量放入褶裥和分割线中。纵向褶裥线条增强了人体的修长感。通过褶裥与分割线结合运用，突出了人体三围的优美的曲线，能将人体的立体感充分表达出来。

图9-3-53 褶裥分割式礼服立体造型

图9-3-54 褶裥分割式礼服立体造型

图9-3-55 褶裥分割式礼服立体造型

第四节 艺术类礼服

一、立体布纹机理礼服短裙

本款服装是一件有着些许夸张气氛的礼服短裙，其特点就是胸部的堆积机理效果的处理与腰部的斜纱抽缩效果的结合。通过立体裁剪完成服装中局部或整体的服装面料机理效果的再造，是立体构成优越于平面构成的又一重要方面。立体布纹机理礼服短裙款式见图 9-4-1。

（一）准备工作

1. 布料准备

立体布纹机理礼服短裙用布见图 9-4-2—图 9-4-6。

2. 标记衣身造型线

根据款式效果在人体模型上贴出款式造型线（图 9-4-7、图 9-5-8）。注意对服装结构合理性、美观性作透彻的理解和分析，以确定分割线的位置和形态。在制作礼服前，要先对人体模型的胸部形态作补正处理，补正程度以着装者穿戴胸衣时的状

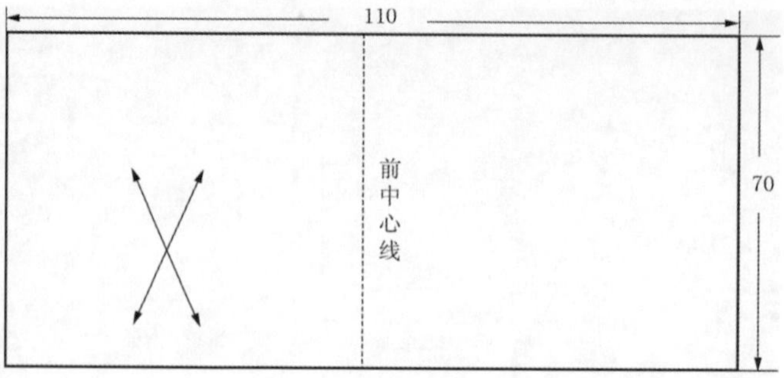

图9-4-4 胸外层堆积效果用布图

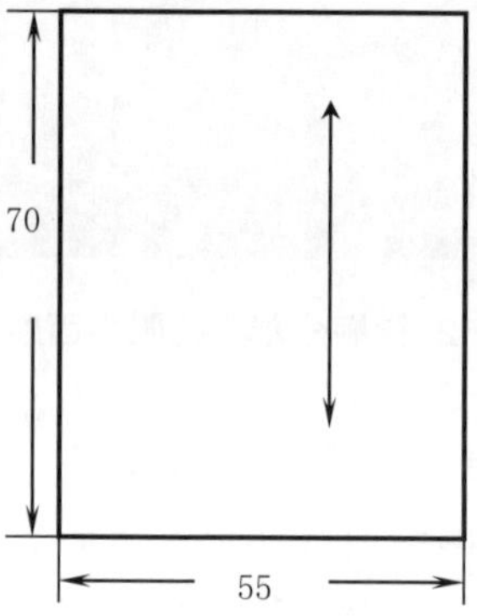

图9-4-5 裙前后片用布图

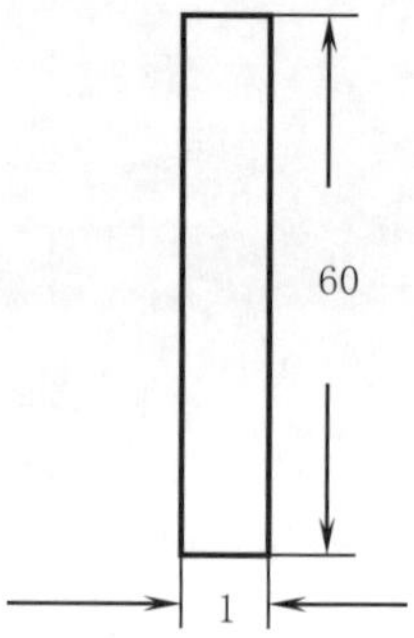

图9-4-6 吊带用布

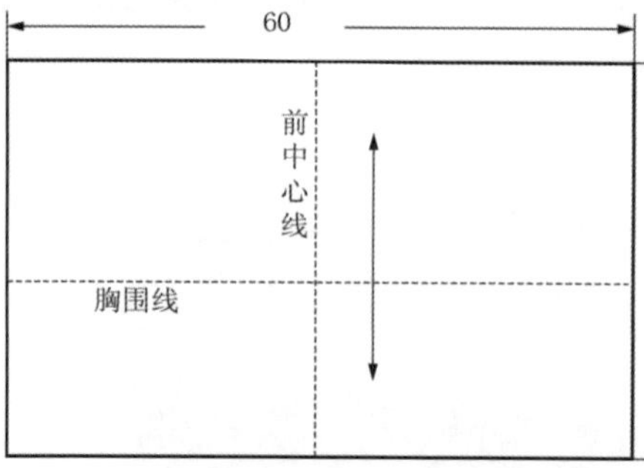

图9-4-2 前衣片里布用布图

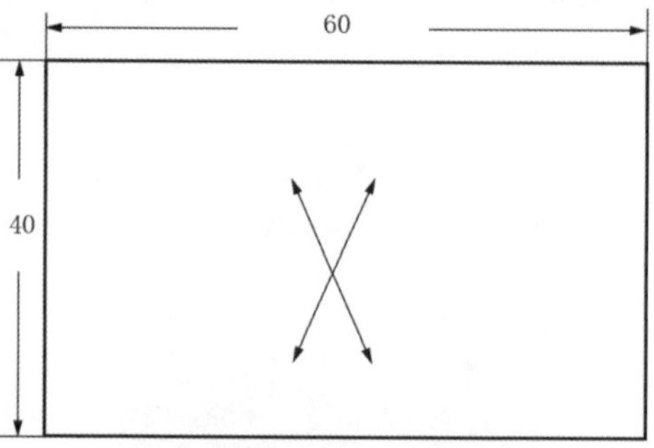

图9-4-3 前后腰侧片用布图

图9-4-1 立体布纹机理礼服短裙

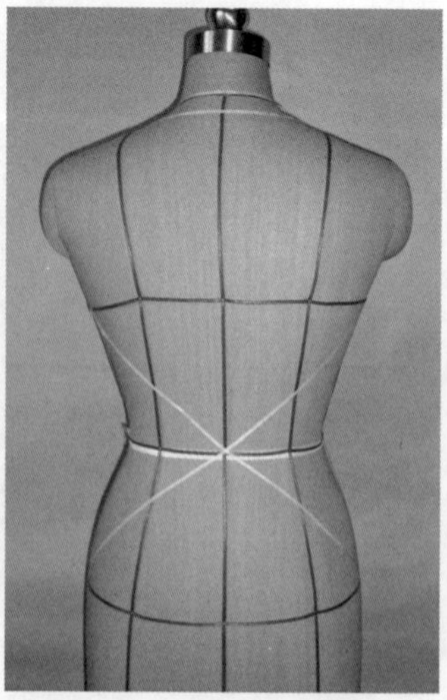
图9-4-7 标记背面造型线

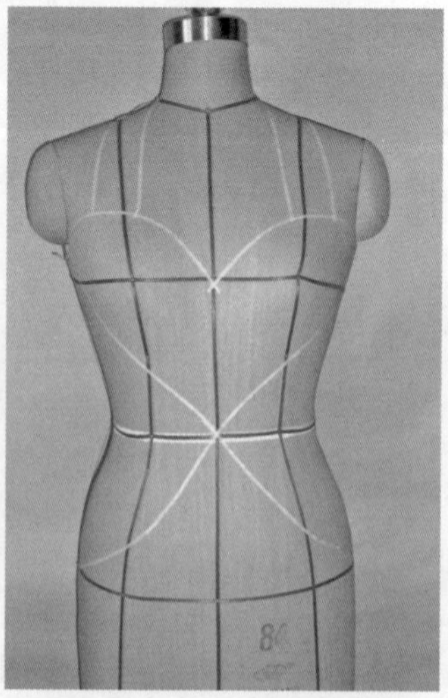
图9-4-8 标记正面造型线

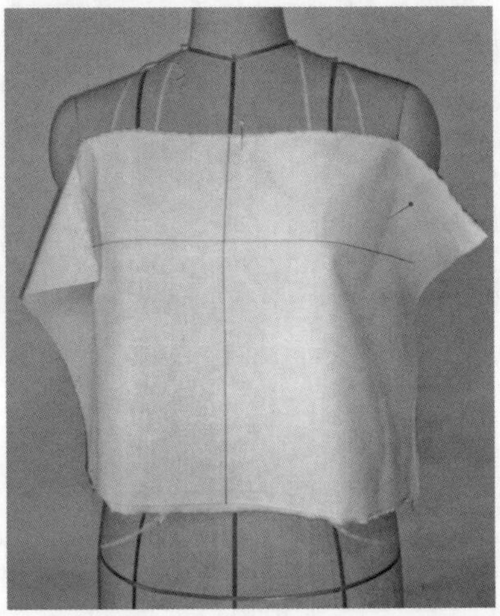

图9-4-9 胸里布对位

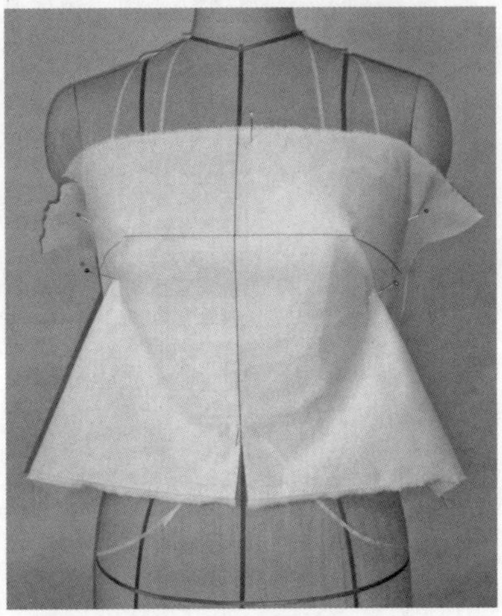

图9-4-10 胸里布收省

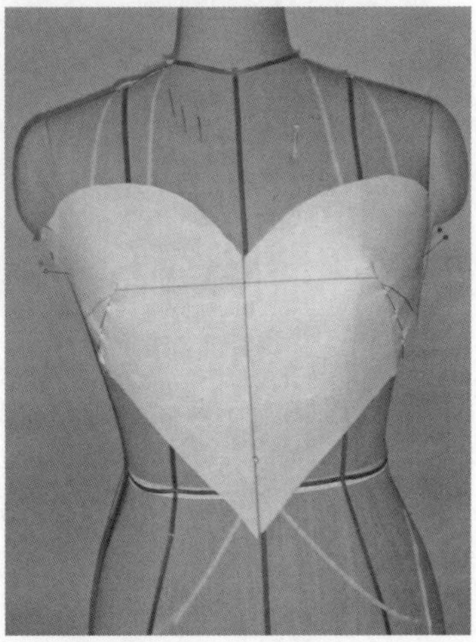

图9-4-11 胸里布完成

态为准。

（二）操作方法及技巧

1. 前衣身立体裁剪

（1）胸里布对位（图 9-4-9）

在立裁有堆积或其他不易把握形态的机理效果款式时，一般先对该部位进行里布的设计和裁剪，以保证机理效果的稳定性。将前衣身布料的胸围线、前中心线与人体模型上的对齐并固定。

（2）胸里布收省（图 9-4-10）

把胸省全部收于腋下。

（3）胸里布完成（图 9-4-11）

根据款式分割形态，修剪胸部多余量，形成心形，完成胸部的局部里布形状设计。

（4）胸部外层堆积准备（图 9-4-12）

取足够的用布量（根据堆积密度和大小来确定，一般长度为造型设置长度的 1.5 倍以上，宽度为胸围宽度的 2 倍以上），用料采用斜纱向，用大头针将面料按照褶裥样造型与里布上端固定。

（5）堆积胸部褶皱（图 9-4-13）

用手指间隙夹住褶裥量向上堆积，边堆积、边固定、边整理，形成具有强烈雕塑感的立体的面料机理效果。注意整理堆积褶时要尽量交叉、错位处理，形成的效果才会自然、美观。另外要根据所对应的人体部位做堆积密度的调整，以达到视觉效果的最佳状态。

（6）完成并固定外层与里布效果（图 9-4-14）

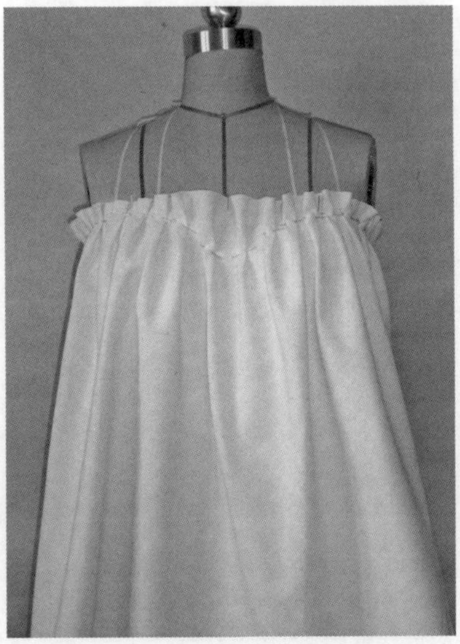

图9-4-12 胸部外层堆积准备

图9-4-13 堆积胸部褶皱

图9-4-14 完成并固定外层与里布

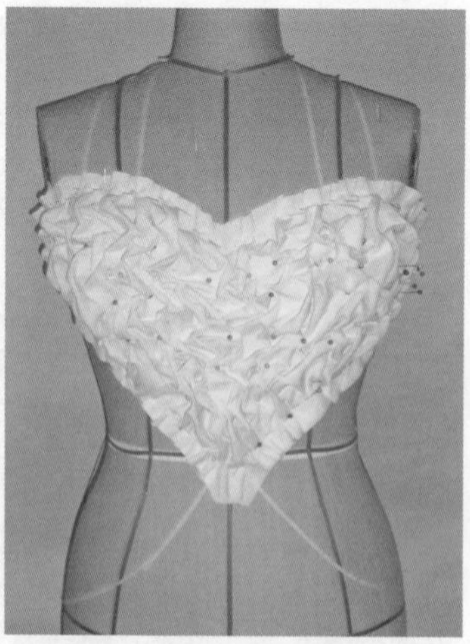

图9-4-15 修剪胸部外层形态

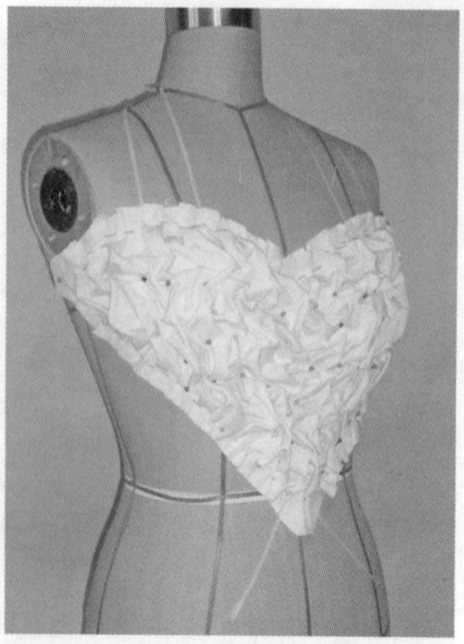

图9-4-16 修剪胸部外层形态

图9-4-17 前腰左侧片的立体裁剪

基本完成机理造型的塑造和设置，要与里布相一致。检查和整理机理的总体效果，并用手针缝合、固定里布与外层面料，固定机理造型。

（7）修剪胸部外层形态（图9-4-15、图9-4-16）

理顺边缘褶裥状态，修剪边缘形态的同时用手针固定，注意针迹要隐藏。

（8）前腰左侧片的立体裁剪（图9-4-17）

取斜纱料，把它固定于分割线处，从侧缝逐步开始塑造细腻的抽缩褶皱，褶皱要自然，密度适中，不宜太多，直至下到分割线处。

（9）前腰左侧片的修剪（图9-4-18）

将抽缩褶理顺，整理完整后用手针将褶量固定，修剪多余量。

（10）前腰右侧立体裁剪（图9-4-19—图9-4-21）

图9-4-18 前腰左侧片的修剪

图9-4-19 前腰右侧片对位

图9-4-20 前腰右侧片褶皱抽缩

图9-4-21 前腰右侧片抽缩完成

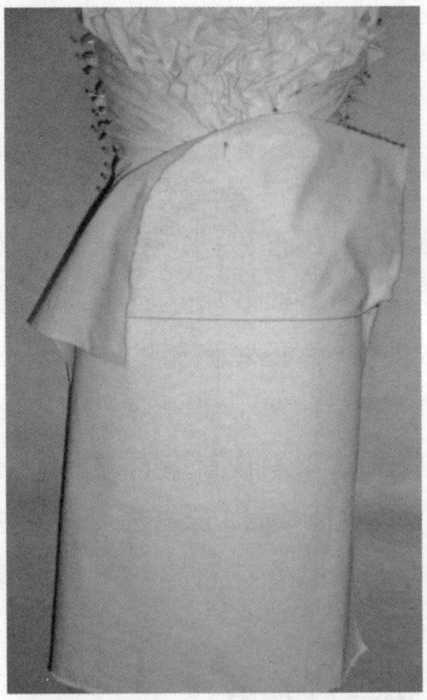

图9-4-22 前裙片的对位

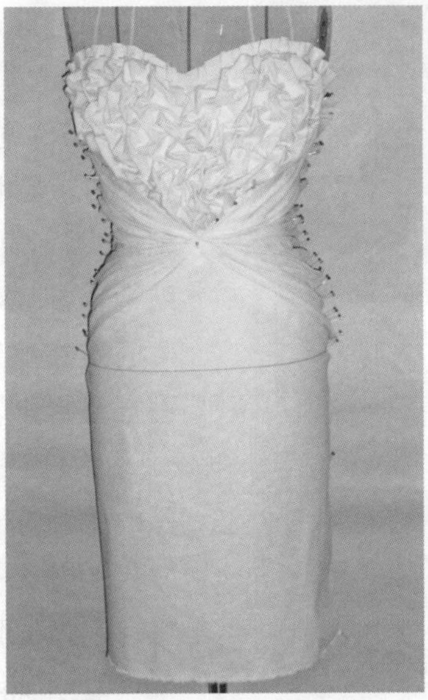

图9-4-23 修剪前裙片

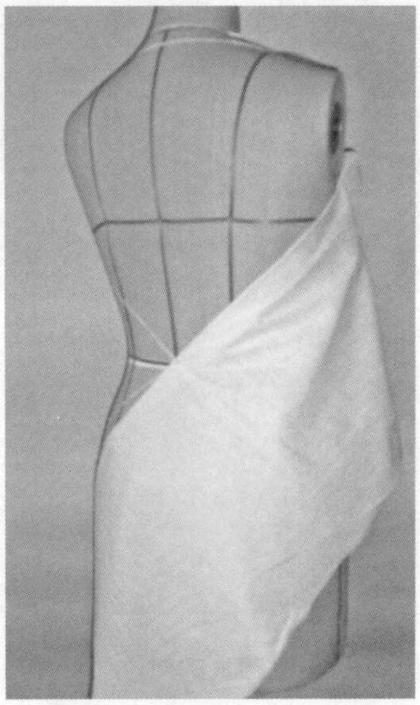

图9-4-24 后腰右侧片的对位

以同样手法完成右侧的裁剪。

（11）前裙片的对位（图 9-4-22）

裙片布料采用经纱方向。将布料的臀围线、前中心线与人体模型上相对应的标记线对齐，并固定。

（12）修剪前裙片（图 9-4-23）

在保持臀围线水平状态的情况下，将前腹部推展、抚平，由于腹部的两道斜向分割线正好通过腰臀省尖附近，所以腰臀差值被分割去除。修剪侧缝、分割线处多余量，完成裙前片裁剪。

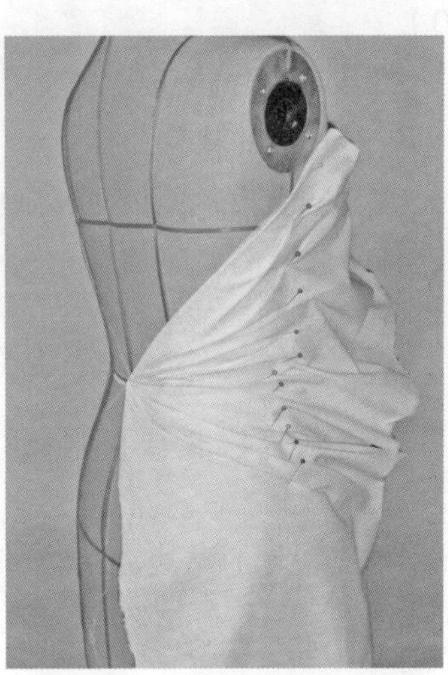

图9-4-25 抽缩后腰右侧片

2. 后衣身立体裁剪

（1）后腰侧片裁剪（图 9-4-24—图 9-4-28）

取斜纱料制作腰部抽缩褶裥。手法与前片同，略述。

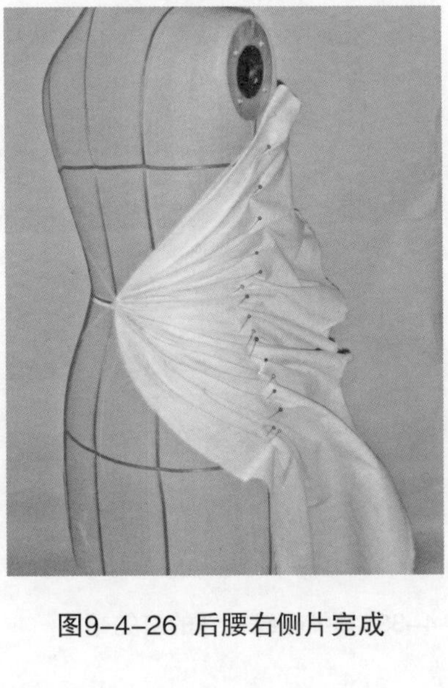

图9-4-26 后腰右侧片完成

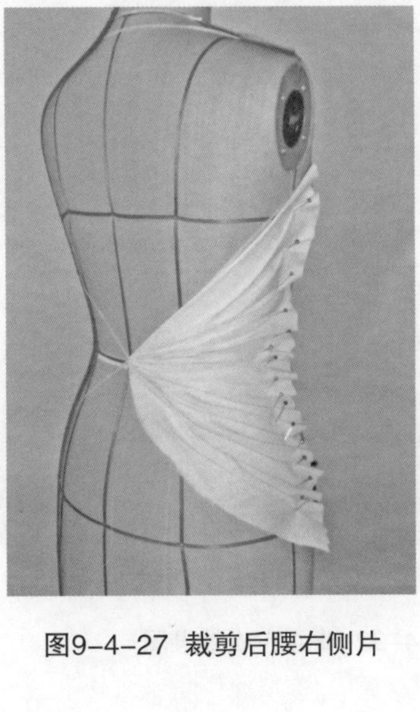

图9-4-27 裁剪后腰右侧片

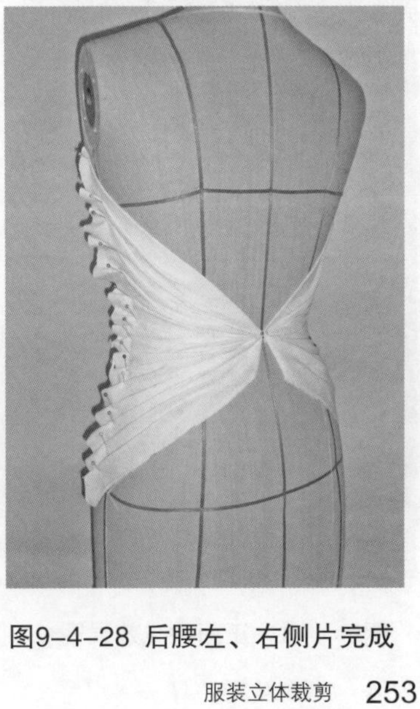

图9-4-28 后腰左、右侧片完成

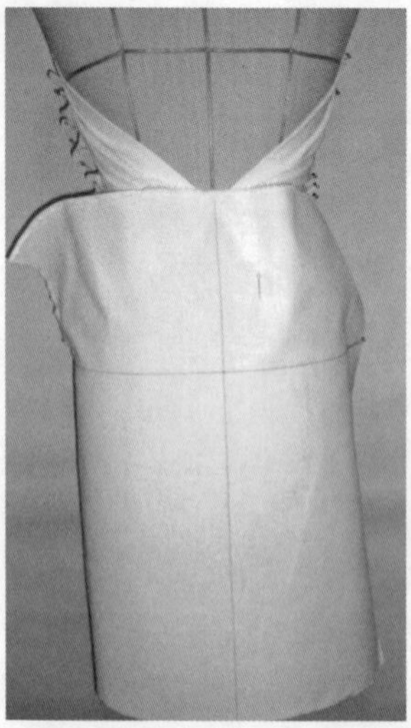

图9-4-29 后裙片的对位

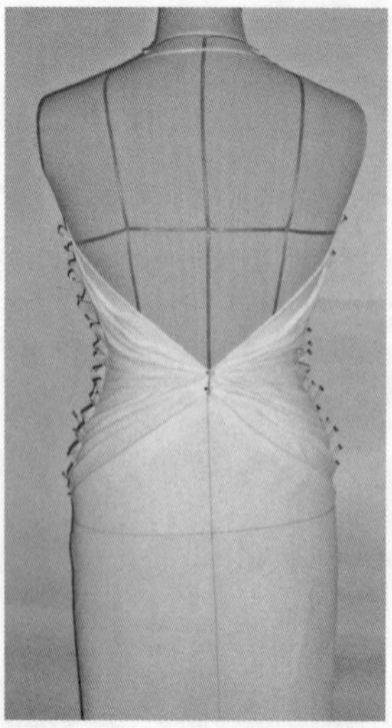

图 9-4-30 后裙片的完成

（2）后裙片的立体裁剪（图 9-4-29 、图 9-4-30）

方法与前片同，略述。

（3）吊带的裁剪

取适当宽度的斜纱面料制作领部吊带。

（4）裁片的整理

将所得到的服装的前后裙片进行点影、连线、修剪。

（5）裁片的整理和假缝（图 9-4-31、图 9-4-32）

扣烫裁片的贴边，把缝份扣净，曲度较大的边口部位要打剪口。用大头针将服装相关结构线进行假缝，完成造型效果。

（三）总结

（1）艺术服装的立体裁剪过程往往就是服装成型的过程，如本款服装的胸部堆积褶饰和腰侧的收缩褶饰都属于一次性定型处理，效果达到要求后就要固定在服装的里布上，作为相对完整的一个局部进行缝制处理。

（2）通过立体构成方法可制作具有丰富机理效果的服装。立体构成方法是平面构成方法一个无法替代的补充手段，它对人体以外空间的利用和想象将远远优于服装的平面构成方法。

二、抽缩布纹机理灯笼裙

本款是一件简洁的小礼服裙，其款式具备两个特点：一是衣身侧缝采用双向抽缩，形成自然褶皱；二是裙体为灯笼裙型。抽缩布纹机理的灯笼裙款式见图 9-4-33。

（一）准备工作

1. 布料准备

前后衣片里布用布见图 9-4-34、图 9-4-35。

2. 标记衣身造型线

根据款式效果在人体模型上贴出款式造型线（图 9-4-36、图 9-4-37）。在制作礼服前，要先对

图9-4-31 正面完成效果图

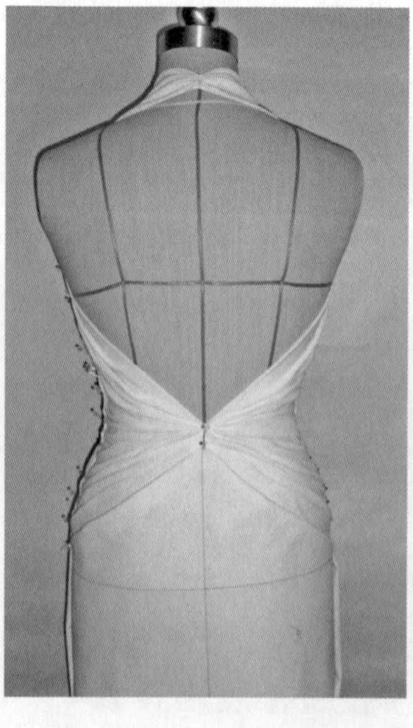

图9-4-32 背面完成效果图

图9-4-33 抽缩布纹机理的灯笼裙

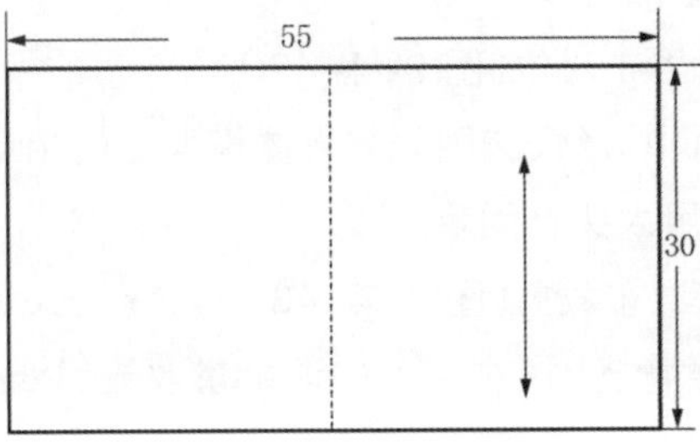

图9-4-34 前后衣片里布用布图

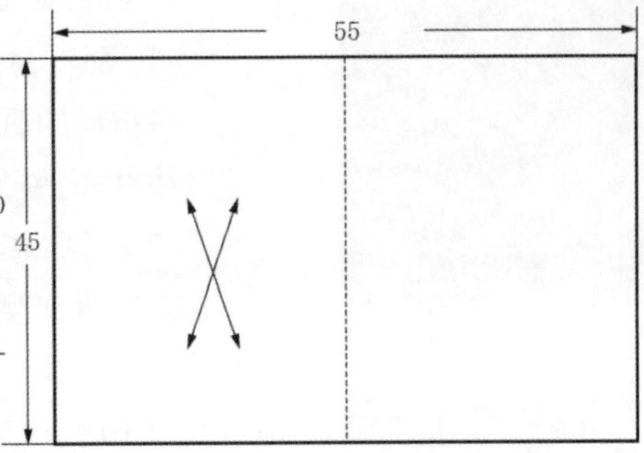

图9-4-35 前后衣片外层用布图

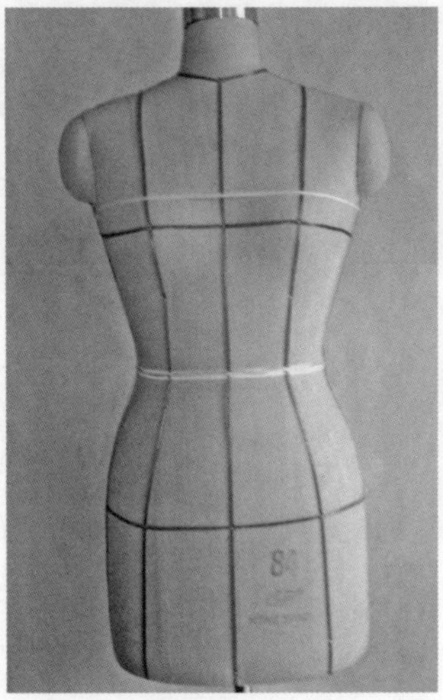

图9-4-36 前衣片造型标记线

人体模型的胸部形态作补正处理，以体现人体曲线的完美状态。

（二）操作方法及技巧

1. 前衣身里布制作

（1）前衣身里布对位（图 9-4-38）

制作前衣片里布造型结构。将布料的前中心线、胸围线与人体模型上的相应标记线对齐，并用大头针固定。

（2）前衣身里布裁剪（图 9-4-39）

通过收取腋下省、胸腰省，将衣片上的浮余量收光，以使衣片贴体。

（3）前衣身里布点影与连线（图 9-4-40、图 9-4-41）

点影完成后取下前衣片里布，连接点影形成衣片轮廓，注意在腰侧点向外加放 0.5cm 的舒适松量。进行左右片拷贝处理，修剪多余量。

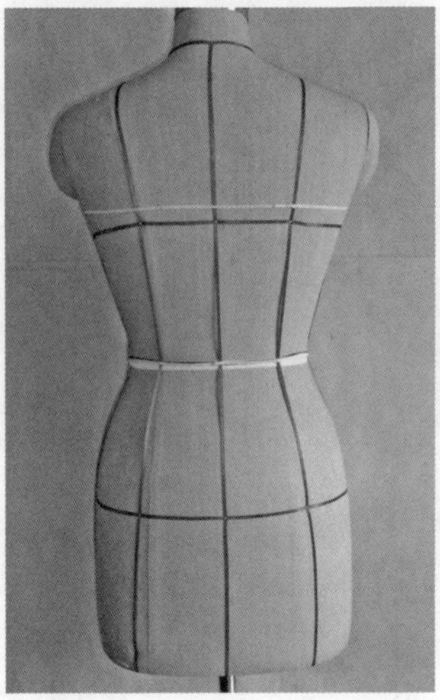

图 9-5-37 后衣片造型标记

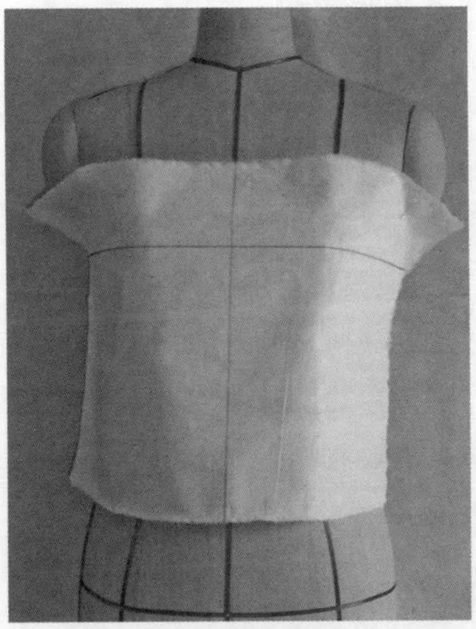

图9-4-38 前衣身里布对位

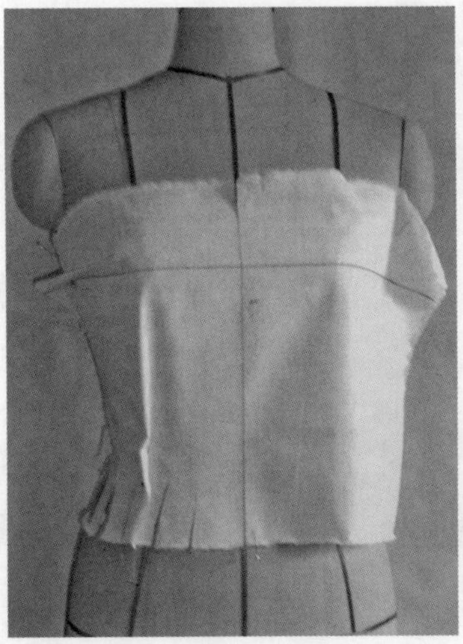

图9-4-39 前衣身里布收省

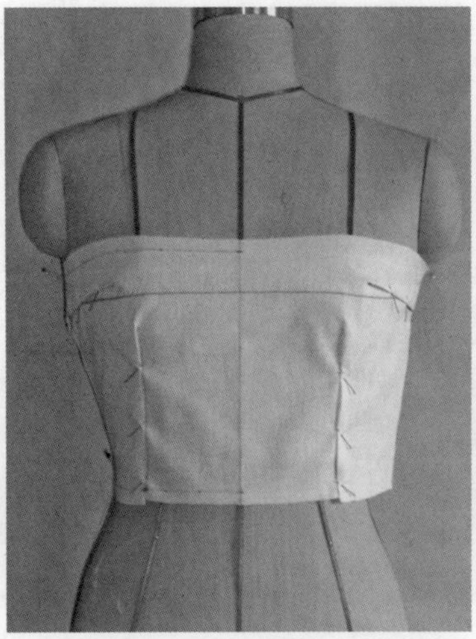

图9-4-40 前衣身里布点影

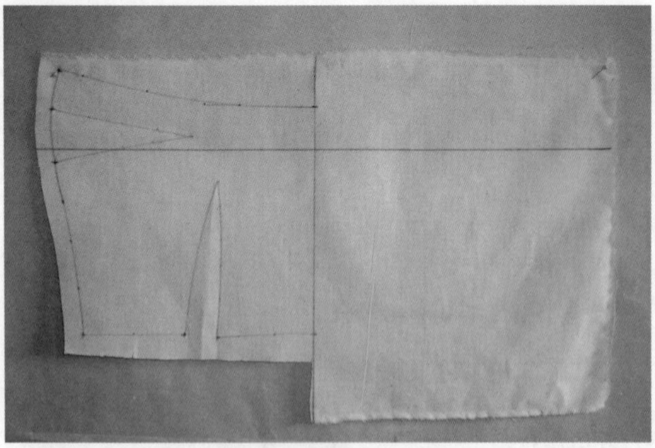

图9-4-41 前衣身里布轮廓连线

2. 后衣身里布制作

（1）后衣身里布对位（图 9-4-42）

将布料的后中心线、胸围线与人体模型上的相应标记线对齐，并用大头针固定。

（2）后衣身里布裁剪（图 9-4-43）

通过收取腰背省，将衣片上的浮余量收光，以达到衣片的贴体状态。

（3）后衣身里布点影与连线（图 9-4-44、图 9-4-45）

将后衣身里布进行点影，完成后取下，按点影连线。

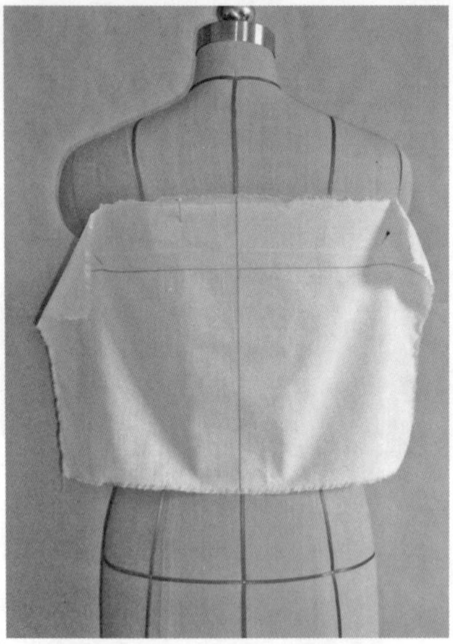

图9-4-42 后衣身里布对位

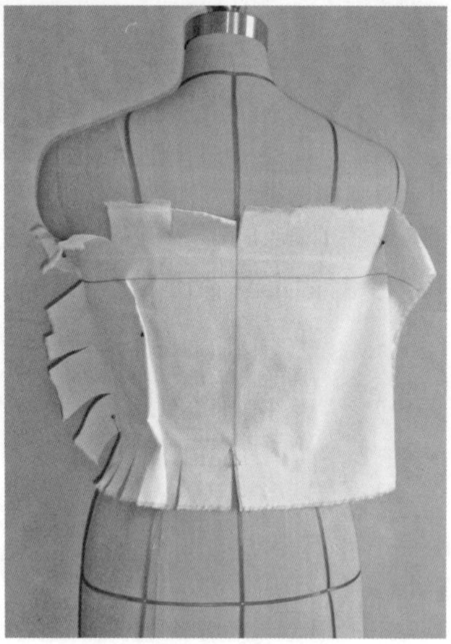

图9-4-43 后衣身里布裁剪

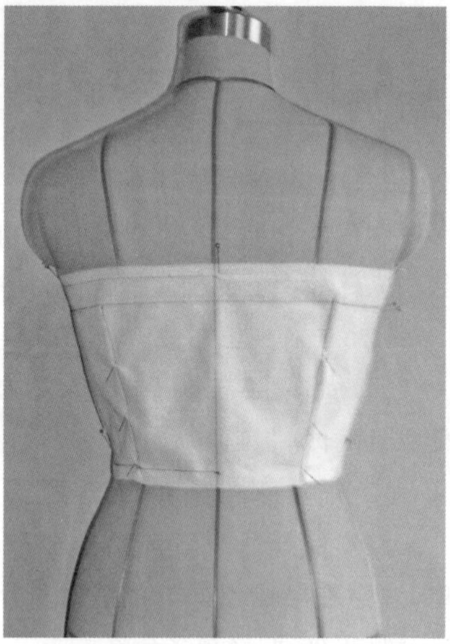

图9-4-44 后衣身里布点影

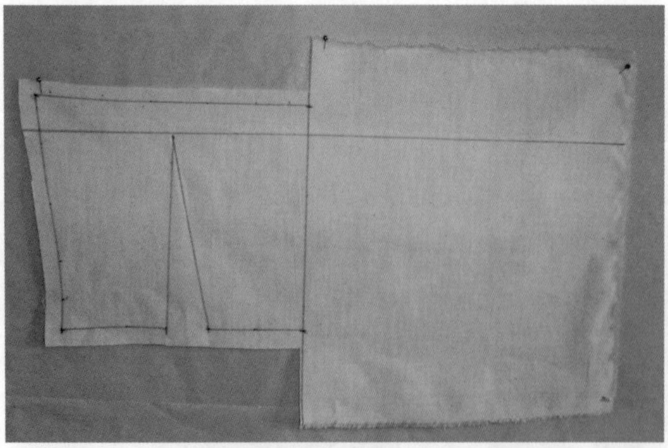

图9-4-45 后衣身里布连线

3. 前衣片外层立体裁剪

（1）前衣片外层的对位（图 9-4-46）

前衣片取料 45° 斜纱布料，用布纵向长度为与缩褶量的大小和多少成正比，一般为成品衣长的 1.5 倍左右，横向长度余量少些即可。

（2）前衣片缩褶处理（图 9-4-47）

两侧缝同时设置缩褶，但左右衣褶不一定完全对称或相连。省量也随缩褶进入，成为缩褶量的一部分。缩褶设置过程中始终保持 45° 斜纱状态，以保证形成的衣片的平衡、定型稳定。

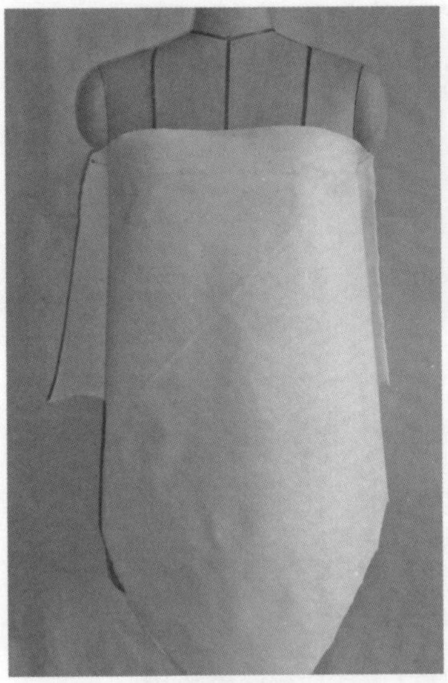

图9-4-46 前衣片外层对位

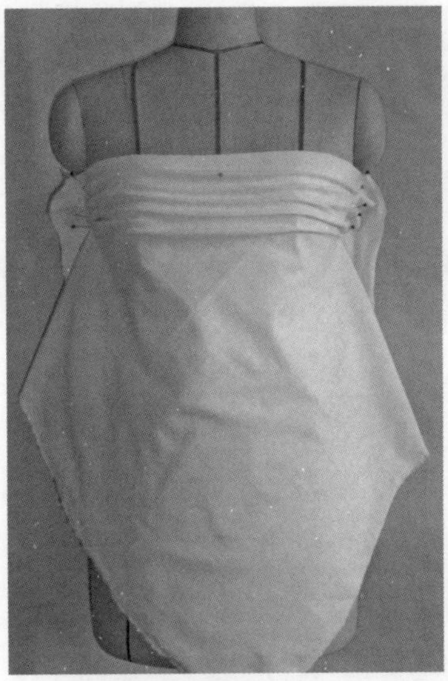

图9-4-47 前衣片缩褶处理

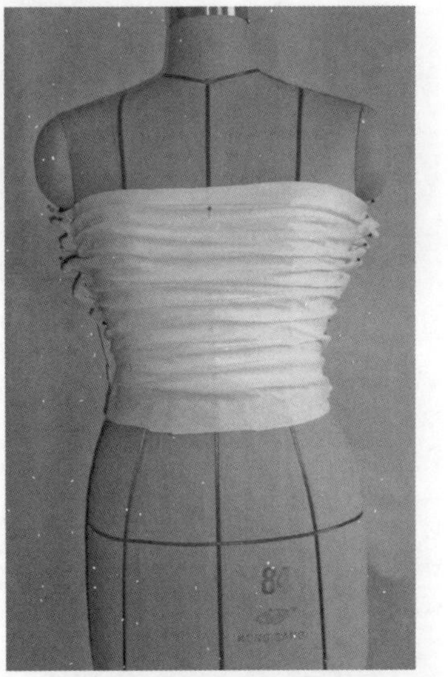

图9-4-48 调整、固定前片缩褶

(3)调整、固定缩褶(图 9-4-48)

完成缩褶后,对整体效果进行调整,修剪多余布料,并用手针在两侧缝处、褶集中处与里布进行固定,注意针脚不外露。

4. 后衣片外层立体裁剪

后衣片外层立体裁剪方法与前衣片的制作方法基本相同(图 9-4-49、图 9-4-50)。具体操作略述。

5. 裙的立体裁剪

(1)裙里布与裙外层的用布(图 9-4-51、图 9-4-52)

(2)裙里布的对位与裁剪(图 9-4-53)

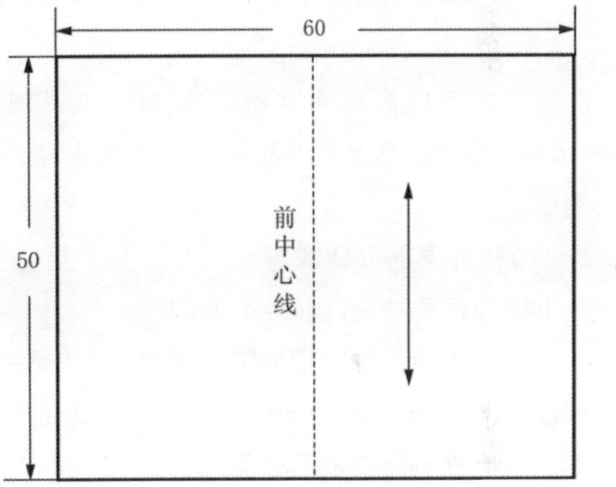

图9-4-51 裙里布的用布图

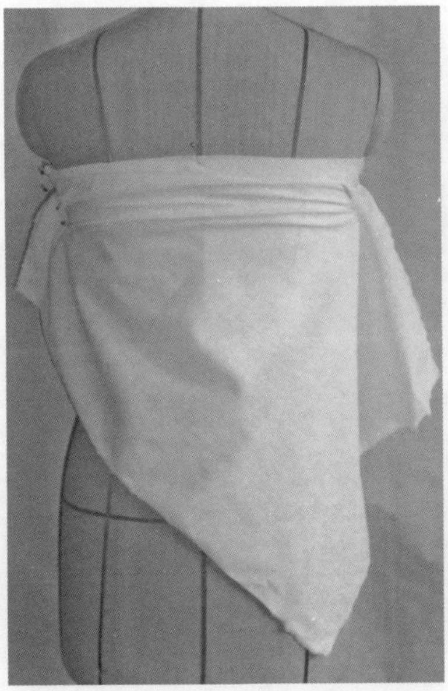

图9-4-49 后衣片缩褶处理

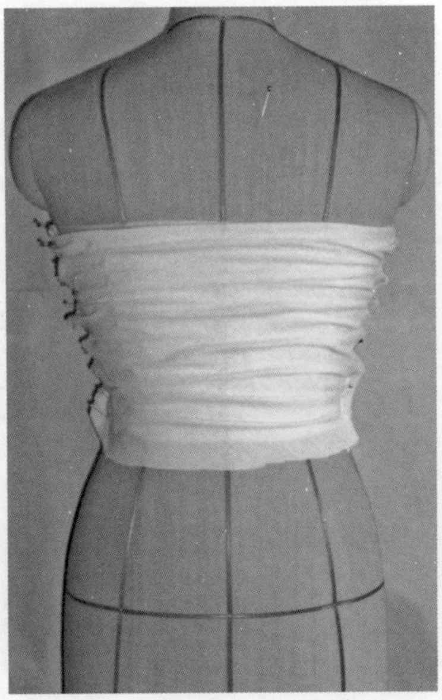

图9-4-50 调整并固定后片缩褶

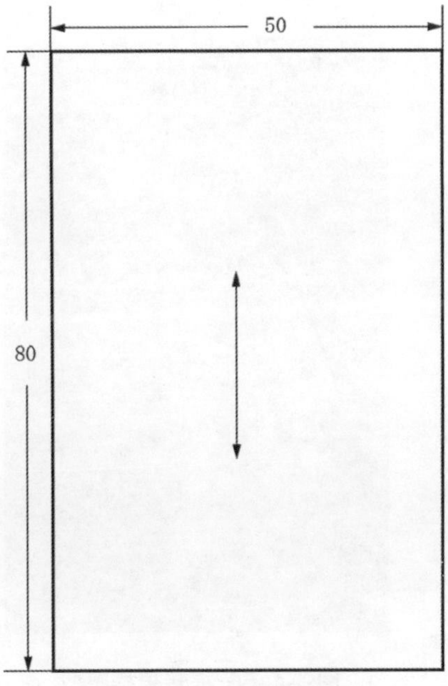

图9-4-52 裙外层用布图

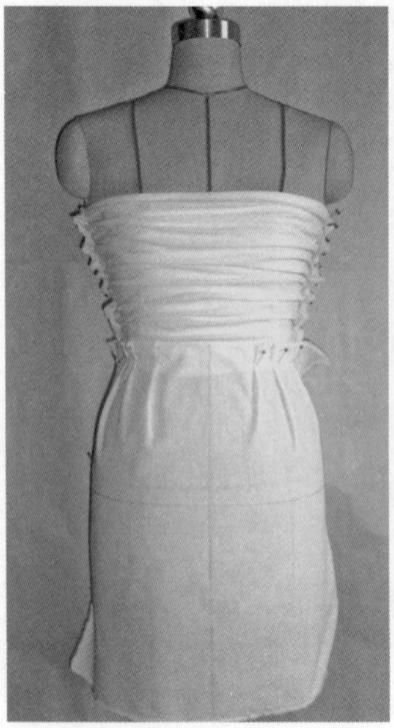

图9-4-53 裙里布的对位与裁剪

图9-4-54 裙外层腰部抽缩褶

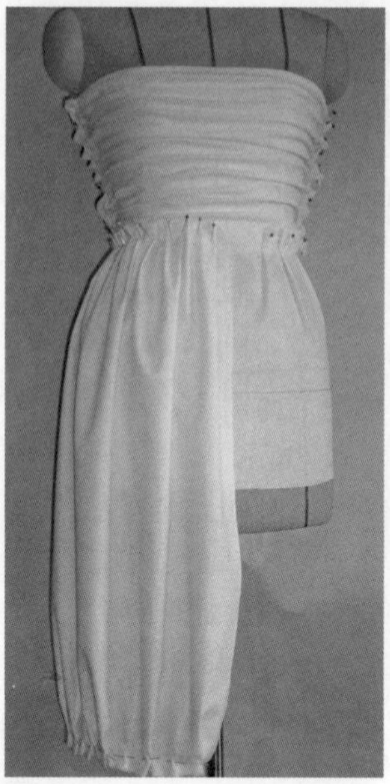

图9-4-55 非均衡抽缩底摆

裙里布可以是小 A 字裙款式，裙长短于成品裙长 10 ～ 15cm，裙摆大小和长度需满足走路时跨步的需要。

（3）裙外层的立体裁剪

①裙外层的抽缩（图 9-4-54）。

外裙片为腰部抽缩褶的喇叭裙形式，外裙片长需比成品裙长长出 15~20cm，为形成灯笼裙的裙摆蓬松饱满状态准备足够的回转量。

②非均衡抽缩底摆（图 9-4-55）。

③提转裙摆塑型（图 9-4-56 、图 9-4-57）。

将外裙片底边向内提转，设置碎褶于裙里布底边别合，调整灯笼造型，并做标记。将外裙片的底边碎褶进行平面处理和抽缩，使之与裙里布的摆围等长，并且别合。

6. 裁片整理

将所得到的前后裙片进行点影、连线、修剪（图

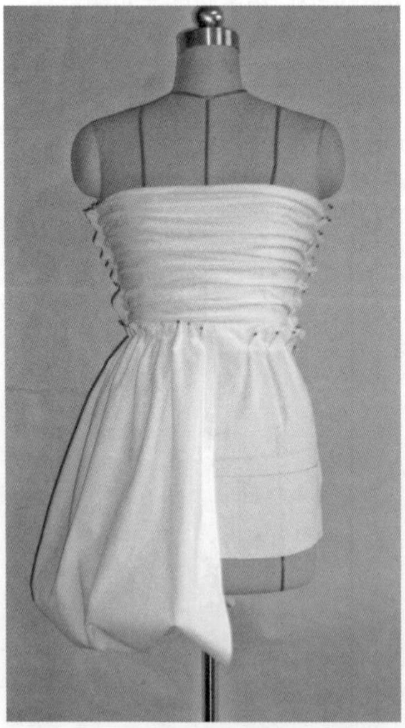

图9-4-56 提转裙摆塑型

图 9-4-57 裙片塑型完成

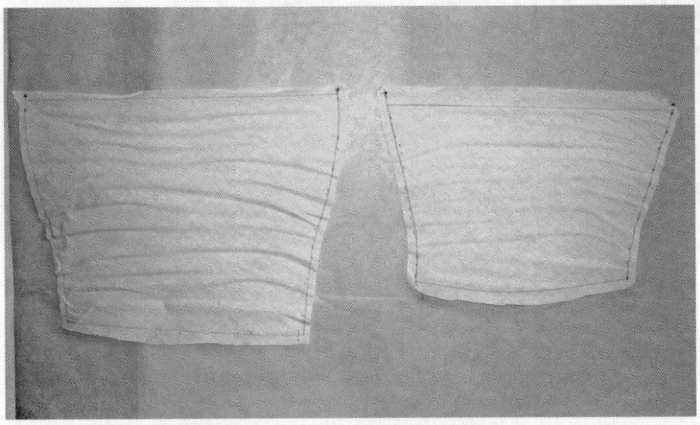

图 9-4-58 前、后衣身外层轮廓

图9-4-59 前裙片里布轮廓

图9-4-60 后衣片里布轮廓

图9-4-61 完成效果

9-4-58—图 9-4-60）。

7. 裁片的假缝试样

将裁片的贴边扣烫，把缝份扣净，曲度较大的边口部位要打剪口。用大头针将服装相关结构线进行假缝，完成效果（图 9-4-61）。

（三）总结

（1）抽缩布纹机理的灯笼裙平面展开图（图 9-4-58—图 9-4-60）

本款服装的衣身缩褶在处理时应保持布料标记线与人体模型的前后中心线对齐，只有这样才能保证侧缝线形态对称、统一。灯笼裙的面料与衬裙之间的长度差值是影响裙摆蓬起形态的关键因素，腰部缩褶量的多少也影响裙摆的蓬起形态。

（2）抽缩布纹机理的灯笼裙立体造型（图 9-4-61）

本灯笼裙立体造型整体形态比较协调，制作衣片时要注重缩褶的不规则性，以求得效果的生动、自然。立体定型的方法很多，如高温定型、缝制定型等，可根据面料特性选择不同的方法。灯笼裙的造型要求面料应具有一定的硬挺度以及质地要轻薄，这样其效果将会更好。

第十章 整装实训立体裁剪

整装立体裁剪实训选用了经典服装款式实例，结合立体构成艺术技法，分析并示范了具体操做技法，强调对局部造型的综合应用，较好地运用立体裁剪技法来解决成衣结构设计中的立体造型及板型问题。

第一节 不对称抽褶上装立体裁剪

此款服装基本结构为无袖、四开身女式上装，胸部采用细褶造型，腰部设有交叉环绕褶纹。本款服装的造型主要是表现衣褶的变化，强调褶纹的层次感和装饰性，使用材料宜选择柔软、悬垂感较强的织物。不对称抽褶上装款式图见图 10-1-1、图 10-1-2。

（一）准备工作

1. 布料准备

本款所用布料的丝缕和纱向均为经向。由于其前片为不对称款式，备料时要根据款式分别准备面料。前片由五个裁片组成，而后片结构比较简单，左右对称结构。需要注意的是，前片具有褶皱，备料时要放出足够的缩褶量；右下部位的腰带部分与右下衣片是连为一片的结构，备料时要给出足够的延伸量（图 10-1-3、图 10-1-4）。

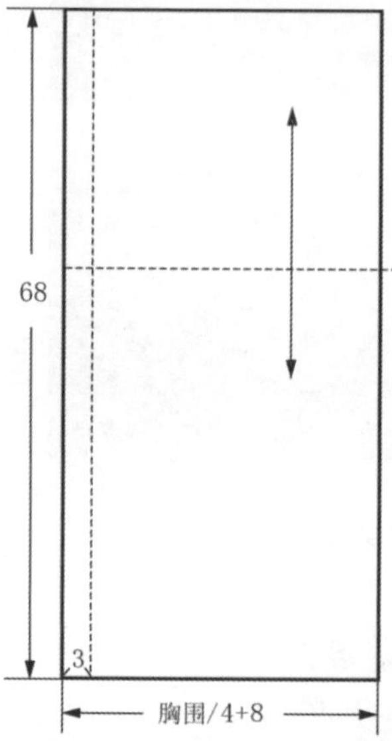

图10-1-3 后衣片用布图

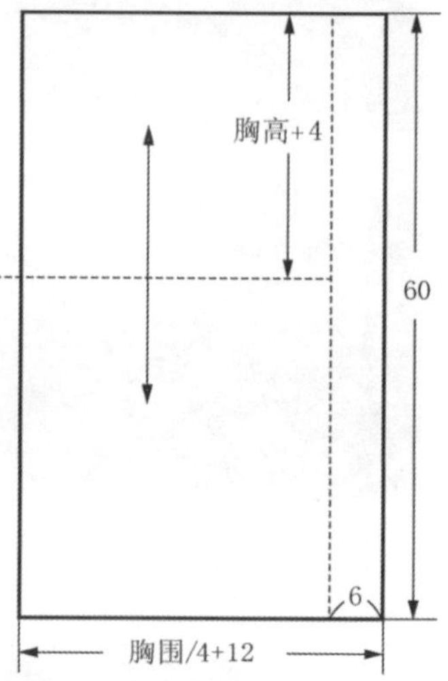

图10-1-4 前衣片用布图

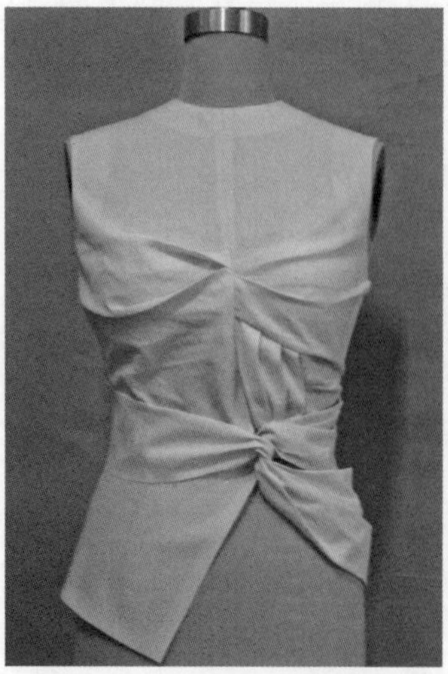

图10-1-1 正面款式图

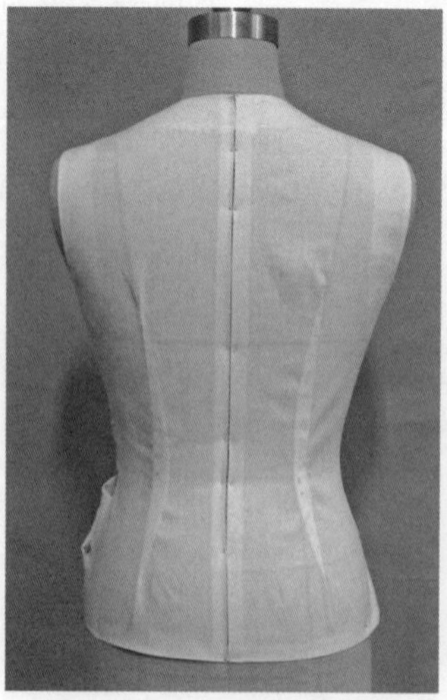

图10-1-2 背面款式图

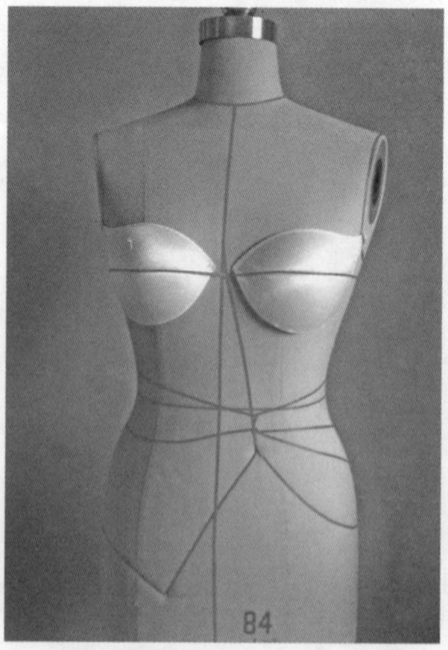

图10-1-5 前衣身款式标记线

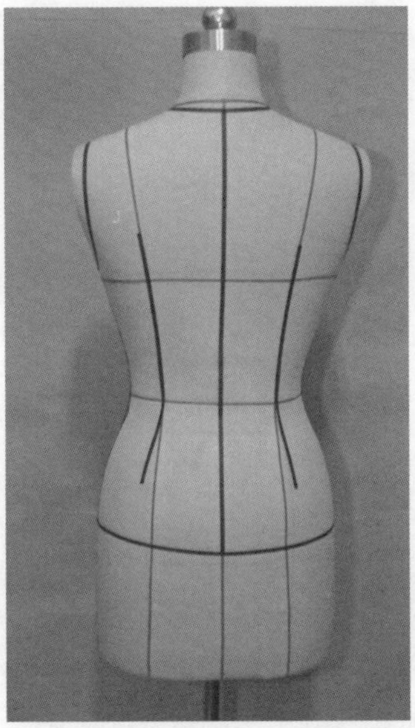

图10-1-6 后衣身款式标记线

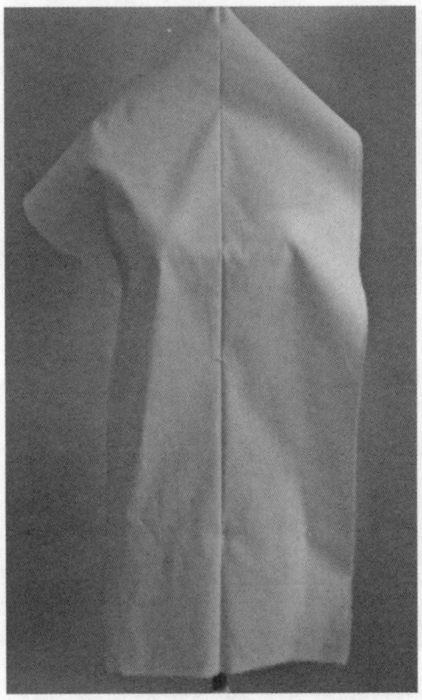

图10-1-7 前片标记线对位

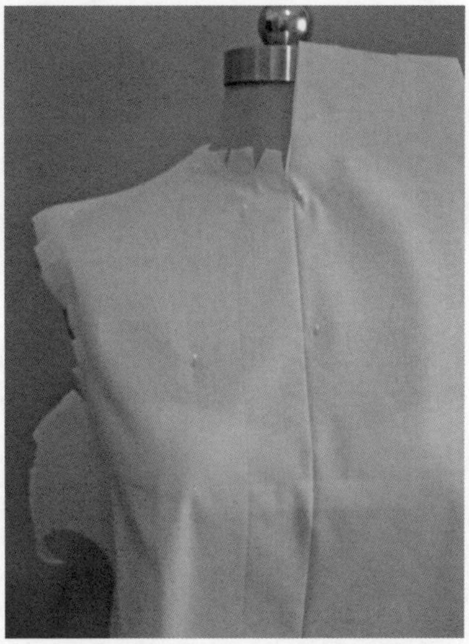

图10-1-8 固定袖窿及侧缝

2. 标记衣身造型线

根据款式效果在人体模型上贴出款式造型线（图 10-1-5 、图 10-1-6 ）。由于本款式是非对称形式，所以需要将左右两侧款式造型线都贴出来，两侧衣片要分别进行立裁，然后进行拓板处理。注意款式造型线的位置应充分表达款式外轮廓的意图和效果。

（二）操作方法及技巧

1. 前衣片右侧上半部分立体裁剪

（1）前片标记线对位（图 10-1-7）

把布料覆于人体模型上，将衣片的前中心线、胸围线与人体模型的前中心线、胸围线对齐，前中心线用大头针固定。注意前片中心基准线成垂直状态。修剪领口，使其伏贴，抚平肩部，并用大头针固定。

（2）固定袖窿及侧缝（图 10-1-8）

先将布料从胸高点向侧缝抚顺，靠近腋下处留有 0.5cm 的余量，再轻轻地理顺袖窿及腋下部分（不要拉紧），使衣片合体，最后理顺侧缝，使侧缝自然地贴在人体模型上，把多余量留在腰围处。

（3）收胸褶（图 10-1-9）

将腰部多余量推至胸窝处，并根据款式将多余量做出褶纹，依据设计款式的要求调整褶纹的长短、起伏、强弱的变化，形成具有美感的横向褶纹。然后再将侧缝抚平、固定。

（4）修剪腰部（图 10-1-10）

根据腰围线的标记线，将面料粗略地进行修剪。

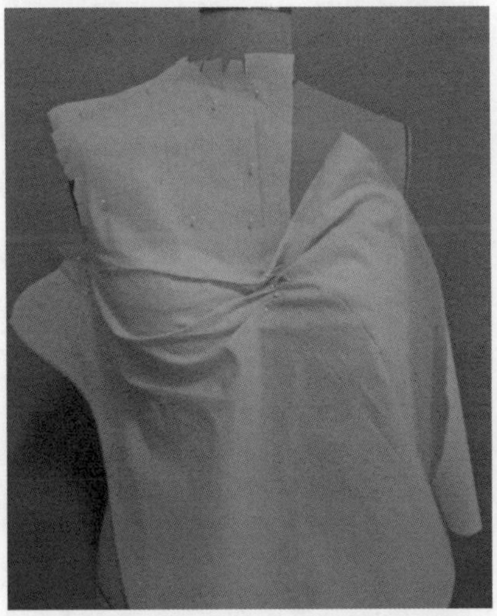

图10-1-9 收胸褶

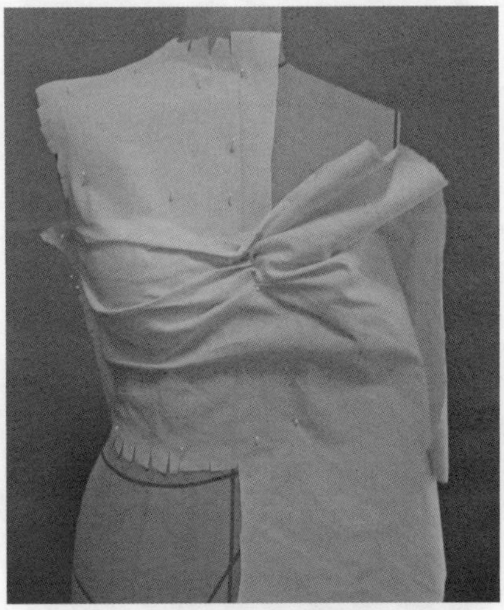

图10-1-10 修剪腰部布料

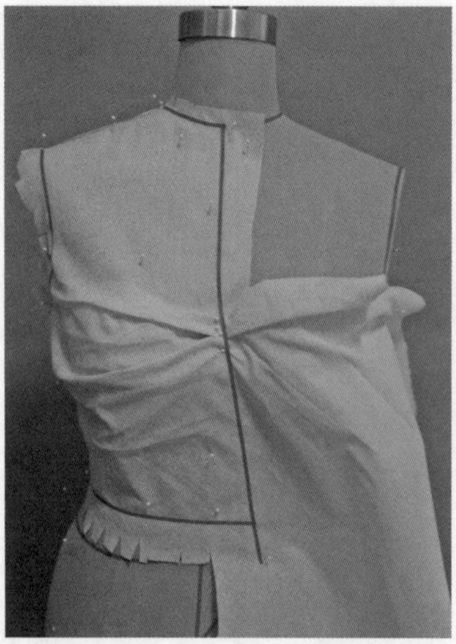

图10-1-11 贴款式造型线

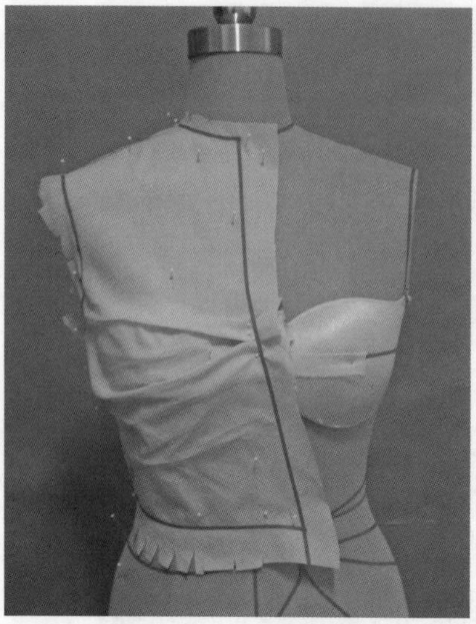

图10-1-12 修剪布料

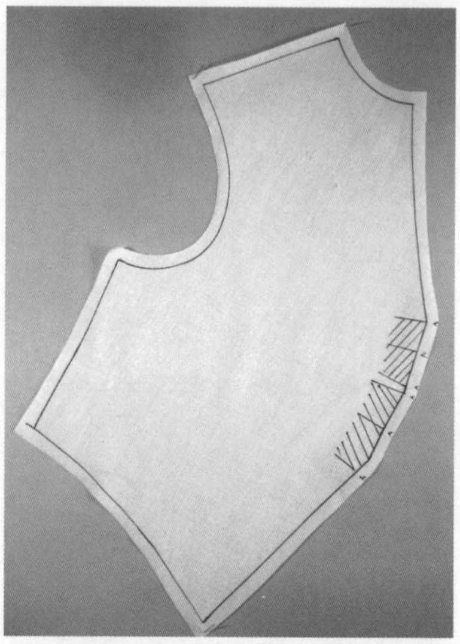

图10-1-13 右侧前衣片整理

（5）贴置款式造型线（图 10-1-11）

根据款式贴出款式造型线。

（6）修剪布料（图 10-1-12）

按造型线条预留出缝份后剪开布料，将各个部位进行粗略地修剪。

（7）前衣片右侧上部分裁片整理（图 10-1-13）

将衣片从模型上取下并展平，在腋点、腰侧点处分别向外加放松量各 1cm（胸围、腰围松量分别为 4cm）。留足缝份和贴边量后裁掉多余量，并标记褶位，形成前衣片右侧上端裁片。

2. 前衣片左侧上半部分立体裁剪

（1）前片标记线对位（图 10-1-14）

把布料覆于人体模型上，将衣片的前中心线、胸围线与人体模型上的前中心线、胸围线对齐，前中心线处用大头针固定。注意前片中心基准线成垂直状态。修剪领口，使其伏贴，抚平肩部并用大头针固定。

（2）固定袖窿及侧缝、收胸褶（图 10-1-15）

先将布料从胸高点向侧缝抚顺，靠近腋下处留有 0.5cm 的余量，然后轻轻地理顺袖窿及腋下部分（不要拉紧），使衣片合体。接着理顺侧缝，使侧缝自然地贴在人体模型上，把多余量留在腰围处。然后将腰部多余量推至胸窝处，并根据款式将多余量做成褶纹，

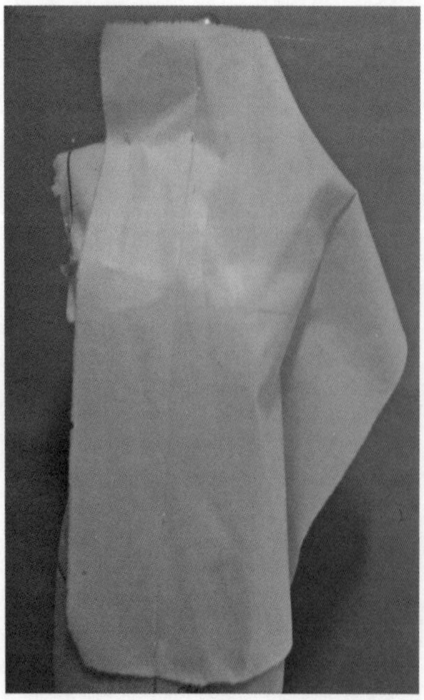

图10-1-14 前片标记线对位

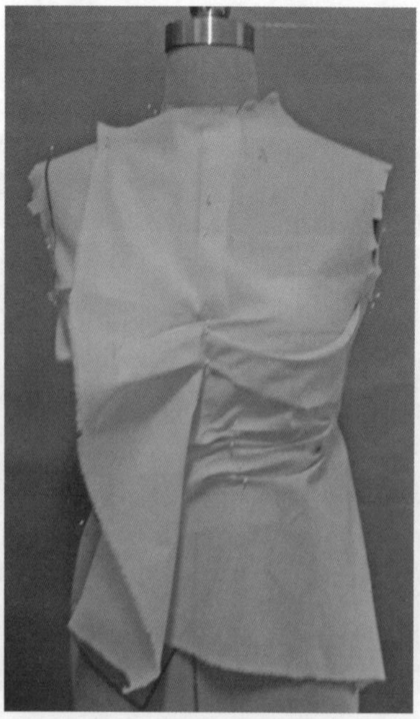

图10-1-15 收胸褶

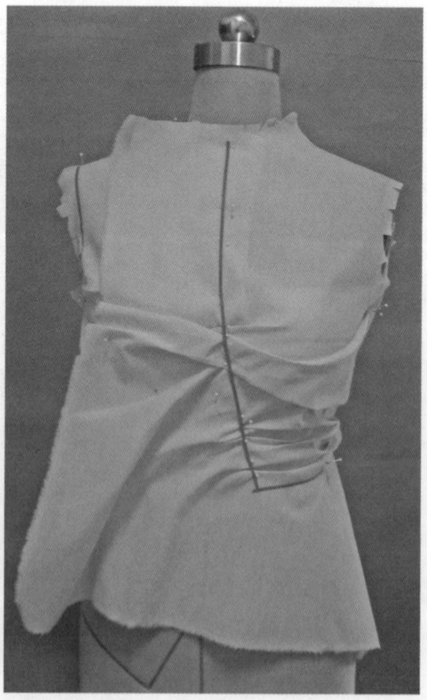

图10-1-16 贴出款式造型线

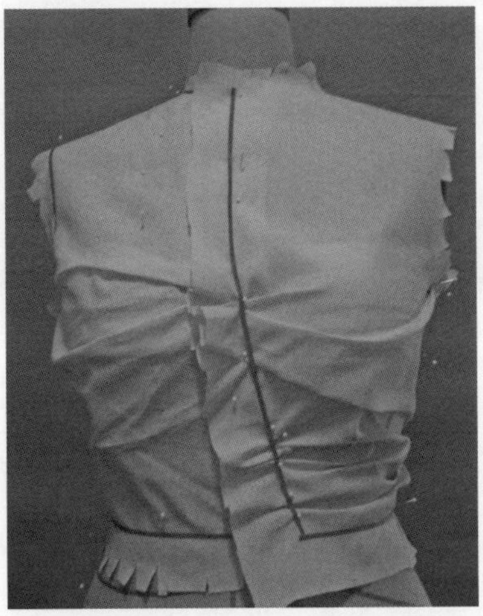

图10-1-17 修剪布料

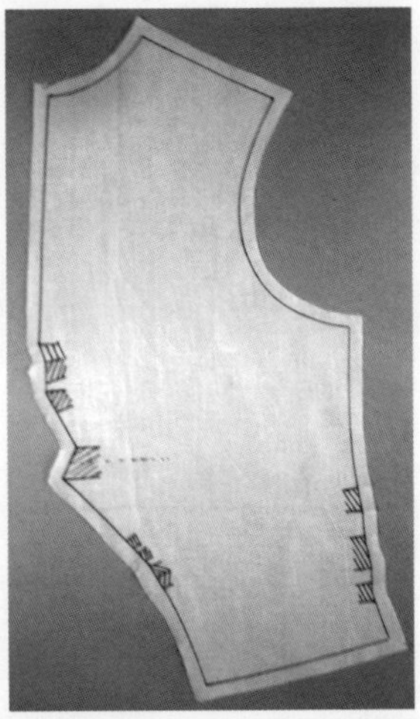

图10-1-18 左侧前衣片整理

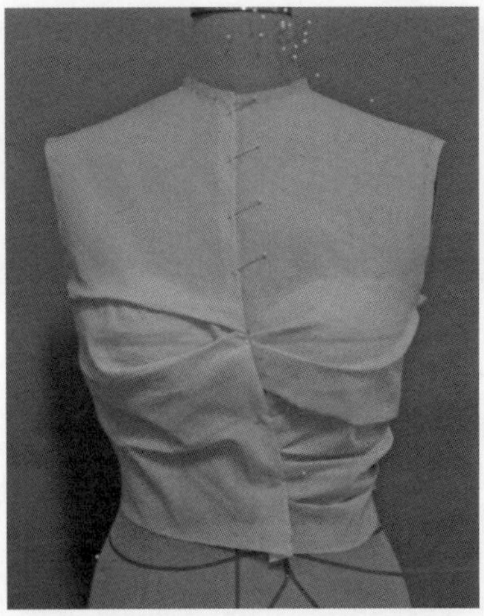

图10-1-19 前衣身上半部分立体造型

依据设计款式的要求调整褶纹的长短、起伏、强弱的变化，形成具有美感的横向褶纹。最后再将侧缝抚平、固定。

（3）贴款式造型线（图 10-1-16）

根据款式贴置款式造型线。

（4）修剪布料（图 10-1-17）

按造型线条预留出缝份后剪开布料，将各个部位进行粗略修剪。

（5）左侧前衣片整理（图 10-1-18）

将衣片从模型上取下并展平、理顺，在腋点、腰侧点处分别向外加放松量各 1cm（胸围、腰围松量分别为 4cm）。留足缝份和贴边量后裁掉多余量，并标记褶位，形成前衣片左侧上端裁片。前衣身上半部分立体造型见图 10-1-19。

3. 左前片下半部分立体裁剪

（1）左前片横向腰带用布量（图 10-1-20）

（2）标记线对位（图 10-1-21）

把布料覆于人体模型左前腰部，将衣片的前中心线、腰围线与人体模型上的相应标记线对齐，用大头针固定。

（3）收褶（图 10-1-22）

顺着腰围线在中线和侧缝处同时收褶，注意两侧的褶要捏得不要均匀。

（4）修剪布料（图 10-1-23）

按造型线条预留出缝份后剪开布料。

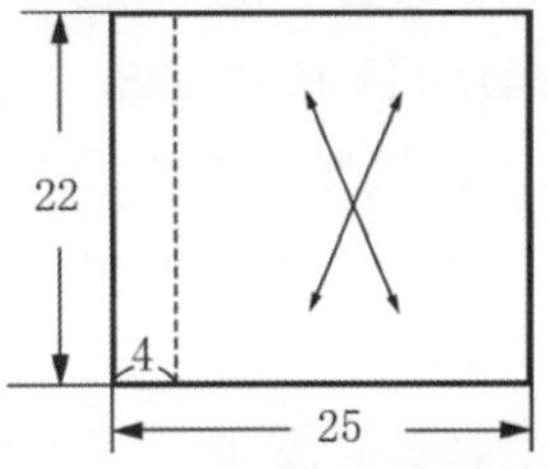

图 10-1-20 前左衣片腰带用布图

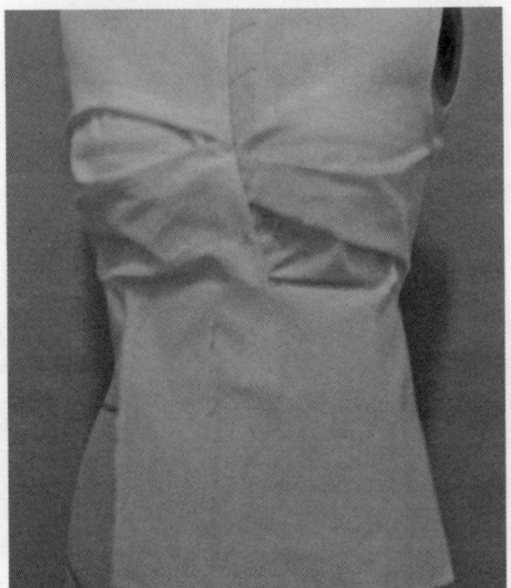

图10-1-21 标记线对位

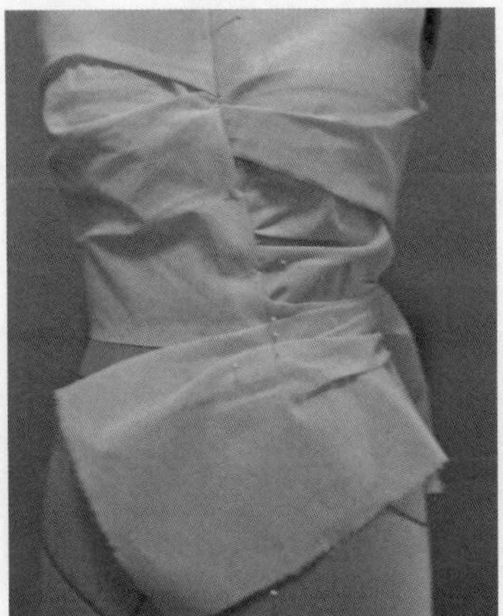

图10-1-22 收褶

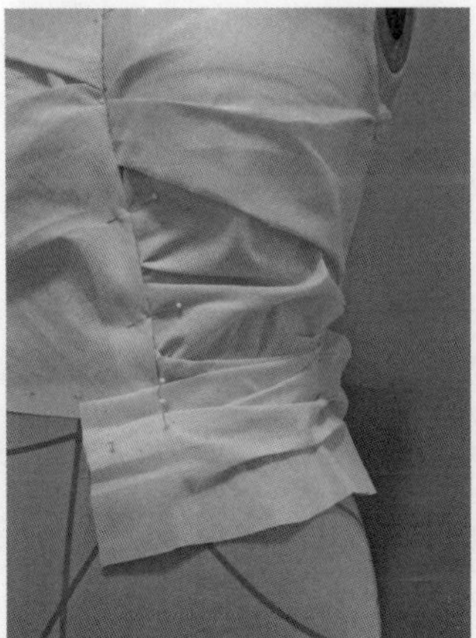

图10-1-23 修剪布料

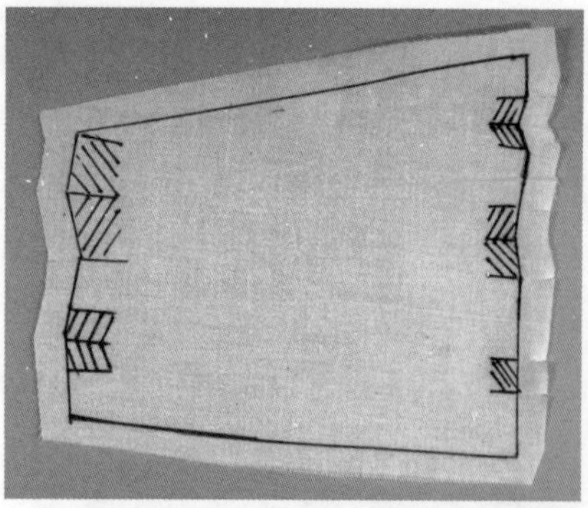

图10-1-24 整理横向腰带裁片

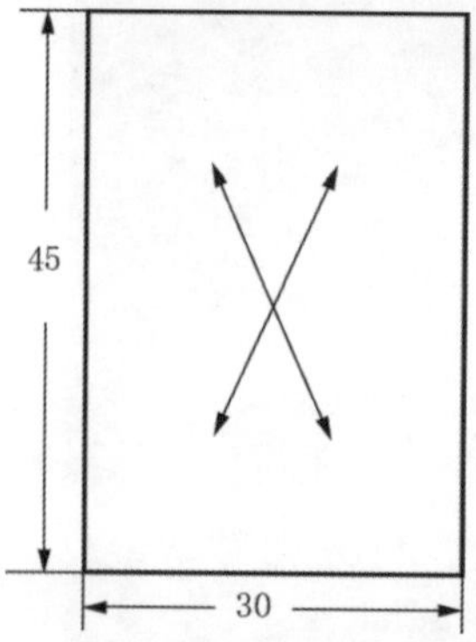

图10-1-25 前左衣片纵向带用布图

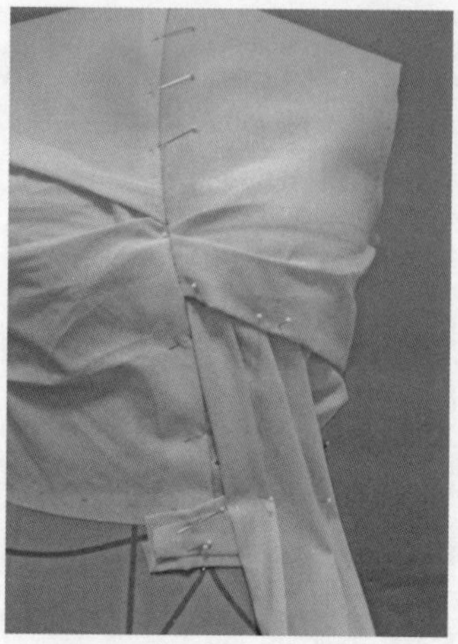

图10-1-26 纵向装饰条布收褶

（5）整理横向腰带裁片（图 10-1-24）

将衣片从人体模型上取下并展平、理顺，留足缝份和贴边量后裁掉多余量，并标记褶位，形成左前片横向腰带裁片。

4. 立裁纵向装饰条布

（1）纵向装饰带用布量（图 10-1-25）

（2）收褶（图 10-1-26）

在左侧前片褶纹处剪剪口，将纵向装饰条布穿入剪口，并收三个纵向褶纹。

（3）整理纵向装饰条布（图 10-1-27）

将收好褶纹的纵向装饰条布，从左前片下半部分的横向褶饰穿出。按造型线预留出缝份后剪开布料。

（4）整理裁片（图 10-1-28）

将衣片从人体模型上取下、展平、理顺，留足缝份和贴边量后裁掉多余量，并标记褶位，形成左前片纵向装饰带裁片。

5. 右前片下半部分立体裁剪

（1）右前片下端衣片用布量（图 10-1-29）

（2）标记线对位（图 10-1-30）

把布料覆于人体模型右前腰部，将衣片的前中心线、腰围线与人体模型上的相应标记线对齐，用大头

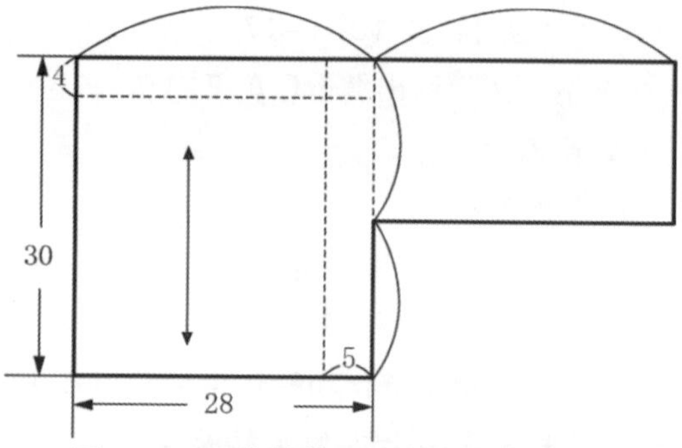

图10-1-29 右前片下端衣片用布图

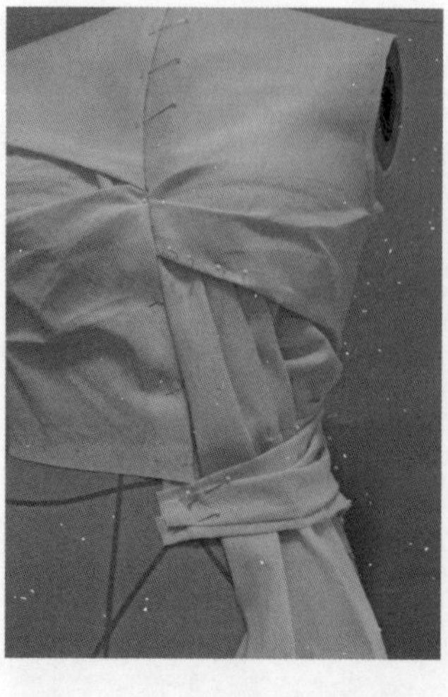

图10-1-27 整理纵向装饰条布

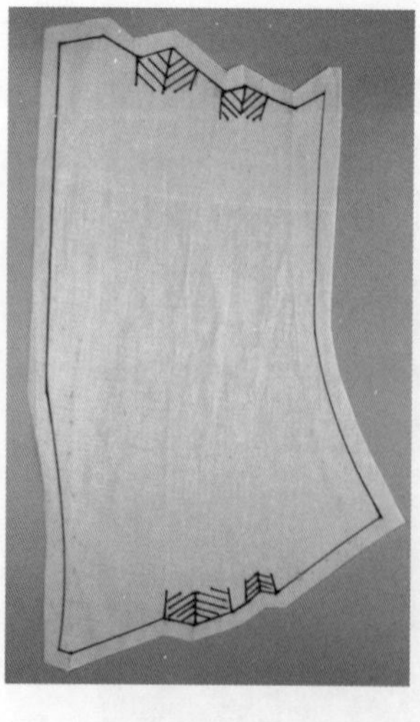

图10-1-28 整理裁片

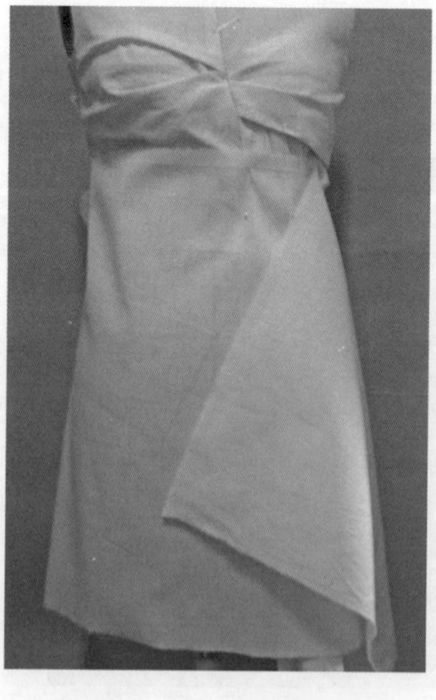

图10-1-30 标记线对位

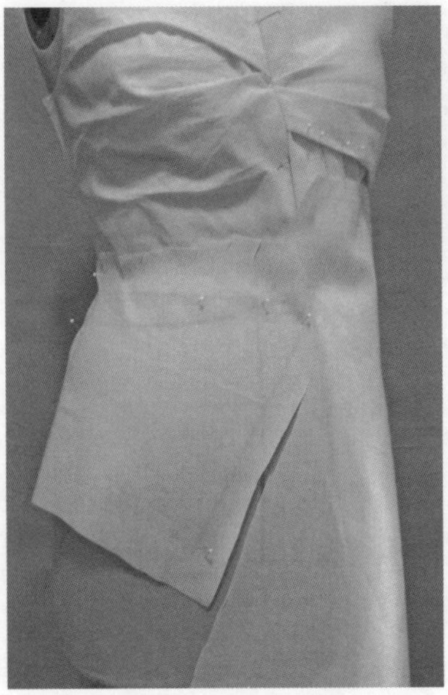

图10-1-31 修剪布料

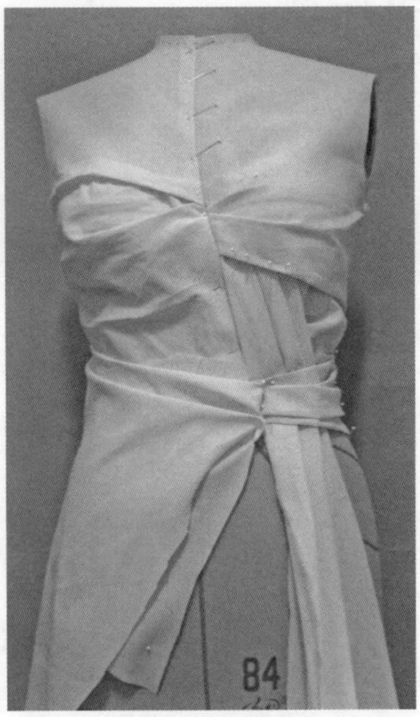

图10-1-32 折转腰带装饰布

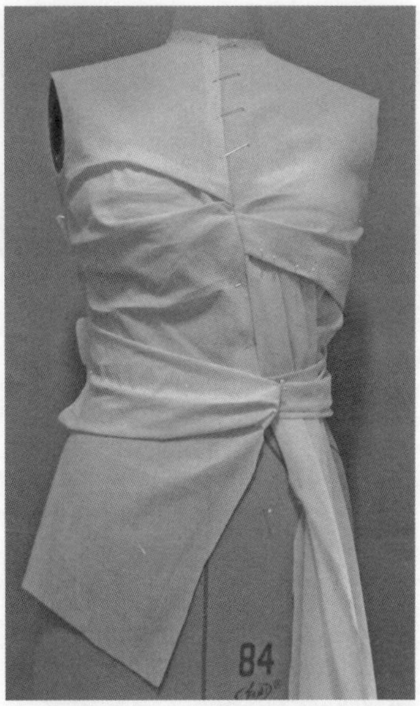

图10-1-33 粗裁腰带

针固定。

（2）修剪布料（图 10-1-31）

按造型线预留出缝份后剪开坯布，注意中心线处的布料不要剪断。

（3）折转腰带装饰布（图 10-1-32）

将前中心处连接的面料向侧缝方向折转，并做出褶纹。

（4）粗裁腰带（图 10-1-33）

按照款式粗裁腰带，并用针暂时固定。

（5）做交叉环绕装饰（图 10-1-34）

将左侧纵向褶饰剩余部分与右侧腰带做交叉环绕，并将左侧褶饰下端收褶后固定于左侧缝处。

（6）贴置款式造型线（图 10-1-35）

根据款式贴置款式造型线。

（7）修剪布料（图 10-1-36）

按造型线条预留出缝份后修剪坯布料。

（8）整理裁片（图 10-1-37）

将衣片从人体模型上取下并展平、理顺，在腰侧点、臀侧点处分别向外加放松量各 1cm（腰围、臀围松量分别为 4cm）。留足缝份和贴边量后裁掉多余量，并标记褶位，形成右前片下端裁片。

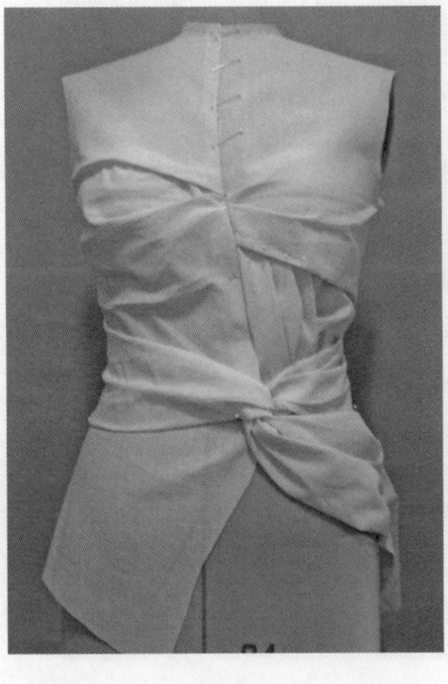

图10-1-34 做交叉环绕装饰

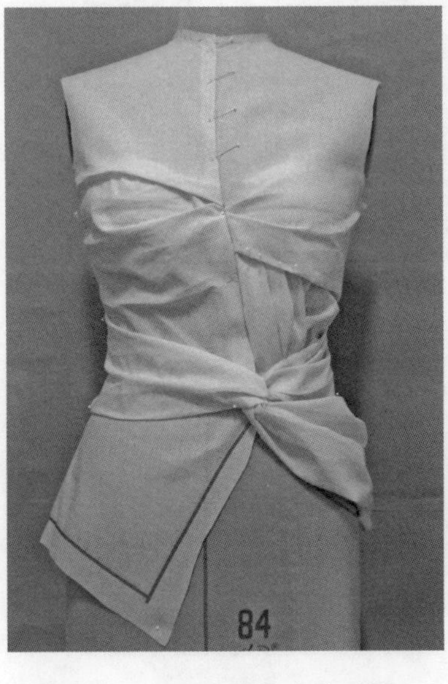

图10-1-35 贴置款式造型线

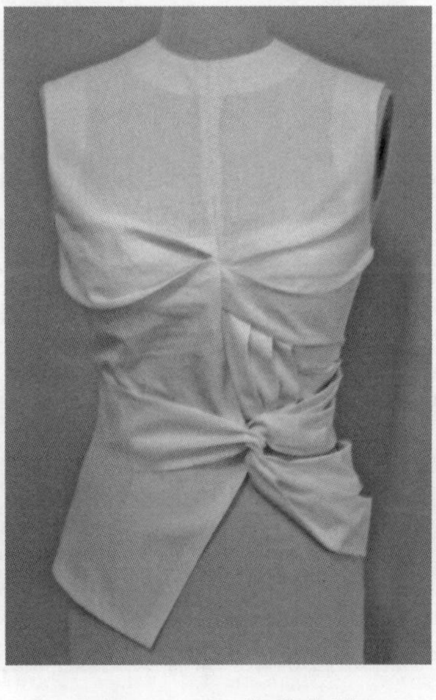

图10-1-36 修剪布料

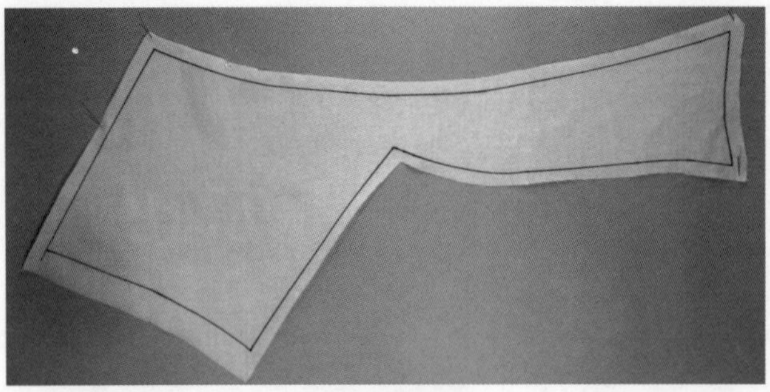

图 10-1-37 整理裁片

图10-1-39 修剪领口

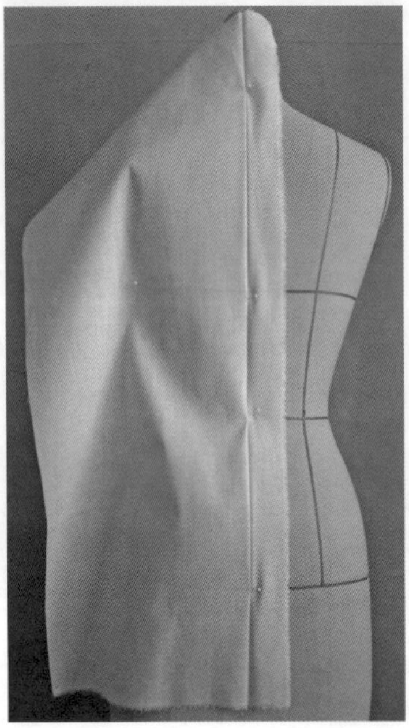

图10-1-38 后片标记线对位

6. 后片立体裁剪

（1）后片标记线对位（图 10-1-38、图 10-1-39）

把布料覆于人体模型上，将衣片的后中心线、胸围线与人体模型的前中心线、胸围线对齐，后中心线用大头针固定。修剪领口，使其伏贴，抚平肩部，并用大头针固定。

（2）收腰省（图 10-1-40）

把腰部多余的部分做为腰省，用大头针将其别出。

（3）修剪布料，进行后片整理（图 10-1-41）

按造型线预留出缝份后修剪布料。完成后将衣片从模型上取下并展平、理顺，在腋点、腰侧点、臀侧点处分别向外加放松量各 1cm（胸围、腰围、臀围松量分别为 4cm）。留足缝份和贴边量后裁掉多余量，形成后片裁片。

7. 裁片拷贝

将所得到的前后裁片进行拷贝，得到完整的左右侧服装裁片。

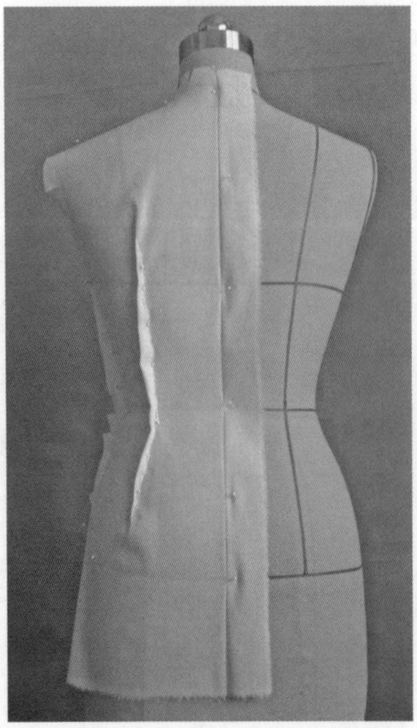

图10-1-40 收腰省

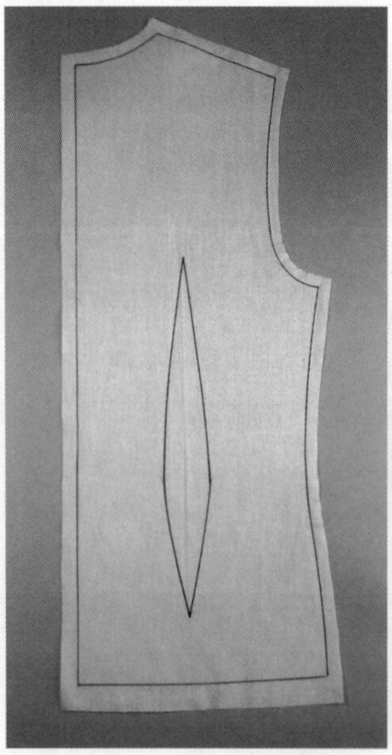

图10-1-41 后片整理

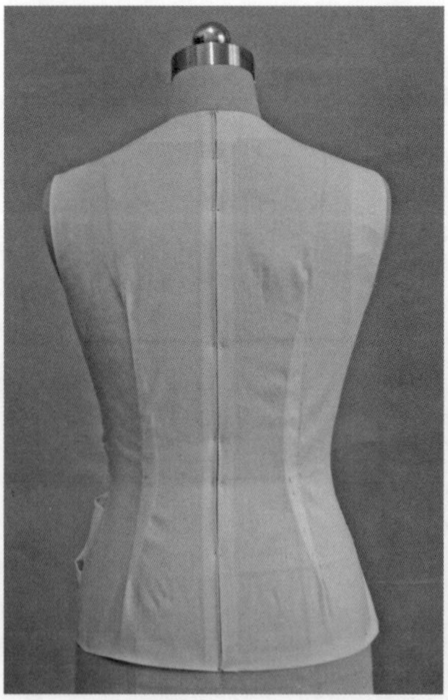

图10-1-42 后片造型完成图

8. 裁片的整理和假缝

将裁片的贴边扣烫，把缝份扣净，曲度较大的边口部位打剪口。用大头针将服装相关结构线进行假缝。

9. 试样修正、拓印纸样及完成效果

将服装假缝、试样。观察服装成型后效果，如胸围、腰围松量，褶纹位置与形状，并将修正部位做出修正标记，记录修正量。将修正过的裁片进行纸样的拓印，形成服装样板。

（三）总结

（1）不对称抽褶上装平面展开图

从前面的图 10–1–13、图 10–1–18、图 10–1–24、图 10–1–28、图 10–1–37、图 10–1–41 中可以看出，前片左右片成不规则状态，全部省转移到了褶裥中，右前身下端的一片与腰带为连体结构。

（2）不对称抽褶上装立体造型图

从图 10–1–36、图 10–1–42 可以看出，服装体现了抽褶及环绕褶饰的立体构成方法。在抽褶时要注意褶的疏密有致、自然灵动，把握褶的松与紧、动与静的变化，以及结构线条位置设计的合理性和美观性。

第二节 盖肩分割花瓣领时装立

本款服装是圆装袖、四开身女式上装，胸部至肩部采用盖肩式造型，腰部设有横向分割线，领部设有多层次立体花瓣装饰。衣身面料以有挺度、较厚实的织物为宜，领子宜选用轻盈、蓬松感强的面料。款式见图 10–2–1、图 10–2–2。

（一）准备工作

1. 布料准备

此款上装所用布料的丝缕和纱向均为经向。由于由 8 个裁片组成，为不对称款式，备料时要根据款式分别准备面料。后片为左右对称结构，面料可以同步下料。

2. 标记衣身造型线

根据款式在人体模型上贴出款式造型线，注意盖肩分割位置设计的合理性和美观性。由于本款式是非对称形式，所以需要将左右两侧款式造型线都贴出来（图 10–2–3、图 10–2–4）。两侧衣片分别进行立裁，然后进行拓样处理。注意款式造型线的位置应充分表达款式外轮廓的意图和效果。

（二）操作方法及技巧

1. 前衣片右侧上半部分立体裁剪

（1）前衣片右侧上半部分用布量（图 10–2–5）

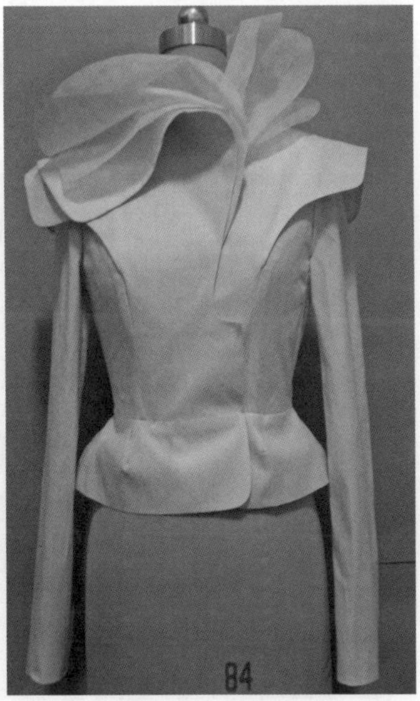

图10–2–1 正面款式

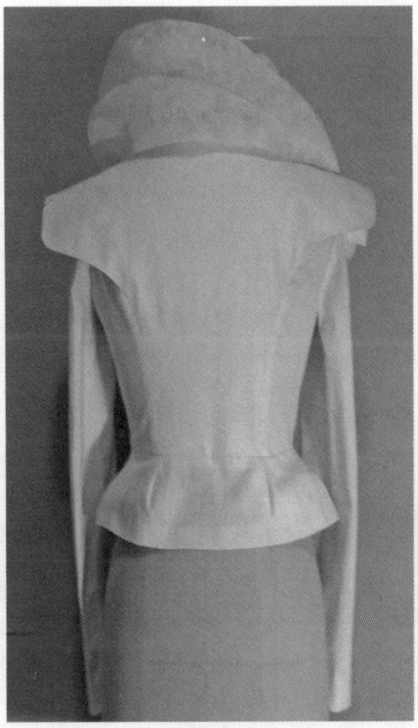
图10–2–2 背面款式

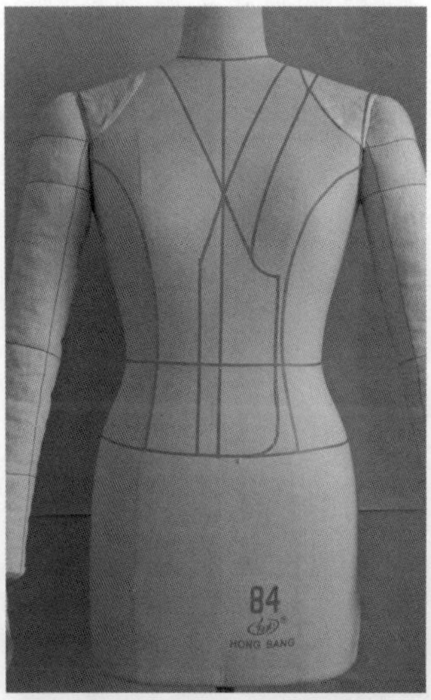

图10–2–3 前衣身造型线

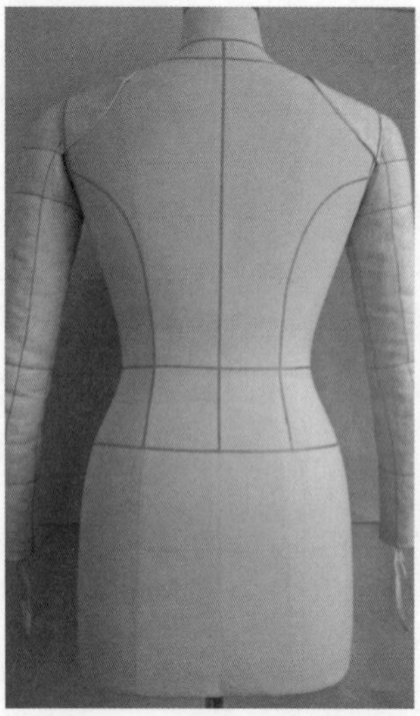

图10-2-4 后衣身造型线

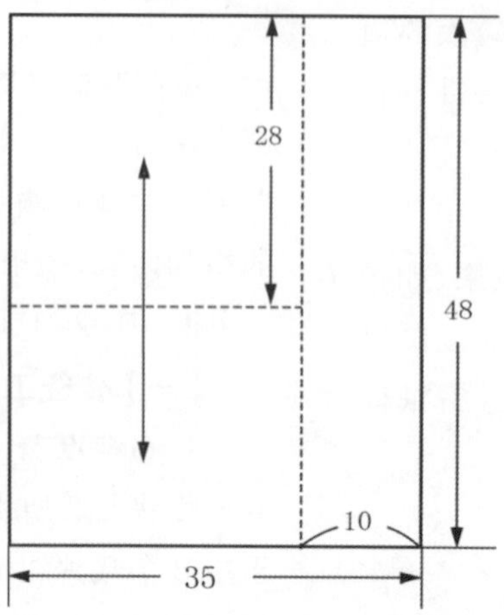

图10-2-5 前衣片右侧上端用布图

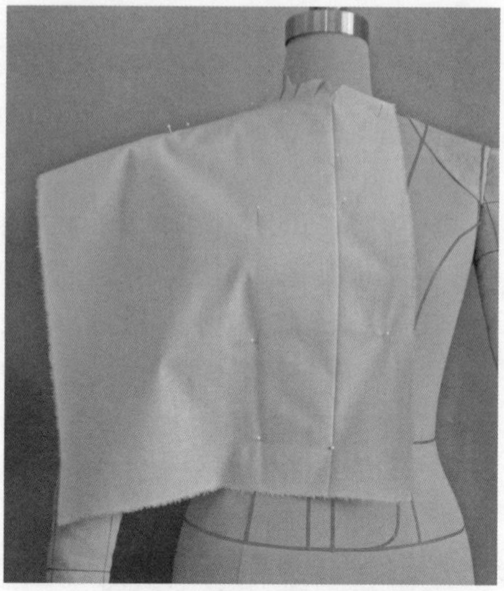

图10-2-6 固定前中心十字点

（2）固定前中心十字点（图 10-2-6）

将前面布的中心线与胸围线的十字交叉点与人体模型上的中心线与胸围线的十字交叉对齐，并用大头针加以固定。

（3）修剪领、肩部及分割线（图 10-2-7）

将领口粗裁，理顺领口及肩部等各部位，使衣片与人体贴合，并用大头针固定。修剪分割线时注意要留缝份和修正量，按照标记线点影做好标记。

（4）固定前侧胸围线（图 10-2-8）

将布料的胸围线与人体模型台上的胸围线对齐，并用大头针加以固定。注意胸围线保持水平。

（5）修剪前侧面料（图 10-2-9）

理顺前胸和袖窿部位，胸宽处留有松量，用大头针加以固定。用剪刀将前侧面布的轮廓线进行粗略修剪，注意要留缝份和修正量。腰围处打剪口使其伏贴。

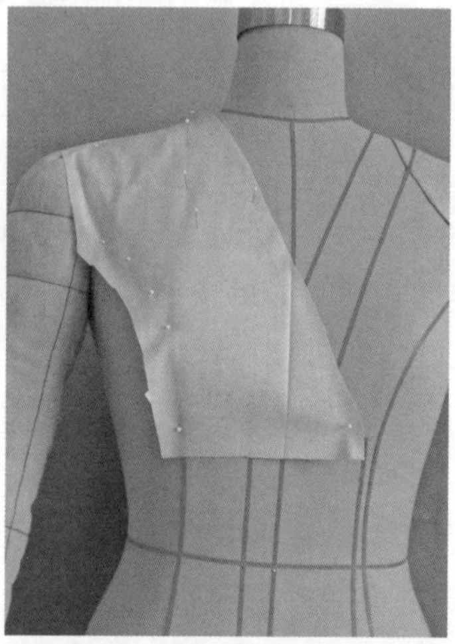

图10-2-7 修剪领、肩部及分割线

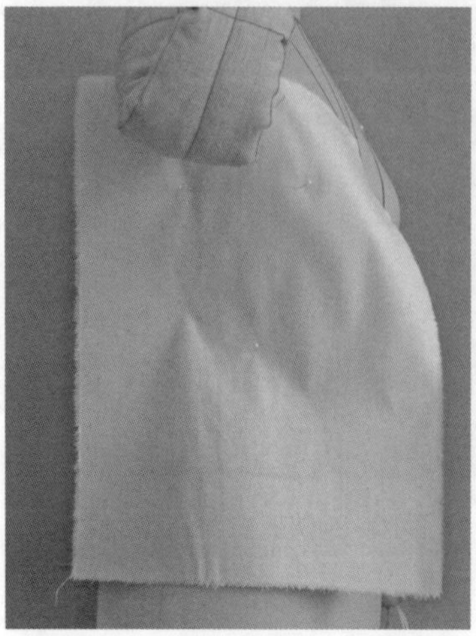

图10-2-8 固定前侧胸围线

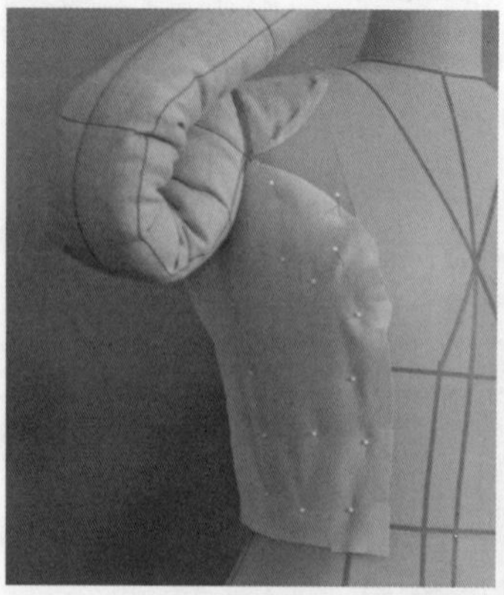

图10-2-9 修剪前侧面布

图10-2-10 前衣片右侧衣片整理

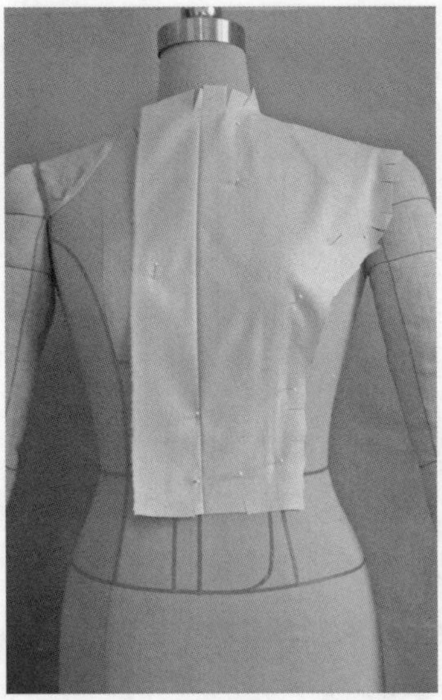

图10-2-11 固定前中心十字点

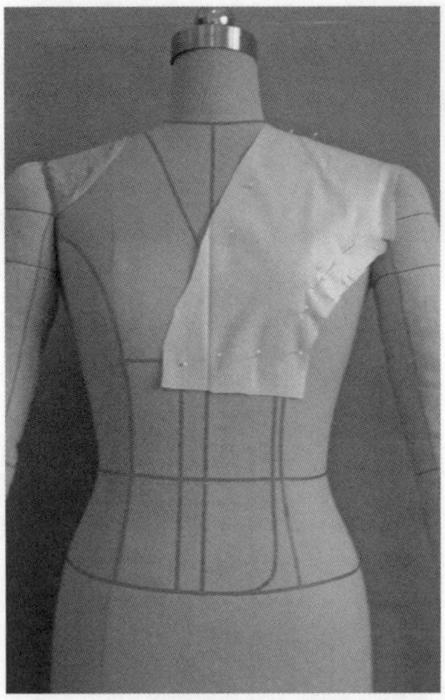

图10-2-12 修剪领、肩部及分割线

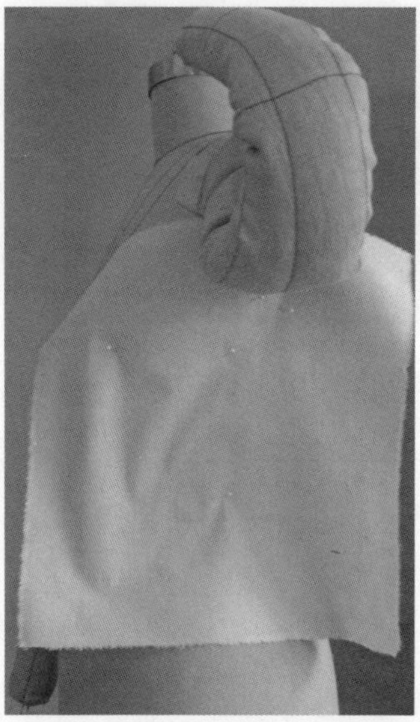

图10-2-13 固定前侧胸围线

（6）整理前右侧上端衣片（图 10-2-10）

将衣片从人体模型上取下、展平、理顺，在腋点、腰侧点处分别向外加放松量各 1cm（胸围、腰围松量分别为 4cm）。留足缝份和贴边量后裁掉多余量，形成前右侧上端裁片。

2. 前左侧上半部分立体裁剪

按照前衣片右侧上半部分立体裁剪方法，固定前中心十字点（图 10-2-11），修剪领、肩部及分割线（图 10-2-12），固定前侧胸围线（图 10-2-13），修剪前侧面料（图 10-2-14）。

整理前衣片左侧上端衣片（图 10-2-15），将衣片从模型上取下并展平、理顺，在腋点、腰侧点处分别向外加放松量各 1cm（胸围、腰围、臀围松量分别为 4cm）。留足缝份和贴边量后裁掉多余量，形成前左侧上端裁片。

3. 前下端衣片立体裁剪

按照图 10-2-16 备料，将布料与人体模型上的标示线对位

图10-2-14 修剪前侧面料

图10-2-15 前衣片左侧衣片整理

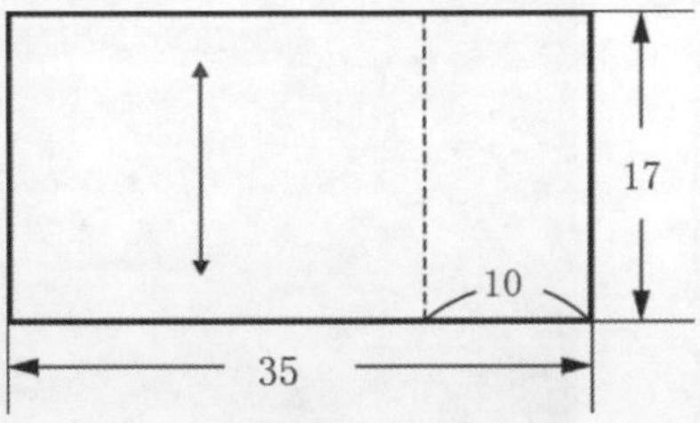

图10-2-16 前片下端用布图

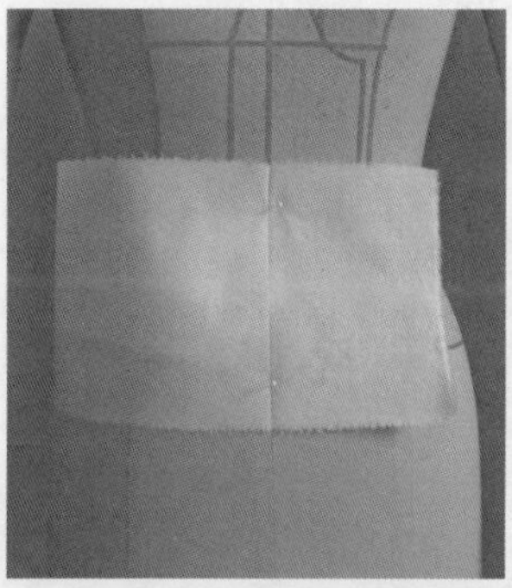

图10-2-17 对位后用针固定

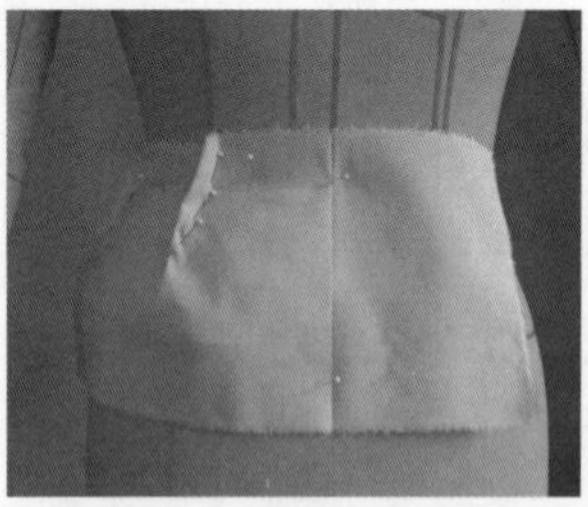

图10-2-18 收省、整理侧缝

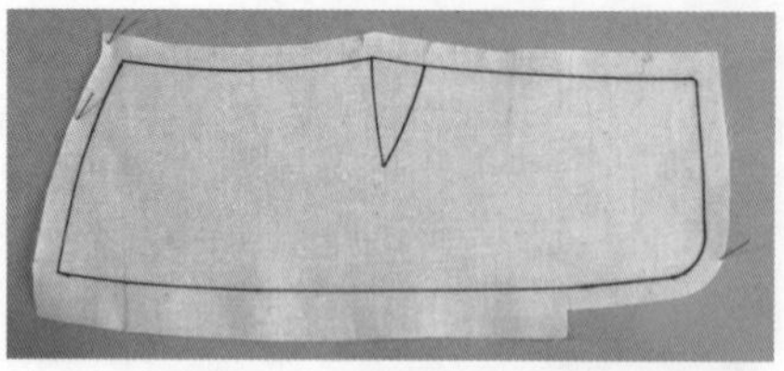

图10-2-19 整理前片下端衣片

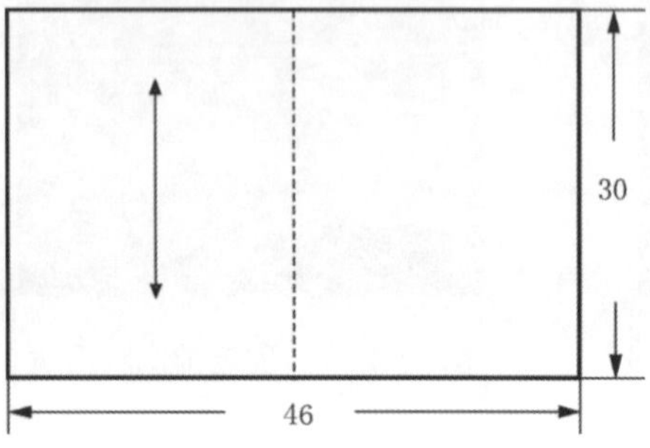

图10-2-20 后衣片用布图

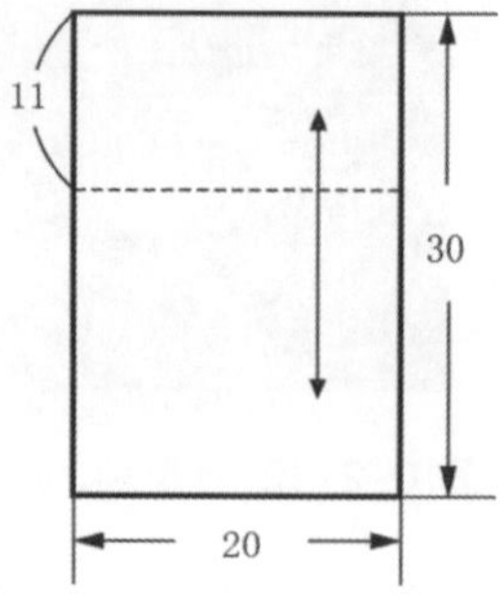

图10-2-21 后侧片用布图

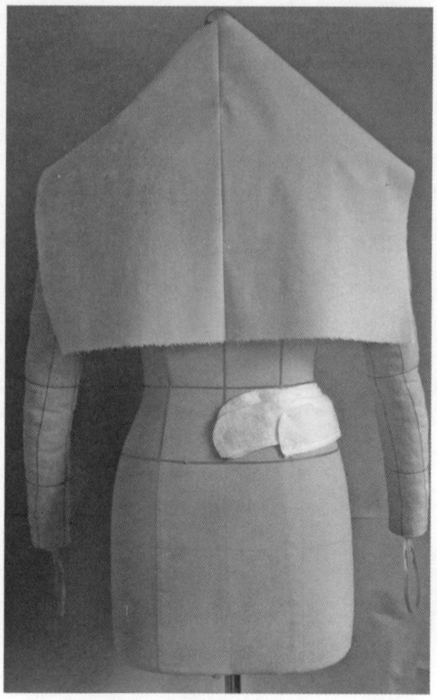

图10-2-22 固定后中心

后用针固定（图 10-2-17），在公主线的腰围线处收省，省量尽量收大，使省尖处凸起。按照侧缝标示线，剪切、整理前侧（图 10-2-18）。

（6）整理前片下端衣片（图 10-2-19）

将衣片从模型上取下并展平、理顺，腰侧点处分别向外加放松量各 1cm，留足缝份和贴边量后裁掉多余量，形成前衣片右侧上端裁片。

4. 后衣片立体裁剪

（1）后衣片用布图（图 10-2-20、图 10-2-21）

（2）固定后中心线（图 10-2-22）

将前面布的中心线与胸围线的十字交叉点与人体模型上的中心线与胸围线的十字交叉对齐，并用大头针加以固定。

（3）修剪领、肩部及分割线（图 10-2-23）

将领口粗裁，理顺领口及肩部等各部位，使衣片与人体贴合，并用大头针固定。修剪分割线时注意要留缝份及修正量，按照标记线点影做好标记。

（4）固定后侧胸围线（图 10-2-24）

后将布料的胸围线与人体模型上的胸围线对齐，并用大头针加以固定。注意胸围线保持水平。

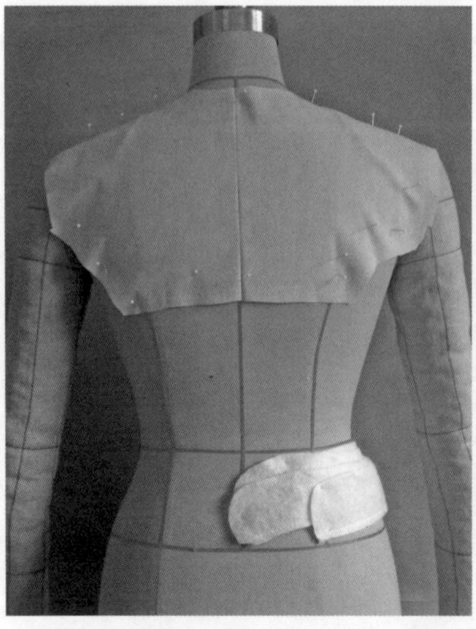

图10-2-23 修剪领、肩部及分割线

图10-2-24 固定后侧胸围线

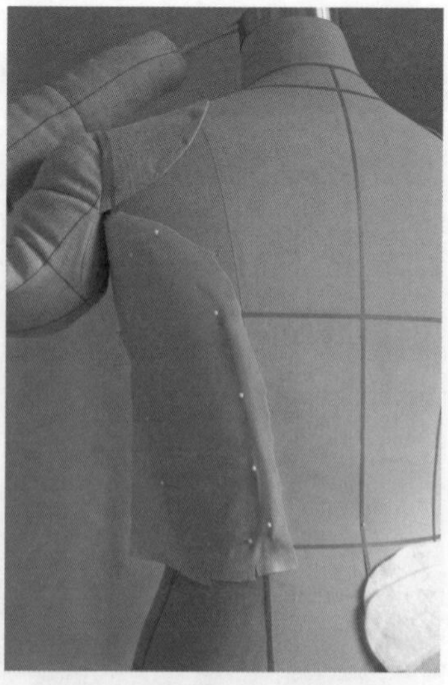

图10-2-25 修剪后侧面料

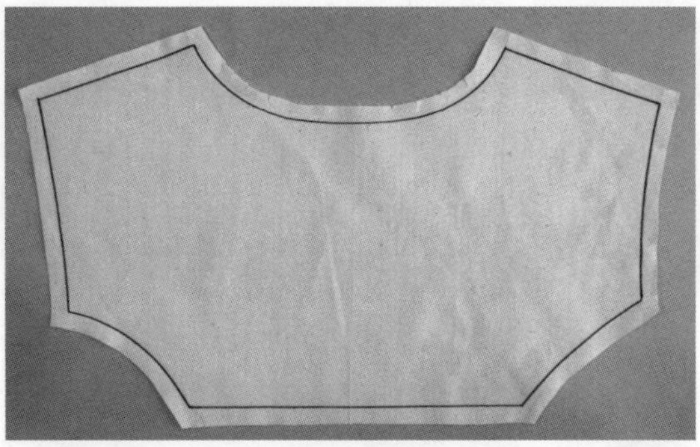

图10-2-26 整理后衣片

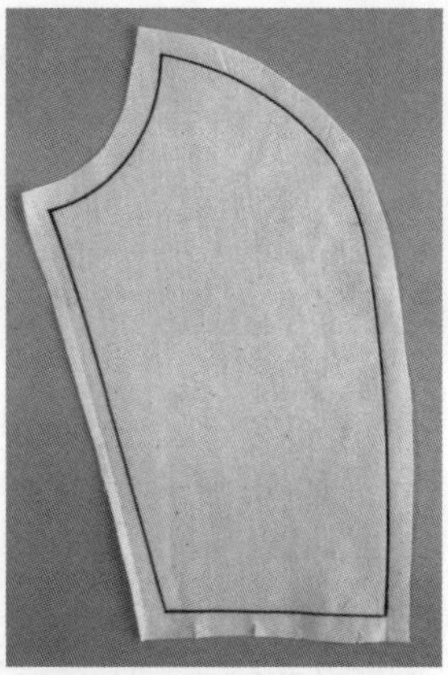

图10-2-27 整理后侧衣片

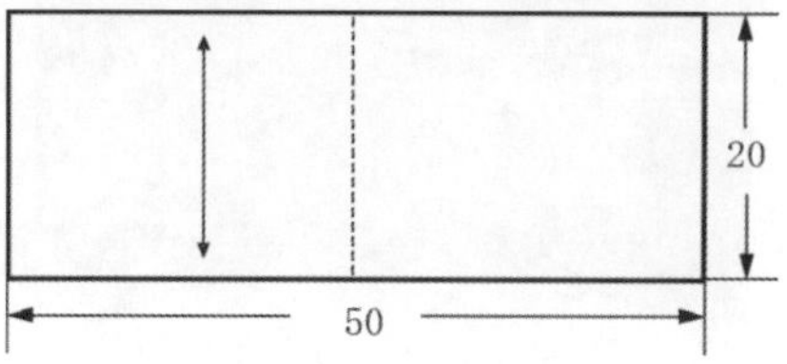

图10-2-28 后下端衣片用布图

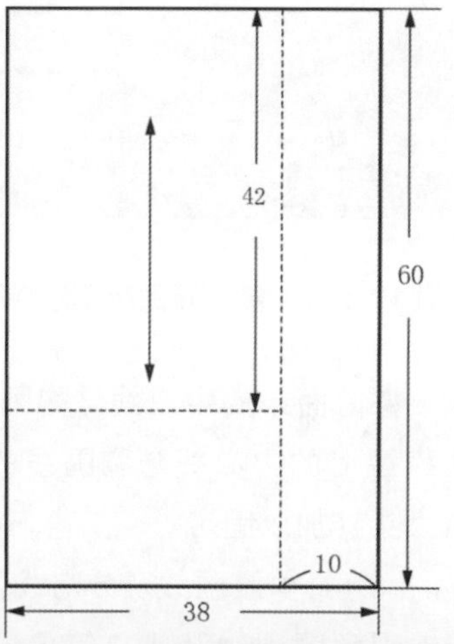

图10-2-32 前右侧盖肩衣片用布图

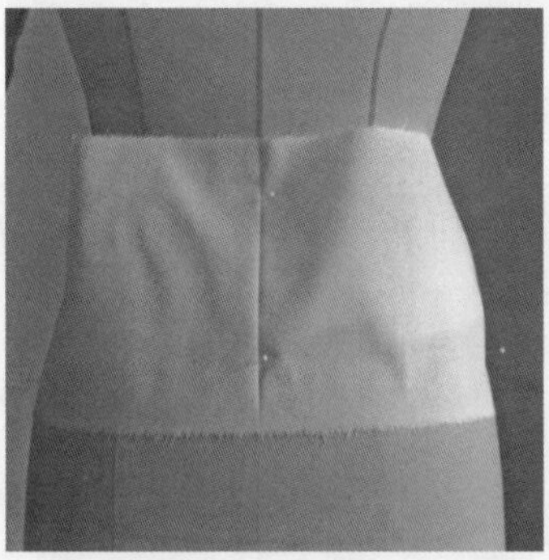

图10-2-29 对位并用针固定

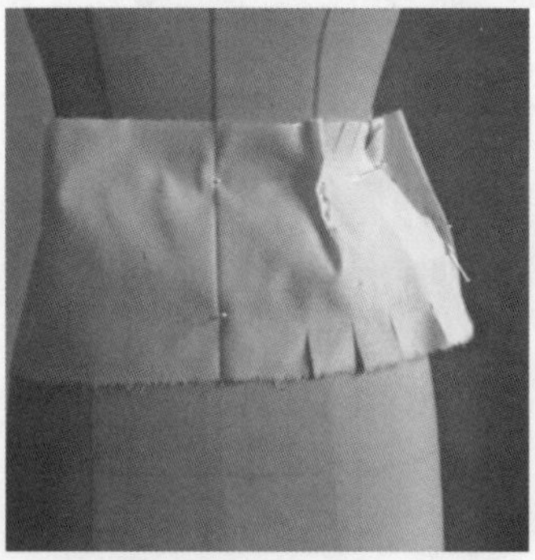

图10-2-30 收省、整理侧缝

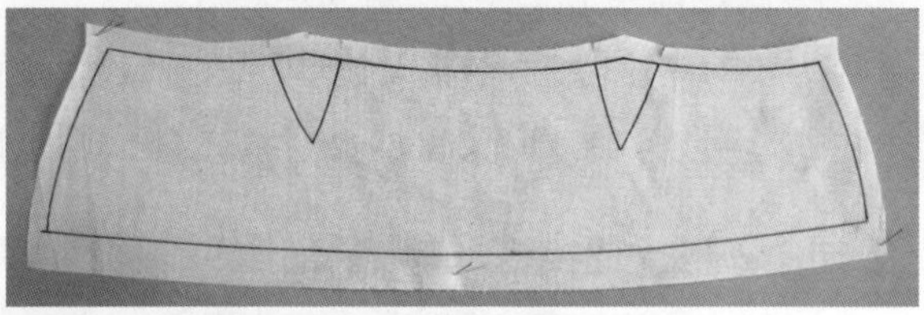

图10-2-31 整理后片下端裁片

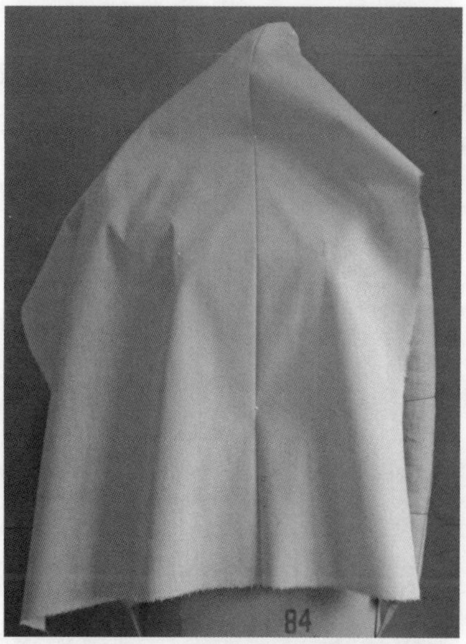

图 10-2-33 固定前中心十字点

（5）修剪后侧面料（图 10-2-25）

理顺后背和袖窿部，背宽处留有松量，用大头针加以固定。用剪刀将后侧面布的轮廓线进行粗略修剪。注意要留缝份及修正量，腰围处打剪口使其伏贴。

（6）整理后衣片（图 10-2-26、图 10-2-27）

将衣片从模型上取下、展平、理顺，留足缝份和贴边量后裁掉多余量，形成后衣片裁片。

5. 后下端衣片立体裁剪

后下端衣片用布图见图 10-2-28。把后下端衣片与人体模型上的标示线对齐（图 10-2-29），收省、整理侧缝（图 10-2-30）。将衣片从模型上取下并展平、理顺，留足缝份和贴边量后裁掉多余量，形成后衣片下端裁片（图 10-2-31）。

6. 前右侧盖肩衣片立体裁剪

（1）前右侧盖肩衣片用布量（图 10-2-32）

（2）固定前中心十字点（图 10-2-33）

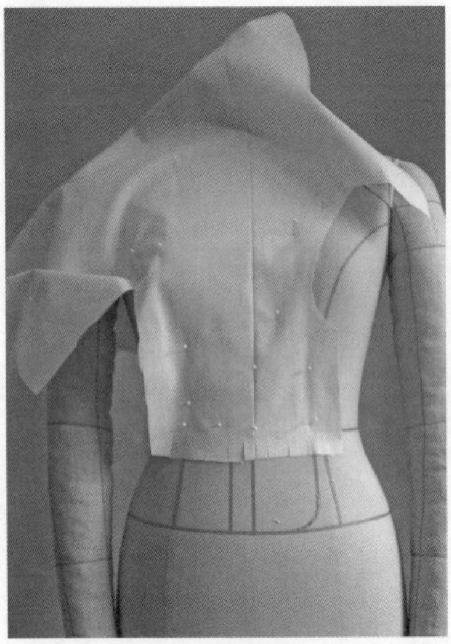

图 10-2-34 修剪腰围线及分割线

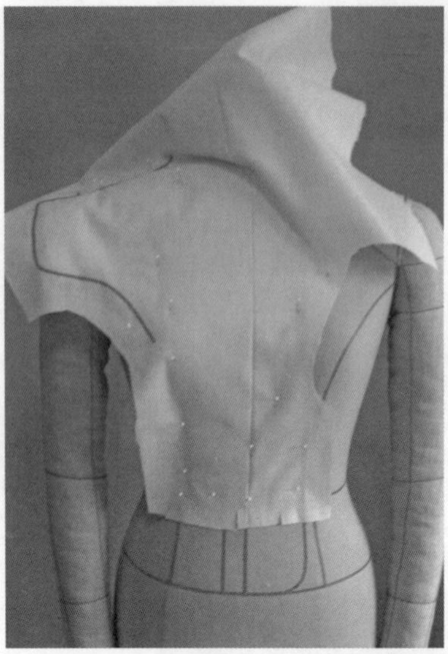

图10-2-35 标记剪切盖肩线

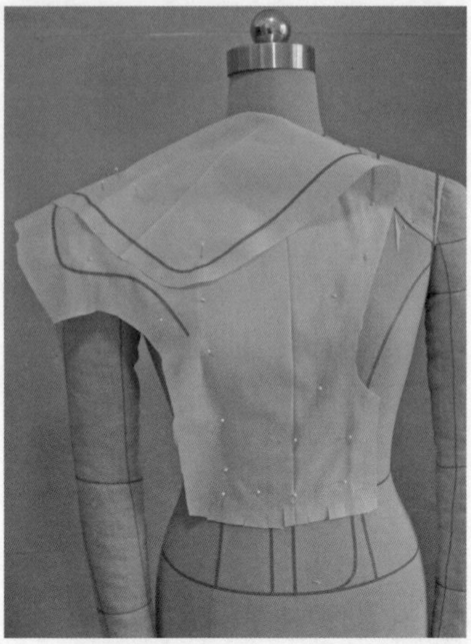

图10-2-36 标记翻折领前端

将前面布的中心线与胸围线的十字交叉点与人体模型上的中心线与胸围线的十字交叉点对齐，并用大头针加以固定。

（3）修剪腰围线及分割线（图 10-2-34）

理顺腰围线及止口等各部位，使衣片与人体贴合，并用大头针固定。修剪分割线注意要留缝份及修正量，按照标记线点影做好标记。

（3）标记、剪切盖肩线（图 10-2-35）

根据款式用标记线标示出盖肩造型线，预留缝份及修正量，粗裁盖肩线。

（4）标记翻折领前端（图 10-2-36）

根据款式用粘带标出领子的造型线，预留缝份及修正量，粗裁领前端。

（6）整理衣片（图 10-2-37）

将衣片从模型上取下、展平、理顺，留足缝份和贴边量后裁掉多余量，形成前右侧盖肩衣片裁片。

7. 前左侧盖肩衣片立体裁剪

（1）固定前中心十字点（图 10-2-39）

前左侧盖肩衣片用布量见图 10-2-38。将前面布的中心线与胸围线的十字交叉点与人体模型上的

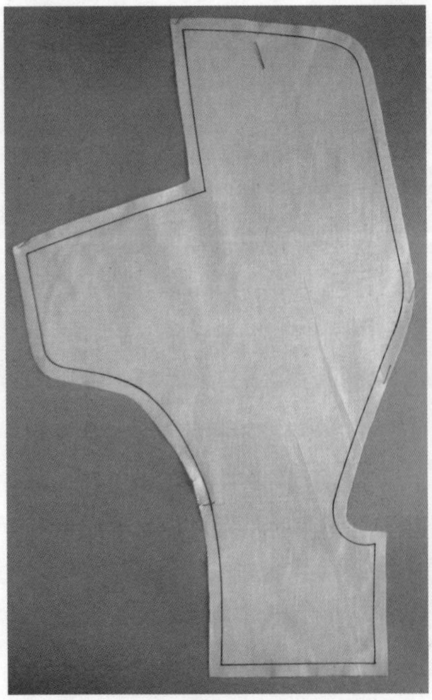

图10-2-37 整理前右侧盖肩衣片

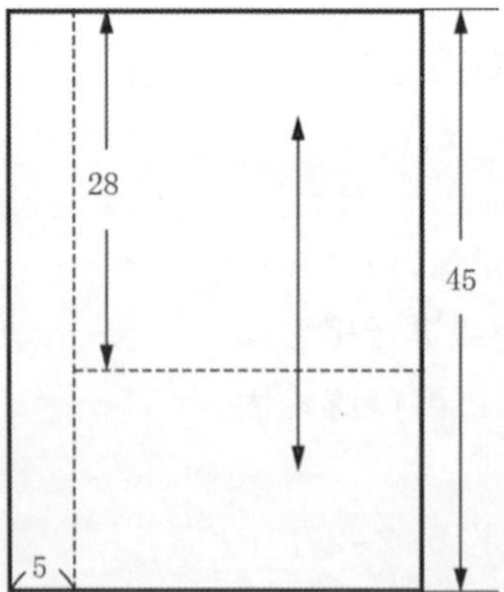

图10-2-38 前左侧盖肩衣片用布图

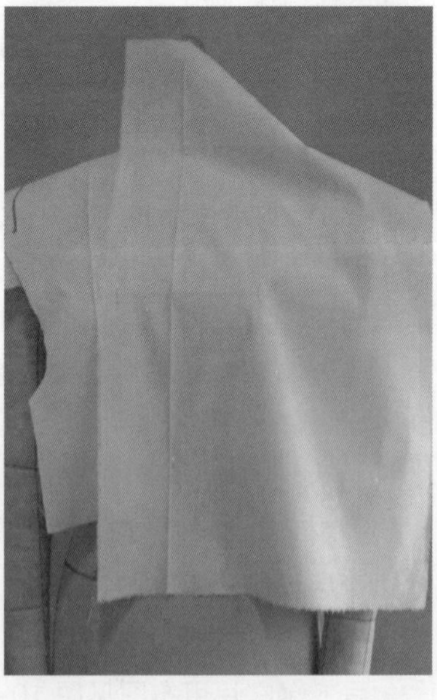

图10-2-39 固定前中心十字点

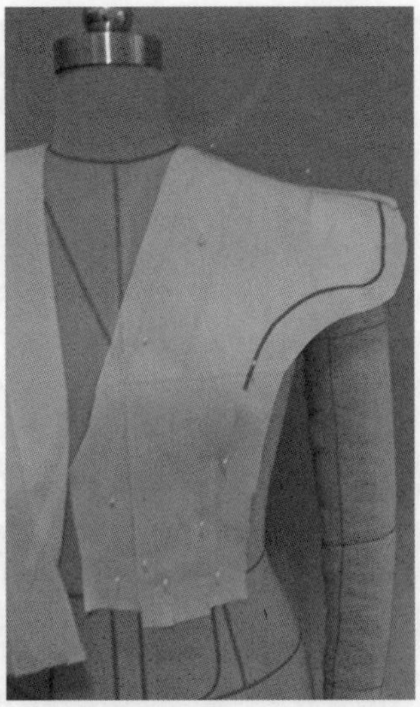

图10-2-40 标记、剪切盖肩线

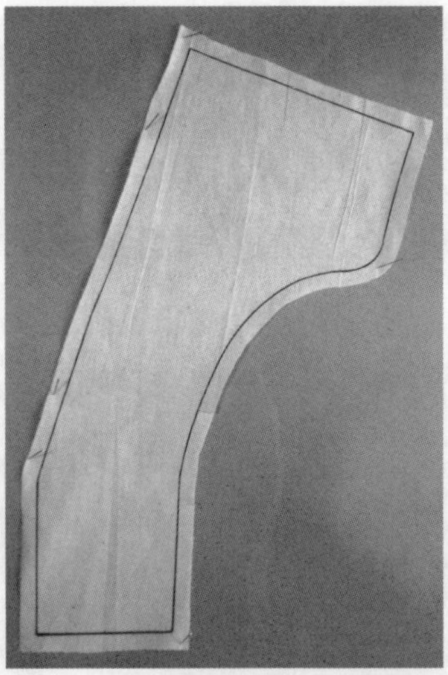

图10-2-41 整理前左侧盖肩衣片

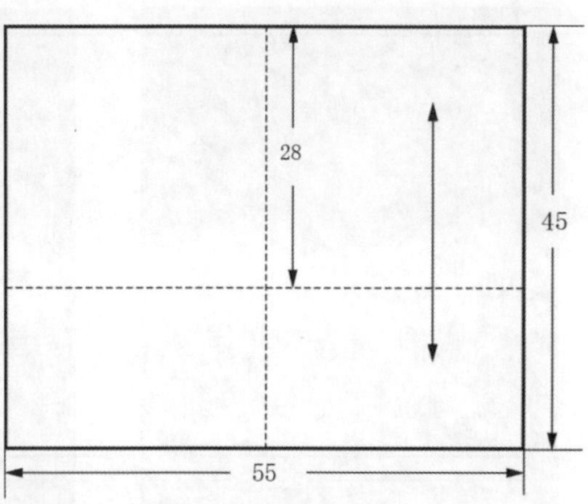

图10-2-42 后盖肩衣片用布图

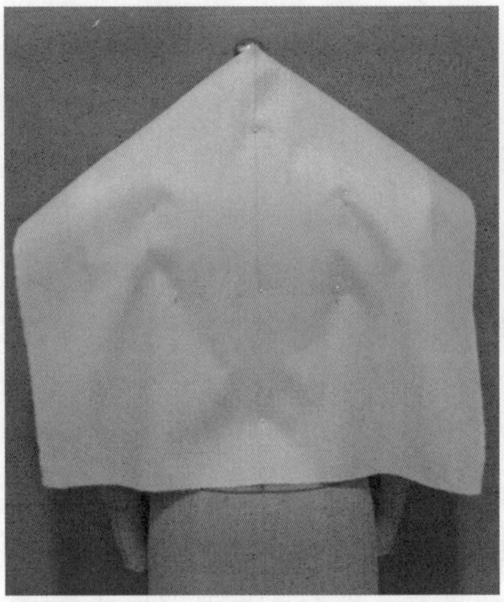

图10-2-43 固定后中心十字点

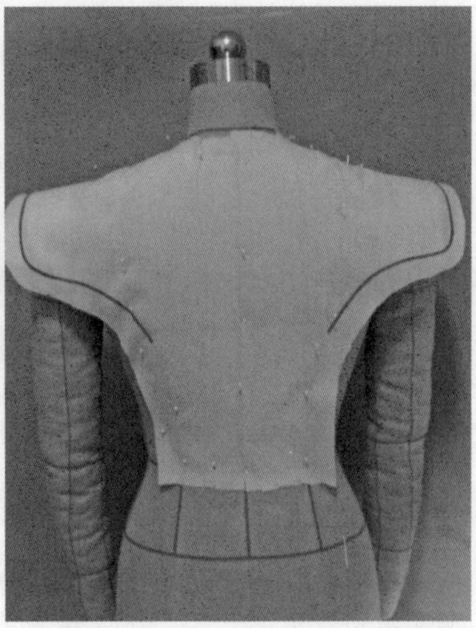

图10-2-44 标记、剪切盖肩线

中心线与胸围线的十字交叉点对齐，并用大头针加以固定。

（2）标记、剪切盖肩线（图 10-2-40）

根据款式用粘带贴出肩盖造型线，预留缝份及修正量，粗裁盖肩线。

（3）整理衣片（图 10-2-41）

将衣片从模型上取下并展平、理顺，留足缝份和贴边量后裁掉多余量，形成前左侧盖肩衣片裁片。

8. 后盖肩衣片立体裁剪

（1）固定后中心十字点（图 10-2-43）

后盖肩衣片用布量见图 10-2-42。将后面布的中心线与胸围线的十字交叉点与人体模型台上的中心线与胸围线的十字交叉点对齐，并用大头针加以固定。

（2）标记、剪切盖肩线（图 10-2-44）

根据款式用标记线标示出肩盖造型线，预留缝份及修正量，粗裁盖肩线。

（4）整理后盖肩衣片（见图 10-2-45）

把衣片从人体模型上取下并展平、理顺，留足缝份和贴边量后裁掉多余量，形成前左侧盖肩衣片裁片。

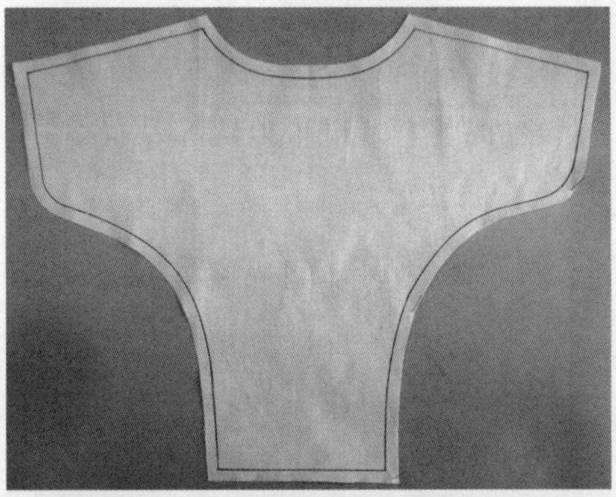

图10-2-45 整理后盖肩衣片

9. 花瓣领饰立体裁剪

（1）粗裁右侧花瓣领饰（图 10-2-46）

根据款式用三层无纺布在领前端初步造型，粗裁出三

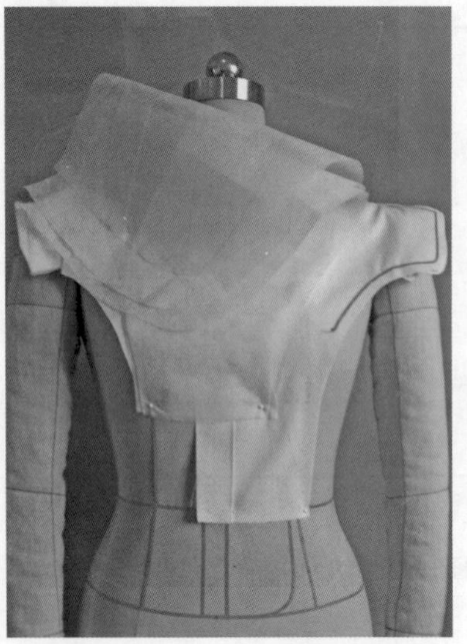

图10-2-46 粗裁右侧花瓣领饰

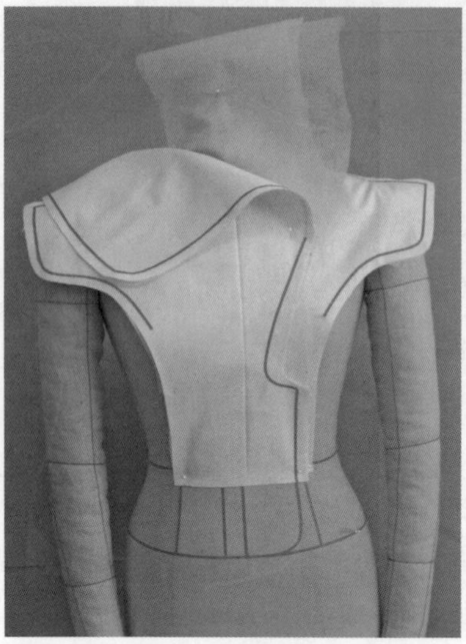

图10-2-47 对位右侧花瓣领饰

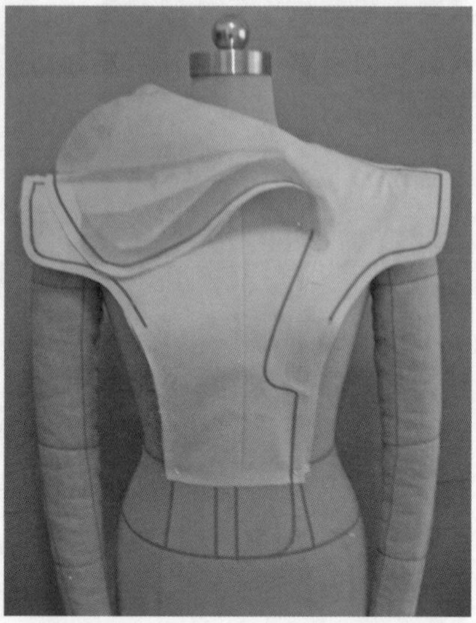

图10-2-48 翻折、整理领饰造型

层花瓣领饰。

（2）对位右侧花瓣领饰（图 10-2-47）

将右前肩盖布盖住三层花瓣领饰，领饰布下端要与右前分割衣片下端缝合。

（3）翻折整理领饰造型（图 10-2-48）

将三层花瓣领饰分层翻折，并整理、固定。

（4）立裁左侧花瓣领饰（图 10-2-49）

根据款式用两层无纺布在左领前端初步造型，粗裁出三层花瓣领饰，翻折、整理领饰造型。

10. 袖片的假缝、试样

袖子为两片式圆装袖，运用平面和立体相结合的方法裁剪袖片。将袖片整理、扣烫后，进行假缝、试样（图 10-2-50），观察造型效果并及时修正（图 10-2-51）。

11. 裁片拷贝

将所得到的前、后、袖、盖肩等裁片进行拷贝，得到完整的服装裁片。

12. 裁片的整理和假缝

将裁片的贴边扣烫，把缝份扣净，曲度较大的边口部位要打剪口。用大头针将服装相关结构线进行假缝。

13. 试样、修正，拓印纸样及完成效果

将服装假缝并试样。观察服装成型后效果（图 10-2-52、图 10-2-53），如胸围、腰围松量，褶纹位

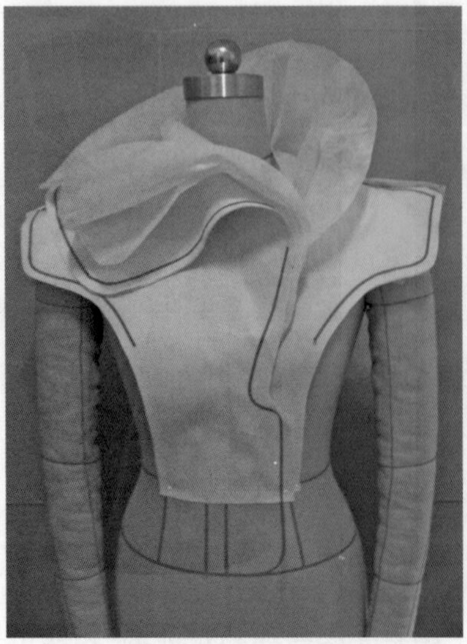

图10-2-49 立裁右侧花瓣领饰

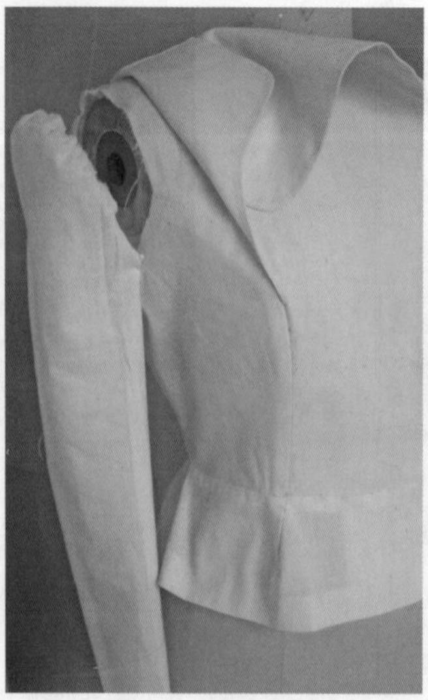

图10-2-50 袖的假缝

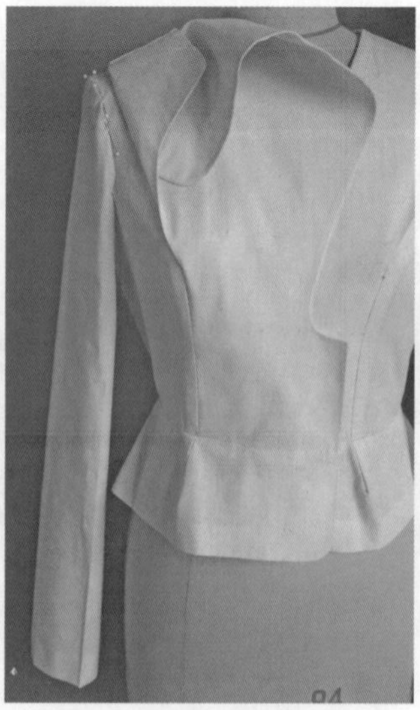

图10-2-51 袖的试样

置与形状，并将修正部位做出修正标记，记录修正量。将修正过的裁片进行纸样拓印，形成服装样板。

（三）总结

（1）盖肩分割花瓣领时装平面展开图

从前面的图10-2-10、图10-2-15、图10-2-19、图10-2-26、图10-2-27、图10-2-31、图10-2-37、图10-2-41、图10-2-45、中可以看出，盖肩与衣片分割线组合缝制连接，在盖肩结构内设置内层衣片结构，结构中要注意对位点的标记和相关结构线的吻合。

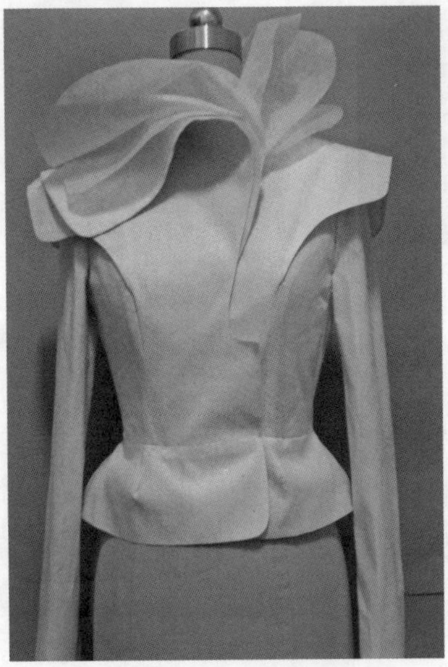

图10-2-52 正面完成效果

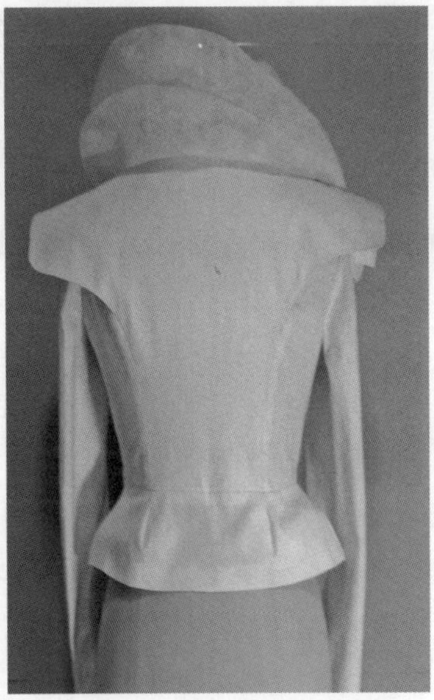

图10-2-53 背面完成效果

（2）盖肩分割花瓣领时装立体造型图（见图10-2-52、图10-2-53）

从完成的立体造型图可以看出，本款服装强调了局部立体造型的综合应用，结构设计的关键点在于对盖肩式造型与前片连接的处理，以及多层次花瓣领饰的立体构成方法。同时还要注意盖肩造型线设计的合理性和美观性。立裁时要注意领的立体层次关系，使花瓣领呈现出花瓣的灵动美感。腰线下端的分割衣片要加大收省量，省要收得急、尖而凸，塑造出立体的造型效果。

第三节 变化驳领女上装

本款服装为一件圆装短袖、变化驳领与公主线相结合的实用女装。结构设计的关键点在于公主线与驳领的巧妙组合。从结构构成的角度来看，用立体裁剪方法来完成本款服装的结构设计比较平面结构设计方法要更准确、更轻松。这也体现出了立体裁剪方法灵活、直观、适应变化的特点。变化驳领女上装款式见图10-3-1。

（一）准备工作

1. 布料准备

在制作前要准备好前后衣片的用料尺寸，确定所

图10-3-1 变化驳领女上装款式

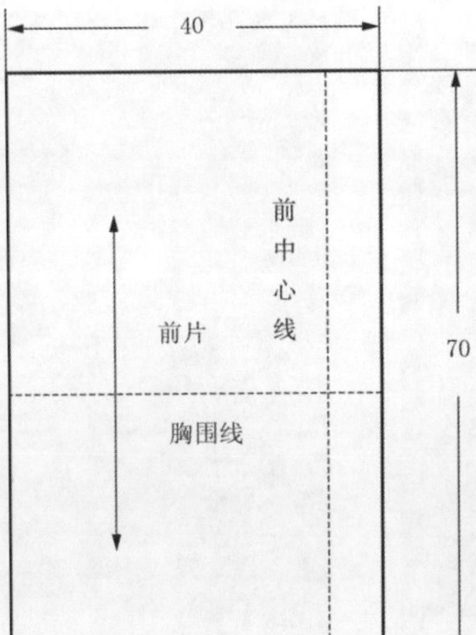

图10-3-2 前衣片用布图

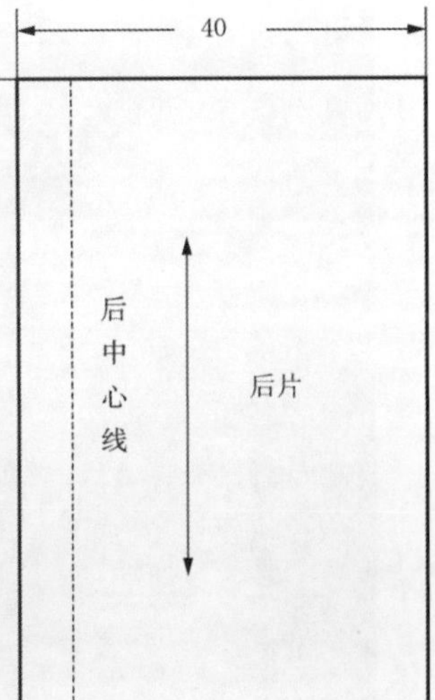

图10-3-3 后衣片用布图

用布料的丝缕和纱向(图 10–3–2、图 10–3–3)。领片和袖片的用料可以在衣片裁制好后再进行准备。

2. 标记衣身造型线

根据款式效果在人体模型上贴出款式造型线(图 10–3–4—图 10–3–6)。公主线位置的设计要合理、美观。由于本款服装前胸部公主线与驳领重叠的复杂结构,在粘贴造型线时可以分层次制作,如先做衣片、后做领型。由于本款式为左右对称形式,所以只需制作一侧衣片,然后进行拷贝处理即可。注意款式造型线的位置应充分表达款式外轮廓的意图和效果。必要时,也可以将左右两侧款式造型线都贴出来,以达到效果准确的目的。

(二)操作方法及技巧

1. 前衣身立体裁剪

(1)前衣片标记线对位(图 10–3–7)

将前片布样的中心线、胸围线与人体模型上的相应标记线对合,以保证丝缕的正确性。用八字针法固定。

(2)裁剪分割线、领口线、肩线(图 10–3–8)

保证胸围线与前中心线不变,将胸省、胸腰省分别推转进入公主线,然后粗裁前领口线、公主线和肩线,形成前衣片中心分割片。

(3)前衣身中间分割片点影(图 10–3–9)

将前片中心分割片点影后取下,并连线形成裁片轮廓。

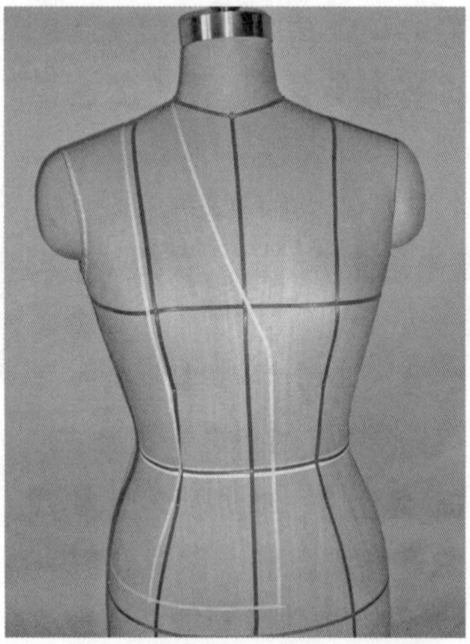

图10–3–4 标记前衣片款式线

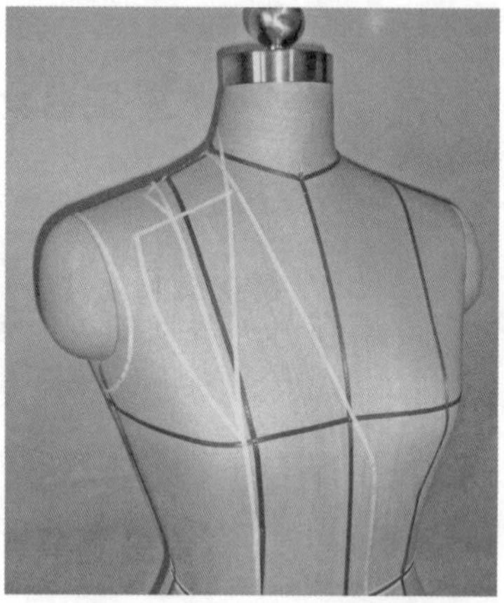

图10–3–5 标记领部款式线

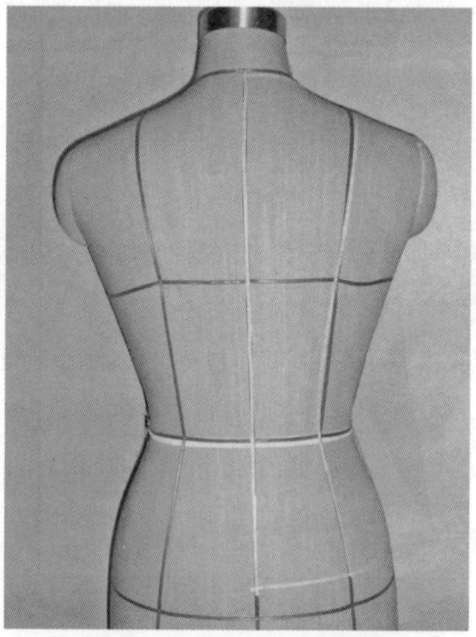

图10–3–6 标记后衣片款式线

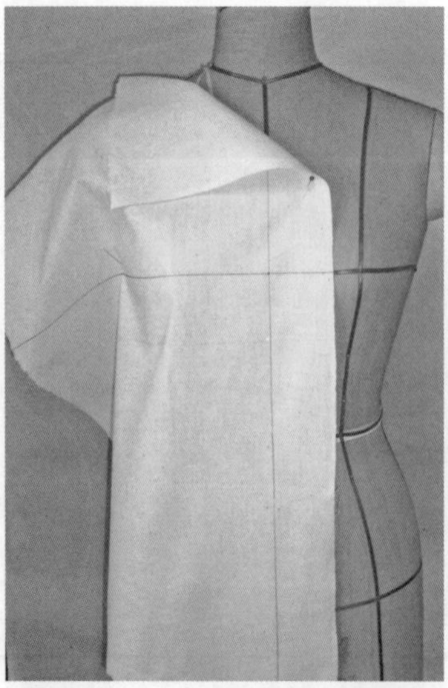

图10–3–7 前衣片标记线对位

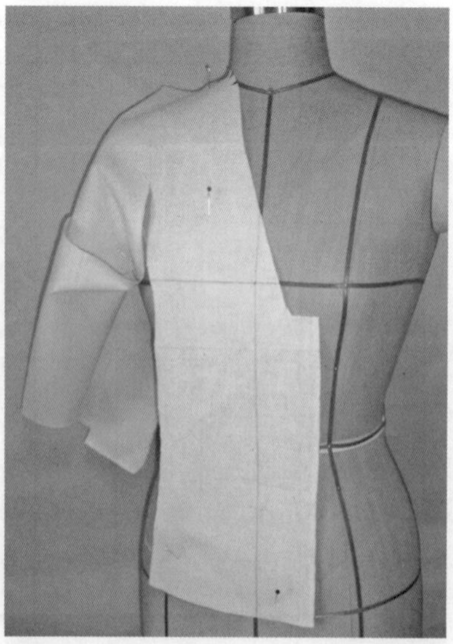

图10–3–8 裁剪分割线、领口线、肩线

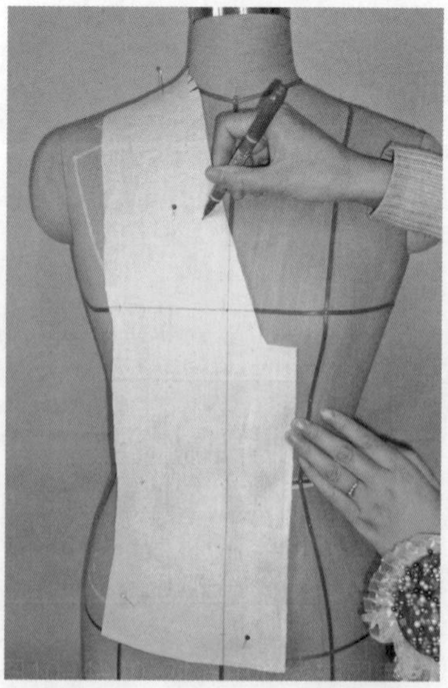

图10–3–9 前衣身中间分割片点影

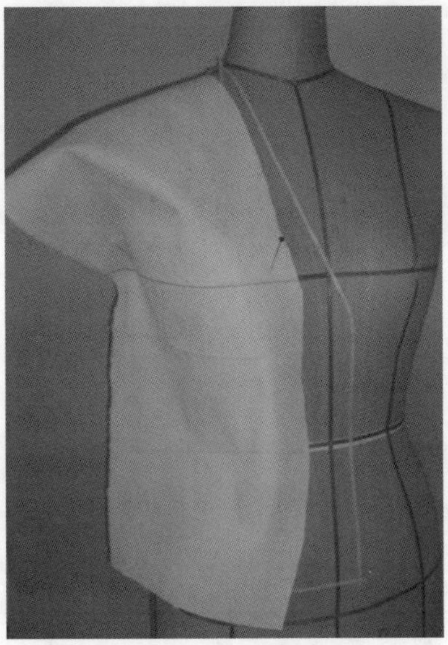

图10-3-10 前衣身侧面对位

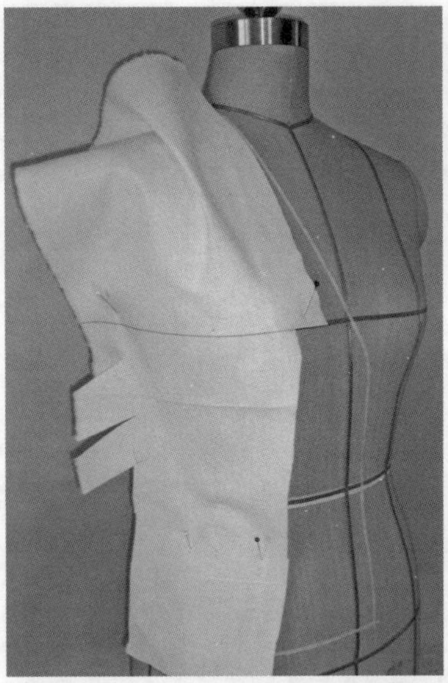

图10-3-11 前衣身侧面裁剪

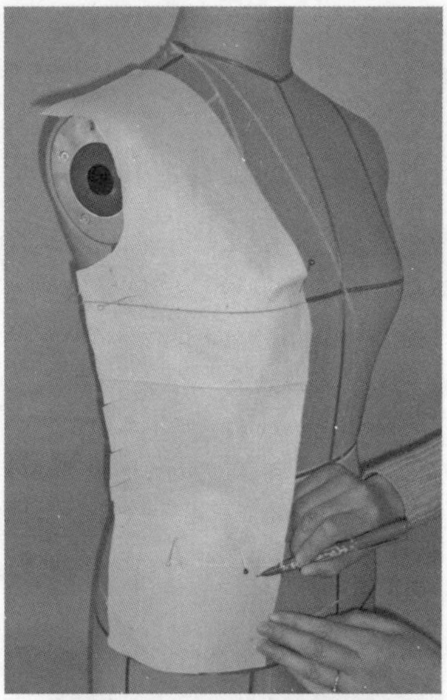

图10-3-12 前侧片点影

（4）前衣身侧面对位及裁剪（图 10-3-10、图 10-3-11）

将前侧片布料上的胸围线与人体模型上的相应标记线对齐，然后把胸省和胸腰省向公主线推转、抚平，可一边抚平一边打剪口。

（5）前侧片点影（图 10-3-12）

将前侧片按照造型线预留出缝份和修正量后进行粗裁，形成侧缝、袖窿、肩缝和公主线分割缝，点影后取下，待用。

（6）前衣片整理（图 10-3-13）

将前片的两分割片进行整理、连线，在腋点、腰侧点、臀侧点处分别向外加放松量各 1cm（胸围、腰围、臀围松量分别为 4cm）。留足缝份和贴边量后裁掉多余量，形成前衣片裁片。

2. 后衣身立体裁剪

（1）后衣片对位（图 10-3-14）

将后片布料上的后中心线与人体模型上的相应标记线对齐，并用八字针法固定。

（2）后衣片点影（图 10-3-15）

将后片肩省、腰背省分别推转进入公主线，然后粗裁前领口线、公主线和肩线，形成后衣片中心分割片。点影后取下，待用。

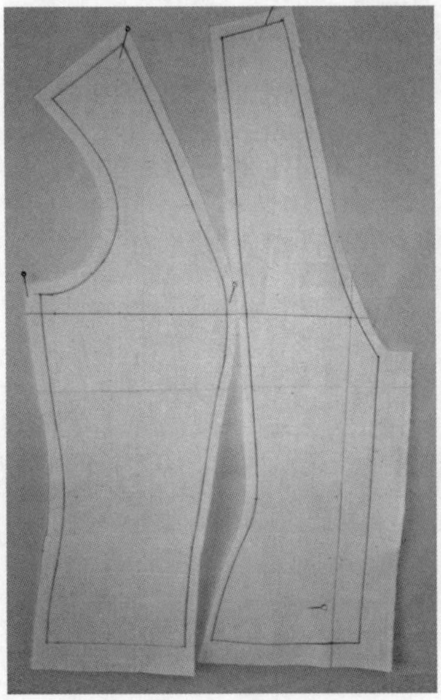

图10-3-13 前衣片整理

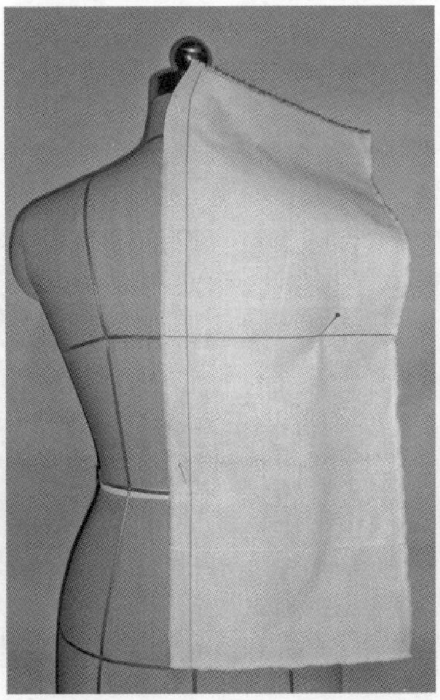

图10-3-14 后衣片对位

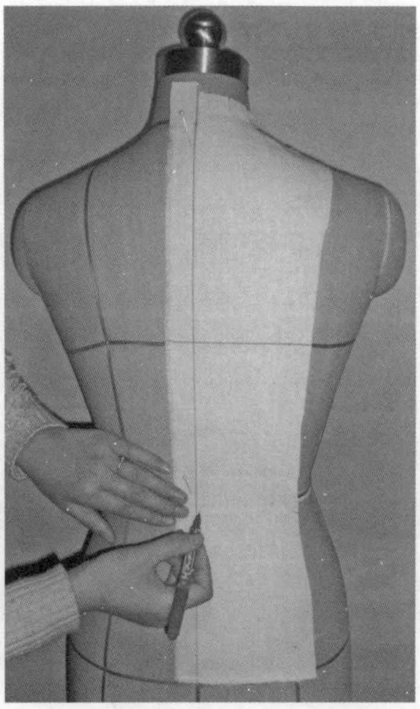

图10-3-15 后衣片点影

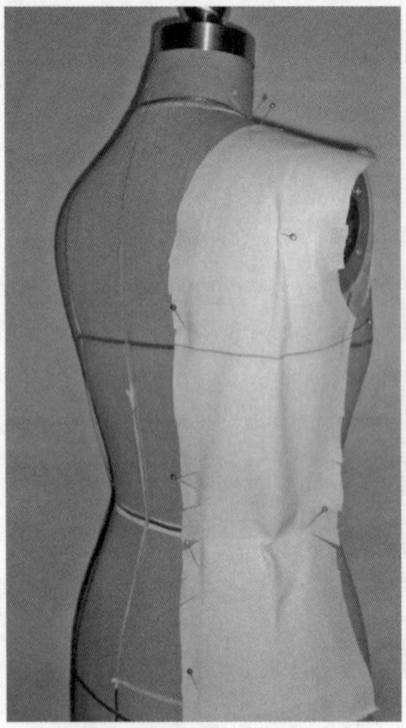

图10-3-16 后侧片裁剪

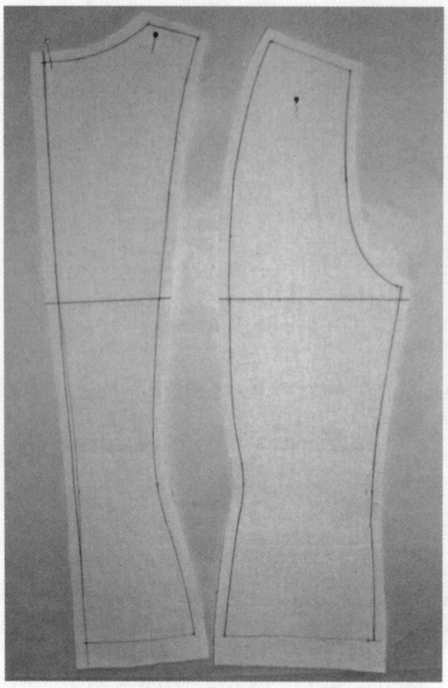

图10-3-17 后衣片整理

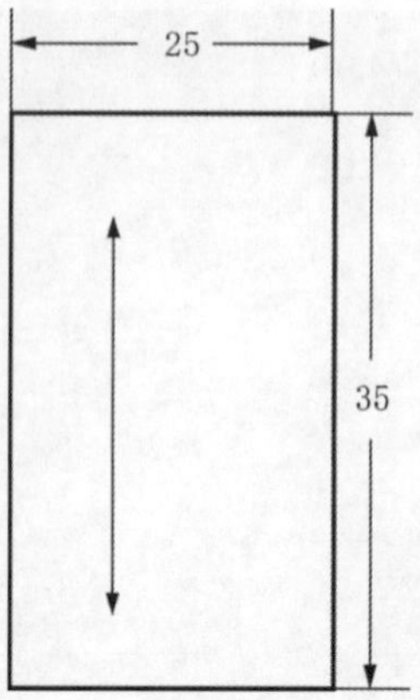

图10-3-18 领驳片用布图

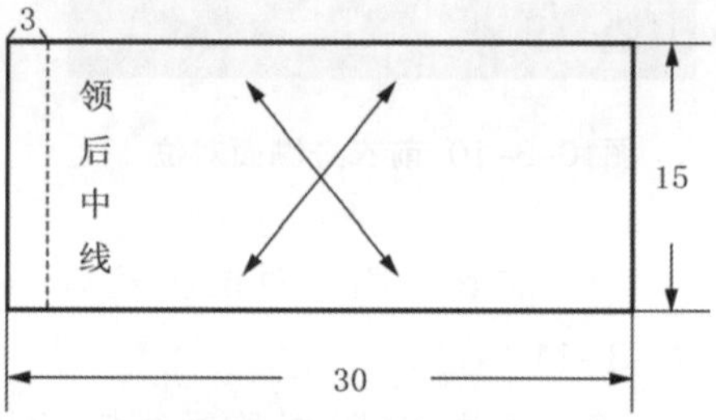

图10-4-19 肩领片用布图

（3）后侧片裁剪（图 10-3-16）

做后片侧分割片，方法同前。

（4）后衣片整理（图 10-3-17）

将后片两分割片进行点影、连线，在后侧片侧缝处的腋点、腰侧点、臀侧点处分别加放松量 1cm，以满足胸围、腰围、臀围的松度需要。

3. 变化驳领的立体裁剪

（1）领驳片与肩领片的用布量（图 10-3-18、图 10-3-19）

（2）领驳片对位（图 10-3-20）

由于本款服装特点正是在公主线上部嵌入独立裁片，并向外翻出而形成驳领的驳头部分，因此取料纱向与衣身纱向相同，并把它固定于前胸部。

（3）裁剪领口、肩线及分割线（图 10-3-21）

参照公主线上部造型裁剪至肩部、颈部，打剪口使之伏贴。

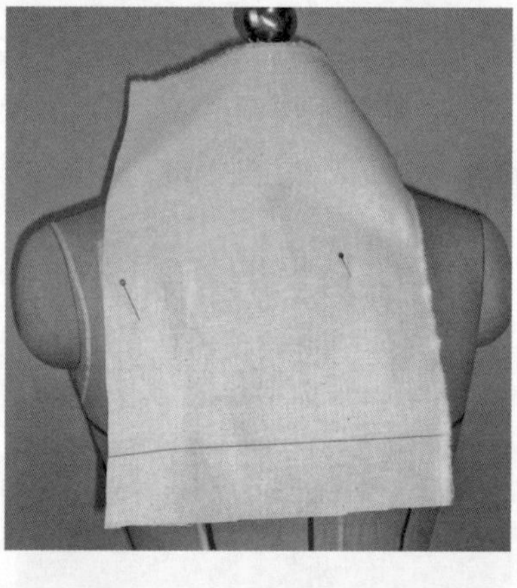

图10-3-20 领驳片对位

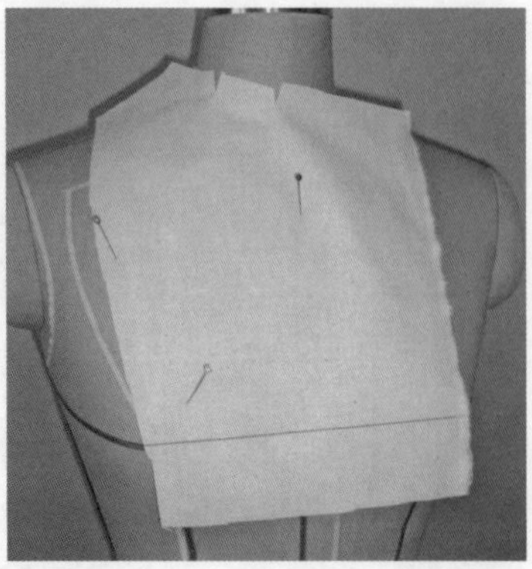

图10-3-21 裁剪领口、肩线及分割线

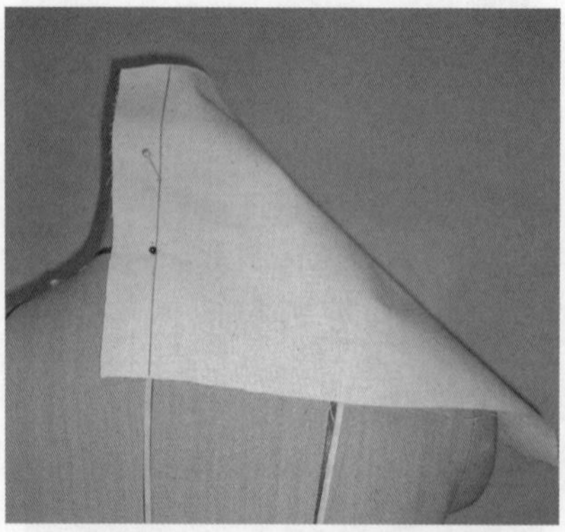

图10-3-22 肩领片对位

图10-3-23 肩领片翻折

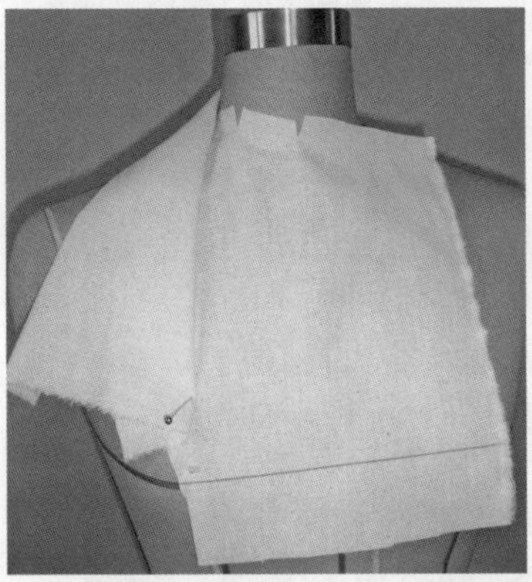

图10-3-24 调整肩领折线

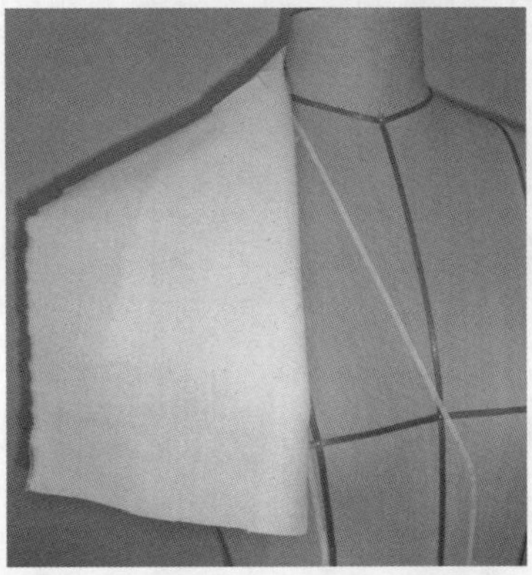

图10-3-25 调整驳头与肩领折线

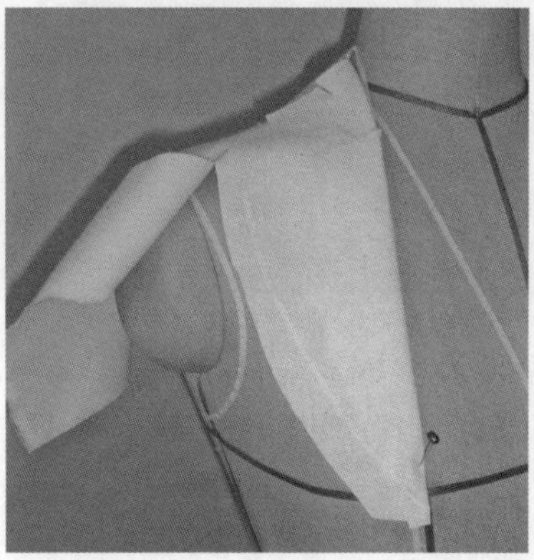

图10-3-26 确定驳头外口形状

(4)肩领对位与翻折(图 10-3-22、图 10-6-23)

将肩领片布料固定于人体模型上的相应位置,并按照领型制作中翻领的制作方法,边翻折、边剪口、边固定,将肩领逐步推向前衣身。

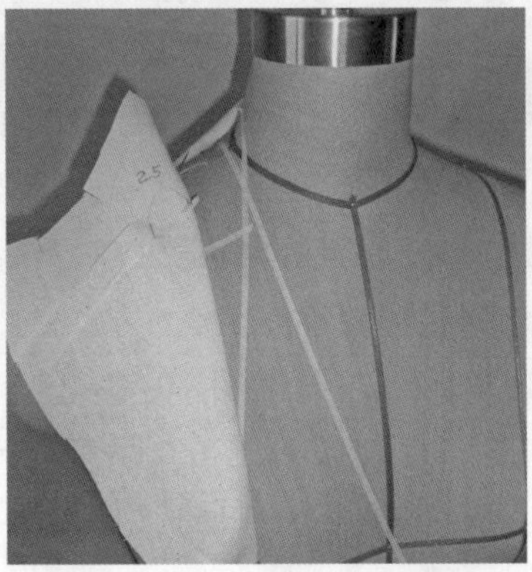

图10-3-27 确定串口及领口

(5)调整肩领与驳头的翻折线(图 10-3-24 、图 10-6-25)

使肩领的翻折线与驳头的翻折线相协调,并连顺成一条直线,领口处要保持适当的舒适量。

(6)确定驳头外口及领口形状(图 10-3-26 、图 10-3-27)

在翻折通顺、松度适宜的颈胸部,准确地贴出驳头和肩领造型,把肩领置于驳头下方,沿造型线修整驳头形状。根据串口位置修正、调整前领窝线,拐点距驳折线 2.5cm。

(7)修剪领口、驳头形状(图 10-3-28 、图 10-3-29)

确定并绘出领口线和串口线,将多余面料修剪掉。调整肩领造型,并修剪完整。

(8)完成驳领轮廓(图 10-3-30)

基本完成驳领的结构造型,点影并取下肩领、驳头,连线形成领部裁片。

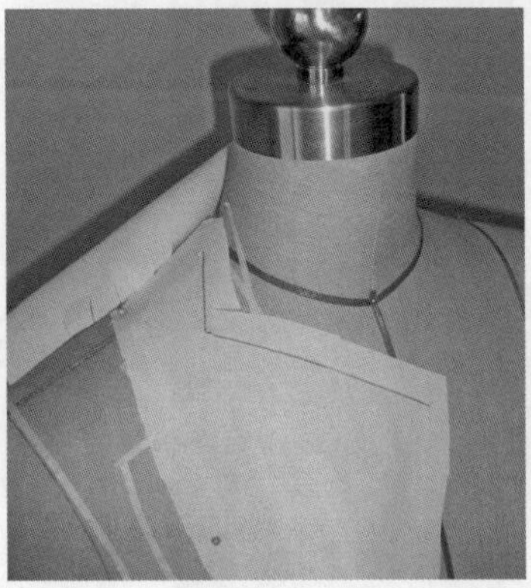

图10-3-28 修剪驳头

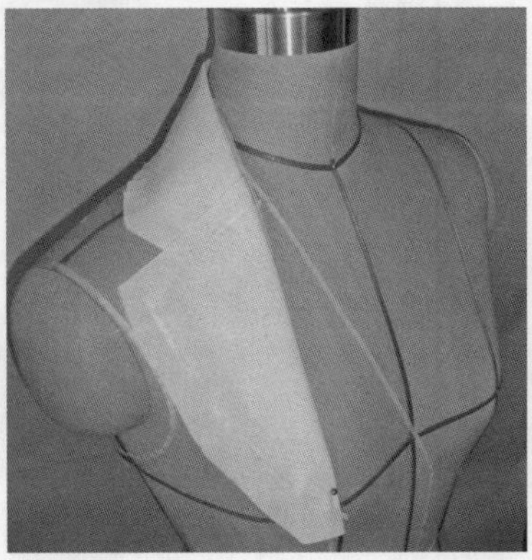

图10-3-29 完成肩领与驳头

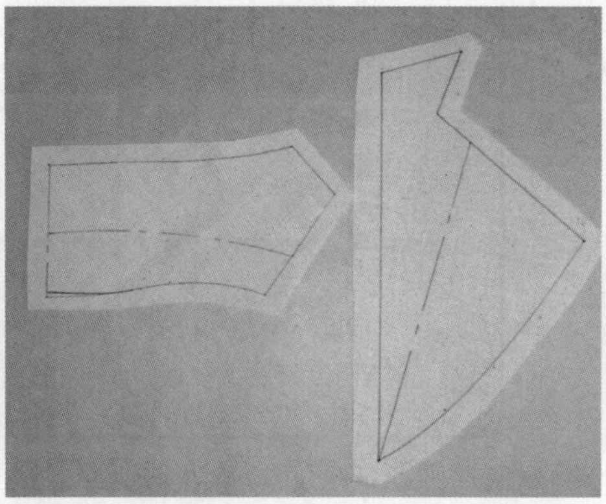

图10-3-30 完成驳领轮廓

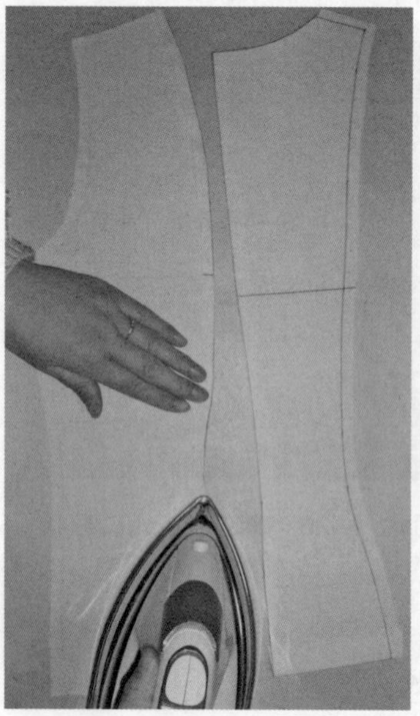

图10-3-31 后衣片整理扣烫

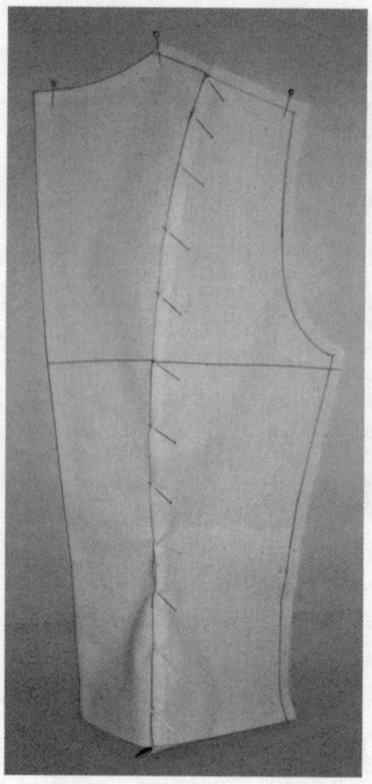

图10-3-32 后衣片的假缝

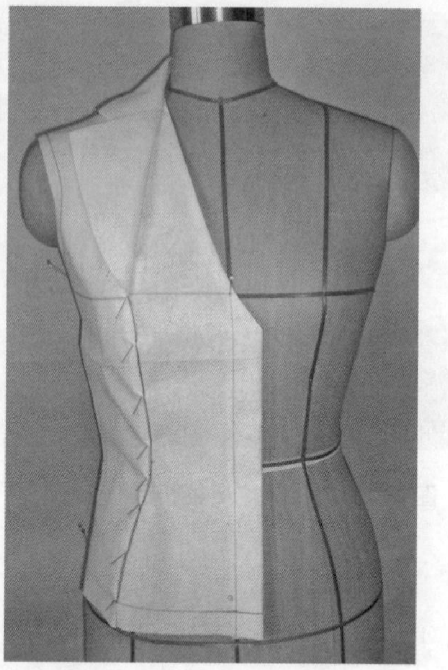

图10-3-33 假缝完成效果

（9）前后衣片、领片的整理和假缝（图 10-3-31—图 10-3-33）

将已经完成的前衣片、后衣片进行整理，扣烫贴边、缝份，并用大头针进行假缝，修正。

4. 圆装短袖的立体裁剪

（1）袖片用布量（图 10-3-34）

长度为袖长加放一定的余量 6~8cm，宽度根据袖窿周长估算，一般为 50~60cm。在布料上画出袖中纵向布纹线及横向布纹线。

（2）袖片对位与袖山操作（图 10-3-35）

把袖中线对齐肩线和袖窿线相交的肩点，固定袖片。根据款式效果，在袖山处收相应的袖山缩缝量，并用大头针固定。

袖片的操作应控制两个关键的因素：一是在操作过程中，袖中线始终要保证与人体手臂自然下垂状态时的略微前偏状态相一致；二是控制袖身斜度（袖中线抬起与水平线之间的夹角）在 45° 左右，这是影响袖子造型和活动范围大小的关键因素。袖身斜度越大，袖子的静态效果越美观，但活动的舒适性较差；袖身斜度越小，袖子的活动舒适性越好，但衣袖的静止状态不够完美，褶皱较多。

（3）袖山在胸、背宽处的操作（图 10-3-36）

袖山操作至胸宽和背宽处时，打剪口后可折转。

（4）别缝袖窿弧线，确定袖口大小（图 10-3-

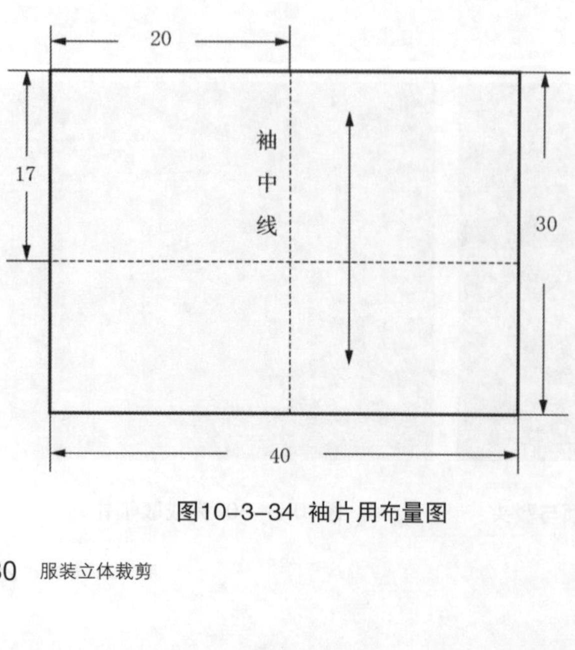

图10-3-34 袖片用布量图

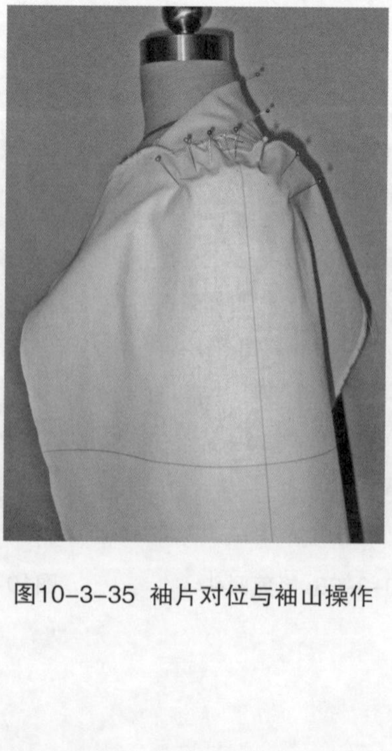

图10-3-35 袖片对位与袖山操作

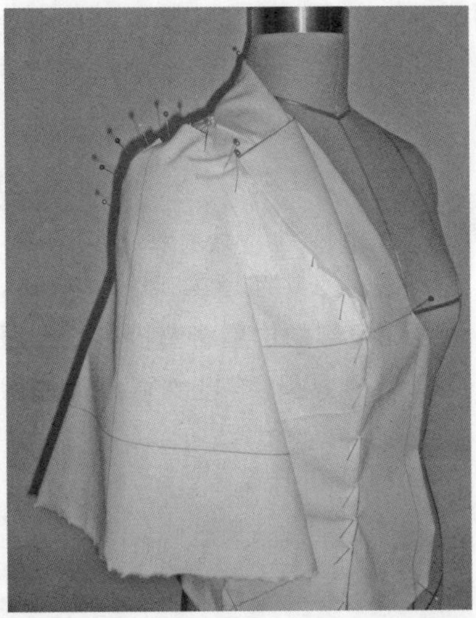

图10-3-36 袖山在胸、背宽处的操作

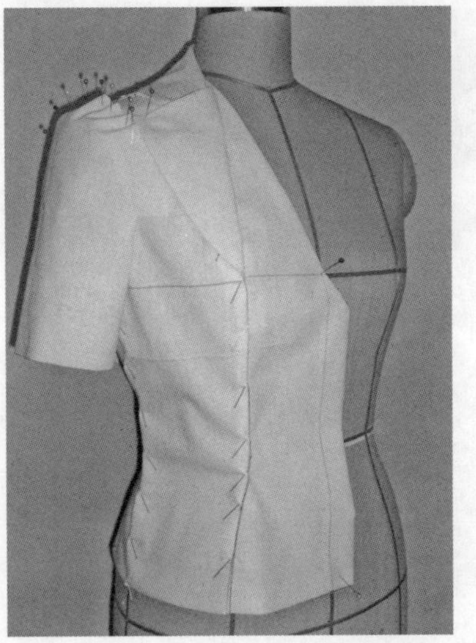

图10-3-37 别缝袖窿弧线

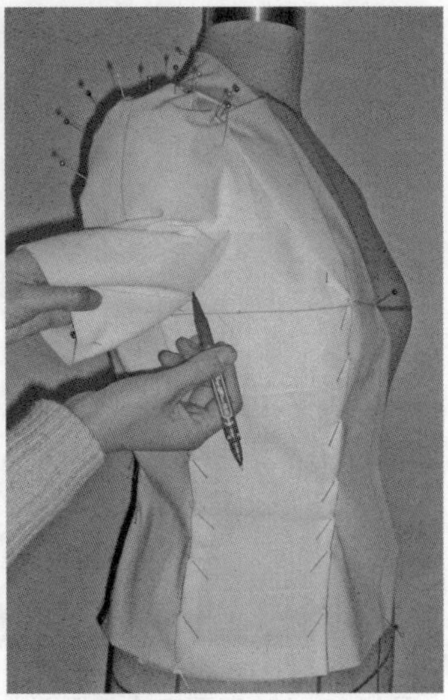

图10-3-38 袖片点影

37）

用藏针法沿袖窿弧线进行别缝，完成袖子的操作。注意袖窿处要完全自然伏贴，袖片与袖窿的重合，既不可绷紧，也不可有多余的松量。然后确定袖口大小。

（5）袖片点影（图 10-3-38）

将袖型美观、袖口大小合适的袖子进行点影处理，在做袖窿下面的点影时要将袖筒轻轻抬起，沿袖窿弧线进行绘制。

（6）袖片的画线、整理（图 10-3-39）

将点影完成后的袖片取下，圆顺连接点影而形成完整的袖片轮廓线。

（7）袖片的假缝与试样（图 10-3-40、图 10-3-41）

将袖片整理、扣烫后进行假缝与试样，观察造型效果，并及时修正。

5. 裁片拷贝

将所得到的服装的前、后、领、袖裁片分别进行对称拷贝，得到完整的左右侧服装裁片。图略。

6. 裁片的整理和假缝

将裁片的贴边扣烫，把缝份扣净，曲度较大的边口部位打剪口。用大头针将服装相关结构线进行假缝。

7. 试样修正，并拓印纸样，完成效果图

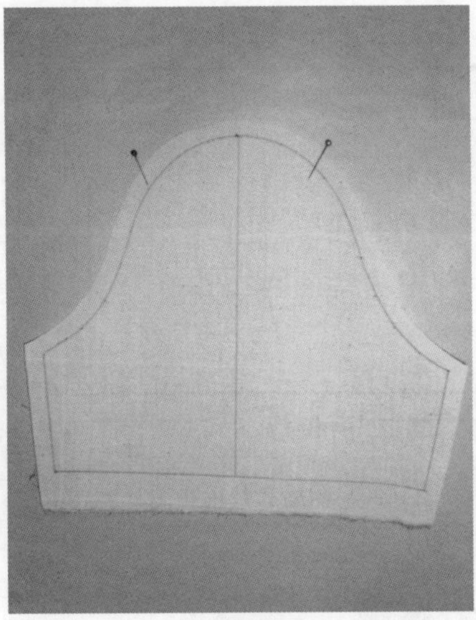

图10-3-39 袖片的整理、画线

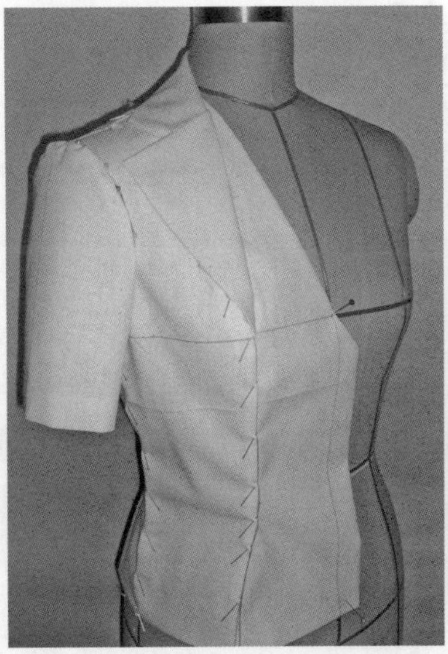

图10-3-40 袖片的假缝与试样

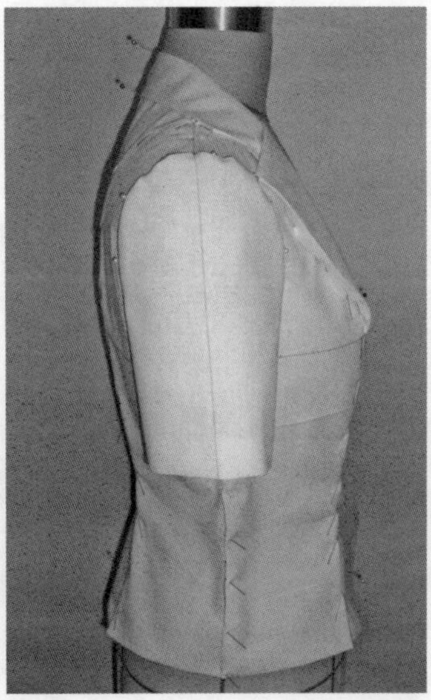

图10-3-41 袖片的假缝与试样

图10-3-42 正面完成效果图

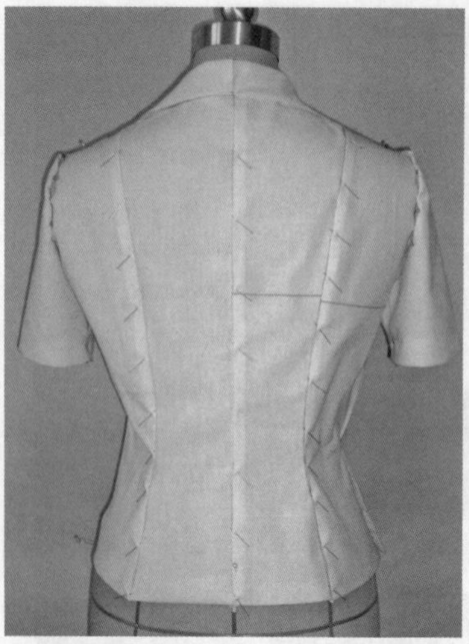

图 10-3-43 背面完成效果图

图中进一步认证了平面结构原理中关于袖山越高，袖型越好，袖肥越瘦的原理。

（2）变化驳领女上装立体造型图（图 10-3-42、图 10-3-43）

从完成的立体造型图可以看出，公主线在肩部的位置将直接影响到服装成型后的效果，恰当的隐藏会使服装有一种神秘的美感。

将服装假缝、试样，观察服装成型后效果（图 10-3-42、图 10-3-43），并将修正部位做出标记，记录修正量。将修正过的裁片进行纸样的拓印，形成服装样板。

（三）总结

（1）变化驳领女上装平面展开图

从前面的图 10-3-13、图 10-3-17、图 10-3-30、图 10-3-39 中可以看出，加入胸省和胸腰省的公主线能很好地勾勒出女性胸部曲线，这是合体女装公主线的最大特征。从变化的驳领领片平面图中可以发现，虽然从外观来看驳领的变化很复杂，但驳领中的驳头和肩领特征仍然很典型。从袖片的平面

第四节 折纸装饰小礼服

本款服装是四开身小礼服，胸部采用三角形折纸造型，腰部对称设有折叠装饰，整体造型简繁得当、浑然一体。材料宜选择具有良好挺度的织物。款式见图 10-4-1、图 10-4-2。

（一）准备工作

1. 布料准备

这款上装所用布料的丝缕和纱向均为经向。整体服装是由抹胸紧身连衣裙和三角形折纸装饰两大部分构成。打底紧身连衣裙为左右对称结构，面料可以同步下料。前后衣片用料见图 10-4-3、图 10-4-4。

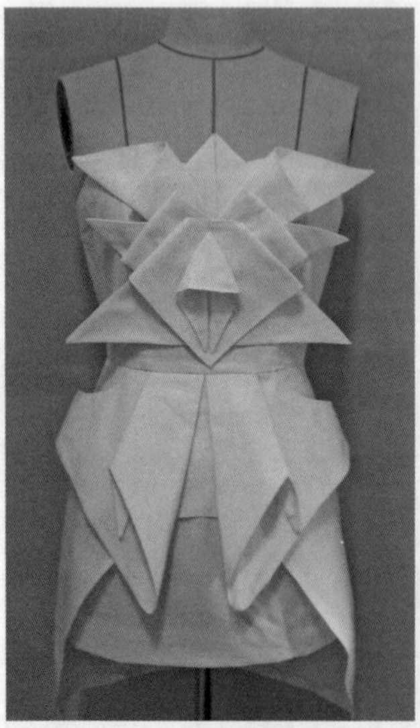

图10-4-1 正面款式图

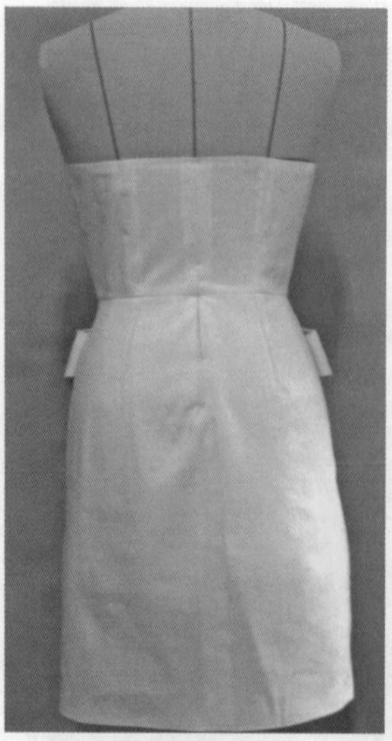

图10-4-2 背面款式图

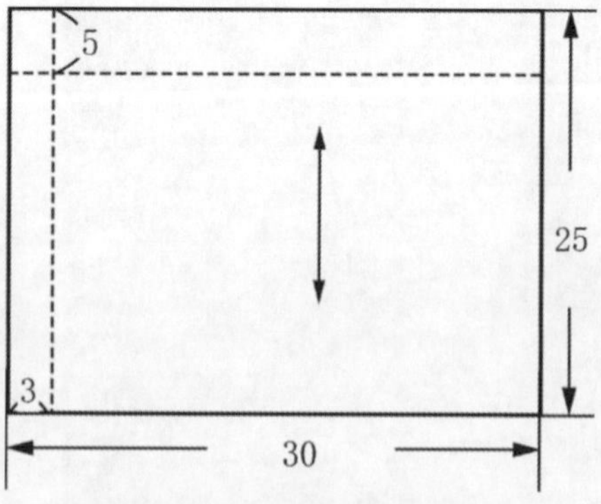

图10-4-3 后衣片用布图

2. 标记衣身造型线

根据款式效果在人体模型上贴出款式造型线。

(二)操作方法及技巧

1. 前衣片上半部分立体裁剪

(1)固定前中衣片胸围线(图 10-4-5)

将布料的胸围线与人体模型上的胸围线对齐,并用大头针加以固定。注意胸围线要保持水平。

(2)修剪前中衣片及分割线(图 10-4-6)

理顺前胸部面料,使衣片与人体贴合,并用大头针固定。修剪分割线时注意留出缝份及修正量,按照标记线点影做好标记。

(3)固定前侧片胸围线(图 10-4-7)

将布料的胸围线与人体模型上的胸围线对齐,并用大头针加以固定。注意胸围线保持水平。

(4)修剪前侧片(图 10-4-8)

理顺前胸和袖窿部位,胸宽处留有松量,用大头针加以固定。用剪刀将前侧面布的轮廓线进行粗略修剪,注意要预留缝份及修正量。腰围处打剪口以使其伏贴。

(5)前衣片的整理(图 10-4-9)

将前片的两分割片进行整理、连线,在腋点、腰侧点处分别向外加放松量各 1cm(胸围、腰围松量分别为 4cm),留足缝份和贴边量后裁掉多余量,形成前衣片裁片。

2. 后衣片立体裁剪

(1)固定后中心(图 10-4-10)

将后面布的中心线与胸围线的十字交叉点与人体模型台上的中心线与胸围线的十字交叉点对齐,

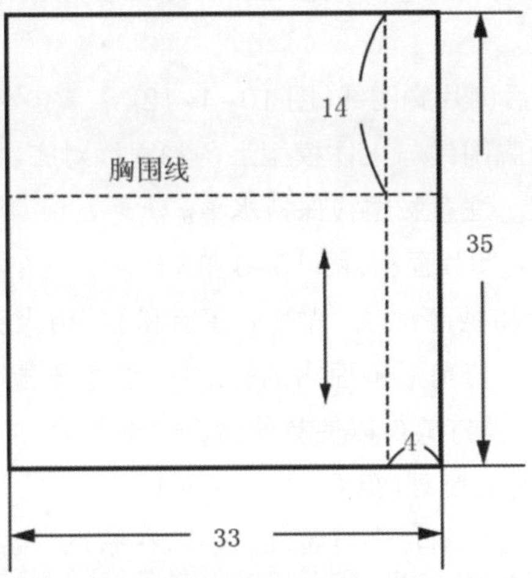

图10-4-4 前衣片用布图

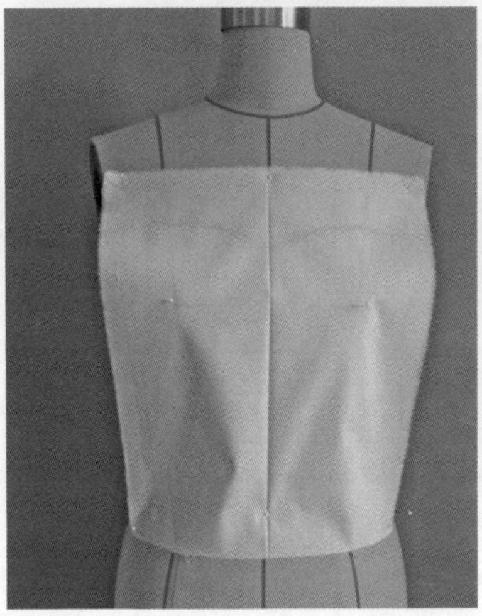

图10-4-5 固定前中衣片胸围线

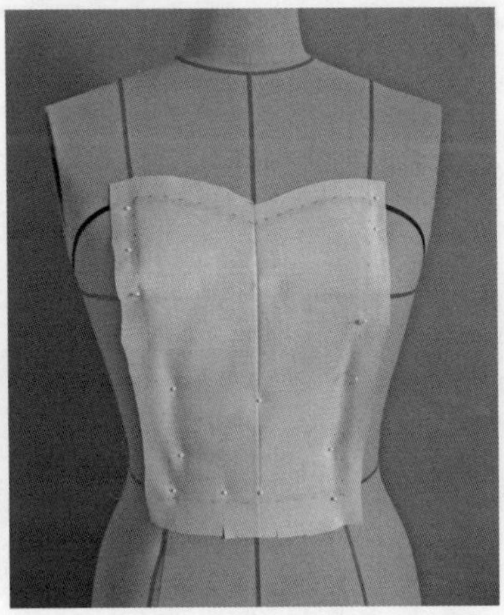

图10-4-6 修剪前中衣片及分割线

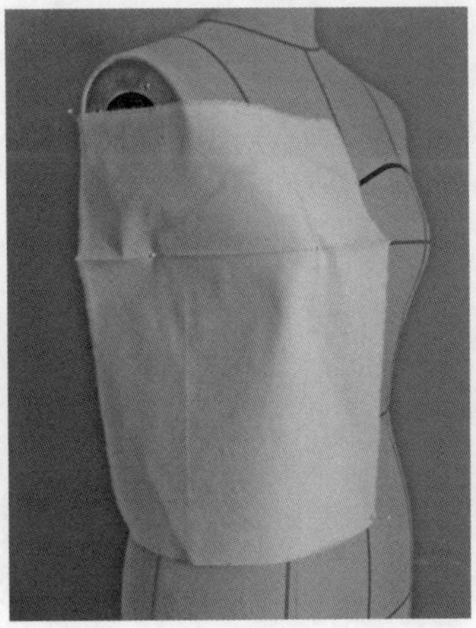

图10-4-7 固定前侧片胸围线

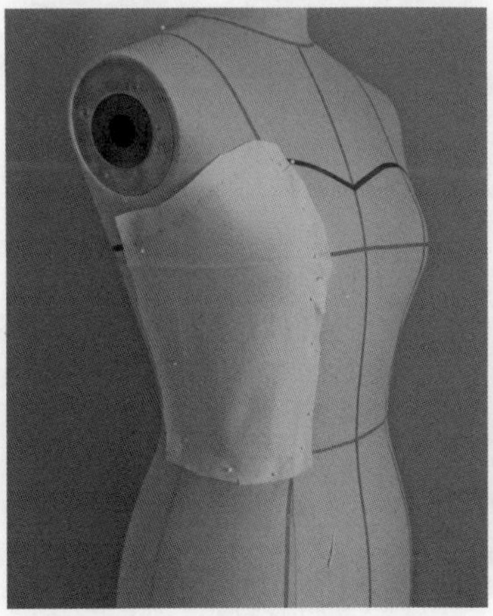

图10-4-8 修剪前侧片

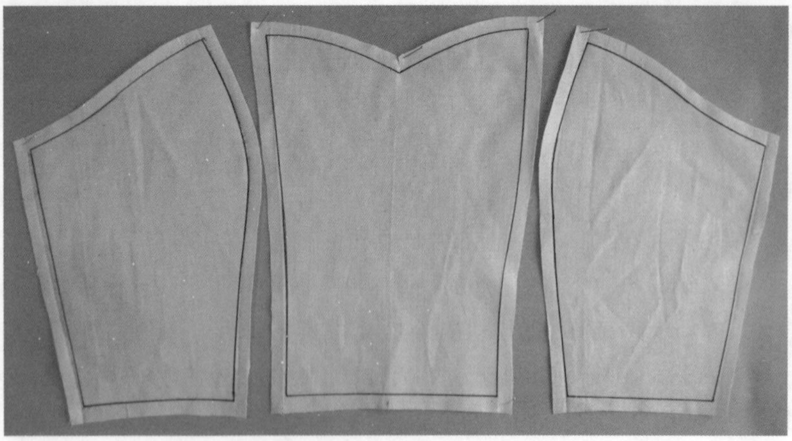

图 10-4-9 前衣片的整理

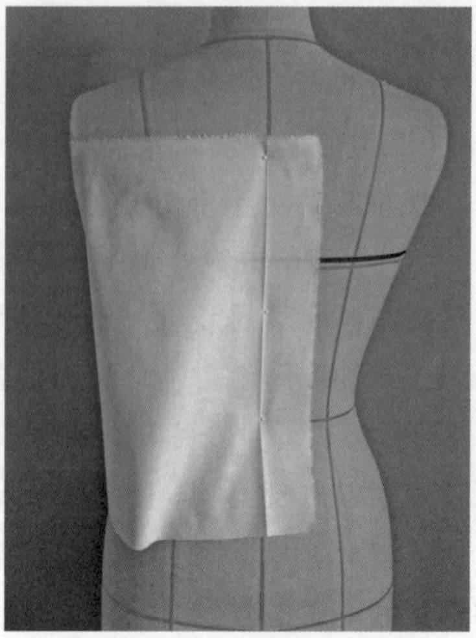

图10-4-10 固定后中心

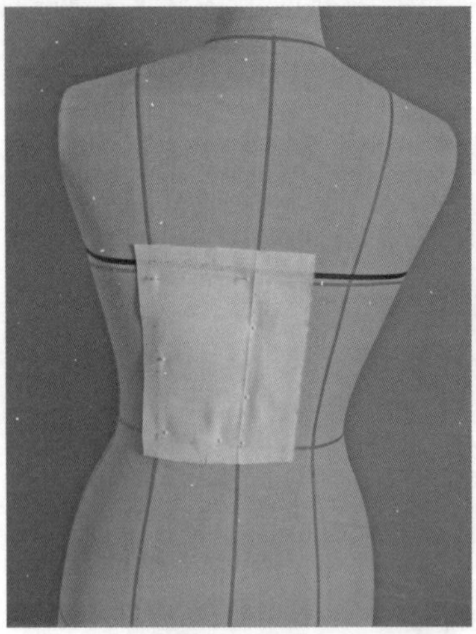

图10-4-11 修剪后中衣片及分割线

并用大头针加以固定。

（2）修剪后中衣片及分割线（图 10-4-11）

理顺后背部布料，使衣片与人体贴合，并用大头针固定。修剪分割线时注意要预留缝份及修正量，按照标记线点影做好标记。

（3）固定后侧片胸围线（图 10-4-12)

将布料的胸围线与人体模型上的胸围线对齐，并用大头针加以固定。注意胸围线保持水平。

（4）修剪后侧片面料（图 10-3-13）

理顺后背和袖窿部位，背宽处留有松量，用大头针固定。用剪刀粗略修剪后侧面布的轮廓线，注意要预留缝份及修正量，腰围处打剪口以使其伏贴。

（5）后衣片的整理（见图 10-4-14）

将后片的两分割片进行整理、连线，在腋点、腰侧点处

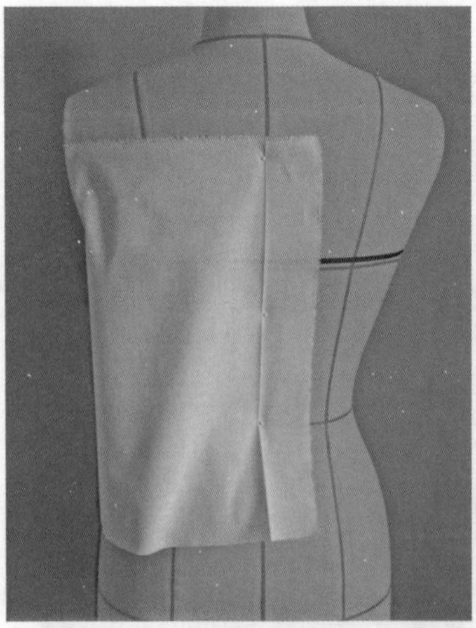

图10-4-12 固定后侧片胸围线

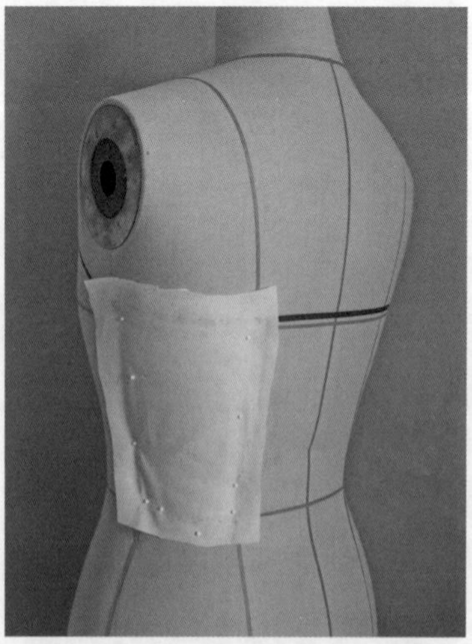

图10-4-13 修剪后侧片面料

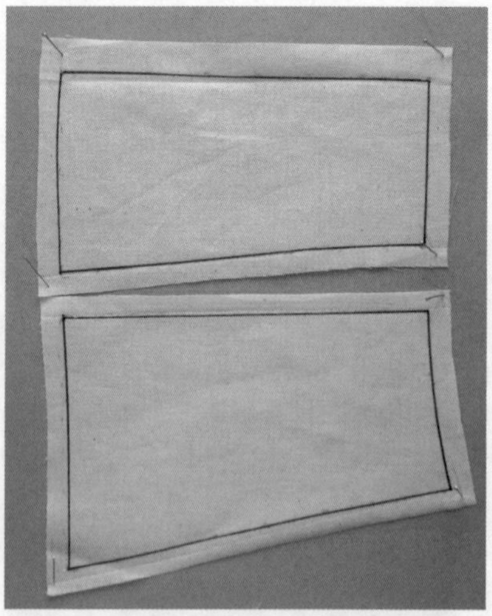

图10-4-14 后衣片的整理

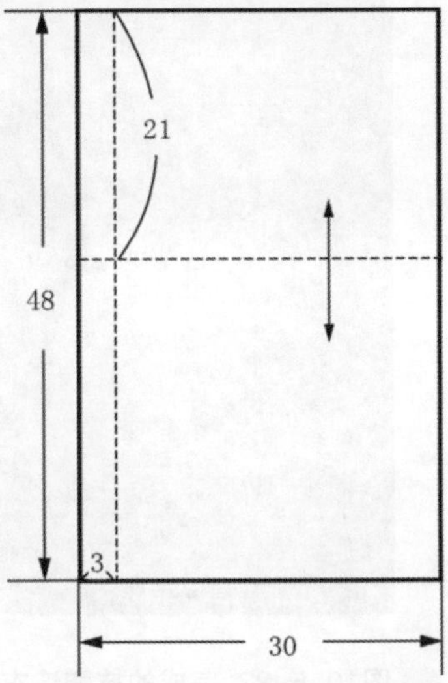

图10-4-15 后裙片用布图

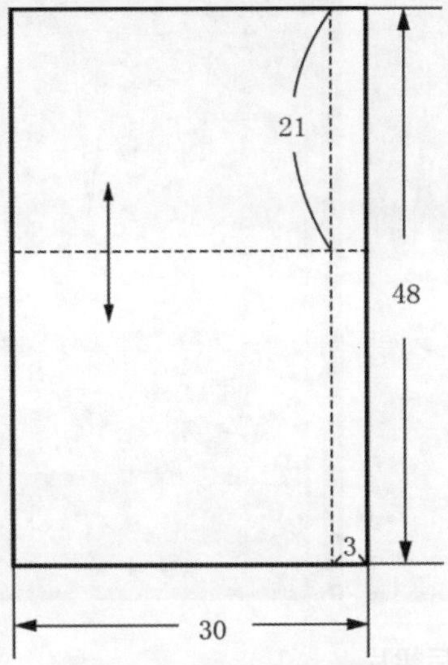

图10-4-16 前裙片用布图

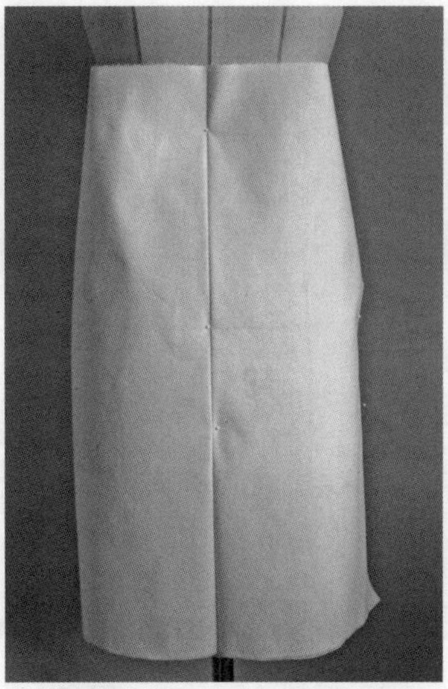

图10-4-17 固定前中心线

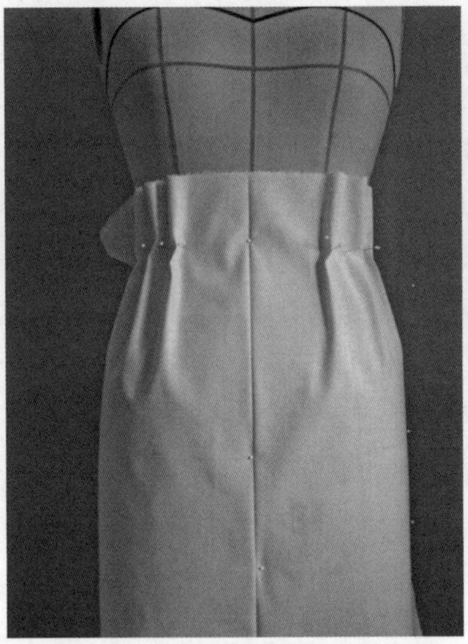

图10-4-18 固定侧缝和前腰省

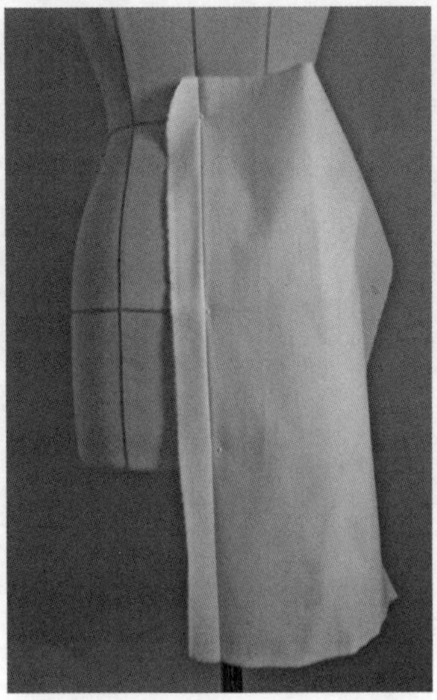

图10-4-19 固定后中心线

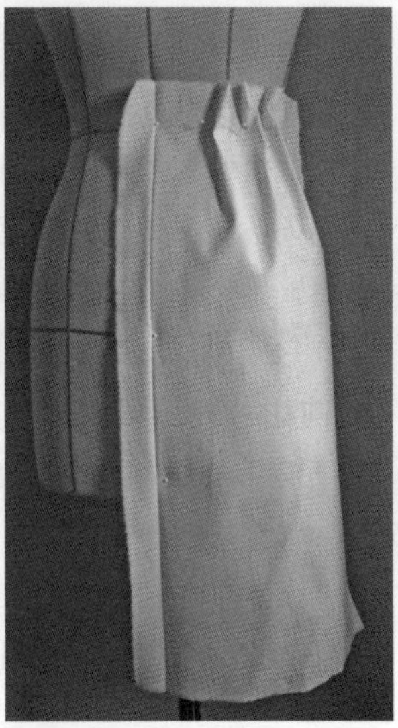

图10-5-20 固定侧缝和后腰省

分别向外加放松量各1cm（胸围、腰围松量分别为4cm）。留足缝份和贴边量后裁掉多余量，形成后衣片裁片。

3. 前裙片立体裁剪

（1）前后裙片用布量（图10-4-15、图10-4-16）

（2）固定前中心线（图10-4-17）

将布料的前中线、臀围线分别与人体模型上的前中心线、臀围线对齐，臀围线的下部分要保持顺直。在臀围线处折叠0.5~1cm，用大头针固定。

（3）固定侧缝和前腰省（图10-4-18）

将臀围线以上部分向侧缝方向推抚，根据造型需要将腰部余量折出两个省道，注意省道不要太长，以免腹部太紧，并用大头针固定腰围线。

4. 后裙片立体裁剪

（1）固定后中心线（图10-4-19）

将布料的后中线和臀围线分别与人体模型上相应的标记线标记线对齐，臀围线以下部分要保持顺直。在臀围线处折叠0.5~1cm，用大头针固定。

（2）固定侧缝和后腰省（图10-4-20）

将臀围线以上部分向侧缝方向推抚，根据造型需要将腰部余量折出两个省道，并用大头针固定腰围

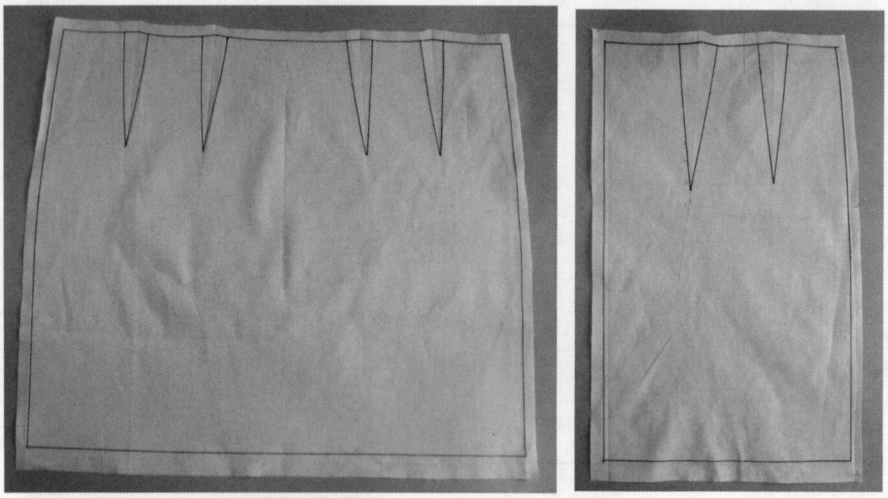

图10-4-21 整理前后裙片

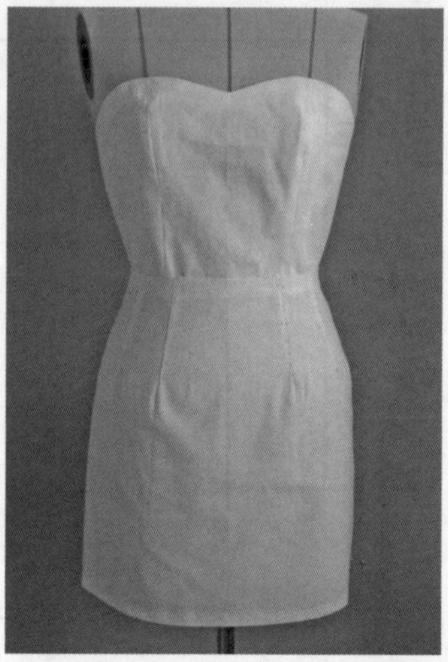

图10-5-22 完成的抹胸连衣裙

线。

（3）整理前后裙片（见图 10-4-21）

将前后裙片整理、连线，在腰侧点、臀侧点处分别向外加放松量各 1cm（腰围、臀围松量分别为 4cm）。留足缝份和贴边量后裁掉多余量，形成前后裙片裁片。

（4）完成的抹胸连衣裙（图 10-4-22）。

5. 前裙片外层裙立体裁剪

（1）前后外层裙片用布量（图 10-4-23、图 10-4-24）

（2）固定前中心线（图 10-4-25）

将布料上的前中线、臀围线分别与人体模型上的前中心、线、臀围、线对齐，臀围线的下部分要保持顺直。在臀围线处折叠 0.5~1cm，用大头针固定臀围线及折叠量。

（3）确定造型线，收腰省（图 10-4-26）

将臀围线以上部分向侧缝方向推抚，根据造型需要将左右腰部余量各折出 1 个省道，并用大头针固定腰围线。用标记线在裙片上标示出轮廓造型线。留出调整量，修剪多余面料。

（4）立裁后片外层裙（图 10-4-27）

方法同后片底裙的立体裁剪。

（5）整理前后外层裙片（图 10-4-28、图 10-4-29）

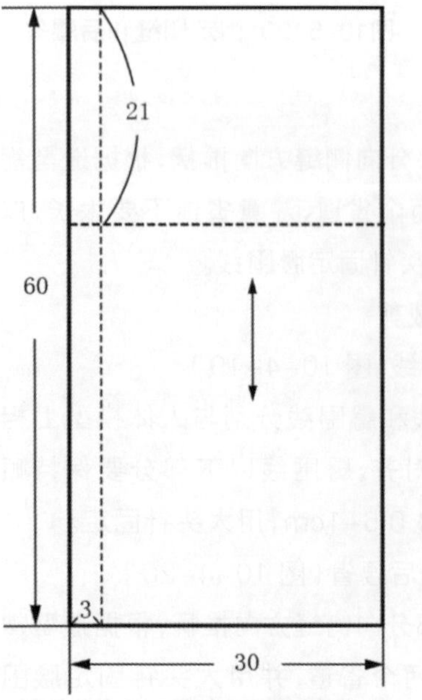

图10-4-23 后片外层裙用布图

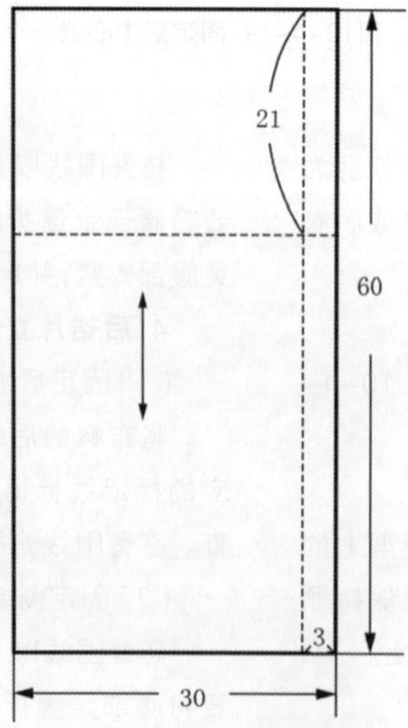

图10-4-24 前片外层裙用布图

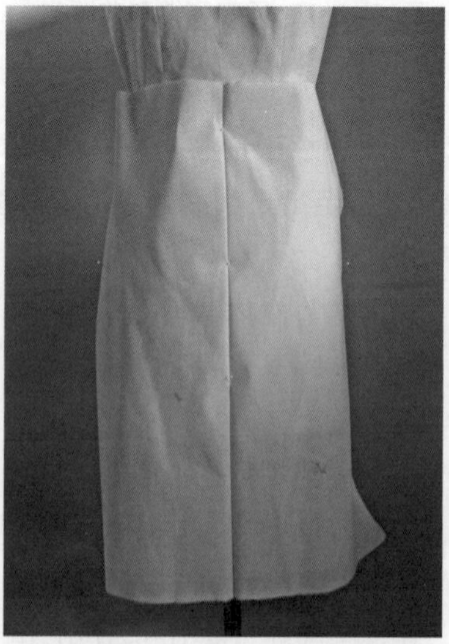

图10-4-25 固定前中心线

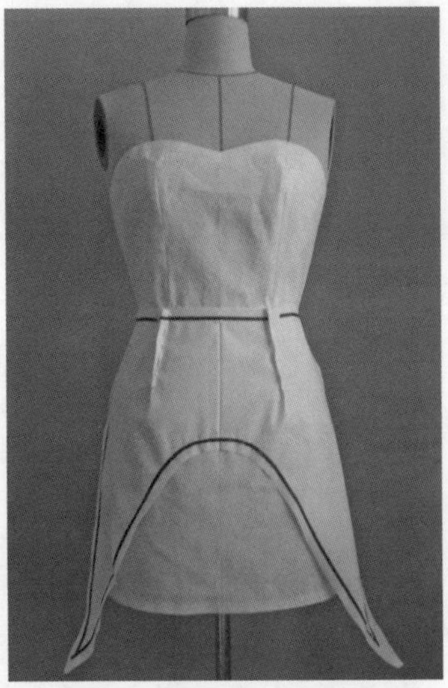

图10-4-26 确定造型线，收腰省

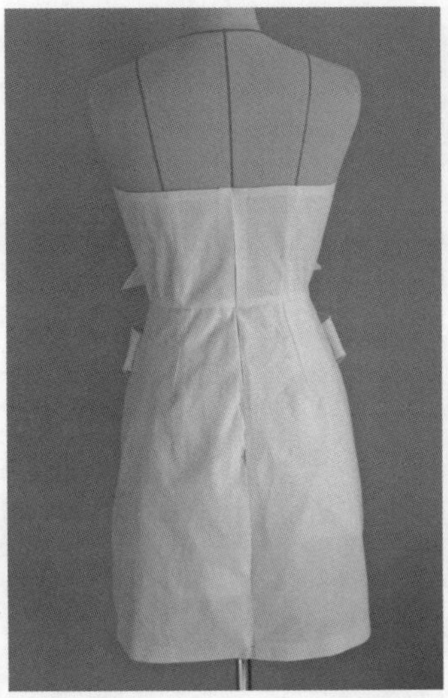

图10-4-27 后片外层裙

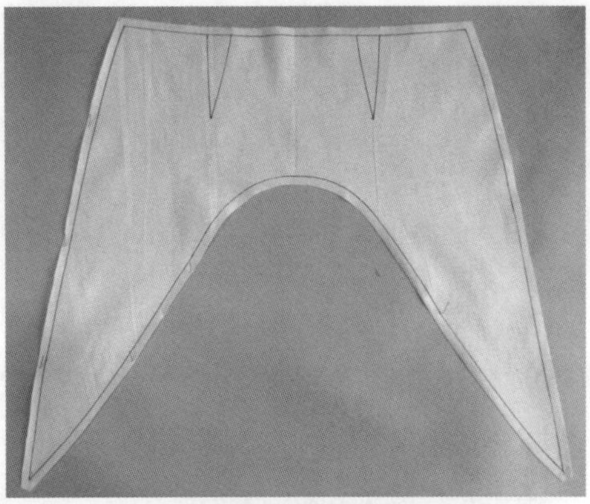

图10-4-28 整理前外层裙片

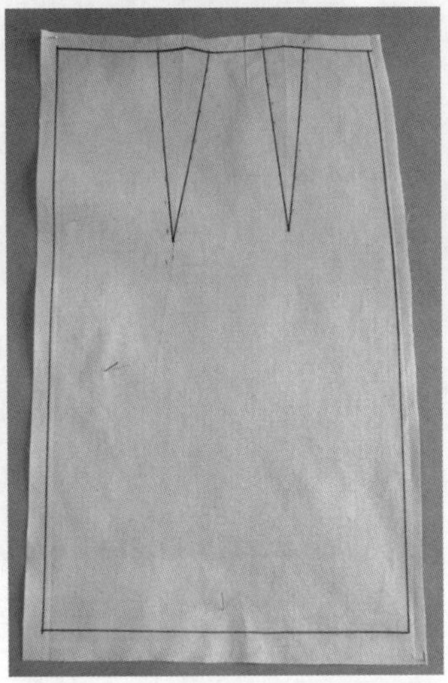

图10-4-29 整理后外层裙片

将前后外层裙片整理、连线，在腰侧点、臀侧点处分别向外加放松量各 1cm，（腰围、臀围松量分别为 4cm）。留足缝份和贴边量后裁掉多余量，形成前后裙片裁片。

6. 立裁裙身折叠装饰

（1）裙身折叠装饰用布量（图 10-4-30）

（2）固定面料（图 10-4-31）

将备好的面料斜向折叠后，将折痕上端与人体模型上的前中心线对齐，抚平面料，用针固定。

（3）反向折叠面料（图 10-4-32）

按照上窄下宽的规律，斜向折叠面料，注意折叠方向。

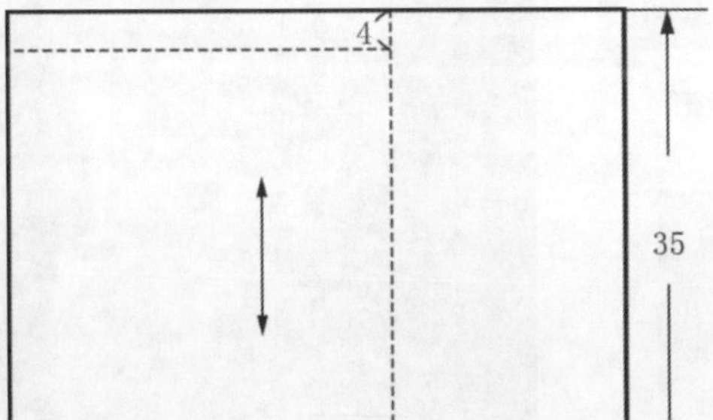

图10-4-30 裙身折叠装饰用布图

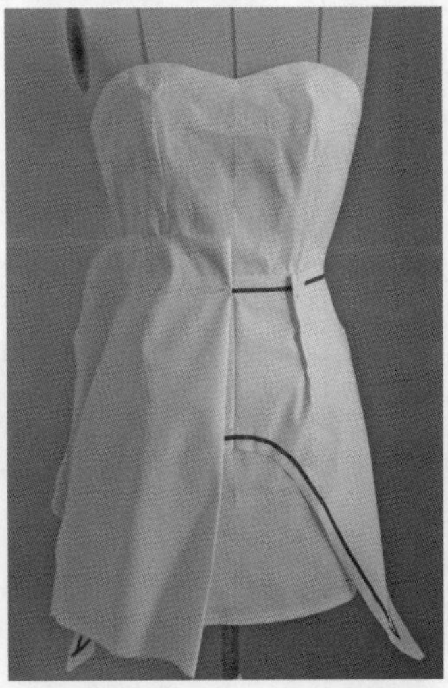

图10-4-31 固定面料

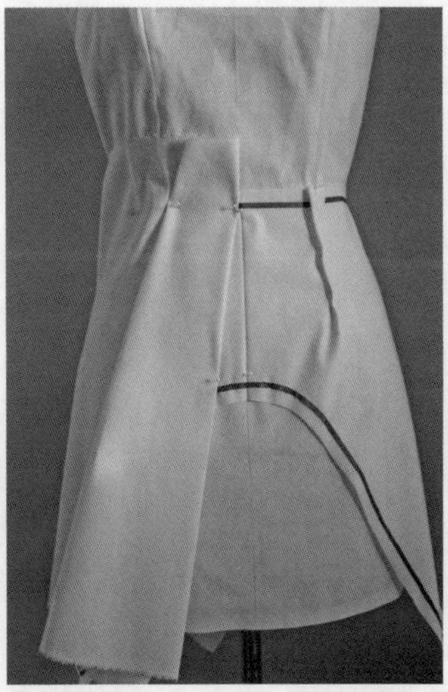

图10-4-32 反向折叠面料

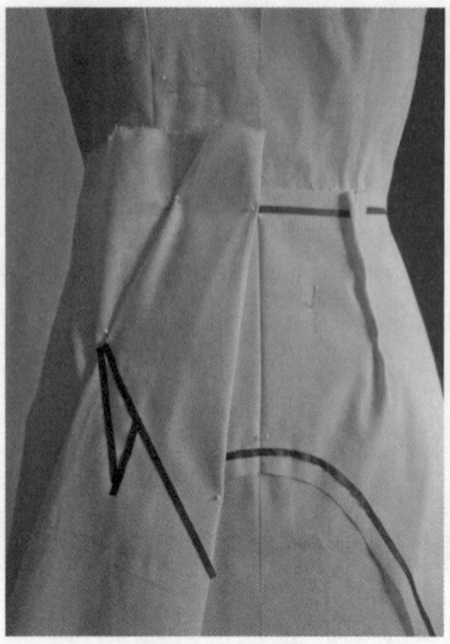

图10-4-33 标示折角造型线

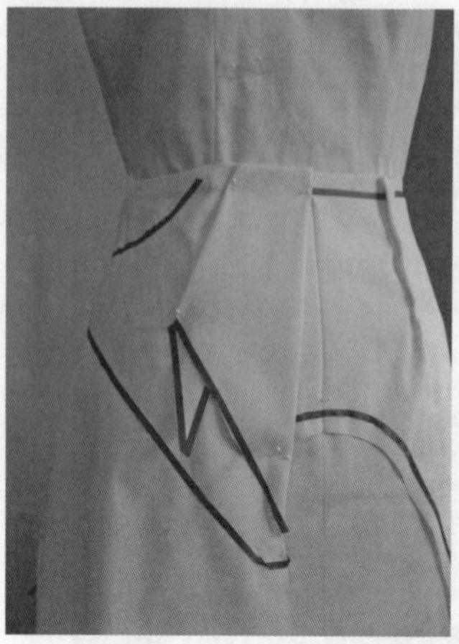

图10-4-34 标示轮廓造型线

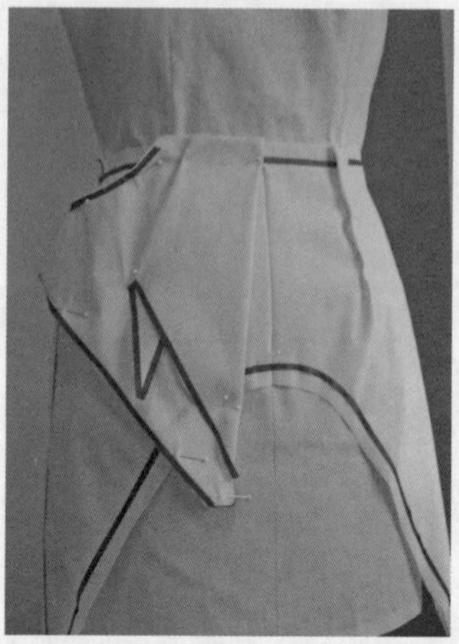

图10-4-35 修剪轮廓线

（4）标示造型线（图 10-4-33、图 10-4-34）

根据款式用粘带在裙片上贴出轮廓造型线。

（5）修剪轮廓线（图 10-4-35）

留出调整量，修剪多余面料，完成造型（图 10-4-36）。

（6）整理折叠装饰裁片（图 10-4-37）

将裁片整理、连线，留足缝份和贴边量后裁掉多余量，形成完整裁片。

7. 立裁上装折纸装饰

（1）方形折叠装饰

取底边为 34cm、短边为 23cm 的等腰三角形（图 10-4-38），将两个短边对折形成方形（图 10-4-39），将其中心线与人体模型的中心线对齐，用针固定（图 10-4-40）。

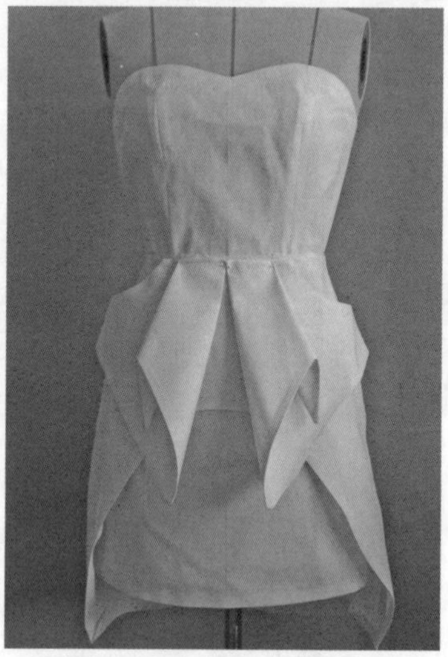

图10-4-36 成型造型

图10-4-37 整理折叠装饰裁片

图10-4-38 等腰三角形

图10-4-39 折成方形

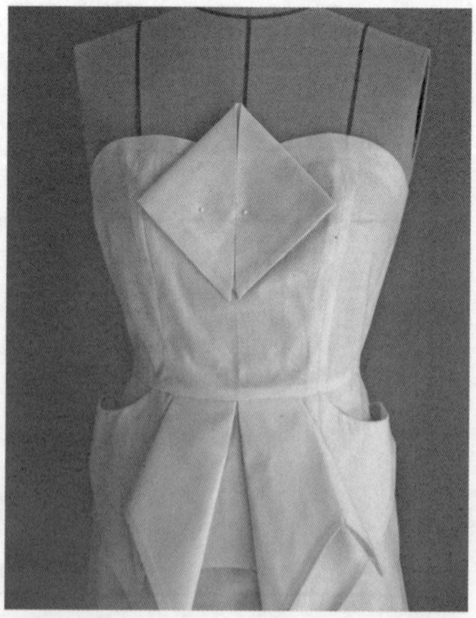

图10-4-40 对齐中心线并固定于人体模型上

图10-4-41 等腰三角形

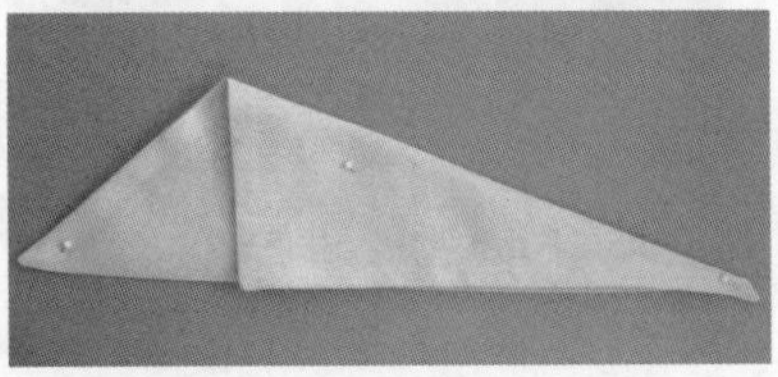

图10-4-42 折成长角形

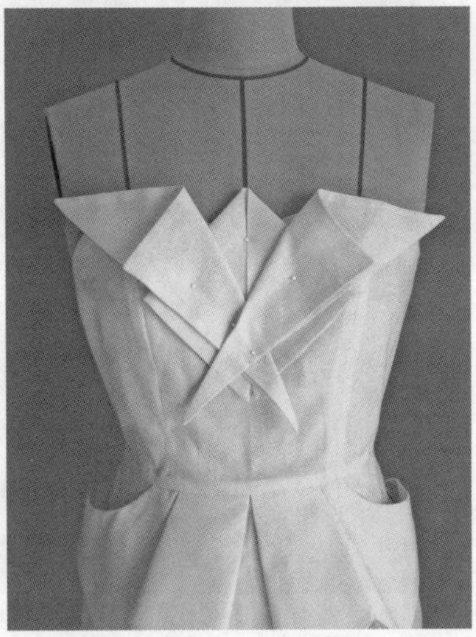

图10-4-43 固定长角形

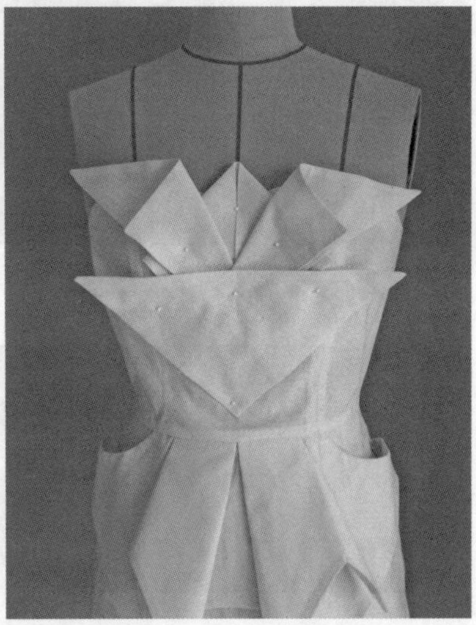

图10-4-44 三角形装饰

（2）长角折叠装饰

取底边为28cm、斜边为19cm的等腰三角形（图10-4-41），将斜边折向底边形成长角形（图10-4-42），将其于方形对应位置用针固定（图10-4-43）。

（3）三角形装饰（图10-4-44）

取底边为28cm、斜边为18cm的等腰三角形，将其中心线与人体模型的中心线对齐，用针固定。

（4）小方形装饰

取长为17cm、宽为9cm的长方形（图10-4-45），将其中心线对折形成双层的小方形（图10-4-46），用针固定于人体模型上（图10-4-47）。

（5）双三角装饰

取底边为32cm、短边为23cm的等腰三角形两个（图10-4-48），将其中一个三角形的顶点向内折叠（图10-4-49），另一个三角形的长边与内折短边对齐（图10-4-50），将上层三角形的两个尖角反向折叠（图10-4-51）。将两个折叠好的三角形暂时固定后与人体模型中心线对齐，并用针固定（图10-4-52）。

（6）小三角装饰

取底边为24cm、短边为13cm的等腰三角形（图10-4-53），将两个短边向中心线对折（图10-4-54），与人体模型中心线对齐用针固定（图10-4-55）。

8. 裁片拷贝

将所得到的服装的前、后、裙等裁片进行拷贝，

图10-4-45 长方形

图10-5-46 对折成双层的小方形

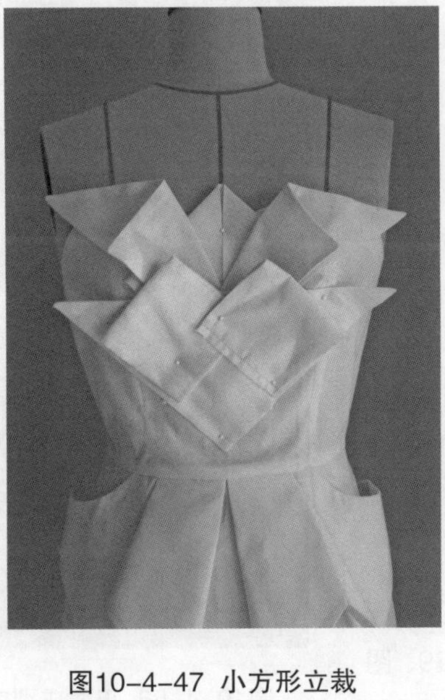

图10-4-47 小方形立裁

图10-4-48 等腰三角形

图10-4-49 顶点向内折叠

图10-4-50 两个三角形对位

图10-4-51 尖角反向折叠

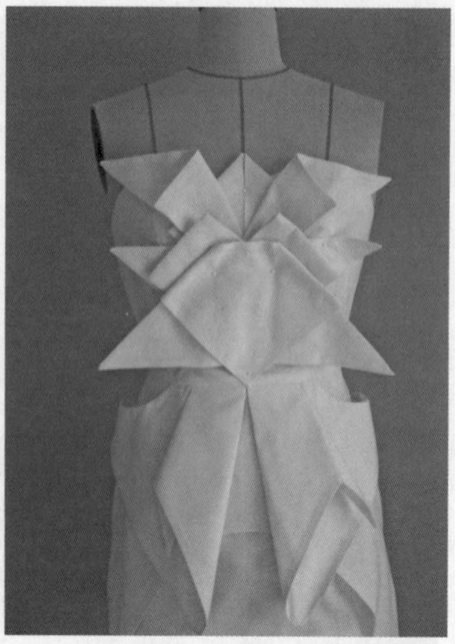

图10-4-52 用针固定

图10-4-55 小三角装饰立体裁剪

图10-4-53 等腰三角形

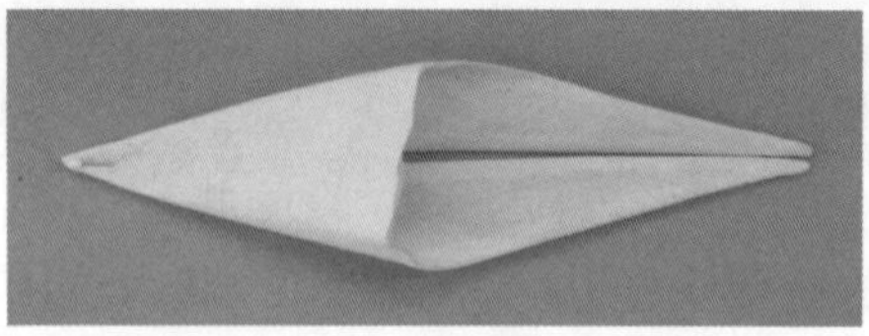

图10-4-54 对折短边

得到完整的服装裁片。

9. 裁片的整理和假缝

扣烫裁片的贴边缝份，曲度较大的边口部位要打剪口。用大头针将服装相关结构线进行假缝。

10. 试样修正、拓印纸样，完成效果

将服装假缝并试样，观察服装成型后效果，如胸围、腰围松量，装饰位置与形状，并将修正部位做出修正标记，记录修正量。将修正过的裁片进行纸样的拓印，形成服装样板，成型效果见图 10-4-56、图 10-4-57。

（三）总结

（1）折纸装饰小礼服平面展开图

从前面的图 10-4-9、图 10-4-14、图 10-4-22、图 10-4-28、见图 10-4-29、图 10-4-37 中可以看出，衣身采用公主线分割，形成较大的曲线。裙片分为里外两层结构，前片外层裙的底边结构线曲线造型优美，前片的折叠装饰裁片要注意做好折叠线标记。

（2）折纸装饰小礼服立体造型图（图 10-4-56、图 10-4-57）

从立体造型图可以看出，本款关键在于三角形折纸造型的立体构成方法。该款服装的装饰结构的雏形均为三角形，要根据整体造型需求确定三角形的大小和比例。三角形布料要双层缝制，做净毛边，折叠时要注意转折的方向和位置关系，折线部位尽量不要烫实，避免刻板单调。

图10-4-56 正面成型效果

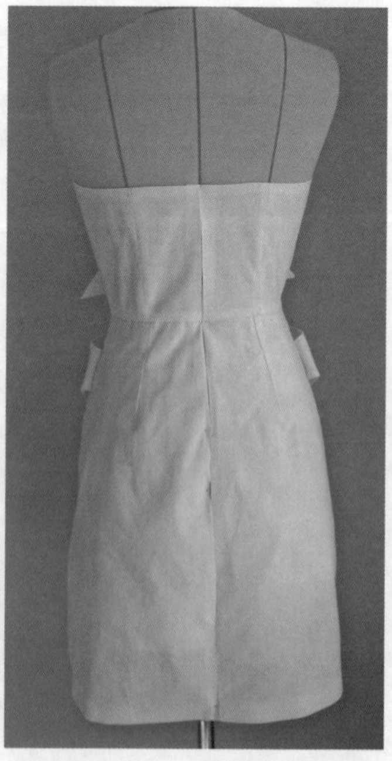

图10-4-57 背面成型效果

主要参考文献

[1] 张文斌，王朝晖，张宏．服装立体裁剪 [M]. 北京：中国纺织出版社 ,2005.

[2] 王善珏．服装立体裁剪技法大全 [M]. 上海：上海文化出版社 ,2003.

[3] 刘咏梅．服装立体裁剪技术 [M]. 北京：金盾出版社 ,2001.

[4] 魏静．立体裁剪技术 [M]. 天津：南开大学出版社 ,1995.

[5] 张祖芳，张道英等译．立体裁剪—基础篇 [M]. 上海：东华大学出版社 ,2004.

[6] 王旭，赵憬．服装立体造型设计 [M]. 北京：中国纺织出版社 ,2005.

[7] 张浩，郑嵘译．美国经典立体裁剪—提高篇 [M]. 北京：中国纺织出版社 ,2003.

[8] 刘瑞璞．服装纸样设计原理与技术—女装编 [M]. 北京：中国纺织出版社 ,2005.

[9] 顾韵芬，邹平．服装结构设计与制推板技术 [M]. 沈阳：辽宁美术出版社 ,2002.

[10] 王珉．立体裁剪制板 [M]. 北京：高等教育出版社 ,2003.

[11] 祝煜明，黄国芬．名师时装立体裁剪 [M]. 杭州：浙江科学技术出版社 ,2001.

[12] 张浩，郑嵘译．面料立裁纸样 [M]. 北京：中国纺织出版社 ,2001.

[13] 张玲译．美国经典立体裁剪 [M]. 北京：中国纺织出版社 ,2003.

[14] 尤珈．意大利立体裁剪 [M]. 北京：中国纺织出版社 ,2006.

[15] 刘美华．服装造型学—技术篇 [M]. 北京：中国纺织出版社 ,2006.

[16] 叶俏馨，陈丽红．晚装 [M]. 北京：中国轻工业出版社 ,2004.

图书在版编目（CIP）数据

服装立体裁剪 / 邹平，吴小兵，王宝环著． -- 3 版． -- 上海：东华大学出版社，2019.1

ISBN 978-7-5669-1532-0

Ⅰ．①服… Ⅱ．①邹… ②吴…③王… Ⅲ．①立体裁剪 Ⅳ．① TS941.631

中国版本图书馆 CIP 数据核字（2019）第 019596 号

责任编辑：谭 英

封面设计：张林楠

服装立体裁剪（3 版）

Fuzhuang Liti Caijian

邹平 吴小兵 王宝环 著

东华大学出版社出版

上海市延安西路 1882 号

邮政编码：200051 电话：（021）62193056

出版社网址 http://www.dhupress.net

天猫旗舰店 http://www.dhdx.tmall.com

苏州望电印刷有限公司印刷

开本：889mm×1194mm 1/16 印张：18.25 字数：643 千字

2019 年 1 月第 3 版 2020 年 8 月第 2 次印刷

ISBN 978-7-5669-1532-0

定价：51.00 元